U0159465

本书由

国家自然科学基金项目“老君山自然保护区丝膜菌、

锈革孔菌多样性及其应用基础研究”（31560013）

云南省森林灾害预警与控制重点实验室

云南省真菌多样性与绿色发展重点实验室

西南林业大学生物多样性保护学院

资助出版

横断山脉老君山

大型真菌

张 颖 周彤燊 著

科学出版社
北 京

内 容 简 介

本书是对老君山大型真菌野外调查采集和十余年研究的总结，在以形态学为主的分类学鉴定的基础上，用文字描述与生境照片相结合的形式，报道了272属848种及种下分类单元。本书既有宏观、微观主要形态特征的描述，生态习性、经济价值的简述，以展示老君山大型真菌的物种多样性，又有经徒手切片、染色制片、拍摄的部分种的显微照和扫描电镜下的孢子超微结构，这在同类图鉴中是首次展现的，也是本书的亮点之一。

本书可供高等院校生物学等专业的本科生、专业研究真菌分类的研究生，各级自然保护区的科技工作者，以及对真菌感兴趣的人参考，也可供相关领域各级决策者参考，以便趋利避害，对药用菌、食用菌等更好地加以开发利用。

图书在版编目（CIP）数据

横断山脉老君山大型真菌 / 张颖，周彤燊著. —北京：科学出版社，2023.3

ISBN 978-7-03-072630-8

Ⅰ. ①横… Ⅱ. ①张… ②周… Ⅲ. ①大型真菌－云南 Ⅳ. ①Q949.320.8

中国版本图书馆CIP数据核字（2022）第113307号

责任编辑：张会格 刘新新 / 责任校对：郑金红

责任印制：肖 兴 / 封面设计：金舵手世纪

科学出版社 出版

北京东黄城根北街16号

邮政编码：100717

http://www.sciencep.com

北京九天鸿程印刷有限责任公司印刷

科学出版社发行 各地新华书店经销

*

2023年3月第 一 版 开本：889×1194 1/16

2023年3月第一次印刷 印张：32 1/4

字数：1 045 000

定价：498.00元

（如有印装质量问题，我社负责调换）

作 者 简 介

张 颖

女，理学博士，1979 年生，云南昭通人。

2011 年云南大学生态学专业毕业后到西南林业大学工作。从 2003 年读硕士研究生开始一直从事大型真菌分类学和生态学研究。

工作 10 多年来，主要从事资源真菌的教学和科研，曾对云南省老君山、哀牢山、高黎贡山、化佛山、鸡足山、紫溪山、大围山等自然保护区的大型真菌开展调查研究。主持国家自然科学基金地区科学基金项目 1 项、参研 7 项，主编专著《滇中地区常见大型真菌》，参编专著《森林病理学》和《滇东南大型真菌彩色图鉴》。

周彤燊

女，1944 年生，云南大理人。

1965 年大学毕业后服从分配到云南边疆（保山、德宏）基层从事热带作物栽培、加工及病害防治技术工作 15 年，于 1980 年调入云南林学院。曾两次到中国科学院微生物研究所师从赵继鼎研究员学习担子菌分类，此后一直从事真菌学教学科研，1995 年晋升为森林病理学教授，2004 年退休。

结合教学，对云南的林木锈菌及丽江老君山、哀牢山、盈江铜壁关等自然保护区的大型真菌开展研究。参研“云南主要林木病害及防治研究”项目并获 1996 年云南省科学技术进步奖一等奖（排名第三），主持国家自然科学基金重大项目 1 项、参研 1 项，并于 2002 年编著《中国真菌志 第三十六卷 地星科 鸟巢菌科》，参编《中国真菌志 第二十九卷 锈革孔菌科》，参编专著《云南森林病害》并任编委。1998 年由云南省人民政府授予“云南省有突出贡献的优秀专业技术人才”称号。

前　言

滇西北地处青藏高原至云贵高原的过渡地带，位于喜马拉雅山脉东部的横断山脉纵谷区。高山与河流相间，自西向东排列着独龙江、高黎贡山、怒江、澜沧江、云岭、金沙江。从怒江至金沙江最近距离仅60km，形成地球上唯一的三江并流奇观。从梅里雪山最高峰海拔6740m到怒江河谷的海拔700m左右，近6000m的高差也属全球罕见。高耸山系和深切河谷成为各种生物纵向迁徙的走廊和横向交汇的屏障。研究表明，横断山区生物垂直分布明显，生物多样性极为丰富，是研究青藏高原隆起与生物演替关系最理想的地区，是生物分类学、区系学、形态学、生态学、生物地理学和保护生物学等诸多自然学科密切关注的热点地区，具有重大科学研究价值和极高的保护价值（王东，2009）。

老君山位于滇西北三江并流的腹地、横断山脉的核心地带，其地理环境的多样性孕育保存了丰富的植物物种和多样的植被类型，使之成为全球生物多样性最丰富的热点地区之一、中国三大植物物种起源和分化中心之一的核心区域，也是我国种子植物特有属种高度集中的三个中心区之一（即“川西—滇西北中心区”）。加之该特有中心较为年轻，植物区系分化程度十分强烈，又成为我国种子植物三个特有中心当中唯一的新特有植物中心，其植物多样性地位在我国乃至全世界都极重要（云南省环保局，2004）。

众所周知，真菌作为异养生物，其所需要的营养物质，只能靠植物、动物供给。植物不仅为真菌提供栖息的处所，更为其提供营养丰富的基质。正因为如此，在老君山复杂的地形地貌、多样的气候类型、保护得较好的生态环境下，多种多样的植被类型、丰富的植物物种，为真菌的生长、繁衍提供了良好的栖息环境，孕育了丰富的大型真菌（通常指肉眼或借助放大镜即可看到的真菌），也使大型真菌成为老君山最丰富的生物资源之一，它们既是维持该区域内物种多样性，调节植物种间关系，影响群落结构、演替及其稳定性的重要生物因子，又是生态系统中物质循环必不可少的重要因素。很多大型真菌还具有食用、药用价值或作为菌根菌与多种植物、林木共生。因此，研究探讨老君山的大型真菌资源实属必要。

通过对老君山保护区大型真菌数次的野外调查、标本采集，经宏观、微观特征的观察记载，以形态学为主的分类学鉴定和生态习性研究，本书从分类地位、主要形态特征、生态习性、经济价值四方面记述了2门87科272属848种及种下分类单元，依据生态价值和经济价值分为食用菌、药用菌、药食兼用菌、毒菌、木腐菌、外生菌根菌，部分价值尚不明确的则有待后人进一步研究。

本书以文字描述结合彩色照片的方式报道了老君山保护区大型真菌的物种多样性，把各种大型真菌的宏观特征和生境直观地呈现给读者，旨在更好地展示真菌世界的多姿多彩，而那些反映微观特征及超微结构的照片被放入书中，是同类图鉴中从未出现过的，便于读者把宏观特征和微观特征结合起来，较全面地掌握各分类单元的主要形态特点。著者意在抛砖引玉，期待此领域更多的专家学者关注云南的大型真菌资源，也能让更多对真菌感兴趣的人了解大型真菌的主要鉴别特征，便于趋利避害。

本书内容融专业实用和科普宣传为一体，尽可能做到既科学准确又通俗易懂，有利于大型真菌知识的普及和提高，也为该区真菌的进一步开发利用奠定一些基础。

由于著者的知识水平所限，书中一定有疏漏和不妥之处，加之采集时间和采集范围所限带来一定的局限性，遗漏更在所难免，敬请专家和读者们批评指正！

著　者

2022年10月

说　明

1. 本书由以下九部分构成：前言、说明、本书相关术语、目录、老君山概况和各种大型真菌的主要形态描述及彩色照片（包括子实体及其生境照片，部分物种的显微照片和电镜照片）、主要参考文献、中文名索引、学名索引、致谢。

2. 为方便查阅，本书所记述的种，是按六大类分章列出的，即第二章伞菌类、第三章牛肝菌类、第四章非褶菌类、第五章腹菌类、第六章胶质菌类、第七章大型子囊菌类。每一章内涉及的科名及隶属于该科的各属均按学名的字母顺序排列，同属的种类按种加词字母顺序排列（为了版面美观，个别地方有微调），命名人按国际缩写标准*Authors of Fungal Names*写出。

3. 随着分子生物学技术的发展及其在真菌分类学中日渐广泛深入的应用，真菌分类系统处于急剧变化中，老君山保护区相当一部分大型真菌隶属的纲、目也有若干版本，加上本书是以形态学为主的分类鉴定，为此，书中只列出科及科下分类群，且以*Dictionary of the Fungi*第9版作为依据。即便如此，由于一些新的名称不断出现，著者列出正确名称的同时，把其沿用多年的学名作为曾用名放于其后的括号中；根据*Index Fungorum*，部分种以现名放在括号内；此外，括号内还出现俗名、又名等。丝膜菌属有3个种因查不到中文名，只列出学名（在中文名索引中不出现）。个别种因所能查到的资料有限，我们无法确定种名，暂用未知种（sp.）记入。个别属因查不到其应归属的科，暂放入未确定科（incertae sedis）下。

2022年，戴玉成博士主编了《云南木材腐朽真菌资源和多样性》，杨祝良博士等编著了《云南野生菌》，书中的分类单元是经分子系统学研究结合形态学确认的。作者征得两位博士的同意，把其中分布在老君山保护区的分类单元尽量收录于本书中；依据他们给出的名称，对我们原记述的名称做了修订并作为曾用名处理。

4. 本书八百余种中的绝大多数是著者十余年研究结果的报道，而牛肝菌类、珊瑚菌类，经征得相关资料原作者的同意，还收录了他们近些年在老君山保护区发现的新分类群若干，以弥补著者对这两个类群研究的不足。

5. 每个种的描述，尤其是一些宏观特征的数据，常参照相关文献写出，这是因为我们所采集、研究的老君山保护区一号或几号标本，其各部分结构的数据难以代表此种的数据变化范围。宏观照片没有按实际大小统一比例拍摄，其大小应以文字描述为准。微观特征方面，除孢子外，书中还对囊状体、被结晶囊体、胶囊体、刚毛、色汁导管、侧丝、棘状侧丝、鹿角状侧丝等重要不孕结构做了描述，并尽可能提供光学显微镜（40～1000倍）下拍摄的显微照片，便于读者把某分类单元的宏观、微观性状结合起来，更好地掌握其主要鉴别特征。

6. 鹅膏属、牛肝菌类、非褶菌类的少部分新种，因未借到研究标本，没有进行显微结构的观察和拍照，书中还引用了部分相关资料原作者的线条图。

7. 徒手切片制片时所用浮载剂主要是苯胺蓝（棉蓝）试剂，书中（相关术语和正文）所有显微结构为蓝色者均为棉蓝染色后拍摄，少数记载有淀粉质结构的标本也用了梅氏试剂，丝膜菌属的部分种则用了刚果红试剂。

8. 对于大多数物种，都简要指明其主要经济用途，如可食用、可药用、食药兼用、有毒、菌根菌、木腐菌及其腐朽类型等。

9. 文中部分开篇页照片不一定是分布在老君山的物种。

本书相关术语

（含部分图示）

1. 真菌：有真正细胞核，其营养体多为丝状、分枝的菌丝体而无根、茎、叶的分化，细胞壁主要组分为几丁质，以孢子进行无性繁殖、有性生殖，因缺乏叶绿素，只能异养并靠吸收营养维持生长发育的一类生物。

2. 大型真菌：通常指可凭肉眼或借助放大镜即可观察到其个体的真菌。

3. 菌丝体：由单根的丝状物（菌丝）分枝、交叉形成的疏松集合体。

4. 子实体：真菌产生和容纳孢子的菌组织体。

5. 子座：容纳子实体的褥座，呈垫状、棒形、瘤状、球形等，可在其表面、表层或内部形成子实体（图1）。

子座（肉球菌）　　子座剖面（竹黄）

图1　子座

6. 担子、担孢子、担子果：由担子菌有性生殖产生。

担子是在其中进行核配、减数分裂并在顶端着生担孢子的结构，又分为无隔担子、有隔担子（具横分隔、纵分隔）、音叉状担子（图2）。

经核配后，由细胞核减数分裂的细胞发育而成、着生于担子顶端的单倍体有性孢子称担孢子（担孢子形状及纹饰见图3、图4）。

产生并容纳担子、担孢子的有性子实体称担子果（图5）。

担子果常见的着生方式有平伏、平伏反卷、覆瓦状层叠、托架状、有柄等（图6）。

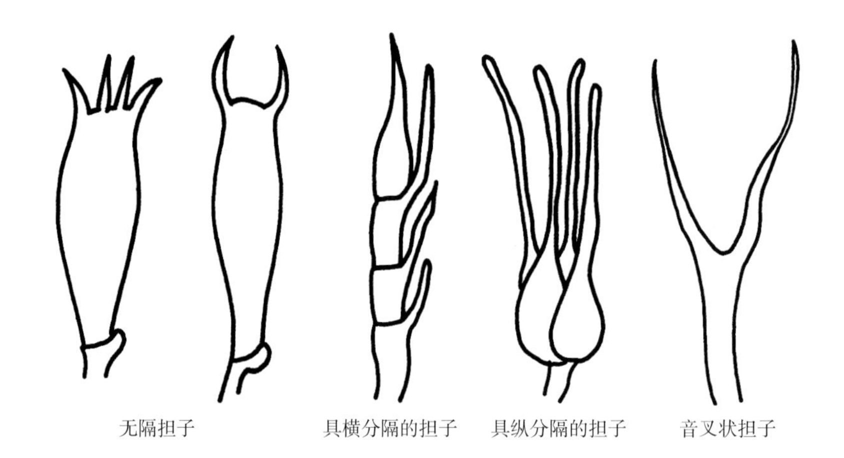

图2　担子类型

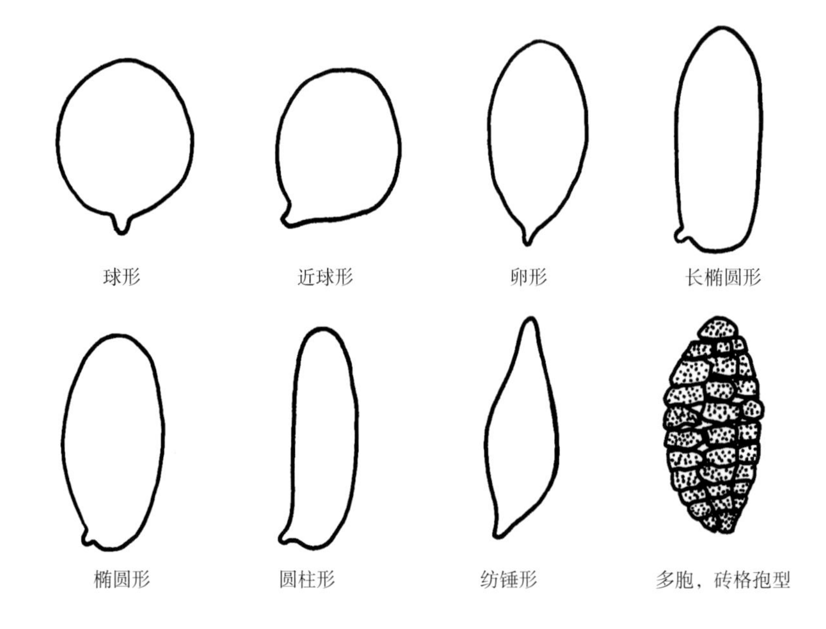

图3　孢子形态

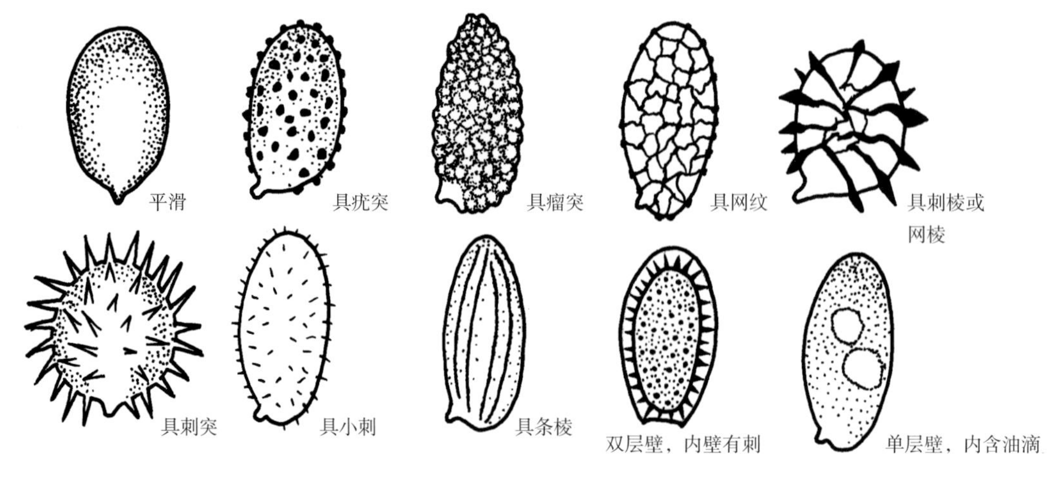

图4　孢子壁及纹饰

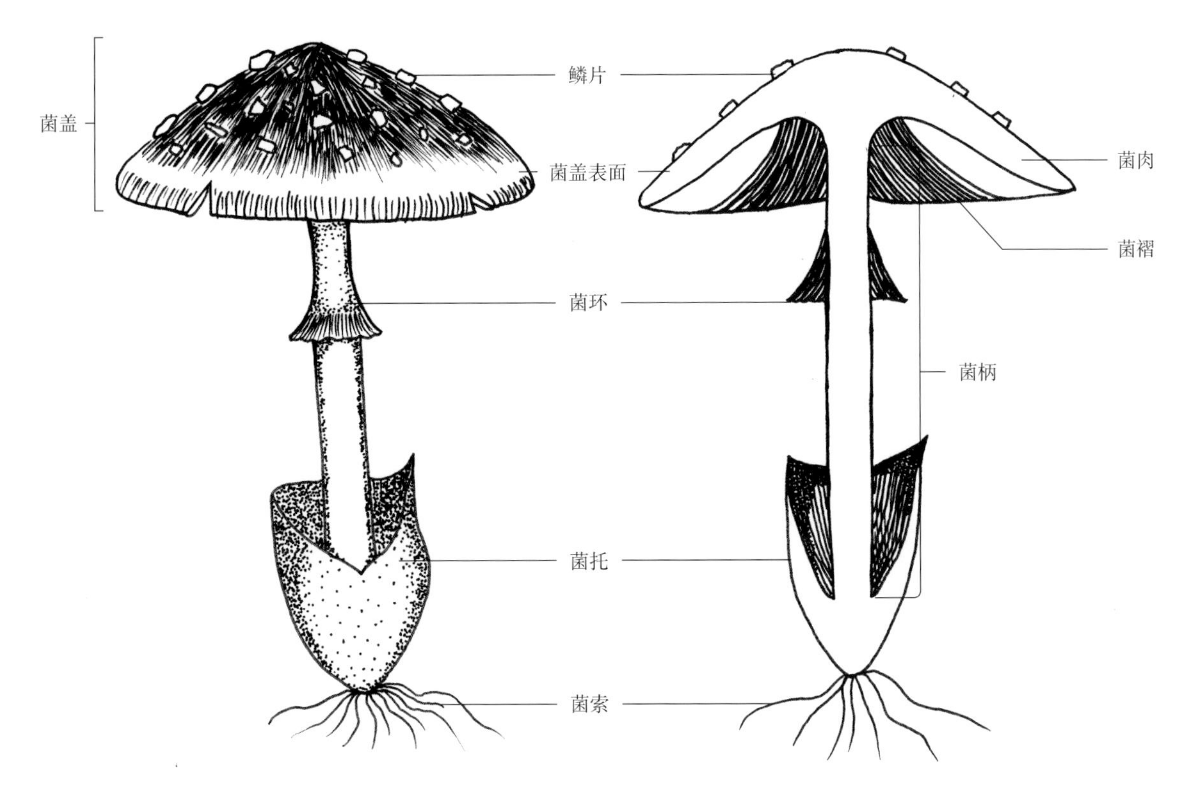

图5 担子果（伞菌）（仿卯晓岚，2000）

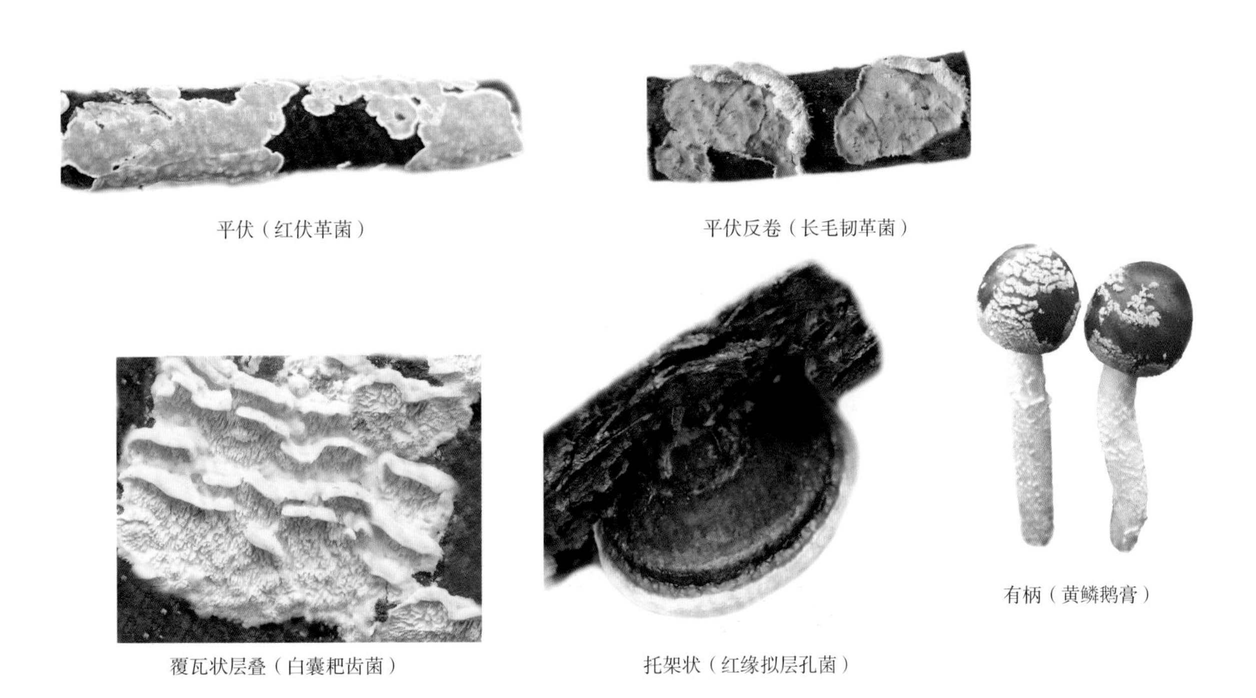

平伏（红伏革菌）

平伏反卷（长毛韧革菌）

覆瓦状层叠（白囊耙齿菌）

托架状（红缘拟层孔菌）

有柄（黄鳞鹅膏）

图6 担子果着生方式

7. 担子子实层：由担子、小担子及囊状体或其他不孕结构平行排列而成的栅栏状能育层（图7）。

图7 担子子实层

8. 囊状体：担子子实层中的薄壁、无色或浅色的不育结构，常突出于子实层，顶端或表面被有结晶的又称被结晶囊体，内含胶质物的又称胶囊体（图8）。

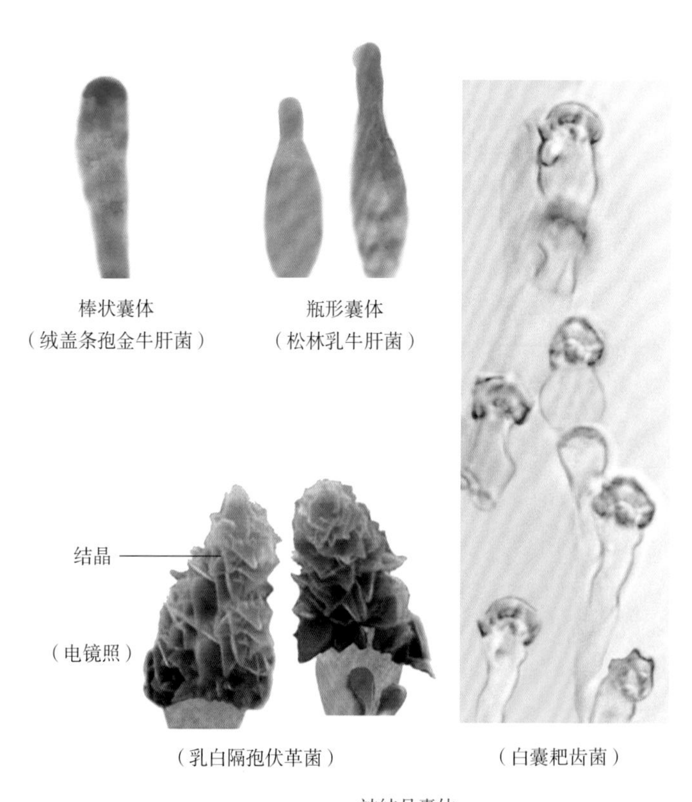

图8 囊状体

9．刚毛：担子子实层内的一种暗色、厚壁、先端尖的不育结构，常呈披针形或腹鼓形（图7）。

10．色汁导管：埋生于担子子实层内或子实层基的一种不育结构，内含有色汁液，受伤即溢出而使子实层体变色并留下污渍（图9）。

图9 色汁导管（金丝韧革菌担子果剖面局部）

11．侧丝：担子子实层/子囊子实层内与担子/子囊伴生的不孕菌丝，常呈丝状，有的因被小刺突又称棘状侧丝（或瓶刷状侧丝），有的多分枝而称鹿角状侧丝（图10）。

图10 侧丝常见类型

12．子实层体、菌髓：担子果里，产子实层的菌丝层所着生的菌丝组织称菌髓；由担子子实层与菌髓共同构成的部分，称子实层体，通常用肉眼即可看到，常呈褶片状（菌褶）、管状（菌管）、齿状、刺状、皱褶状或平滑等（图11）。

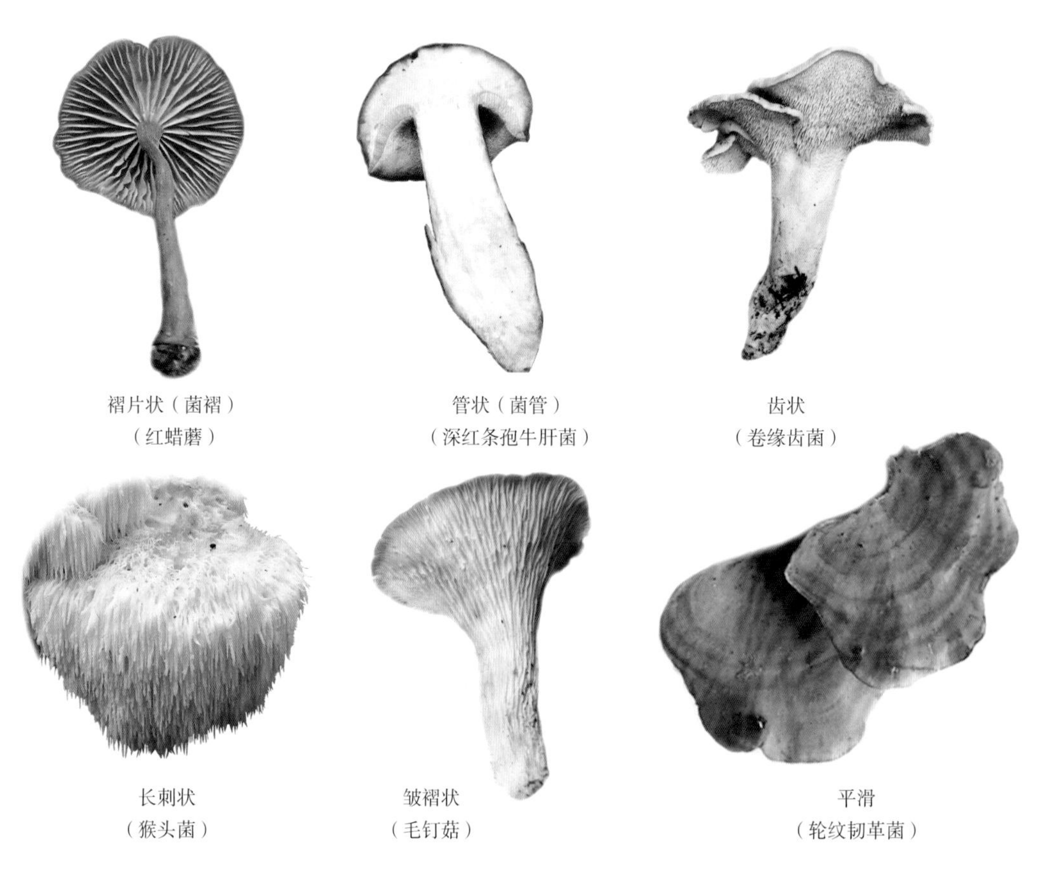

图11　子实层体类型

13．菌盖：担子果上部或顶端的部分，形状各异（图12）。菌盖表面平滑或粗糙，光滑或被毛，或具薄的皮层，或有厚、硬而光滑的皮壳，或有各种附属物（图16）。

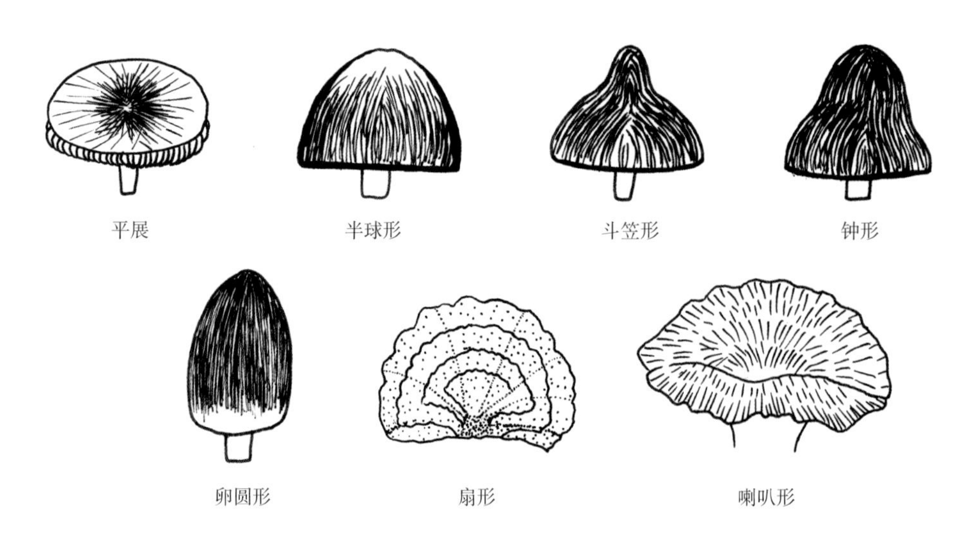

图12　菌盖形状

14．菌柄：担子果中支撑菌盖的圆柱形、棒状结构。据菌柄与菌盖的相对位置，其着生方式有中生、偏生、侧生、平侧生、背生、背侧生等（图13）；常见菌柄形状有棒状、纺锤形、圆筒形、圆柱形等（图14）。非褶菌类的许多种，担子果无菌柄。

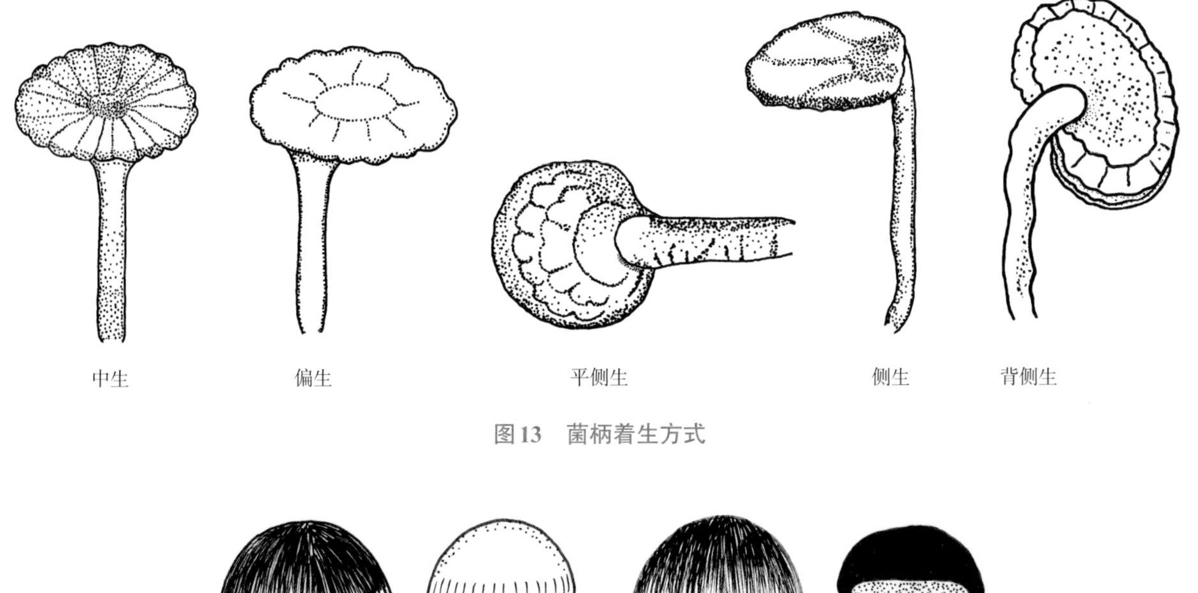

图13　菌柄着生方式

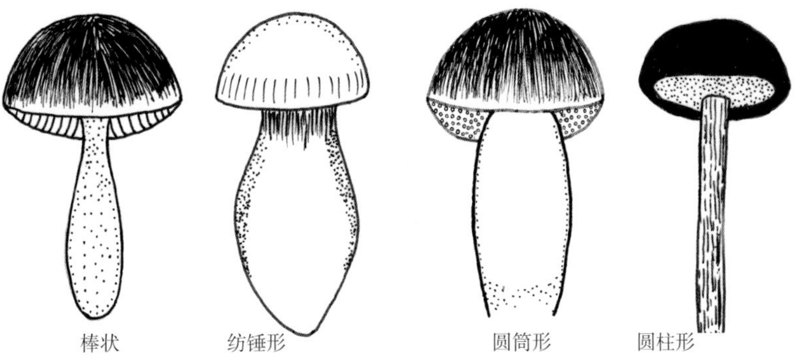

图14　菌柄形状

15．菌肉：菌盖菌肉是菌盖表皮与子实层体之间的部分，菌柄菌肉即菌柄表皮内的组织（图5）。菌肉的颜色、质地、气味常用于分类。

16．菌幕：包裹在幼担子果外面的膜状物称外菌幕，仅从菌盖边缘连到菌柄的膜状物称内菌幕。随担子果长大成熟，菌幕被撕破，可在菌盖表面或菌盖边缘留下残余物，也可在菌柄基部或菌柄上留下残余物（图15）。

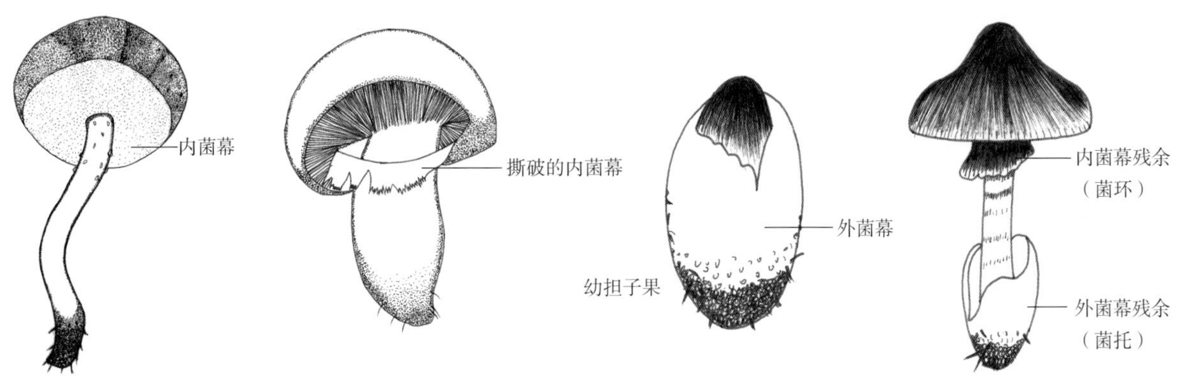

图15　内、外菌幕

17. 鳞片、菌幔：外菌幕被撕破后留在菌盖表面的残余物常称为鳞片，常见的有块状、毡状、纤毛状、疣状、颗粒状、刺状、粉末状（图16）。而留在菌盖边缘的残余物称菌幔（图17）。

图16 鳞片常见类型

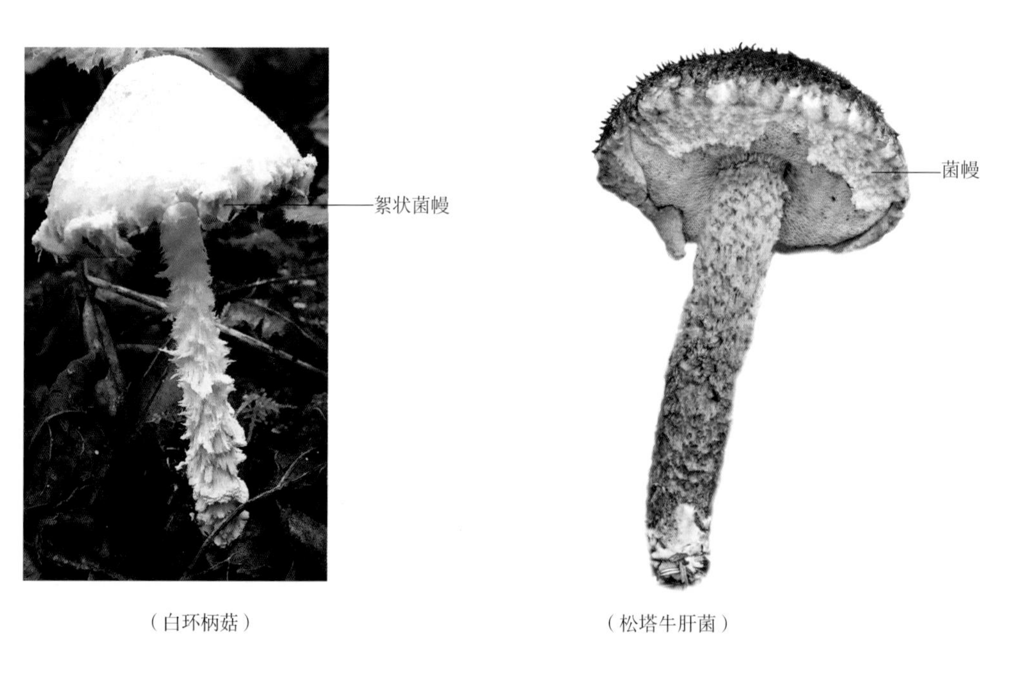

图17 菌幔

18. 菌托：外菌幕被撕破后，留在菌柄基部的残余物，常见的有杯状、苞状（袋状）、同心环带状、颗粒状等（图18）。

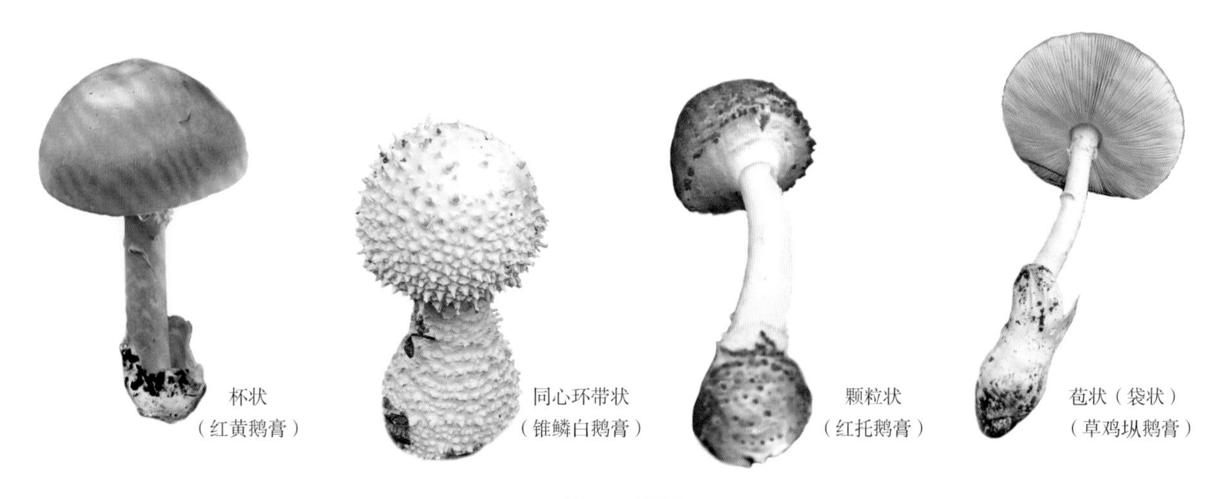

图18 菌托

19. 菌环：内菌幕被撕破后留在菌柄上的残余物，常呈环状、裙状，可留在菌柄的上部（上位）、中部（中位）或下部（下位）；常为单层，偶见双层，有的尚可在菌柄上滑动（图19）。

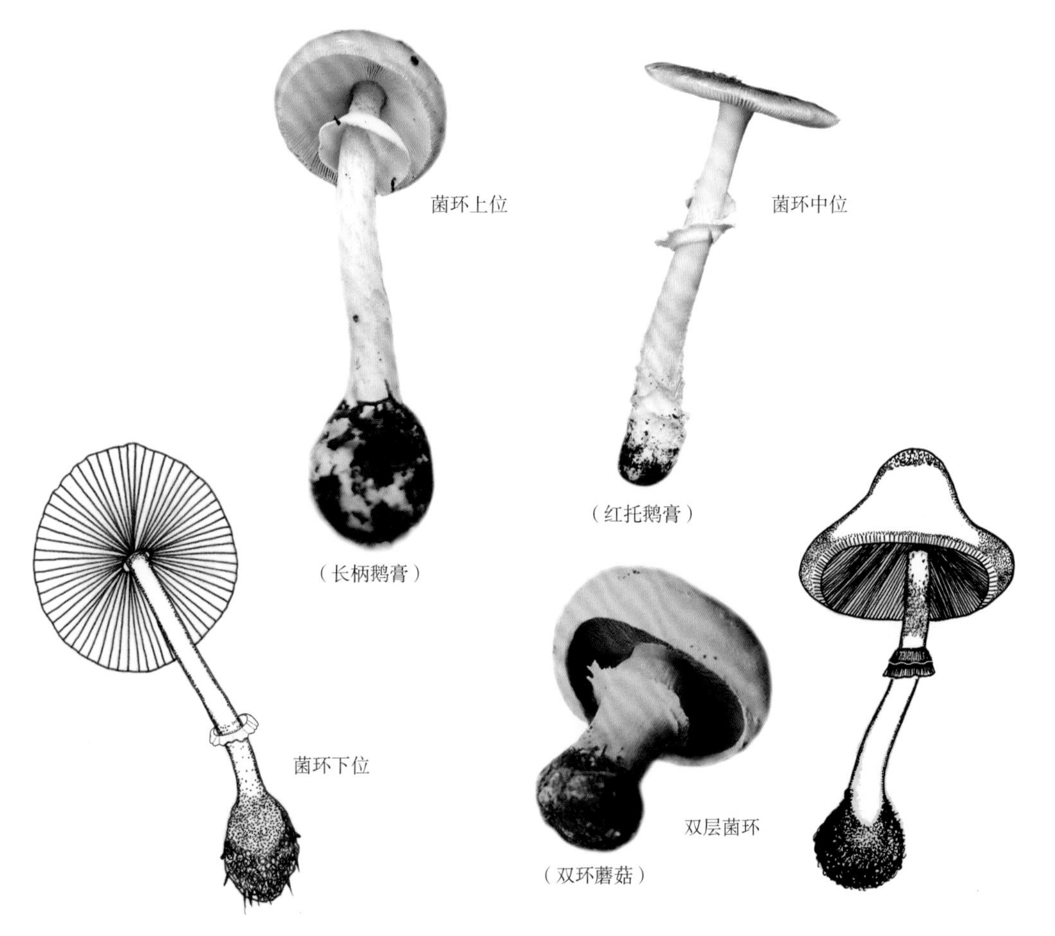

图19 菌环

20．菌褶：伞菌类典型的子实层体为褶片状，称菌褶，子实层生于褶片两侧。据菌褶与菌柄关联的不同，常见4种着生方式：①菌褶直生，菌褶垂直连生于菌柄上；②菌褶弯生，菌褶在与菌柄上端相连部位下陷弯曲；③菌褶离生，菌褶不与菌柄相连；④菌褶延生，菌褶沿菌柄表面向下延生。

菌褶边缘也称褶缘，呈平滑状，或呈波状、锯齿状等（图20）。

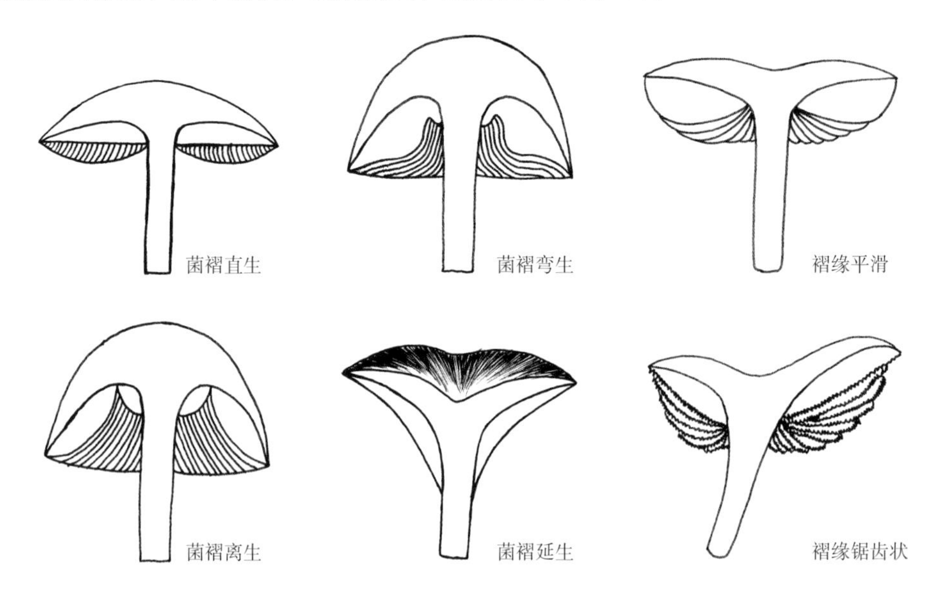

图20　菌褶（仿卯晓岚，2000）

21．孢体：腹菌类真菌在包被内部的产孢组织，后随孢子的成熟可保留腔室形或各自分离成小豆状的小包，或消解成粉末状或黏液状（图21）。

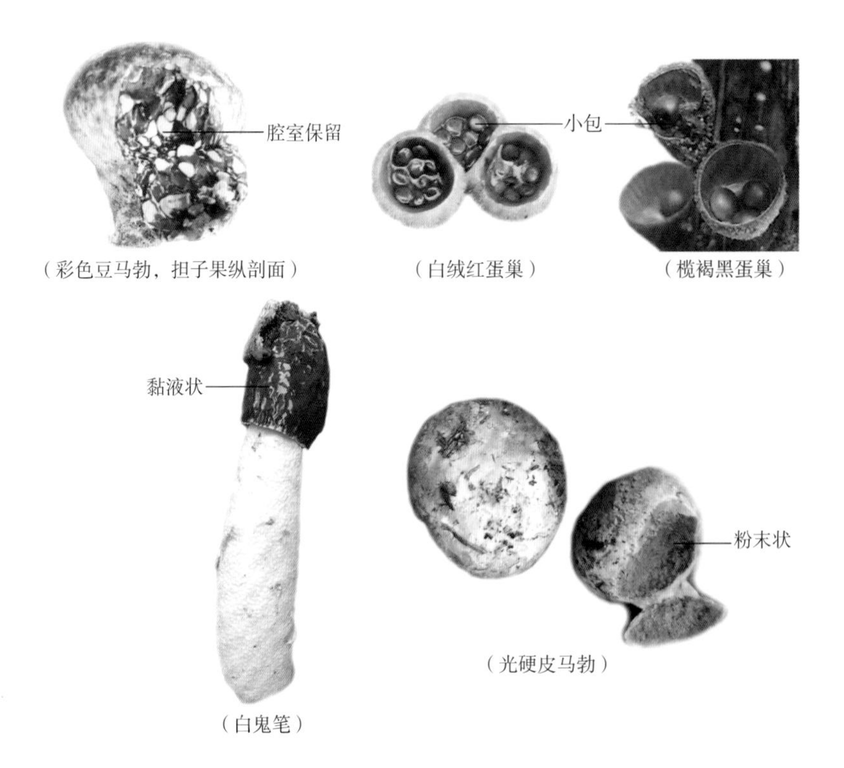

图21　成熟的孢体

22．菌攀索：黑蛋巢属、白蛋巢属各种每个小包微凹的一面都有一个结构复杂的绳状体连接到包被内侧，称菌攀索。其主要部分由螺旋状盘曲的菌丝组成，在孢子释放时可吸水膨胀、伸展，帮助被雨滴溅出的小包固定于周围基物上。

23．子囊、子囊孢子、子囊果：由子囊菌有性生殖产生。

经质配、核配后，由细胞核减数分裂的细胞在子囊中发育而成的单倍体有性孢子称子囊孢子，常见的有球形、近球形、椭圆形，丝状等，单细胞至多细胞，壁平滑或有纹饰（图22）。

子囊是含有一定数目（2^n个）子囊孢子的囊状结构（图22）。

产生并容纳子囊、子囊孢子的有性子实体称子囊果。

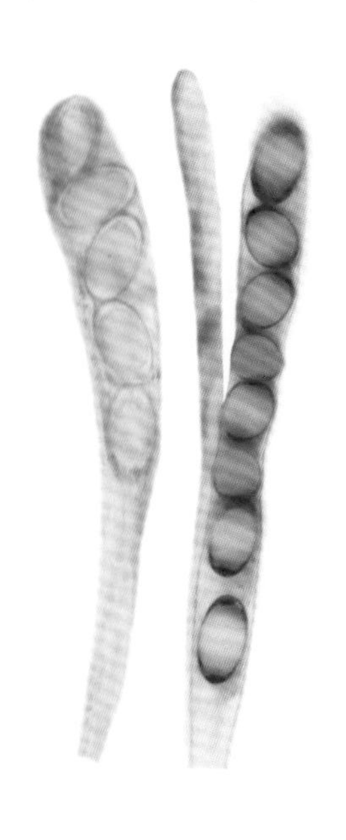

子囊棒状、圆筒形，
内含椭圆形子囊孢子、侧丝
（盘状马鞍菌）

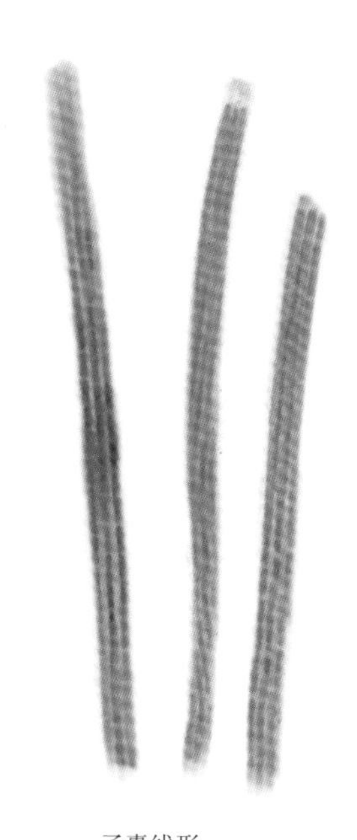

子囊线形，
内含丝状子囊孢子
（蛹虫草）

子囊卵形，
内含具纹饰的子囊孢子
（块菌）

图22　子囊和子囊孢子

24．子囊壳：子囊果呈球形或烧瓶形，以孔口释放子囊孢子，子囊子实层着生于其内壁。子囊壳可生在基物表面（图23），也可埋生于子座表层或内部（图1）。

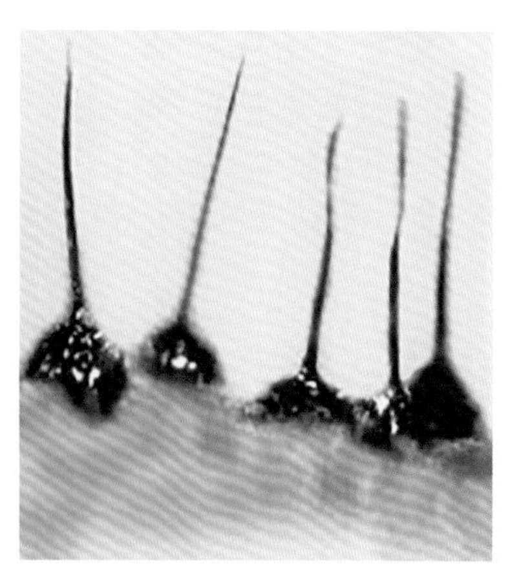

子囊壳表生（小长喙壳）

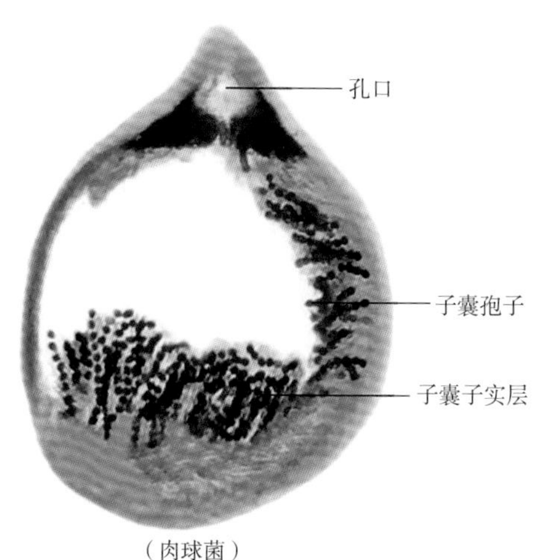

（肉球菌）

图23　子囊壳

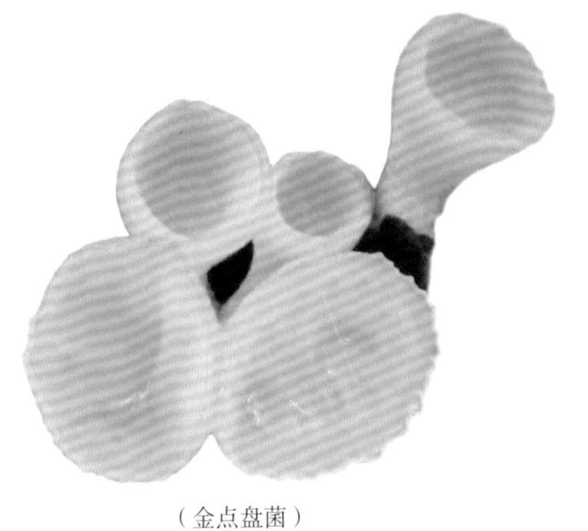
（金点盘菌）

（白毛小口盘菌）

图24　子囊盘

25．子囊盘：子囊果因有大的开口而呈浅盘状或杯形、碗状（图24），其子囊常排列成层——子囊子实层。

26．子囊子实层：由子囊、侧丝平行排列而成的栅栏状可育层（图25）。

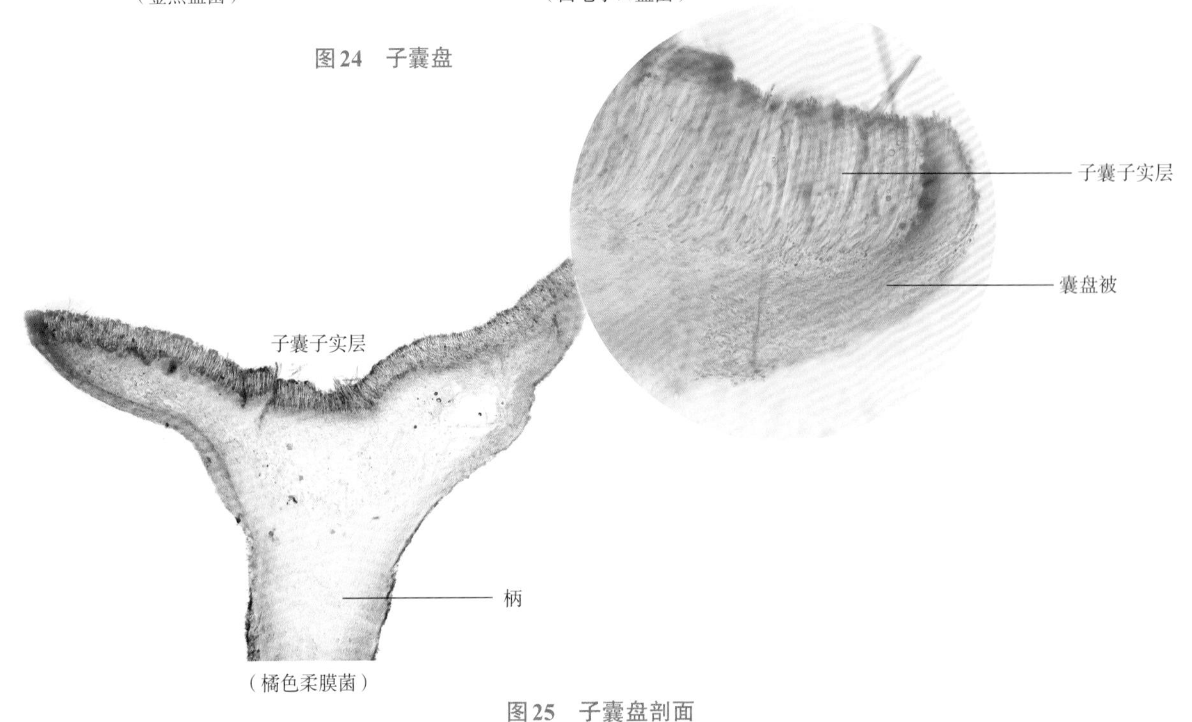

（橘色柔膜菌）

图25　子囊盘剖面

27．嗜蓝、不嗜蓝：孢子、囊状体或其他不孕结构，遇棉蓝试剂变蓝色者为嗜蓝，不变蓝色者为不嗜蓝。

28．淀粉质与非淀粉质、拟糊精质：孢子或其他组织结构遇含碘的梅氏试剂变蓝色为淀粉质，不变蓝色者为非淀粉质，变棕色、红棕色，即拟糊精质反应。

29．木材白色腐朽：木材腐朽菌以降解木质素为主，腐朽木留下较多的纤维素、半纤维素而呈白色、木材色，简称白腐。

30．木材褐色腐朽：木材腐朽菌主要降解纤维素、半纤维素，腐朽木留下未降解的木质素而呈褐色，简称褐腐。

31．毒菌：指因含有真菌毒素使人或动物误食中毒乃至死亡的一类真菌，含毒素的伞菌又称毒蘑菇。

32．菌根菌：能与植物根部形成共生体——菌根，让植物与之共生互利的一类真菌。其中外生菌根菌与不同树种形成外生菌根，在生长季节常从土表长出子实体。

33．药用菌：在其菌丝体、子实体、菌核或孢子中能产生真菌多糖、甾醇等物质，对人体有益，对疾病有预防、抑制或治疗作用的一类真菌。

目　录

第一章 老君山概况

一、区域概况

1. 地理位置

老君山位于北纬26°2′48″～27°36′36″，东经99°1′12″～100°3′17″。丽江老君山自然保护区（以下简称老君山保护区），也称丽江老君山国家公园，地处丽江市玉龙纳西族自治县、大理白族自治州剑川县、迪庆藏族自治州维西傈僳族自治县、怒江傈僳族自治州兰坪白族普米族自治县四县交界处，夹于金沙江与澜沧江之间（图1-1）。

图1-1 金沙江畔

2. 气候特征

老君山保护区山体呈南北走向，地势北高南低。在低纬度、高海拔、地形复杂等地理条件的综合影响下，受季风气候的制约，四季温差小、干湿季分明、垂直差异显著，兼具低纬、山地、季风气候的特征。

（1）海拔2100～4100m，因其大部地区处于3200m以上，气温总体偏低，年平均气温一般为6～13℃，最热月平均气温10～18℃，最冷月平均气温5～6℃。气温年较差10～12℃，而日较差可达12～15℃。一年之中，春季升温迅速，夏季温暖而不炎热，秋季降温剧烈，冬季冷凉而无酷寒。

（2）因北倚青藏高原，而东南距南海和西南距孟加拉湾各约1000km，控制老君山保护区的气团冬夏性质截然不同，故形成“冬干夏雨、干湿季分明”的季风气候特点。11月至次年4月的干季，降雨量仅占全年雨量的10%～20%。5～10月的雨季，降雨量占全年的80%～90%。

（3）老君山保护区总体属于山地温带和山地亚寒带气候，但因海拔高低悬殊，气候垂直差异明显，加上十分复杂的地形地貌，形成多种小气候环境，具有温、凉、寒兼有，干湿分明、复杂多样的立体区域性山地气候特征。

3. 森林资源

老君山保护区是丽江、剑川、维西和兰坪四县的重点林区。其森林资源丰富，树种多样，蓄积量大。主要乔木有丽江云杉、长苞冷杉、云南铁杉、大果红杉等针叶树，珍稀树种有云南红豆杉、云南榧树等。多种阔叶树，包括木质坚硬的水青冈、黄背栎、川滇高山栎、滇石栎等各种栎类，还有川杨、白桦、野核桃等。

老君山保护区植被垂直分布明显，各植被类型的分布与组合具有明显的过渡性，因青藏高原东南缘沿横断山系南段海拔逐步降低，在区系上和生态上反映出与亚热带成分的互相混杂、交错状态。

（1）暖温性针叶林——云南松林，以云南松为主要建群种，由云南松（图1-2）、硬叶高山栎、华山松（图1-3）交错形成，是保护区四周边缘地带分布最广、面积最大的地带性植被类型，分布在海拔2500～2800m，少数可上升至3000m或下降至1500m。

图1-2 云南松林

图1-3 华山松林

（2）半湿润常绿阔叶林——滇青冈林。其分布在海拔2400～2800m溪谷两岸水分较充足、土层较深厚、坡度较大的地段（图1-4），较分散，但不乏珍贵树种，群落内结构保存尚好。被滥伐后的红豆杉，多呈伐桩萌蘖状态，溪边还有聚生成群的云南枫杨。

图1-4 溪谷两岸的常绿阔叶林

（3）中山湿性常绿阔叶林——青冈栎、多穗石栎、川滇高山栎混交林（图1-5）。其间有云南铁杉、喜马拉雅红豆杉等二层乔木及槭属、稠李属等落叶乔木，多分布于海拔2500m上下沿溪谷两岸水湿条件较好的地段。

图1-5 中山湿性常绿阔叶林

（4）落叶阔叶林——槭树、红桦、箭竹混交林，是云杉-冷杉林被破坏后形成的次生林，分布于海拔2500～3500m。

（5）温凉性针叶林——云南铁杉、箭竹混交林（图1-6），常沿沟谷或较湿润的山坡呈条带状分布，较狭窄且界限模糊，在海拔2500～2900m范围内，上接云杉、冷杉林，下邻落叶阔叶林。灌木层以箭竹、杜鹃属树种为主，草本层不甚发达。

图1-6 箭竹林

（6）硬叶常绿阔叶林——黄背栎、西南花楸混交林，混有少量云杉、冷杉，分布于海拔3100～3700m、人为活动干扰较少的地段，灌木层较稀疏，草本层发育不良。

（7）亚高山寒温性针叶林——云杉、冷杉、大果红杉混交林，主要分布于海拔3000～4200m，是保护区的核心和关键植被，又以长苞冷杉、苍山冷杉、黄杯杜鹃、箭竹林分布广，而大果红杉较为分散（图1-7）。

图1-7 亚高山寒温性针叶林

（8）杜鹃矮林，分布于海拔2500～4400m，位于杜鹃属植物现代物种多样性的中心地段（图1-8），不少种类株高达2～5m，乃至10m以上，且可形成稠密的单优群落，成为保护区的特有景观，是很有特色的“高山复合体”的主要成分之一。

图1-8 杜鹃矮林

4. 土壤状况

老君山保护区内土壤类型多，且地带性分布明显。

（1）土壤类型。

主要有石质土、亚高山草甸土、亚高山针叶林暗棕壤、暗棕壤、棕壤、黄棕壤、红棕壤、黄壤、红壤、紫色土、石灰岩土、冲积土、水稻土、草甸土等。加上土壤亚类，这样丰富的土壤种类为动物、植物和大型真菌的繁衍生息提供了丰富的营养物质，也是大型真菌多样性的基础。

（2）土壤地带性分布与植被。

海拔4200m以上为亚高山寒漠土，由于海拔高、气候寒冷、常年积雪，属难利用土壤，为高山寒漠流石滩类型；植被差。

海拔3500～4200m多为亚高山草甸土；植被为耐寒草类和小灌木组成的灌丛草甸，为天然牧场。

海拔3600～3800m多为暗针叶林土，主要分布在老君山栗地坪等地，为山的阴坡和平缓地带；植被多为成片云杉、冷杉林。

海拔3200～3600m多为暗棕壤，主要分布在鲁甸、九河等地；植被以混生的针叶林、阔叶林及杜鹃灌丛为主。

海拔2600～2800m多为黄棕壤，主要分布在鲁甸、塔城、巨甸、石鼓、九河等地的低凹山地；植被以混生的针阔混交林及杂木林为主。

海拔1300～2600m多为红壤，主要分布在丽江、维西（其宗）、剑川（甸南）；植被是以云南松为主的针叶林或针阔混交林。

二、大型真菌研究概况

老君山保护区保存着从亚热带常绿阔叶林到高山草甸较完整的植被垂直带，也栖息着垂直分布差异显著的大型真菌，其物种多样性十分丰富。

自20世纪80年代开始，国内外真菌学家先后在老君山保护区考察，陆续发现、发表了一些新种、新记录种和新组合，如庄文颖等发表的黄无座盘菌*Agyrium aurantium*（Zhuang & Yang，2006）；杨祝良等发表的鹅膏属的长柄鹅膏*Amanita altipes*、李逵鹅膏*Amanita liquii*、东方褐盖鹅膏*Amanita orientifulva*、锈脚鹅膏*Amanita rubiginosa*、灰盖黄环鹅膏*Amanita citrinoindusiata*等新种（Yang & Li，2001；Yang et al.，2004；Cui et al.，2018）；牛肝菌科下，臧穆、杨祝良等报道了9个种，其中有新种喜杉绒盖牛肝菌*Xerocomus piceicola*和细绒绒盖牛肝菌*Xerocomus velutinus*（Zhang et al.，2012a；Wu et al.，2014b，2016）；戴玉成（2022）发表的非褶菌类的冷杉钹孔菌*Coltricia abieticola*、云杉针层孔菌*Phellinus piceicola*、云杉灰蓝孔菌*Cyanosporus piceicola*、亚小孔异担子菌*Heterobasidion subparviporum*、云杉多年卧孔菌*Perenniporia piceicola*等若干个新种。他们的研究成果为本书的撰写提供了重要的参考。

西南林业大学对老君山保护区大型真菌的研究始于2003年。著者（张颖）于2004～2005年5～10月在石头白族乡（图1-9）、九河白族乡（其核心区九十九龙潭见图1-10）、巨甸镇、金丝厂（图1-11）、新主村、小桥头村等地，设立样地或沿踏查路线采集了大型真菌标本3300余号，结合形态学、生态学研究，于2006年完成硕士学位论文《丽江老君山大型真菌多样性和生态学研究》，记载老君山133属266种大型真菌，此后，又报道了八种植被类型中分布的代表性的优势属、种；指出外生菌根菌以红菇属*Russula* Pers.、牛肝菌属*Boletus* L.、丝膜菌属*Cortinarius* (Pers.) Gray的种类最为丰富，木腐菌则以多孔菌科Polyporaceae种类多、分布广（Zhang et al.，2011，2012b）。2008年9～11月、2009年5～6月，森林保护专业硕士研究生李单，在老君山的黎明乡（黎明乡部分地质景观见图1-12），包括黎明、黎光、雄美、美乐、中兴、念子扒落、怒布落、大羊场、千龟山、老山、河上、余庄等地林区，采集木腐菌标本1750余号，记载老君山48属120种木腐菌，并于2010年撰写硕士学位论文《丽江老君山黎明乡木腐菌初步研究》。2015年，著者获得国家自然科学基金项目（31560013）资助，再次深入老君山保护区继续开展研究（采集途中见图1-13，标本整理见图1-14）。

本书正是在上述十余年工作的基础上完成的。

图1-9　石头白族乡

图1-10 九十九龙潭

图1-11 金丝厂

图1-12 黎明乡部分地质景观

图1-13 采集途中

图1-14 整理标本

老君山保护区大型真菌2门6大类的科名、属名及种、变种数详见表1。

表1 老君山保护区大型真菌物种数

门	类、型		科	属	种、变种数
担子菌门 Basidiomycota	伞菌类		蘑菇科 Agaricaceae	蘑菇属 *Agaricus*	6
				囊皮伞属 *Cystoderma*	2
				环柄菇属 *Lepiota*	9
			鹅膏科 Amanitaceae	鹅膏属 *Amanita*	32
			耳匙菌科 Auriscalpiaceae	耳匙菌属 *Auriscalpium*	1
				小香菇属 *Lentinellus*	2
			鬼伞科 Coprinaceae	小鬼伞属 *Coprinellus*	2
				拟鬼伞属 *Coprinopsis*	1
				鬼伞属 *Coprinus*	1
				小脆柄菇属 *Psathyrella*	5
			丝膜菌科 Cortinariaceae	丝膜菌属 *Cortinarius*	63
				盔孢伞属 *Galerina*	2
				裸伞属 *Gymnopilus*	2
				丝盖伞属 *Inocybe*	4
			靴耳科 Crepidotaceae	靴耳属 *Crepidotus*	3
			粉褶菌科 Entolomataceae	斜盖伞属 *Clitopilus*	1
				粉褶菌属 *Entoloma*	9
			齿角菌科 Hydnangiaceae	蜡蘑属 *Laccaria*	6
			小皮伞科 Marasmiaceae	蜜环菌属 *Armillaria*	2
				鳞盖伞属 *Cyptotrama*	1
				假蜜环菌属 *Desarmillaria*	1
				胶孔菌属 *Favolaschia*	2
				冬菇属 *Flammulina*	1
				香菇属 *Lentinula*	1
				微皮伞属 *Marasmiellus*	2
				小皮伞属 *Marasmius*	10
				小奥德蘑属 *Oudemansiella*	5
				乳酪金钱菌属 *Rhodocollybia*	1
				干蘑属 *Xerula*	3
			小菇科 Mycenaceae	小菇属 *Mycena*	13
			桩菇科 Paxillaceae	桩菇属 *Paxillus*	1
			膨瑚菌科 Physalacriaceae	小长桥菌属 *Ponticulomyces*	1

续表

门	类、型		科	属	种、变种数
担子菌门 Basidiomycota	伞菌类		侧耳科 Pleurotaceae	亚侧耳属 *Hohenbuehelia*	2
				侧耳属 *Pleurotus*	2
			光柄菇科 Pluteaceae	光柄菇属 *Pluteus*	5
			红菇科 Russulaceae	乳菇属 *Lactarius*	17
				多汁乳菇属 *Lactifluus*	4
				红菇属 *Russula*	36
			球盖菇科 Strophariaceae	垂幕菇属 *Hypholoma*	2
				库恩菇属 *Kuehneromyces*	1
				鳞伞属 *Pholiota*	3
				球盖菇属 *Stropharia*	1
			口蘑科 Tricholomataceae	棒柄杯伞属 *Ampulloclitocybe*	1
				色孢菇属 *Callistosporium*	1
				风铃菌属 *Calyptella*	1
				松苞菇属 *Catathelasma*	1
				杯伞属 *Clitocybe*	5
				金钱菌属 *Collybia*	1
				裸脚伞属 *Gymnopus*	4
				湿伞属 *Hygrocybe*	8
				拟蜡伞属 *Hygrophoropsis*	1
				蜡伞属 *Hygrophorus*	5
				斑玉蕈属 *Hypsizygus*	1
				香蘑属 *Lepista*	3
				亚脐菇属 *Lichenomphalia*	1
				离褶伞属 *Lyophyllum*	3
				斑褶菇属 *Panaeolus*	3
				扇菇属 *Panellus*	2
				假杯伞属 *Pseudoclitocybe*	1
				元蘑属 *Sarcomyxa*	1
				囊皮杯伞属 *Singerocybe*	2
				蚁巢伞属 *Termitomyces*	2
				口蘑属 *Tricholoma*	11
				拟口蘑属 *Tricholomopsis*	1
				干脐菇属 *Xeromphalina*	1

续表

门	类、型		科	属	种、变种数
担子菌门 Basidiomycota	牛肝菌类		牛肝菌科 Boletaceae	金牛肝菌属 *Aureoboletus*	3
				南方牛肝菌属 *Austroboletus*	1
				条孢牛肝菌属 *Boletellus*	2
				牛肝菌属 *Boletus*	17
				黄肉牛肝菌属 *Butyriboletus*	3
				美牛肝菌属 *Caloboletus*	2
				红孔牛肝菌属 *Chalciporus*	1
				裘氏牛肝菌属 *Chiua*	2
				粉蓝牛肝菌属 *Cyanoboletus*	1
				褐孔小牛肝菌属 *Fuscoboletinus*	1
				腹牛肝菌属 *Gastroboletus*	1
				哈里牛肝菌属 *Harrya*	4
				庭院牛肝菌属 *Hortiboletus*	2
				厚瓤牛肝菌属 *Hourangia*	2
				栗色牛肝菌属 *Imleria*	2
				小疣柄牛肝菌属 *Leccinellum*	1
				疣柄牛肝菌属 *Leccinum*	3
				黏盖牛肝菌属 *Mucilopilus*	1
				新牛肝菌属 *Neoboletus*	6
				褶孔牛肝菌属 *Phylloporus*	5
				红孢牛肝菌属 *Porphyrellus*	1
				粉末牛肝菌属 *Pulveroboletus*	4
				网柄牛肝菌属 *Retiboletus*	5
				红牛肝菌属 *Rubroboletus*	1
				皱盖牛肝菌属 *Rugiboletus*	1
				华牛肝菌属 *Sinoboletus*	1
				松塔牛肝菌属 *Strobilomyces*	2
				褐黄牛肝菌属 *Suillellus*	1
				异色牛肝菌属 *Sutorius*	1
				粉孢牛肝菌属 *Tylopilus*	4
				红孢纱牛肝菌属 *Veloporphyrellus*	1

续表

门	类、型		科	属	种、变种数
担子菌门 Basidiomycota	牛肝菌类		牛肝菌科 Boletaceae	红绒盖牛肝菌属 *Xerocomellus*	2
				绒盖牛肝菌属 *Xerocomus*	8
				臧氏牛肝菌属 *Zangia*	4
			铆钉菇科 Gomphidiaceae	色钉菇属 *Chroogomphus*	3
				铆钉菇属 *Gomphidius*	3
			圆孔牛肝菌科 Gyroporaceae	圆孔牛肝菌属 *Gyroporus*	2
			乳牛肝菌科 Suillaceae	乳牛肝菌属 *Suillus*	7
	非褶菌类	孔状菌型	地花孔菌科 Albatrellaceae	地花孔菌属 *Albatrellus*	1
			纵隔担孔菌科 Aporpiaceae	榆孔菌属 *Elmerina*	1
			刺孢多孔菌科 Bondarzewiaceae	瘤孢孔菌属 *Bondarzewia*	3
			粉孢革菌科 Coniophoraceae	假皱孔菌属 *Pseudomerulius*	1
			牛舌菌科 Fistulinaceae	牛舌菌属 *Fistulina*	1
			拟层孔菌科 Fomitopsidaceae	褐伏孔菌属 *Brunneoporus*	1
				黄伏孔菌属 *Flavidoporia*	2
				拟层孔菌属 *Fomitopsis*	3
				褐波斯特孔菌属 *Fuscopostia*	1
				波斯特孔菌属 *Postia*	1
				红层孔菌属 *Rhodofomes*	2
			灵芝科 Ganodermataceae	灵芝属 *Ganoderma*	8
			褐褶菌科 Gloeophyllaceae	褐褶菌属 *Gloeophyllum*	5
			彩孔菌科 Hapalopilaceae	烟管孔菌属 *Bjerkandera*	1
				拟蜡孔菌属 *Ceriporiopsis*	2
				彩孔菌属 *Hapalopilus*	1
				皱皮菌属 *Ischnoderma*	1
			锈革孔菌科 Hymenochaetaceae	钹孔菌属 *Coltricia*	4
				针叶生孔菌属 *Coniferiporia*	1
				圆柱孢孔菌属 *Cylindrosporus*	1
				嗜蓝孢孔菌属 *Fomitiporia*	4

续表

门	类、型		科	属	种、变种数
担子菌门 Basidiomycota	非褶菌类	孔状菌型	锈革孔菌科 Hymenochaetaceae	锈齿革菌属 *Hydnochaete*	1
				锈革菌属 *Hymenochaete*	14
				新拟纤孔菌属 *Neomensularia*	1
				针层孔菌属 *Phellinus*	15
				桑黄属 *Sanghuangporus*	2
			巨盖孔菌科 Meripilaceae	残孔菌属 *Abortiporus*	1
				薄孔菌属 *Antrodia*	2
				树花孔菌属 *Grifola*	1
			皱孔菌科 Meruliaceae	毡干朽菌属 *Byssomerulius*	1
				肉齿耳属 *Climacodon*	1
				射脉菌属 *Phlebia*	1
			多孔菌科 Polyporaceae	齿毛菌属 *Cerrena*	1
				隐孔菌属 *Cryptoporus*	1
				灰蓝孔菌属 *Cyanosporus*	1
				迷孔菌属 *Daedalea*	1
				拟迷孔菌属 *Daedaleopsis*	2
				异薄孔菌属 *Datronia*	1
				叉丝孔菌属 *Dichomitus*	1
				棱孔菌属 *Favolus*	1
				索孔菌属 *Fibroporia*	1
				层架菌属 *Flabellophora*	1
				层孔菌属 *Fomes*	1
				粗毛盖孔菌属 *Funalia*	1
				半胶菌属 *Gloeoporus*	1
				异担子菌属 *Heterobasidion*	3
				蜂窝菌属 *Hexagonia*	1
				囊孔属 *Hirschioporus*	1
				炮孔菌属 *Laetiporus*	1
				褶孔菌属 *Lenzites*	2
				小孔菌属 *Microporus*	2
				锐孔菌属 *Oxyporus*	1
				革耳属 *Panus*	2
				多年卧孔菌属 *Perenniporia*	5
				暗孔菌属 *Phaeolus*	1

续表

门	类、型		科	属	种、变种数
担子菌门 Basidiomycota	非褶菌类	孔状菌型	多孔菌科 Polyporaceae	黑柄多孔菌属 *Picipes*	2
				剥管菌属 *Piptoporus*	1
				多孔菌属 *Polyporus*	6
				密孔菌属 *Pycnoporus*	2
				硬孔菌属 *Rigidoporus*	4
				栓孔菌属 *Trametes*	9
				拟栓孔菌属 *Trametopsis*	1
				附毛孔菌属 *Trichaptum*	4
				干酪菌属 *Tyromyces*	2
				范氏孔菌属 *Vanderbylia*	1
			裂孔菌科 Schizoporaceae	丝齿菌属 *Hyphodontia*	2
				白木层孔菌属 *Leucophellinus*	1
			未确定科 Incertae sedis	玫瑰孔菌属 *Rhodonia*	1
		革菌型	伏革菌科 Corticiaceae	伏革菌属 *Corticium*	4
			隔孢伏革菌科 Peniophoraceae	隔孢伏革菌属 *Peniophora*	4
				垫革菌属 *Scytinostroma*	1
			原毛平革菌科 Phanerochaetaceae	原毛平革菌属 *Phanerochaete*	1
				拟射脉革菌属 *Phlebiopsis*	2
				蓝革菌属 *Terana*	1
			韧革菌科 Stereaceae	盘革菌属 *Aleurodiscus*	1
				淀粉韧革菌属 *Amylostereum*	1
				小韧革菌属 *Chondrostereum*	1
				胶质韧革菌属 *Gelatinostereum*	1
				新小盘革菌属 *Neoaleurodiscus*	1
				韧革菌属 *Stereum*	12
				叉丝革菌属 *Vararia*	2
				刷革菌属 *Xylobolus*	4
			革菌科 Thelephoraceae	革菌属 *Thelephora*	1
		齿菌型	烟白齿菌科 Bankeraceae	丽齿菌属 *Calodon*	2
				栓齿菌属 *Phellodon*	3
				肉齿菌属 *Sarcodon*	6
			挂钟菌科 Cyphellaceae	齿舌革菌属 *Radulomyces*	1

续表

门	类、型		科	属	种、变种数
担子菌门 Basidiomycota	非褶菌类	齿菌型	猴头菌科 Hericiaceae	猴头菌属 *Hericium*	2
			齿菌科 Hydnaceae	齿菌属 *Hydnum*	3
			新小薄孔菌科 Neoantrodiellaceae	新小薄孔菌属 *Neoantrodiella*	1
			齿耳科 Steccherinaceae	小薄孔菌属 *Antrodiella*	2
				灰孔菌属 *Cinereomyces*	1
				囊孔菌属 *Flavodon*	1
				耙齿菌属 *Irpex*	3
				齿耳属 *Steccherinum*	6
		鸡油菌型	鸡油菌科 Cantharellaceae	鸡油菌属 *Cantharellus*	4
				喇叭菌属 *Craterellus*	2
			钉菇科 Gomphaceae	钉菇属 *Gomphus*	4
		珊瑚菌型	珊瑚菌科 Clavariaceae	珊瑚菌属 *Clavaria*	5
				冠珊瑚菌属 *Clavicorona*	1
				拟锁瑚菌属 *Clavulinopsis*	5
				拟枝瑚菌属 *Ramariopsis*	1
			棒瑚菌科 Clavariadelphaceae	棒瑚菌属 *Clavariadelphus*	5
			锁瑚菌科 Clavulinaceae	锁瑚菌属 *Clavulina*	3
			羽瑚菌科 Pterulaceae	龙爪菌属 *Deflexula*	3
			枝瑚菌科 Ramariaceae	枝瑚菌属 *Ramaria*	29
			绣球菌科 Sparassidaceae	绣球菌属 *Sparassis*	2
			胶瑚菌科 Tremellodendropsidaceae	拟胶瑚菌属 *Tremellodendropsis*	1
		杯状菌型	裂褶菌科 Schizophyllaceae	裂褶菌属 *Schizophyllum*	1
	腹菌类		硬皮地星科 Astraeaceae	硬皮地星属 *Astraeus*	2
			丽口菌科 Calostomataceae	丽口菌属 *Calostoma*	3
			笼头菌科 Clathraceae	散尾鬼笔属 *Lysurus*	1
			地星科 Geastraceae	地星属 *Geastrum*	5
			马勃科 Lycoperdaceae	灰球菌属 *Bovista*	1
				马勃属 *Lycoperdon*	8
			鸟巢菌科 Nidulariaceae	白蛋巢属 *Crucibulum*	1

续表

门	类、型		科	属	种、变种数
担子菌门 Basidiomycota	腹菌类		鸟巢菌科 Nidulariaceae	黑蛋巢属 *Cyathus*	5
				红蛋巢属 *Nidula*	2
			鬼笔科 Phallaceae	竹荪属 *Dictyophora*	1
				鬼笔属 *Phallus*	5
			须腹菌科 Rhizopogonaceae	须腹菌属 *Rhizopogon*	1
			硬皮马勃科 Sclerodermataceae	豆马勃属 *Pisolithus*	1
				硬皮马勃属 *Scleroderma*	4
	胶质菌类		木耳科 Auriculariaceae	木耳属 *Auricularia*	4
			花耳科 Dacrymycetaceae	胶角耳属 *Calocera*	3
				花耳属 *Dacrymyces*	2
				假花耳属 *Dacryopinax*	1
				胶杯耳属 *Femsjonia*	1
				胶盘耳属 *Guepiniopsis*	1
			黑耳科 Exidiaceae	黑耳属 *Exidia*	1
				焰耳属 *Guepinia*	1
				刺银耳属 *Pseudohydnum*	1
			银耳科 Tremellaceae	金耳属 *Naematelia*	1
				暗色银耳属 *Phaeotremella*	1
				银耳属 *Tremella*	2
子囊菌门 Ascomycota	大型子囊菌类		无座盘菌科 Agyriaceae	无座盘菌属 *Agyrium*	1
			胶陀螺菌科 Bulgariaceae	胶陀螺菌属 *Bulgaria*	1
			耳盘菌科 Cordieritidaceae	耳盘菌属 *Cordierites*	1
			虫草菌科 Cordycipitaceae	虫草属 *Cordyceps*	5
			地锤菌科 Cudoniaceae	地锤菌属 *Cudonia*	3
				地勺菌属 *Spathularia*	1
				拟地勺菌属 *Spathulariopsis*	1
			平盘菌科 Discinaceae	鹿花菌属 *Gyromitra*	2
			地舌菌科 Geoglossaceae	地舌菌属 *Geoglossum*	1
				小舌菌属 *Microglossum*	1
			柔膜菌科 Helotiaceae	杯盘菌属 *Chlorociboria*	1
				柔膜菌属 *Helotium*	1
				地杖菌属 *Mitrula*	1

续表

门	类、型		科	属	种、变种数
子囊菌门 Ascomycota	大型子囊菌类		马鞍菌科 Helvellaceae	马鞍菌属 *Helvella*	5
				腔块菌属 *Hydnotrya*	1
			肉座菌科 Hypocreaceae	竹黄属 *Shiraia*	1
			锤舌菌科 Leotiaceae	锤舌菌属 *Leotia*	1
			羊肚菌科 Morchellaceae	羊肚菌属 *Morchella*	2
				钟菌属 *Verpa*	2
			盘菌科 Pezizaceae	小双孢盘菌属 *Bisporella*	1
				盘菌属 *Peziza*	4
			火丝菌科 Pyronemataceae	网孢盘菌属 *Aleuria*	1
				缘刺盘菌属 *Cheilymenia*	1
				土盘菌属 *Humaria*	1
				侧盘菌属 *Otidea*	2
				垫盘菌属 *Pulvinula*	1
				胶鼓菌属 *Trichaleurina*	1
			肉杯菌科 Sarcoscyphaceae	小口盘菌属 *Microstoma*	1
				肉杯菌属 *Sarcoscypha*	3
			核盘菌科 Sclerotiniaceae	核盘菌属 *Sclerotinia*	1
			炭角菌科 Xylariaceae	轮层炭壳菌属 *Daldinia*	1
				肉球菌属 *Engleromyces*	2
				炭团菌属 *Hypoxylon*	4
				炭角菌属 *Xylaria*	6
合计	6类		87科	272属	848

第二章 伞菌类

指具有伞状担子果，通常肉质，子实层体为菌褶（褶片状）的一类担子菌。

蘑菇科 Agaricaceae

1 橙黄蘑菇

***Agaricus augustus* Fr.**

菌盖初期近球形，渐变为扁半球形，后期平展，直径9～20cm，密被褐色鳞片，中部的呈块状。菌肉厚，白色，受伤变黄色。菌褶离生，初呈灰白色，渐变粉红色，后期呈暗紫褐色至黑褐色。菌柄圆柱形，8～17cm×2～3.5cm，基部膨大，菌环以上光滑而以下被小鳞片。菌环上位，双层，白色、枯草黄色，膜质。

担孢子椭圆形至近卵圆形，7～9.5μm×5～6.5μm，褐色，平滑。

夏秋季丛生于针阔混交林中地上。可食用。

担子果

2 双孢蘑菇

***Agaricus bisporus* (J.E. Lange) Imbach**

菌盖近半球形、凸镜状，直径4～10cm，表面近白色至淡褐色，渐变为淡黄色至黄褐色，被平伏纤毛、浅褐色或红褐色鳞片，向边缘渐稀少。菌肉白色，受伤变淡红色。菌褶离生，初期白色，渐变为粉红色，后呈栗褐色至黑褐色。菌柄近圆柱形，3～6cm×1～2cm，白色，光滑。菌环上位至中位，白色，膜质，但易脱落。

囊状体圆筒形，粗6～7μm，顶端尖细。担孢子宽椭圆形，5～8μm×4～6.5μm，浅褐色，平滑。

夏秋季散生或群生于针阔混交林中地上，或生于草地、道旁。著名的食用菌。

担子果（菌盖表面被鳞片）

内菌幕正撕破

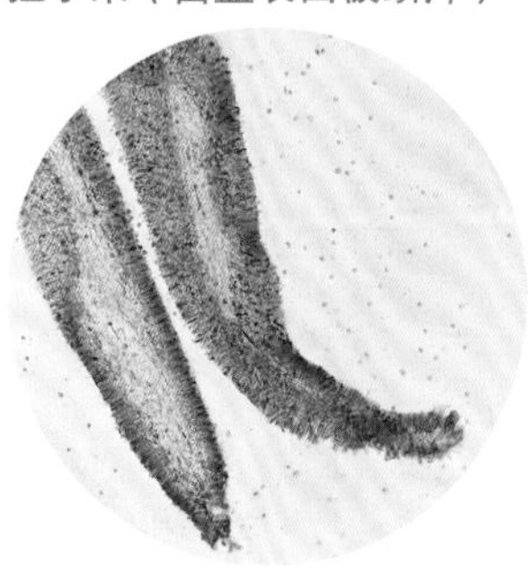

菌褶剖面

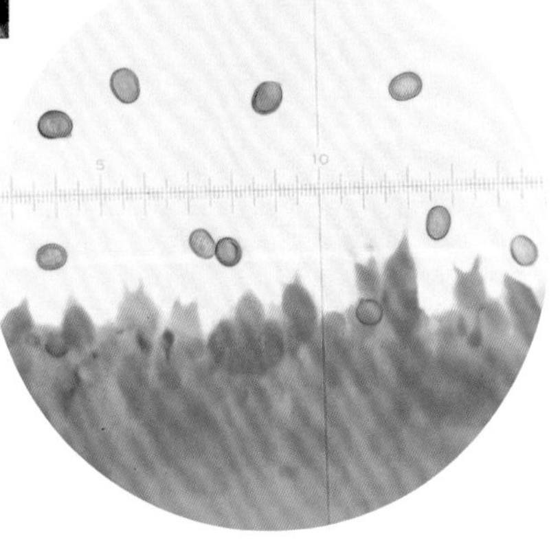

担孢子、担子、囊状体

3 巴氏蘑菇（俗名：姬松茸）

Agaricus blazei Murrill

菌盖初半球形、扁半球形，后渐平展，直径5～11cm，表面浅黄褐色，被淡褐色、淡黄褐色纤毛状鳞片。菌肉白色，厚，受伤变黄色。菌褶离生，近白色、肉粉色，后呈黑褐色，密，不等长。菌柄圆柱形，5.5～11cm×1～2cm，白色，菌环以下有细小鳞片。菌环上位，白色，膜质，易脱落，下表面有褐色絮状物。

担孢子卵圆形至宽椭圆形，5.5～6.5μm×3.5～5μm，淡黄褐色，平滑。

夏秋季群生于草地上。食药兼用。

担子果

菌环上位

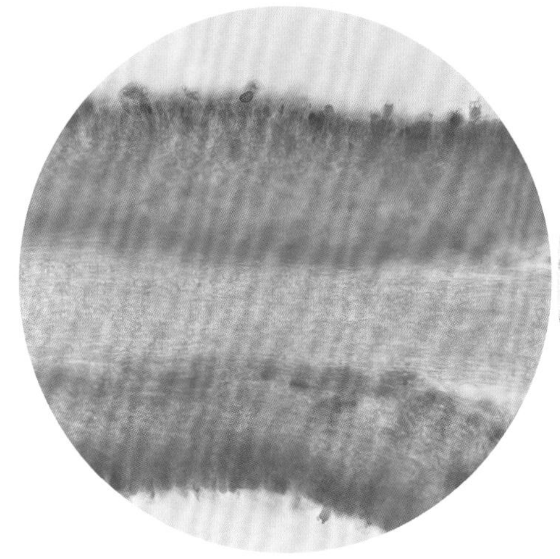

菌褶剖面（局部）

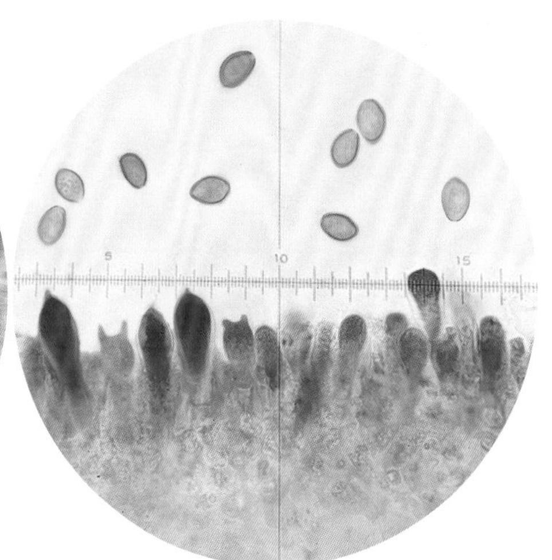

担孢子、担子、囊状体

4 白林地蘑菇

Agaricus silvicola (Vittad.) Peck

菌盖初为半球形，后渐平展，直径5～11cm，表面白色、淡黄色，被平伏纤毛。菌肉白色。菌褶离生，初白色，渐变粉色，后呈黑褐色，密，不等长。菌柄近圆柱形，6～15cm×0.5～1.5cm，白色，菌环以下被白色棉绒状鳞片。菌环上位，白色，膜质。

担孢子椭圆形、宽椭圆形，5～8μm×3～4.5μm，浅褐色，平滑。

夏秋季单生或散生于林中地上。

担子果

菌褶离生、菌环上位

5 灰鳞蘑菇
Agaricus moelleri **Wasser**

菌盖扁平，直径5～7cm，中央钝突，表面污白色，成熟后常变为淡粉色，被灰色、深灰色鳞片，中央的近黑色。菌肉白色。菌褶离生，初粉红色，后变粉褐色。菌柄圆柱形，5～7cm×0.5～0.8cm，白色，基部近球形。菌环上位至中位，污白色，膜质。各部位受伤变黄色。

担孢子宽椭圆形，4.5～5.5μm×3～3.5μm，褐色，平滑。

夏秋季生于落叶林中地上。

担子果（内菌幕未撕破或撕破）

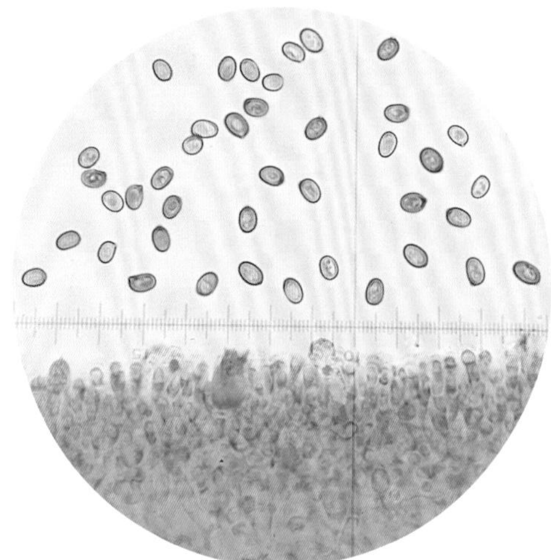
担孢子、子实层

成熟担子果

6 林地蘑菇
Agaricus sylvaticus **Schaeff.**

菌盖初为扁半球形，后渐平展，直径5～10cm，表面近白色，被浅褐色、淡红褐色鳞片。菌肉白色。菌褶离生，初白色、渐变粉色，后呈黑褐色，密，不等长。菌柄圆柱形，6～11cm×1～1.5cm，白色，受伤变污黄色，菌环以上有白色细小鳞片。菌环上位，白色，膜质，易脱落。

担孢子宽椭圆形，5～6.5μm×3.5～4.5μm，淡褐色，平滑。

夏秋季单生或群生于针阔混交林中地上。食药兼用。

担子果（菌盖表面被鳞片）

菌环上位

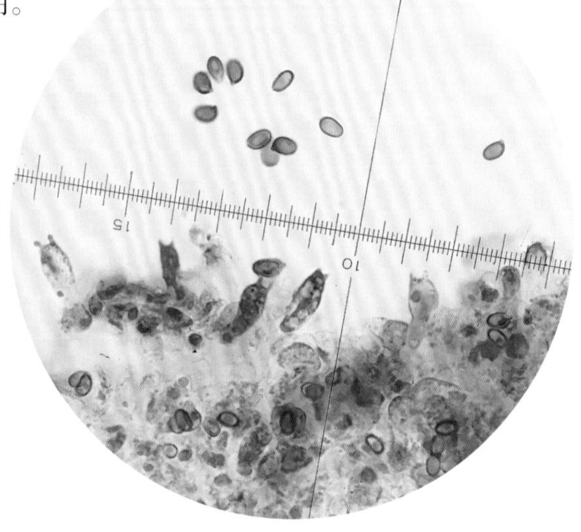

担子、担孢子

7 皱盖囊皮伞

Cystoderma amianthinum **(Scop.) Fayod**

菌盖半球形，中央凸起，后渐平展，直径3～10cm，表面黄色至黄褐色，密被小疣突，有放射状皱纹。菌肉白色。菌褶直生，白色至奶油色，密。菌柄近圆柱形，5～8cm×0.5～1.5cm，菌环以上白色至淡黄色，近光滑，菌环以下密被黄褐色粉质鳞片。菌环上位，易脱落。

担孢子宽椭圆形，5～6.5μm×2.5～3.5μm，无色，平滑，淀粉质。

夏秋季散生或群生于针阔混交林中或林缘地上。

担子果（菌盖表面被鳞片）

8 疣盖囊皮伞

Cystoderma granulosum **(Batsch) Fayod**

［现名：*Cystodermella granulosa* (Batsch) Harmaja］

幼担子果（菌盖具粉粒状小疣突）

菌盖初卵形、半球形，中央凸起，后渐平展，直径3～10cm，表面土黄褐色至红褐色，密被黑褐色粉粒状小疣突。菌肉白色。菌褶直生，白色至奶油色，稍密。菌柄近圆柱形至棒状，5～8cm×0.5～1.5cm，淡黄色至浅肉红色，菌环以上白色、近光滑，菌环以下被黄褐色至红褐色粉质鳞片。菌环上位，易脱落。

担孢子宽椭圆形、卵形，3.5～4.5μm×2.5～3μm，无色，平滑。

夏秋季散生或群生于针阔混交林或林缘地上。可食用。

9 锐鳞环柄菇

Lepiota aspera **(Pers.) Quél.** ［现名：*Echinoderma asperum* (Pers.) Bon］

菌盖近平展，直径4～8cm，中央微凸起，表面污白色至淡黄褐色，被褐色锥状、颗粒状鳞片，边缘留有白色菌幔。菌肉白色。菌褶离生，污白色，密。菌柄近圆柱形，4～12cm×0.5～1.5cm，菌环以上污白色，以下被浅褐色锥状鳞片，但易脱落。菌环上位，白色，膜质，易碎。

担孢子长椭圆形，5.5～7.5μm×2～3μm，无色，光滑，拟糊精质。

夏秋季散生于云南松的混交林下。可食用。

担子果（菌盖表面具深色鳞片）

菌环以下柄被鳞片

10 栗色环柄菇

Lepiota castanea **Quél.**

菌盖近钟形至扁平，后中部下凹而中央凸起，直径2～4cm，表面土褐色至浅栗褐色，密被颗粒状小鳞片。菌肉污白色，薄。菌褶离生，乳白色，不等长，较密。菌柄圆柱形，2～4cm×0.2～0.4cm，菌环以上近光滑，污白色，菌环以下与菌盖同色，有细小的环带状、褐色鳞片。菌环上位，白色，膜质。

担孢子近梭形，9～12.5μm×4～5.5μm，无色，平滑，拟糊精质。

夏秋季生于针叶林中地上。

担子果

担子果盖面被小鳞片、菌柄具环带状鳞片

11 细环柄菇

Lepiota clypeolaria **(Bull.) P. Kumm.**

菌盖近钟形至平展，直径3～9cm，表面污白色，被浅黄色至黄褐色鳞片。菌肉白色，薄。菌褶离生，白色。菌柄圆柱形，5～12cm×0.4～1cm，菌环以上近光滑、白色，菌环以下密被白色至浅褐色鳞片。菌环白色，易脱落。

担孢子纺锤形或近杏仁形，11～15μm×5～7μm，无色，平滑。

夏秋季生于林中地上。

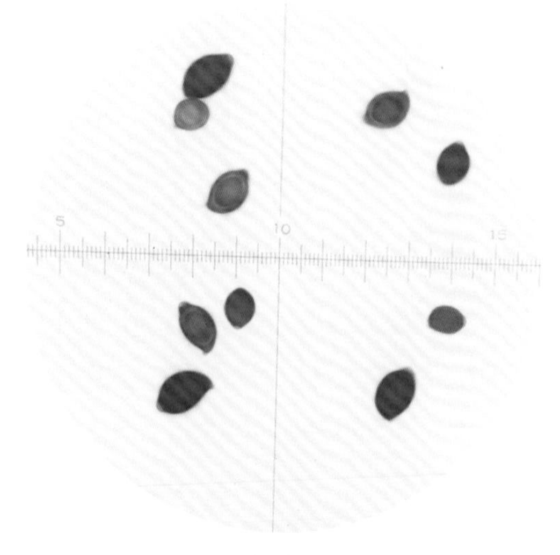

担孢子

菌盖近钟形、菌柄密被鳞片

成熟担子果（菌环已脱落）

12 冠状环柄菇
***Lepiota cristata* (Bolton) P. Kumm.**

菌盖斗笠形至平展，直径1～7cm，中央凸，表面白色、污白色，中部被红褐色至褐色鳞片。菌肉白色，薄。菌褶离生，白色。菌柄圆柱形，1.5～8cm×0.3～1cm，白色，后变红褐色。菌环上位，白色，膜质，易脱落。

担孢子侧面观呈近三角形，5.5～8μm×2.5～4μm，无色，拟糊精质。

夏秋季单生或群生于林中、路边、草坪等地上。有毒。

担子果

菌盖表面被鳞片、菌环上位

13 白环柄菇
***Lepiota erminea* (Fr.) P. Kumm.**

担子果（盖缘悬垂絮状残片）

菌柄被鳞片

菌盖初为半球形，后渐平展，直径1.5～5cm，中部脐突，表面白色，被黄褐色粉粒状鳞片，边缘有沟纹，悬垂絮状的外菌幕残片。菌肉白色。菌褶离生，白色，密。菌柄近圆柱形，5～9cm×0.3～0.6cm，白色，被鳞片。菌环上位，白色，易脱落。

担孢子近纺锤形，12～15.5μm×4～5μm，无色，平滑。

夏秋季单生或散生于阔叶林中地上。

14 褐鳞环柄菇

***Lepiota helveola* Bres.**

菌盖扁半球形至平展，直径1～4cm，中部稍凸，表面近白色，密被红褐色或褐色呈带状的小鳞片。菌肉白色。菌褶离生，白色，较密。菌柄圆柱形，2～6cm×0.3～0.5cm，淡黄褐色，基部稍膨大。菌环上位，易脱落。

担孢子椭圆形，5～9μm×3.5～5μm，无色，平滑，拟糊精质。

春至秋季单生或群生于林中或林缘草地上。有毒。

担子果

菌盖表面被红褐色小鳞片

15 小白鳞环柄菇

***Lepiota phlyctaenodes* (Berk. & Broome) Sacc.**

菌盖扁半球形至平展，直径1.5～2.5cm，表面白色，被黄褐色粉粒状鳞片，边缘具絮状悬垂外菌幕残片。菌肉白色。菌褶离生，白色，稍密，不等长。菌柄近圆柱形，2～5cm×0.1～0.2cm，白色，被粉粒状鳞片。菌环上位，粉粒状，易脱落。

担孢子椭圆形、宽椭圆形，4.5～5.5μm×2～3μm，无色，平滑。

夏秋季单生或散生于阔叶林中地上。

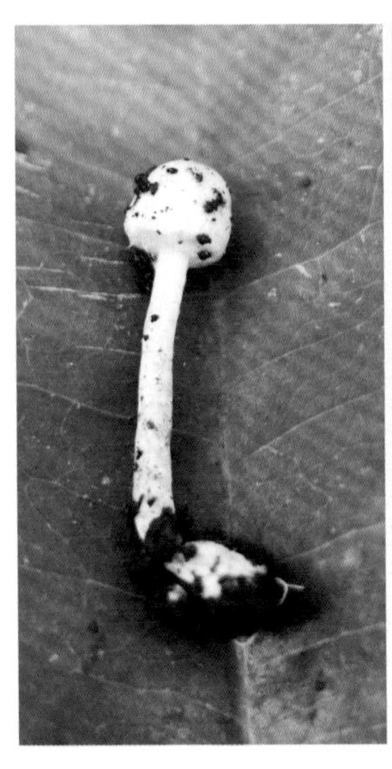

幼担子果

成熟担子果（菌柄被粉粒状鳞片）

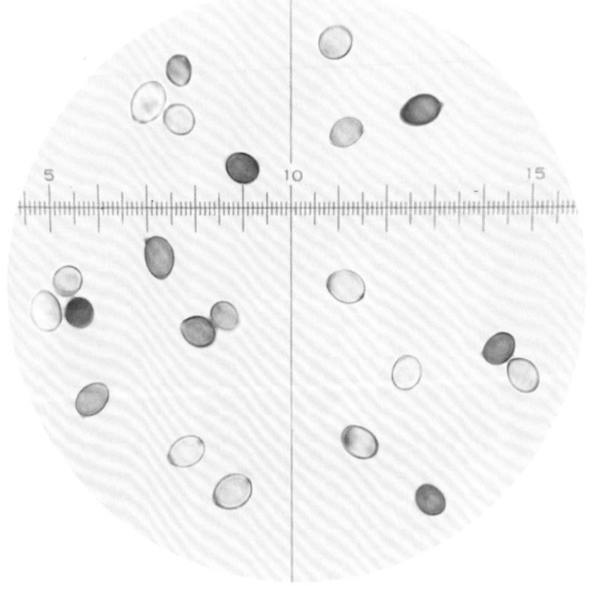

担孢子

16 红褐环柄菇

Lepiota rubrotincta Peck［现名：*Leucoagaricus rubrotinctus* (Peck) Singer］

菌盖半球形至平展，直径3～8cm，表面近白色，被红褐色至暗红褐色绒毛或鳞片。菌肉白色，薄。菌褶离生，白色。菌柄近圆柱形，3.5～8cm×0.5～1cm，白色。菌环上位，白色，膜质。

担孢子杏仁形至近卵圆形，7.5～9.5μm×4～5μm，无色，平滑，拟糊精质。

夏秋季生于林中或林间草地上。

担子果（盖面被红褐色鳞片）

菌环上位

17 近肉红环柄菇

***Lepiota subincarnata* J.E. Lange**

菌盖扁半球形至平展，直径1.5～3cm，中部稍凸，表面肉红色，被暗红褐色环纹状的鳞片，向边缘色渐浅。菌肉污白色至粉红色。菌褶离生，白色至乳黄色，密，不等长。菌柄近圆柱形，2～5cm×0.2～0.4cm，白色至红褐色，被白色絮状小鳞片。菌环上位，易脱落。

担孢子卵圆形至椭圆形，5～7μm×3～4μm，无色，平滑。

夏秋季单生或散生于针阔混交林中地上。有毒。

担子果（盖面被暗红褐色鳞片）

菌环上位

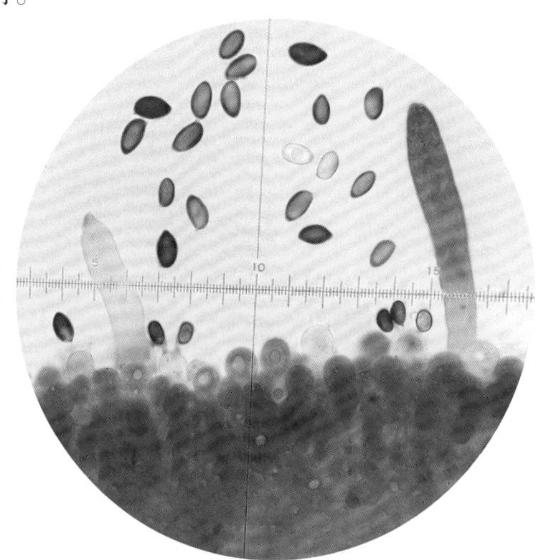

担孢子、担子、囊状体

鹅膏科 Amanitaceae

18 长柄鹅膏

***Amanita altipes* Zhu L. Yang, M. Weiss & Oberw.**

菌盖扁半球形至平展，直径4～9cm，表面浅黄色至黄色，中央色稍深，被毡状至絮状，浅黄色至污黄色的鳞片，边缘有棱纹。菌肉白色。菌褶离生，白色至浅黄色，褶缘浅黄色至黄色。菌柄圆柱形，9～16cm×0.5～1.8cm，浅黄色，基部膨大呈近球形至卵形，上半部被浅黄色至黄色鳞片。菌环上位，白色，膜质。

担孢子球形、近球形，8～10μm×7.5～9.5μm，无色，平滑。

夏秋季生于亚高山针叶林、阔叶林及针阔混交林中地上。可能有毒。

担子果（菌盖表面被鳞片、边缘具棱纹）

菌柄上部被鳞片、基部膨大，菌环上位

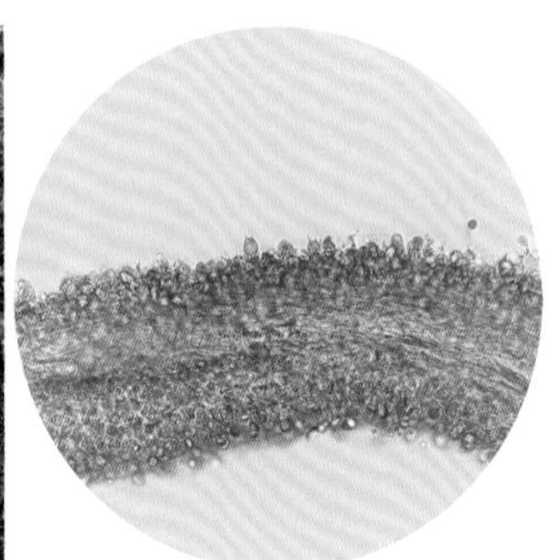

菌褶剖面

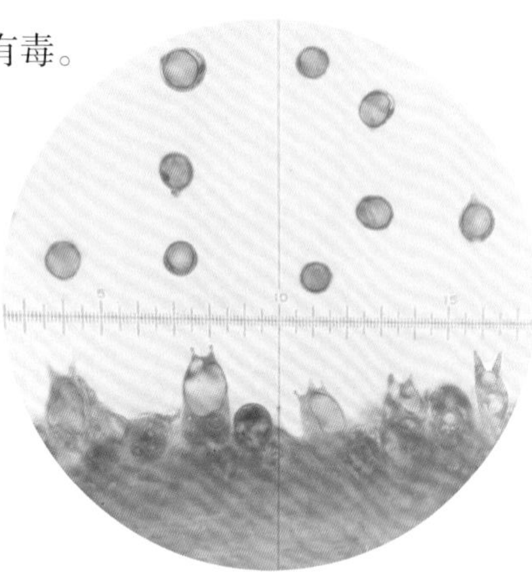

担孢子、担子、子实层

19 暗褐鹅膏

***Amanita atrofusca* Zhu L. Yang**

菌盖扁半球形至平展，直径5～15cm，中央稍凸起，表面灰褐色至黑褐色，边缘色稍浅，有长棱纹。菌肉白色。菌褶离生，白色、污白色，较密。菌柄近圆柱形，9～20cm×0.8～2.5cm，白色，被灰色至深褐色小鳞片。菌托袋状，污白色至浅褐色。

担孢子近球形，11～15μm×10.5～14.5μm，无色，平滑。

夏秋季单生或散生于针阔混交林中地上。

担子果（菌托袋状）　菌盖边缘有长棱纹

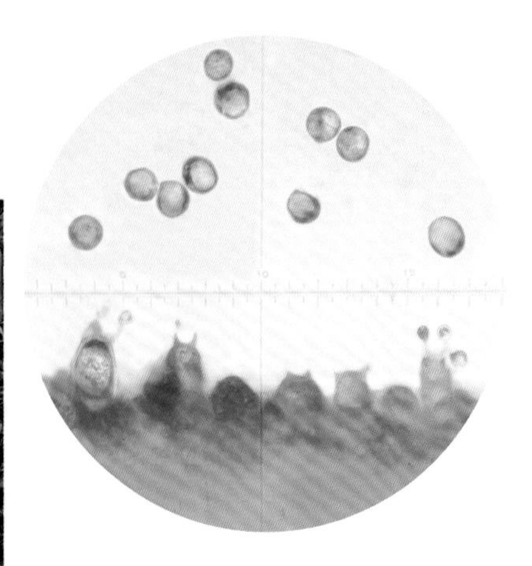

担孢子、担子

20 雀斑鳞鹅膏
Amanita avellaneosquamosa (S. Imai) S. Imai

菌盖扁半球形至扁平，直径4～8cm，表面污白色，被浅褐色至褐色破布状鳞片，但易脱落，边缘有条纹。菌肉白色。菌褶离生，白色，较密。菌柄近圆柱形或向下渐粗，7～12cm×1～2cm，白色，被白色小鳞片。菌环上位，白色，易脱落。菌托袋状，肉质，污白色。

担孢子宽椭圆形，8～11μm×5.5～7.5μm，无色，平滑。

夏秋季单生或散生于针阔混交林中地上。

担子果（菌盖表面被破布状鳞片）

菌柄上部被白色小鳞片

21 橙盖鹅膏
Amanita caesarea (Scop.) Pers.

菌盖初为卵圆形至钟形，后渐平展，直径5～20cm，中央稍凸起，表面鲜橙黄色、橘红色，光滑而稍黏，边缘有明显条纹。菌肉白色。菌褶离生，黄色。菌柄圆柱形，8～25cm×1～2cm，淡黄色，被橙黄色鳞片。菌环上位，淡黄色，膜质。菌托苞状，白色。

担孢子宽椭圆形、卵圆形，10～12.5μm×6～8.5μm，无色，平滑。

夏秋季生于林中地上。外生菌根菌。

幼担子果

菌盖边缘条纹明显、菌环上位

22 草鸡纵鹅膏 （曾用名：隐花青鹅膏、草鸡纵）

***Amanita caojizong* Zhu L. Yang, Y.Y. Cui & Q. Cai**

（曾用名：*Amanita manginiana* Har. & Pat.）

菌盖钟形至平展，直径5～15cm，表面灰色、深灰至褐色，光滑，具深色纤丝状隐生花纹，边缘常悬挂白色外菌幕残片。菌肉白色。菌褶离生，白色，较密。菌柄近圆柱形或向下渐粗，8～15cm×0.5～3cm，白色，被白色纤毛状或粉末状鳞片，基部稍膨大。菌环顶生，白色，膜质。菌托浅杯状、袋状，白色、污白色。

担孢子近球形、宽椭圆形，6～9μm×5～6.5μm，无色，平滑，淀粉质。

夏秋季单生或散生于针阔混交林或阔叶林中地上。可食用。

菌盖表面具深色隐生花纹

菌盖边缘具外菌幕残余物、菌环顶生、菌托袋状

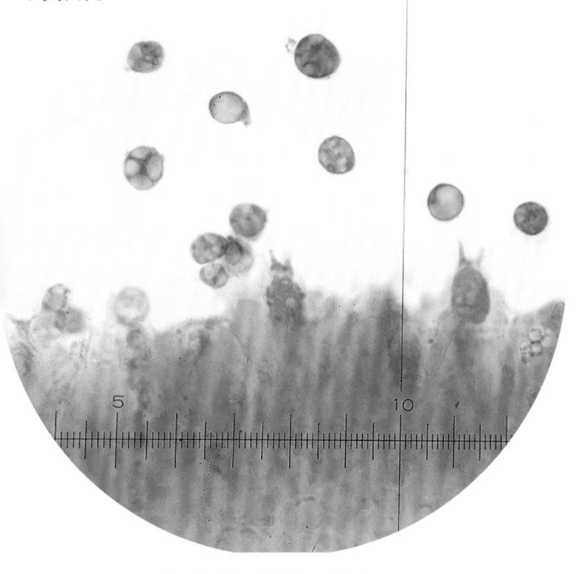

担孢子、担子、子实层

23 橙黄鹅膏

***Amanita citrina* (Schaeff.) Pers.**

菌盖半球形至平展，直径5～8cm，表面淡黄色至黄色，中央色稍深，被淡黄色块状鳞片，边缘平滑。菌肉白色。菌褶离生，白色或淡黄色，较密。菌柄圆柱形，6～10cm×0.8～1.5cm，白色至淡黄色，基部臼状。菌环上位，白色至淡黄色，膜质。

担孢子球形、近球形，7～9.5μm×7～9μm，无色，平滑。

夏秋季生于壳斗科或松科植物林中地上。有毒。

担子果（菌盖表面被鳞片）

菌褶离生、菌环上位

24 显鳞鹅膏

***Amanita clarisquamosa* (S. Imai) S. Imai**

菌盖半球形至平展，直径4～10cm，表面污白色，中央带褐色，被灰褐色至褐色、破布状或膜状、纤丝状的鳞片，边缘棱纹短浅。菌肉白色。菌褶离生，白色或浅灰色，较密。菌柄圆柱形，6～13cm×1～2cm，白色。菌环上位，易破碎。菌托袋状，白色、污白色。

担孢子椭圆形，10～13.5μm×6～7μm，无色，平滑。

夏秋季生于壳斗科和松科植物林中地上。有毒。

担子果

菌环上位

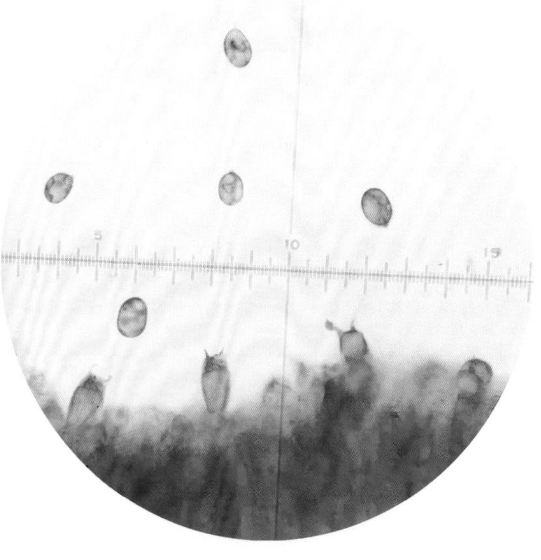

担子、担孢子、子实层

25 翘鳞鹅膏

***Amanita eijii* Zhu L. Yang**

菌盖半球形至平展，直径5～13cm，表面白色、污白色，被白色角锥状鳞片，边缘悬挂菌幔。菌肉白色，受伤变粉红色。菌褶离生，白色，较密，受伤变浅粉红色。菌柄棒状，5～12cm×1～2cm，白色，被浅粉红色至浅褐色反卷鳞片，排列成不规则同心环带，基部膨大呈卵形或腹鼓状。菌环上位，白色，膜质。

担孢子宽椭圆形，9～11μm×7～8μm，无色，平滑。

夏秋季单生或散生于针阔混交林中地上。

担子果（菌盖表面被角锥状鳞片，菌柄棒状、被环带状反卷鳞片）

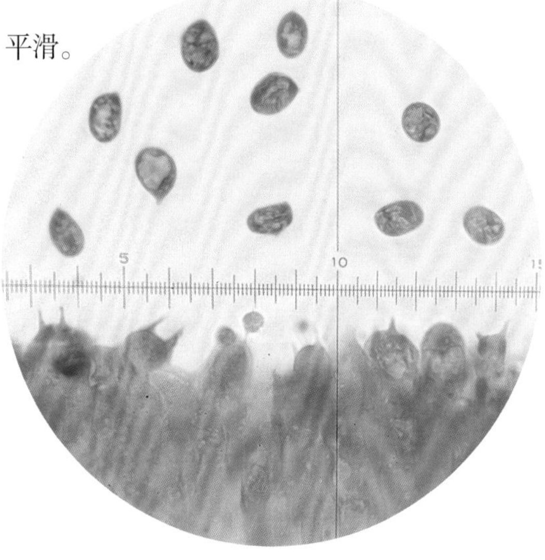

担孢子、担子

26 小托柄鹅膏
Amanita farinosa **Schwein.**

菌盖半球形至平展，直径3～5cm，表面浅灰色至浅褐色，被粉末状或疣状、絮状的灰色、灰褐色鳞片，边缘有长棱纹。菌肉白色。菌褶离生，白色，较密。菌柄近圆柱形，5～8cm×0.3～0.6cm，向上逐渐变细，白色，上半部被灰色至灰褐色粉状鳞片，基部膨大呈近球形至卵形。无菌环。

担孢子近球形至宽椭圆形，6.5～8μm×5.5～7μm，无色，平滑。

夏秋季生于林中地上。有毒。

担子果（杨祝良原照）

27 黄柄鹅膏
Amanita flavipes **S. Imai**

幼担子果

菌盖表面被鳞片

菌盖半球形至平展，直径3.5～12cm，表面浅黄色至黄褐色，被浅黄色、黄色的颗粒状或疣状鳞片。菌肉白色。菌褶离生，白色至淡黄色，较密。菌柄圆柱形，5～15cm×0.5～2cm，白色、浅黄色至黄色，上半部被浅黄色至黄色的粉末状或疣状鳞片，基部近球形、卵形，直径可达4cm。菌环上位，白色，膜质。

担孢子宽椭圆形至椭圆形，7～9μm×5.5～7μm，无色，平滑，淀粉质。

夏秋季生于针叶林、针阔混交林中地上。可能有毒。

28 格纹鹅膏
Amanita fritillaria **Sacc.**

菌盖平展，直径4～10cm，表面浅灰色、浅褐色，有放射状纤丝花纹，被深灰色至近黑色鳞片。菌肉白色。菌褶离生，白色至浅灰色，较密。菌柄圆柱形，5～10cm×0.6～1.5cm，白色、污白色，被灰色、深灰色、褐色至近黑色鳞片，基部近球形、陀螺形至梭形，直径可达2.5cm。菌环上位，白色，膜质。菌托为环带状的颗粒。

担孢子宽椭圆形，7～9μm×5.5～7μm，无色，平滑，淀粉质。

夏秋季散生或群生于针叶林、阔叶林中地上。有微毒。

担子果（菌盖表面被鳞片、菌环上位、菌托为环带状颗粒）

29 灰褶鹅膏

Amanita griseofolia **Zhu L. Yang**

菌盖半球形至平展，直径3～7cm，表面灰色至灰褐色，被灰色至深灰色的粉质颗粒状至毡状鳞片，边缘有棱纹。菌肉白色至灰白色。菌褶离生，成熟时浅灰色，干后变灰色至深灰色。菌柄圆柱形，8～16cm×0.5～1.5cm，白色、污白色，被灰色纤丝状鳞片。菌托粉质，灰色至深灰色。

担孢子球形、近球形，10～13.5μm×9.5～13μm，无色，平滑，非淀粉质。

生于松科及壳斗科植物混交林中地上。

担子果（杨祝良原照）

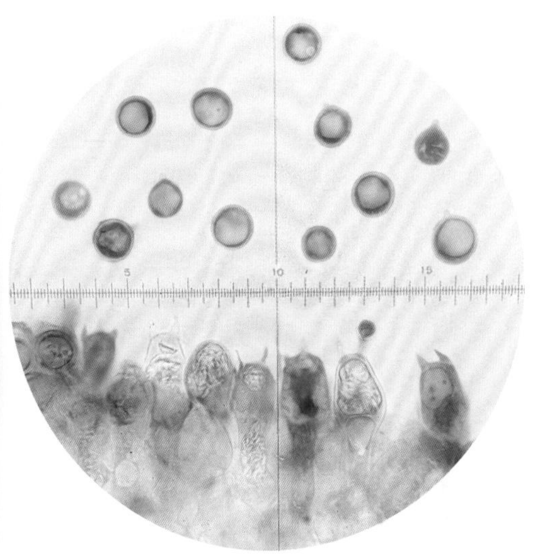

担孢子、担子

30 红黄鹅膏 （曾用名：花柄橙红鹅膏）

Amanita hemibapha **(Berk. & Broome) Sacc.**

担子果（菌盖边缘具长棱纹）

菌柄被蛇皮状鳞片、菌环上位、菌托苞状

菌盖半球形、斗笠形至平展，直径6～15cm，表面中部明显凸起，红色至橘红色，边缘长棱纹明显，黄色。菌肉白色至橘红色。菌褶离生，淡黄色至黄色，较密。菌柄圆柱形，8～15cm×1～3cm，浅黄色至黄色，被黄色至橘红色蛇皮状鳞片。菌环上位，浅黄色至橙色。菌托苞状，白色。

担孢子近球形、宽椭圆形，8～9.5μm×6.5～8μm，无色，平滑，非淀粉质。

夏秋季生于阔叶林、针叶林或针阔混交林中地上。可食用。

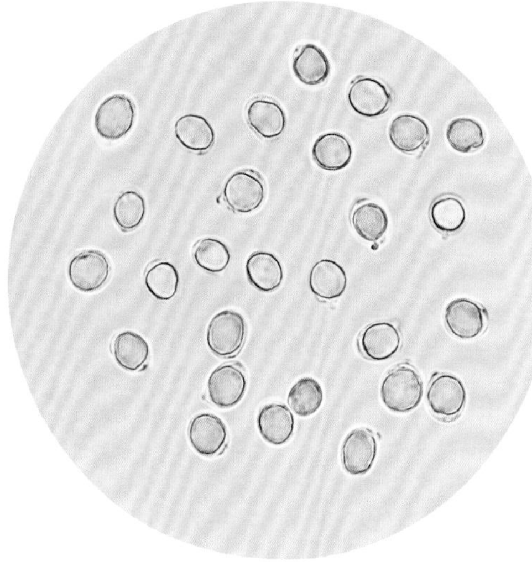

担孢子

31 粉褶鹅膏

Amanita incarnatifolia Zhu L. Yang

菌盖扁半球形至平展，直径4～8cm，中央稍下凹，表面浅灰色至灰褐色，光滑或有白色破布状鳞片，边缘有棱纹。菌肉白色。菌褶离生，粉红色，密。菌柄近圆柱形，5～10cm×0.6～2cm，表面光滑或被白色纤丝状鳞片，菌环以上淡粉红色，菌环以下白色。菌环上位，白色，膜质。菌托袋状，白色。

担孢子宽椭圆形，9～13.5μm×6.5～9.5μm，无色，平滑。

夏秋季单生或散生于云南松林或针阔混交林中地上。有毒。

幼担子果（菌盖表面被鳞片、边缘具棱纹）

菌环上位、菌托袋状

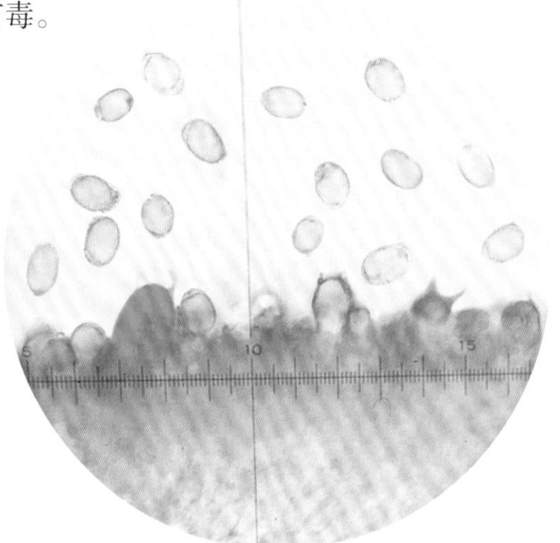

担孢子、担子、子实层

32 日本鹅膏

Amanita japonica Hongo ex Bas

菌盖初钟形、半球形，后平展，直径10～20cm，中央稍凸起，表面暗灰色至浅灰褐色，被絮状或角锥状鳞片，边缘常留有外菌幕残余物。菌肉白色，稍厚。菌褶离生，白色，初密，后较稀，褶缘有絮粉状颗粒。菌柄近圆柱形或向下渐粗，8～16cm×1～3cm，白色至浅灰色，被絮状鳞片，基部棒状或近纺锤形。菌环上位，白色，膜质，易脱落。

担孢子椭圆形，9～10μm×5～6.5μm，无色，平滑。

夏秋季单生或散生于针阔混交林中地上。有毒。

担子果（菌盖表面被鳞片、边缘有外菌幕残余物）

菌柄被絮状鳞片

33 李逵鹅膏

Amanita liquii Zhu L. Yang, M. Weiss & Oberw.

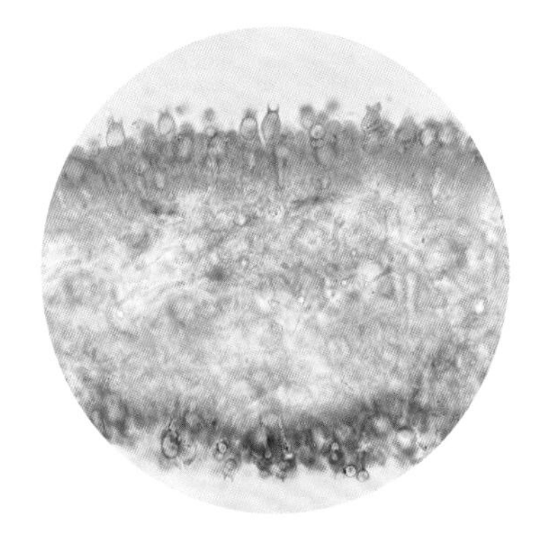

菌褶剖面

菌盖初近半球形，后平展，直径8～15cm，表面深褐色至近黑色，被灰褐色毡状或不规则鳞片，老后易脱落，边缘有棱纹。菌肉白色。菌褶离生，初白色，后呈深灰褐色，较密。菌柄圆柱形，12～16cm×1.5～3cm，白色至浅褐色，密被深灰褐色至近黑色的蛇皮状鳞片，基部稍膨大。菌托颗粒状、疣状或锥状，且以不完整的环带状排列。

担孢子球形、近球形，11～20μm×10～18μm，无色，平滑。

夏秋季单生或散生于针阔混交林或阔叶林中地上。有毒。

担子果（菌盖表面被鳞片、边缘具棱纹）

菌柄被蛇皮状鳞片、菌托不完整环带状

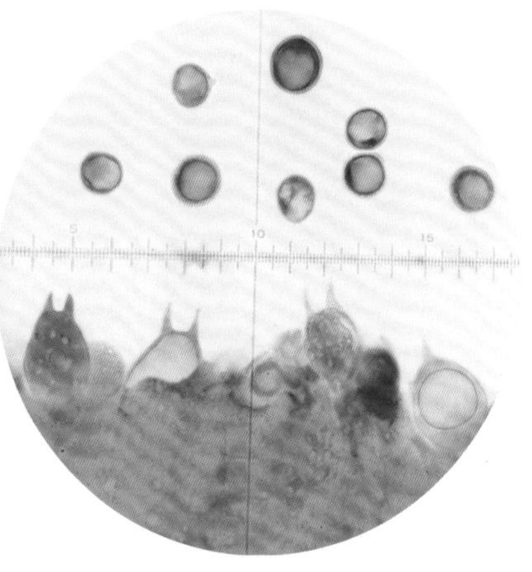

担孢子、担子

34 东方杏黄鹅膏

Amanita orienticrocea Zhu L. Yang, Y.Y. Cui & Q. Cai

菌盖半球形至凸镜状，直径5～11cm，表面黄灰色至黄褐色，边缘颜色渐变浅，具长条棱。菌肉白色。菌褶离生，密。菌柄圆筒形，7～15cm×0.7～1.5cm，白色、污白色，被污白至褐色小鳞片。无菌环。菌托白色，苞状。

担孢子球形、近球形，9～13μm×8～12μm，无色，薄壁，平滑，淀粉质。

夏秋季单生或散生于松林或针阔混交林中地上。

担子果（菌盖边缘具长条棱、菌托苞状）

菌褶等长、褶缘平滑、无菌环

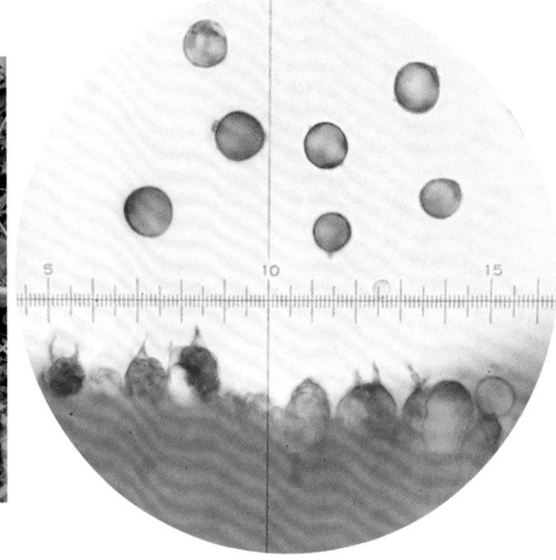

担孢子、担子

35 东方褐盖鹅膏

***Amanita orientifulva* Zhu L. Yang, M. Weiss & Oberw.**

菌盖平展，直径5～15cm，表面红褐色、褐色或深褐色。菌肉白色。菌褶离生，白色，稍稀或稍密。菌柄圆柱形，8～15cm×0.5～3cm，污白色至浅褐色，密被红褐色至灰褐色鳞片。菌托袋状，白色并有锈色斑。

担子果（菌柄密被鳞片）

菌托袋状

担孢子球形、近球形，10～14μm×9.5～13μm，无色，平滑，非淀粉质。

夏秋季生于针叶林、针阔混交林或阔叶林中地上。

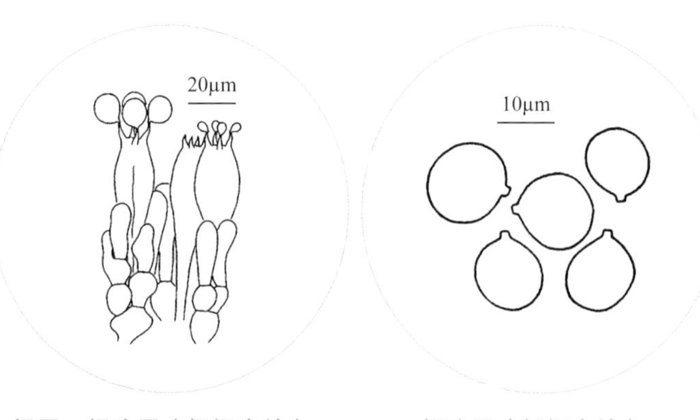

担子、担孢子（杨祝良绘）　担孢子（杨祝良绘）

36 红褐鹅膏

***Amanita orsonii* Ash. Kumar & T.N. Lakh.**

担子果（菌盖表面被鳞片）

菌环上位

菌盖半球形至平展，直径3～12cm，表面红褐色、黄褐色至灰褐色，被污白色、浅灰色至灰褐色鳞片，近锥状、疣状、颗粒状至絮状。菌肉白色。菌褶离生，白色，稍密。菌柄圆柱形，7～13cm×0.5～1.5cm，基部近球形。菌环上位，白色，膜质。菌托环带状。各部位受伤变红褐色。

担孢子宽椭圆形至椭圆形，7～9μm×5.5～7.5μm，无色，平滑，淀粉质。

夏秋季单生或群生于针叶林或针阔混交林中地上。

37 豹斑鹅膏

Amanita pantherina **(DC.) Krombh.**

菌盖扁半球形、渐平展，直径8～14cm，表面褐色至棕褐色，被污白色块状至颗粒状鳞片，老后部分脱落，边缘有明显条纹。菌肉白色。菌褶离生，白色，不等长。菌柄圆柱形，5～16cm×0.6～2.5cm，白色至淡黄色，被鳞片，基部膨大。菌环中上位，白色。菌托环带状。

担孢子宽椭圆形、近球形，10～12μm×7～9μm，无色，平滑，非淀粉质。

夏秋季群生于阔叶林或针叶林中地上。有毒。外生菌根菌。

担子果（菌盖表面具鳞片）

菌柄基部膨大、菌托环带状

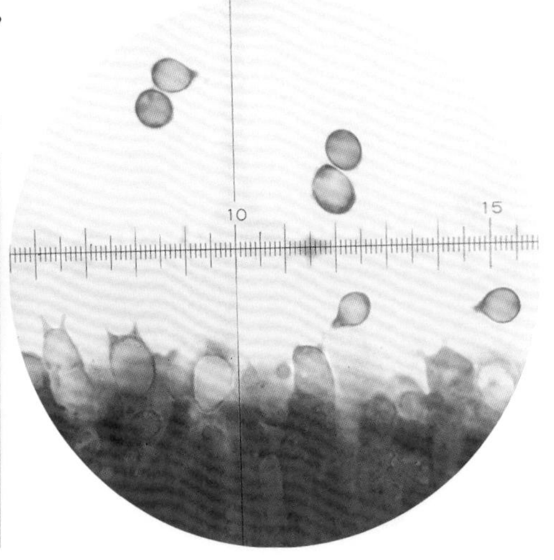

担子、担孢子、子实层

38 小豹斑鹅膏

Amanita parvipantherina **Zhu L. Yang, M. Weiss & Oberw.**

菌盖半球形至平展，直径3～6cm，表面浅黄色至黄色，被污白色、淡黄色至浅灰色的疣状至角锥状鳞片。菌肉白色。菌褶离生，白色。菌柄圆柱形，4～10cm×0.5～1cm，浅黄色、米色至白色，基部膨大呈近球形至卵形。菌环上位，较小。菌托鳞片状。

担子果（菌盖被白色疣状鳞片）

菌环上位、菌柄基部膨大、菌托鳞片状

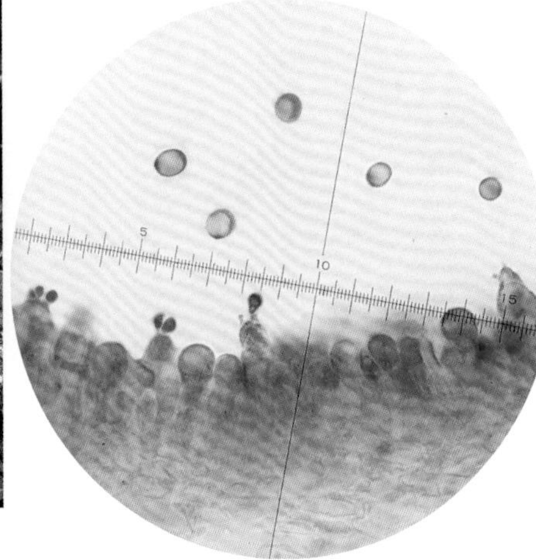

担子、担孢子、子实层

担孢子宽椭圆形至椭圆形，8.5～11.5μm×7～8.5μm，无色，平滑，非淀粉质。

夏秋季生于针阔混交林中地上。可能有毒。

39 假灰托鹅膏

***Amanita pseudovaginata* Hongo**

菌盖扁半球形、凸镜状至平展，直径3～6cm，表面浅灰色、灰褐色，光滑或被浅灰色、污白色鳞片，边缘有长棱纹。菌肉白色。菌褶离生，白色至浅灰色，较密。菌柄近圆柱形，5～12cm×0.5～1.5cm，白色至灰白色，近光滑。无菌环。菌托袋状至杯状，膜质，易碎，白色、灰白色、浅灰色。

担孢子近球形、宽椭圆形，9.5～12μm×8～10.5μm，无色，平滑，非淀粉质。

夏秋季生于云南松林、马尾松林或马尾松与栎树等组成的针阔混交林中地上。

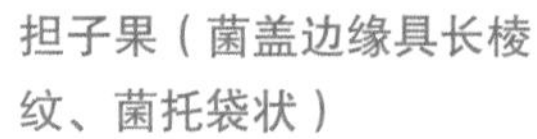

担子果（菌盖边缘具长棱纹、菌托袋状）

菌柄圆柱形、无菌环

40 红托鹅膏

***Amanita rubrovolvata* S. Imai**

菌盖半球形至平展，直径2～6.5cm，表面红色、橘红色，边缘色较浅，呈橘色或带黄色，被红色、橘红色至黄色的粉末状至颗粒状鳞片。菌肉白色。菌褶离生，白色，稍密。菌柄圆柱形，5～10cm×0.5～1cm，上半部被红色、橘红色至橙色粉末状鳞片，基部膨大至近球形。菌环上位，白色，膜质。菌托环带状，橘红色。

担孢子球形、近球形，7.5～9μm×7～8.5μm，无色，平滑，非淀粉质。

夏秋季生于林中地上。有毒。

幼担子果（内菌幕正在撕破、菌柄基部膨大成球形、菌托环带状）

菌盖表面被颗粒状鳞片、菌环上位

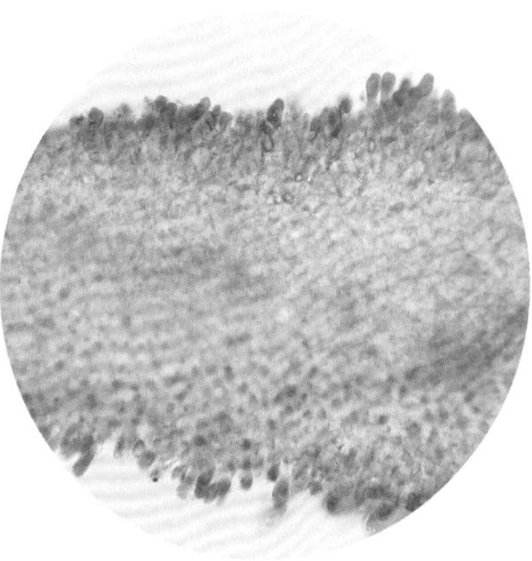

菌褶剖面

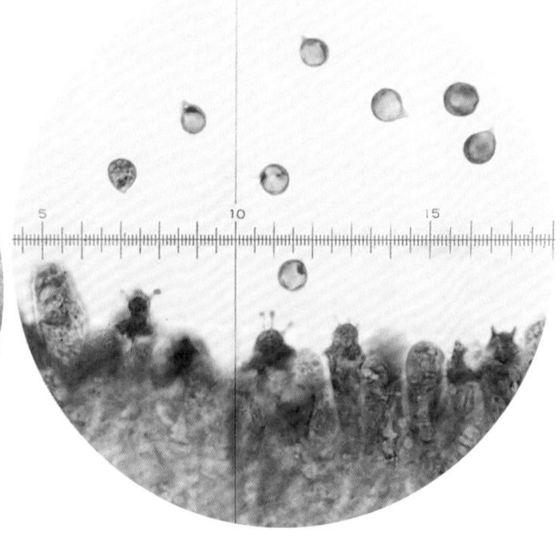

担孢子、担子、子实层

41 暗盖淡鳞鹅膏
Amanita sepiacea S. Imai

担子果（菌盖表面被颗粒状鳞片）

菌盖扁半球形至平展，直径6～15cm，表面深灰色、褐色至黑褐色，中部具放射状隐生花纹，被灰色、灰褐色的絮状、疣状或锥状鳞片，老后易脱落。菌肉白色。菌褶离生，白色。菌柄圆柱形，10～18cm×1～2.5cm，白色，中下部被灰色纤丝状鳞片，基部膨大。菌环顶生、近顶生，白色，膜质。菌托疣状至锥状，环带状排列。

担孢子宽椭圆形、椭圆形，7.5～9.5μm×6～7μm，无色，平滑，淀粉质。

夏秋季生于壳斗科或松科植物林中地上。外生菌根菌。

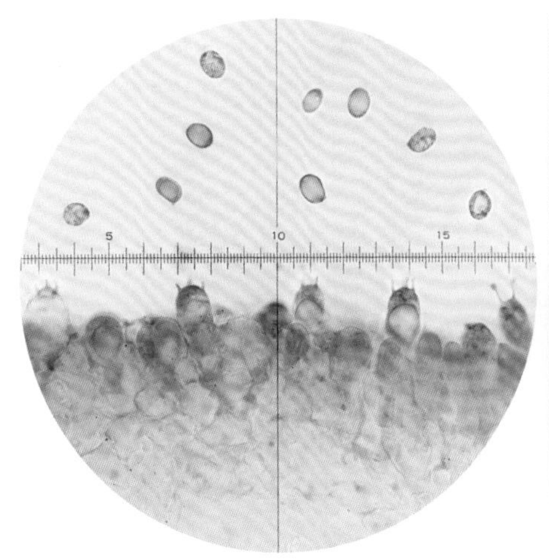
担子、担孢子

菌柄基部膨大、表面被鳞片，菌环上位

42 角鳞灰鹅膏
Amanita spissacea S. Imai

菌盖半球形至渐平展，直径4～12cm，表面灰色、灰褐色，被灰褐色至黑褐色颗粒状或角锥状鳞片，老后易脱落。菌肉白色。菌褶离生，白色，较密，不等长。菌柄圆柱形，3～12cm×1.5～2cm，灰色，被纤维状鳞片，基部稍膨大。菌环上位，膜质，边缘黑灰色。菌托颗粒状。

担孢子宽椭圆形，7.5～9μm×5.5～7.5μm，无色，平滑。

夏秋季单生或群生于针叶林或针阔混交林中地上。有毒。

担子果（菌盖表面被鳞片）

菌环上位

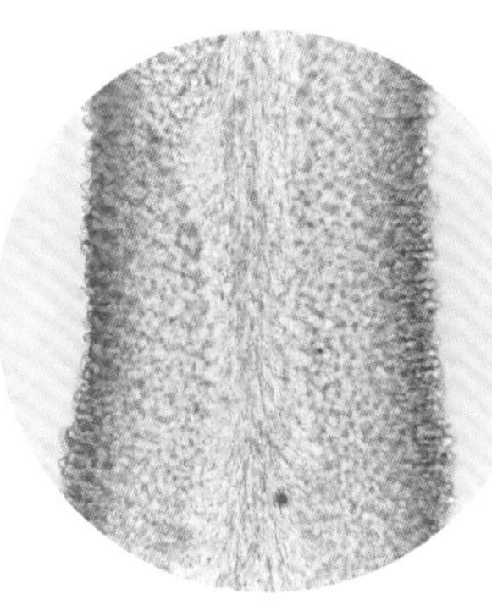
菌褶剖面

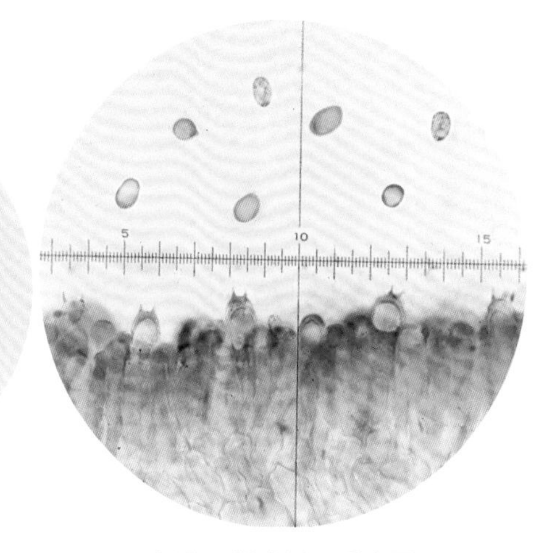
担子、担孢子、子实层

43 黄鳞鹅膏
Amanita subfrostiana **Zhu L. Yang**

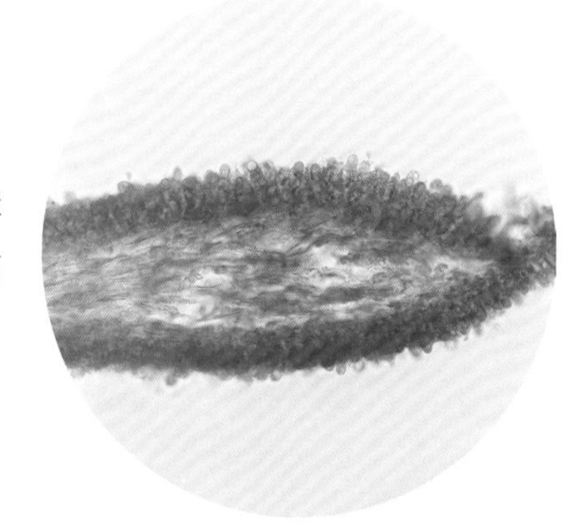
菌褶剖面

菌盖初半球形后平展，直径4～8cm，中央稍凸起，表面鲜红色、橘红色，被浅黄色鳞片，边缘有棱纹。菌肉白色。菌褶离生，白色，较密。菌柄近圆柱形或向下渐粗，6～10cm×1～3cm，白色，被絮状鳞片，基部常膨大呈球形。菌环白色，膜质。菌托为数圈白色絮状、鳞片状物。

担孢子近球形，8.5～10.5μm×8～10μm，无色，平滑。

夏秋季单生于阔叶林或针阔混交林中地上。有毒。

幼担子果（菌托为数圈白色絮状物）　菌盖表面被黄色鳞片、菌柄被絮状鳞片

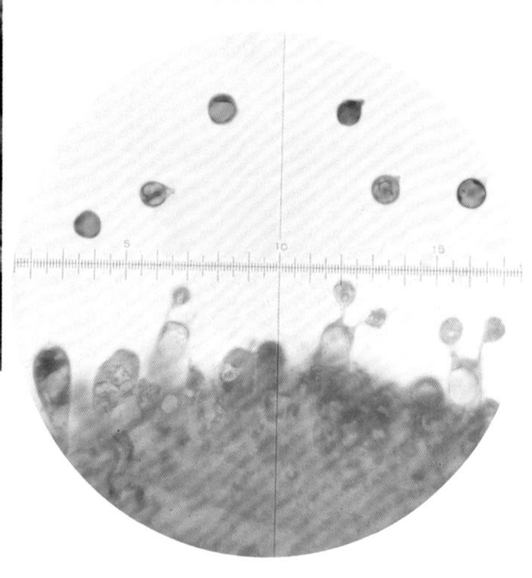

担孢子、担子、子实层

44 亚球基鹅膏
Amanita subglobosa **Zhu L. Yang**

菌盖半球形至平展，直径4～10cm，表面浅褐色至琥珀色，被白色至浅黄色的角锥状至疣状鳞片。菌肉白色。菌褶离生，白色，较密。菌柄圆柱形，5～15cm×0.5～2cm，基部近球形，直径可达3.5cm。菌环上位，膜质。菌托呈小颗粒状至粉状。

担孢子宽椭圆形至椭圆形，8.5～12μm×7～9.5μm，无色，平滑，非淀粉质。

夏秋季生于松树、杨树和壳斗科植物的混交林中地上。可能有毒。

担子果（菌盖表面被角锥状鳞片）　菌柄基部近球形、菌环上位

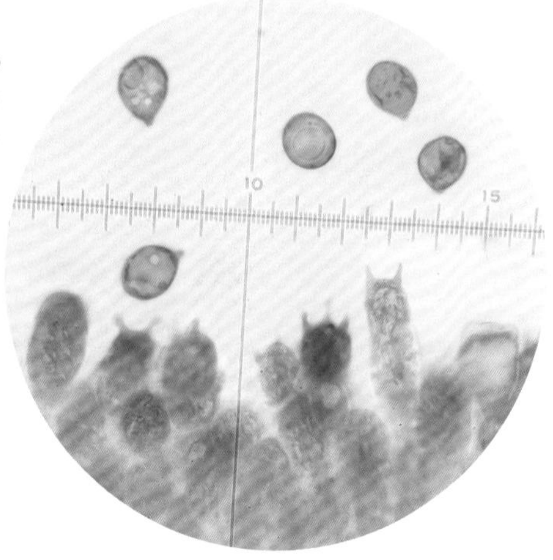

担孢子、担子

45 黄盖鹅膏

***Amanita subjunquillea* S. Imai**

担子果（菌盖表面光滑）

菌柄基部近球形、菌环上位

菌盖半球形至平展，直径3～6cm，表面黄褐色，污橙黄色至土黄色。菌肉白色，近盖表皮处黄色。菌褶离生，白色。菌柄圆柱形，4～12cm×0.3～1cm，白色至浅黄色，被白色鳞片，基部近球形。菌环近顶生至上位，白色。菌托浅杯状，白色、污白色。

担孢子球形、近球形，6.5～9.5μm×6～8μm，无色，平滑，淀粉质。

夏秋季单生于针阔混交林中地上。剧毒。

46 灰鹅膏

***Amanita vaginata* (Bull.) Lam.**

菌盖凸镜状至平展，直径3～8cm，表面灰色，有时浅褐色，被成块的鳞片，边缘有明显条纹。菌肉白色。菌褶离生，近白色。菌柄圆柱形，5～10cm×0.5～1.5cm，白色至污白色，近光滑或被浅灰色至浅褐色的纤丝状鳞片。无菌环。菌托袋状、杯状，白色至污白色。

担孢子球形、近球形，9.5～11μm×9～10.5μm，无色，平滑，非淀粉质。

夏秋季生于松科和壳斗科林中地上。有毒。

担子果（菌盖边缘有明显条纹）

菌盖表面被块状鳞片、菌柄近光滑或被鳞片、无菌环、菌托杯状

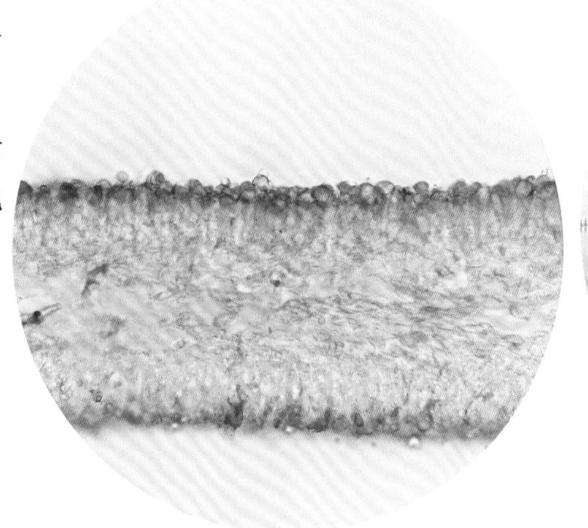

菌褶剖面

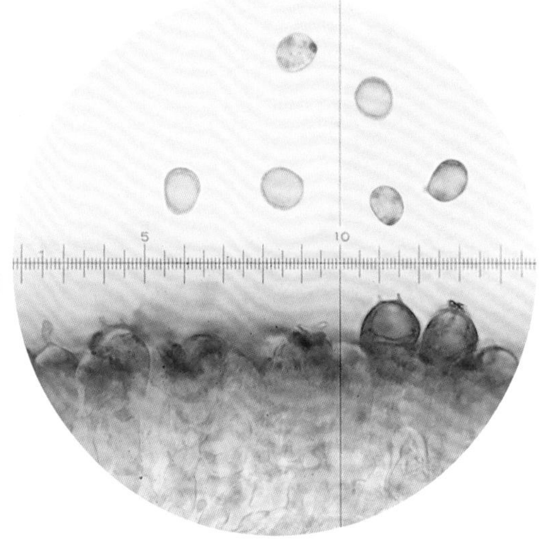

担孢子、担子、子实层

47 残托鹅膏
Amanita sychnopyramis Corner & Bas

菌盖平展，直径3～8cm，表面浅褐色至深褐色，被白色至浅灰色的角锥状鳞片。菌肉白色。菌褶离生，白色。菌柄圆柱形，5～11cm×0.7～1.5cm，基部膨大呈近球形。菌环中下位至中位。菌托疣状、小颗粒状至粉末状。

担孢子球形、近球形，6.5～8.5μm×6～8μm，无色，平滑。

夏秋季生于阔叶林或针阔混交林中地上。有毒。

担子果（菌盖表面被鳞片、菌环中位）

菌柄基部膨大呈近球形

48 锥鳞白鹅膏
Amanita virgineoides Bas

菌盖半球形至平展，直径7～15cm，表面白色，被角锥状鳞片。菌肉白色。菌褶离生，白色，较密。菌柄圆柱形，10～20cm×1.5～3cm，白色，被白色絮状至粉末状鳞片，基部膨大呈腹鼓状。菌环顶生，易碎。菌托疣状至颗粒状。

担孢子宽椭圆形、近球形，8～10μm×6～7.5μm，无色，平滑，淀粉质。

夏秋季生于针阔混交林中地上。有毒。

幼担子果、成熟担子果（菌盖表面具角锥状鳞片）

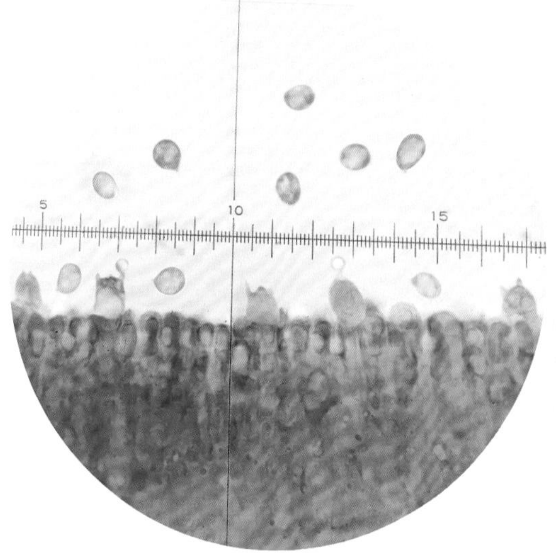

担子、担孢子、子实层

菌柄被鳞片、基部腹鼓状，菌托颗粒状，菌环上位

49 袁氏鹅膏
Amanita yuaniana Zhu L. Yang

菌盖近平展，直径7～13cm，表面灰色、烟褐色，具白色、污白色隐生花斑和放射状纤丝，边缘有短沟纹。菌肉白色。菌褶离生，白色。菌柄圆柱形，7～14cm×1～2.5cm，白色至浅灰色。菌环上位，易脱落。菌托袋状、杯状。

担孢子宽椭圆形，9.5～12μm×6.5～8μm，无色，平滑，非淀粉质。

夏秋季生于针叶林或针阔混交林中地上。可食用。

担子果（菌盖表面具隐生花斑、边缘有短沟纹）

菌环上位、菌托袋状

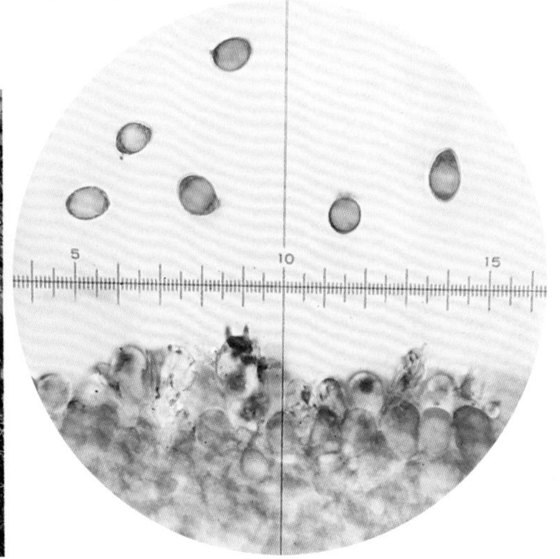

担孢子、子实层、担子

耳匙菌科 Auriscalpiaceae

50 贝壳状小香菇
Lentinellus cochleatus (Pers.) P. Karst.

菌盖初为勺形或平展，后呈漏斗形，直径3～6cm，表面淡黄褐色或茶褐色，光滑。菌肉白色至稍带淡棕色，近革质。菌褶延生，密，淡黄褐色至肉桂色，褶缘锯齿状。菌柄侧生或偏生，近圆柱形，3～8cm×0.3～1.2cm，与菌盖同色或稍淡，较韧。

担孢子宽椭圆形，4～5μm×3～4μm，无色，表面有疣，淀粉质。

夏秋季散生或群生于针阔混交林或阔叶林中腐木上。

担子果（褶缘锯齿状、菌柄侧生）（刘建伟原照）

51 东方耳匙菌
Auriscalpium orientale P.M. Wang & Zhu L. Yang

担子果一年生，具侧生柄，新鲜时柔韧，革质、软木栓质，干后木栓质。菌盖半圆形、肾形，直径1～2cm，中部厚约1mm，表面红褐色、黑褐色，被粗毛。菌肉干后褐色，厚约0.2mm。子实层体为锥形的刺，浅黄色、浅褐色、褐色，2～3个/mm，长约1mm，易碎。

担孢子宽椭圆形、近球形，4.5～5.5μm×3.5～4.5μm，内含油滴，无色，具小疣突，淀粉质。

夏秋季生于松科腐烂的球果上。

菌盖、菌柄被粗绒毛，子实层体刺状

生于松果上的担子果

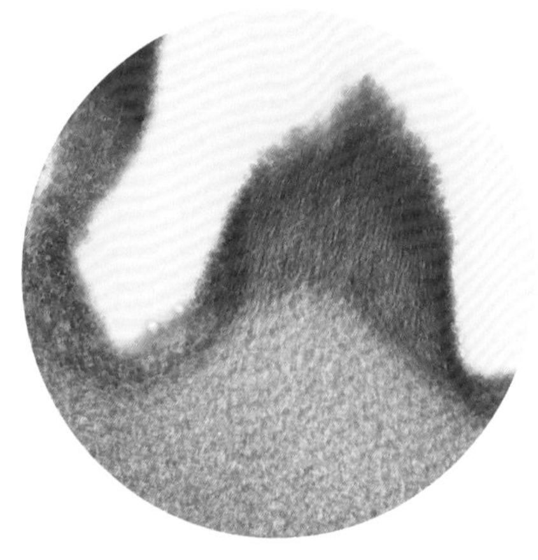

刺的剖面

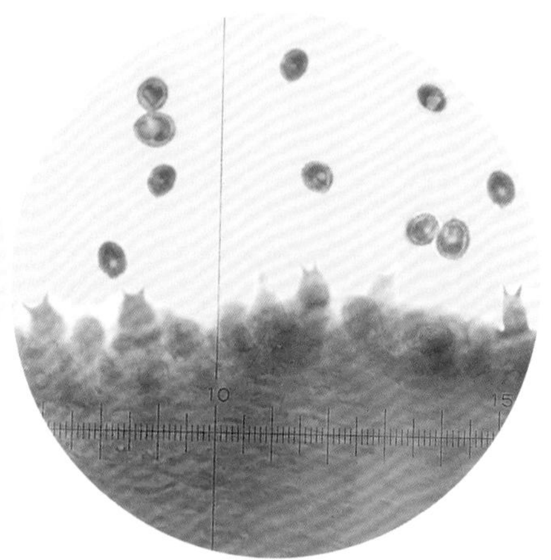

担孢子、担子、子实层

52 扇形小香菇
Lentinellus flabelliformis (Bolton) S. Ito

菌盖平展，直径0.8～2cm，表面淡棕色至肉桂色，光滑，老后边缘呈锯齿状。菌肉白色或淡棕色，薄。菌褶近延生、延生，稀，淡棕色，褶缘锯齿状。菌柄近圆柱形，0.2～1cm×0.2～0.6cm，淡棕色至暗红棕色，光滑。

担孢子宽椭圆形，4.5～6.5μm×3.5～5μm，无色，有疣突，淀粉质。

夏秋季群生于针阔混交林的枯立木树干上。

担子果

菌褶褶缘锯齿状

鬼伞科 Coprinaceae

53 白小鬼伞

Coprinellus disseminatus (Pers.) J.E. Lange

菌盖初卵形至钟形，后平展，直径5～10mm，表面淡褐色至黄褐色，被白色至褐色颗粒状至絮状鳞片，边缘有长条纹。菌肉近白色，薄。菌褶初期白色，后变褐色、近黑色，成熟时不自溶或仅缓慢自溶。菌柄圆柱形，2～4cm×0.1～0.2cm，白色、灰白色。

担孢子宽椭圆形至卵形，6.5～9.5μm×4～6μm，浅灰褐色，平滑，顶端具芽孔。

夏秋季生于路边、林中的腐木或草地上。据报道老时有毒。

担子果群生

菌褶开始自溶

担孢子

54 晶粒小鬼伞

Coprinellus micaceus (Bull.) Vilgalys, Hopple & Jacq. Johnson

菌盖初卵形至钟形，后平展，直径2～4cm，表面淡黄色、黄褐色、红褐色至赭褐色，向边缘颜色渐变灰色，水浸状，幼时有白色颗粒状晶体，后渐消失，边缘有长条纹。菌肉近白色至淡赭褐色，薄，易碎。菌褶初期米黄色，后变黑色，成熟时缓慢自溶。菌柄圆柱形，3～8.5cm×0.2～0.5cm，有时基部呈棒状或球茎状，白色，渐变淡黄色，被白色粉霜，后较光滑。

担孢子椭圆形，7～10μm×5～6μm，灰褐色至暗棕褐色，平滑，部分顶端平截具芽孔。

夏秋季丛生或群生于阔叶林中树根周围地上。

幼担子果

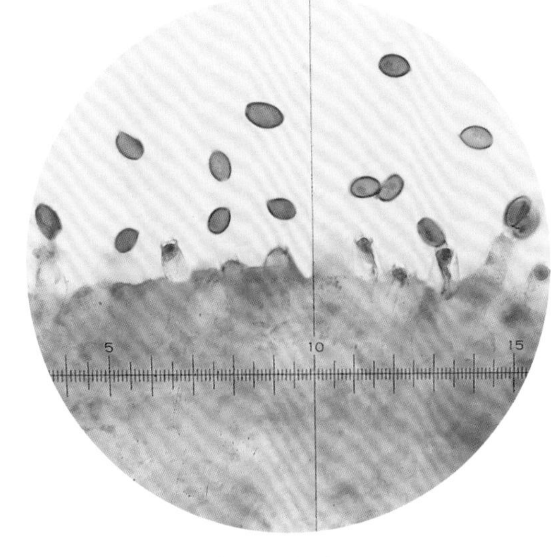

担子、担孢子

菌盖表面有白色颗粒状晶体、边缘具长条纹，菌褶已变黑色

55 墨汁拟鬼伞

Coprinopsis atramentaria **(Bull.) Redhead, Vilgalys & Moncalvo**

菌盖初呈卵圆形，后呈钟形至圆锥形，直径3.5～8.5cm，表面被褐色鳞片，边缘近光滑，老后上卷，开伞时自溶为墨汁样汁液。菌肉薄，初白色，后变灰白色。菌褶弯生，幼时白色至灰白色，后渐变为灰褐色至黑色，密。菌柄圆柱形，3.5～8.5cm×0.6～1.2cm，白色至灰白色，光滑或有纤维状小鳞片。

担孢子椭圆形至宽椭圆形，7.5～10μm×5～6μm，深灰褐色至黑褐色，平滑，有明显芽孔。

夏秋季丛生于林中、路边地上的腐木上。幼时可食，但老后有毒。

担子果（菌盖钟形、菌褶渐变色）

菌盖自融

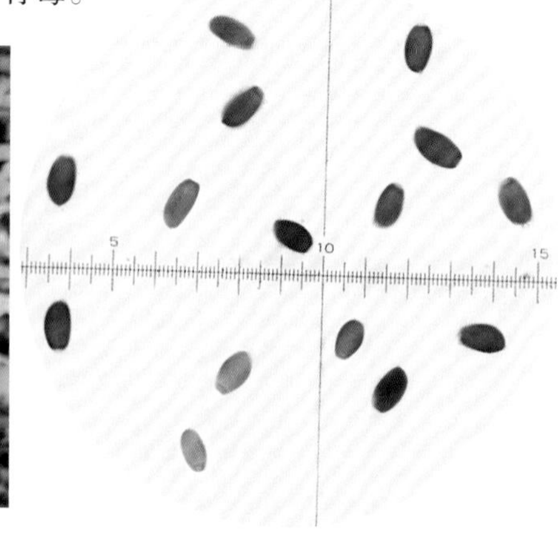

担孢子具芽孔

56 毛头鬼伞 （俗名：鸡腿菇）

Coprinus comatus **(O.F. Müll.) Pers.**

菌盖幼时圆筒形，后钟形，成熟时平展，高6～11cm，直径3～6cm，表面白色，有绢丝样光泽，顶部淡黄色，后色渐深，被平伏反卷的鳞片，边缘有细条纹，有时呈粉红色。菌肉白色。菌褶初白色，后变粉灰至黑色，成熟后与菌盖边缘自溶为墨汁状。菌柄圆柱形，7～25cm×1～2cm，光滑，白色，近基部渐膨大。菌环白色，膜质，后可上下移动，易脱落。

担孢子椭圆形，12.5～19μm×7.5～11μm，黑色，平滑。

夏秋季群生或散生于草地、林中空地或路旁。幼时可食用。

幼担子果（菌盖圆筒形、表面被鳞片，菌柄基部渐膨大）

成熟担子果（菌褶开始自溶）

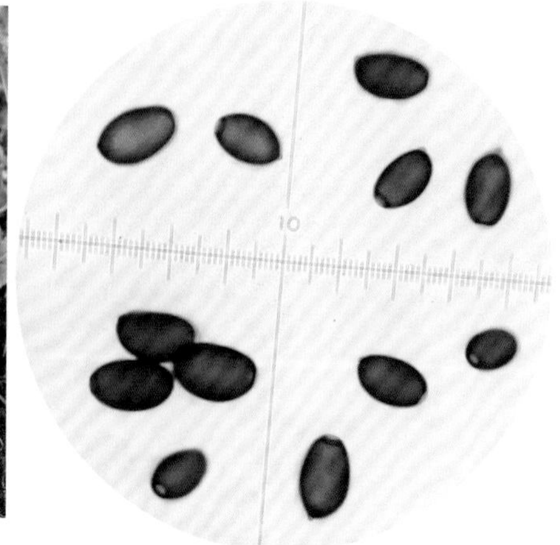

担孢子具芽孔

57 黄白小脆柄菇

***Psathyrella candolleana* (Fr.) Maire**

担子果（菌盖被鳞片、表面浸水后半透明状）

菌盖初卵形，后钟形至平展，直径2～7cm，表面黄白色，中部淡黄色，水浸后呈半透明状，光滑，边缘垂挂白色外菌幕残片。菌肉白色。菌褶直生、离生，浅褐色渐变深紫褐色。菌柄圆柱形，4～8cm×0.2～0.6cm，脆，白色，被平伏丝状纤毛。

担孢子椭圆形，7～9μm×3.5～5μm，暗褐色，平滑。

夏秋季单生或丛生于林中地上。可食用。

菌盖边缘具菌幕残片、菌柄被白色纤毛

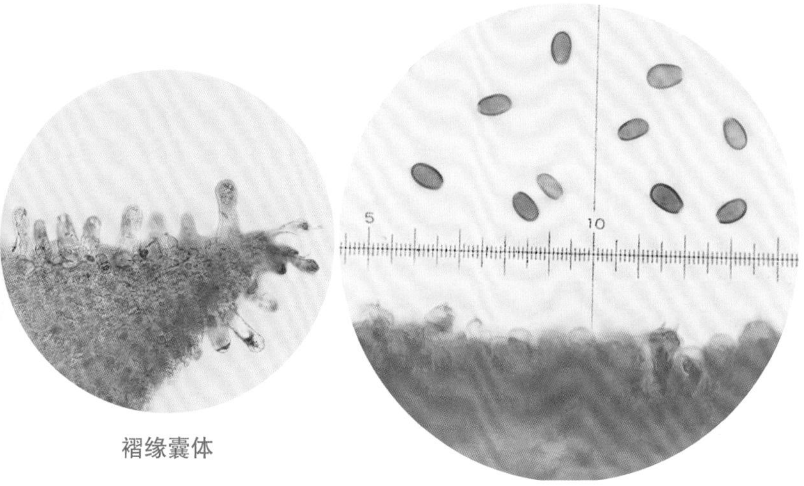

褶缘囊体

担孢子、担子

58 早生小脆柄菇

***Psathyrella gracilis* (Fr.) Quél.**

菌盖初半球形、扁半球形，后渐平展，直径2～4cm，表面黄色、浅棕色，后变棕褐色。菌肉浅褐色，薄。菌褶离生，浅棕褐色。菌柄圆柱形，5～9cm×0.2～0.4cm，脆，浅灰白色。

担孢子椭圆形，11～13μm×6～7μm，浅褐色，平滑，有芽孔。

夏秋季单生或群生于林中腐枝落叶层上。

担子果

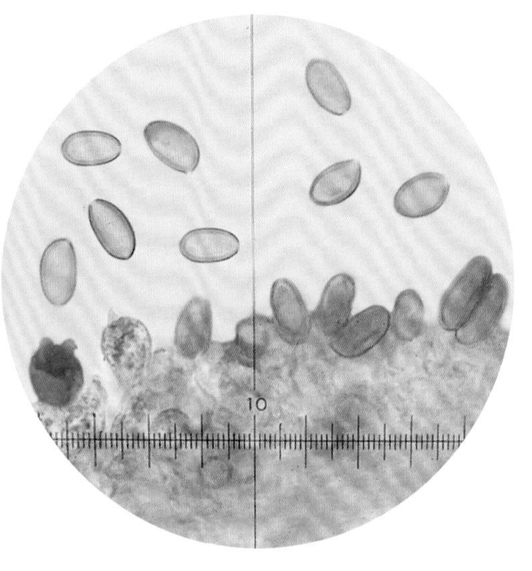

担孢子、担子

59 条环小脆柄菇

Psathyrella longistriata (Murrill) A.H. Sm.

菌盖近钟形至扁半球形，直径3～10cm，表面棕褐色至浅红褐色，光滑，有皱纹。菌肉污白色。菌褶直生，浅褐色至暗褐色，密。菌柄圆柱形，3～6cm×0.4～1cm，灰白色至淡灰褐色，被白色鳞片。菌环膜质，白色，上表面有沟纹。

担孢子椭圆形，7～10μm×4.5～5μm，淡紫褐色，平滑。

夏秋季群生于阔叶林中地上。可食用。

担子果（菌盖有皱纹、无毛）

菌环上位、具沟纹

60 丸形小脆柄菇

Psathyrella piluliformis (Bull.) P.D. Orton

菌盖幼时半球形，渐变钟形至平展，直径2～5cm，表面淡黄褐色至黄褐色，边缘有细条纹和纤毛。菌肉湿时棕色，干后淡褐色，薄。菌褶直生，密，灰褐色。菌柄圆柱形，2.5～8cm×0.3～0.6cm，白色或浅棕色，基部略膨大。

囊状体圆筒形，无色透明，粗8～10μm，顶端乳突状。担孢子宽椭圆形、椭圆形，5.5～7.5μm×3～4.5μm，淡棕色，平滑。

夏秋季簇生于阔叶林中树木的基部或地表。可食用。

担子果

菌盖表面具条纹

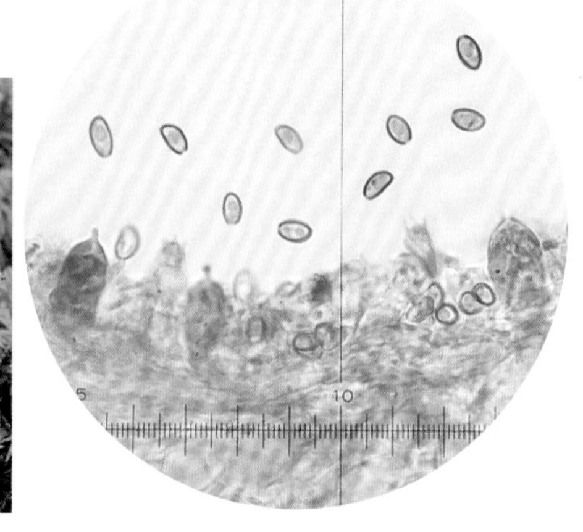

担孢子、担子、囊状体

61 灰褐小脆柄菇

Psathyrella spadiceogrisea **(Schaeff.) Maire**

菌盖初半球形、凸镜状，后渐平展，直径2～5cm，表面红棕色至灰棕色，水浸状，边缘有半透明条纹。菌肉污白色至淡棕色，薄。菌褶直生，灰白色至淡棕色，密。菌柄圆柱形，4～7cm×0.3～0.5cm，上部污白色，向下渐变为浅棕色。

担孢子宽椭圆形，7.5～9.5μm×4～5.5μm，橘棕色，平滑。

夏季散生于阔叶林中腐木桩上、地上。

担子果

丝膜菌科 Cortinariaceae

62 白紫丝膜菌

Cortinarius alboviolaceus **(Pers.) Fr.**

菌盖初半球形后平展，直径3～10cm，中部稍凸起，表面淡紫褐色或淡黄褐色，边缘白色、淡紫色，光滑。菌肉浅紫色。菌褶弯生，初浅紫色，后变褐色至锈褐色。菌柄圆柱形，3～10cm×1～2cm，上部白色，中下部淡紫色，基部稍膨大。菌环上位，丝膜状，近白色带灰紫色，易脱落。

担孢子椭圆形，8～11μm×5～6μm，黄褐色，表面有疣突。

夏秋季单生或散生于针阔混交林或针叶林中地上。

担子果（菌柄上部具丝膜）

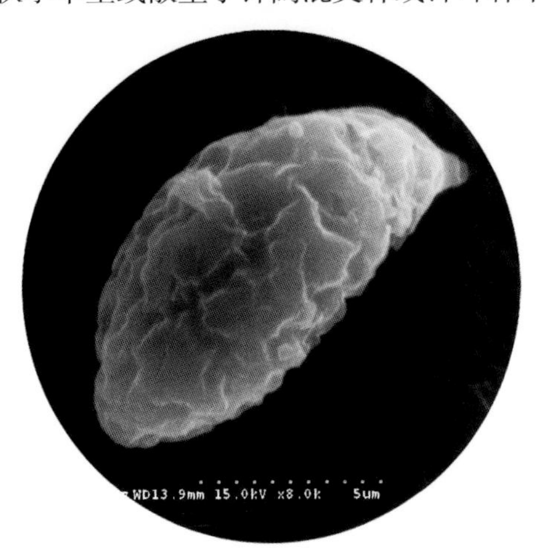

担孢子（电镜照）

菌环易脱落

63 高山丝膜菌

Cortinarius alpinus **Boud.**

菌盖斗笠形至平展，直径5～8cm，中央凸起，表面暗棕色，有黏液，边缘波状。菌肉肉桂色。菌褶弯生，初绛紫色，后变褐色，具横脉。菌柄圆柱形，3～12cm×1～2cm，白色，有黏液，下部被褐色绒毛。

担孢子宽椭圆形、近梭形，9～17μm×7～10μm，黄褐色至褐色，有疣突，扫描电镜下可见疣突多相连。

夏秋季单生或散生于针阔混交林或针叶林中地上。

担子果（菌盖表面有黏液）

菌柄下部被绒毛

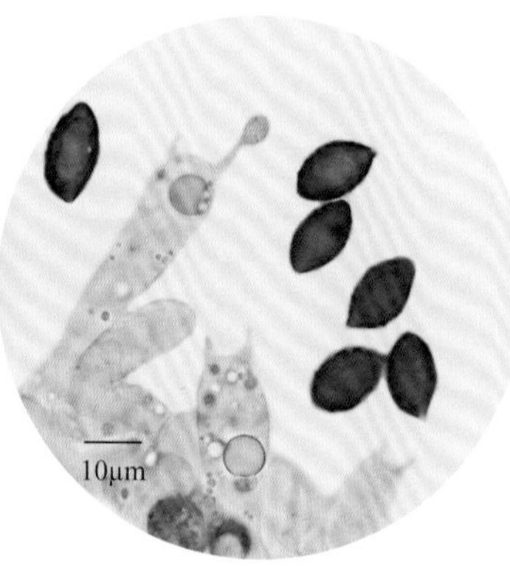

担孢子、担子

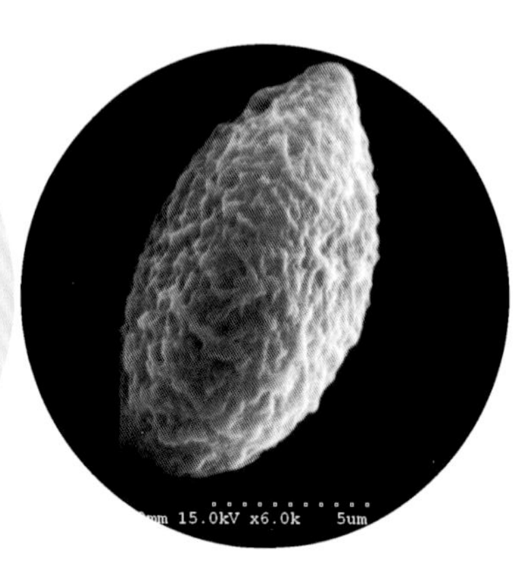

担孢子具疣突（电镜照）

64 烟灰褐丝膜菌

Cortinarius anomalus **(Fr.) Fr.**

菌盖扁半球形至平展，直径2～5cm，表面中央褐色、黄褐色，边缘色浅，呈烟灰色，波状。菌肉浅黄褐色。菌褶弯生，幼时灰紫色、成熟后褐色。菌柄圆柱形，10～12cm×1～1.5cm，黄白色，被纤毛，上部带紫色，具淡灰色丝膜。

担孢子近球形至宽椭圆形，6～10μm×5～7μm，褐色，有疣突，电镜下部分疣突相连成脊。

夏秋季单生、散生或群生于针阔混交林或针叶林中地上。外生菌根菌。

担子果（菌柄上部具丝膜）

菌褶弯生

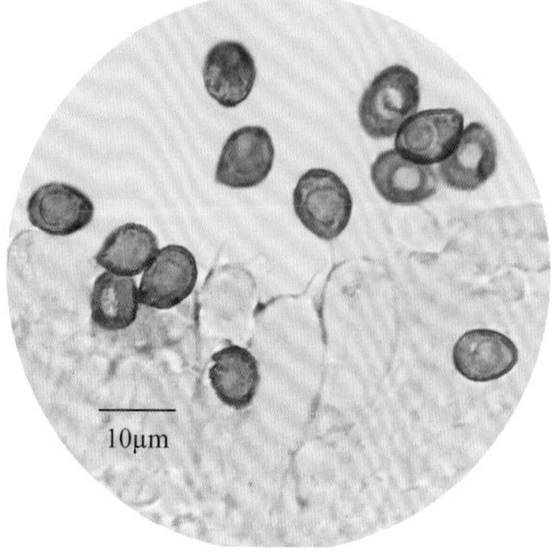

担孢子、担子

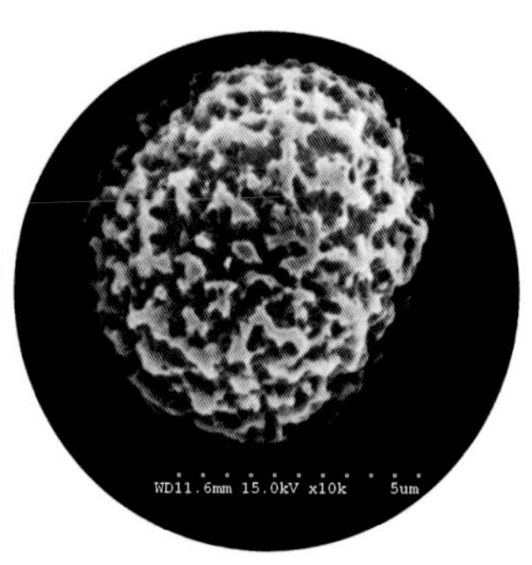

担孢子部分疣突相连成脊（电镜照）

65 蜜环丝膜菌

***Cortinarius armillatus* (Fr.) Fr.**

菌盖初半球形、钟形，后平展，直径3～8cm，表面褐色至深褐色，边缘有淡红色外菌幕残片。菌肉淡褐色。菌褶直生、弯生，黄褐色。菌柄近圆柱形，6～12cm×0.5～1cm，中上部残留砖红色环带，基部稍膨大；丝膜蛛丝状，易消失。

担孢子椭圆形，8.5～12μm×4～7μm，锈褐色，具小疣。

夏秋季生于针阔混交林中地上。

幼担子果（菌柄上部具蛛丝状丝膜）

菌柄中上部具砖红色环带

担孢子（电镜照）

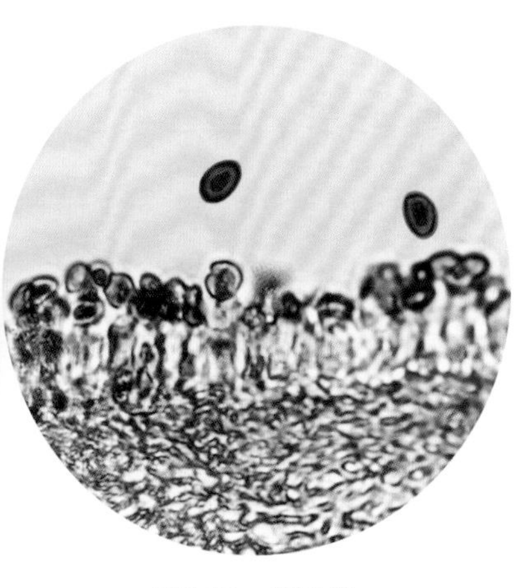

担孢子、子实层

66 *Cortinarius* cf. *arvinaceus* Fr.

菌盖平展，直径3～7cm，中央凸起，表面褐色，中央色更暗，黏，边缘有条纹。菌肉褐色。菌褶弯生，褐色，密，褶缘微锯齿状。菌柄圆柱形，8～13cm×0.8～1.5cm，污白色，被纤毛。

担孢子椭圆形至杏仁形，10～15μm×7～9μm，锈褐色，有疣突，电镜下可见疣突小且分散。

夏秋季单生或散生于针阔混交林或针叶林中地上。

担子果（菌盖中部凸起、表面黏）

褶缘锯齿状

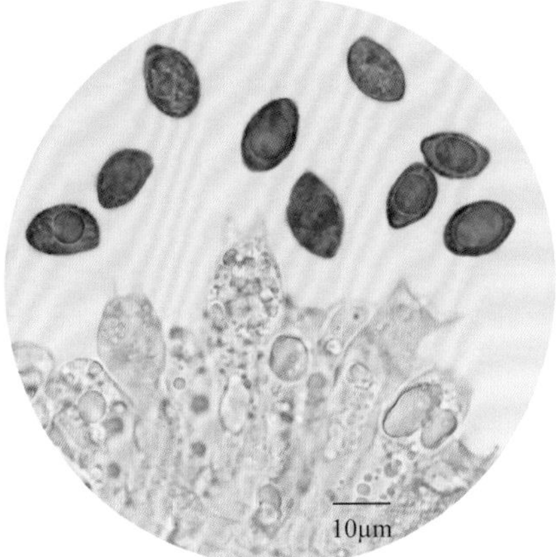

担孢子、担子

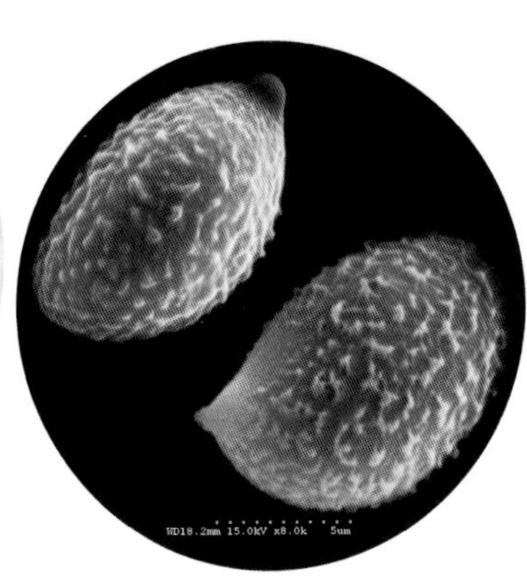

担孢子（电镜照）

67 桦丝膜菌
Cortinarius betuletorum M.M. Moser

菌盖半球形，直径5～6cm，表面白色带褐色，黏，光滑。菌肉灰白色。菌褶弯生，褐色，密。菌柄圆柱形，9～11cm×0.6～0.9cm，黄白色，被纤毛，上部有褐色丝膜。

担孢子宽椭圆形、近球形，8～13μm×8～11μm，褐色，有疣突，电镜下尤为明显。

夏秋季单生或散生于针阔混交林中地上。

担子果（菌盖表面黏）

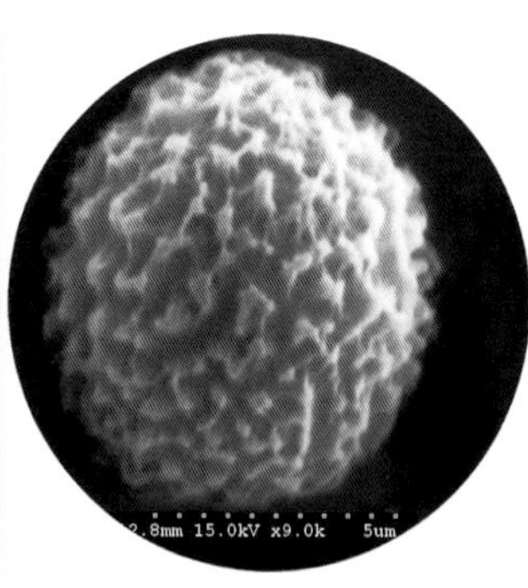

菌褶不等长、菌柄上部具丝膜

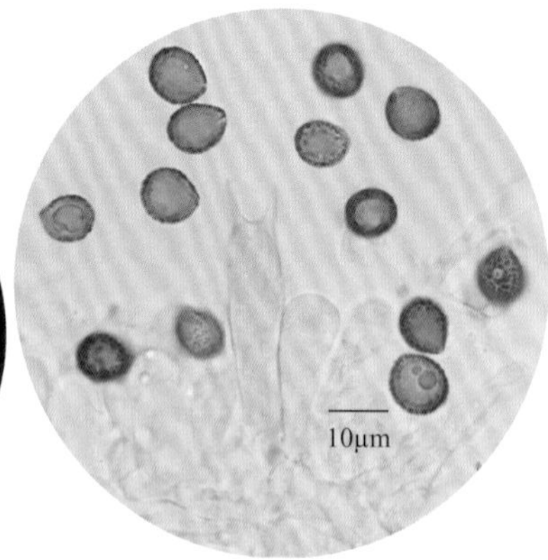

担孢子疣突明显（电镜照）

担孢子、担子

68 二型丝膜菌
Cortinarius biformis Fr.

菌盖平展，中央凸起，直径5～7cm，表面红褐色，具丝光，中部色稍深，边缘苍白。菌肉暗褐色。菌褶离生，黄褐色，密，褶缘锯齿状。菌柄圆柱形，8～10cm×0.6～1cm，灰白色，光滑，具丝光。

担孢子椭圆形、略成杏仁形，7～11μm×5～6μm，黄褐色，有疣突，电镜下可见疣突部分相连。

夏秋季单生或散生于针阔混交林或针叶林中地上。

担子果（菌盖表面具丝光）

褶缘锯齿状

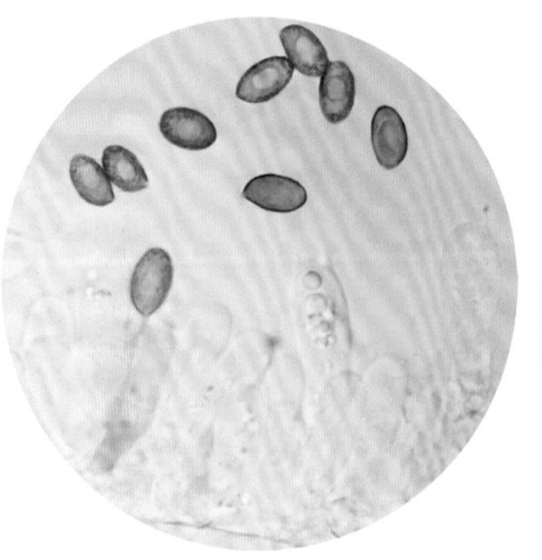

担孢子、担子

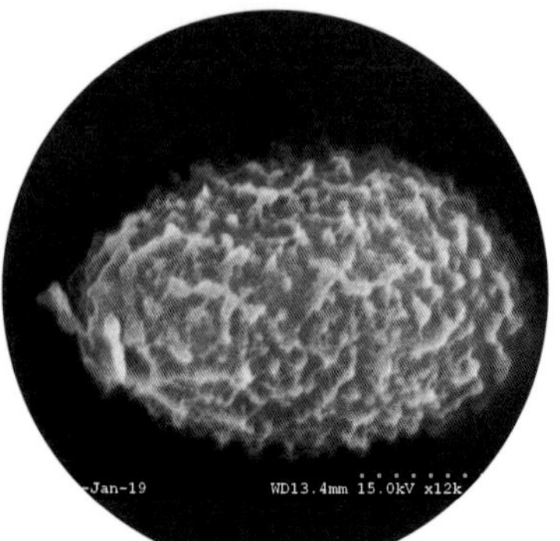

担孢子（电镜照）

69 双环丝膜菌

Cortinarius bivelus (Fr.) Fr.

菌盖初近球形，后呈凸镜状，渐平展，有时中央稍凸起，直径3～7cm，表面黄褐色，有时呈水浸状，被平伏纤毛，边缘内卷。菌肉白色。菌褶弯生，锈褐色，密。菌柄近圆柱形，3.5～7cm×0.6～1.5cm，被白色纤毛，渐变浅褐色，基部稍膨大，上部具白色丝膜。

担孢子椭圆形、宽椭圆形，7～9.5μm×5～6μm，浅黄褐色至黄褐色，有疣突，电镜下部分相连成脊。

夏秋季单生或散生于针阔混交林中地上。

担子果

菌柄上部具丝膜

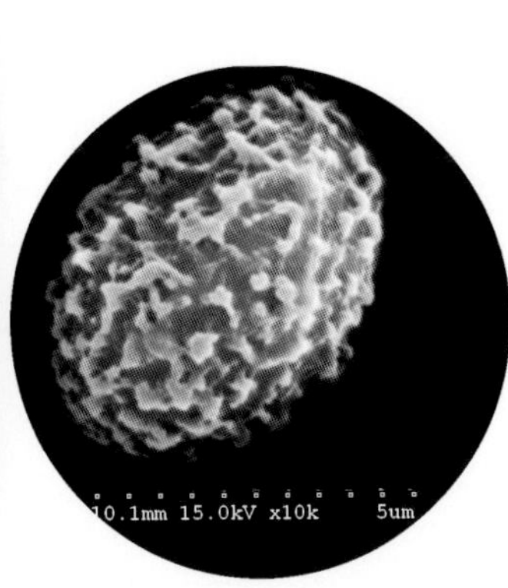

担孢子部分疣突相连成脊（电镜照）

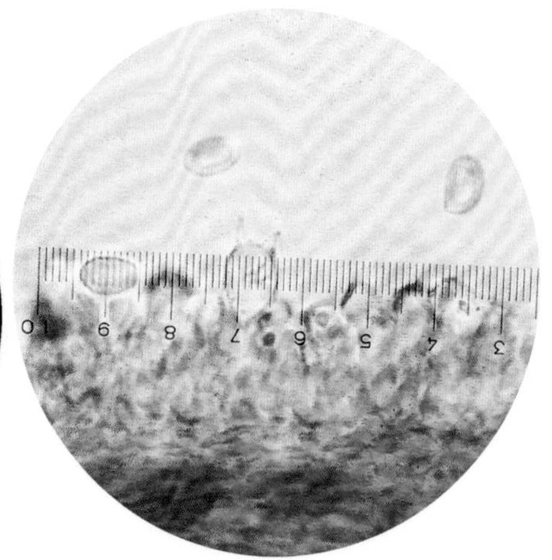

担孢子、担子、子实层

70 掷丝膜菌

Cortinarius bolaris (Pers.) Fr.

菌盖初半球形，后凸镜状，渐平展，直径2～4cm，表面浅黄至黄褐色，密被红褐色绒毛状小鳞片。菌肉白色，受伤变橘黄色。菌褶弯生，浅黄褐色、黄褐色，密。菌柄圆柱形，3～5cm×0.3～0.6cm，浅黄色，密被红褐色绒毛，基部稍膨大。菌环上位，丝膜状，初白色，后变红褐色。

担孢子近球形至卵圆形，6～8μm×5～6μm，淡褐色，有疣突。

夏秋季单生或散生于阔叶林或针阔混交林中地上。据记载有毒。外生菌根菌。

担子果

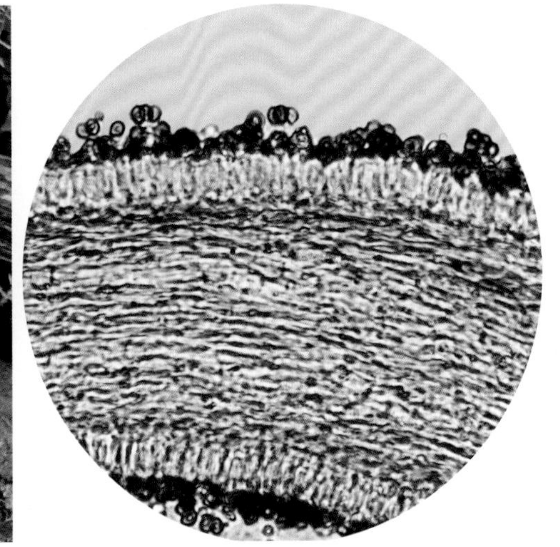

担孢子、子实层、菌髓

71 污褐丝膜菌（曾用名：牛丝膜菌）

***Cortinarius bovinus* Fr.**

菌盖钟形、扁半球形，后近平展，直径4～8cm，表面褐色、暗栗褐色，被纤毛，边缘具白色外菌幕残余物。菌肉淡褐色。菌褶弯生，初浅褐色，后变锈褐色，密。菌柄圆柱形，5～8cm×1～2cm，污褐色，密被污白色绒毛，基部膨大。菌环丝膜状，初白色，后变锈褐色，易脱落。

担孢子椭圆形，8～11μm×5～6μm，黄褐色，有疣突，电镜下疣突较稀疏。

夏秋季单生或散生于阔叶林或针阔混交林中地上。可食用，有抑癌作用。外生菌根菌。

担子果

菌盖表面被纤毛

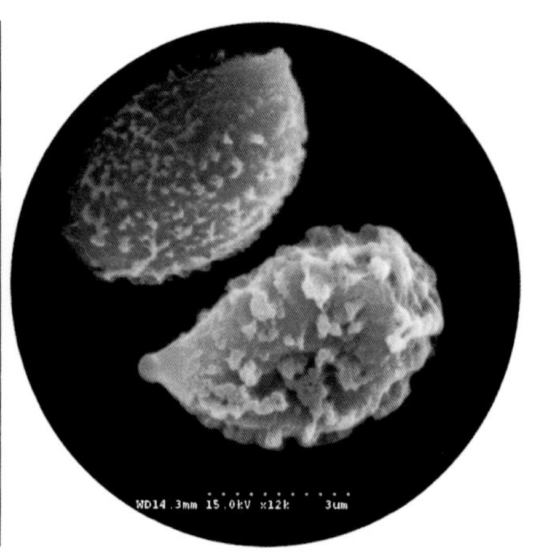

担孢子（电镜照）

72 褐丝膜菌

***Cortinarius brunneus* (Pers.) Fr.**

菌盖半球形至平展，直径4～6.5cm，中部稍凸，表面棕褐色、茶褐色，被纤毛。菌肉褐色。菌褶直生，茶褐色。菌柄圆柱形，6～10cm×0.8～1.5cm，近白色后变褐色，有褐色环纹，基部稍膨大，上部有浅黄白色丝膜，后呈上位菌环。

担孢子卵圆形、宽椭圆形，7.5～10μm×5～7μm，黄褐色，具细疣。

夏秋季群生于阔叶林中地上。外生菌根菌。

担子果

菌盖表面被纤毛、菌柄上部具丝膜、菌环上位

73 香丝膜菌

Cortinarius camphoratus **(Fr.) Fr.**

担子果

菌盖半球形至平展，直径7～9cm，表面黄褐色，边缘薄。菌肉黄褐色。菌褶弯生，黄褐色，密。菌柄圆柱形，8～10cm×0.9～1.5cm，黄褐色，光滑，脆骨质，上部具丝膜。

担孢子椭圆形，10.5～12μm×6～7.5μm，淡褐色，有疣突，电镜下可见其部分相连。

夏秋季单生或散生于针阔混交林或针叶林中地上。

菌褶弯生、较密

担孢子、担子

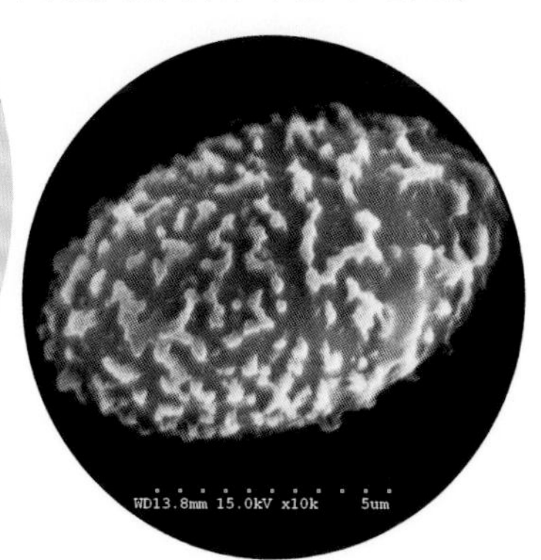

担孢子疣突部分相连（电镜照）

74 黄棕丝膜菌

Cortinarius cinnamomeus **(L.) Gray**

菌盖半球形，直径3～6cm，中央凸起，表面黄褐色至红褐色，被浅黄褐色小鳞片或放射状纤毛。菌肉草黄色、浅橘黄色，后变褐色。菌褶直生、弯生，初青黄色，后变锈褐色、褐色。菌柄圆柱形，3～8cm×0.3～0.8cm，土黄色，被褐色细绒毛，上部有黄色蛛丝状丝膜，基部有时膨大呈球茎状。

担孢子宽椭圆形至柠檬形，6～8.5μm×4～5.5μm，黄褐色，表面粗糙，有小疣突。

秋季散生或近丛生于针阔混交林或云杉等针叶林中地上。可食用。

担子果（菌盖中央突起）

菌柄上部有丝膜残余

担子、担孢子

75 亮褐丝膜菌

Cortinarius clarobrunneus **(H. Lindstr. & Melot) Niskanen, Kytöv. & Liimat.**

菌盖半球形，直径3～7cm，中央凸起，表面灰褐色，光滑，边缘具条纹。菌肉暗褐色。菌褶弯生，初淡紫色，后变锈褐色。菌柄圆柱形，10～13cm×0.3～0.7cm，褐色。

担孢子宽椭圆形、杏仁形，6～10μm×6～7μm，褐色，有疣突，电镜下部分相连成脊。

夏秋季单生或散生于针阔混交林或针叶林中地上。

担子果（菌盖边缘具条纹、菌柄上部有丝膜）

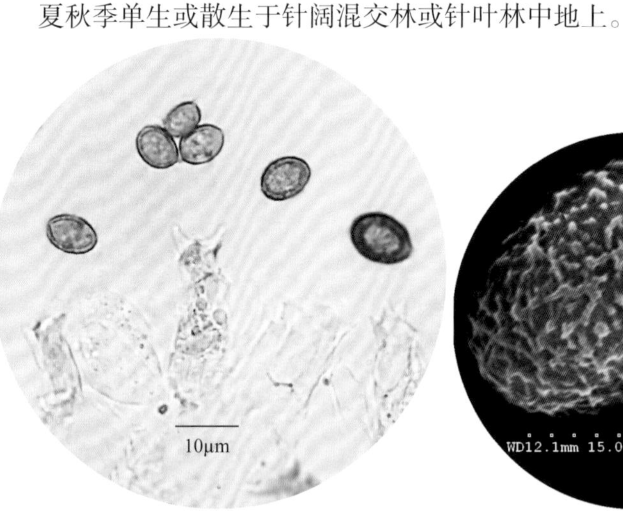

担孢子、担子

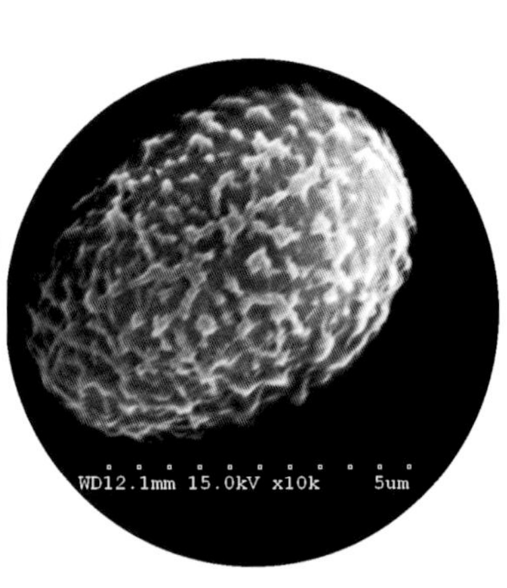

担孢子（电镜照）

76 黏柄丝膜菌

Cortinarius collinitus **(Sowerby) Gray**

菌盖初钟形后平展，直径4～10cm，中部凸，表面土黄色至黄褐色，光滑，黏。菌肉白色至淡黄色。菌褶直生至弯生，初淡黄色，后为锈褐色。菌柄圆柱形，6～10cm×1～1.5cm，幼时包有黏液，白色至淡黄褐色，被鳞片，上部丝膜可形成菌环。

担孢子近椭圆形，10～14μm×5.5～7.5μm，黄褐色，具疣突，电镜下疣突较平、较密。

夏秋季生于针阔混交林中地上。可食用。

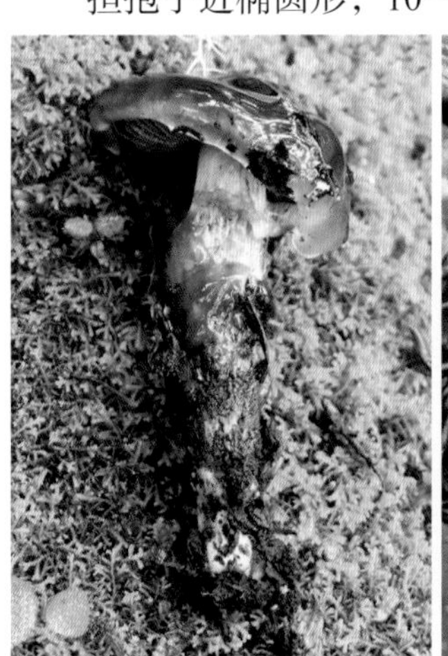

担子果（菌盖、菌柄具黏液）

菌柄表面被鳞片

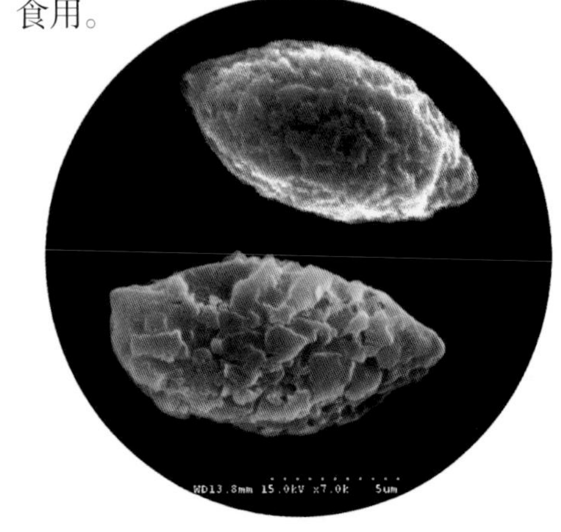

担孢子（电镜照）

77 肥厚丝膜菌

Cortinarius crassus Fr.

菌盖半球形，直径3～8cm，表面褐色，被纤毛。菌肉白色。菌褶弯生，黄白色，密。菌柄圆柱形，6～10cm×0.5～1.5cm，白色带褐色，上部具丝膜，基部稍膨大。

担孢子椭圆形、杏仁形，7～9μm×3.5～5μm，黄褐色，有小疣突。

夏秋季单生或散生于针阔混交林或针叶林中地上。

担子果（菌盖表面被纤毛、菌柄上部有丝膜痕迹）

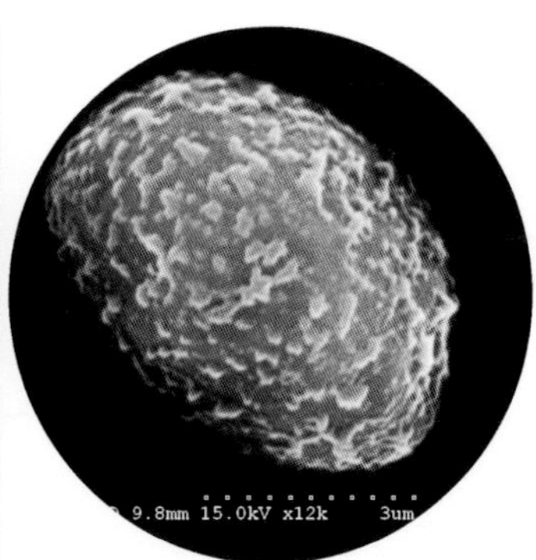

担孢子（电镜照）

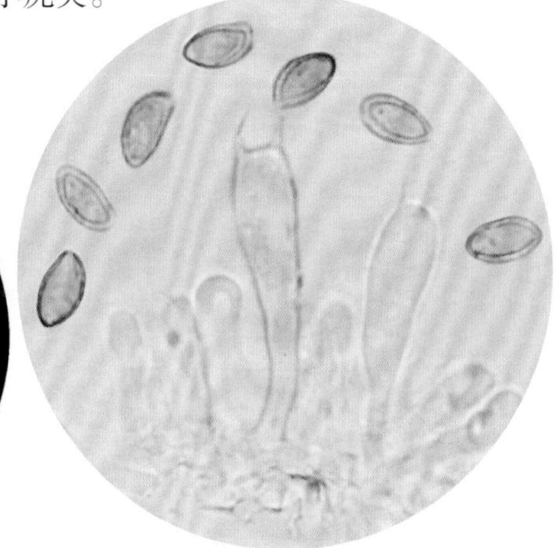

担子、担孢子

78 铬黄丝膜菌

Cortinarius croceicolor Kauffman

菌盖初半球形，后平展，直径4～10cm，中部微凸起，表面黄色、黄红色，密被褐色小鳞片或纤毛。菌肉白色至淡黄色。菌褶弯生，铬黄色。菌柄圆柱形，4～10cm×0.5～1.5cm，淡黄色至铬黄色，基部膨大呈球茎状，上部丝膜白色至锈褐色，但易消失。

担孢子近球形、宽椭圆形，6～9μm×5～7μm，锈褐色，具疣突。

夏秋季生于针阔混交林中地上。

担子果

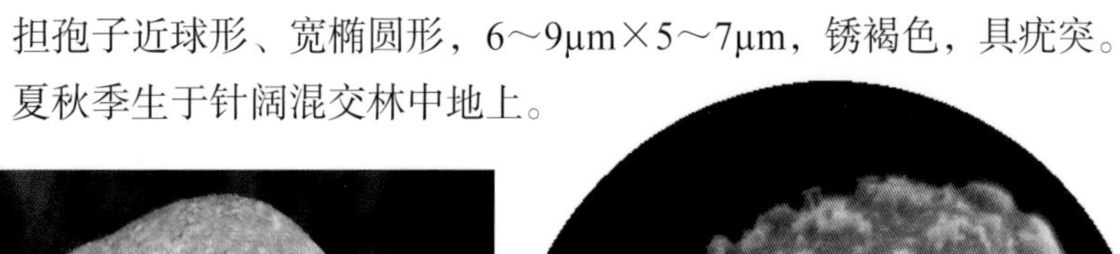

菌盖表面被纤毛

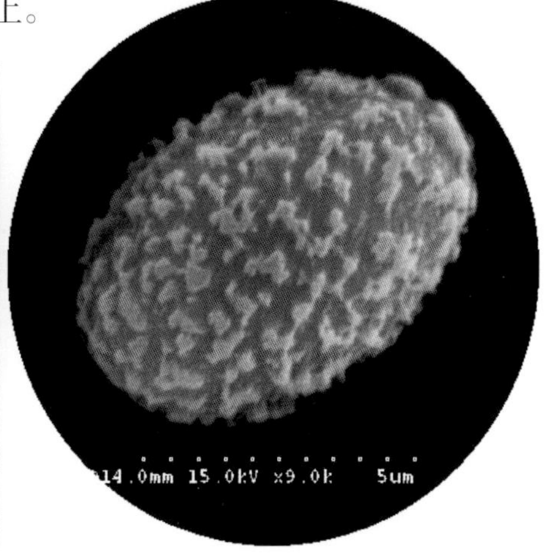

担孢子（电镜照）

79 土褐丝膜菌

***Cortinarius croceifolius* Peck**

菌盖半球形，直径3～5cm，中部微凸起，表面赭黄褐色至锈褐色。菌肉黄白色。菌褶弯生，褐色。菌柄圆柱形，3～8cm×0.3～1cm，浅黄色，被鳞片，上部具黄色丝膜。

担孢子宽椭圆形、椭圆形，6.5～8μm×4～5μm，黄褐色，稍粗糙，电镜下疣突部分相连。

夏秋季生于针阔混交林中地上。外生菌根菌。

担子果

菌柄上部有丝膜痕迹

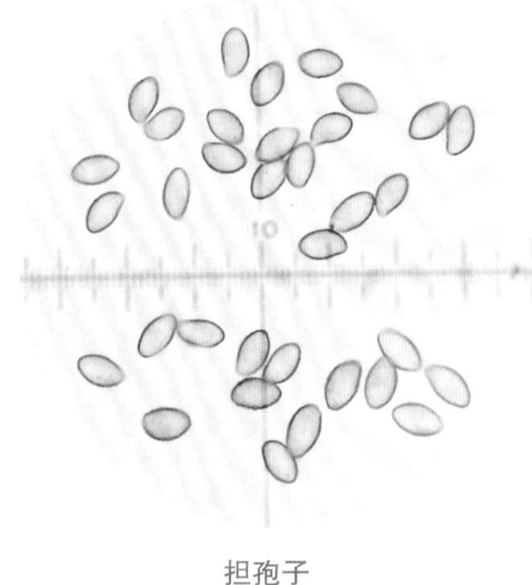

担孢子

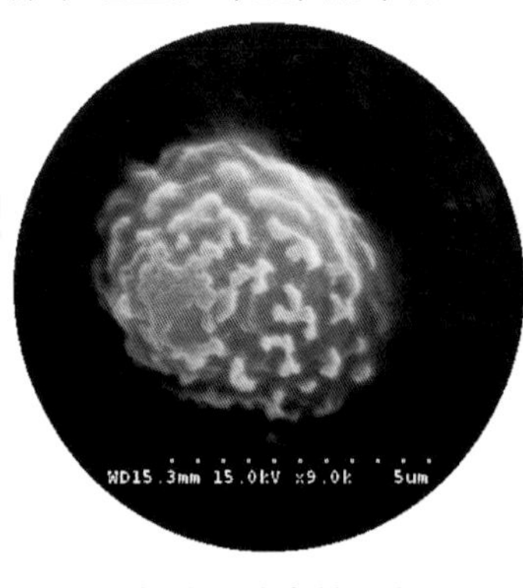

担孢子（电镜照）

80 深黄丝膜菌

***Cortinarius croceus* (Schaeff.) Gray**

菌盖斗笠形，直径3～4cm，中央凸起，顶部暗褐色，向周围变淡呈深黄色，表面不黏、被纤毛，边缘内卷。菌肉薄。菌褶弯生，浅黄色至鲜黄色，不等长，褶缘平滑。菌柄圆柱状，中生，5～8cm×0.5～0.8cm，表面浅黄色，被绒毛。

担孢子椭圆形或近卵圆形，7～8μm×4～6μm，浅黄色，有疣突。

夏秋季生于针阔混交林中地上。

担子果（菌盖中部突起）

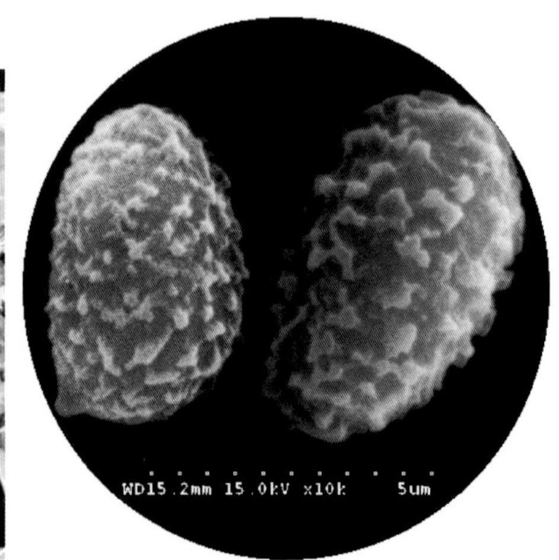

担孢子（电镜照）

81 铜色丝膜菌

Cortinarius cupreonatus Soop

菌盖半球形至平展，直径4～7cm，中部稍凸起，表面棕褐色，有纤毛。菌肉淡褐色。菌褶初期淡褐色，后变锈褐色，直生，不等长。菌柄圆柱形，6～10cm×1.5～2cm，褐色，向下渐粗、基部膨大，蛛网状丝膜呈浅黄褐色。

担孢子宽椭圆形，9～10μm×5～6.5μm，黄褐色，表面粗糙、被小疣。

夏秋季生于针阔混交林或针叶林中地上。

担子果

丝膜蛛网状

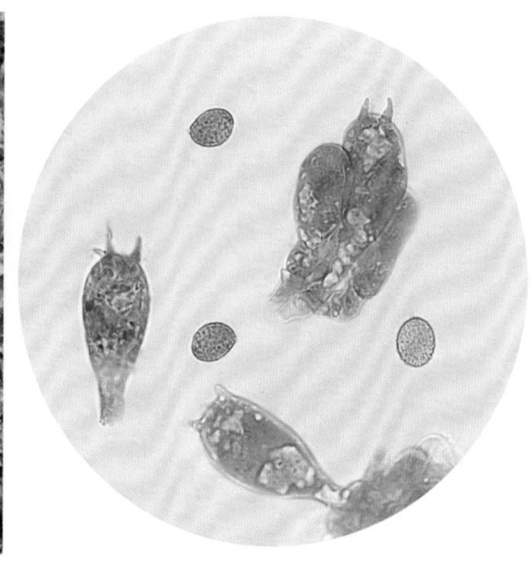

担孢子、担子

82 柱柄丝膜菌

Cortinarius cylindripes Kauffman

菌盖扁半球形、后平展，直径3～8cm，表面初为蓝紫色，渐变淡锈色，光滑，湿时黏。菌肉淡堇紫色。菌褶近直生，蓝紫色变锈褐色。菌柄圆柱形，6～10cm×0.5～1cm，近白色，具蛛网状丝膜。

担孢子卵圆形、近杏仁形，10～16μm×6～8.5μm，浅黄褐色，具小疣。

秋季群生于阔叶林、针阔混交林中地上。外生菌根菌。

担子果（菌盖表面光滑）

菌褶直生

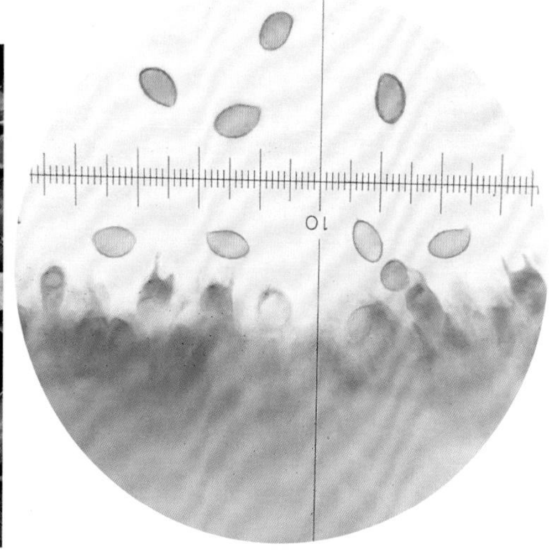

担子、担孢子、子实层

83 高丝膜菌
***Cortinarius elatior* Fr.**

幼担子果有黏液。菌盖初近球形后半球形，直径3～9cm，中部凸起，表面污黄色至黄褐色，后呈土黄色，边缘有条纹、易开裂。菌肉白色至淡黄色。菌褶直生至弯生，白色至土黄色，后变为锈褐色，较密，褶间有横脉。菌柄圆柱形，6～12cm×0.6～1.2cm，幼时淡紫色，后呈淡黄色，被纤毛状鳞片，上部有污白色至淡紫色丝膜，易脱落。

担孢子椭圆形，12～15μm×6～9μm，锈褐色，具疣突。

夏秋季散生或群生于针阔混交林或阔叶林中地上。可食用。

幼担子果（菌盖表面有黏液、菌柄上部具丝膜）

菌柄被鳞片

菌盖边缘有条纹

84 喜山丝膜菌
***Cortinarius emodensis* Berk.**

菌盖半球形至平展，直径4～11cm，表面黄褐色至淡紫罗兰色，多皱而不黏，被灰色、褐色绒毛状鳞片。菌肉白色至黄色。菌褶直生至弯生，淡紫罗兰色，后呈淡褐色、紫褐色，密，褶缘平滑至微锯齿状。菌柄近圆柱形，6～15cm×1.5～4cm，上部淡紫色，下部淡黄褐色，菌环以上部分常有纤丝状鳞片，以下被绒毛、有条纹、丝光，成熟后渐变光滑，基部稍膨大。菌环上位，厚，近白色至淡紫色，易脱落。

担孢子宽椭圆形至稍杏仁形，12～17μm×9～11μm，锈褐色，有细小疣突，电镜下疣突较密集。

夏秋季散生或群生于针阔混交林或针叶林中地上。可食用。

担子果（菌盖表面多皱）

菌环厚、菌环以上被鳞片

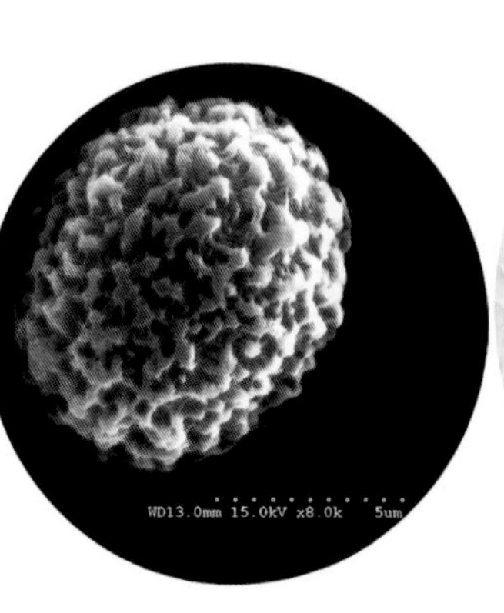

担孢子具粗疣突（电镜照）

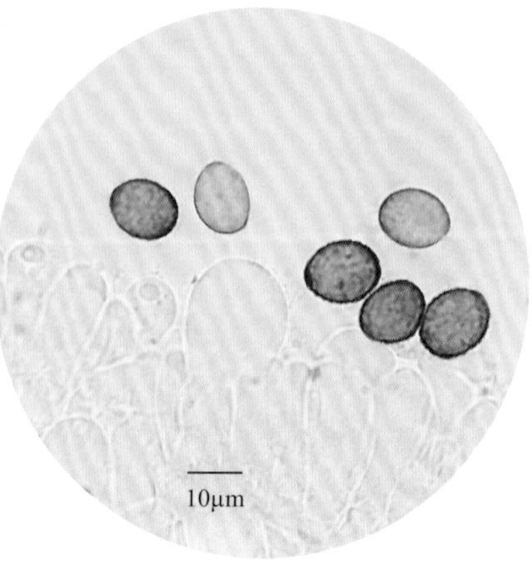

担孢子、子实层

85 拟盔孢丝膜菌

***Cortinarius galeroides* Hongo**

菌盖斗笠形，中央凸起，直径3～4cm，表面深棕黄色，不黏，有丝光，边缘反卷、有条纹。菌肉薄，棕黄色。菌褶棕黄色，稀，弯生，不等长，褶缘波状。菌柄圆柱形，9～11cm×0.4～0.5cm，中生，纤维质，表面浅巧克力色。

担孢子宽椭圆形，8～10μm×6～7μm，黄褐色，表面具疣突，电镜下部分相连成脊。

夏秋季散生于针阔混交林或针叶林中地上、苔藓层上。

担子果（菌盖边缘具条纹、菌褶较稀）

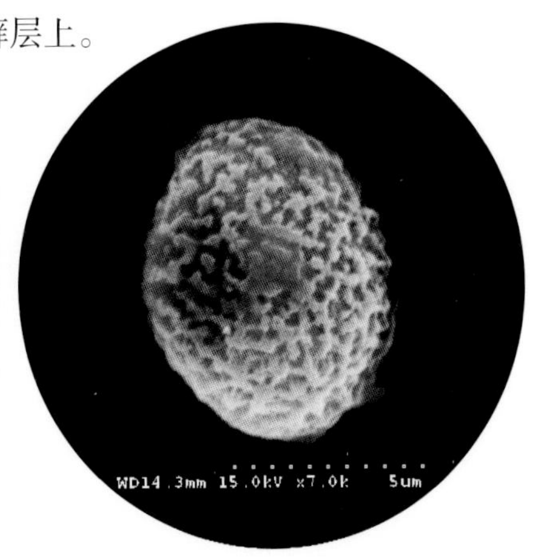

担孢子（电镜照）

86 尖顶丝膜菌

***Cortinarius gentilis* (Fr.) Fr.**

菌盖半球形，直径2～3cm，中央凸起且尖，表面暗褐色、红褐色，被角锥状小鳞片或粗糙。菌肉黄色、褐色。菌褶弯生，红褐色、黄褐色，稍密。菌柄圆柱形，4～10cm×0.3～0.5cm，稍弯，褐色，被绒毛或纤毛，上部有白色丝膜。

担孢子椭圆形、宽椭圆形，7.5～10μm×5～7μm，褐色，有疣突，电镜下疣突较密集，部分相连。

夏秋季单生或散生于针阔混交林或针叶林中地上。剧毒。外生菌根菌。

担子果（菌盖被小鳞片、中央凸起且尖）

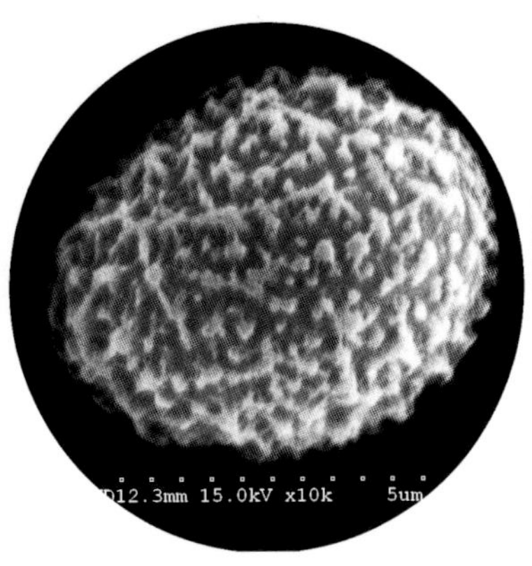

担孢子（电镜照）

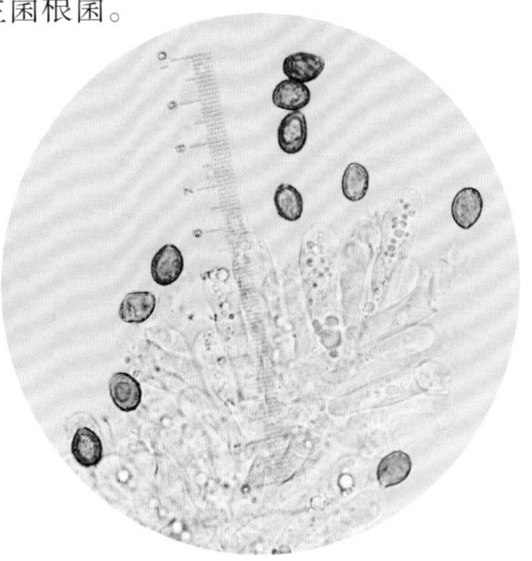

担孢子、担子

87 栗色丝膜菌

Cortinarius glandicolor **(Fr.) Fr.**

菌盖半球形至平展，直径5～10cm，中央凸起，表面红褐色，湿，被纤毛，边缘反卷。菌肉深褐色。菌褶弯生，红褐色，较稀，具横脉。菌柄圆柱形，6～12cm×0.5～1.2cm，褐色，间有白色，光滑。

担孢子宽椭圆形，8～10μm×6～7μm，褐色，有疣突，电镜下部分疣突相连成脊。

夏秋季散生于针阔混交林中地上。

担子果（菌盖中央凸起、菌褶较稀）

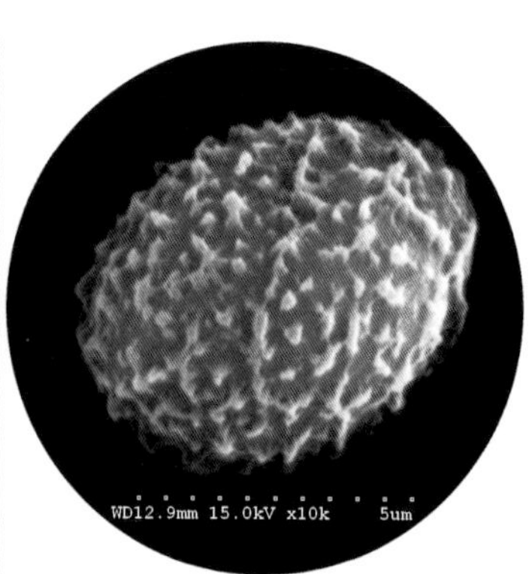

担孢子具疣突（电镜照）

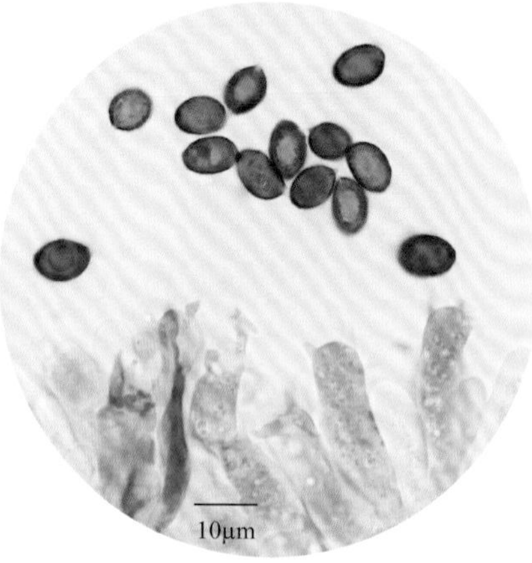

担孢子、担子

88 粉缘柄丝膜菌

Cortinarius glaucopus **(Schaeff.) Gray**

担子果

菌盖平展，直径7～9cm，表面中部呈黄褐色，光滑，黏，边缘带紫色，波状。菌肉灰白色。菌褶弯生，褐色，密。菌柄圆柱形，4～6cm×1.5～2cm，上部紫色，下部褐色，被绒毛。

担孢子椭圆形，6～9μm×4～5μm，锈褐色，疣突明显，电镜下疣突较大，部分相连。

夏秋季单生或散生于针阔混交林或针叶林中地上。

菌柄被绒毛

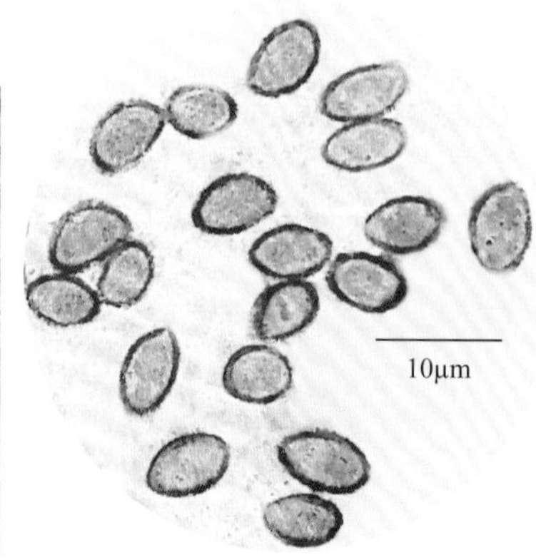

担孢子

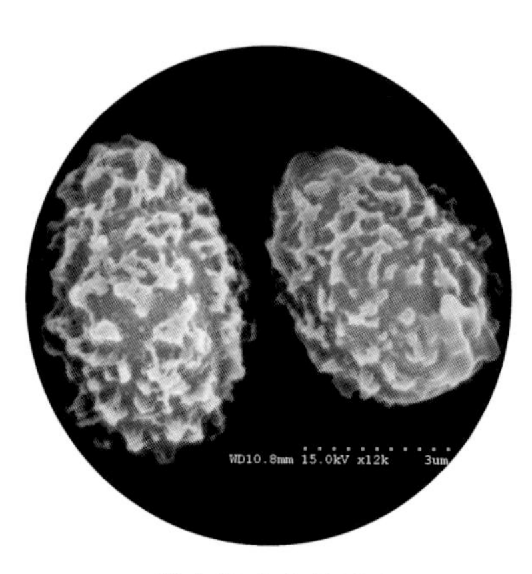

担孢子（电镜照）

89 半被毛丝膜菌

Cortinarius hemitrichus (Pers.) Fr.

菌盖初半球形、圆锥形，后呈斗笠形，直径3～5cm，表面褐色、锈褐色，边缘有污白色外菌幕残片。菌肉淡黄色。菌褶直生或弯生，锈褐色。菌柄圆柱形，12～14cm×0.5～1.5cm，初为污白色、紫褐色，后呈褐色，有时具丝状条纹，上部具丝膜，有时可形成菌环。

担孢子宽椭圆形，5～10μm×4～6μm，褐色，具疣突，电镜下较密集，部分相连成脊。

夏秋季生于针阔混交林中地上。可食用，有抗癌功效。外生菌根菌。

担子果

菌柄具丝状条纹

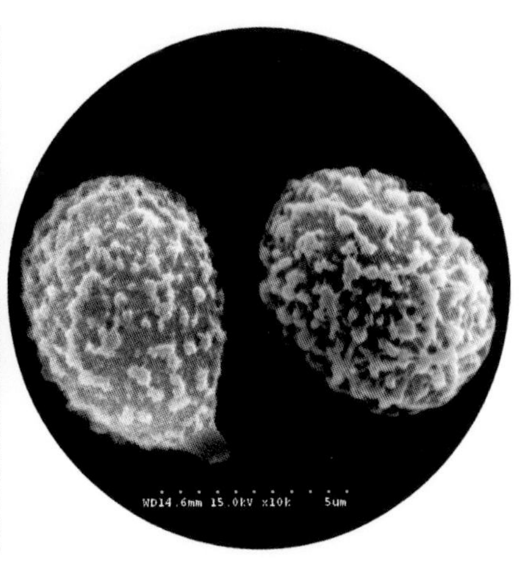

担孢子（电镜照）

90 白膜丝膜菌

Cortinarius hinnuleus Fr.

菌盖圆锥状至斗笠状，直径2.5～6cm，中央凸起，黄褐色，有放射状条纹，边缘色浅。菌肉同盖色。菌褶直生至近弯生，土黄至棕黄色，不等长。菌柄圆柱形，3.5～10cm×0.3～0.8cm，稍弯曲，较盖色浅，有纤毛或条纹，上部有白色菌环，基部稍膨大。

担孢子近椭圆形，7～9.5μm×4～7.5μm，有小疣。

夏秋季单生或散生于针阔混交林或针叶林中地上。

担子果

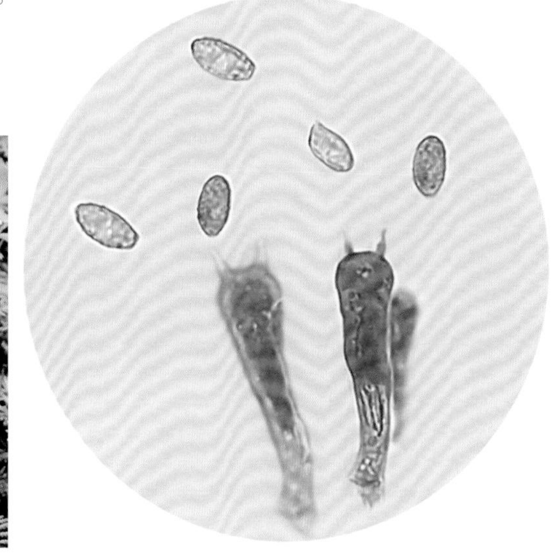

担孢子、担子

91 拟强壮丝膜菌

Cortinarius impennoides **Bidaud, Moënne-Locc. & Reumaux**

菌盖半球形，直径4～5cm，表面灰褐色，边缘苍白。菌肉灰色。菌褶直生，栗色。菌柄圆柱形，6～9cm×1～2cm，白色，被绒毛，上部有白色丝膜。

担孢子宽椭圆形，6～10μm×4～6μm，褐色，具疣突，电镜下疣突较大，部分相连成脊。

夏秋季单生或散生于针阔混交林或针叶林中地上。

担子果（菌褶直生，菌柄被绒毛、上部具丝膜）

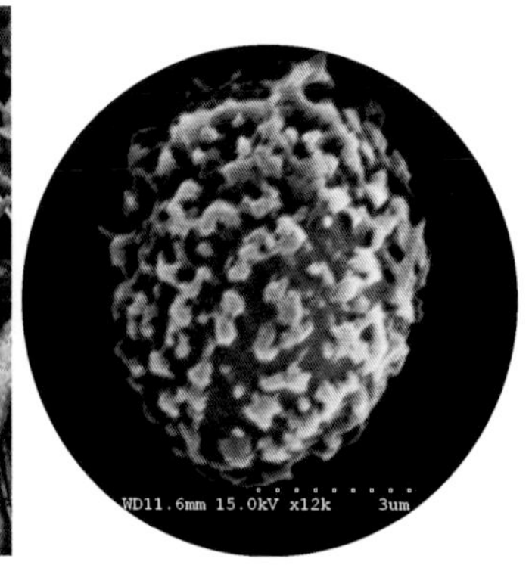

担孢子（电镜照）

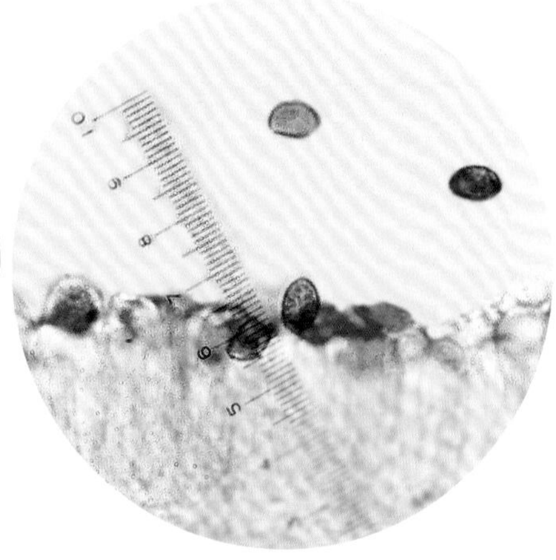

担孢子、子实层

92 棕褐丝膜菌

Cortinarius infractus **(Pers.) Fr.**

菌盖半球形，中部稍凸起，直径3～10cm，表面棕褐色，被绒毛。菌肉浅棕色。菌褶弯生，褐色。菌柄圆柱形，3.5～8cm×0.5～2cm，幼时带蓝紫色，后污白带土黄色，被绒毛，下部粗大。

担孢子近球形、宽椭圆形，7～10μm×5～7μm，黄褐色，具疣突，电镜下较密集。

夏秋季生于针阔混交林中地上。外生菌根菌。

幼担子果（菌柄上部具丝膜）

菌盖表面及菌柄被绒毛

担孢子（电镜照）

93 离生丝膜菌

Cortinarius ionophyllus M.M. Moser

菌盖幼时扁半球形，后扁平至近平展，直径5～11cm，中部稍凸起，污黄色、土褐色、赭黄褐色至近褐色，表面被毛，初期边缘内卷且无条纹，干燥或老后会开裂。菌肉污白色，稍厚。菌褶直生至近弯生，浅黄褐色至锈褐色，稍密，不等长。菌柄圆柱形，8～16cm×0.6～2.5cm，向下渐变细，幼时上部被污白或浅色小鳞片，中部以下有明显的鳞片，且裂成许多环带；丝膜生于菌柄上部，蛛网状，易消失。

担孢子宽椭圆形或柠檬形，9～12μm×5.5～7.5μm，锈黄色，表面粗糙，具疣。

夏秋季生于针阔混交林或针叶林中地上。

担子果

菌褶近弯生、不等长

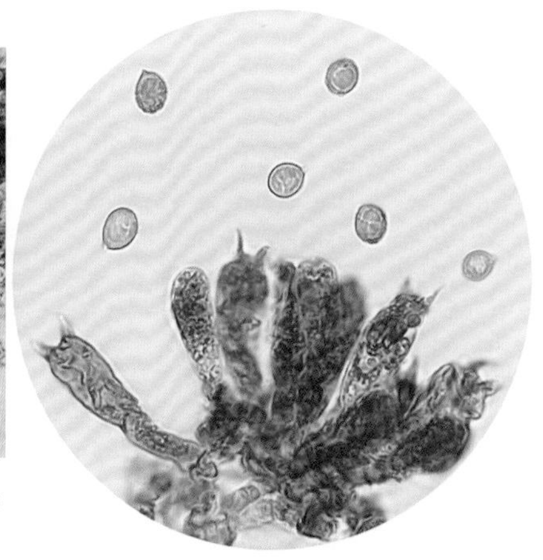

担孢子、担子

94 柯夫丝膜菌

Cortinarius korfii T.Z. Wei & Y.J. Yao

菌盖幼时近球形、钟形，后半球形至平展，直径5～12cm，中央稍凸起，表面红褐色至紫褐色，被红褐色鳞片，边缘有放射状沟纹。菌肉白色、污白色。菌褶弯生，初浅灰紫色，后变锈褐色，密。菌柄圆柱形，4～20cm×1～2cm，上部白色，下部浅黄色至黄褐色，被黄褐色、暗褐色纤毛，有纵条纹。菌环丝膜状，近白色，后变黄褐色，易脱落。

担孢子宽椭圆形，10～15μm×8～10μm，黄褐色，有疣突，电镜下疣突扁平、较大。

夏秋季散生或群生于针阔混交林或针叶林中地上。

幼担子果

菌褶弯生、密，菌柄具纵条纹

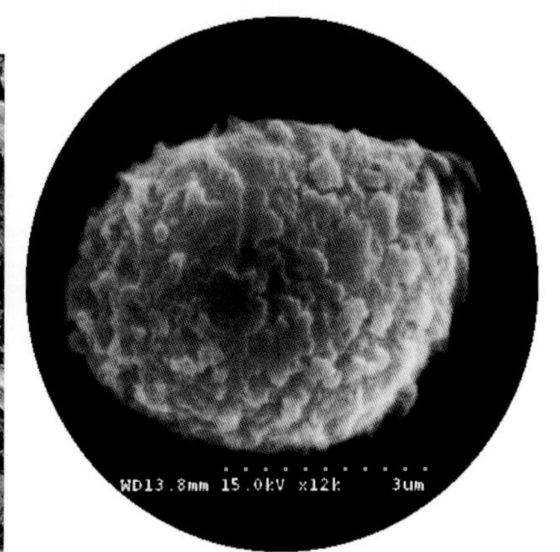

担子果（电镜照）

95 马蒂亚丝膜菌

***Cortinarius mattiae* Soop**

菌盖半球形，直径1.5～2cm，表面紫红色，光滑。菌肉紫色。菌褶弯生，紫色。菌柄圆柱形，5～7cm×0.6～0.8cm，白色带紫色调，被纤毛。

担孢子椭圆形，6～11μm×4～6μm，黄褐色，具疣突，电镜下较小，且稀疏。

夏秋季单生或散生于针阔混交林或针叶林中地上。

幼担子果（菌盖表面光滑、菌柄上部具丝膜）

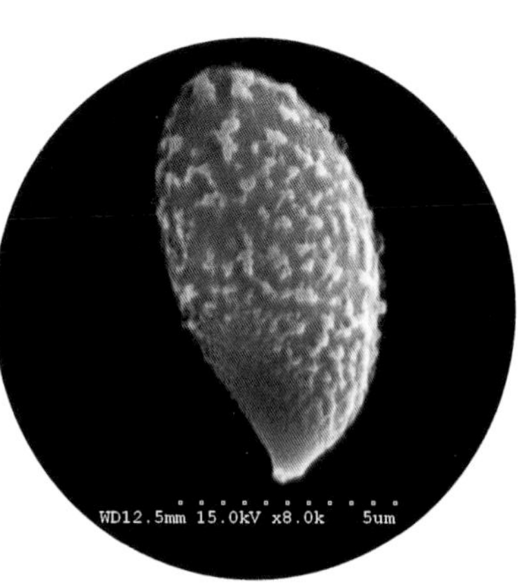

担孢子（电镜照）

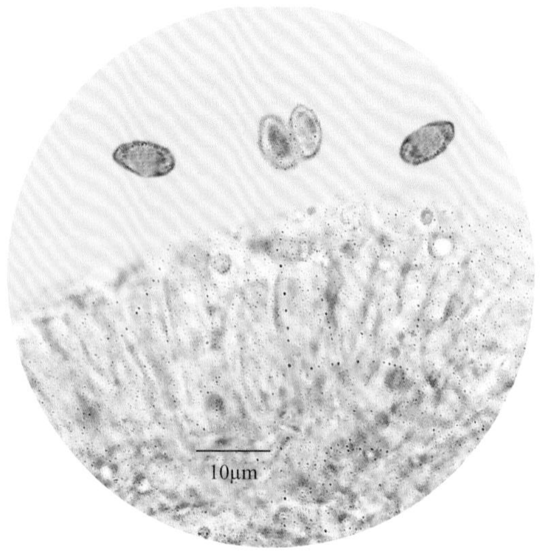

担孢子、子实层

96 棕黑丝膜菌

***Cortinarius melanotus* Kalchbr**

菌盖半球形，直径6～12cm，表面橄榄绿色，被细密的黑褐色丛毛。菌肉浅土黄色。菌褶直生，浅土黄色至黄褐色，稍稀，不等长。菌柄圆柱形，8～12cm×1～2cm，浅黄褐色至棕褐色，被细绒毛，有的明显呈暗色；菌柄上部的丝膜蛛网状，淡黄色至浅黄褐色。

担孢子卵圆形、宽椭圆形，7～9μm×5.5～7μm，黄褐色，表面粗糙、被小疣。

夏秋季单生于针阔混交林或针叶林中地上。

担子果（菌盖表面被毛）

菌柄被毛

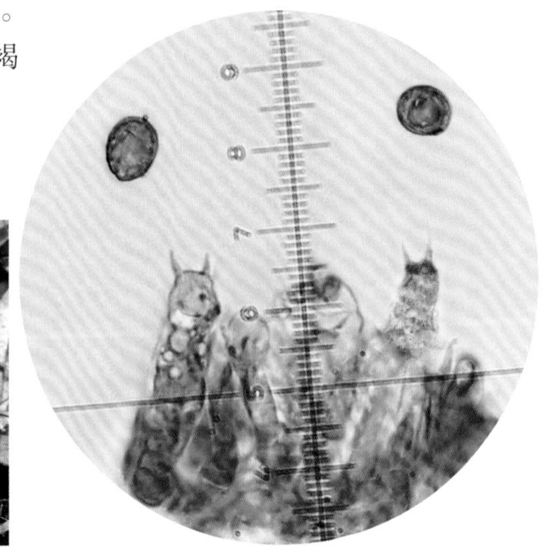
担孢子、担子

97 米黄丝膜菌
***Cortinarius multiformis* Fr.**

菌盖初半球形，后扁平，直径5～9cm，表面淡黄至土黄色，后呈黄褐色，湿时稍黏。菌肉白色。菌褶直生或弯生，初白色、淡土黄色，后呈锈褐色。菌柄圆柱形，向下渐粗，3～8cm×1～2.5cm，白色至土黄色，被纤毛，上部具丝膜，但易消失。

担孢子椭圆形，9～12.5μm×5～7.5μm，锈褐色，具小疣突。

夏秋季生于针阔混交林中地上。可食用。

担子果（菌盖表面湿时黏）

盖缘及菌柄上部具丝膜、菌柄表面被纤毛

98 暗褐丝膜菌
***Cortinarius neoarmillatus* Hongo**

担子果

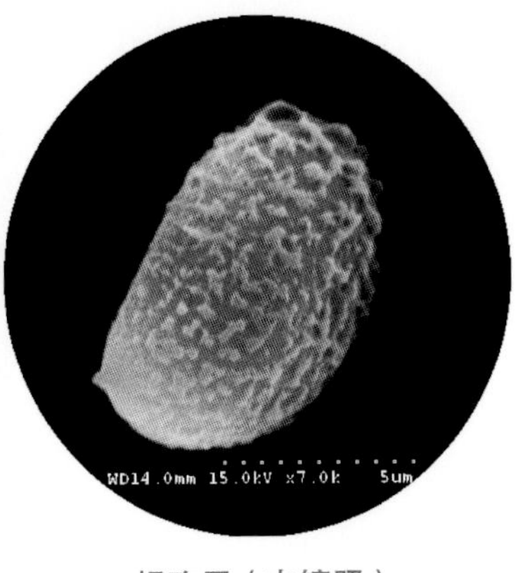

担孢子（电镜照）

菌盖斗笠形，直径2～4cm，表面暗棕色至棕褐色，光滑，湿时黏。菌肉淡褐色。菌褶近离生，褐色。菌柄圆柱形，3.5～5cm×0.3～0.5cm，污白色，下部浅褐色，被鳞片。

担孢子近椭圆形，9～12μm×5～6.5μm，黄褐色，具疣突，电镜下较小、密集，部分可相连成脊。

夏秋季生于针阔混交林中地上。

99 钝丝膜菌
***Cortinarius obtusus* (Fr.) Fr.**

菌盖钟形至扁半球形，直径2～5cm，中央凸起，表面红褐色、赭褐色至浅棕红色，光滑或有条纹，边缘色稍浅。菌肉浅褐色。菌褶直生至弯生，初淡紫色，后变锈褐色，较密。菌柄圆柱形，4～8cm×0.5～1cm，被绒毛，上部浅黄色具丝膜，中下部浅黄褐色。菌环上位，污白色，易脱落。

担孢子椭圆形、宽椭圆形，6.5～8.5μm×4.5～6μm，浅黄褐色，有疣突。

夏秋季散生于针叶林中地上。外生菌根菌。

担子果（菌盖表面光滑、菌柄被绒毛）

100 新褐丝膜菌

Cortinarius neofurvolaesus **Kytöv., Niskanen, Liimat. & H. Lindstr.**

菌盖扁半球形，直径3～7cm，中央微凸，表面红褐色，中央色暗，湿润，边缘白色，反卷。菌肉肉桂色。菌褶弯生，浅红色。菌柄近圆柱形，5～12cm×0.5～1cm，浅褐色，被纤毛。

担孢子椭圆形，6～10μm×4～5μm，黄褐色，具疣突，电镜下较稀疏。

夏秋季单生或散生于针阔混交林或针叶林中地上。

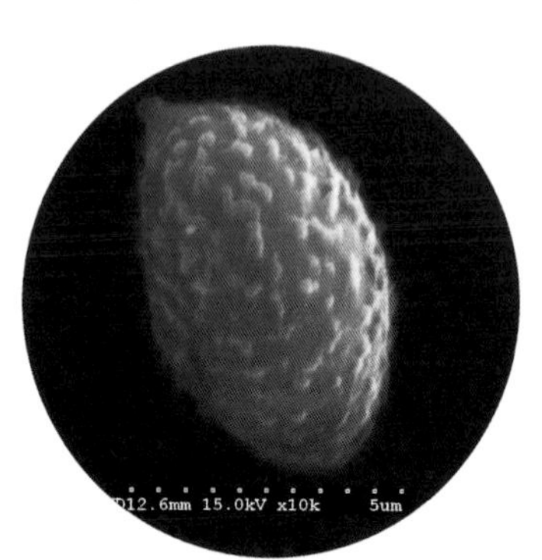

担孢子具疣突（电镜照）

担子果（菌盖表面被纤毛）

菌柄上部有丝膜残余

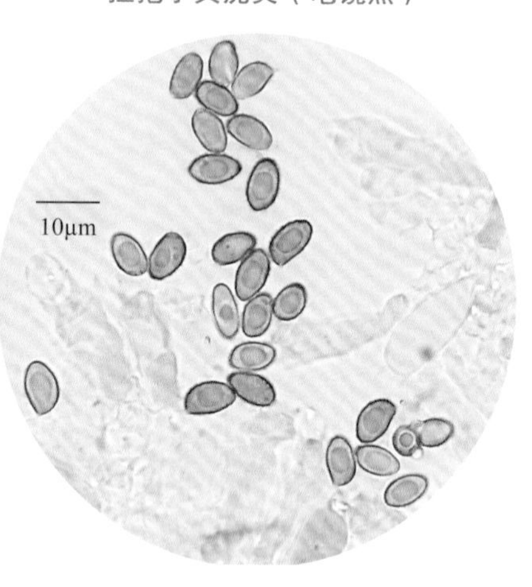

担孢子、担子

101 鳞丝膜菌

Cortinarius pholideus **(Fr.) Fr.**

菌盖初呈钟形，后平展，直径3～5cm，中央脐突，表面由内至外深褐色至肉桂色，密被暗褐色鳞片，边缘白色、反卷。菌肉白色、污白色。菌褶直生、弯生，初白色带淡紫色，后变土黄色至浅褐色，密。菌柄圆柱形，4～9cm×0.5～1cm，上部淡紫色，中下部浅褐色，密被褐色鳞片。菌环上位，丝膜状，白色，易脱落。

担孢子椭圆形，6～8μm×4～6μm，黄褐色，有疣突。

夏秋季散生于阔叶林或针阔混交林中地上。

担子果（菌盖表面密被鳞片，菌柄上部具丝膜、中下部被鳞片）

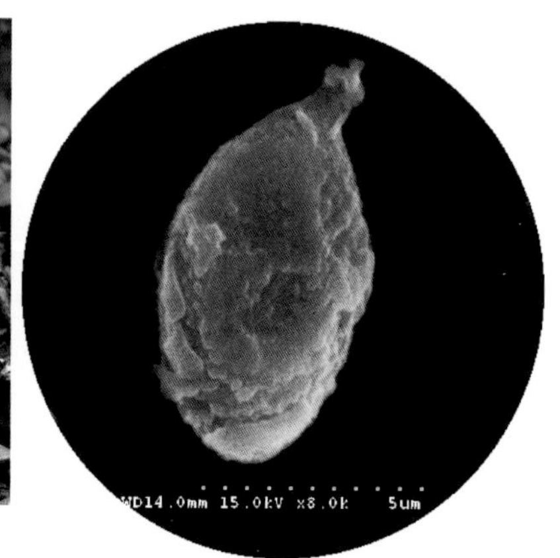

担孢子（电镜照）

102 暗棕丝膜菌

***Cortinarius piceidisjungendus* Kytöv., Liimat., Niskanen & Ammirati**

菌盖半球形、斗笠形至平展，直径3～8cm，表面黄褐色至褐色，中央凸起，色暗，被绒毛，边缘上翘。菌肉褐色。菌褶弯生，锈褐色，褶缘平滑。菌柄圆柱形，4～15cm×0.5～2cm，浅褐色，被纤毛。

担孢子椭圆形至杏仁形，9～15μm×6～7μm，内含油滴，浅黄褐色，具疣突，电镜下小而密集。

夏秋季单生或散生于针阔混交林或针叶林中地上。

担子果（菌盖中部凸起、表面被绒毛）

菌柄被纤毛

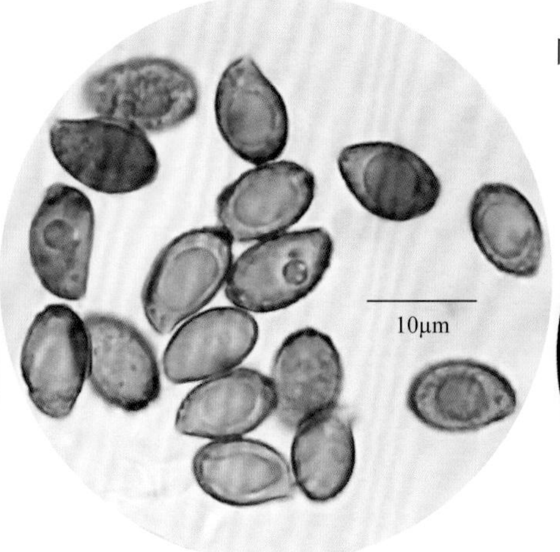

担孢子

担孢子具细密疣突（电镜照）

103 拟荷叶丝膜菌

***Cortinarius pseudosalor* J.E. Lange**

菌盖初钟形，后平展，直径3～9cm，表面赭黄色、黄褐色，边缘具条纹。菌肉淡黄褐色。菌褶弯生，褐色。菌柄圆柱形，10～12cm×0.5～1.5cm，黄白色，黏，丝膜可形成易脱落的菌环。

担孢子椭圆形，11～16μm×7～10μm，黄褐色，具疣突，电镜下可见部分相连成脊。

夏秋季群生于阔叶林中地上。外生菌根菌。

担子果（菌盖表面黏、菌环上位）

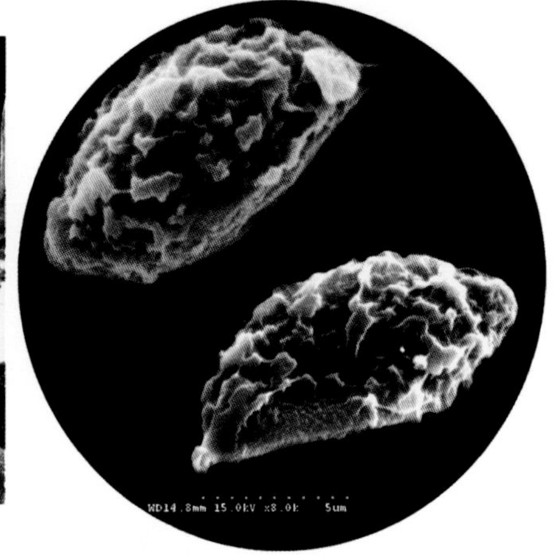

担孢子（电镜照）

104 紫丝膜菌

***Cortinarius purpurascens* Fr.**

菌盖初钟形后半球形至平展，直径3～10cm，表面紫罗兰色，光滑，湿时稍黏，边缘紫色，内卷。菌肉淡紫色，后呈蓝紫色。菌褶弯生，密，初淡紫色，伤后变深紫色，老后呈褐色。菌柄圆柱形，4～12cm×0.8～1.5cm，淡紫色，被紫色纤毛，上部有蓝紫色丝膜，易脱落，基部膨大。

担孢子卵圆形至椭圆形，8～10.5μm×5～6μm，黄褐色，电镜下疣突较粗大。

夏秋季散生于阔叶林或针阔混交林中地上。可食用。外生菌根菌。

幼担子果（菌柄上部具丝膜）

菌褶成熟时变色、菌柄被纤毛

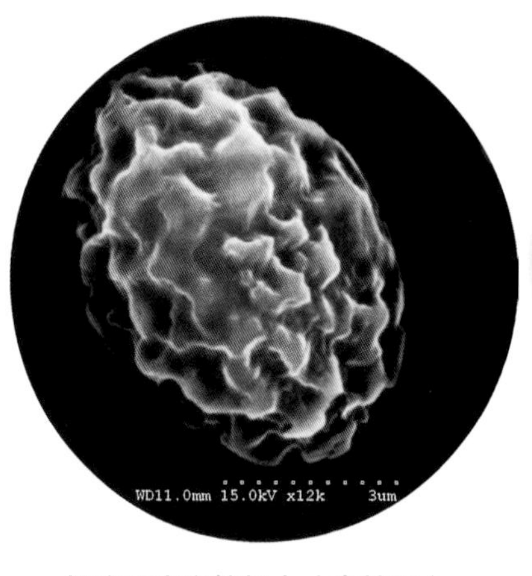

担孢子疣突较粗大（电镜照）

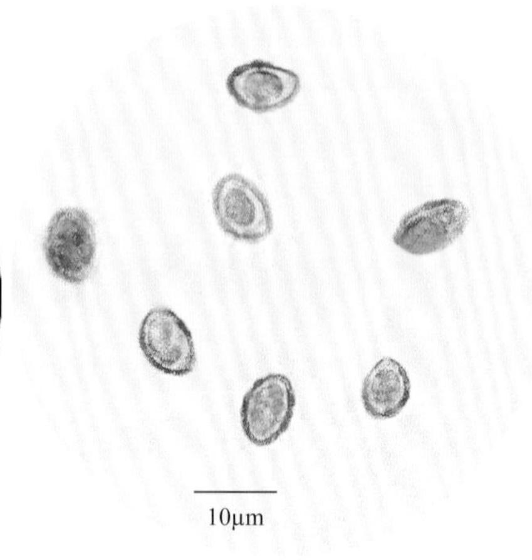

担孢子

105 细鳞丝膜菌

***Cortinarius rubellus* Cooke**

菌盖圆锥形至钟形，直径4～7cm，中央凸起，表面棕红色，被细小鳞片，边缘稍内卷，幼时淡黄色，后带黄橙色。菌褶弯生、近直生，初黄橙色，成熟后深棕色。菌柄圆柱形至棒状，4～10cm×0.5～1.5cm，浅棕红色，有丝状条纹，被细小鳞片，有时基部稍膨大，上部丝膜浅黄色。

担孢子椭圆形、卵圆形，8～12μm×5～7μm，褐色，具疣突。

夏秋季单生或散生于针阔混交林中地上。

担子果（菌盖中央凸起）

菌褶弯生

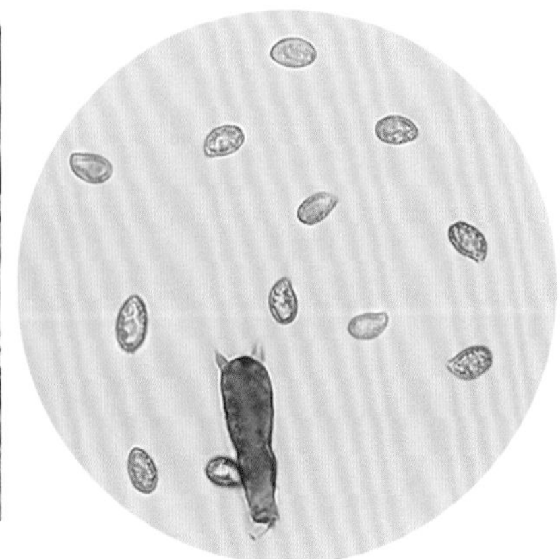

担孢子、担子

106 红环丝膜菌

Cortinarius roseoarmillatus **Niskanen, Kytöv. & Liimat.**

菌盖斗笠形，直径3～5.5cm，表面褐色，被纤毛，边缘厚。菌肉褐色。菌褶弯生，浅褐色。菌柄圆柱形，5～9cm×2～2.5cm，褐色，被绒毛。

担孢子椭圆形、少数近球形，6.5～11μm×4～6μm，褐色，具疣突，电镜下部分相连成脊。

夏秋季散生于针阔混交林中地上。

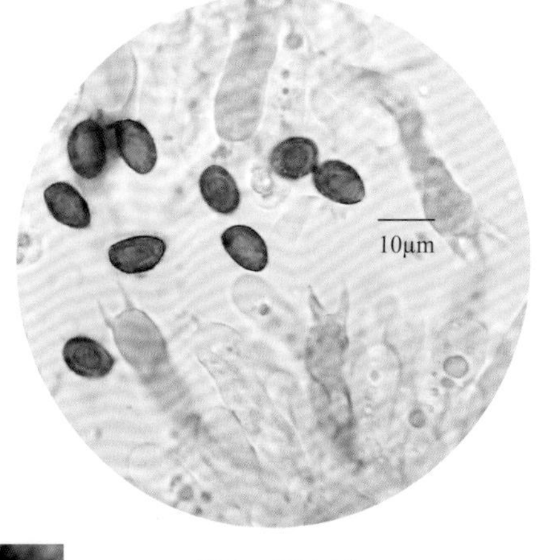

担子、担孢子

担子果

菌柄表面被绒毛、上部有丝膜

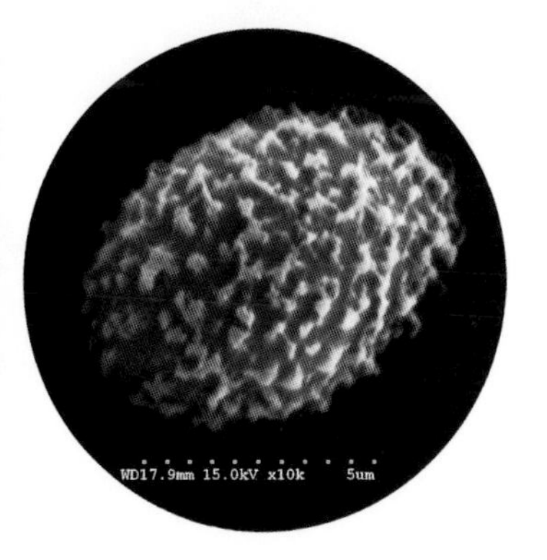

担孢子具疣突（电镜照）

107 漆枯草丝膜菌

Cortinarius saginus **(Fr.) Fr.**

菌盖扁半球形，直径7～9cm，表面褐色，黏，中央色深，被丛毛，边缘内卷，波状。菌肉白色。菌褶弯生，初白色，后变褐色，密。菌柄杵形，6～9cm×1.5～3cm，褐色，被绒毛，上部具丝膜。

担孢子宽椭圆形、椭圆形，7.5～11μm×5～7.5μm，褐色，内含油滴，具疣突，电镜下较小，部分相连成脊。

夏秋季散生于针阔混交林或针叶林中地上。

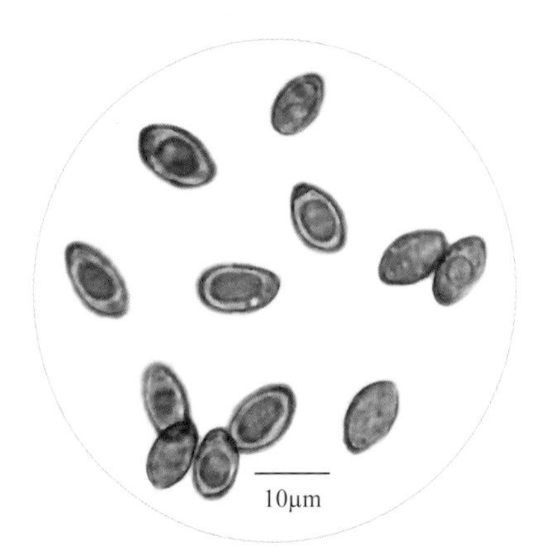

担孢子

担子果（菌盖表面被丛毛）

菌柄被绒毛

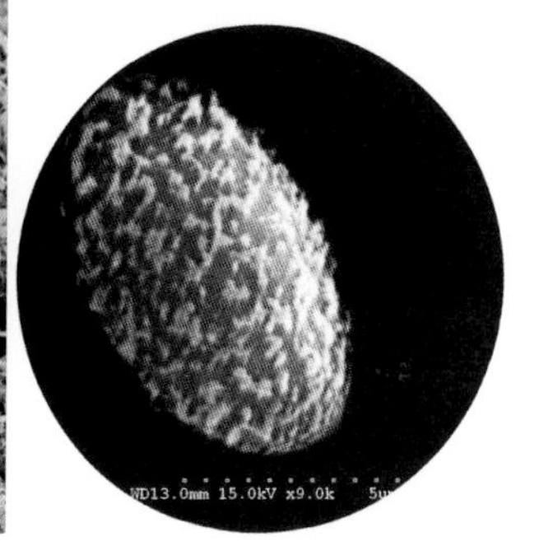

担孢子（电镜照）

108 荷叶丝膜菌

Cortinarius salor Fr.

菌盖半球形至平展，直径3～6cm，表面初为蓝紫色，后渐褪至淡紫色，黏，中部带褐色，边缘内卷。菌肉淡紫色。菌褶弯生，淡紫色，褶缘波状。菌柄杵形，6～11cm×2～2.5cm，淡紫色，黏。

担孢子宽椭圆形、近球形，8～10μm×7～9μm，褐色，内含油滴，具疣突，电镜下多相连成脊。

夏秋季单生或散生于针阔混交林、针叶林中地上。

担子果（菌盖表面黏）

菌柄有丝膜残余、菌柄杵状

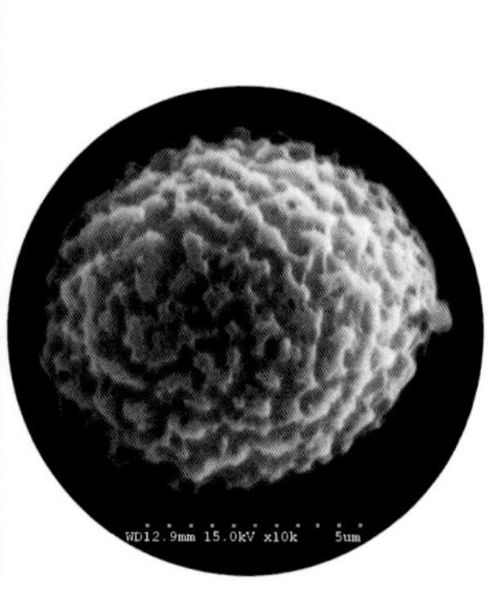

担孢子（电镜照）

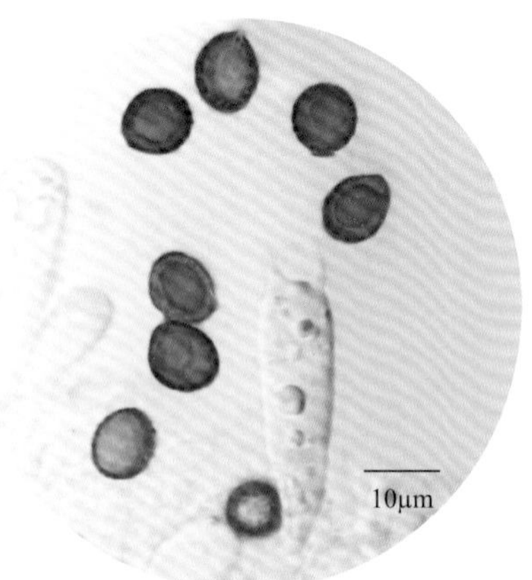

担孢子、担子、小担子

109 血红丝膜菌

Cortinarius sanguineus (Wulfen) Gray

菌盖初为扁半球形，中央稍凸起，后平展，有时微凹，直径2～4.5cm，表面血红色至紫褐色，初被绒毛状鳞片，后变光滑。菌肉浅红色、血红色。菌褶直生，血红色至暗血红色。菌柄圆柱形，5～11cm×0.3～0.8cm，血红色，受伤颜色变暗，被少量纤毛。菌环上位，丝膜状，血红色，易消失。

担孢子宽椭圆形，6～10μm×4～6μm，锈褐色，具疣突，电镜下较密集。

夏秋季散生于针阔混交林或针叶林中地上。

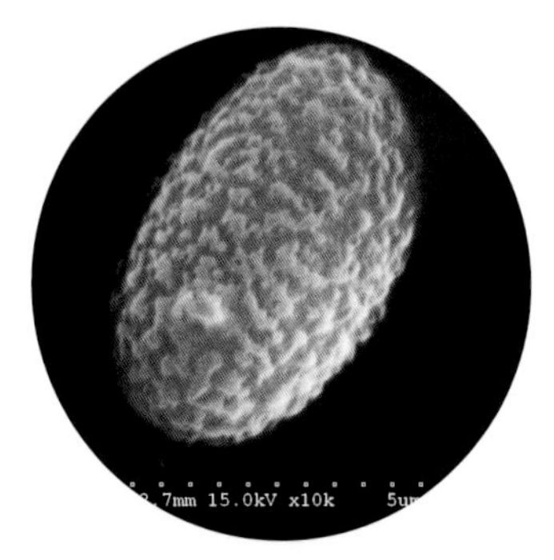

担孢子（电镜照）

担子果（菌盖表面被绒毛）

菌柄上部具丝膜

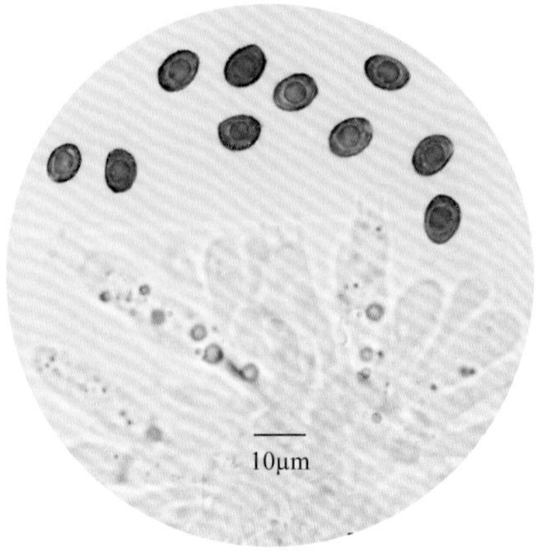

担孢子、担子

110 *Cortinarius scaurus* (Fr.) Fr.

菌盖平展，直径4～8cm，中央凸起，表面黑色，干，但有时黏。菌肉紫色。菌褶弯生，紫色，后变锈褐色。菌柄杵形，5～7cm×1～2cm，灰色，被纤毛，上部具丝膜。

担孢子宽椭圆形，7～12μm×5～8μm，深褐色，具疣突，电镜下可见部分相连成脊。

夏秋季单生或散生于针阔混交林或针叶林中地上。

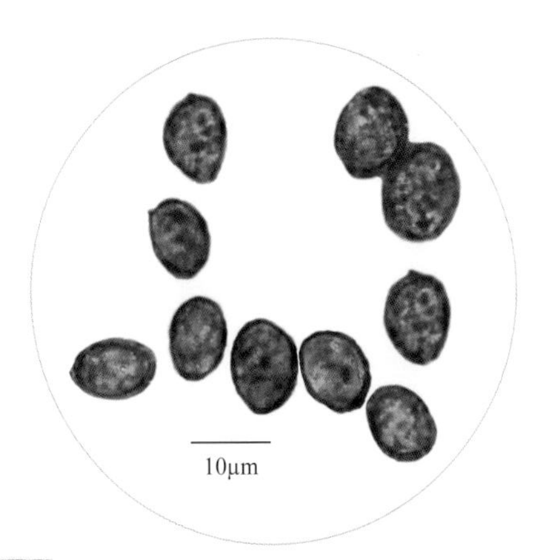

担孢子

担子果

菌柄表面被纤毛、基部膨大

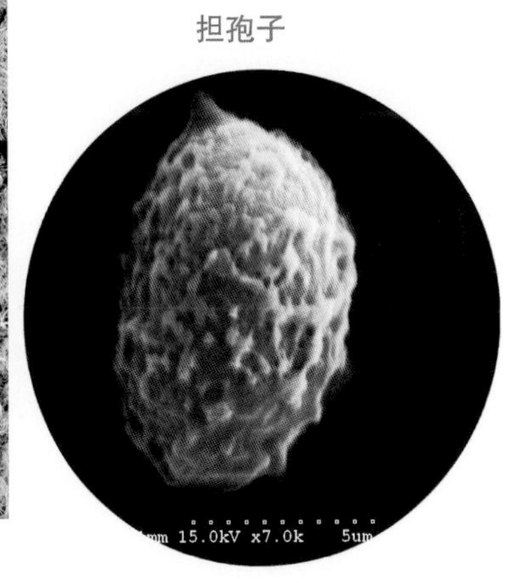

担孢子（电镜照）

111 半血红丝膜菌
Cortinarius semisanguineus (Fr.) Gillet

菌盖半球形，直径2～5cm，表面红褐色，被绒毛，边缘薄。菌肉褐色。菌褶弯生、延生，黄褐色，不等长，密，褶缘平滑。菌柄近圆柱形，7～10cm×0.4～0.6cm，被褐色绒毛。

担孢子椭圆形、宽椭圆形，6～8μm×4～5μm，褐色，具疣突，电镜下较稀疏。

夏秋季散生于林中地上。

担子果（菌盖表面被绒毛）

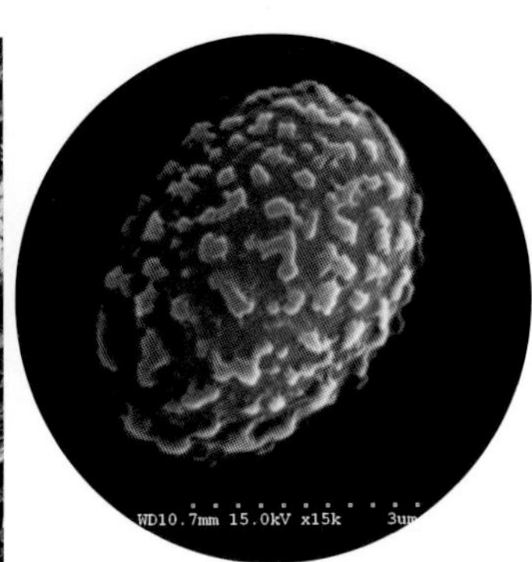

担孢子（电镜照）

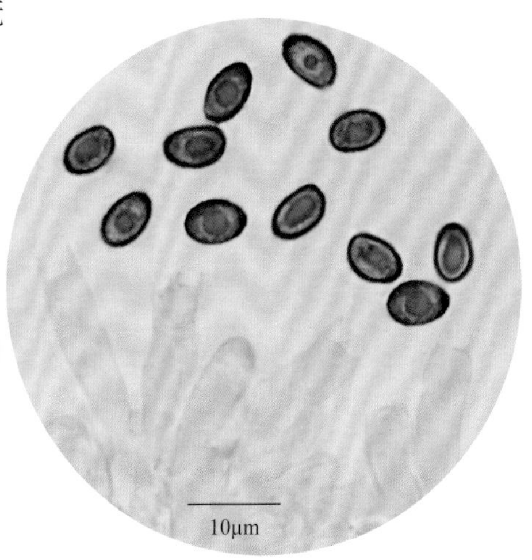

担孢子、担子

112 亚白紫丝膜菌

Cortinarius subalboviolaceus Hongo

菌盖扁半球形，直径2～4cm，表面白色、灰白紫色，湿时稍黏，干时有丝光。菌肉薄，污白色。菌褶弯生，暗黄色、锈褐色，稍稀。菌柄中生，基部稍膨大，3～8cm×0.3～0.6cm，表面黄白色，被纤毛，上部有丝膜。

担孢子宽椭圆形、近球形，6～8μm×5～6μm，黄褐色，表面有疣突，电镜下可见较稀疏。

夏秋季散生于混交林中地上。外生菌根菌。

担子果（菌盖表面有丝样光泽）

担孢子（电镜照）

113 类银白紫丝膜菌

Cortinarius subargentatus Murrill

菌盖半球形、凸镜状至平展，直径2～6cm，表面淡白紫色或紫罗兰色，后渐褪色，光滑，湿时黏。菌肉浅白紫色。菌褶近直生，紫色后变锈褐色。菌柄圆柱形，3～8cm×0.4～1cm，与盖同色，具纵条纹，上部具丝膜，基部膨大近球形。

担孢子宽椭圆形，7～9μm×4～6μm，褐色，具小疣突，电镜下可见疣突多相连成脊。

夏秋季散生或群生于针叶林或针阔混交林中地上。外生菌根菌。

幼担子果（菌柄基部膨大、上部具丝膜）

菌盖凸镜状

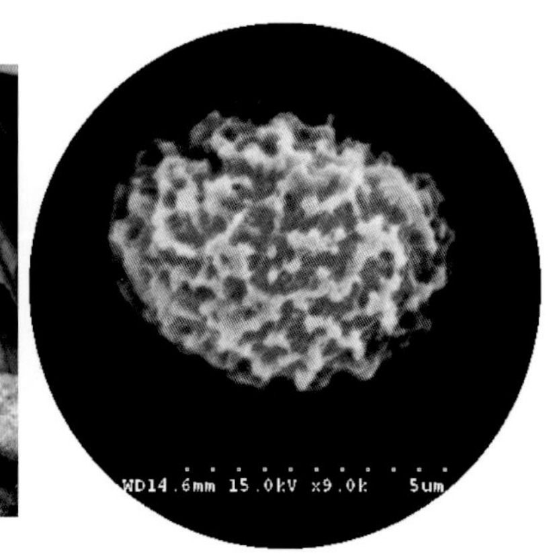

担孢子（电镜照）

114 平丝膜菌

Cortinarius tabularis **(Fr.) Fr.**

菌盖半圆形至平展，直径4～10cm，表面棕褐色，不黏，被纤毛。菌肉淡土黄色至淡灰褐色。菌褶弯生，棕褐色，不等长，褶缘波状。菌柄圆柱形，5.5～12cm×0.5～2.5cm，污白色、淡黄色，表面光滑或有条纹。

担孢子卵圆形、宽椭圆形，6～12μm×5～7μm，黄褐色，表面有小疣，电镜下部分相连成脊。

夏秋季散生或群生于针叶林或针阔混交林中地上。

幼担子果

菌柄表面具条纹

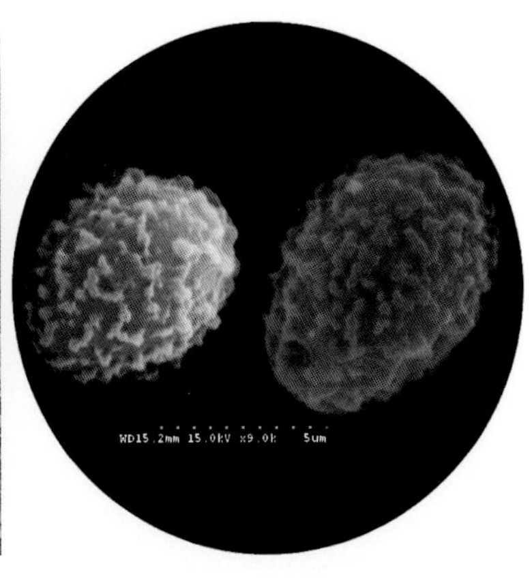

担孢子（电镜照）

115 细柄丝膜菌

Cortinarius tenuipes **(Hongo) Hongo**

菌盖半球形、凸镜状至平展，直径2～6cm，表面黄色至褐黄色，中央色深。菌肉污白色。菌褶弯生，初白色后转黄褐色，密。菌柄圆柱形，3～7cm×0.4～1cm，白色，被黄褐色纤丝。菌环上位，丝膜状，易消失。

担孢子椭圆形至杏仁形，7～9μm×4～5μm，褐色，具不明显小麻点，电镜下疣突较平，且稀疏。

夏秋季散生于阔叶林或针阔混交林中地上。可食用。

担子果

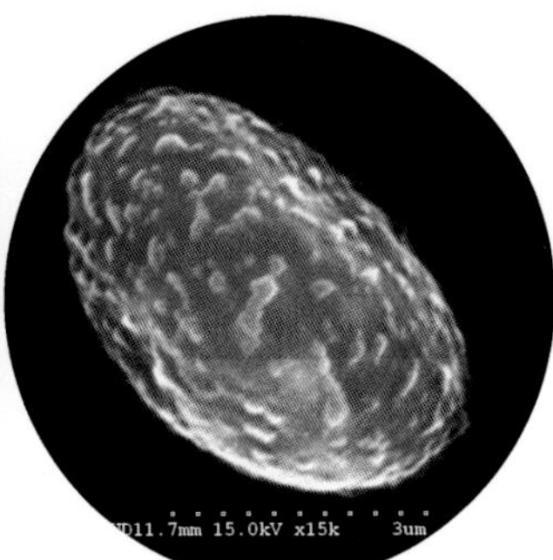

担孢子疣突较小较稀（电镜照）

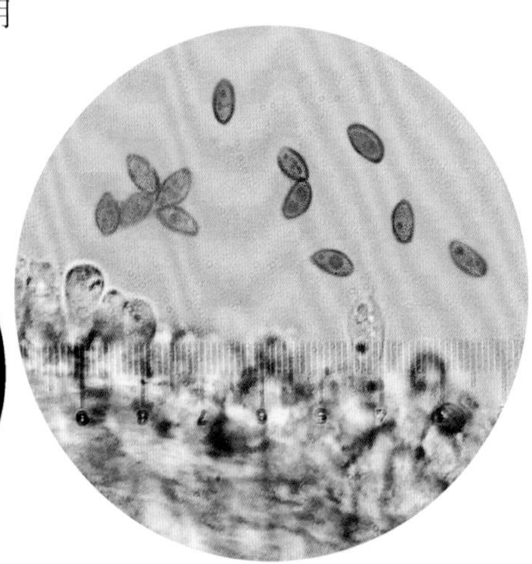

担孢子、担子、子实层

116 黄褐丝膜菌

Cortinarius tophaceus Fr.

菌盖斗笠形至平展，直径4～7cm，表面红褐色至黄褐色，光滑，边缘上翘。菌肉黄色。菌褶弯生，淡褐色，密。菌柄圆柱形，稍弯曲，7～14cm×0.6～1.5cm，浅褐色，被纤毛。

担孢子近球形、卵圆形、宽椭圆形，6～8μm×5～7μm，褐色，疣突明显，电镜下稍稀疏。

夏秋季散生于针阔混交林中地上。

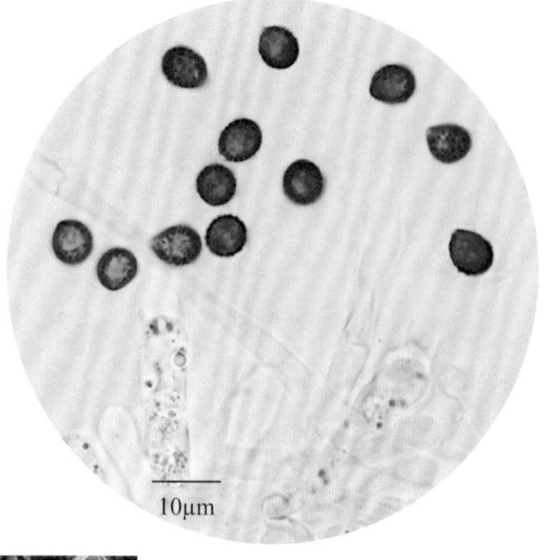

担孢子、担子

担子果（菌盖斗笠形）

菌柄被纤毛

担孢子（电镜照）

117 野丝膜菌

Cortinarius torvus (Fr.) Fr.

菌盖初时半球形、斗笠形，后平展，直径4～8cm，表面黄褐色至红褐色，有时带紫色调，被绒毛，边缘波状。菌肉肉桂色。菌褶弯生至微延生，绛紫色，稀，分叉，具横脉。菌柄圆柱形，6～14cm×0.5～2cm，黄褐色，菌环以上带紫色，被绒毛，基部稍膨大。菌环上位，丝膜状，褐色。

担孢子椭圆形至杏仁形，8～12μm×5～7μm，褐色，具疣突，电镜下大部分相连成脊。

夏秋季散生于针阔混交林中地上。

担子果（菌盖表面被绒毛）

菌环上位

担孢子

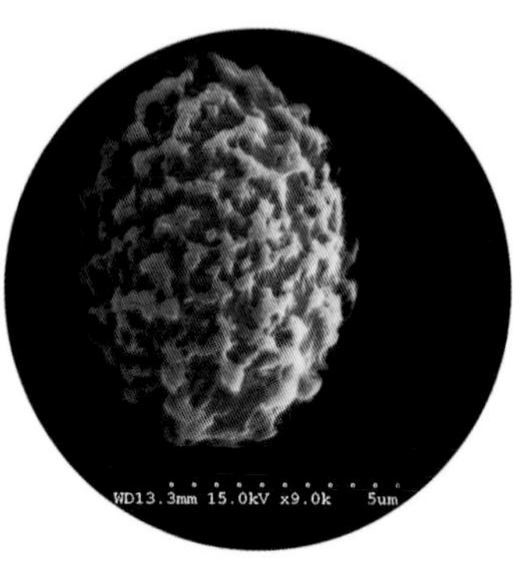

担孢子具疣突、电镜下可见部分相连（电镜照）

118 常见丝膜菌 （曾用名：环带柄丝膜菌）

Cortinarius trivialis J.E. Lange

担子果（菌盖湿时黏）

菌柄具环带状轮纹、上部具丝膜

菌盖幼时半球形，后呈凸镜状至平展，直径3.5～7cm，表面浅黄褐色至红褐色，黏，边缘内卷。菌肉白色。菌褶弯生，成熟时锈褐色，密。菌柄圆柱形，4～10cm×0.6～1.5cm，浅黄褐色，有环带状轮纹，上部具丝膜。

担孢子杏仁形，12～15μm×6.5～9μm，黄褐色，疣突明显。

夏秋季单生或散生于阔叶林、针阔混交林或针叶林中地上。外生菌根菌。

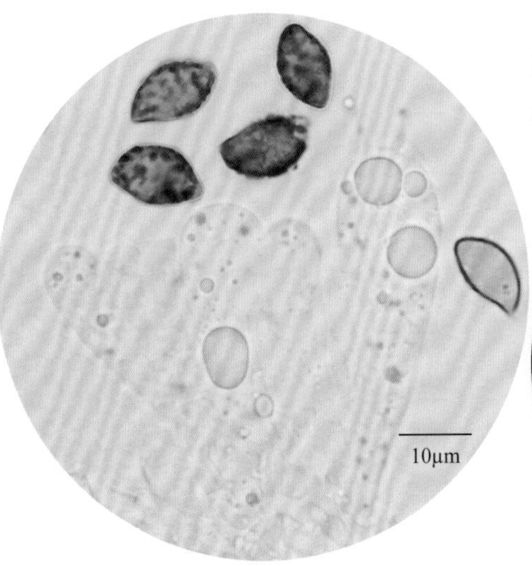

担孢子、担子

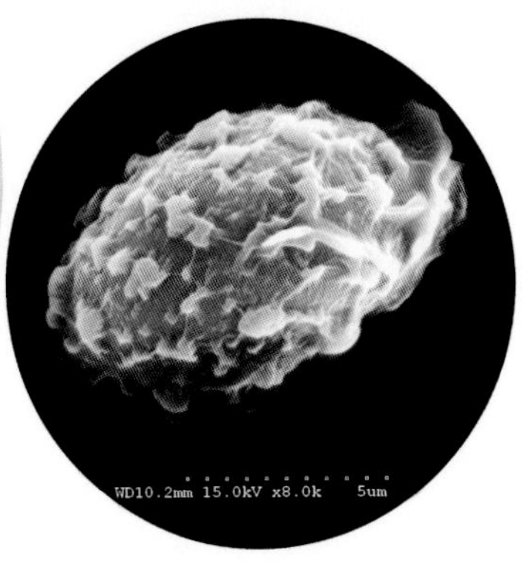

担孢子（电镜照）

119 黄丝膜菌

Cortinarius turmalis Fr.

菌盖扁半球形至扁平，直径3～10cm，中部稍凸，深蛋壳色、土黄褐色至浅黄褐色，中部色深，湿时黏，干时有光泽，边缘平滑。菌肉白色。菌褶弯生，污白黄、黄褐至锈褐色，密。菌柄圆柱形，7～12cm×1～1.5cm，白色、浅黄褐至黄褐色，表面有白色纤毛，上部有污白色带黄色的丝膜。

担孢子椭圆形，6.5～9μm×3.5～4.5μm，浅黄褐色，光滑或稍粗糙。

夏秋季单生或散生于针阔混交林或针叶林中地上。

担子果（菌柄上部具丝膜）

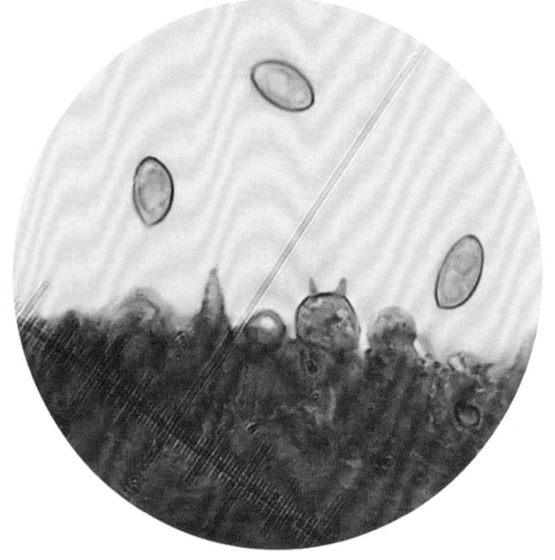

担孢子、担子

120 *Cortinarius ultimiionophyllus* Kytöv., Niskanen & Liimat.

菌盖半球形、斗笠形至平展，直径3～7cm，中央凸起，表面黄棕色，被丛状毛，边缘灰白带紫色调。菌肉淡紫色。菌褶弯生，紫色至锈褐色。菌柄圆柱形，7～9cm×0.8～1.2cm，淡紫色，被绒毛，上部具丝膜。

担孢子宽椭圆形，9～10.5μm×6～8μm，褐色，具疣突，电镜下疣较细密，部分相连成脊。

夏秋季散生于针阔混交林或针叶林中地上。

担子果（菌盖表面被丛状毛、菌柄上部具丝膜）

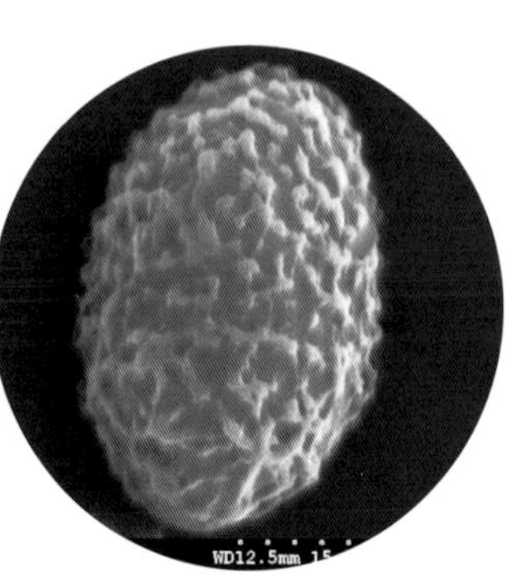

担孢子具较细密疣突（电镜照）

121 变色丝膜菌 *Cortinarius variicolor* (Pers.) Fr.

幼担子果（菌柄上部具丝膜）

菌盖表面湿时黏

菌盖半球形至近平展，直径6～10cm，表面中部黄褐色，边缘紫色，光滑，湿时黏。菌肉白色带紫色。菌褶直生、近弯生，初为灰白紫色、紫色，后变褐色。菌柄圆柱形，8～10cm×1～2cm，上部近白色，有丝膜。

担孢子宽椭圆形，8～10.5μm×5～6μm，黄褐色，具疣突，电镜下多相连。

夏秋季生于阔叶林中地上。可食用。外生菌根菌。

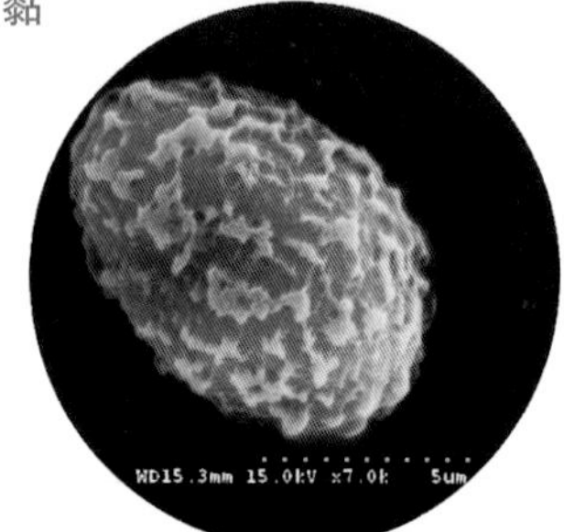

担孢子（电镜照）

122 海绿丝膜菌 *Cortinarius venetus* (Fr.) Fr.

菌盖幼时半球形，成熟后凸镜状至平展，直径3～6cm，表面中部绿褐色，边缘渐浅，被纤毛状鳞片。菌肉浅黄绿色。菌褶弯生，幼时黄绿色，成熟后锈褐色。菌柄圆柱形，3～6.5cm×0.5～1cm，浅黄绿色至浅绿褐色，上部具浅黄绿色丝膜。

担孢子近球形，5.5～7μm×5～6μm，黄褐色，疣突在电镜下较大而平。

夏秋季生于针阔混交林中地上。

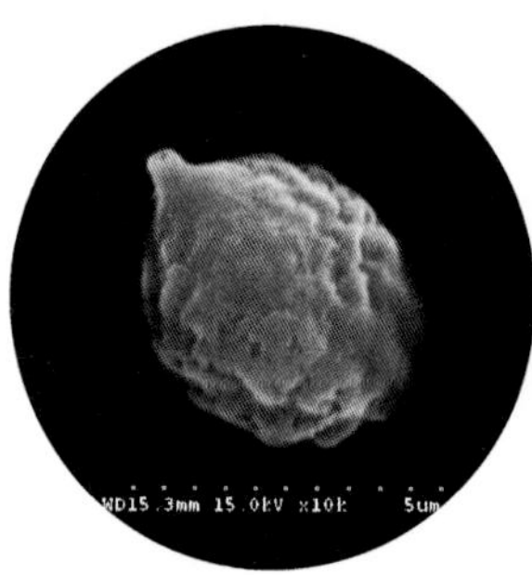

担孢子（电镜照）

担子果（菌盖表面密被纤毛）

菌柄上部有丝膜

123 紫绒丝膜菌

Cortinarius violaceus **(L.) Gray**

菌盖半圆形至平展，直径5～12cm，表面深紫色，密被深紫色绒毛状鳞片，边缘稍内卷。菌肉深紫色。菌褶弯生，深紫色，密。菌柄近圆柱形，6～15cm×1～2.5cm，深紫色，被深紫色绒毛，丝膜易消失。

担孢子椭圆形，11.5～14μm×6.5～8.5μm，淡褐色，有小疣。

夏秋季散生于混交林及云杉、冷杉林中。可食用。外生菌根菌。

担子果

菌盖表面密被绒毛状鳞片

124 *Cortinarius vitiosus* (M.M. Moser) Niskanen, Kytöv., Liimat. & S. Laine

担子果

菌盖斗笠形至平展，直径2～4cm，表面血红色至暗红色，有丝光，边缘锐。菌肉红色。菌褶弯生，血红色。菌柄圆柱形，4～6cm×0.3～0.5cm，血红色，光滑，有丝光。

担孢子椭圆形，6～10μm×5～7μm，褐色，具小疣突，电镜下疣突稍稀疏。

夏秋季单生或散生于针阔混交林中地上。

担孢子（电镜照）

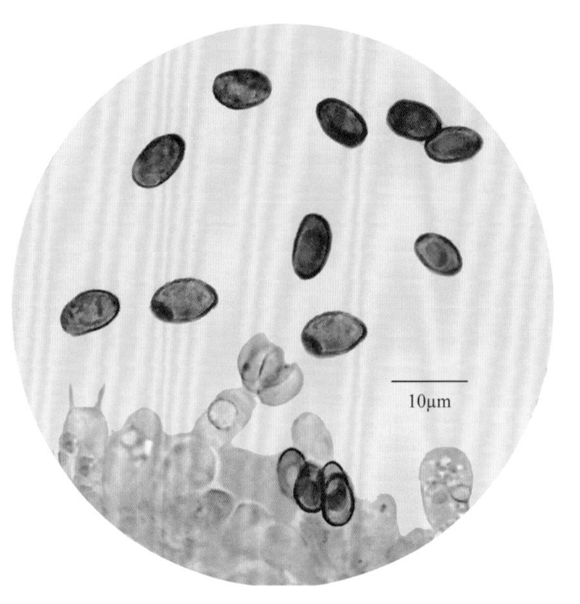

担孢子、担子

125 秋生盔孢伞

Galerina fasciculata Hongo

菌盖初期半球形、钟形，后平展，直径2～5cm，中部稍凸起，表面赭色、黄褐色至褐色，湿时黏，呈水浸状。菌肉褐色，薄。菌褶直生至稍延生，浅黄褐色，老后颜色变深。菌柄棒状，6～8cm×0.3～0.5cm，淡黄褐色至锈褐色。菌环上位，纤维状，易脱落。

担孢子椭圆形、宽椭圆形，8～9μm×5～6μm，棕褐色至褐色，有小疣和不明显皱纹。

秋季群生于林中地上或腐木上。有毒。

担子果（菌盖表面湿时黏）

126 沟条盔孢伞

Galerina vittiformis (Fr.) Singer

担子果（菌盖钟形、表面有放射状条纹）

菌盖圆锥形、钟形或平展，直径0.8～1.5cm，有时中部脐状、中央凸起，表面黄褐色，光滑，有放射状条纹。菌肉薄。菌褶直生，稀，黄褐色。菌柄圆柱形，2.5～3cm×0.1～0.15cm，红褐色，上部被纤毛，下部暗红褐色。

担孢子椭圆形、长椭圆形，9～12μm×5.5～7μm，锈褐色，有细疣，非淀粉质。

散生于针阔混交林内苔藓层中或苔藓覆盖的腐木上。有毒。

127 条缘裸伞

Gymnopilus liquiritiae (Pers.) P. Karst.

菌盖初期半球形至近钟形，后期平展，直径3.5～5cm，中部凹，表面淡黄色至橙黄色，光滑，边缘有细条纹。菌肉黄色，薄，味苦。菌褶近直生，初期黄色或锈黄色，后变肉桂色，密。菌柄圆柱形，4.5～7cm×0.3～0.5cm，稍弯曲，淡黄色或近污白色，具纤维状纵条纹，基部稍膨大，被白色细绒毛。菌环膜质，易脱落。

担孢子近杏仁形或椭圆形，7～8.5μm×4～5.5μm，淡黄色或浅锈色，有细疣或麻点。

夏秋季群生或近丛生于针叶林中腐木、枯木上。有毒。

担子果（菌柄被绒毛）

128 橘黄裸伞
Gymnopilus spectabilis (Fr.) Singer

担子果

菌盖扁平至平展，直径3～8cm，表面橘黄色至橘红色，中部色稍深，被褐色至淡褐色的纤毛状鳞片。菌肉黄色、淡黄色。菌褶弯生至近直生，较密，黄色、黄褐色至锈褐色。菌柄近圆柱形，4～8cm×0.5～1cm，淡黄色至黄色，被褐色至淡褐色纤毛状鳞片。菌环上位，膜质，黄色至黄褐色。

担孢子椭圆形，7～9.5μm×5～6.5μm，锈褐色，有疣突。

夏秋季生于林中腐木上。有毒。

129 赭色丝盖伞
Inocybe assimilata Britzelm.

担子果（菌盖中部钝突、表面不光滑）

菌盖初钟形至半球形，后呈斗笠形或平展，直径1.5～2cm，中央明显钝突，表面深褐色、暗褐色，被纤丝状毛及鳞片。菌肉白色，肉质。菌褶直生，密，初乳白色，后橄榄灰色，成熟后淡褐色。菌柄圆柱形，3～4cm×0.2～0.3cm，淡褐色至淡肉色，等粗或向下稍粗，基部膨大。

担孢子不规则矩形，7～9μm×5～6.5μm，淡褐色至褐色，有不明显小疣。

夏秋季散生于阔叶林或针叶林中。

130 暗毛丝盖伞
Inocybe lacera (Fr.) P. Kumm.

菌盖初为锥形，后呈钟形，直径1～1.5cm，中央凸起，表面褐色至暗褐色，粗糙或被褐色细密鳞片。菌肉白色，近表皮处带褐色。菌褶直生，幼时灰白色，成熟后渐变黄褐色。菌柄圆柱形，2.5～3.5cm×0.1～0.15cm，上部乳白色至灰白色，向下渐为褐灰色，表面纤丝状，基部膨大。

担孢子长椭圆形，10.5～13μm×4.5～5.5μm，黄褐色，平滑。

夏秋季单生或散生于阔叶林或针叶林中地上或林缘路边。

担子果（菌盖表面密被鳞片、菌柄表面纤丝状）

131 山地丝盖伞

Inocybe montana **Kobayasi**

菌盖初钟形，成熟后半球形，直径0.3～0.6cm，表面淡灰褐色至褐色，幼时近光滑，成熟后被灰白色细小鳞片及纤丝状毛，可稍翘起，边缘开裂。菌肉白色至灰白色。菌褶直生，初灰白色，后黄白色。菌柄圆柱形，1.2～1.5cm×0.1～0.2cm，淡褐色至褐色，顶部乳黄色，基部稍膨大，白色。

担孢子宽椭圆形，8～9μm×6～7μm，有不规则钝突，黄褐色。

夏季单生于针叶林的苔藓层中。

担子果（菌盖表面被鳞片及纤毛）

菌褶直生

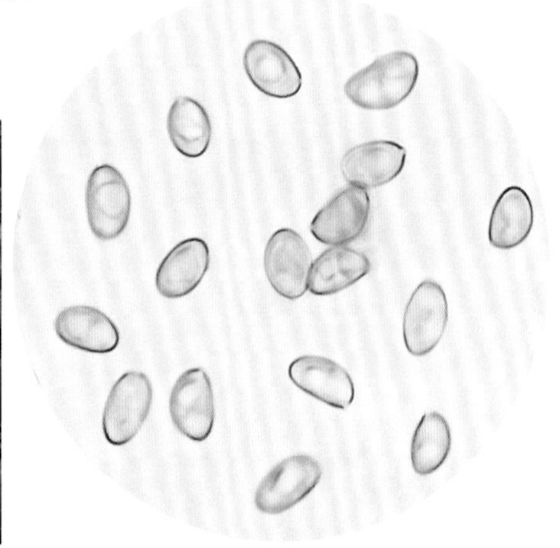

担孢子

132 裂丝盖伞

Inocybe rimosa **(Bull.) P. Kumm.** ［现名：*Pseudosperma rimosum* (Bull.) Matheny & Esteve-Rav.］

菌盖初钟形，后呈斗笠形，直径3～6.5cm，中部锐突，表面草黄色，有细裂缝或开裂。菌肉白色至淡黄褐色。菌褶直生至近离生，草黄色、橄榄色至黄褐色，较密。菌柄圆柱形，6～9cm×0.3～0.5cm，白色至黄色，顶部被屑状鳞片，下部被纤维状鳞片。幼时可见菌环。

担孢子椭圆形，9.5～14.5μm×6～8.5μm，褐色，平滑。

夏秋季生于阔叶林或针叶林中地上。可药用。

担子果（菌盖斗笠形）　菌盖表面开裂

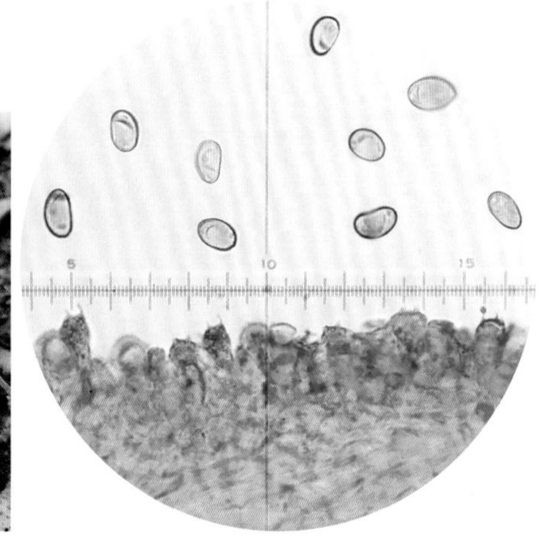

担孢子、担子、子实层

靴耳科 Crepidotaceae

133 褐黄鳞靴耳
Crepidotus badiofloccosus S. Imai

菌盖肾形、半圆形，有时近圆形，直径1～5cm，表面黄白色，密被褐色、深褐色毛状小鳞片。菌肉白色。菌褶自基部放射状长出，黄白色或近白色，后变黄褐色。菌柄几乎无。

担孢子近球形，直径5～7μm，浅褐色，具细疣。

夏秋季群生于阔叶林下腐木、枯枝上。

担子果（菌盖表面密被毛状小鳞片）

无菌柄、菌褶自基部放射而出

134 黏靴耳
Crepidotus mollis (Schaeff.) Staude

菌盖初为钟形，后呈半圆形、扇形或贝壳形，直径1～5cm，表面白色，黏，被绒毛和灰白色粉末，干后光滑，边缘稍内卷。菌肉白色，表皮下拟胶质。菌褶离生，从盖基部放射而出，白色，后变褐色，稍密。无菌柄。

担子果（菌盖表面被绒毛）

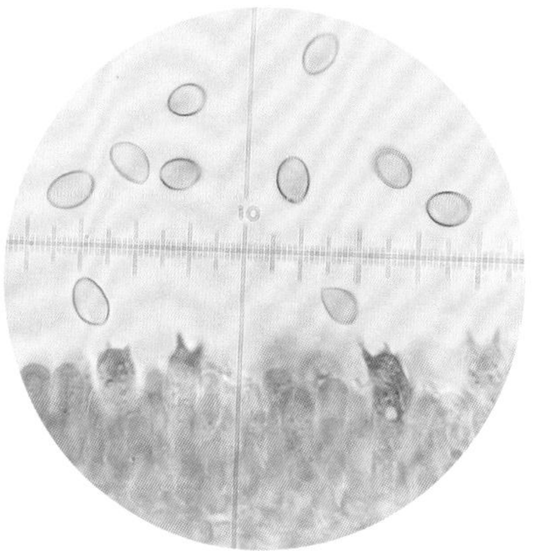

担孢子、担子

担孢子卵圆形至椭圆形，7.5～10μm×4.5～6μm，淡锈褐色，平滑。

夏秋季群生于阔叶林中倒腐木上。可食用。

135 硫色靴耳
Crepidotus sulphurinus Imazeki & Toki

菌盖扇形、贝壳形，直径0.5～2cm，表面黄色、硫黄色，被细小毛状鳞片，边缘波状。菌肉黄色。菌褶污白色、黄褐色，稍稀。有侧生短柄。

担孢子球形、近球形，9～10μm×8～8.5μm，淡锈褐色，内含油滴，有疣突。

夏秋季群生于阔叶林中倒腐木上。可食用。

担子果（菌盖表面被鳞片）

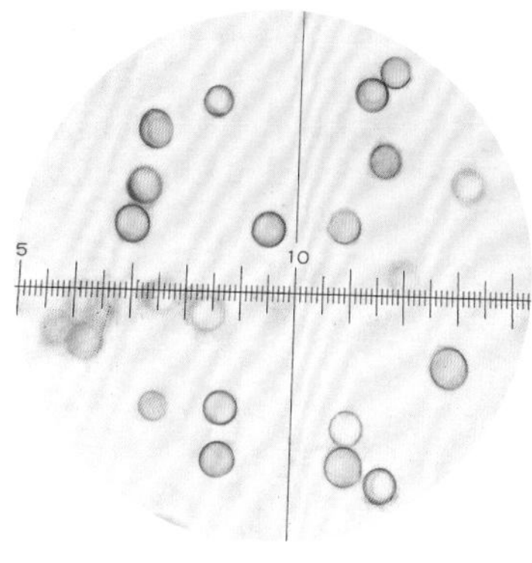

担孢子

菌盖具侧生短柄、菌褶稍稀

粉褶菌科 Entolomataceae

136 斜盖伞

Clitopilus prunulus **(Scop.) P. Kumm.**

菌盖初扁半球形，后渐平展或稍下凹呈浅盘状，直径3～10cm，表面白色、污白色或浅灰色，有细粉末或光滑，边缘波状且内卷。菌肉白色，厚。菌褶延生，白色至粉红色，稍密。菌柄近圆柱形，3～8cm×1～1.5cm，常偏生，白色或淡灰色，光滑。

担孢子宽椭圆形或近纺锤形，9～12μm×4～6μm，有6条纵向棱脊。

春夏季散生或群生于林缘地上。

担子果

137 白粉褶菌 （曾用名：白方孢粉褶菌）

Entoloma album **Hiroë** ［曾用名：*Rhodophyllus murrayi* (Berk. & M.A. Curtis) Sacc. & P. Syd. f. *albus* (Hiroë) Hongo］

菌盖圆锥形、钟形，直径1～2cm，中部具小尖突，表面白色，光滑。菌肉薄，白色。菌褶近直生，白色，较稀，不等长。菌柄圆柱形，4～7cm×0.2～0.3cm，白色，光滑，基部稍膨大。

担孢子方形，多个角，10～12.5μm×8～10μm，淡粉红色，平滑。

夏秋季散生或群生于阔叶林中地上。

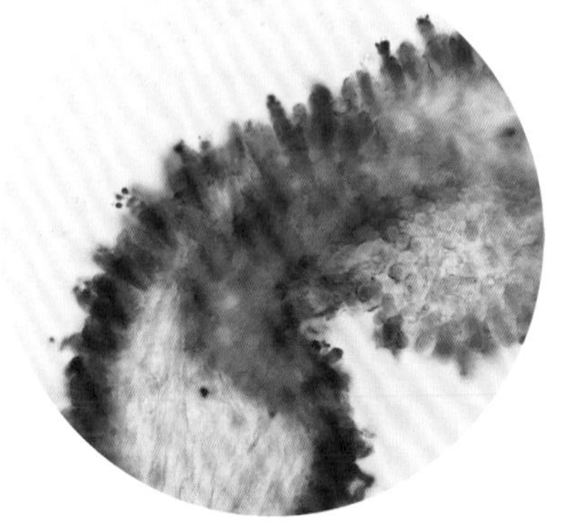

菌褶剖面

担子果（菌盖顶部具尖凸）

菌褶稀

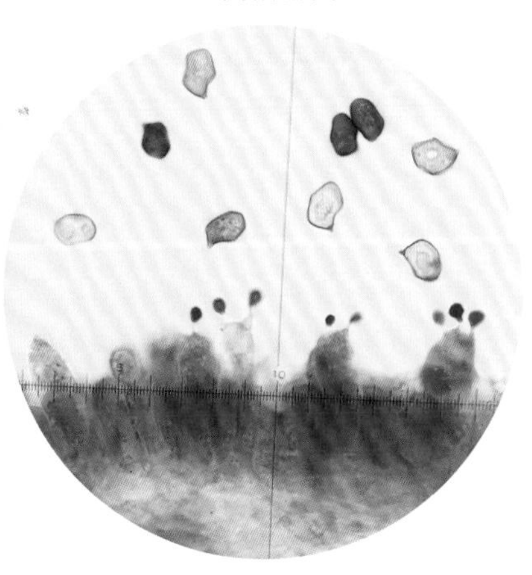

担孢子、担子、子实层

138 蓝鳞粉褶菌

Entoloma azureosquamulosum Xiao L. He & T.H. Li

菌盖半球形，直径1～6cm，表面密被深蓝色、紫蓝色粒状小鳞片。菌肉白色带蓝色。菌褶弯生、近直生，初白色，后粉红色。菌柄圆柱形，4～8cm×0.5～1cm，被蓝色小粒状鳞片。

担孢子多角形（5～7个角），9～10.5μm×6.5～8μm，淡粉红色，壁较厚。

夏秋季散生于阔叶林中地上。

担子果（菌盖、菌柄表面被蓝色鳞片）

139 晶盖粉褶菌

Entoloma clypeatum (L.) P. Kumm.

菌盖近钟形至平展，直径3～10cm，中部稍凸起，表面灰褐色，光滑，有条纹，湿时水浸状。菌肉白色。菌褶弯生，初白色，成熟后变粉红色至粉灰褐色，褶缘波状或齿状。菌柄圆柱形，5～12cm×0.5～1.5cm，白色，有纵条纹。

担孢子多角形（具5～6个角），9～14μm×7.5～11μm，近无色至淡粉红色。

夏秋季散生于阔叶林、针阔混交林中地上。

担子果（菌盖表面具明显条纹）

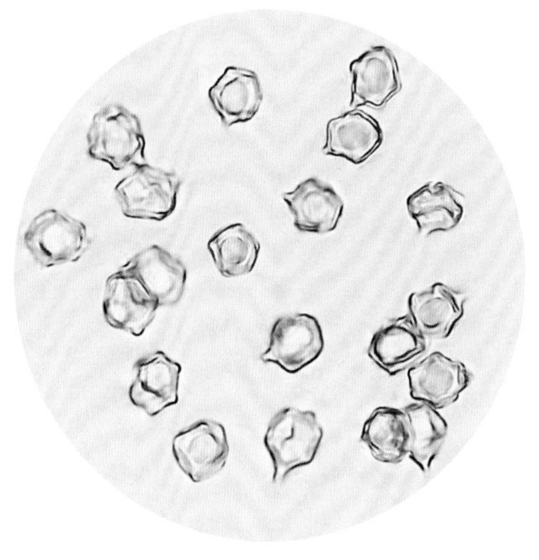

担孢子

140 极细粉褶菌

Entoloma praegracile Xiao L. He & T.H. Li

菌盖初凸镜状，后平展，直径0.8～2cm，中部平或稍凹，表面淡黄色或橙黄色带粉色调，干后橙红色，湿时水渍状。菌肉薄，与盖同色。菌褶直生，初白色，后变为粉红色，较稀。菌柄圆柱形，4～5cm×0.1～0.15cm，橙黄色，光滑。

担孢子多角形（5～6角），9～10.5μm×6.5～8μm，淡粉红色，壁薄。

夏秋季丛生于阔叶林中地上。

担子果（菌盖中部稍凹）（李泰辉原照）

菌褶较稀（李泰辉原照）

141 美丽粉褶菌

***Entoloma formosum* (Fr.) Noordel.**

菌盖初半球形至斗笠形，后平展，直径2～5cm，中央下凹，表面黄褐色至红褐色，被褐色小鳞片和条纹。菌肉浅黄褐色，薄。菌褶直生，稍密，初白色，成熟后变粉红色至粉灰褐色。菌柄圆柱形，4～9cm×0.15～0.5cm，中生，表面光滑。

担孢子多角形（具5～6个角），9.5～12μm×7～8μm，淡粉红色。

夏秋季散生于阔叶林、针阔混交林中地上。

担子果（菌盖表面具条纹、菌褶稍密）

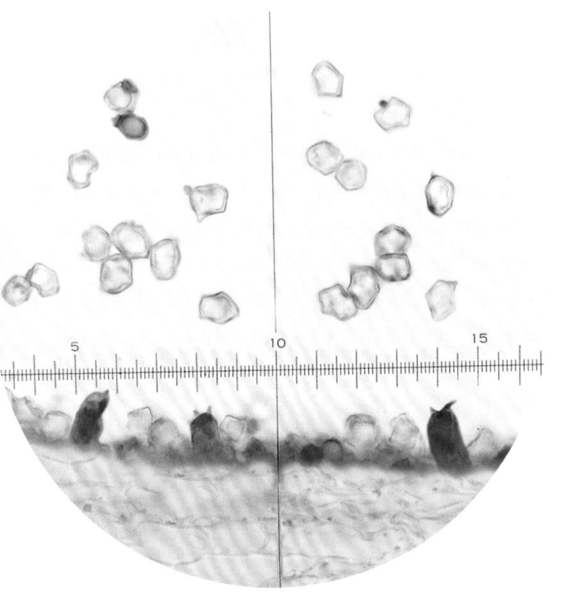

担孢子、担子、菌髓

142 穆雷粉褶菌

***Entoloma murrayi* (Berk. & M.A. Curtis) Sacc. & P. Syd.**

菌盖斗笠形至圆锥形，直径2～4cm，中部具小尖突或乳突，表面浅黄色至黄色，光滑或被纤毛，成熟后有丝光、具条纹或浅沟纹。菌肉薄，近无色。菌褶直生或弯生，浅黄色带粉红色，较稀。菌柄圆柱形，4～8cm×0.2～0.4cm，向下稍膨大，黄白色、浅黄色，光滑或被纤毛，具细条纹。

担孢子方形，直径7～9.5μm，淡粉红色，厚壁。

夏秋季单生或散生于阔叶林或针阔混交林中地上。

担子果（菌盖圆锥形、中部有小尖突）

菌褶较稀

143 肉红方孢粉褶菌

Entoloma quadratum (Berk. & M.A. Curtis) E. Horak

担子果

菌盖圆锥形至近钟形，直径1～6cm，中部有明显尖突，表面橙黄色、橙红色至橙褐色，光滑，有条纹或沟纹。菌肉与盖同色。菌褶弯生或直生，橙黄色，较稀，褶缘波状。菌柄圆柱形，3～6cm×0.2～0.4cm，橙黄色至橙褐色，有纵条纹。

担孢子方形，直径7.5～10.5μm，淡粉红色。

夏秋季单生或散生于阔叶林中地上。

144 褐盖粉褶菌

Entoloma rhodopolium (Fr.) P. Kumm.

菌盖扁半球形至平展，直径5～12cm，表面灰褐色，常有条纹。菌肉白色。菌褶直生至弯生，初白色，后变粉红色至浅红褐色，稍密。菌柄圆柱形，5～15cm×0.8～1.5cm，灰白色，略带浅黄褐色，有纵条纹，纤维质，基部稍膨大。

担孢子近球状多角形，8～10.5μm×7～8.5μm，无色，平滑。

夏秋季单生或散生于阔叶林中地上。有微毒。

担子果（菌褶直生或弯生）

145 近薄囊粉褶菌

Entoloma subtenuicystidiatum Xiao L. He & T.H. Li

菌盖半球形至凸镜状，直径0.8～2.5cm，表面黄色，有条纹或沟纹，中部略带红褐色，被小鳞片，其余部分近光滑。菌肉薄，近膜质。菌褶直生，初白色，后变粉红色，较密，褶缘粉褐色。菌柄圆柱形，4～6cm×0.1～0.2cm，白色或浅褐色，半透明，光滑。

担孢子多角形（6～9角），9.5～13μm×7.5～9μm，淡粉红色。

夏秋季单生或散生于针阔混交林中地上。

担子果（菌盖表面具条纹）
（李泰辉原照）

齿角菌科 Hydnangiaceae

146 双色蜡蘑

Laccaria bicolor **(Maire) P.D. Orton**

菌盖初扁半球形，后稍平展，直径2～5cm，中央平或微凹，表面棕褐色至红褐色，干后色变浅，光滑或稍粗糙，边缘有粗条纹。菌肉污白色至浅粉褐色，很薄。菌褶直生至稍延生，浅紫色，稀疏，褶缘稍波状。菌柄圆柱形，5～12cm×0.3～1cm，常扭曲，浅粉褐色，纤维质，被带紫色的纤毛和长条纹。担孢子近球形、卵圆形，7～10μm×6～8μm，无色，表面密被小刺。夏秋季散生或群生于针阔混交林中地上。可食用。

担子果（菌盖中央微凹、边缘有粗条纹，菌柄具长条纹、被纤毛）

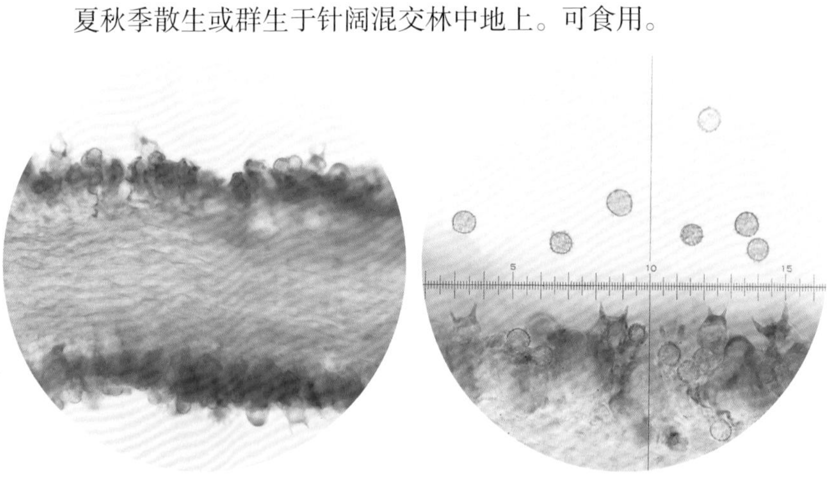

菌褶剖面　　担孢子、担子

147 黄灰蜡蘑

Laccaria fulvogrisea **Popa, Rexer & G. Kost**

菌盖扁半球形至平展，直径1.5～3cm，表面灰褐色至灰黑色，干后色变浅，光滑。菌肉半透明，很薄。菌褶直生至稍延生，灰褐色，较稀疏。菌柄圆柱形，3～7cm×0.3～0.5cm，灰褐色，被白色纤毛，具长条纹。

担孢子球形、近球形，直径8～10μm，无色，表面密被小刺。

夏秋季单生或散生于阔叶林中地上。

担子果

菌柄表面具条纹

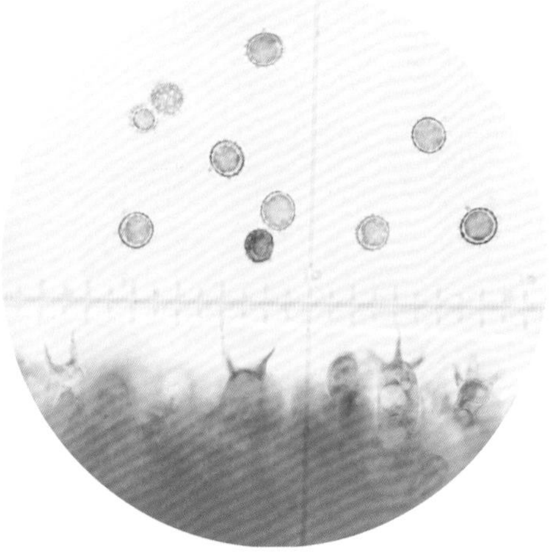

担孢子、担子

148 红蜡蘑

Laccaria laccata **(Scop.) Cooke**

菌盖扁半球形，后渐平展并上翘，直径2.5～4.5cm，中央下凹呈脐状，表面新鲜时呈肉红色、淡红褐色，湿润时水浸状，干后呈肉色、淡紫色至蛋壳色，光滑或近光滑，边缘波状或瓣状，有粗条纹。菌肉粉褐色，薄。菌褶直生或近延生，稀疏，新鲜时肉红色、淡红褐色或蓝紫色。菌柄圆柱形，3.5～8.5cm×0.3～0.8cm，与盖同色，下部常弯曲，纤维质。

担孢子近球形，7.5～11μm×7～9μm，具小刺，无色或带淡黄色。

夏秋季散生或群生于针叶林和阔叶林中地上及腐殖质上。可食用。

担子果（菌盖边缘具条纹）

菌褶稍延生

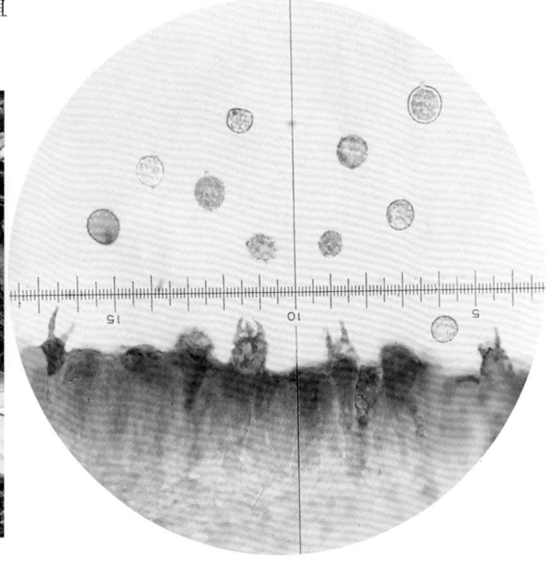

担孢子、担子

149 条柄蜡蘑

Laccaria proxima **(Boud.) Pat.**

菌盖扁半球形至近平展，直径2～7cm，中部稍下凹，表面淡土红色，被细小鳞片，湿润时水浸状，边缘具细条纹。菌肉淡肉红色，薄。菌褶直生至延生，稀，宽，淡肉红色。菌柄近圆柱形，往往扭曲，8～12cm×0.2～0.9cm，与盖同色或棕黄色，有明显纵条纹，具丝光。

担孢子卵圆形、近球形，7.5～9.5μm×6.5～8μm，无色，具小刺。

夏秋季单生或群生于林中地上。可食用。

担子果

菌柄扭曲、表面明显具纵条纹

150 蓝紫蜡蘑 （曾用名：紫蜡蘑）

Laccaria moshuijun **Popa & Zhu L. Yang**（曾用名：*Laccaria amethystina* Cooke）

菌盖初扁半球形，后渐平展，直径2～5cm，中央可下凹呈脐状，表面蓝紫色至灰紫色，似蜡质，干燥时灰白色带紫色，边缘波状，有粗条纹或放射状沟纹，被细小鳞片。菌肉带紫色，薄。菌褶直生或稍下延、近弯生，稀疏，与盖同色或稍深，老后呈黄褐色。菌柄近圆柱形，3～8cm×0.2～0.8cm，下部常弯曲，与盖同色，被绒毛。

担孢子球形或宽椭圆形，7.5～13μm×7～11.5μm，有小刺或小疣，无色。

夏秋季单生、散生或群生于林中地上。可食用。

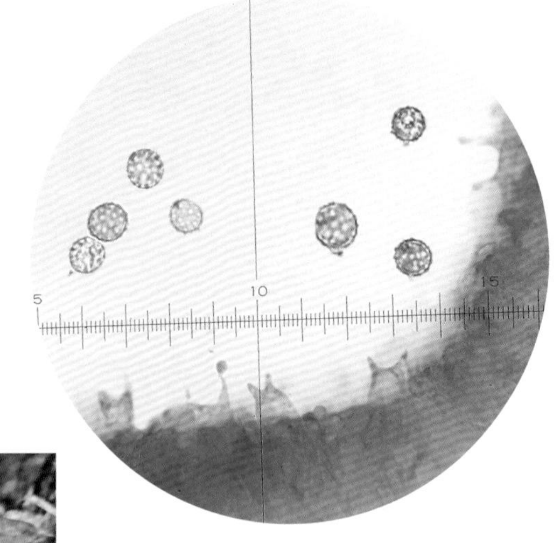

担孢子、担子

担子果（菌盖中央下凹呈脐状） 菌褶稍延生、菌柄表面被绒毛

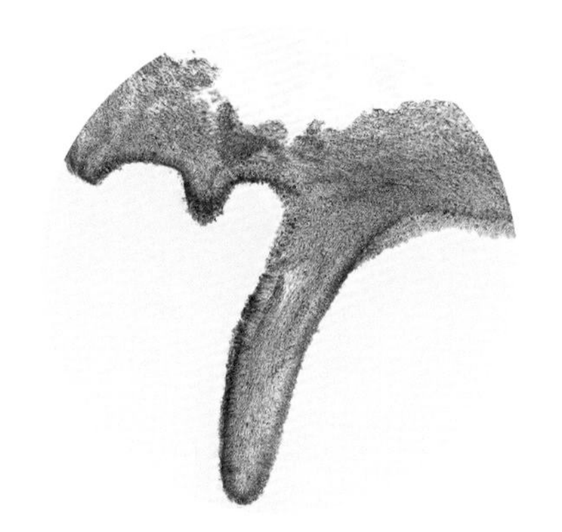

菌褶剖面

151 酒红蜡蘑

Laccaria vinaceoavellanea **Hongo**

菌盖扁半球形至近平展，直径2～5cm，中部常下凹，表面肉褐色，被细小鳞片，有放射状长沟纹。菌肉薄。菌褶直生至稍下延，浅褐色或稍深。菌柄近圆柱形，4～8cm×0.4～0.8cm，与盖同色或色稍深。

担孢子球形、近球形，直径7.5～9μm，近无色，具小刺。

夏秋季单生或群生于林中地上。可食用。

担子果（菌盖表面有明显沟纹、中部下凹）

小皮伞科 Marasmiaceae

152 蜜环菌（俗名：榛蘑）
Armillaria mellea **(Vahl.) P. Kumm.**

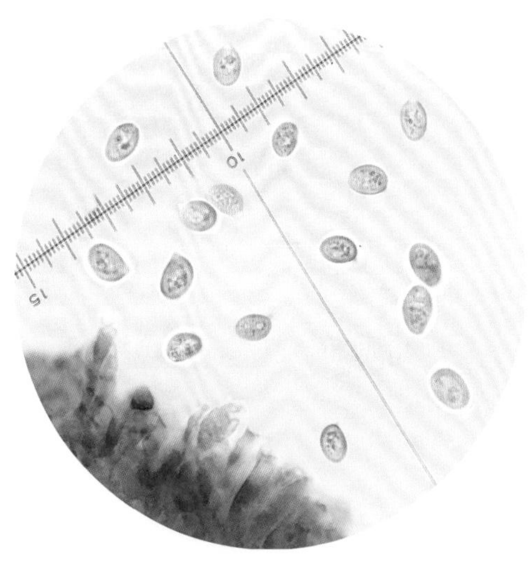
担孢子、担子、子实层

菌盖扁半球形至平展，直径3～7cm，表面蜜黄色至黄褐色，被棕色至褐色鳞片，边缘具条纹。菌肉近白色至淡黄色。菌褶直生至短延生，近白色、淡黄色或带褐色。菌柄圆柱形，5～10cm×0.3～1cm，菌环以上白色，以下灰褐色，被灰褐色鳞片。菌环上位，上表面白色，下表面浅褐色。

担孢子椭圆形，8.5～10μm×5～6μm，平滑，无色，非淀粉质。

夏秋季生于树木或腐木上。可食用。

担子果丛生（菌盖边缘具条纹）

内菌幕被撕破

菌环上位、其下的菌柄被鳞片

153 奥氏蜜环菌
Armillaria ostoyae **(Romagn.) Herink**

菌盖初时凸镜状，后逐渐平展，直径3～12cm，表面红棕色至深棕色，后色稍浅，被浅褐色毛状鳞片，边缘黄棕色。菌肉白色、污白色，部分在成熟时变淡棕色。菌褶直生至延生，初白色或污白色，后渐变浅褐色。菌柄圆柱形，6～15cm×2～3cm，初时污白色，后逐渐变为浅棕色，被毛状鳞片。菌环上位，膜质。

担孢子椭圆形，8～11μm×5～7μm，平滑，无色，非淀粉质。

夏秋季群生于针叶林中地上或树干基部。可食用。

担子果（菌盖表面被毛状鳞片）

菌褶直生稍延生

154 金黄鳞盖伞

Cyptotrama asprata **(Berk.) Redhead & Ginns**

担子果（菌盖表面被锥状鳞片）

菌盖半球形至扁平，直径2～3cm，表面淡黄色至橘黄色，密被橘红色锥状鳞片。菌肉白色至淡黄色。菌褶直生，白色，稍密，不等长。菌柄圆柱形，2～4cm×0.2～0.5cm，白色至淡黄色，被淡黄色至黄色鳞片。

子实层内具圆柱形囊状体，顶部渐尖。担孢子杏仁形，7～9μm × 5～6.5μm，无色，平滑。

夏秋季散生于腐木上。

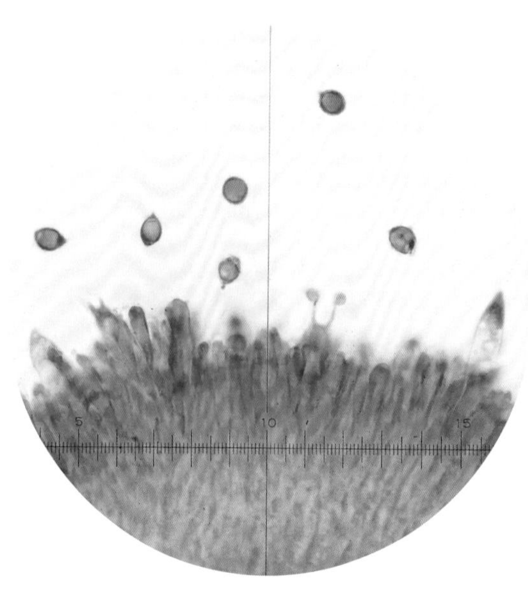

担孢子、担子、囊状体、子实层

菌柄被鳞片

155 假蜜环菌

Desarmillaria tabescens **(Scop.) R.A. Koch & Aime**

［曾用名：*Armillaria tabescens* (Scop.) Emel.］

菌盖幼时扁半球形，后渐平展，直径3～8.5cm，有时边缘稍翻起，表面蜜黄色或黄褐色，老后锈褐色，中部色深并被纤毛状小鳞片，不黏。菌肉白色或带乳黄色。菌褶近延生，白色、污白色，或稍带暗肉粉色，稍稀。菌柄圆柱形，2～13cm×0.3～0.9cm，上部污白色，中下部灰褐色至黑褐色，有时扭曲，具平伏丝状纤毛。缺菌环。

担孢子宽椭圆形至近卵圆形，7.5～10μm×5～7.5μm，平滑，无色，非淀粉质。

夏秋季丛生于林中阔叶树朽木桩上、树干基部和根际。可食用。

担子果（菌盖中部被小鳞片）

156 短柄胶孔菌

***Favolaschia brevistipitata* Q.Y. Zhang & Y.C. Dai**

担子果一年生，具侧生短柄，新鲜时胶质。菌盖肾形、半圆形，长可达1cm，宽可达0.6cm，基部厚约1mm，表面半透明网状（与孔口相对应），新鲜时与菌管、管孔面同为柠檬黄色，干后黄色。菌肉黄色，极薄。孔口多角形，1～2个/mm。菌柄圆柱形，长可达4mm，直径约0.5mm，黄色。

担子果具柄、菌盖表面具网状纹

子实层中的胶囊体棍棒状，35～43μm×9～16μm。担孢子宽椭圆形，9.5～13μm×6～8.5（～9.5）μm，无色，壁薄，平滑。

夏秋季群生于林中阔叶树枯枝上，引起木材白色腐朽。

孔口多角形

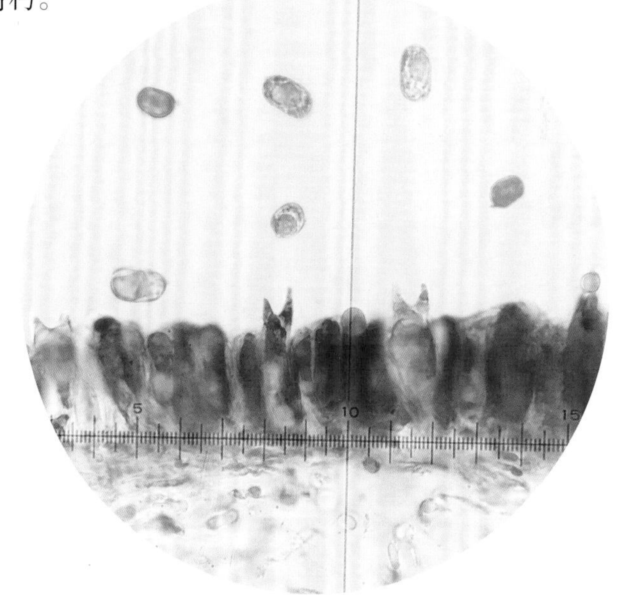

担孢子、担子、子实层

157 疱状胶孔菌 （曾用名：大白胶孔菌）

***Favolaschia pustulosa* (Jungh.) Kuntze**

担子果胶质，干后硬。菌盖半圆形、扇形、贝壳状，长1～5cm，宽1～3cm，表面白色，干后浅黄色，有网纹。菌肉白色，厚仅0.1mm。菌管层短浅，管孔面奶油色至淡黄色，孔口多角形、近圆形，1～2个/mm，基部的孔较大，约0.5个/mm。

担孢子宽椭圆形、近球形，6～8μm×5～5.5μm，无色，壁稍厚，平滑，淀粉质，嗜蓝。

夏秋季生于阔叶树的倒木、腐木上，造成木材白色腐朽。

担子果管孔面

158 冬 菇（俗名：金针菇）

Flammulina filiformis **(Z.W. Ge, X.B. Liu & Zhu L. Yang) P.M. Wang, Y.C. Dai, E. Horak & Zhu L. Yang**

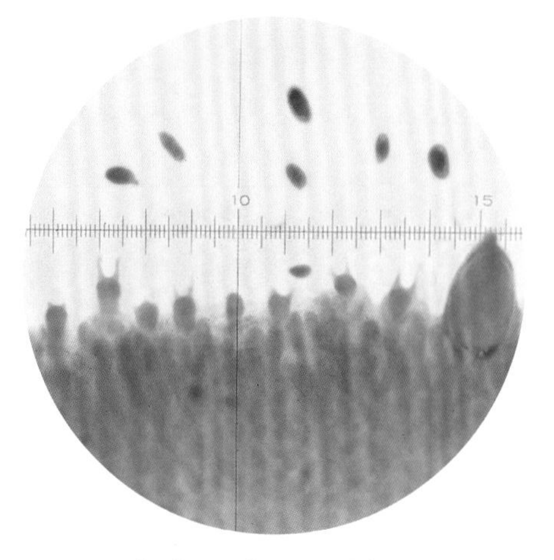

担孢子、担子、子实层

菌盖幼时扁半球形，后扁平至平展，直径1.5～7cm，表面淡黄褐色至黄褐色，中央蜜黄色至淡橘黄色，湿时黏，边缘乳黄色，有细条纹。菌肉近白色。菌褶弯生，白色至米色，稍密。菌柄圆柱形，3～6cm×0.3～1cm，顶部黄褐色，下部暗褐色，被绒毛。

担孢子椭圆形、长椭圆形，5～7.5μm×2.5～3.5μm，无色至淡黄色，平滑，非淀粉质。

夏秋季生于阔叶树腐木或树桩上。可食用。

担子果（菌盖湿时黏）

菌褶弯生、菌柄表面被绒毛

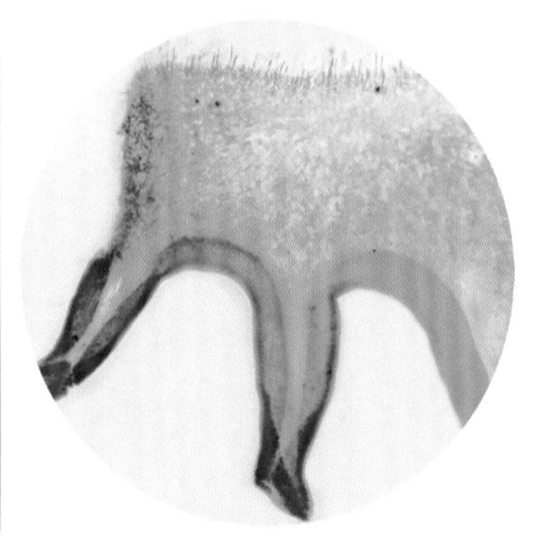
菌盖剖面

159 疏褶微皮伞

Marasmiellus distantifolius **(Murrill) Singer**

菌盖平展，直径1.2～2.5cm，中部下凹，表面污白色至灰褐色，光滑，边缘波状，有沟纹。菌肉白色，很薄。菌褶弯生，乳白色，稀疏，分叉。菌柄偏生，圆柱形，短，3～5mm×1mm，白色，光滑，基部被细绒毛。

担孢子长椭圆形、椭圆形，10～14μm×3～3.5μm，无色，平滑。

夏秋季散生或群生于阔叶树枯枝上。

担子果（菌褶稀疏）

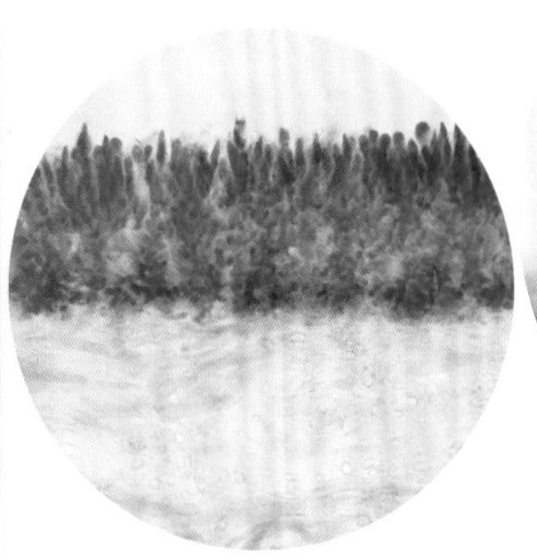
菌褶剖面（局部）

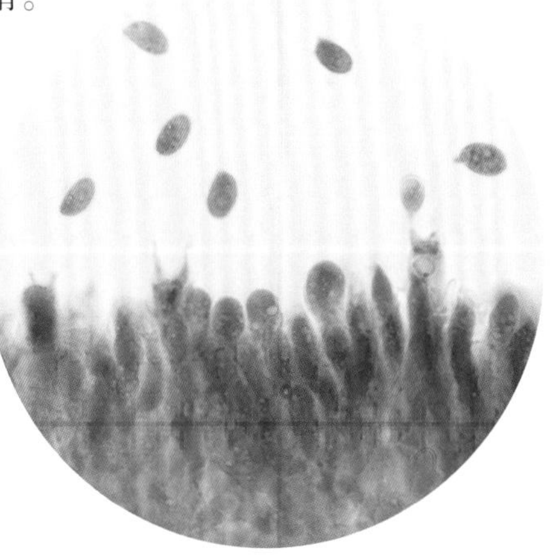
担孢子、担子、子实层

160 香 菇
***Lentinula edodes* (Berk.) Pegler**

菌盖扁半球形至平展，直径5～12cm，表面浅褐色至深褐色，被污白色鳞片，边缘初内卷，后平展。菌肉白色，较厚。菌褶弯生，白色，密，褶缘锯齿状。菌柄中生或偏生，圆柱形，3～10cm×0.5～1.5cm，常弯曲，纤维质，菌环以下被纤毛状鳞片。菌环易脱落。

囊状体近瓶形，突越子实层约7μm。担孢子椭圆形、卵圆形，4.5～7μm×3～4μm，无色，平滑。

秋季散生或单生于阔叶树倒木上。食用菌。

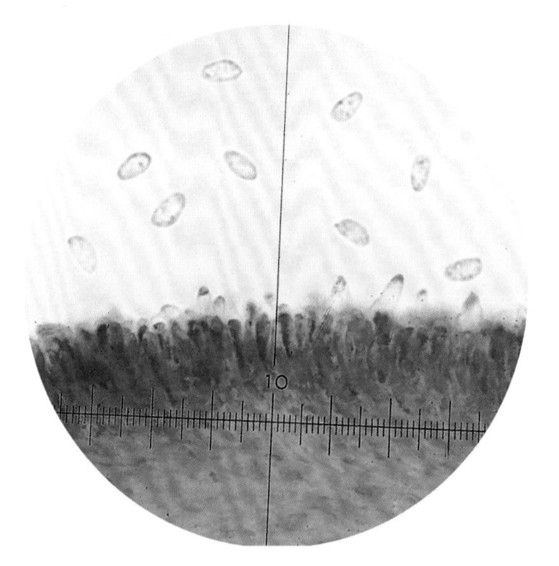

担孢子、囊状体、子实层

担子果

菌盖、菌柄表面被毛状鳞片，褶缘锯齿状

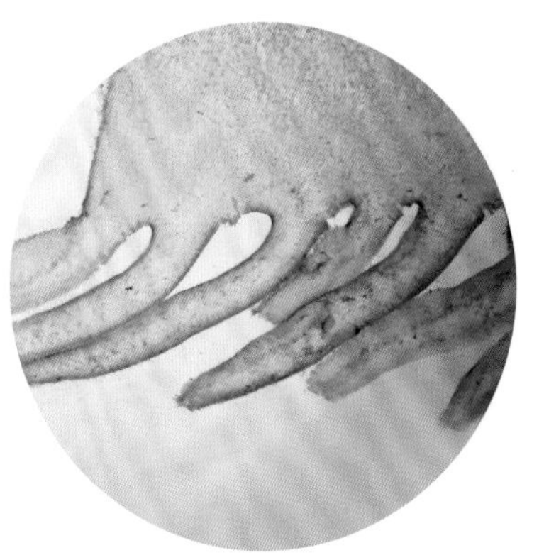
菌盖剖面（局部）

161 枝生微皮伞
***Marasmiellus ramealis* (Bull.) Singer**

菌盖幼时钟形，成熟后渐平展，直径0.5～1cm，中部稍下凹，表面淡粉色至淡褐色，中部色深，有条状沟纹。菌肉白色，薄。菌褶近延生，较稀，污白色至淡粉色。菌柄圆柱形或弯曲，5～15mm×1～2mm，上部色淡，下部褐色至深褐色，被粉状颗粒，基部被绒毛。

担孢子长椭圆形，8～10μm×3～4μm，无色，具油滴。

夏季生于较阴暗潮湿环境中的枯枝或植物残体上。

担子果（菌盖平展、中部下凹，菌柄被绒毛）

162 白柄小皮伞
Marasmius albostipitatus **Chun Y. Deng & T.H. Li**

担子果（菌盖斗笠形）（李泰辉原照）

菌盖钟形、凸镜形至斗笠形，直径1.5～2.5cm，中央有一脐突，表面橙色至深橙色，边缘有不明显条纹。菌肉白色至淡黄色，薄。菌褶直生，奶油色，较稀。菌柄圆柱形，长3～6cm，粗2～3mm，白色，光滑。

担孢子椭圆形，7～13μm×3.5～5.5μm，无色，平滑。

单生或群生于灌草丛的腐殖质上。

163 小皮伞
Marasmius bulliardii **Quél.**

担子果

菌盖平展，直径0.5～1.5cm，中部下凹，表面白色，干燥皱缩，有放射状沟纹。菌肉白色，很薄。菌褶直生，乳白色，很稀疏。菌柄细长，长2～4cm，粗0.5～1.5mm，淡褐色至黑褐色，光滑。

担孢子椭圆形，7～9μm×4～6.5μm，无色，平滑。

夏秋季散生或群生于阔叶林或针阔混交林中枯枝或腐叶上。

164 叶生小皮伞
Marasmius epiphyllus **(Pers.) Fr.**

菌盖凸镜状至平展，直径0.4～1cm，中央凹，表面白色、乳白色，有放射状皱纹。菌肉白色，纤维质。菌褶白色，稀疏，分叉。菌柄丝状，长1.5～3cm，粗1～2mm，上部近白色，中下部浅红褐色。

担孢子长椭圆形，9.5～11μm×3～4.5μm，无色，平滑，非淀粉质。

秋季单生或散生于枯枝落叶上。

担子果（菌柄丝状）

165 草生小皮伞

***Marasmius graminum* (Lib.) Berk.**

菌盖半球形或钟形，直径0.4～0.6cm，中部脐凹，中央有小尖突，表面污白色至浅黄色，后变黄褐色、深橙色至褐色，被绒毛或无，有放射状沟纹。菌肉白色，薄。菌褶离生，黄色。菌柄纤细，长0.2～1cm，粗0.5～1mm，上部初为淡黄色，后全部或下部橙褐色至暗褐色。

担孢子长梨核形，8～12μm×3.5～4.5μm，无色，平滑。

散生于阔叶林中草本植物、落叶上。

担子果

166 红盖小皮伞

***Marasmius haematocephalus* (Mont.) Fr.**

担子果

菌盖钟形、凸镜状至平展，直径0.5～2.5cm，中部脐突，表面红褐色至紫红色，被细绒毛，有沟纹。菌肉白色，薄。菌褶弯生、离生，白色至淡黄色。菌柄纤细，长2～5cm，粗0.5～1mm，褐色至暗褐色。

担孢子长梭形，16～26μm×4～5.5μm，无色，平滑。

夏秋季群生于阔叶林中枯枝、腐叶上。

167 湿伞状小皮伞

***Marasmius hygrocybiformis* Chun Y. Deng & T.H. Li**

菌盖平展，直径1.5～3cm，表面橙红色，有弱条纹和光泽。菌肉白色至淡褐色，薄。菌褶直生，浅黄色至蜡黄色，较稀。菌柄圆柱形，长3～5cm，粗2～3mm，淡绿色，半透明，光滑。

担孢子椭圆形，8.5～10.5μm×4～5.5μm，无色，平滑。

单生或群生于腐枝、腐叶上。

担子果（菌盖平展、表面具弱条纹）

168 大盖小皮伞

Marasmius maximus **Hongo**

菌盖初为钟形或半球形，后平展，直径3.5～10cm，中部稍凸起，表面黄褐色至棕褐色，中部深褐色，边缘色渐变浅，有放射状沟纹呈皱褶状。菌肉灰白色，薄。菌褶直生、凹生至离生，较稀，比菌盖色浅。菌柄圆柱形，长5～9cm，粗2～3.5mm，上部被粉末。

担孢子近纺锤形至椭圆形，7～9μm×3～4μm，无色，平滑，非淀粉质。

夏秋季散生或群生于林内落叶层较多的地上。

担子果（菌盖表面具放射状沟纹）

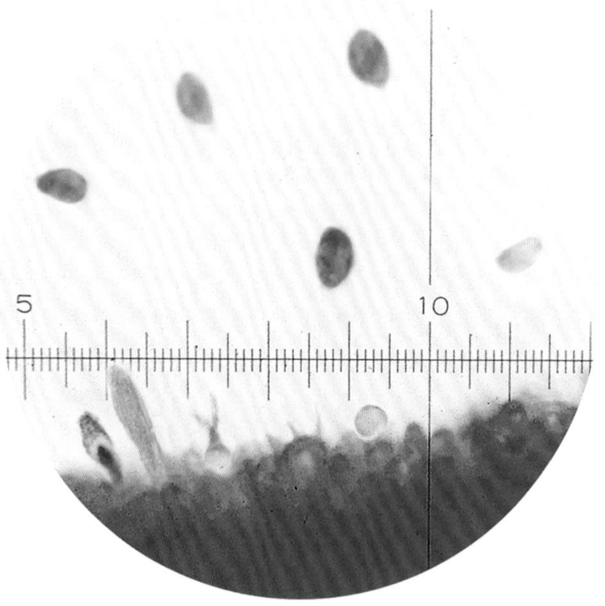

担孢子、担子、子实层

169 淡赭色小皮伞

Marasmius ochroleucus **Desjardin & E. Horak**

菌盖凸镜状至平展，直径1～1.5cm，中央有尖突，表面黄色至奶油色，有条纹，水渍状。菌肉白色，薄。菌褶直生，白色，较窄。菌柄圆柱形，长3～4.5cm，粗1～2mm，顶端白色，透明，逐渐变为黄褐色。

担孢子长椭圆形，10～11.5μm×3.5～4.5μm，弯曲，无色，平滑。

单生或群生于植物叶片和腐枝上。

担子果

170 紫沟条小皮伞

Marasmius purpureostriatus **Hongo**

菌盖钟形至半球形，直径1～2.5cm，中部下凹呈脐形，中央有小凸起，表面浅土黄色，放射状沟条呈浅紫褐色、紫褐色。菌肉污白色，薄。菌褶近离生，污白色、乳白色，稀疏。菌柄圆柱形，长4～11cm，粗2～3mm，上部污白色，向下渐变褐色，被微细绒毛，但基部被白色粗毛。

囊状体棒状，粗8～10μm，部分先端具乳突。担孢子长梭形，22.5～30μm×5～7μm，无色，平滑。

夏秋季生于阔叶林中枯枝落叶上。

担子果

菌褶稀疏

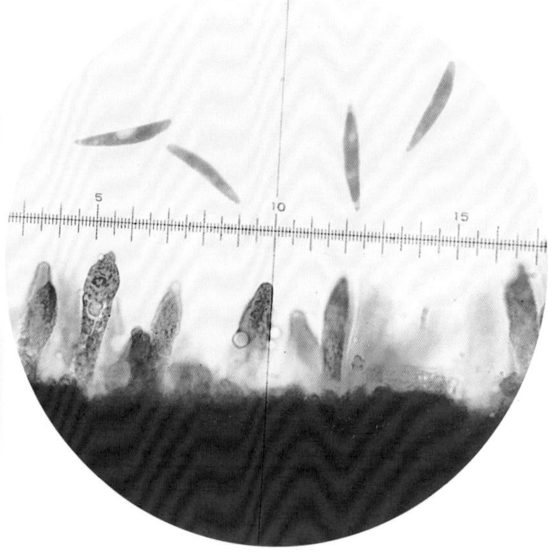

担孢子、囊状体

171 干小皮伞

Marasmius siccus **(Schwein.) Fr.**

菌盖半球形至平展，直径1～2cm，中部下陷，中央有脐突，表面橙黄色、赭黄色至深橙色，有条纹。菌肉白色，薄。菌褶弯生至近离生，白色，较稀。菌柄圆柱形，长2～5cm，粗0.5～1.5mm，上部白色，向下逐渐变为深栗色至黑色，有漆样光泽。

担孢子长梭形，常弯曲，16～21μm×3～4μm，无色，平滑。

夏秋季群生或单生于阔叶林中落叶上。

担子果（菌褶较稀）

172 黏小奥德蘑

Oudemansiella mucida **(Schrad.) Höhn.** [现名：*Mucidula mucida* (Schrad.) Pat.]

菌盖初半球形、后渐平展，直径4～12cm，表面白色，黏滑。菌肉白色，薄。菌褶直生、弯生，白色，稀。菌柄圆柱形，5～8cm×0.5～1cm，白色，基部略带灰褐色。菌环上位，白色，膜质。

囊状体圆筒形、瓶形，粗可达35～38μm，无色透明，顶端钝圆。担孢子近球形，17～20μm×16～19μm，无色，平滑，部分内含油滴。

夏秋季群生于倒木、腐木、树桩上。可食用。引起阔叶树腐朽。

担子果

菌环上位

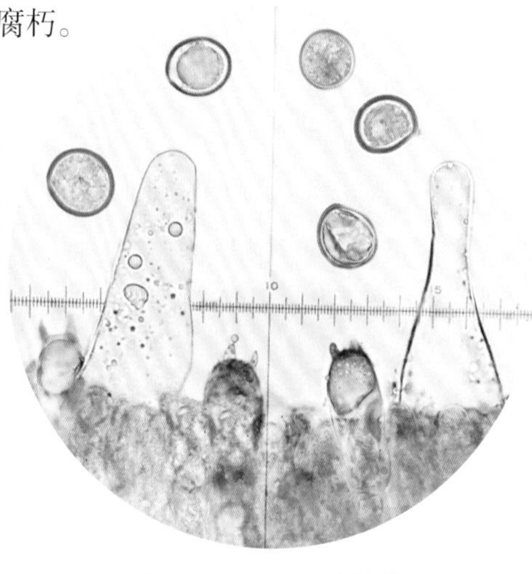

担孢子、担子、囊状体

173 宽褶小奥德蘑

Oudemansiella platyphylla **(Pers.) M.M. Moser**

[现名：*Megacollybia platyphylla* (Pers.) Kotl. & Pouzar]

菌盖扁半球形至平展，直径5～10cm，表面灰白色至灰褐色，光滑或具深色细条纹。菌肉白色。菌褶弯生至近离生，白色，稀，不等长。菌柄圆柱形，5～10cm×1～1.5cm，白色至灰褐色，被纤毛。

担孢子卵形、宽椭圆形，7.5～10μm×6～8.5μm，无色，平滑。

夏秋季单生或丛生于林中腐木上。可食用。试验抗癌。

担子果

菌褶较宽、菌柄被毛

担孢子、担子、子实层

174 长根小奥德蘑

***Oudemansiella radicata* (Relhan) Singer**

[现名：*Hymenopellis radicata* (Relhan) R.H. Petersen]

菌盖半球形至平展，直径3～8cm，表面浅褐色至深褐色，光滑，具放射状条纹，湿时黏，中央稍凸起。菌肉白色，较薄。菌褶弯生，白色，稍稀，不等长。菌柄圆柱形，5～20cm×0.5～1cm，顶部白色，其余部分浅褐色，基部稍膨大且向下延伸成假根状。

囊状体瓶形，粗约27μm。担孢子宽椭圆形、近球形，14～18μm×12～15μm，无色，平滑。

夏秋季单生于林中地上。可食用。

担子果（菌盖湿时黏、具放射状条纹）

菌柄表面被绒毛

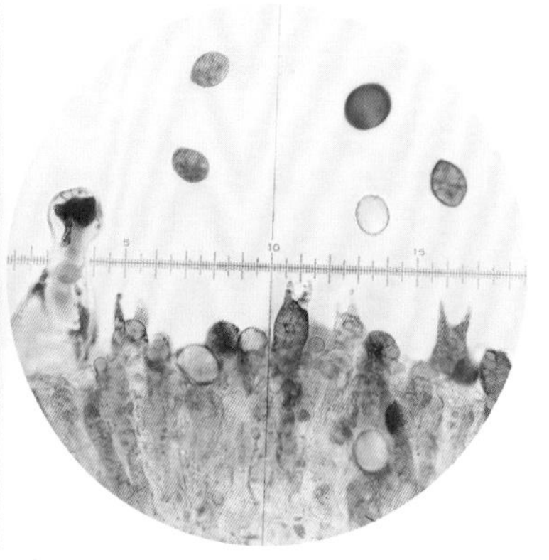

担孢子、担子、囊状体

175 亚黏小奥德蘑

***Oudemansiella submucida* Corner**

担子果（菌盖表面黏滑）

菌盖扁平至平展，直径2～7cm，表面污白色，中部色稍深，黏滑。菌肉白色，薄。菌褶直生至弯生，白色至半透明，稀。菌柄圆柱形，2～8cm×0.2～0.8cm，近白色至米色，被白色绒毛，基部膨大。菌环中上位，白色，膜质。

担孢子球形、近球形、宽椭圆形，18～24μm×16～21μm，无色，平滑。

夏秋季生于林中腐木上。可食用。

菌环中上位

菌褶剖面（子实层、菌髓）

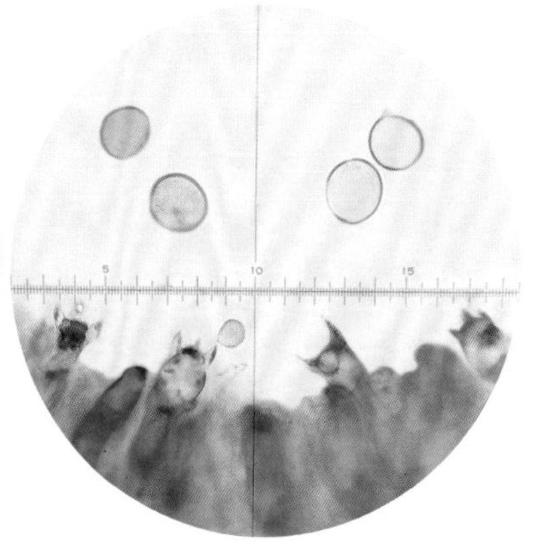

担孢子、担子

176 云南小奥德蘑

***Oudemansiella yunnanensis* Zhu L. Yang & M. Zang**

菌盖扁半球形至扁平，直径3～7cm，表面灰色、灰褐色至黄褐色，有时近白色，黏滑。菌肉白色，薄。菌褶直生至弯生，白色至半透明，稀。菌柄中生至偏生，圆柱形，2～5cm×0.3～0.8cm，上部白色，下部淡褐色，基部稍膨大。菌环上位，易脱落。

担孢子球形、近球形，24～38μm×23～33μm，无色，平滑。

夏秋季生于林中腐木上。可食用。

担子果（菌盖表面胶黏、菌褶厚而稀、菌柄偏生）

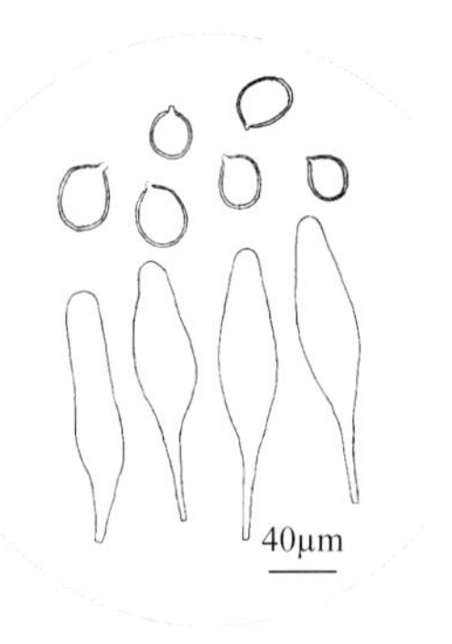

担孢子、囊状体（杨祝良绘）

177 乳酪金钱菌

***Rhodocollybia butyracea* (Bull.) Lennox**

担子果（菌褶密）

菌盖初半球形后平展或上卷，直径3～7cm，中央稍凸，表面暗红褐色、褐色、土黄色或污白色，水浸状，边缘土黄色。菌肉黄白色。菌褶直生至近离生，黄白色至污白色，极密，褶缘锯齿状。菌柄圆柱形，4～8cm×0.3～0.8cm，淡黄色至土黄色，基部膨大，具纵条纹，被黄白色至淡黄色细绒毛。

担孢子宽椭圆形，5～7.5μm×3～4.5μm，无色，平滑，非淀粉质。

夏秋季单生或群生于针叶林、针阔混交林中地上。可食用。

178 黄绒干蘑

***Xerula pudens* (Pers.) Singer**

菌盖平展，直径2～5cm，中部稍凸起，表面褐色至棕褐色，被细绒毛。菌肉白色，薄。菌褶近离生，白色，较稀疏。菌柄6～12cm×0.4～1cm，土褐色，密被细绒毛和纵条纹，基部稍膨大并向下延生成假根。

担孢子近球形，10～13.5μm×10～12.5μm，无色，平滑。

夏秋季单生于阔叶林或针阔混交林中地上。

幼担子果（菌柄被细绒毛）

成熟担子果

179 中华干蘑

Xerula sinopudens R.H. Petersen & Nagas.

菌盖扁半球形至凸镜状，直径1～4.5cm，中央凸起，表面淡灰色、淡褐色至黄褐色，密被灰褐色至褐色硬毛。菌肉白色至灰白色，薄。菌褶弯生至直生，白色至米色，较稀。菌柄圆柱形，3～10cm×0.3～0.5cm，被褐色硬毛。

担孢子近球形至宽椭圆形，10.5～13.5μm×9.5～12.5μm，无色，平滑。

夏季生于林中地上。可食用。

担子果（菌盖中央突起）

菌褶弯生、菌柄表面被毛

180 硬毛干蘑

Xerula strigosa Zhu L. Yang, L. Wang & G.M. Muell.

菌盖扁半球形至凸镜状，直径2～5cm，表面黄褐色、深褐色至灰褐色，密被黄褐色硬毛。菌肉近白色，厚。菌褶弯生至直生，白色至米色，稍稀。菌柄圆柱形，5～10cm×0.3～0.6cm，被黄褐色硬毛。

子实层内有囊状体，柱形、瓶形，粗14.5～27μm。担孢子宽椭圆形、椭圆形，11～15μm×9～11.5μm，无色，平滑。

夏季生于林中地上。可食用。

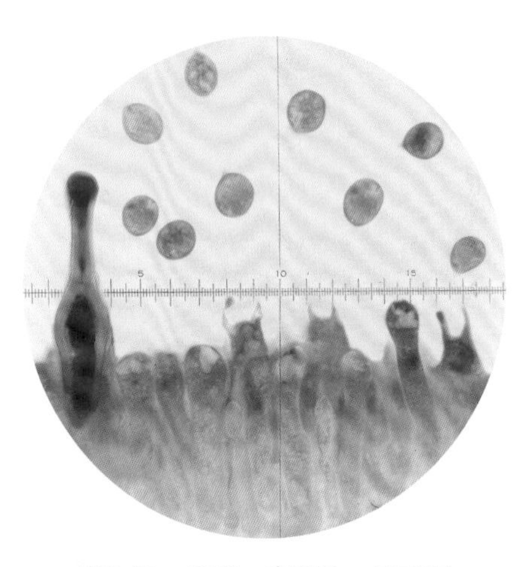

担孢子、担子、囊状体、子实层

担子果（菌盖表面被毛）

菌柄被硬毛

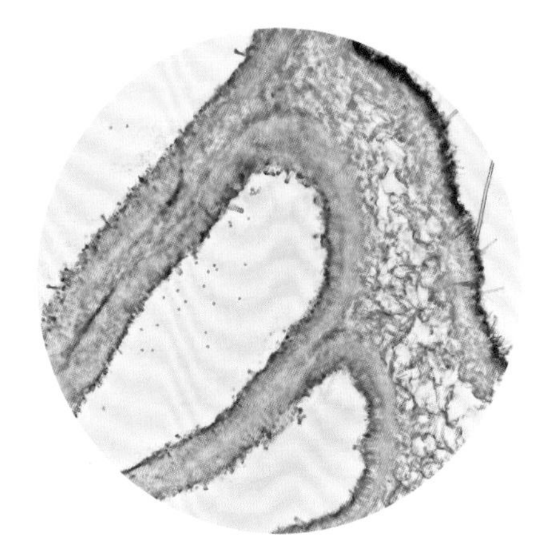

菌盖剖面（局部）

小菇科 Mycenaceae

181 沟纹小菇
***Mycena abramsii* (Murrill) Murrill**

菌盖钟形至斗笠形，直径1～2.5cm，中央凸起，表面浅灰褐色，光滑或有小鳞片，边缘有明显沟纹。菌肉灰白色，很薄。菌褶直生，灰白色，稀疏。菌柄细长，长3～6cm，粗1～2mm，灰白色至浅灰褐色，光滑。

囊状体瓶形，粗7～9μm。担孢子宽椭圆形、椭圆形，7.5～11μm×4.5～5.5μm，无色，平滑，内含油滴。

夏秋季群生于针阔混交林中腐木、腐枝落叶层或苔藓层。

担子果群生、菌盖边缘具明显沟纹

菌褶稀疏

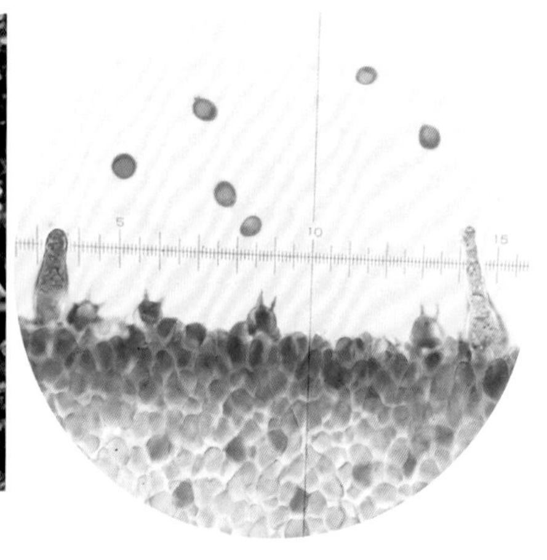

担子、担孢子、囊状体

182 纤弱小菇
***Mycena alphitophora* (Berk.) Sacc.**

菌盖钟形，直径0.3～0.6cm，表面浅灰色至污白色，被白色粉末，有条纹。菌肉白色，薄。菌褶离生或稍延生，白色，稀疏。菌柄圆柱形，长2～3.5cm，粗1～2mm，向基部渐膨大，密被白色绒毛，后变白粉。

担孢子椭圆形，7.5～9.5μm×4～5μm，无色，平滑，淀粉质。

夏秋季散生或群生于枯枝落叶上。

担子果（菌盖表面具条纹、菌褶稍延生、菌柄细长）

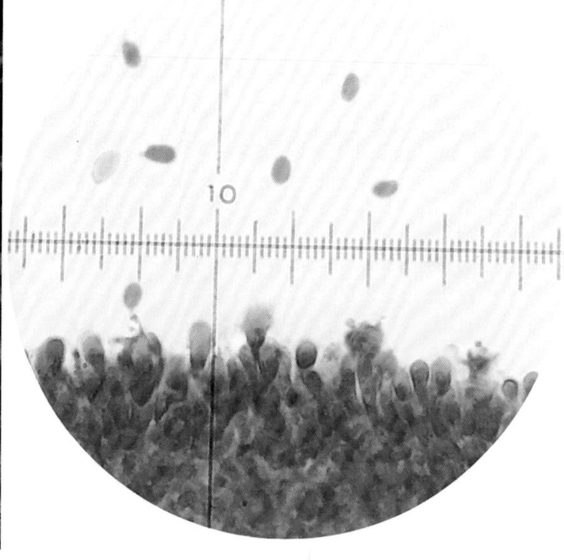

担孢子、担子、子实层

183 黄鳞小菇

***Mycena auricoma* Har. Takah.**［现名：*Leucoinocybe auricoma* (Har. Takah.) Matheny］

菌盖半球形至平展，直径1～3cm，表面浅黄色至黄褐色，有条纹。菌肉白色、淡黄色，薄。菌褶直生或近离生，白色至淡黄色，稀疏。菌柄圆柱形，长1.5～3cm，粗1～3mm，淡黄色至浅黄褐色，被绒毛。

担孢子椭圆形、宽椭圆形，5～7μm×3～4μm，无色，平滑，淀粉质。

夏秋季散生于腐木上。

幼担子果

菌盖表面具条纹、菌褶稀疏

184 黄柄小菇

***Mycena epipterygia* (Scop.) Gray**

菌盖初圆锥形、半球形，后平展，直径1～2.5cm，有时中部稍凸起，表面灰褐色至土黄色，光滑，湿时黏，边缘有条纹。菌肉近白色，薄。菌褶直生至弯生，浅白色，稍稀疏。菌柄圆柱形，长5～8.5cm，粗1～2mm，黄绿色，下部被细毛。

担孢子卵形至椭圆形，8.5～10.5μm×5～6μm，无色，平滑，淀粉质。

夏季丛生或群生于针阔混交林中腐木上。

担子果

菌盖近钟形、边缘具条纹

185 盔盖小菇

***Mycena galericulata* (Scop.) Gray**

菌盖幼时钟形，后渐平展，直径2～5cm，表面铅灰色至褐色，有沟纹或明显的褶皱，边缘近白色。菌肉半透明，薄。菌褶直生至弯生，白色，稍密，有时分叉或有横脉。菌柄圆柱形，长4～8cm，粗2～5mm，浅灰褐色至褐色，光滑。

担孢子宽椭圆形，9.5～12μm×7.5～9μm，无色，平滑，淀粉质。

夏秋季群生于阔叶林或针叶林中树桩、腐木或枯枝上。

担子果（菌盖钟形）

菌盖表面具沟纹

186 血红小菇

***Mycena haematopus* (Pers.) P. Kumm.**

菌盖幼时圆锥形，渐变钟形，直径2.5～5cm，幼时表面暗红色，有条纹，成熟后中部色深，边缘色淡，锯齿状，受伤流出血红色汁液。菌肉白色至酒红色，薄。菌褶直生或近弯生，白色至灰白色，较密。菌柄圆柱形或扁，长3～6cm，粗2～3mm，与菌盖同色或稍淡，被白色粉状颗粒。

担孢子宽椭圆形，7.5～11μm×5～7μm，无色，平滑。

夏秋季常簇生于阔叶树腐木上。

担子果（菌盖边缘锯齿状）

菌盖伤后流出红色汁液

187 粉紫小菇

***Mycena inclinata* (Fr.) Quél.**

菌盖锥形至斗笠形，直径1～4cm，表面中部浅粉褐色，光滑，边缘颜色变浅，且有细条纹。菌肉白色，薄。菌褶直生，污白色至粉红色，稀疏。菌柄细长，长5～10cm，粗2～4mm，淡黄色，常弯曲，光滑，但基部被白色绒毛。

担孢子椭圆形，8～11μm×5.5～6.5μm，无色，平滑。

夏秋季丛生或簇生于针叶林或针阔混交林中腐枝落叶层上。

担子果

188 铅灰色小菇

Mycena leptocephala **(Pers.) Gillet**

菌盖钟形至斗笠形，直径1～2cm，表面铅灰色、暗灰色，边缘有明显长条纹。菌肉污白色，薄。菌褶直生，浅灰色，稍密。菌柄圆柱形，长3～6cm，粗1～2mm，铅灰色，光滑，但基部被绒毛。

担孢子宽椭圆形，5～10μm×4～7μm，无色，平滑。

夏秋季群生于阔叶林或针阔混交林中腐枝落叶层上。

担子果（菌盖斗笠形）

菌盖边缘具长条纹

担孢子、担子、子实层、菌髓

189 洁小菇

Mycena pura **(Pers.) P. Kumm.**

担子果（菌盖表面具条纹，菌褶直生、有横脉）

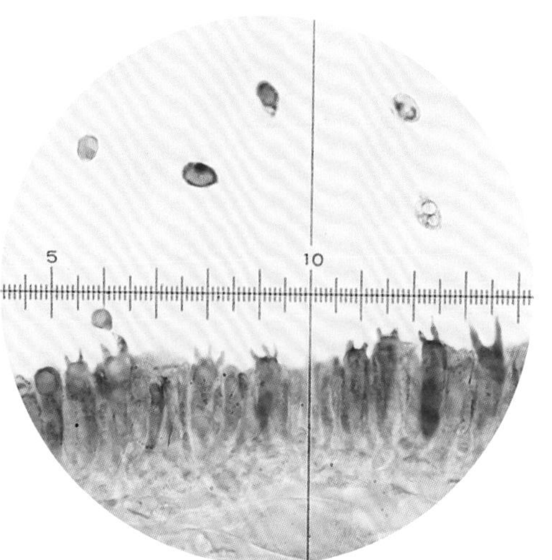

担孢子、担子、子实层

菌盖幼时半球形，后平展，直径2.5～5cm，表面紫红色，成熟后色变淡，有条纹，边缘色淡，并开裂呈锯齿状。菌肉灰紫色，薄。菌褶直生或近弯生，白色至灰白色，较密，有横脉。菌柄圆柱形或扁，长3～6cm，粗3～5mm，与菌盖同色或稍淡，光滑。

担孢子椭圆形，6.5～8μm×4～5μm，无色，平滑，淀粉质。

夏秋季散生于针阔混交林或针叶林中地上。

190 粉色小菇
Mycena rosea **Gramberg**

菌盖幼时半圆形，成熟后凸镜状，直径1～2.5cm，中央明显凸起，表面粉红色或带浅黄色，光滑，具透明条纹，边缘锯齿状。菌肉污白色，水浸状，薄。菌褶直生至近延生，幼时白色，后粉红色。菌柄圆柱形，长2～4.5cm，粗1.5～2.5mm，常弯曲，白色稍带粉红色，光滑，基部被白色粗毛。

担孢子宽椭圆形，9～13μm×6～8μm，无色，平滑，非淀粉质。

群生于阔叶树腐木或枯枝落叶上。

担子果（菌盖表面具透明条纹）

191 血色小菇
Mycena sanguinolenta **(Alb. & Schwein.) P. Kumm.**

菌盖圆锥形至钟形，直径0.5～1.5cm，表面紫红褐色，边缘色淡、锯齿状，有放射状条纹。菌肉近白色，薄。菌褶直生，白色或浅红色略带红褐色，受伤流出红色汁液。菌柄圆柱形，长2.5～5cm，粗0.5～1mm，与菌盖同色，基部被白色绒毛。

担孢子椭圆形，7.5～9.5μm×4～4.5μm，无色，平滑，淀粉质。

夏秋季生于阔叶林及针阔混交林中枯枝落叶上。

担子果（菌盖边缘具放射状条纹）

菌褶受伤流出红色汁液、干后呈污渍

192 绿缘小菇
Mycena viridimarginata **P. Karst.**

菌盖幼时圆锥形，老后渐变平展，直径1.5～3.5cm，中部稍凸起，表面黄绿色至绿褐色，光滑，边缘有沟纹。菌肉黄白色，薄。菌褶近直生至稍延生，白色至黄白色、灰白色，稀疏。菌柄圆柱形，长3～7cm，粗1～3mm，直或稍弯曲，浅黄色至浅黄棕色，光滑至稍黏，基部被白色绒毛。

担孢子宽椭圆形至近球形，9～10μm×6～7.5μm，无色，平滑，淀粉质。

夏秋季群生于倒腐木、枯枝上。

担子果（菌盖边缘有条纹）

193 普通小菇

Mycena vulgaris **(Pers.) P. Kumm.**

菌盖圆锥形，老后渐变平展，直径1.5～3cm，表面中部深褐色，向边缘色渐变浅呈灰褐色，光滑或稍黏，边缘有沟纹。菌肉污白色，薄。菌褶直生至稍延生，浅灰色至浅灰褐色，稀疏。菌柄圆柱形，长2～6cm，粗1～1.5mm，直或稍弯曲，灰褐色，上部被白色粉状物，中下部光滑至稍黏，基部被白色粗毛。

担孢子杏仁形、椭圆形，(7～)8～9(～10)μm×3.5～5μm，无色，平滑。

夏秋季群生于阔叶林或针阔混交林中倒腐木上。

担子果群生、菌盖边缘有沟纹

菌褶稍延生

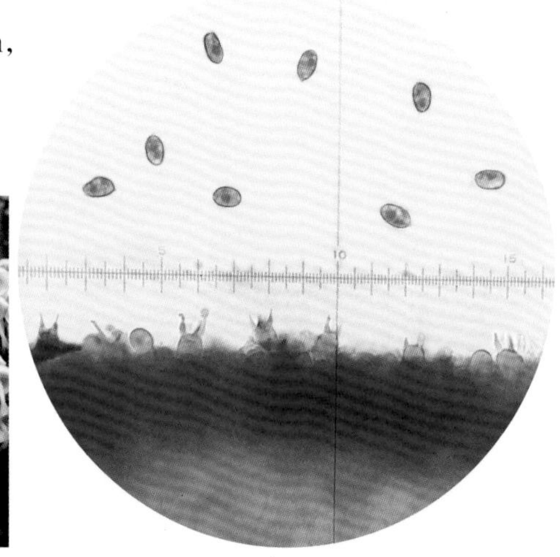

担孢子、担子

桩菇科 Paxillaceae

194 东方桩菇（曾用名：东方网褶菌）

Paxillus orientalis **Gelardi, Vizzini, E. Horak & G. Wu**

菌盖浅漏斗形，直径4～5.5cm，中央有一小凸起，表面污白色至淡灰褐色，被褐色鳞片，边缘内卷。菌肉污白色。菌褶延生，污白色至淡褐色，受伤变灰褐色，密。菌柄圆柱形，2～5cm×0.5～1.5cm，淡灰色至淡褐色。

囊状体近瓶形，突越子实层约23μm。担孢子宽椭圆形至卵形，6～8μm×4～5μm，浅锈褐色，平滑。

生于针阔混交林中地上。

担子果（菌褶延生）（杨祝良原照）

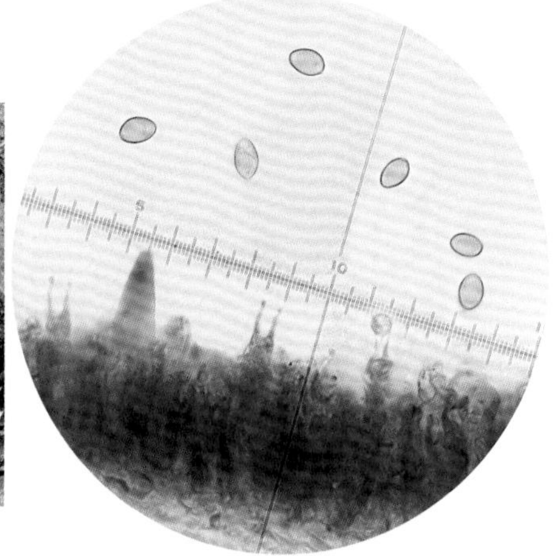

担孢子、担子

膨瑚菌科 Physalacriaceae

195 东方小长桥菌（曾用名：东方小奥德蘑）

***Ponticulomyces orientalis* (Zhu L. Yang) R.H. Petersen**

（曾用名：*Oudemansiella orientalis* Zhu L. Yang）

担子果（菌盖表面黏滑）

菌褶稀、不等长，菌柄被绒毛

菌盖半球形至平展，直径1.5～8cm，表面污白色至灰褐色，黏滑。菌肉半透明至近白色，薄。菌褶弯生，白色，稀。菌柄圆柱形，2～8cm×0.2～0.8cm，淡褐色至近白色，被绒毛，基部膨大。

担孢子宽椭圆形至椭圆形，11.5～14.5μm×9.5～11μm，无色，平滑。

夏秋季生于林中腐木上。可食用。

侧耳科 Pleurotaceae

196 勺形亚侧耳

***Hohenbuehelia petaloides* (Bull.) Schulzer**

担子果（菌盖勺型、表面稍黏，菌褶延生）

菌盖勺形、扇形或匙形，直径3～7cm，向柄部渐细，表面初白色，后呈淡粉灰色至浅褐色，水浸状，稍黏，边缘有不明显条纹。菌肉白色。菌褶延生，白色，干后淡奶油色或黄赭褐色，密。菌柄侧生，圆柱形，1～3cm×0.5～1cm，污白色，被细绒毛。

担孢子近椭圆形，6～8μm×4～5μm，平滑，无色，薄壁，非淀粉质。

群生、叠生或近丛生于针阔混交林中腐木上。可药用。

197 肾形亚侧耳

***Hohenbuehelia reniformis* (G. Mey.) Singer**

担子果（菌盖扇形、边缘内卷，无柄）

菌盖半圆形至扇形，直径1～4cm，表面褐色、棕色至深棕色，密被白色、灰白色至淡灰褐色绒毛，边缘内卷或波浪状。菌肉薄，上层为灰色的凝胶层，下层为白色肉质层。菌褶白色至淡灰色，老后淡黄色或米色，较密。无菌柄，或近基部有背侧生点状柄，灰褐色至淡黄褐色。

担孢子圆柱形或椭圆形，7.5～8μm×3～3.5μm，无色，平滑。

夏秋季群生于多种阔叶树腐木上。可食用。

198 贝形侧耳

Pleurotus porrigens (Pers.) P. Kumm.［现名：*Pleurocybella porrigens* (Pers.) Singer］

菌盖贝壳形、半圆形至扇形，直径1～2.5cm，表面白色，被粉状物或絮状物，基部被绒毛，边缘波浪状，内卷。菌肉白色。菌褶延生，自基部放射而出，白色。菌柄无或基部短缩似柄状。

担孢子球形、近球形至宽椭圆形、卵圆形，6.5～9.5μm×5.5～7.5μm，无色，平滑，非淀粉质。

夏秋季生于针阔混交林或针叶林中腐木桩、倒腐木上。可食用。

担子果

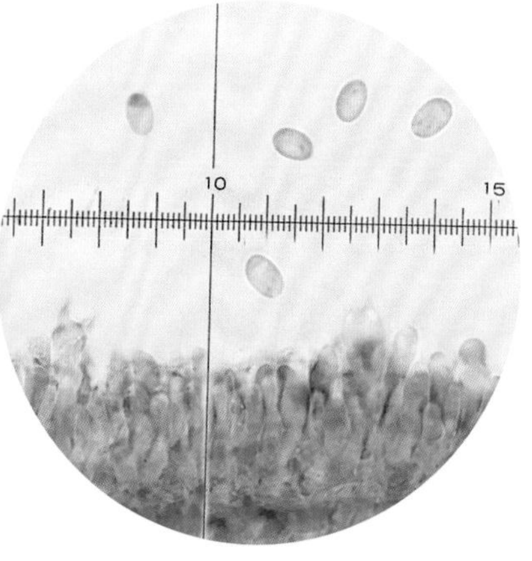

担孢子、担子、子实层

199 肺形侧耳

***Pleurotus pulmonarius* (Fr.) Quél.**

菌盖半圆形、肾形、扇形、贝壳形至圆形，直径2.5～10cm，中部稍凹或呈微漏斗形，表面灰白色或黄褐色，光滑，边缘成熟时裂成瓣状。菌肉白色、乳白色。菌褶延生至柄顶端，稍密。菌柄偏生、侧生或无，0.8～2.5cm×0.7～1.2cm，基部被绒毛。

担孢子椭圆形、圆柱形，7.5～10μm×3～5μm，无色，平滑，非淀粉质。

春至秋季生于阔叶树枯木上。可食用。

担子果（菌盖扇形，菌褶延生、稍密，菌柄侧生）

光柄菇科 Pluteaceae

200 鼠灰光柄菇

***Pluteus ephebeus* (Fr.) Gillet**（曾用名：*Pluteus murinus* Bres.）

菌盖初为近半球形，后渐平展，直径5～11cm，表面灰褐色至暗褐色，近光滑或被深色纤毛状鳞片。菌肉白色，薄。菌褶离生，白色至粉红色，稍密。菌柄近圆柱形，7～9cm×0.4～1cm，上部近白色，中下部与菌盖同色，被绒毛。

担孢子近卵圆形至椭圆形，6～8.5μm×4.5～6μm，粉红色，平滑。

夏秋季生于倒木上或林中地上。可食用。

担子果

201 灰光柄菇

Pluteus cervinus **(Schaeff.) P. Kumm.**

菌盖初半球形、凸镜状，后渐平展，直径4～10cm，表面烟褐色、深褐色，中部湿时黏，被絮状绒毛，边缘波状浅裂。菌肉灰白色带淡红色，厚。菌褶离生，白色，后期浅粉褐色，密。菌柄圆柱形，4～11cm×0.5～1.5cm，白色，被黑褐色长纤毛，基部稍膨大呈球根状。

担孢子近球形、宽椭圆形或卵圆形，5.5～8μm×4.5～8μm，粉红色，平滑，非淀粉质。

夏秋季单生或群生于落叶树腐木上，少生于针叶树腐木上。可食用。

担子果

202 狮黄光柄菇

Pluteus leoninus **(Schaeff.) P. Kumm.**

担子果

菌褶离生、稍宽

菌盖初期近钟形或扁半球形，后扁平，直径2～6cm，中部稍凸起，表面鲜黄色或橙黄色，光滑，边缘有细条纹及光泽。菌肉白色带黄色，薄。菌褶离生，稍宽，初期白色，后变粉红色或肉色。菌柄圆柱形，3～8cm×0.4～1cm，黄白色，下部有纤维状条纹或被暗褐色纤毛状鳞片，基部稍膨大。

担孢子近球形、宽椭圆形或卵形，6～7μm×5～6μm，淡粉红色，平滑。

夏秋季群生或丛生于阔叶树倒腐木上。

203 粉褶光柄菇

Pluteus plautus **(Weinm.) Gillet**

菌盖扁半球形，后渐平展，直径2.5～5cm，表面粉灰色、淡褐色，后期表皮开裂形成褐色小鳞片，边缘有条纹。菌肉薄。菌褶离生，初期白色，后变粉红色。菌柄圆柱形，3～5cm×0.2～0.4cm，白色，基部稍膨大。

担孢子宽椭圆形、近球形，6.5～8μm×5.5～7μm，淡粉红色，平滑。

夏秋季单生或散生于针叶树倒腐木上。

担子果

204 裂盖光柄菇
Pluteus rimosus Murrill

担子果（菌盖表皮开裂、菌褶离生）

菌盖扁半球形至渐平展，直径2～7cm，表面淡灰褐色至灰褐色，被纤毛状鳞片，有放射状条纹，边缘常开裂。菌肉白色，稍厚。菌褶离生，白色至浅粉色。菌柄近圆柱形，3～8cm×0.5～0.8cm，污白色。

担孢子宽椭圆形或近球形，6～7.5μm×4.5～6μm，近无色至粉红色，平滑。

夏秋季单生或群生于倒木上或林中地上。

红菇科 Russulaceae

205 细质乳菇
Lactarius aurantiacus (Pers.) Gray

担子果（菌盖中部下凹、具小尖突）

菌褶、菌柄受伤流出白色汁液

菌盖扁半球形，直径3～5cm，成熟后中部下凹，中央有一小尖突，表面橘黄色，光滑，湿时稍黏。菌肉淡粉橘色。菌褶直生，颜色浅于菌盖，密，受伤流出白色汁液。菌柄近圆柱形，3～5cm×0.5～1cm，浅肉色，光滑。

担孢子近球形，7～8μm×6～7μm，无色，有小刺和网纹。

夏秋季散生或群生于阔叶林或针阔混交林中地上。

206 栗褐乳菇
Lactarius castaneus W.F. Chiu

担子果（菌盖表面湿时稍黏、菌褶延生）

菌盖扁半球形、平展，直径4～9cm，中央可下凹，表面灰黄色、淡褐色至黄褐色，湿时稍黏。菌肉白色，苦涩。菌褶直生至延生，白色至淡黄色，较密，受伤流出白色汁液。菌柄圆柱形或向上渐细，4～8cm×0.5～1.5cm，淡黄色至近白色，光滑。

担孢子近球形、宽椭圆形，8.5～12μm×7～8.5μm，近无色，有脊形成的网纹，淀粉质。

夏秋季生于针叶林中地上。

207 香乳菇

***Lactarius camphoratus* (Bull.) Fr.**

菌盖初为凸镜状，后平展，直径1～4cm，中部凹陷，中央常具乳突，表面暗红褐色至锈褐色，光滑或具粉状物。菌肉浅肉桂色至近白色。菌褶直生或稍下延，近白色至浅粉色，成熟后浅红色至肉桂色，密，受伤流出乳白色汁液。菌柄圆柱形，1～5.5cm×0.8～1cm，色与菌盖相近或较浅，光滑。

担孢子近球形、宽椭圆形，7～8μm×6～7.5μm，无色、近无色，有疣突和网状脊。

夏秋季单生、散生或群生于针叶林或阔叶林中地上。可药用。

担子果（菌褶受伤流出白色汁液）

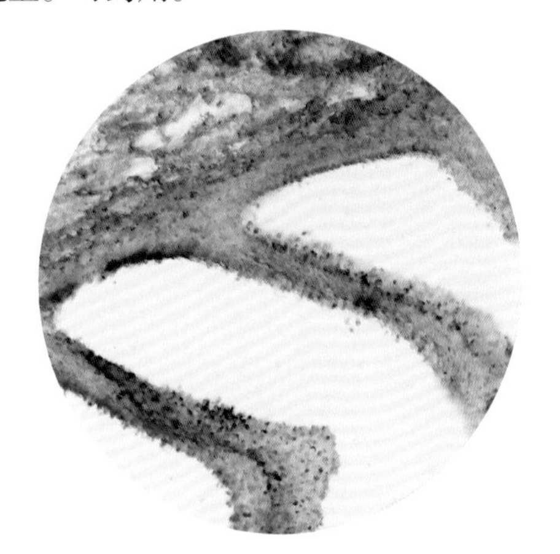

担子果剖面（局部）

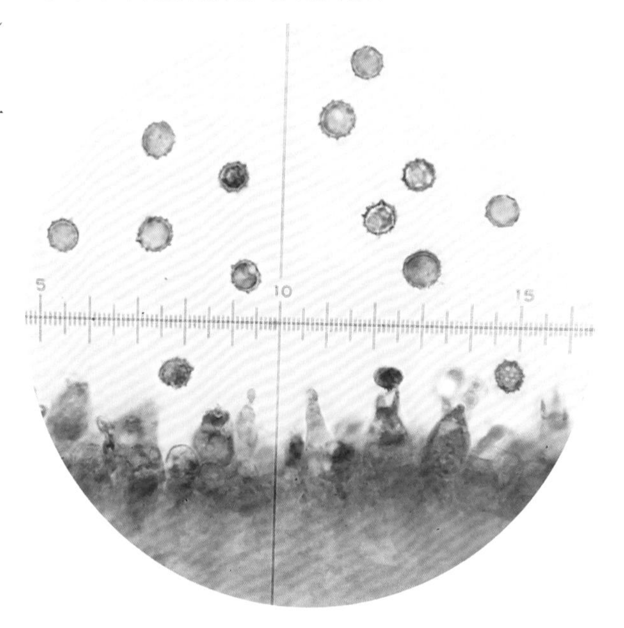

担孢子、担子

208 皱盖乳菇

***Lactarius corrugis* Peck**

菌盖扁半球形，直径5～12cm，中部下凹，表面浅栗褐色，多皱，且被细绒毛，边缘稍内卷。菌肉白色，厚。菌褶直生至稍延生，肉桂色，密，不等长，受伤流出大量白色后变浅褐色的汁液。菌柄圆柱形，4～6cm×1～3cm，浅栗褐色至污黄色，被细绒毛。

担孢子近球形，7～9μm×6.5～7.5μm，有小刺和网纹。

夏秋季散生或群生于阔叶林中地上。可食用。

担子果（菌盖表面多皱、被细绒毛、边缘内卷，菌褶受伤流出白色汁液）

209 松乳菇（俗名：谷熟菌）

***Lactarius deliciosus* (L.) Gray**

菌盖扁半球形至平展，直径4～10cm，中央下凹，湿时稍黏，表面黄褐色至橘黄色，有同心环纹，边缘内卷。菌肉淡黄色或橙黄色，受伤变蓝绿色。菌褶直生至延生，橘黄色，伤后变蓝绿色，较密，受伤流出橙色汁液。菌柄圆柱形，2～6cm×0.8～2cm，与菌盖同色。

担孢子宽椭圆形至卵形，7～9μm×5.5～7μm，无色至淡黄色，有不完整的网纹、短脊，淀粉质。

夏秋季生于针叶林中地上。食用菌。

担子果（菌盖表面具环纹）

菌盖中央下凹、菌褶延生

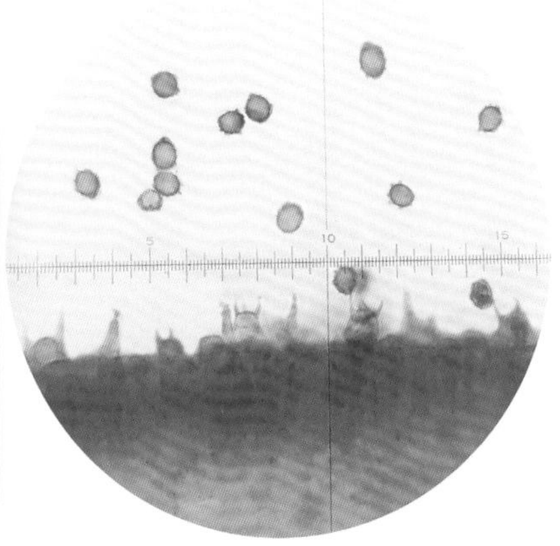

担孢子、担子

210 脆香乳菇

***Lactarius fragilis* (Burl.) Hesler & A.H. Sm.**

菌盖扁半球形至平展，中部微凹，呈浅漏斗状，直径3～7cm，表面亮橘黄色至土红黄色，光滑，湿时黏，边缘波状并有短沟纹。菌肉淡橘色。菌褶直生至稍延生，浅黄红色，受伤流出白色汁液，稍密。菌柄圆柱形，4～8cm×0.4～1cm，与盖同色，质脆，基部被毛。

担孢子近球形，6～9μm×5.5～8.5μm，无色至淡黄色，有小疣和网棱。

夏秋季散生或群生于阔叶林或针阔混交林中地上。可食用。外生菌根菌。

担子果（菌盖边缘具短沟纹）

菌褶受伤流出白色汁液

211 宽褶黑乳菇
Lactarius gerardii Peck

菌盖扁半球形至近平展，中部下凹，直径3～10cm，但中央初期稍凸起，表面污黄褐色至黑褐色，湿时黏，似绒状，边缘伸展或呈波状。菌肉白色。菌褶直生至延生，宽而稀疏，有横脉，白色至污白色，受伤流出白色乳汁，边缘深褐色。菌柄近圆柱形，3～7cm×0.6～1.5cm，与盖同色，光滑。

担孢子近球形，7.5～10μm×6.5～7.5μm，有明显网纹。

夏秋季单生或散生于阔叶林或针阔混交林中地上。

担子果（菌盖中部下凹）

菌褶边缘色暗

212 纤细乳菇
Lactarius gracilis Hongo

菌盖扁半球形至平展，直径1～3cm，中央有一小尖突，表面褐色至红褐色，边缘有明显的流苏状白色绒毛。菌肉淡褐色。菌褶稍延生，白色，受伤乳汁少。菌柄圆柱形或向下渐粗，4～5cm×2～4cm，与菌盖同色或稍深。

担孢子宽椭圆形，7.5～8.5μm×6.5～7.5μm，近无色，有完整、不完整的网纹，淀粉质。

夏秋季散生于阔叶林或针阔混交林中地上。

担子果（菌盖边缘明显具流苏状绒毛）

菌褶稍延生

213 红汁乳菇（俗名：铜绿菌）

Lactarius hatsudake **Nobuj. Tanaka**

菌盖扁半球形至平展，中间稍下凹或呈浅漏斗形，直径3～10cm，表面淡橙色、灰红色、淡红色，有或无环纹，湿时稍黏，边缘内卷。菌肉淡红色。菌褶直生至稍延生，酒红色，受伤变蓝绿色并流出酒红色汁液，但少。菌柄圆柱形，向下渐粗，2～6cm×0.5～1.5cm，浅橙红色，受伤变蓝绿色。

担孢子宽椭圆形，8～10μm×7～8.5μm，近无色，有完整或不完整的网纹。

夏秋季散生或群生于松林中地上。可食用。

担子果（菌盖中部下凹、表面具同心环纹）

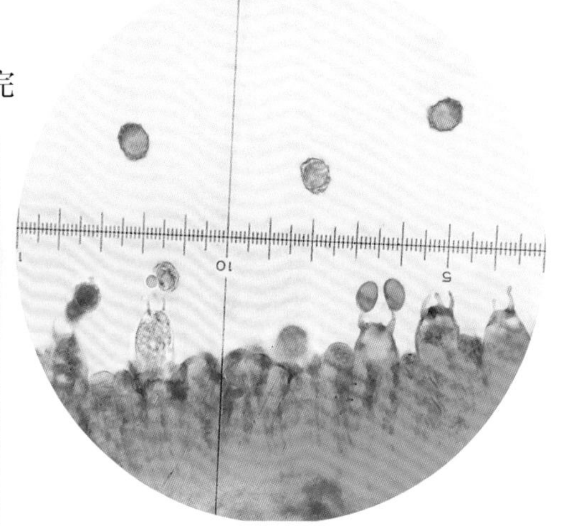

担孢子、担子

214 毛脚乳菇

Lactarius hirtipes **J.Z. Ying**

菌盖扁半球形至平展，直径2～4cm，中央下凹，表面红褐色至橙褐色。菌肉浅红褐色。菌褶直生至延生，受伤流出白色汁液，但少。菌柄圆柱形，向下渐粗，3～8cm×0.3～0.6cm，与菌盖同色或稍浅，基部被硬毛。

担孢子近球形、宽椭圆形，6.5～8μm×6～7.5μm，近无色，有完整或不完整的网纹，淀粉质。

夏秋季散生或群生于阔叶林中地上。

担子果

菌柄基部被硬毛（干燥标本）

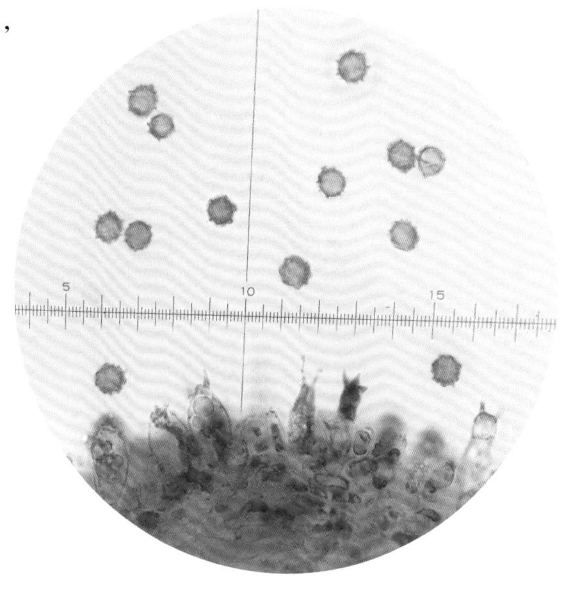

担孢子、担子、子实层

215 木生乳菇

***Lactarius lignicola* W.F. Chiu**

担子果（菌褶受伤流出白色汁液）

菌盖平展，后呈漏斗形，直径3～5cm，表面肉桂色、褐色至灰褐色，中部色深，边缘色浅，有或无环纹。菌肉白色。菌褶延生，淡黄色至黄褐色，受伤流出白色汁液。菌柄常偏生，圆柱形，2～5cm×0.5～1cm，褐色，被细柔毛或光滑。

担孢子近球形、宽椭圆形，7～9.5μm×6～9μm，近无色，有疣突。

夏秋季生于阔叶林或针阔混交林中腐木上。

216 黑褐乳菇

***Lactarius lignyotus* Fr.**

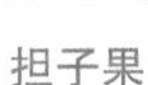

担子果

菌褶受伤流出白色汁液

菌盖初扁半球形后渐平展，直径4～10cm，中部稍下凹，表面褐色至黑褐色，被短绒毛。菌肉白色，较厚，受伤略变红色。菌褶白色，延生，稀，受伤流出白色汁液，后变淡粉色至淡粉褐色。菌柄近圆柱形，3～10cm×0.5～1cm，与菌盖同色，基部有时被绒毛。

担孢子球形、近球形，9～12.5μm×8.5～11μm，无色，有小刺和网状棱纹，淀粉质。

夏秋季散生于林中地上。

217 黑乳菇

***Lactarius picinus* Fr.**

菌盖扁半球形至平展，直径5～10cm，有时中部稍凸，表面灰褐色至黑色，被黄褐色细绒毛。菌肉白色，薄。菌褶直生或稍下延，白色至淡黄色，较密，受伤流出白色汁液，辛辣。菌柄近圆柱形，3～7cm×1～2cm，灰褐色至黑色，被绒毛。

担孢子近球形，8～10μm×7.5～9μm，近无色，被小疣和网棱。

夏秋季散生于阔叶林或针阔混交林中地上。食药兼用。外生菌根菌。

担子果（菌盖表面被绒毛）

菌褶受伤流出白色汁液、菌柄被绒毛

218 红乳菇

Lactarius rufus (Scop.) Fr.

菌盖平展，中部下凹至近浅漏斗形，直径3～7cm，表面红褐色、深红色，干，常皱。菌肉浅红色。菌褶延生，密，浅红褐色，受伤流出白色汁液。菌柄中生，圆柱形，3～7cm×0.5～1cm。

担孢子宽椭圆形，6～7.5μm×5.5～6.5μm，无色，有脊和疣组成的明显的较完整的网纹。

夏季散生或群生于桦树林中地上。

担子果（菌褶受伤流出白色汁液）

219 香亚环乳菇

Lactarius subzonarius Hongo

担子果（菌盖中部下凹、表面有同心环纹）

菌褶稍密

菌盖扁平，直径2～5cm，中部下凹，表面棕褐色至红褐色，有明显的同心环纹。菌肉浅褐色。菌褶稍延生，乳白色至淡棕褐色，稍密，受伤流出白色汁液。菌柄近圆柱形，2.5～4cm×0.5～1cm，浅棕褐色，光滑。

担孢子近球形，7～9μm×6～8.5μm，淡黄色，有疣突，内含1个大油滴。

夏秋季散生或群生于阔叶林或针阔混交林中地上。食药兼用。

220 毛头乳菇

Lactarius torminosus (Schaeff.) Pers.

菌盖扁半球形，中部下凹呈漏斗形，直径5～10cm，表面粉红色、淡红褐色，湿时稍黏，有时有环纹，边缘被长绒毛。菌肉近白色。菌褶直生至延生，淡粉红色，密，受伤流出白色汁液。菌柄中生，圆柱形，2～5cm×1～2cm，粉红色。

担孢子宽椭圆形，8～9.5μm×6～7μm，无色，有疣突和不完整的网纹。

夏秋季散生或群生于针阔混交林中地上。有毒。外生菌根菌。

担子果（菌盖中部下凹）

菌盖边缘具长绒毛

221 轮纹乳菇
Lactarius zonarius **(Bull.) Fr.**

菌盖扁半球形，后渐平展，直径4～10cm，中部稍下凹，表面橙黄色至深橙色，有同心环带，光滑，湿时稍黏。菌肉乳白色至乳黄色，受伤流出橘红色汁液后变绿色。菌褶稍延生，淡黄色，受伤变绿色，密，分叉，有横脉。菌柄近圆柱形，3～6cm×0.6～2cm，与菌盖同色或稍淡，光滑。

担孢子卵圆形，7～9.5μm×5～7μm，淡黄褐色，表面有网纹和小疣。

夏秋季散生或群生于阔叶林或针阔混交林中地上。

担子果（菌盖表面具同心环带，菌褶密、受伤流出白色汁液）

222 辣味多汁乳菇 （俗名：石灰菌；曾用名：白乳菇）
Lactifluus piperatus **(L.) Roussel**［曾用名：*Lactarius piperatus* (L.) Pers.］

担子果（菌盖扁半球形）

菌盖初为扁半球形，后呈漏斗形，直径5～13cm，表面白色或浅污黄白色，光滑。菌肉白色，厚，受伤微变浅土黄色，有辣味。菌褶近延生，白色或蛋壳色，后变浅土黄色，很密，分叉，受伤流出白色汁液，很辣。菌柄圆柱形，3～6cm×1.5～3cm，白色。

担孢子近球形或宽椭圆形，6.5～8.5μm×5.5～7μm，无色，有小疣。

夏秋季散生或群生于针叶林和针阔混交林中地上。经处理方可食用。外生菌根菌。

菌褶很密、分叉，受伤流出白色乳汁

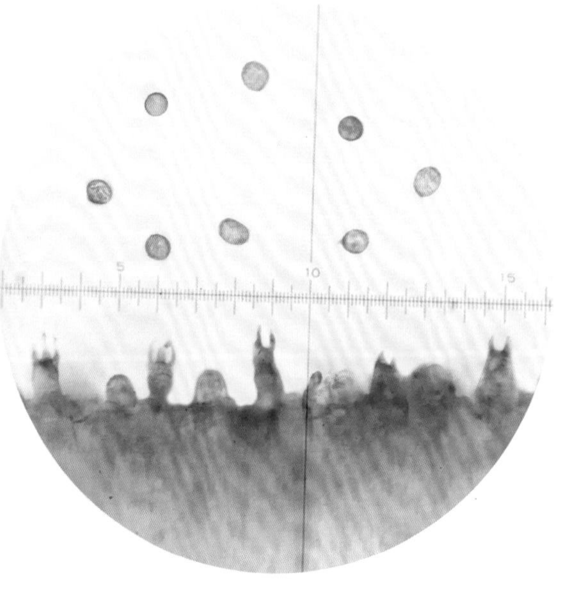

担孢子、担子

223 多皱多汁乳菇（曾用名：多皱乳菇）

***Lactifluus rugatus* (Kühner & Romagn.) Verbeken**

（曾用名：*Lactarius rugatus* Kühner & Romagn.）

菌盖扁平，中部稍凹，直径4～10cm，表面橙红色至橙黄色，凹凸不平，具绒质感，不黏，边缘稍内卷。菌肉白色。菌褶直生至稍延生，乳白色，稀疏，受伤流出白色汁液。菌柄近圆柱形或向下渐细，4～8cm×0.8～2cm，浅橙色，具绒质感。

担子果（菌盖表面凹凸不平）

菌褶受伤流出白色汁液

囊状体棒状，粗8～11μm。担孢子宽椭圆形、近球形，6.5～8.5μm×5.5～7μm，淡黄色，有网纹和疣。

夏秋季散生于阔叶林或针阔混交林中地上。可食用。

菌盖剖面具色汁导管

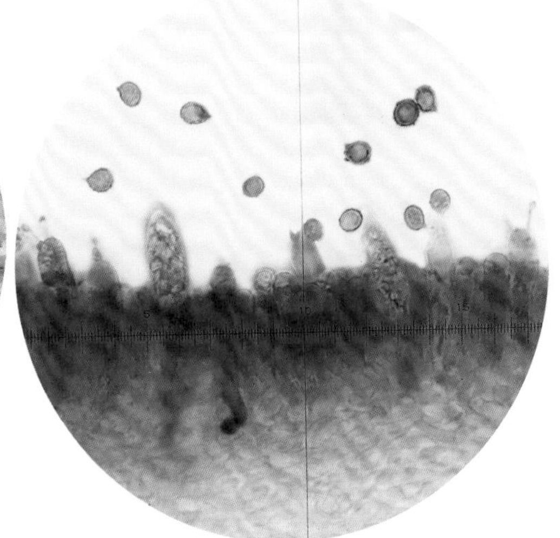

担孢子、担子、囊状体

224 绒白多汁乳菇（曾用名：绒白乳菇）

***Lactifluus vellereus* (Fr.) Kuntze** ［曾用名：*Lactarius vellereus* (Fr.) Fr.］

菌盖初扁半球形，后中部下凹呈浅漏斗形，直径6～15cm，表面白色、污白色，干，密被细绒毛。菌肉白色，味苦。菌褶直生至稍延生，密，白色至浅黄色，常分叉，受伤流出白色或淡乳黄色汁液。菌柄近圆柱形，3～8cm×2～3.5cm，白色，被短绒毛。

担孢子宽椭圆形、卵圆形、近球形，7.5～10μm×5.5～8μm，无色，有小疣和网纹。

夏秋季单生或群生于阔叶林或针阔混交林中地上。可药用。外生菌根菌。

担子果（菌盖中部下凹）

225 多汁乳菇 （俗名：奶浆菌）

Lactifluus volemus **(Fr.) Kuntze** ［曾用名：*Lactarius volemus* (Fr.) Fr.］

菌盖初为扁半球形，后渐平展至中部下凹似漏斗形，直径4～11cm，表面橙红色、红褐色至暗土红色，光滑或稍被细绒毛，多有白粉状物。菌肉乳白色，受伤变淡褐色。菌褶直生至近延生，白色或淡黄色，受伤变褐黄色，稍密，分叉，伤后有白色汁液流出。菌柄近圆柱形或向下稍变细，3～10cm×1～2.5cm，与菌盖同色或稍淡，光滑或被细绒毛。

囊状体多，披针形，壁厚，粗7～12μm。担孢子近球形，8.5～11μm×8～10μm，无色至淡黄色，有的含油滴，具网纹和细疣，淀粉质。

夏秋季散生或群生于松林或针阔混交林中地上，常与松树形成菌根。可食用。

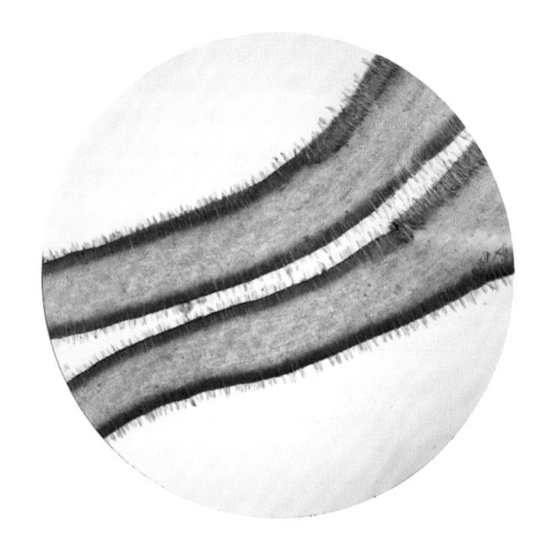

菌褶剖面（囊状体多）

担子果（菌盖表面被粉状物）

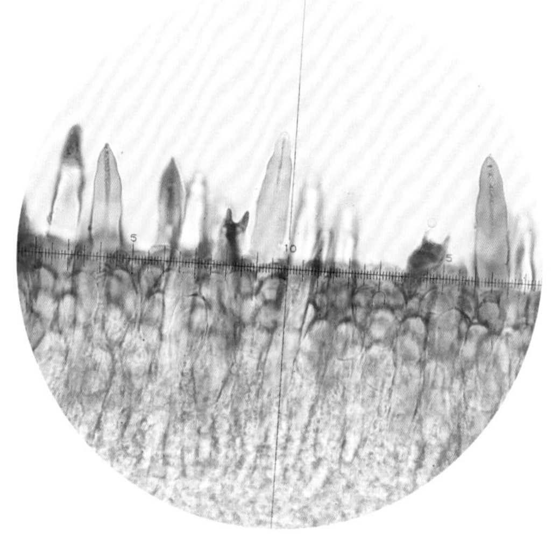

担子、囊状体

菌褶稍密、分叉，菌柄被细绒毛

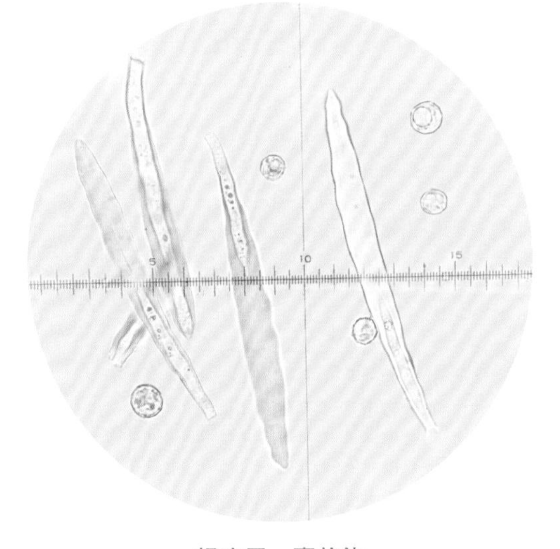

担孢子、囊状体

226 铜绿红菇

Russula aeruginea **Lindblad**

菌盖扁半球形至平展，直径4～9cm，中部稍下凹，表面暗铜绿色至暗灰绿色，湿时黏，边缘具条纹。菌肉白色。菌褶直生，初白色，老后变污，基本等长，稍分叉，具横脉。菌柄圆柱形，3～8cm×0.8～2cm，白色，光滑。

担孢子近球形、卵圆形，6.5～8.5μm×5.5～7μm，无色至淡黄色，表面有小疣，淀粉质。

夏秋季生于松林或混交林中地上。慎食用。外生菌根菌。

担子果

菌盖中部稍下凹

227 小白菇

Russula albida **Peck**

菌盖扁平，直径2.5～6cm，中部稍下凹，表面白色，黏，边缘平滑或有不明显短条棱。菌肉白色。菌褶直生至弯生，白色，稍密，等长，有横脉。菌柄圆柱形，2～6cm×0.5～1.5cm，白色。

担孢子近球形、椭圆形，8～9μm×7～8μm，近无色，表面有小刺或小瘤，淀粉质。

夏秋季单生或群生于针阔混交林中地上。外生菌根菌。

担子果（菌盖中部稍下凹）

菌褶等长

228 怡红菇

Russula amoena **Quél.**

菌盖幼时半球形，后扁半球形至平展，直径5～9cm，中部稍下凹，表面淡紫色至紫色，边缘平展或微上翘，有不明显条纹。菌肉白色，脆。菌褶直生，白色，较密，等长。菌柄中生，近圆柱形，2～5cm×0.8～1.2cm，白色至浅酒红色。

担孢子近球形，5.5～7.5μm×4～5μm，近无色，有小刺，淀粉质。

群生或散生于针叶林或针阔混交林中地上。

担子果（菌盖中部下凹）

菌褶较密、等长

229 大红菇

***Russula alutacea* (Fr.) Fr.**

担子果

菌盖扁半球形后平展，直径6～16cm，中部稍下凹，表面鲜红色至暗紫红色，湿时黏，边缘平滑或有不明显条纹。菌肉白色。菌褶直生或近延生，乳白色至淡黄色，较密，等长，分叉，有横脉，褶缘全为红色或菌褶前缘带红色。菌柄中生，近圆柱形，3～12cm×1.5～3.5cm，白色、粉红色。

担孢子近球形，8～11μm×7～10μm，淡黄色，有小刺、小疣组成的棱纹或近网状。

夏秋季群生或散生于林中地上。药食兼用。外生菌根菌。

菌褶较密、等长，
褶缘及菌柄带红色

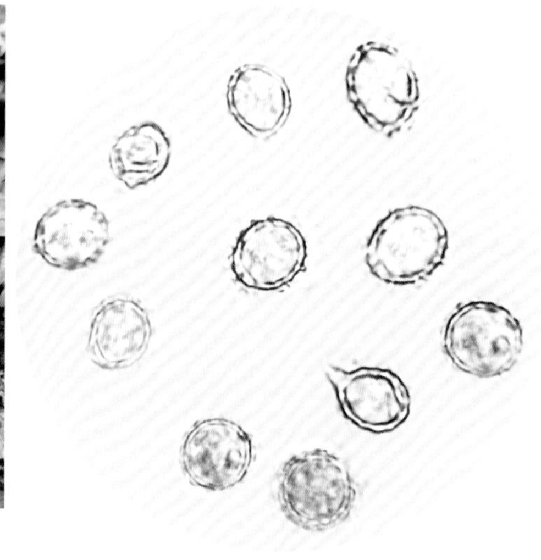
担孢子

230 暗绿红菇

***Russula atroaeruginea* G.J. Li, Q. Zhao & H.A. Wen**

担子果（菌褶直生）

菌盖半球形至平展，直径3～7cm，表面绿色至暗绿色带黄色，边缘色较浅。菌肉白色。菌褶直生，米色至淡黄色，分叉。菌柄圆柱形，4～6cm×1～2cm，近白色。

担孢子近球形、宽椭圆形，6.5～8.5μm×6～7.5μm，近无色，被淀粉质网脊和疣突。

夏秋季生于亚高山暗针叶林中地上。

231 黑紫红菇
***Russula atropurpurea* (Krombh.) Britzelm.**

菌盖半球形、平展，后中部下凹，直径5～10cm，表面紫红色，中部色暗。菌肉白色。菌褶直生，白色。菌柄圆柱形，2～8cm×0.7～2.5cm，白色。

担孢子近球形、宽椭圆形，7～8μm×6～7μm，近无色，壁厚，有小刺和小疣，且左右相连成不连续的网纹。

夏秋季散生于阔叶林或针阔混交林中地上。可食用。

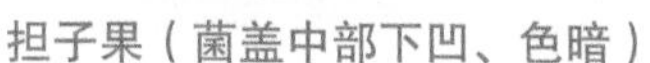

担子果（菌盖中部下凹、色暗）

菌褶直生

232 黄斑红菇
***Russula aurea* Pers.**

担子果（菌盖湿时稍黏）

菌盖初凸镜状、扁半球形，后渐平展或中部稍下凹，直径4～9cm，表面橙红色或橙黄色，湿时稍黏，中部色深，边缘有条纹或不明显。菌肉白色至淡黄色。菌褶直生或离生，稍稀疏，赭黄色，具横脉，近菌柄处常分叉，褶缘黄色。菌柄中生，3～8cm×1～2.5cm，白色、奶油色至金黄色。

担孢子卵圆形至近球形，7～9.5μm×6～8.5μm，浅黄色，有小疣突和不规则棱脊，相连后呈网状，淀粉质。

夏秋季单生或群生于针阔混交林中地上。

233 蓝紫红菇
***Russula caerulea* Fr.**

菌盖半球形至扁平，直径3～8cm，中部稍凸，表面蓝紫色。菌肉白色。菌褶直生，白色，不等长。菌柄圆柱形，5～9cm×1～2cm，白色。

担孢子宽椭圆形、近球形，8～8.5μm×4.5～8μm，锈黄色，平滑，内含1个油滴。

夏秋季散生于松林、阔叶林或针阔混交林中地上。可食用。

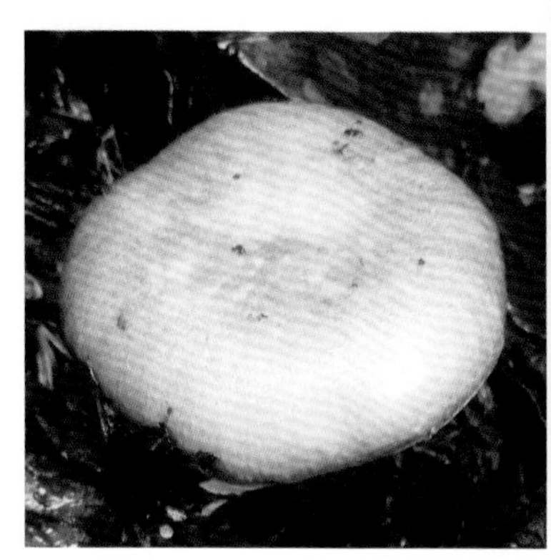

担子果

菌褶直生、不等长

234 葡紫红菇

Russula azurea **Bres.**

担子果

菌盖中部下凹

菌盖扁半球形，后平展，直径3～5cm，中部稍下凹，表面丁香紫色或葡萄紫色。菌肉白色。菌褶直生或稍延生，白色，等长，分叉。菌柄圆柱形，2.5～6cm×1～1.3cm，白色，光滑。

担孢子宽椭圆形、近球形，7.5～9μm×6.5～7.5μm，无色，有小刺。

夏秋季散生于阔叶林或针阔混交林中地上。可食用。外生菌根菌。

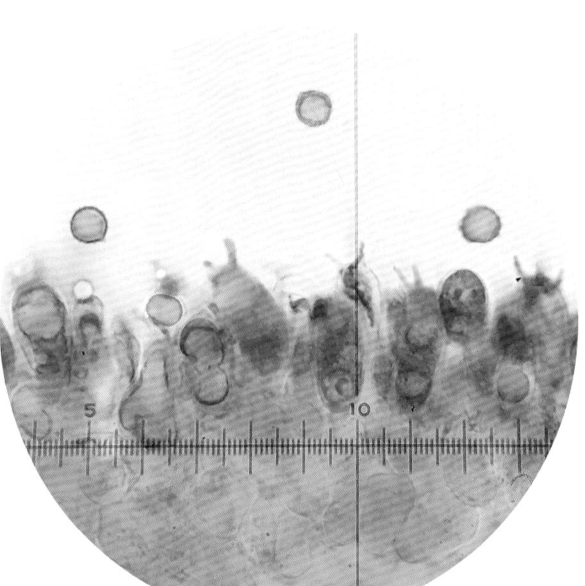

担孢子、担子、子实层、菌髓（有髓球孢）

235 浅榛色红菇

Russula cremeoavellanea **Singer**

菌盖扁半球形至平展，直径4～9cm，中部稍凹，表面柠檬黄色至浅栗褐色，黏，干后稍有光泽。菌肉白色。菌褶近直生，白色至浅赭黄色。菌柄圆柱形，4～7cm×1～2.5cm，白色。

担孢子宽椭圆形、近卵形，7.5～9μm×6.5～7.5μm，近无色至淡黄色，有小疣。

夏秋季散生于阔叶林或针阔混交林中地上。外生菌根菌。

担子果

菌盖扁半球形、中部稍凹

236 花盖红菇

***Russula cyanoxantha* (Schaeff.) Fr.**

菌盖初为扁半球形至凸镜状，后渐平展，中部下凹呈漏斗形，直径5～14cm，表面暗紫罗兰色至暗橄榄绿色，后期常呈淡青褐色、灰绿色，湿时稍黏，边缘波状内卷。菌肉白色，近表皮处粉色或淡紫色。菌褶直生至稍延生，白色，较密，不等长，有横脉。菌柄圆柱形，5～10cm×1.5～3cm，白色，有时下部粉色或淡紫色。

担孢子宽椭圆形至近球形，7～8.5μm×6.5～7.5μm，无色，有小疣，少数疣间有网纹相连，淀粉质。

夏秋季散生或群生于阔叶林中地上。

菌盖中部下凹、表面湿时黏

菌褶直生、较密、不等长

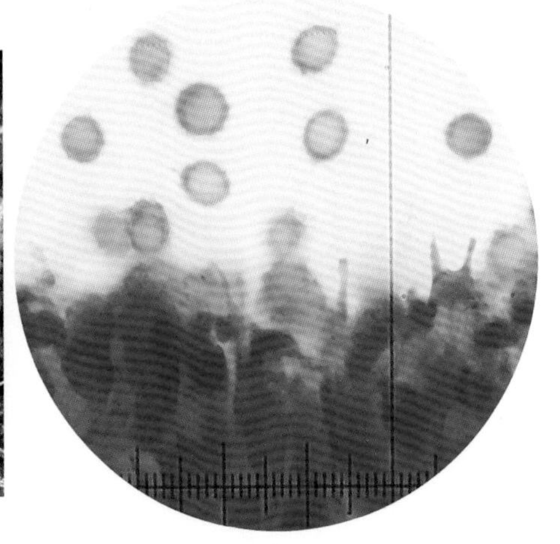

担孢子、担子

237 褪色红菇

***Russula decolorans* (Fr.) Fr.**

菌盖初半球形，后平展，直径5～13cm，中部下凹，表面浅红色、橙红色或橙褐色，后褪至蛋壳色或肉桂色，黏，边缘具短条纹。菌肉白色，受伤或老后变成灰色、灰黑色。菌褶弯生、离生，白色至淡黄色，具横脉。菌柄圆柱形，4.5～10cm×1～2.5cm，白色。

担子果（菌盖中部下凹）

菌盖边缘具短条纹

担孢子宽椭圆形、近球形，9.5～11μm×7.5～10.5μm，近无色，表面有小刺。

夏秋季散生于阔叶林或针阔混交林中地上。外生菌根菌。

238 大白菇

***Russula delica* Fr.**

菌盖初凸镜状、扁半球形，后渐平展，中部下凹呈漏斗形，直径5～15cm，表面白色、污白色，后期常带褐色，有时有锈色斑点，光滑或被细绒毛。菌肉白色，厚，味微麻或稍辛辣。菌褶延生，白色，密，不等长，有横脉。菌柄圆柱形，2～6cm×1.5～4cm，白色，光滑或上部被纤毛。

囊状体瓶形，突越子实层约30μm。担孢子卵圆形、近球形，7.5～9.5μm×7～8.5μm，近无色，有小疣、小刺和网纹，淀粉质。

夏秋季散生或群生于针叶林或针阔混交林中地上。

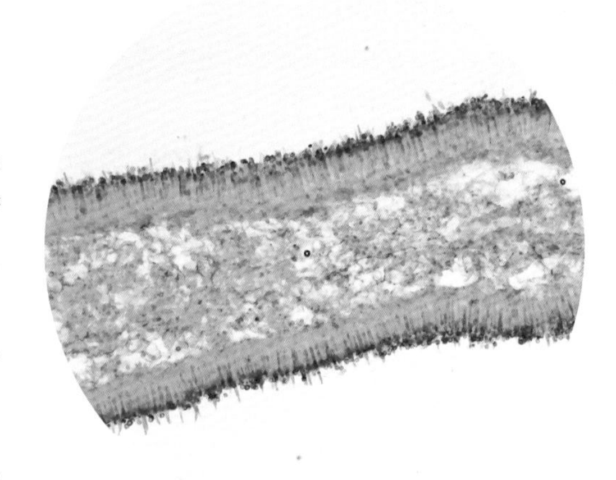

菌褶剖面

担子果

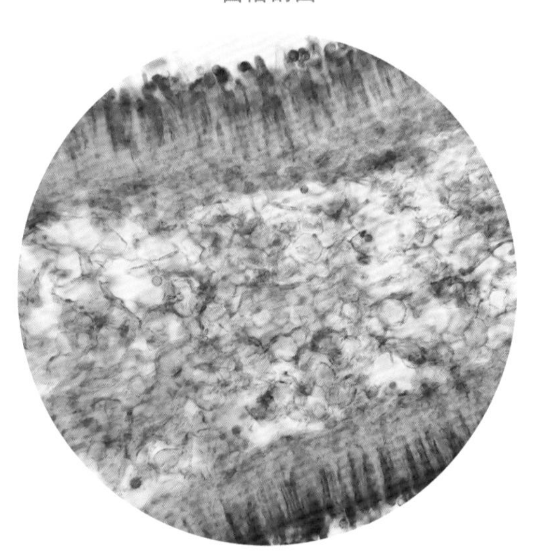

子实层、菌髓（有髓球孢）

菌褶延生

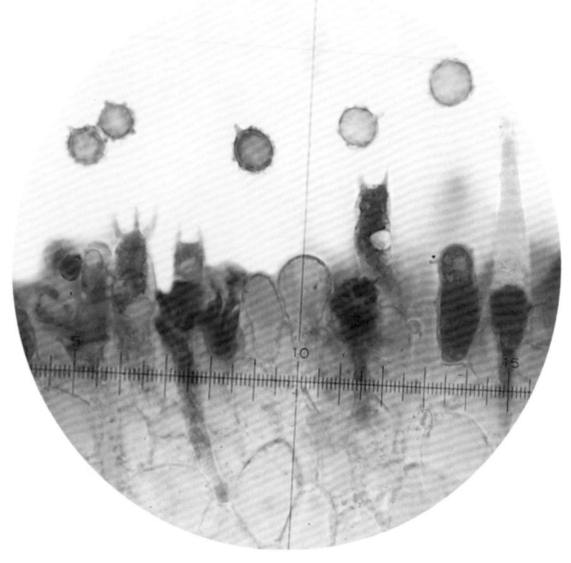

担孢子、担子、囊状体

239 密褶红菇（俗名：火炭菌）

Russula densifolia **Secr. ex Gillet**

担子果

菌盖初期内卷，中部下凹呈脐形，后期外翻呈漏斗形，直径5～10cm，表面污白色、灰色至暗褐色，光滑。菌肉白色，较厚，受伤变红色至黑褐色。菌褶直生或延生，不等长，很密，分叉，近白色，受伤变红褐色，老后黑褐色。菌柄圆柱形，2～4cm×1.6～2cm，白色，伤后变红色，再变为黑褐色。

担孢子卵形，7～9.5μm×5.5～7μm，近无色，有疣和网纹。

夏秋季单生或散生于针叶林、阔叶林或针阔混交林下。有毒。

240 毒红菇

Russula emetica **(Schaeff.) Pers.**

担子果（菌盖中部下凹、边缘有棱纹，菌褶近等长）

菌盖初为扁半球形后渐平展，直径5～9cm，老后中部下凹，表面浅粉色至珊瑚红色，黏，光滑，表皮易剥离，边缘色淡，有棱纹。菌肉白色，薄，近表皮处红色。菌褶弯生，白色，较稀，近等长，有横脉。菌柄圆柱形，4～7.5cm×1～2cm，白色或粉红色。

担孢子球形，8～10.5μm×7.5～9.5μm，无色，有小刺，淀粉质。

夏秋季散生于林中地上。有毒。

241 小毒红菇

Russula fragilis **Fr.**

担子果（菌盖中部下凹）

菌盖初为扁半球形后近平展，直径1.5～5cm，中央下凹，表面幼时深粉红色，后中央紫黑色，向边缘渐变浅至灰粉色，光滑、有光泽，边缘老后有条纹，表皮易剥离。菌肉白色，有水果香味，但辛辣微苦。菌褶弯生，较密，白色至奶白色，等长，少数分叉。菌柄圆柱形，2.5～6cm×0.5～2cm，白色，老后变黄色，有网纹。

担孢子近球形，6.5～9μm×5.5～8μm，近无色，有小疣和网纹，淀粉质。

夏秋季散生于针阔混交林中地上。有毒。

242 臭黄菇

Russula foetens **Pers.**

菌盖初扁半球形，后渐平展，直径5～10cm，中部稍凹，表面浅黄色至浅黄褐色，中部土褐色，光滑，湿时黏，边缘有明显粗条纹。菌肉污白色，薄，近表皮处浅黄色，具腥臭味。菌褶弯生，密，初污白色，后变浅黄色，等长，分叉。菌柄圆柱形，4～10cm×1.5～3cm，污白色至污褐色，老后有深色斑。

囊状体较多，瓶形，粗11～18μm，突越子实层可达36μm。担孢子球形、近球形，7.5～10μm×7～9.5μm，无色，有小刺、疣突和棱纹，淀粉质。

夏秋季群生或散生于针叶林或阔叶林中地上。有毒。

幼担子果

菌盖边缘有粗条纹

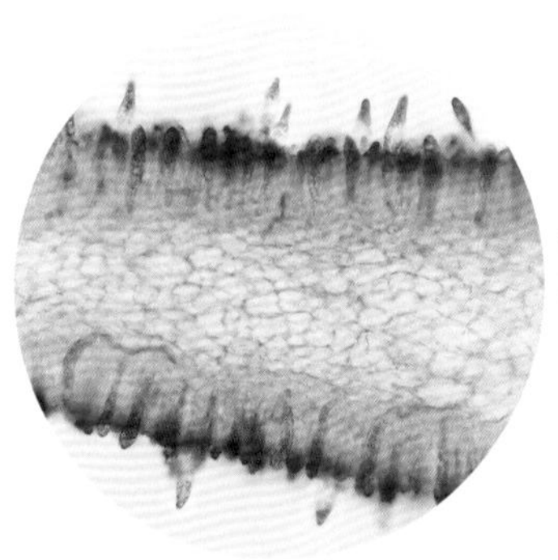

菌褶剖面（子实层中有大量囊状体、菌髓中有髓球孢）

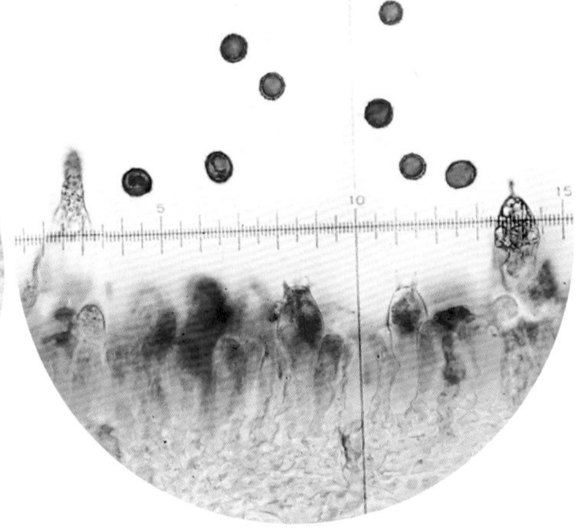

担孢子、担子、囊状体

243 乳白绿菇

Russula galochroa **(Fr.) Fr.**

菌盖扁半球形，后平展，直径3.5～7cm，中部下凹，表面乳白色、污白色，中部呈浅灰绿色，湿时黏，边缘后有条纹。菌肉白色。菌褶直生，初白色，后带黄色，近菌柄处常分叉，具横脉。菌柄圆柱形，2.5～5cm×0.8～1.5cm，白色，基部带灰褐色。

担孢子近球形、倒卵形，6～7μm×5.5～6.5μm，无色，有小疣。

夏秋季群生或单生于林中地上。可食用。外生菌根菌。

担子果（菌盖中部下凹、边缘具条纹）

菌褶直生

244 拟臭黄菇

Russula grata **Britzelm.**（曾用名：*Russula laurocerasi* Melzer）

菌盖初扁半球形，后渐平展，直径3～15cm，中部下凹，表面浅黄色至污黄褐色，湿时黏，边缘有明显的条棱。菌肉污白色。菌褶直生至近离生，稍密，污白色，有污褐色斑点。菌柄近圆柱形，3～13cm×1～1.5cm，污白色至浅土黄色。

囊状体较多，棒状、瓶形，粗9～12μm，突越子实层7～30μm。担孢子近球形，8.5～13.5μm×7.5～10μm，无色，有刺，淀粉质。

夏秋季散生或群生于阔叶林中地上。有毒。外生菌根菌。

幼担子果

菌褶直生、密

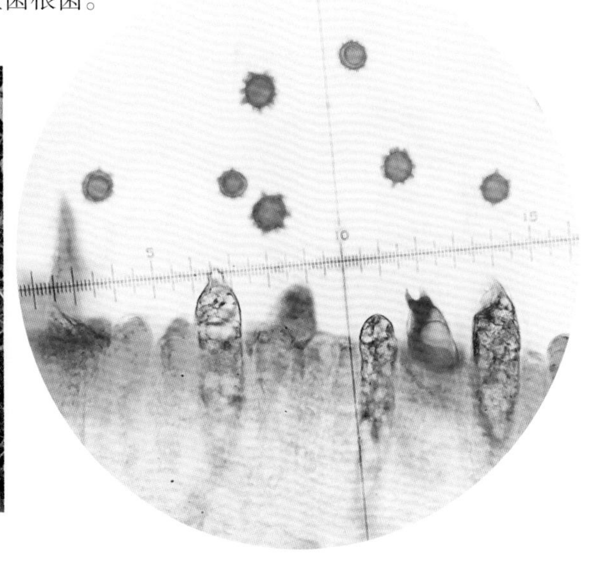

担孢子、担子、囊状体

245 全缘红菇

Russula integra **(L.) Fr.**

菌盖扁半球形至平展而中部微凹，直径5～12cm，表面红色至红褐色、淡紫色、紫红色，光滑，湿时黏，边缘薄，后期有棱纹。菌肉白色。菌褶直生，几乎离生，白色至淡黄色，稍密，分叉，有横脉。菌柄近圆柱形，3～8cm×1～2cm，光滑，白色，基部偶带红色。

担孢子宽椭圆形至近球形，8～11μm×7～9μm，淡黄色，有小刺。

夏秋季单生或散生于针阔混交林中地上。食药兼用。外生菌根菌。

担子果

菌盖表面湿时黏、菌褶分叉

246 叶绿红菇

***Russula heterophylla* (Fr.) Fr.**

菌盖扁半球形，后平展至中央下凹，直径5～12cm，表面绿色且深浅多变，呈灰绿色、淡黄绿色至橄榄绿色，老时呈淡橄榄褐色，湿时黏，边缘处的表皮易剥离。菌肉白色。菌褶近延生，白色，密，不等长，分叉。菌柄圆柱形，3～8cm×1～3cm，白色，光滑。

担孢子近球形，6～8μm×5～6.5μm，近无色，有小疣或小刺。

夏秋季单生或散生于针阔混交林中地上。可食用。外生菌根菌。

担子果（菌盖中部下凹 、表面湿时黏）

247 淡紫红菇

***Russula lilacea* Quél.**

担子果（菌盖边缘具条纹）　　菌褶直生

菌盖扁半球形，后平展至中部下凹，直径2.5～6cm，表面淡紫色、丁香紫色、粉紫色，湿时稍黏，中部有微细颗粒，边缘有条纹。菌肉白色。菌褶直生，白色，密，不等长，分叉，有横脉。菌柄圆柱形，3～6cm×0.5～1cm，白色，基部稍带淡紫色。

担孢子近球形，8～9.5μm×7～8μm，无色，有小刺。

夏秋季散生或群生于针阔混交林中地上。可食用。外生菌根菌。

248 红黄红菇

***Russula luteotacta* Rea**

菌盖扁半球形、平展或浅漏斗状，直径3～8cm，表面红色、粉红色，后褪为白黄色，边缘条纹不明显。菌肉白色。菌褶直生至延生，浅奶油色、浅乳黄色，密。菌柄圆柱形，4～6cm×1～1.5cm，白色、淡黄色、粉红色，光滑。

担孢子近球形、球形，7～9μm×6～7μm，近无色至略带淡黄色，密被小疣。

夏秋季散生或群生于阔叶林或针阔混交林中地上。有毒。

担子果（菌褶直生、密）

249 稀褶红菇

***Russula nigricans* Fr.**

菌盖初扁半球形至凸镜状，后渐平展或中部下凹呈漏斗形，直径7～18cm，表面初期污白色，后变黑褐色，光滑，边缘无条纹或条纹不明显。菌肉污白色，较厚，有水果香味，受伤变浅红色后变黑色。菌褶直生至弯生，宽，稀疏，灰白色，不等长，有横脉，受伤变浅红色渐变灰色，最后变黑色。菌柄圆柱形，2～7cm×1～2.5cm，初期污白色，后变黑褐色，光滑，受伤变浅红色，渐变为近黑色。

幼担子果（菌盖半球形）

菌褶直生、较稀、不等长、受伤变色

担孢子近球形，7～8μm×6～7.5μm，无色，疣突相连形成网纹，淀粉质。

夏秋季群生或散生于阔叶林或针阔混交林中地上。有毒，可药用。外生菌根菌。

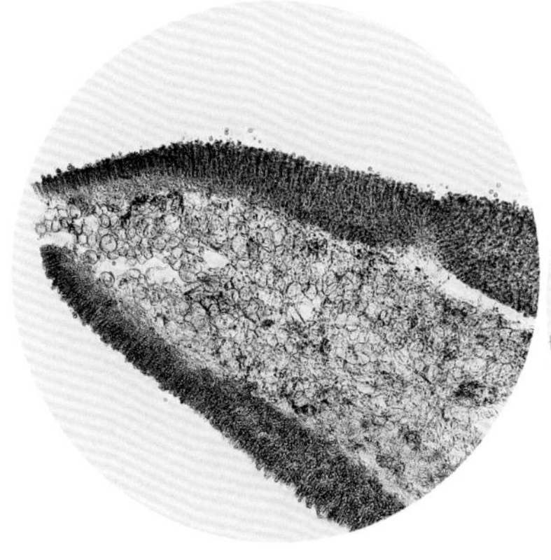
菌褶剖面（菌髓具髓球孢）

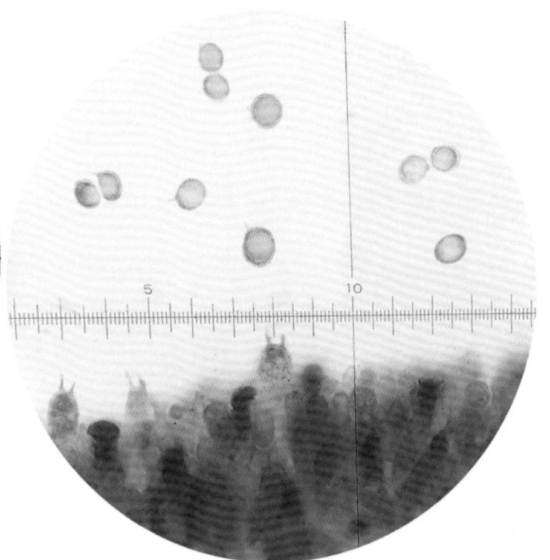

担孢子、担子

250 柠黄红菇

***Russula ochroleuca* Fr.**

菌盖初扁半球形，后平展且中部稍下凹，直径2～9cm，表面蜜黄色、黄色至暗黄色，光滑，湿时黏，中央呈橄榄绿色。菌肉白色，辛辣气味。菌褶弯生、近离生，白色。菌柄圆柱形，4～8cm×1～2cm，白色、淡黄色，光滑。

担孢子近球形、宽椭圆形，8～10μm×7～9μm，近无色，有小刺、小瘤，淀粉质。

夏秋季单生于阔叶林或针阔混交林中地上。可食用。外生菌根菌。

担子果

251 青黄红菇

Russula olivacea **(Schaeff.) Fr.**

菌盖扁平，中央稍凹，直径6～16cm，表面橄榄色、浅绿色、紫红色、紫色或红褐色。菌肉白色。菌褶直生至近离生，米黄色渐变赭黄色，密或稀，不等长，分叉，有横脉。菌柄近圆柱形，0.4～1cm×0.1～0.4cm，白色，上部带粉红色。

担孢子近球形或卵形，8.5～12μm×7.5～10μm，黄色，有小刺，有时刺相连。

夏秋季单生或群生于针阔混交林中地上。可食用。外生菌根菌。

担子果（菌盖中部稍凹）

菌褶直生、分叉、具横脉

252 沼泽红菇

Russula paludosa **Britzelm.**

担子果（菌盖具光泽、边缘有条纹）

菌褶弯生、分叉、稍密

菌盖幼时近半球形，后平展而中央下凹，直径3.5～10.5cm，表面鲜红色至紫红色，中央色深，光滑且具光泽，湿时黏，边缘老时有条纹。菌肉白色，微苦涩。菌褶直生至弯生，白色、污白色至淡黄色，稍密，多分叉。菌柄圆柱形，4～9.5cm×1～2.5cm，白色，有网纹，基部微红，受伤变黄色。

担孢子球形、近卵圆形，7.5～10μm×6～8.5μm，近无色至淡黄色，有小疣，淀粉质。

夏秋季散生于针叶林中地上。

253 紫薇红菇

Russula puellaris **Fr.**

菌盖扁半球形，后中部下凹，直径3～5cm，表面淡紫褐色、深紫薇色，光滑。菌肉白色。菌褶直生，白色，稍密，不等长，有横脉。菌柄近圆柱形，3～6cm×0.5～1.5cm，白色，光滑。

担孢子宽椭圆形、近球形，6.5～8.5μm×6.5～7μm，淡黄色，被小刺。

夏秋季单生或散生于阔叶林或针阔混交林中地上。可食用。外生菌根菌。

担子果

254 紫红菇

***Russula punicea* W.F. Chiu**

菌盖扁半球形、扁平或中部下凹，直径1.5～4cm，表面秋海棠玫瑰色，中央色暗，被粉状物，边缘平滑。菌肉白色。菌褶直生，白色，密，近菌柄处分叉。菌柄圆柱形，1～3cm×0.6～2cm，白色、粉红色，光滑。

担孢子近球形，6.5～7.5μm×5～6.5μm，无色，有小刺。

夏秋季散生或群生于阔叶林或针阔混交林中地上。可食用。外生菌根菌。

担子果

菌褶直生

255 玫瑰红菇

***Russula rosea* Pers.**

菌盖半圆形至平展，直径3～10cm，中央微凹，表面玫瑰红色、血红色，有粉状物，后变光滑。菌肉白色。菌褶直生、稍延生，奶油白色，近盖缘部分褶缘呈红色。菌柄圆柱形，4～8cm×1～2cm，白色带粉红色。

囊状体较多，棒状或圆柱形，粗8～12μm，长度超过60μm，先端钝、尖或呈乳突状。担孢子近球形，8～9.5μm×6～8μm，近无色，表面有小刺或不完整的网纹。

夏秋季散生或群生于云南松林或针阔混交林中地上。慎食。外生菌根菌。

担子果

部分褶缘红色

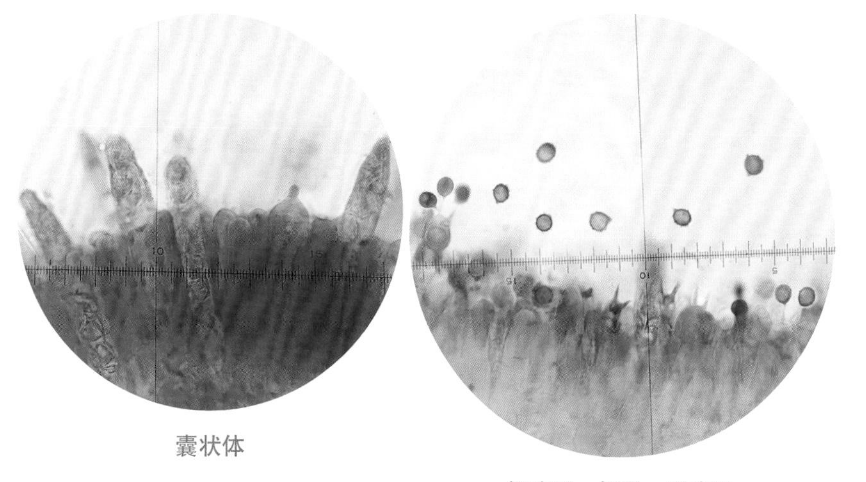

囊状体

担孢子、担子、子实层

256 点柄黄红菇
***Russula senecis* S. Imai**

菌盖初为近扁半球形、凸镜状，后渐平展，直径4～10cm，中部凹，表面赭黄褐色、污黄色至暗黄褐色，粗糙，有小疣组成的粗条棱，稍黏，边缘反卷。菌肉浅黄色至暗黄色，具腥臭气。菌褶直生、稍延生，污白色至淡黄褐色，密，褶缘有褐色斑点。菌柄圆柱形，有时近梭形，5～9cm×0.4～1cm，污白色、污黄色，有暗褐色小疣点，质脆。

担孢子近球形至卵圆形，8～10μm×8～9μm，浅黄色，有明显刺棱，淀粉质。

夏秋季单生或群生于针阔混交林中地上。有毒。

担子果（菌盖边缘具粗条棱）

菌褶直生

257 粉红菇
***Russula subdepallens* Peck**

菌盖扁半球形，后平展，直径5～10cm，中部下凹，表面粉红色，边缘有条纹。菌肉白色。菌褶直生，白色，等长，有横脉。菌柄近圆柱形，4～8cm×1～3cm，白色。

囊状体较多，长颈瓶形，粗5.5～9μm。担孢子近球形，7.5～10μm×6.5～9.5μm，无色，具小刺且相连。

夏秋季群生于针阔混交林中地上。可食用。外生菌根菌。

担子果（菌褶直生、等长）

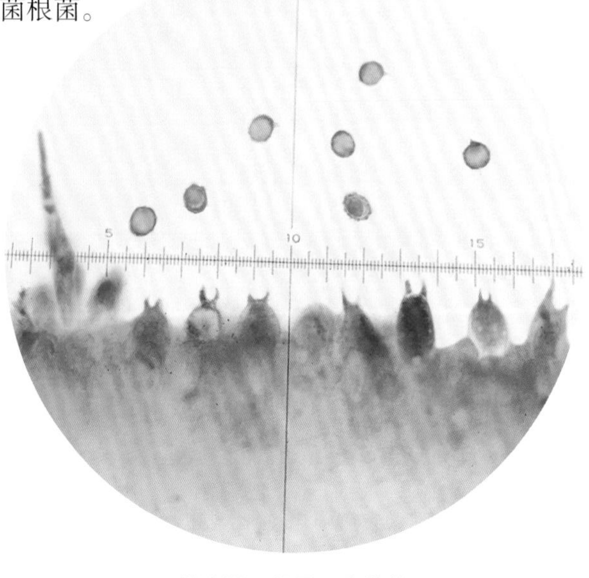

担孢子、担子、囊状体

258 茶褐红菇
***Russula sororia* Fr.**

担子果

菌盖边缘具棱纹

菌盖初扁半球形至凸镜状，后近平展，中部稍下凹，直径5～9cm，表面橄榄褐色、灰褐色至灰黑褐色，老后常褪色，边缘色浅，有小疣组成的棱纹。菌肉白色。菌褶离生，初白色后呈浅奶油色，常有浅褐色、浅红褐色斑点，稍稀疏，不等长，有横脉。菌柄圆柱形，3～6cm×1～2cm，初白色后呈浅灰褐色，被绒毛。

担孢子宽椭圆形至近球形，6.5～7.5μm×5.5～6.5μm，淡黄色，有小疣和小刺，淀粉质。

夏秋季散生或群生于阔叶林及针阔混交林中地上。可食用。外生菌根菌。

259 正红菇
***Russula vinosa* Lindblad**

幼担子果

成熟担子果（菌盖中部微凹）

菌盖平展，直径4～12cm，中央微凹，表面大红色，边缘薄。菌肉白色。菌褶直生，白色，密，不等长，有横脉。菌柄圆柱形或向下渐粗，4～10cm×1～2.5cm，白色至淡粉红色，光滑。

担孢子近球形，9.5～11.5μm×7.5～9.5μm，近无色，有刺状突。

夏秋季散生于云南松林、针阔混交林中地上。可食用，药用可治产妇贫血。

260 菱红菇
***Russula vesca* Fr.**

担子果（菌盖中部稍下凹）

褶缘具锈色斑

菌盖初近球形，后扁半球形，直径4～10cm，中部稍下凹，表面浅红褐色或菱红色，光滑或稍皱。菌肉白色至淡黄色。菌褶直生，初白色，后奶油色，密，不等长，基部常分叉，有横脉，褶缘常有锈色斑点。菌柄圆柱形，3～7cm×1～3cm，白色，基部可略变黄。

担孢子近球形，6.5～8.5μm×5～6.5μm，无色，表面有小疣。

夏秋季单生或散生于阔叶林中地上。可食用。外生菌根菌。

261 变绿红菇（俗名：青头菌）

Russula virescens **(Schaeff.) Fr.**

菌盖初为近球形至凸镜状，后渐平展，直径5～12cm，中部稍下凹，表面浅绿色、灰橄榄黄绿色至灰绿色，有锈褐色斑点，表皮常斑状龟裂，湿时稍黏，边缘老时有条纹。菌肉白色，厚。菌褶离生至直生，初白色，后奶油色，密，等长，有横脉，老后褶缘褐色。菌柄圆柱形，4～10cm×1～3cm，白色。

囊状体较多，瓶形、棒状，粗5～10μm。担孢子近球形、卵圆形，7～9μm×6～7.5μm，无色，有小疣，且相连成不完整的网纹，淀粉质。

夏秋季群生于阔叶林或针阔混交林中地上。食用菌。外生菌根菌。

担子果（菌盖表皮斑状龟裂）

菌盖边缘具条纹，菌褶直生、等长

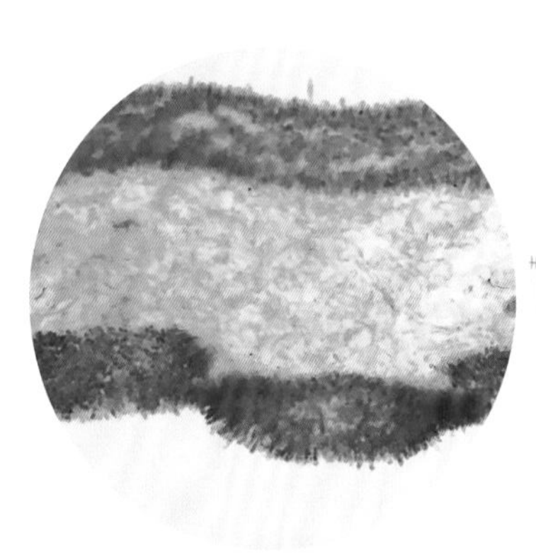

菌褶剖面

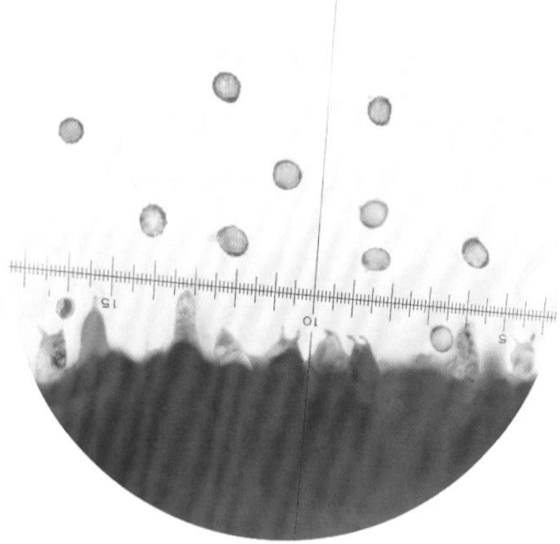

担孢子、担子、囊状体

球盖菇科 Strophariaceae

262 烟色垂幕菇（曾用名：烟色沿丝伞）

Hypholoma capnoides **(Fr.) P. Kumm.**

菌盖初半球形，后凸镜状至平展，直径2～4cm，表面红褐色、赭褐色或浅橙褐色，潮湿时近水渍状，边缘灰白色至灰黄色，有菌幕残片。菌肉白色至灰色。菌褶直生至弯生，白色至烟紫褐色。菌柄圆柱形，3～8cm×0.2～0.7cm，初时上部白色至黄白色，成熟后从基部向上逐渐变为棕褐色至锈褐色。

担孢子宽椭圆形，7～8μm×4.5～5μm，淡紫褐色或紫灰色，平滑。

夏秋季丛生或簇生于针叶林或针阔混交林中腐木上。

担子果

263 簇生垂幕菇 （曾用名：簇生沿丝伞）

***Hypholoma fasciculare* (Huds.) P. Kumm.**

担子果（杨祝良原照）

菌盖初为圆锥形至钟形，后近半球形至平展，直径0.5～4cm，表面红褐色，中央钝或稍尖，呈硫黄色，边缘初期硫黄色，干后暗红褐色，并有黄色丝膜状外菌幕残片，后消失。菌肉浅黄色至柠檬黄色。菌褶弯生，初硫黄色，后呈橄榄绿至紫褐色。菌柄圆柱形，1～5cm×0.1～0.4cm，硫黄色，向下渐变为暗红褐色，基部被黄色绒毛。菌环易脱落。

担孢子宽椭圆形，5.5～6.5μm×4～4.5μm，淡紫灰色，平滑。

夏秋季簇生或丛生于针阔叶混交林中腐木或倒木上或地下的腐木上。有毒。

264 毛柄库恩菇

***Kuehneromyces mutabilis* (Schaeff.) Singer & A.H. Sm.**

菌盖半球形或凸镜状，后渐平展，直径2～6cm，中部略凸起，表面黄褐色、茶褐色，中部红褐色，湿时稍黏，半透明状，光滑，边缘内卷、具条纹。菌肉白色至淡黄褐色。菌褶直生或稍延生，后呈锈褐色。菌柄中生，圆柱形，4～10cm×0.2～1cm，菌环以上近白色至黄褐色，被粉状物，菌环以下暗褐色，被灰白色至褐色鳞片。菌环上位，膜质。

担子果（菌盖边缘具条纹）

菌褶稍延生、菌柄下部被鳞片、菌环上位

担孢子宽椭圆形或卵圆形，5.5～7.5μm×3.5～4.5μm，淡锈色，平滑。

夏秋季丛生于阔叶树倒木或树桩上。慎食用。

265 金毛鳞伞

***Pholiota aurivella* (Batsch) P. Kumm.**

担子果（菌盖表面被同心环状鳞片）

菌褶直生、菌柄被鳞片

菌盖初扁半球形、凸镜状，后展开，直径5～15cm，中部凸起，表面金黄色至锈黄色，有呈同心环状排列的三角形鳞片，后期易脱落，湿时黏，干后有光泽，边缘内卷，有外菌幕残片。菌肉淡黄色至柠檬黄色。菌褶直生或延生，密，乳黄色、渐变黄锈色、褐色。菌柄圆柱形，6～12cm×0.6～1.5cm，上部黄色，下部锈褐色，被反卷鳞片，后期消失。菌环上位，丝膜状，易脱落。

担孢子宽椭圆形，7～10μm×4.5～6.5μm，锈褐色，平滑。

秋季群生于林中腐木上。可食用。木腐菌。

266 翘鳞伞

Pholiota squarrosa **(Vahl) P. Kumm.**

菌盖初为钟形至扁半球形，后平展，直径3～9cm，中部稍凸起，表面锈黄色至黄褐色，被反卷的红褐色毛状鳞片，边缘内卷，初期常挂有外菌幕残片。菌肉淡黄色。菌褶直生，淡黄色，渐变污黄色、青黄色，后呈污锈色或锈褐色，菌柄圆柱形，4～12cm×0.5～1.5cm，菌环以上黄色、光滑，菌环以下锈黄色，密被红褐色反卷绒毛状鳞片。菌环上位，纤维质，暗褐色，常开裂。

担孢子椭圆形，6～9μm×4～5μm，黄褐色，平滑。

夏秋季丛生于针叶树、阔叶树的倒木或树桩上。慎食用。木腐菌。

担子果（菌盖表面被反卷毛状鳞片）

菌褶直生、菌柄被反卷毛状鳞片

267 尖鳞伞

Pholiota squarrosoides **(Peck) Sacc.**

菌盖初扁半球形，后渐呈半球形或平展，直径3～8cm，中部稍凹，表面浅土黄色至黄褐色，湿时黏，被肉桂色、栗褐色直立的、角锥状鳞片，边缘下弯，留有外菌幕残片。菌肉白色稍带黄色，厚。菌褶直生，初淡黄色、后肉桂色，褶缘细锯齿状。菌柄常弯曲，5～12cm×0.5～1.2cm，菌环以上白色、近光滑，菌环以下被栗褐色或浅朽叶色棉绒状或颗粒状鳞片。菌环上位，淡褐色，膜质，易脱落。

担孢子宽椭圆形，4～5μm×2～3.5μm，黄褐色，平滑。

夏秋季散生或丛生于阔叶树腐木或木桩上。可食用。木腐菌。

担子果（菌盖表面被直立角锥状鳞片、边缘留有外菌幕残片）

菌柄被鳞片

268 皱环球盖菇

Stropharia rugosoannulata **Farl. ex Murrill**

菌盖幼时半球形、凸镜状，后扁半球形、扁平，直径5.5～8cm，表面深葡萄酒褐色，湿时稍黏，边缘光滑或被丛毛状鳞片，有较多外菌幕残片。菌肉白色，厚。菌褶直生，浅灰色至紫褐色，褶缘白色，锯齿状。菌柄圆柱形，6～12cm×0.9～2cm，白色至奶油色，基部近球根状。菌环双层，白色，易脱落。

担孢子近六角形，10～13μm×7.5～8.5μm，淡灰褐色，平滑。

夏秋季单生或群生于土表或枯枝落叶层中。可食用。已栽培。

担子果（菌环中位、双层）（杨祝良原照）

口蘑科 Tricholomataceae

269 棒柄杯伞

Ampulloclitocybe clavipes **(Pers.) Redhead, Lutzoni, Moncalvo & Vilgalys**

担子果漏斗形、菌盖表面被绒毛、菌褶延生

菌盖初扁平或稍下凹，后呈漏斗形，直径3.5～7cm，表面灰褐色或深褐色，光滑或被绒毛，边缘常内卷。菌肉白色，较厚。菌褶延生，乳白色或淡黄色，稍稀或较密，不等长。菌柄中生，圆柱形或近棒状，基部膨大，3～6.5cm×0.6～1.5cm，与菌盖同色或稍浅，有纤维状条纹。

担孢子近球形至椭圆形，6～9.5μm×4～5.5μm，无色，平滑。

夏秋季单生或群生于林中地上或枯枝落叶层。微毒。

270 黄褐色孢菇

Callistosporium luteo-olivaceum **(Berk. & M.A. Curtis) Singer**

担子果

菌盖平展或脐状，直径1.5～3cm，表面橄榄棕色、橄榄黄色至暗土黄色，老后或干时暗黄棕色至深红棕色，遇KOH呈紫红色，具秕糠状纹或光滑。菌肉薄，污白色。菌褶直生，黄色或金黄色，干时暗红色至紫红色，密。菌柄圆柱形或稍呈棒状，2～5cm×0.5～0.8cm，肉桂色、黄棕色，老后或干时暗棕色、红棕色，有时具沟纹，纤维质。

担孢子宽椭圆形，5～6μm×3～3.5μm，无色，平滑，非淀粉质。

生于针叶林中腐木上。

271 尖帽风铃菌（曾用名：挂钟菌）

Calyptella capula **(Holmsk.) Quél.**

担子果倒挂杯状、吊钟形或尖帽形，高0.3～1.5cm，口宽0.2～1cm，白色至乳白色，膜质，内外壁光滑。菌肉极薄。菌柄短，2.5mm×0.5mm，背生，白色。

担孢子宽椭圆形，5～6μm×3～4μm，无色，平滑。

夏秋季群生于植物腐朽茎秆上。

担子果倒挂杯状、内外壁光滑、具短柄

272 梭柄松苞菇 （俗名：老人头）

***Catathelasma ventricosum* (Peck) Singer**

菌盖半球形，后扁平，直径8～15cm，表面白色、污白色、淡褐色，光滑，成熟后有时开裂，边缘内卷。菌肉白色，肥厚。菌褶延生，白色，密，不等长。菌柄近梭形，向下渐细，8～15cm×2.5～5cm，污白色至淡黄褐色。菌环上位，膜质，厚。

担孢子长椭圆形至圆柱形，9～12μm×4～4.5μm，无色，平滑，淀粉质。

夏秋季单生于针叶林或针阔混交林中地上。可食用。

担子果（菌盖边缘内卷）

菌褶延生、不等长，菌柄近梭形，菌环上位

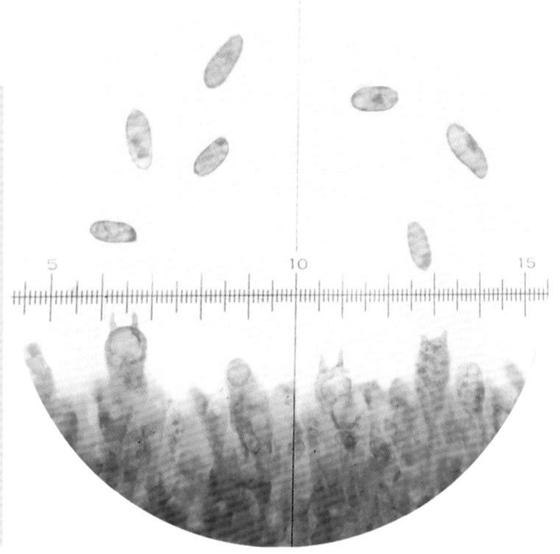

担孢子、担子

273 白霜杯伞

***Clitocybe dealbata* (Sowerby) P. Kumm.**

菌盖初半球形，后中部下凹呈漏斗形，直径3～4cm，表面白色、浅黄褐色，边缘内卷或波状。菌肉白色。菌褶延生，白色，较密。菌柄近圆柱形，2～4cm×0.5～1cm，白色，基部稍膨大。

担孢子近椭圆形、卵圆形，5～6μm×3.5～4μm，无色，平滑。

夏秋季群生于林中地上。

担子果（菌盖漏斗形）

菌褶延生、较密

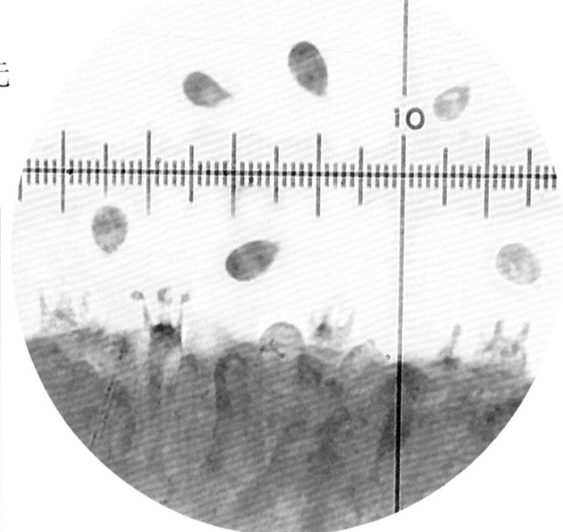

担孢子、担子、子实层

274 白香杯伞
Clitocybe fasciculata H.E. Bigelow & A.H. Sm.

担子果

菌褶稍下延

菌盖凸镜形，后近平展，直径3～8cm，表面白色，边缘近波状。菌肉白色。菌褶直生或稍下延，后期离生，白色至浅粉色，密。菌柄圆柱形，2～5cm×0.8～1cm，向基部渐膨大。

担孢子卵圆形至宽椭圆形，5.5～6.5μm×3.5～4.5μm，无色，具小疣。

夏秋季群生或丛生于阔叶林或针阔混交林中地上。可食用。

275 漏斗杯伞
Clitocybe infundibuliformis (Schaeff.) Quél.

菌盖漏斗状，直径4～10cm，表面浅黄褐色、肉色，被丝状绒毛，后变光滑。菌肉白色，薄。菌褶延生，白色，稍密，不等长。菌柄圆柱形，4～8cm×0.5～1.2cm，白色至浅黄褐色，光滑，基部膨大且被白色绒毛。

担孢子卵圆形，5.5～7.5μm×3～4.5μm，无色，平滑。

秋季散生或群生于阔叶林或针阔混交林中地上或腐枝落叶层上。

担子果漏斗形，菌褶延生、不等长

276 白杯伞
Clitocybe phyllophila (Pers.) P. Kumm.

担子果浅杯状、漏斗形

菌盖表面被绒毛、菌褶延生

菌盖初为扁球形，后呈浅杯状或漏斗形，直径4.5～11cm，表面白色，被白色绒毛，边缘光滑。菌肉白色。菌褶延生，白色，稍密，不等长，褶缘近平滑。菌柄中生，圆柱形，4～9cm×0.5～1.2cm，微弯曲，白色，被纤细绒毛。

担孢子椭圆形、柠檬形，4.5～7μm×3～4μm，平滑，无色。

群生于阔叶林中地上。有毒。

277 赭杯伞

***Clitocybe sinopica* (Fr.) P.Kumm.** ［现名：*Bonomyces sinopicus* (Fr.) Vizzini］

菌盖初为扁球形，后呈漏斗状，直径4～11cm，表面棕红色至赭色，被白色纤细绒毛，边缘光滑。菌肉白色。菌褶延生，初白色，后渐变淡黄色，密，不等长。菌柄圆柱形，4～9cm×0.5～1cm，与盖同色。

担孢子宽椭圆形至近卵圆形，8～9.5μm×5～6.5μm，无色，平滑。

夏秋季单生或群生于阔叶林中地上。可食用。

担子果（菌盖漏斗形）

菌褶延生、密

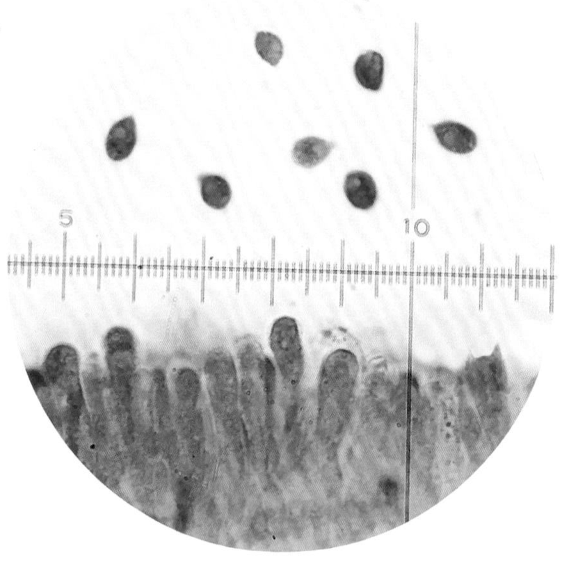

担孢子、担子、子实层

278 堆金钱菌

***Collybia acervata* (Fr.) P. Kumm.**

［现名：*Connopus acervatus* (Fr.) K.W. Hughes, Mather & R.H. Petersen］

菌盖幼时凸镜状，成熟后渐平展，直径0.5～3cm，表面红棕色至紫褐色，后颜色变浅，光滑，边缘渐上翘，水浸状，具条纹。菌肉与菌盖同色或稍浅。菌褶近离生，密，浅黄色至浅褐色。菌柄中生，圆柱形，4～10cm×2～3cm，微弯曲，紫褐色。

担孢子泪滴状至椭圆形，5～6μm×2～2.5μm，无色，平滑。

夏秋季簇生在针叶林和针阔混交林中地上或腐木上。可食用。

担子果

菌盖边缘具条纹

279 安络裸脚伞 （原名：安络小皮伞）

Gymnopus androsaceus (L.) Della Magg. & Trassin.

［原名：*Marasmius androsaceus* (L.) Fr.］

菌盖半球形、凸镜状至平展，直径0.5～1.5cm，中部稍下凹呈脐状，表面浅褐色、黄褐色、灰褐色至暗褐色，有放射状沟纹或平滑。菌肉薄，奶油色。菌褶直生，污白色至浅黄褐色，后期变暗。菌柄圆柱形，2.5～6.5cm×0.3～1cm，黑褐色或稍浅，上部浅红褐色，下部近黑色，光滑，有时基部被浅黄色绒毛。

担孢子椭圆形，5～8.5μm×3～4.5μm，平滑。

夏秋季群生于较阴暗潮湿环境的枯枝落叶层上。可药用。

担子果（菌盖表面具放射状沟纹、中部脐凹，柄纤细）

280 群生裸脚伞 （曾用名：绒柄裸脚伞）

Gymnopus confluens (Pers.) Antonín, Halling & Noordel.

菌盖钟形至凸镜状，后渐平展，直径1.5～4cm，中部微凸起，表面淡褐色至淡红褐色，光滑，有放射状条纹。菌肉淡褐色，较薄。菌褶弯生至离生，浅灰褐色，密，褶缘白色。菌柄中生，圆柱形，4～8.5cm×0.3～0.6cm，淡红褐色，光滑，或有沟纹，向基部颜色渐深，被白色绒毛。

担孢子宽椭圆形，6～8.5μm×3～4.5μm，无色，平滑，非淀粉质。

夏秋季群生或近丛生于林中腐枝或落叶层上。可食用。

担子果（菌盖表面具条纹）

菌褶离生、菌柄被绒毛

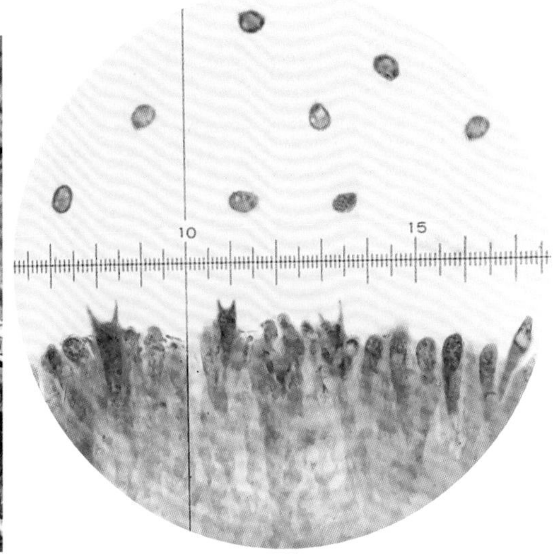

担孢子、担子、囊状体、子实层

281 栎裸脚伞 （曾用名：栎金钱菌）

Gymnopus dryophilus **(Bull.) Murrill**

菌盖初凸镜状，后平展，直径2～7cm，表面浅黄色、赭黄色至浅棕色，中部颜色较深，光滑，边缘平整至近波状。菌肉白色。菌褶近离生，稍密，污白色至浅黄色，褶缘平滑。菌柄圆柱形，3～7cm×0.3～0.5cm，黄褐色，脆。

担孢子椭圆形，4.5～6.5μm×2.5～3.5μm，无色，平滑，非淀粉质。

夏秋季簇生于林中地上。可食用。

担子果

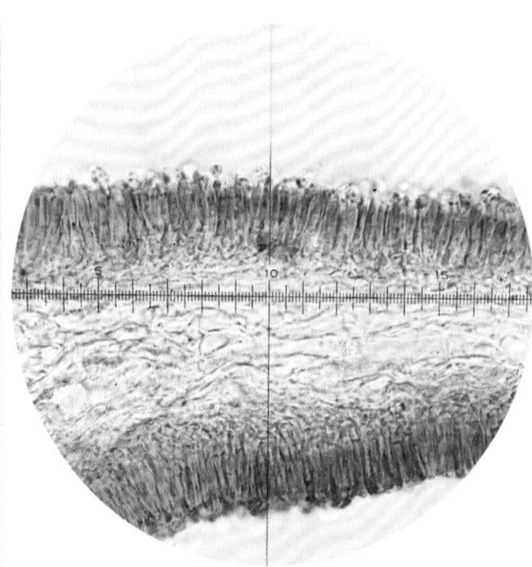

菌褶剖面（子实层、菌髓）

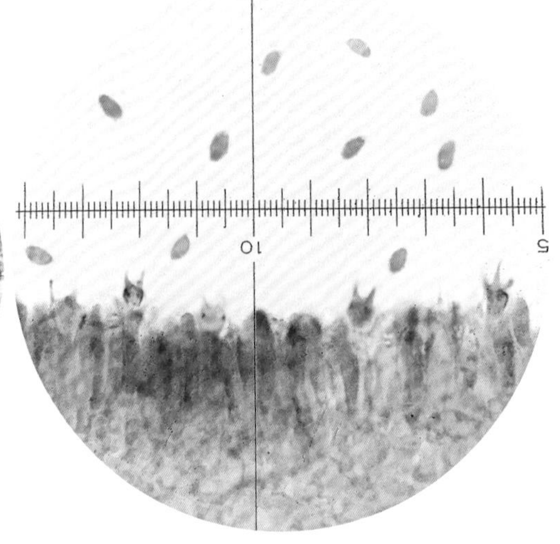

担孢子、担子、子实层

282 狭褶裸脚伞

Gymnopus stenophyllus **(Mont.) J.L. Mata & R.H. Petersen**

［现名：*Collybiopsis stenophylla* (Mont.) R.H. Petersen］

菌盖半球形至平展，直径0.5～1.2cm，中央稍凹，表面白色，有放射状沟纹，被短绒毛。菌肉白色，极薄。菌褶直生至延生，白色，稀。菌柄圆柱形，5～15mm×1～1.5mm，白色，成熟后从基部渐变淡肉桂褐色，被绒毛。

担孢子梨核形，6～8μm×3～3.5μm，无色，平滑。

夏秋季丛生或群生于阔叶林或针叶林中腐木或枯枝上。

担子果（菌盖表面具沟纹）

283 舟湿伞（曾用名：鸡油湿伞）

***Hygrocybe cantharellus* (Schwein.) Murrill**

菌盖初钝圆锥形、凸镜状，后中部下凹呈漏斗形，直径2～4cm，表面幼时红棕色至橙红色，老后变淡，被微细鳞片。菌肉薄，污白色至橙黄色。菌褶延生，橙色、黄色，稍稀，不等长。菌柄圆柱形，4～7cm×0.3～0.5cm，中上部橙黄色，基部白色，表面光滑。

担孢子椭圆形，7.5～11μm×5～6.5μm，无色，平滑。

夏秋季群生或散生于云杉、冷杉林中地上。可食用。外生菌根菌。

担子果（菌柄细长）

菌褶延生、稍稀、不等长

284 绯红湿伞

***Hygrocybe coccinea* (Schaeff.) P. Kumm.**

菌盖初近半球形，后扁平，直径2～5cm，中间微凸起，表面鲜红色至橘红色，光滑，湿时黏，干后边缘有细条纹。菌肉红色、橘红色、淡红色。菌褶直生至稍弯生，橙黄色或橙红色，稍稀，不等长。菌柄圆柱形，4～8cm×0.5～1cm，橙红色，稍弯曲，光滑或有纤毛状条纹。

担孢子椭圆形，7.5～10.5μm×4～5.5μm，无色，平滑。

夏秋季群生于阔叶林或针阔混交林中地上。可食用。

担子果

菌褶稀、不等长

285 锥形湿伞
Hygrocybe conica **(Schaeff.) P. Kumm.**

菌盖初圆锥形、斗笠形，后渐平展，直径2～6cm，表面橙黄色至红棕色，受伤迅速变黑，被纤毛状绒毛，边缘成熟后可变橄榄灰色至黑色，常开裂。菌肉初浅红棕色，渐变灰黑色，受伤变黑。菌褶离生，浅黄色，稍稀疏，老后变黑。菌柄圆柱形，4～12cm×0.5～1.5cm，中上部暗红色、橙黄色，基部白色，老后变黑。

担孢子椭圆形，10～12μm×5.5～8μm，无色，平滑。

夏秋季散生或群生于阔叶林或针阔混交林中地上。有毒。

担子果（菌盖圆锥形）

菌盖受伤变黑

286 浅黄褐湿伞
Hygrocybe flavescens **(Kauffman) Singer**

菌盖初为扁半球形，后近平展，直径2～5cm，中部稍下凹，边缘内卷，表面橙黄色、黄色，湿时黏，具放射状条纹。菌肉浅黄色。菌褶直生、稍延生，黄色，稍密，不等长。菌柄近圆柱形，3～6cm×0.5～1cm，黄色。

担孢子宽椭圆形，6～9μm×4～5μm，无色，平滑。

秋季群生于混交林中地上。

担子果

菌盖表面具放射状条纹，菌褶延生、不等长

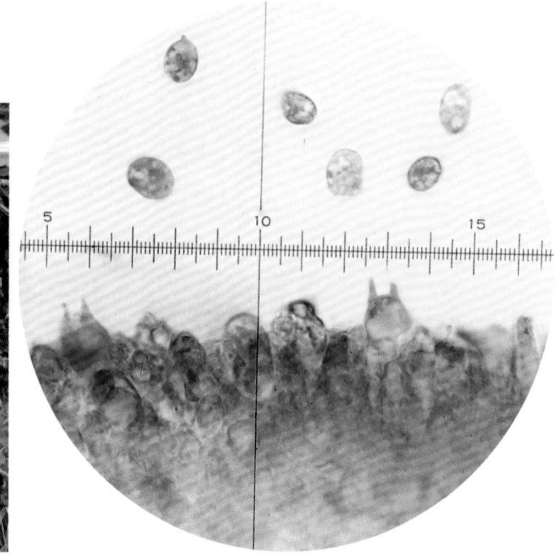

担孢子、担子

287 小红湿伞

***Hygrocybe miniata* (Fr.) P. Kumm.**

菌盖初扁半球形至钝圆锥形，后渐平展，中部稍凸起，直径1～4cm，表面红棕色，近光滑或被微细鳞片。菌肉淡黄色。菌褶近延生，浅黄色，稀，较厚，蜡质。菌柄圆柱形，有时弯曲，3～6cm×0.3～0.5cm，橙色、红棕色，光滑。

担孢子椭圆形，7.5～11μm×5～6μm，无色，平滑。

夏秋季散生或群生于阔叶林中地上。可食用。

担子果（菌盖表面被微细鳞片）

菌褶延生、不等长

288 条缘橙湿伞

***Hygrocybe mucronella* (Fr.) P. Karst.**

担子果（菌盖边缘具条纹）

菌褶稀疏、不等长

菌盖平展，中央微凸起，直径2～4cm，表面鲜红色至橙红色，光滑，湿时黏，边缘具条纹。菌肉淡橙红色，薄。菌褶直生至稍弯生，橙黄色，稀疏，不等长。菌柄圆柱形，3～7cm×0.2～0.5cm，橙红色，稍弯曲，光滑，或有长条纹。

担孢子宽椭圆形至卵圆形，6.5～8.5μm×3.5～5.5μm，无色，平滑。

夏秋季单生或群生于林中苔藓间。有毒。

289 变黑湿伞

Hygrocybe nigrescens **(Quél.) Kühner**

菌盖初圆锥形，后呈斗笠形，直径2～6cm，表面橙红色、橙黄色或鲜红色，有暗色条纹，边缘常开裂。菌肉浅黄色。菌褶近延生，浅黄色，稀。菌柄圆柱形，4～12cm×0.5～1.2cm，橙色，有纵条纹。菌盖、菌肉、菌褶、菌柄受伤均变为黑色。

担孢子宽椭圆形，10～12μm×7.5～8.5μm，近无色至淡黄色，平滑。

夏秋季散生或群生于针叶林或阔叶林中地上。有毒。

担子果（菌盖受伤变黑）

菌柄具纵条纹

290 青绿湿伞

Hygrocybe psittacina **(Schaeff.) P. Kumm.**

菌盖初斗笠形，后渐平展，直径1～3.5cm，表面初为绿色、黏，后期黄色、橙黄色，具条纹。菌肉带黄色。菌褶直生，初绿色，后褪为橙黄色，稍稀，不等长。菌柄圆柱形，长1.5～5cm，粗1～5mm，初黄绿色，后变黄色。

担孢子椭圆形，7～9μm×4～5μm，无色，平滑。

夏秋季生于针阔混交林中地上。可食用。

菌褶稀、不等长

担子果（菌盖边缘具条纹）

291 金黄拟蜡伞

Hygrophoropsis aurantiaca (Wulfen) Maire

菌盖扁平，直径2～7cm，橘黄色至黄褐色，中部色较深，被同色绒毛状鳞片。菌肉淡黄色。菌褶延生，密集，分叉，有横脉，橘黄色至橘红色。菌柄圆柱形，3～6cm×0.3～0.8cm，黄褐色。

担孢子椭圆形，6～8μm×4～5.5μm，无色至带黄色，平滑。

夏秋季生于林中地上。

担子果（菌褶延生、密、分叉）

292 褐盖蜡伞

Hygrophorus camarophyllus (Alb. & Schwein.) Dumée, Grandjean & Maire

菌盖平展，中央凸起，直径5～10cm，表面灰黑色，被丝状鳞片，边缘薄，稍内卷。菌肉白色。菌褶延生，淡红色，稀疏，不等长，有横脉。菌柄圆柱形，5～10cm×1～1.5cm，上部被粉粒，基部被白色绒毛。

担孢子椭圆形、宽椭圆形，7～9μm×4～6μm，无色，平滑。

夏秋季散生或群生于针阔混交林下。

担子果

菌褶稀疏、不等长

293 粉红蜡伞

Hygrophorus pudorinus (Fr.) Fr.

菌盖初扁半球形，后渐平展，直径5～13cm，表面初为淡黄色，渐变为肉粉色至肉红色，中部色深，被白色纤毛，湿时稍黏。菌肉白色，厚，有松香气味。菌褶直生至稍延生，白色，渐变为淡肉粉色，稀，不等长，有横脉。菌柄圆柱形，5～12cm×2～3cm，上下近等粗或基部渐细，与菌盖同色，上部有白色绒毛状鳞片或絮状颗粒，下部被纤毛。

担孢子椭圆形，8.5～11μm×5.5～6μm，无色，平滑。

夏秋季群生于针阔混交林中地上。可食用。

担子果（菌盖表面稍黏、菌柄被绒毛状鳞片）

294 白蜡伞

Hygrophorus eburneus **(Bull.) Fr.**

菌盖扁半球形至平展，直径2～8cm，表面白色，有时带粉红色，光滑，湿时很黏。菌肉白色。菌褶延生，白色，蜡质，稀疏，不等长。菌柄圆柱形，5～12cm×0.5～1.5cm，白色，光滑，顶部有白色鳞片。

担孢子椭圆形，6～10μm×3～5μm，无色，平滑。

夏秋季散生、群生或丛生于阔叶林或针阔混交林中枯枝落叶层上、地上。外生菌根菌。

担子果（菌盖表面湿时黏）

菌褶稀疏、不等长

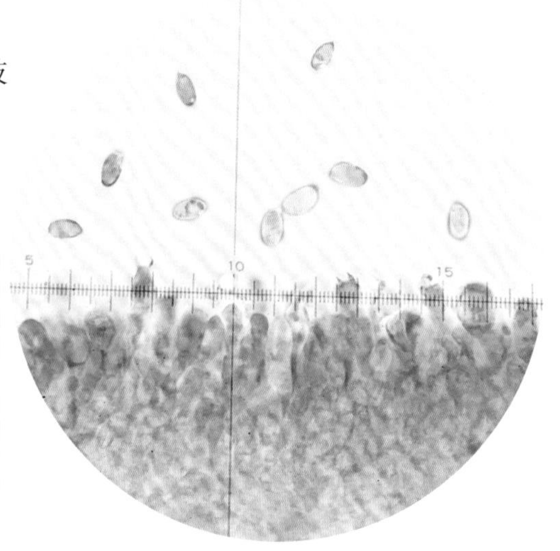

担孢子、担子

295 红菇蜡伞

Hygrophorus russula **(Schaeff. ex Fr.) Kauffman**

菌盖初凸镜状，后渐平展，直径6～15cm，有时中部下凹，表面浅红色、浅粉色，光滑，湿时黏，有时被细小鳞片，具条纹和斑点。菌肉白色至粉色，厚。菌褶直生至延生，密，不等长，分叉，初白色，后有浅红色斑点，蜡质。菌柄圆柱形，4～10cm×1.2～3.5cm，初白色，后与菌盖近同色，有细条纹，被鳞片，上部被粉状物。

担孢子椭圆形，5.5～8μm×3.5～4.5μm，近无色，平滑。

夏秋季群生于针阔混交林中地上。可食用。外生菌根菌。

担子果（菌盖表面被细小鳞片）

菌褶稍延生、密、不等长，菌柄被鳞片

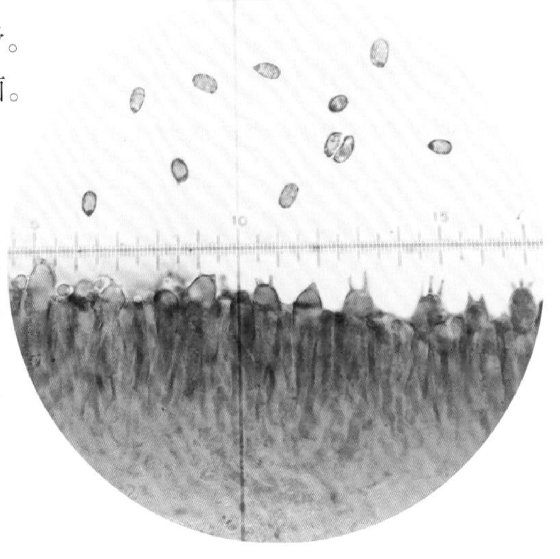

担孢子、担子、囊状体、子实层

296 单色蜡伞

***Hygrophorus unicolor* Gröger**

菌盖半球形至平展，直径2.5～5cm，表面中部呈浅褐色，向边缘呈浅粉黄色，光滑。菌肉白色。菌褶直生至延生，浅肉色，蜡质，稀疏，不等长。菌柄圆柱形，稍弯曲，5～8cm×0.5～1cm，污白色，被小纤毛。

担孢子椭圆形，7.5～10μm×4.5～5.5μm，无色，平滑。

夏秋季单生至群生于阔叶林中地上。

担子果

菌褶直生、稀疏、不等长

297 斑玉蕈

***Hypsizygus marmoreus* (Peck) H.E. Bigelow**

菌盖幼时扁半球形，后稍平展，中部稍凸起，直径2～5cm，表面新鲜时污白色、黄色，光滑，水浸状，中央有浅褐色隐生斑纹，干后呈灰褐色。菌肉白色，稍厚。菌褶近直生，污白色，干后浅黄褐色，密或稍稀。菌柄圆柱形，3～11cm×0.5～1cm，白色，光滑，或有纵条纹。往往丛生而基部相连。

担孢子宽椭圆形或近球形，4～5.5μm×3.5～4.5μm，无色，平滑。

夏秋季丛生于阔叶树枯木及倒腐木上。可食用。已人工栽培。

担子果（菌盖表面具隐生斑纹）（杨祝良原照）

298 肉色香蘑

***Lepista irina* (Fr.) H.E. Bigelow**

菌盖扁半球形至平展，直径4～13cm，中央稍凸起，表面白色、奶油色或浅肉色，中央淡黄色至淡褐色，光滑，边缘内卷。菌肉厚，污白色至肉色。菌褶直生或稍弯生，白色、污白色至肉色，较密，不等长。菌柄圆柱形，5～12cm×1～2cm，污白色至肉粉色，有纵向沟纹、被鳞片。

担子果（菌盖中央稍凸起）（杨祝良原照）

担孢子椭圆形，7.5～9.5μm×4～5.5μm，无色，近平滑或有小疣。

夏秋华生于针叶林、阔叶林或针阔混交林中地上。可食用。

299 紫丁香蘑

***Lepista nuda* (Bull.) Cooke**

菌盖扁半球形至平展，直径3～12cm，有时中央下凹，表面蓝紫色、丁香紫色至褐紫色，光滑，边缘内卷。菌肉淡紫色，干后白色，较厚。菌褶直生至稍延生，蓝紫色，密，不等长。菌柄圆柱形，4～8cm×0.7～2cm，基部稍膨大，蓝紫色，光滑，或有纵条纹。

担孢子椭圆形，5～8μm×3～5μm，无色，近平滑或有小麻点。

秋季群生、近丛生或散生于针阔混交林中地上。可食用。外生菌根菌。

担子果（菌盖半球形、表面光滑）

菌褶直生、密、不等长，菌柄基部膨大

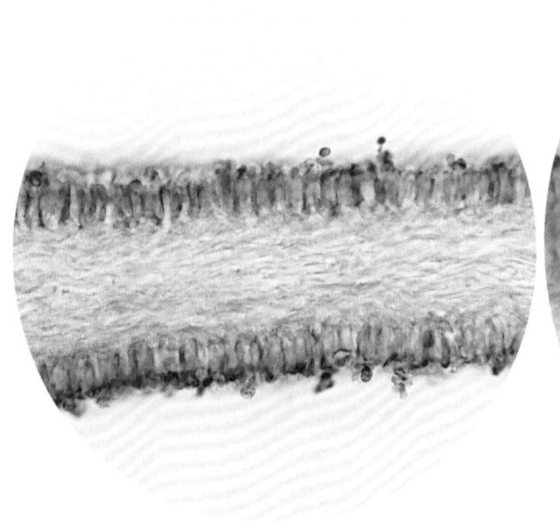

菌褶剖面（子实层、菌髓）

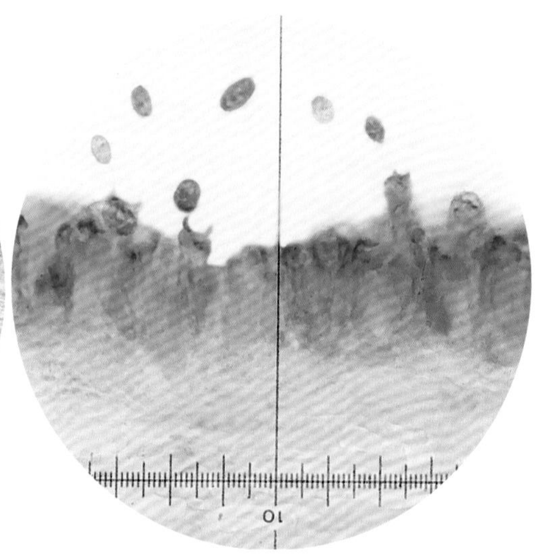

担孢子、担子

300 花脸香蘑

***Lepista sordida* (Schumach.) Singer**

菌盖幼时半球形，后平展，直径4～8cm，中部下凹，新鲜时紫罗兰色，干后颜色变淡呈黄褐色，湿时半透明或水浸状，边缘内卷，具不明显条纹。菌肉淡紫罗兰色，较薄，水浸状。菌褶直生、稍弯生或稍延生，淡紫色，密。菌柄圆柱形，4～6.5cm×0.3～1.2cm，紫罗兰色，基部常弯曲。

担孢子椭圆形至卵圆形，7～9.5μm×4～5.5μm，无色，粗糙、有麻点。

夏季群生于田野路边或草地上。可食用。

担子果

菌褶直生、密

301 地衣亚脐菇

Lichenomphalia hudsoniana (H.S. Jenn.) Redhead, Lutzoni, Moncalvo & Vilgalys

菌盖扁半球形至平展，中央下凹，直径1～3cm，表面淡黄色至奶油色，光滑，边缘有放射状沟纹。菌肉近白色至淡黄色，薄。菌褶直生，奶油色至淡黄色，较稀。菌柄较细，3～5cm×0.3～0.5cm，白色至污白色。

担孢子椭圆形，7～8.5μm×3.5～4.5μm，无色，平滑。

夏秋季生于亚高山林中地上。与藻类共生并形成叶状体和担子果。

担子果与藻类共生形成地衣

菌盖边缘有放射状沟纹

302 荷叶离褶伞 （俗名：一窝鸡）

Lyophyllum decastes (Fr.) Singer

幼担子果丛生

菌褶稍延生、稍密、不等长

菌盖扁半球形至平展，中部下凹，直径5～16cm，表面灰白色至灰黄色，光滑，成熟后边缘呈不规则波状瓣裂。菌肉白色，较厚。菌褶直生至延生，稍密，不等长，白色。菌柄近圆柱形，3～8cm×0.6～1.8cm，白色、灰白色，光滑。

担孢子宽椭圆形至近球形，5～7μm×4.5～6μm，无色，平滑。

夏秋季丛生于阔叶林缘腐枝落叶层。可食用。

303 烟色离褶伞 （俗名：一窝鸡）

Lyophyllum fumosum (Pers.) P.D. Orton

菌盖扁半球形至平展，直径3～8cm，表面灰色、灰褐色，光滑。菌肉白色，稍厚。菌褶直生、弯生或延生，白色、污白色，密。菌柄圆柱形，3～9cm×0.5～1.5cm，灰白色，光滑，可多个柄聚生而形成块状基部。

担孢子宽卵圆形至近球形，5～7.5μm×3～4.5μm，无色，平滑。

夏秋季丛生于阔叶林或针阔混交林中地上。可食用。外生菌根菌。

担子果（柄聚生）

304 玉蕈离褶伞 （曾用名：真姬离褶伞；俗名：北风菌）

***Lyophyllum shimeji* (Kawam.) Hongo**

菌盖扁半球形至扁平，直径2～8cm，表面浅灰褐色，光滑。菌肉白色。菌褶直生至延生，密，白色、污白色。菌柄圆柱形，3～8cm×0.5～1.5cm，污白色至乳白色，幼时粗壮，稍弯曲。

担孢子近球形、球形，3.5～5.5μm，无色，平滑。

夏秋季群生于林中地上。可食用。

担子果

菌褶稍延生、密、不等长

担孢子、担子

305 粪生斑褶菇

***Panaeolus fimicola* (Pers.) Gillet**

菌盖初为钟形、半球形，直径1.5～4cm，表面灰白色、灰褐色，中部黄褐色，光滑，边缘色稍浅，早期有外菌幕残片。菌肉污白色，极薄。菌褶直生，灰褐色，有花斑，后变黑色，稍稀，不等长，褶缘白色。菌柄圆柱形，3～10cm×0.2～0.3cm，褐色，被粉状物。

担孢子柠檬形，12～15μm×8.5～11μm，暗褐色，平滑。

夏秋季单生或群生于阔叶林林缘地上、草地上或粪堆上。有毒。

担子果（菌盖钟形、菌褶具花斑、菌柄被粉状物）

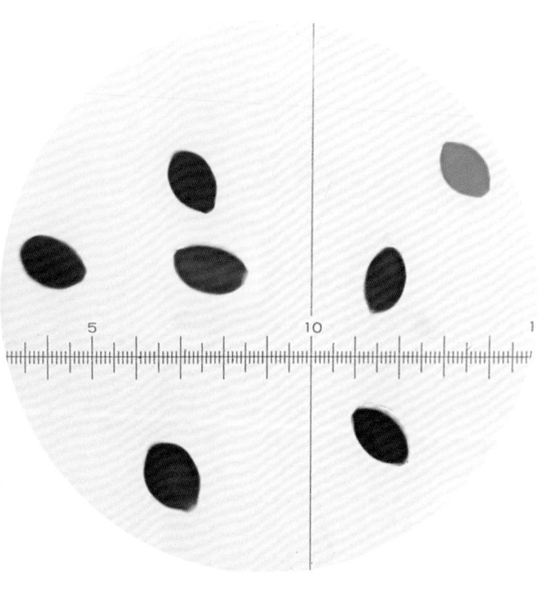

担孢子

306 大孢斑褶菇 （曾用名：大孢花褶伞）

***Panaeolus papilionaceus* (Bull.) Quél.**

菌盖半球形、近钟形，直径2～5cm，表面湿时灰白色，顶部红褐色，干后赭黄色，中部被鳞片，边缘色浅，有时有外菌幕残片。菌肉污白色。菌褶弯生，灰黑色，有花斑，稍密，不等长，褶缘色浅。菌柄圆柱形，6～16cm×0.2～0.5cm，污白色至灰褐色。菌环上位或中位，易脱落。

担孢子近椭圆形、柠檬形，17～22μm×8～12μm，暗褐色，平滑，有芽孔。

夏秋季单生或群生于阔叶林林缘地上、草地上或粪堆上。有毒。

担子果（菌盖钟形、菌褶具花斑）

菌褶稍密、不等长，菌环中位

307 半卵形斑褶菇

***Panaeolus semiovatus* (Sowerby) S. Lundell & Nannf.**

菌盖钟形，直径2～5cm，表面污白色至米黄色，光滑，或有皱纹，湿时黏。菌肉污白色至淡灰黄色。菌褶直生，灰褐色，有深色斑纹，稍稀，不等长。菌柄圆柱形，7～12cm×0.3～0.6cm，与菌盖同色。菌环上位至中位，易脱落。

囊状体瓶形，顶端尖细或呈乳突状，粗13～15μm。担孢子椭圆形，17～20μm×9.5～12μm，暗褐色，平滑，有芽孔。

夏秋季生于粪上。有毒。

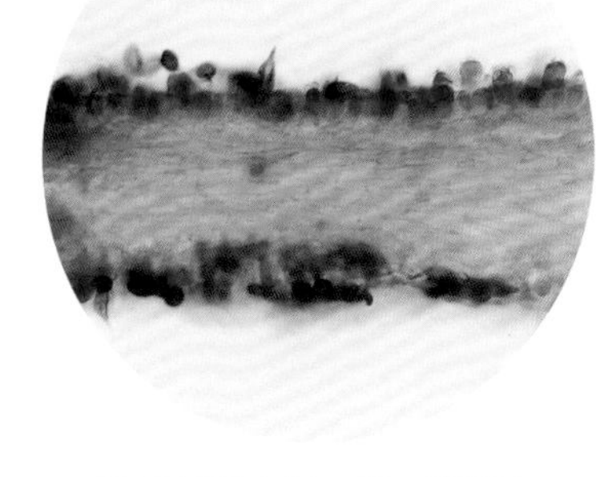

菌褶剖面（子实层、菌髓）

担子果（菌盖钟形、表面具皱纹，菌环中位）

菌盖湿时黏、菌环上位

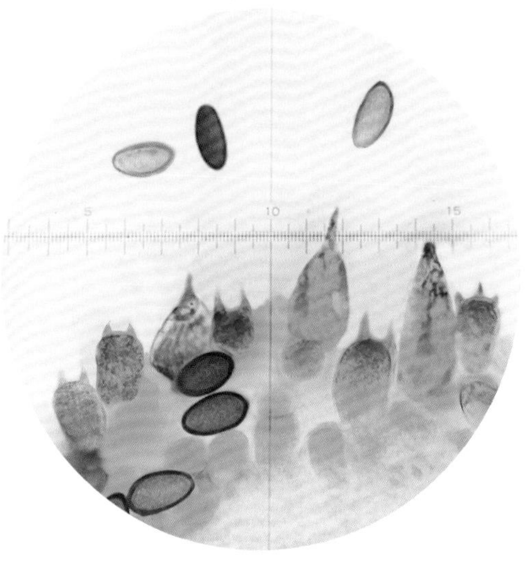

担子、担孢子、囊状体

308 小扇菇（曾用名：小网孔菌）

Panellus pusillus **(Pers. ex Lév.) Burds. & O.K. Mill.**

［曾用名：*Dictyopanus pusillus* (Pers. ex Lév.) Singer］

担子果一年生，具侧生短柄，革质。菌盖半圆形、圆形，长约3mm，宽2mm，中部厚不及0.5mm，表面新鲜时白色至奶油色，干后浅黄色，光滑，有细粉粒。菌肉白色或浅黄色，极薄。菌管长仅0.1mm，管孔面新鲜时乳白色至奶油色，干后奶油色至浅黄色，孔口近圆形、多角形，3～5个/mm，胶质。

担孢子宽椭圆形，5～7μm×4～5μm，无色，薄壁，平滑，淀粉质，不嗜蓝。

夏秋季群生于阔叶树枯枝或腐木桩上，造成木材白色腐朽。

担子果，管孔面

309 鳞皮扇菇

Panellus stipticus **(Bull.) P. Karst.**

担子果幼时肉质，老后革质。菌盖扇形，直径1～3cm，表面浅土黄色至黄褐色、褐色，被细绒毛，成熟后有时褪至污白色，有褶皱、龟裂纹或被麸状小鳞片，边缘有时撕裂或呈波状。菌肉白色、淡黄色或稍褐色，很薄，辛辣。菌褶直生，白色至淡黄棕色，密，分叉，有横脉。菌柄侧生，短，淡肉桂色。

担孢子椭圆形，4～6μm×2～2.5μm，无色，平滑，淀粉质。

夏秋季群生于阔叶树树桩、树干或枯枝上。有毒，但可药用。木腐菌。

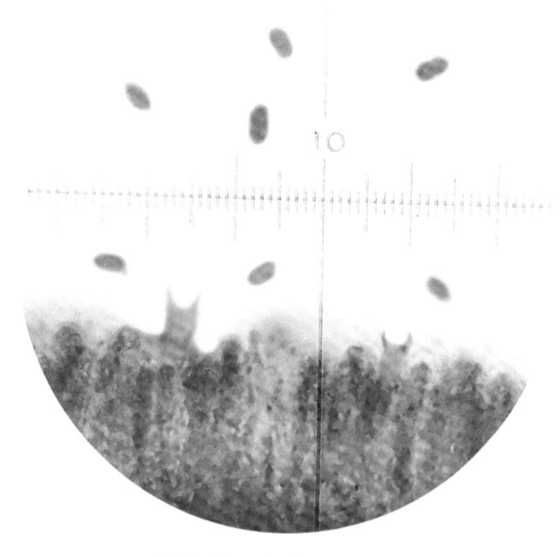

担孢子、担子、子实层

担子果（菌盖表面龟裂、有褶皱、被小鳞片）

菌褶直生、密、分叉

菌盖剖面

310 灰假杯伞

Pseudoclitocybe cyathiformis **(Bull.) Singer**

菌盖杯状、浅漏斗形，直径3～8cm，表面灰色至棕灰色。菌肉灰白色，薄。菌褶延生，灰白色、灰色，稀疏，不等长。菌柄圆柱形，4～8cm×0.4～0.8cm，灰白色，光滑，基部被白色绒毛。

担孢子宽椭圆形，6.5～11μm×5.5～7μm，无色，平滑。

夏秋季散生或群生于阔叶林或针阔混交林中地上、倒腐木上。

担子果（菌盖浅漏斗形）

菌褶延生、稀疏、不等长

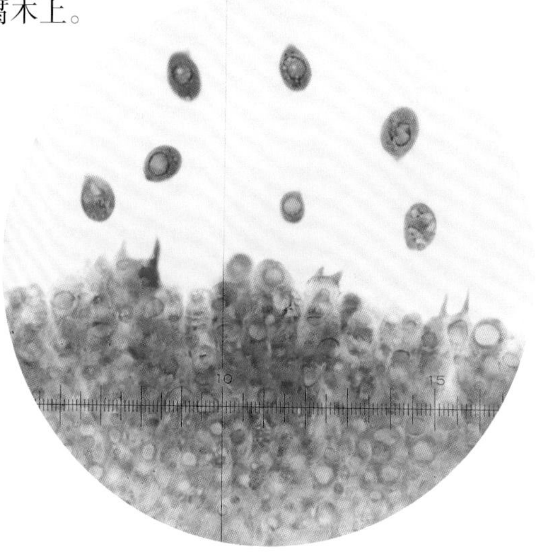

担孢子、担子、子实层

311 美味元蘑 （曾用名：美味扇菇）

Sarcomyxa edulis **(Y.C. Dai, Niemelä & G.F. Qin) T. Saito, Tonouchi & T. Harada**

（曾用名：*Panellus edulis* Y.C. Dai, Niemelä & G.F. Qin）

菌盖半球形、扇形，宽可达20cm，表面黄色、黄绿色带褐色或紫色调，湿时黏，被短绒毛，有时近光滑。菌肉白色，厚。菌褶延生，白色至淡黄色，薄，密。菌柄侧生，短粗，1～2cm×1.5～3cm，淡黄色或黄绿色，被刺状毛或鳞片。

担孢子腊肠形，4.5～5.5μm×1～1.5μm，无色，平滑。

夏秋季生于枯立木或倒腐木上。可食用。

担子果

菌褶延生

312 白漏斗囊皮杯伞（曾用名：白漏斗辛格杯伞）

Singerocybe alboinfundibuliformis **(S.J. Seok, et al.) Zhu L. Yang, J. Qin & Har. Takah.**

菌盖中央下陷至菌柄基部，直径2～4cm，表面白色至米色，边缘有放射状条纹。菌肉白色，薄。菌褶延生，白色。菌柄圆柱形，3～6cm×0.3～0.7cm，白色至米色。

担孢子宽椭圆形，6～8μm×4～5μm，无色，平滑，非淀粉质。

夏秋季生于针叶林或针阔混交林中地上或腐殖质上。

担子果（菌盖中央下凹）

菌褶延生、褶间有横脉

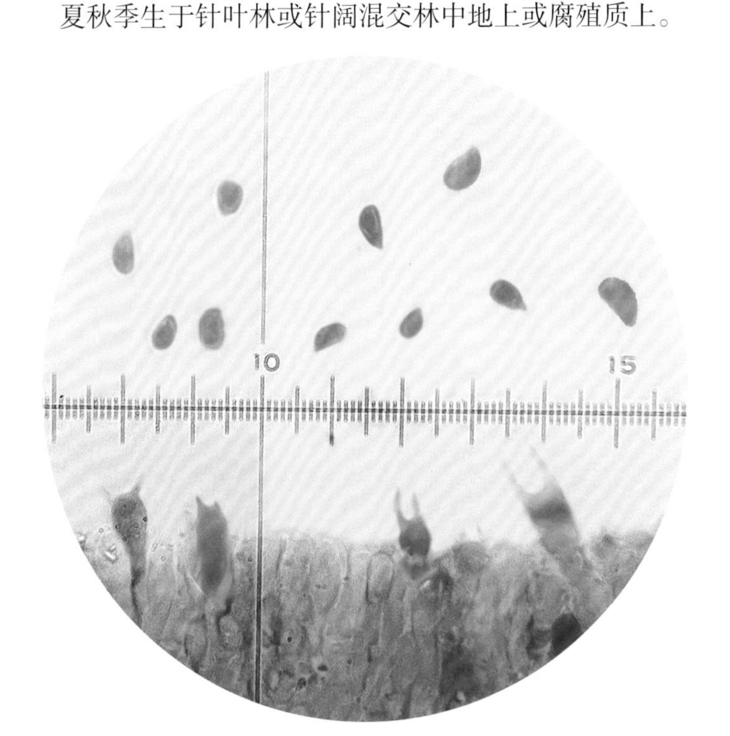

担孢子、担子、子实层

313 凹陷囊皮杯伞（曾用名：凹陷辛格杯伞）

Singerocybe umbilicata **Zhu L. Yang & J. Qin**

菌盖中央下凹呈浅杯状，直径2～4cm，表面白色至米色，光滑，边缘波状。菌肉白色，薄。菌褶延生，白色。菌柄圆柱形，3～5cm×0.3～0.6cm，白色、米色至淡褐色。

担孢子船形，5～8μm×3～4.5μm，无色，平滑，非淀粉质。

夏秋季生于针叶林或针阔混交林中地上或腐殖质上。

担子果（菌盖中央下凹呈浅杯状）（杨祝良原照）

菌褶延生（杨祝良原照）

314 球盖蚁巢伞

***Termitomyces globulus* R. Heim & Gooss.-Font.**

菌盖斗笠形，直径3～25cm，中部凸起，乌褐色，光滑至有纤毛，边缘浅黄褐色，初内卷后放射状开裂。菌肉白色。菌褶离生，白色至淡红褐色，不等长。菌柄圆柱形，向下渐细，3～15cm×0.5～4cm，地上部分白色至灰白色，向地下延生成假根状。

担孢子宽椭圆形，6～9μm×3.5～5.5μm，无色，平滑。

夏秋季单生或散生于针阔混交林中或林缘地上，并与白蚁巢相连。可食用。

担子果（菌盖斗笠形）

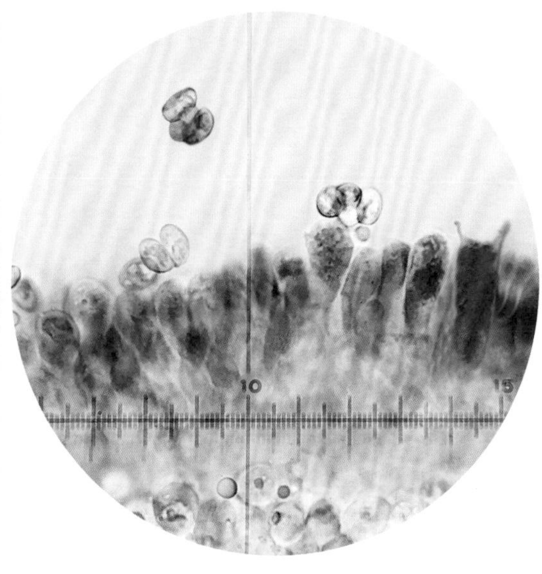

担孢子、担子、子实层

315 小蚁巢伞（俗名：鸡纵花）

***Termitomyces microcarpus* (Berk. & Broome) R. Heim**

菌盖圆锥形、斗笠形，后平展，直径1～2.5cm，白色、污白色，中部有一颜色较深的凸起，边缘开裂。菌肉白色。菌褶离生，白色至淡粉红色。菌柄近圆柱形，2～5cm×0.2～0.4cm，白色至污白色，基部假根状。

囊状体瓶形，无色透明，宽12～16μm。担孢子宽椭圆形，6.5～8μm×4.5～5.5μm，无色，平滑，非淀粉质。

夏季群生或丛生于林中地表、白蚁巢穴附近。可食用。与白蚁共生。

干燥担子果（菌盖斗笠形、菌褶离生）

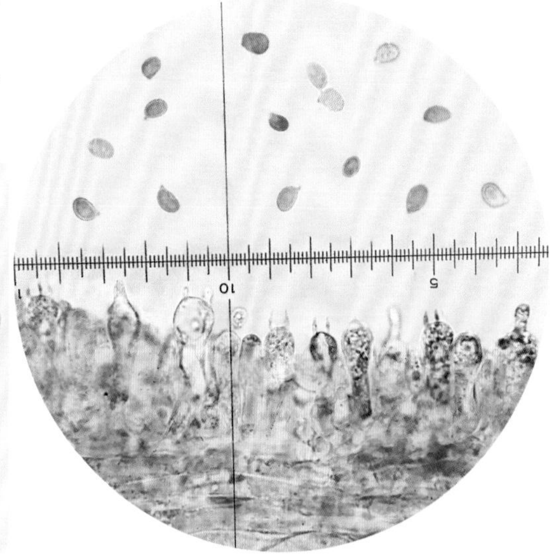

担孢子、担子、囊状体、子实层

316 红橙口蘑
Tricholoma aurantium (Schaeff.) Ricken

菌盖扁半球形至平展，直径5～8cm，中央稍凸起，表面橘红色至红褐色，有时带绿色至橄榄色，黏。菌肉白色。菌褶弯生，污白色，不等长。菌柄圆柱形，5～8cm×1～2cm，污白色，中下部被褐色至灰色鳞片。

担孢子宽椭圆形、椭圆形，5～6.5μm×3.5～4μm，无色，平滑，非淀粉质。

夏季生于针叶林中地上。

担子果

菌褶弯生、不等长

317 棕黄褐口蘑
Tricholoma luridum (Schaeff.) P. Kumm.

担子果（菌盖中部稍凸起）

菌褶弯生、不等长

菌盖扁半球形至平展，中部稍凸起，直径4～12cm，表面暗灰色、青灰褐色至青黄色，光滑或被小鳞片，边缘开裂。菌肉白色、灰白色，厚。菌褶弯生，青灰白色、灰黄色，不等长。菌柄圆柱形，4～8cm×1～2.5cm，白色至灰白色，被纤毛。

担孢子宽卵圆形，7.5～9.5μm×5.5～6.5μm，无色，平滑。

夏秋季单生或群生于阔叶林中地上。有毒。

318 黄褐口蘑
Tricholoma fulvum (DC.) Bigeard & H. Guill.

菌盖初半球形后扁半球形至平展，直径3～7cm，表面棕褐色，中部色深，湿时黏，被纤毛状鳞片。菌肉近白色，厚。菌褶弯生，黄色至暗黄色，稍密。菌柄圆柱形，3～5cm×0.5～1.5cm，上部浅黄色，中下部黄褐色，基部稍膨大。

担孢子近球形，6～7.5μm×5～5.5μm，无色，平滑，非淀粉质。

夏秋季单生或群生于阔叶林或针阔混交林中地上。慎食用。试验抗癌。

担子果

319 松口蘑（俗名：松茸）

***Tricholoma matsutake* (S. Ito & S. Imai) Singer**

菌盖初为球形，后扁半球形至平展，直径6～25cm，中间稍凸，表面黄褐色、栗褐色，被黄褐色至暗褐色鳞片。菌肉初白色，后变淡褐色，有香味。菌褶弯生，白色、米色至褐色，密，不等长。菌柄圆柱形，8～20cm×1～3cm，菌环以上白色，以下棕褐色且被褐色鳞片。菌环上位，白色，膜质。

担孢子近球形、宽椭圆形，6～7.5μm×5.5～6.5μm，无色，平滑，非淀粉质。

夏秋季单生或群生于松树林或针阔混交林下地表。菌根食用菌，具药用功效。

幼担子果

菌盖表面及菌柄被鳞片、菌环上位

正在撕破的内菌幕

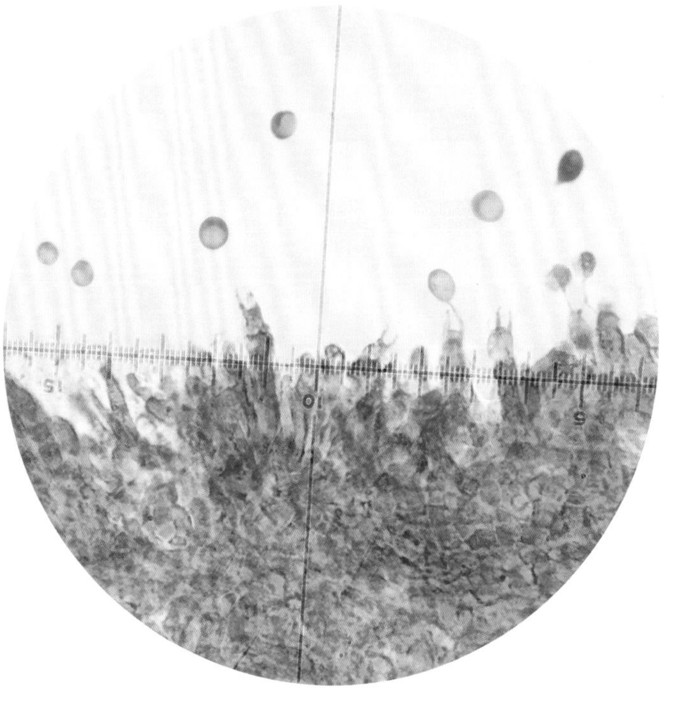

担孢子、担子、子实层

320 毒蝇口蘑

***Tricholoma muscarium* Kawam. ex Hongo**

菌盖斗笠形，直径3～6cm，中央凸起，表面灰绿色，具放射状条纹。菌肉白色。菌褶弯生，白色、污白色，稍密，不等长。菌柄圆柱形，3～6cm×0.8～1.2cm，污白色，有纵条纹。

担孢子椭圆形、宽椭圆形，6～8μm×3.5～5μm，无色，平滑。

夏秋季单生或群生于阔叶林中地上。有毒。外生菌根菌。

担子果（菌盖斗笠形）

菌褶弯生、稍密、不等长

321 皂味口蘑

***Tricholoma saponaceum* (Fr.) P. Kumm.**

担子果（菌褶较稀、菌柄基部被粗毛）

菌盖扁半球形至平展，直径6～10cm，中央稍凸起，表面暗灰褐色、橄榄色，边缘变为黄色。菌肉白色。菌褶弯生，米色，较稀。菌柄圆柱形，10～16cm×1～2cm，白色，被白色至灰色粗毛。菌肉、菌柄有肥皂味。

担孢子宽椭圆形，5～8μm×3～5μm，无色，平滑，非淀粉质。

夏季生于阔叶林或针阔混交林中地上。可能有毒。外生菌根菌。

322 硫色口蘑

***Tricholoma sulphureum* (Bull.) P. Kumm.**

担子果

菌褶弯生、较密、不等长

菌盖扁半球形至平展，直径4～7cm，中央稍凸起，褐色、硫黄色。菌肉淡黄色，有煤气味。菌褶弯生，黄色，较密，不等长。菌柄圆柱形，8～10cm×0.5～1cm，具纵条纹，黄色，中下部带绿色。

担孢子椭圆形至近杏仁形，8.5～10μm×5～6μm，无色，平滑，非淀粉质。

夏秋季散生或群生于针阔混交林中地上。有毒，试验抗癌。外生菌根菌。

323 黄绿口蘑

Tricholoma sejunctum **(Sowerby) Quél.**

菌盖初时近圆锥形、凸镜状，后渐平展，直径3～9cm，中部凸起，表面黄色或浅黄绿色，被暗绿色纤毛，中部色深，湿时稍黏，边缘平滑或波状。菌肉白色，稍厚，近表皮处呈浅黄色。菌褶直生至弯生，初期白色至灰粉色，后期浅黄色，密，不等长。菌柄圆柱形，5～12cm×0.8～2.5cm，上部白色，具粉状物，向下渐变浅黄色，被细小纤毛，基部有时呈粉红色。

担孢子近球形至宽椭圆形，6.5～7.5μm×4.5～6μm，无色，平滑，非淀粉质。

秋季群生于针阔混交林中地上。可食用，试验抗癌。外生菌根菌。

担子果（菌盖中部凸起、表面被纤毛）

菌褶密、不等长，菌柄被纤毛

担孢子、担子、子实层

324 多鳞口蘑 （现名：黑鳞口蘑）

Tricholoma squarrulosum **Bres.**（现名：*Tricholoma atrosquamosum* Sacc.）

菌盖半球形至扁平，直径3～8cm，表面褐色，密被黑褐色鳞片，中部钝凸，色深。菌肉灰白色。菌褶弯生至离生，灰白色，触摸处变褐色，密，不等长。菌柄圆柱形，4～10cm×0.5～1cm，被纤毛和黑褐色鳞片，基部稍膨大。

担孢子宽椭圆形、卵圆形，5.5～9μm×3.5～5μm，无色，平滑。

夏秋季单生或散生于针阔混交林中地上。外生菌根菌。

担子果（菌盖表面被鳞片）

菌褶弯生、不等长，
菌柄被纤毛、鳞片

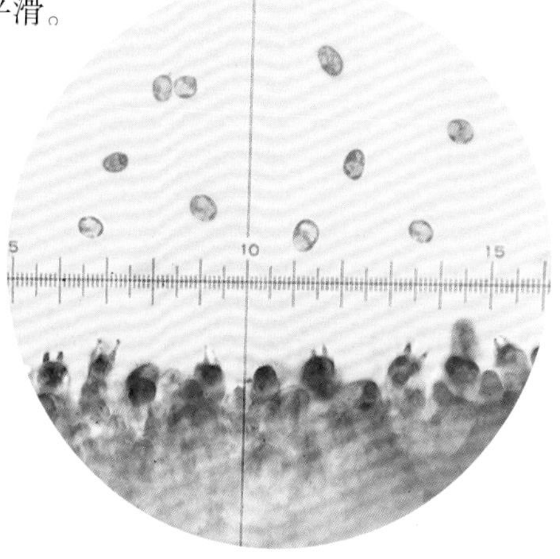

担孢子、担子、子实层

325 棕灰口蘑

Tricholoma terreum **(Schaeff.) P. Kumm.**

菌盖扁半球形至平展，直径3～9cm，表面淡灰色、灰色至褐灰色，被暗灰褐色纤毛状小鳞片。菌肉白色，肉质。菌褶弯生，不等长，白色，后呈灰色。菌柄圆柱形，3～8cm×0.4～1cm，白色、污白色，被细毛。

担孢子宽椭圆形，5.5～7μm×4～5μm，无色，平滑。

夏季生于针、阔叶林中地上。可食用。外生菌根菌。

担子果（菌褶弯生、不等长，菌柄被细毛）

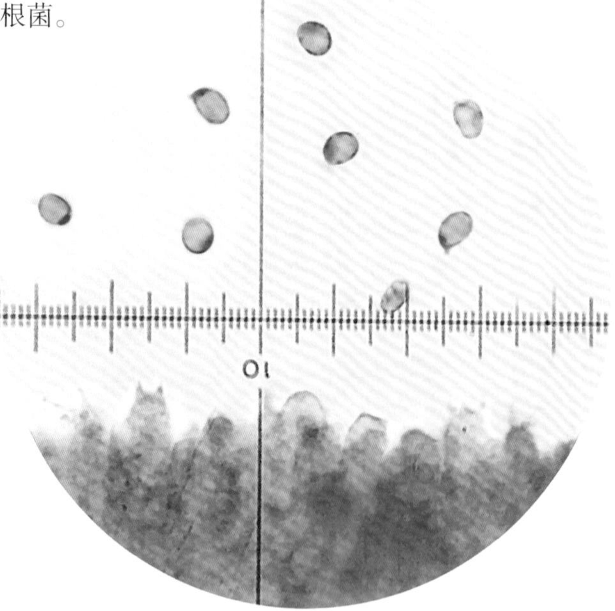

担孢子、担子

326 红鳞口蘑

Tricholoma vaccinum **(Schaeff.) P. Kumm.**

菌盖扁半球形至平展，直径3～5cm，表面土黄色，被深红褐色、土红褐色卷毛状鳞片。菌肉白色，受伤变红褐色。菌褶弯生，白色至淡粉红色。菌柄圆柱形，3～8cm×0.5～2cm，与菌盖同色，被纤毛状鳞片。

担孢子宽椭圆形、近球形，6.5～7.5μm×5～6μm，无色，平滑。

夏季生于针叶林及针阔混交林中地上。外生菌根菌。

担子果（菌盖表面被鳞片）

327 赭红拟口蘑

Tricholomopsis rutilans **(Schaeff.) Singer**

菌盖扁半球形至平展，直径5～10cm，表面黄褐色至褐黄色，中部色较深，密被红褐色鳞片。菌肉黄色至黄褐色。菌褶弯生，淡黄色至黄色，密。菌柄圆柱形，5～10cm×0.5～2cm，淡黄色至黄色，被红褐色鳞片。

担孢子宽椭圆形，6～7.5μm×4～5.5μm，无色，平滑。

夏季生于林中腐木上。

担子果

菌盖、菌柄被鳞片

328 黄干脐菇

Xeromphalina campanella **(Batsch) Kühner & Maire**

菌盖初半球形，中部下凹呈脐状，后平展或近漏斗形，直径1～3cm，表面橙黄色，光滑，边缘有明显条纹。菌肉黄色，很薄，膜质。菌褶直生至延生，浅黄色至浅橙色，密至稍稀，褶间有横脉。菌柄圆柱形，1～4cm×0.2～0.5cm，上部浅黄褐色，下部暗红褐色。

担孢子椭圆形，6～7.5μm×2～3.5μm，无色，平滑。

夏秋季群生于林中腐木桩上。可食用。

担子果（菌盖中部下凹、边缘有明显条纹）

菌褶延生

第三章

牛肝菌类

本章涵盖了担子果具菌盖、菌柄而多呈伞状，子实层体典型的为管状——菌管的类群，以及虽具菌褶但菌肉较厚，更接近牛肝菌的种类。因担子果肉质又易腐烂，虽多具菌管，也有别于非褶菌类。

牛肝菌科 Boletaceae

329 绒盖条孢金牛肝菌（曾用名：奇特牛肝菌）

Aureoboletus mirabilis **(Murrill) Halling**［曾用名：*Boletus mirabilis* (Murrill) Murrill］

菌盖半球形、扁半球形至平展，直径4～10cm，表面幼时浅灰红色，成熟后呈暗红褐色至灰褐色，有浅色近圆形斑点，被绒毛，有时可结成锥形、直立的鳞片。菌肉黄白色。菌管浅黄色、浅灰黄色、青黄色，长5～15mm，孔口圆形或近多角形。菌柄长圆柱形，11～15cm×1～2cm，顶部黄色，中上部灰紫褐色至灰褐色，有长形网纹，基部膨大。

囊状体棒状。担孢子长圆柱形、近梭形，22～27μm×9～13μm，浅褐色至淡黄色，平滑。

夏秋季生于针叶林中地上。可食用。

担子果（菌盖表面有圆形斑点、被锥形鳞片）

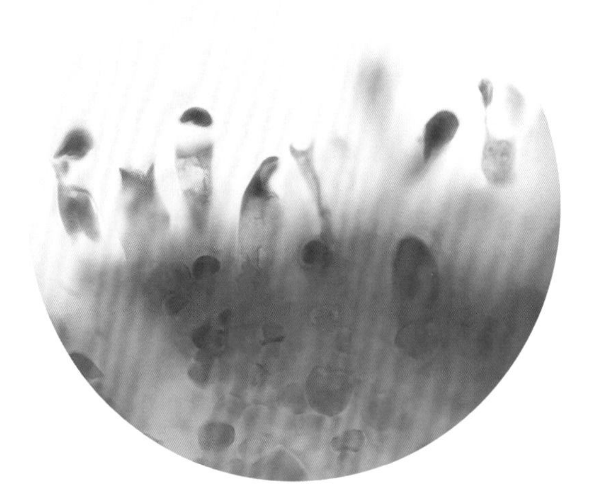

担子、囊状体

管孔面，菌柄具长形网纹

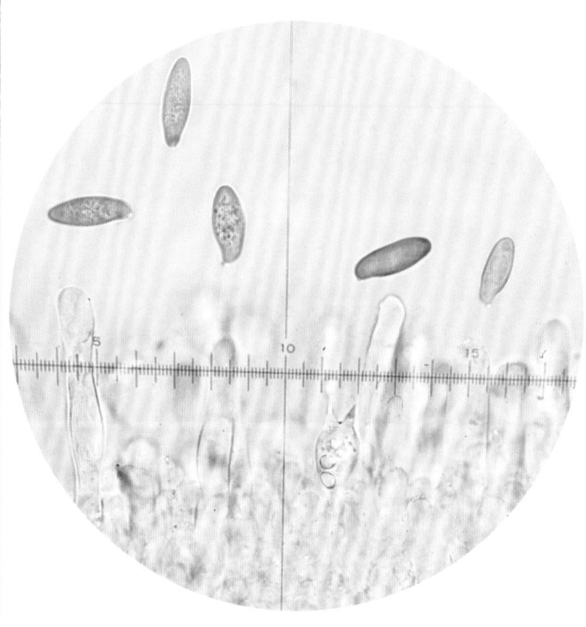

担孢子、子实层

330 小条孢金牛肝菌

Aureoboletus shichianus **(Teng & L. Ling) G. Wu & Zhu L. Yang**

菌盖近半球形至平展，直径1～1.5cm，表面黄褐色至淡褐色，成熟后表皮开裂形成褐色颗粒状鳞片。菌肉淡黄色。菌管浅黄色、黄色，孔口多角形，0.5孔/mm。菌柄圆柱形，3～5cm×0.2～0.3cm，黄褐色，有暗条纹。

担孢子椭圆形、宽椭圆形，8～12μm×6.5～8μm，黄色，具条纹，电镜下较明显。

夏秋季生于林中地上。

担孢子（电镜照；杨祝良原照）

菌盖表面被鳞片、孔口多角形

331 西藏金牛肝菌

Aureoboletus thibetanus **(Pat.) Hongo & Nagas.**

菌盖半球形，直径1.5～5cm，表面栗褐色、锈褐色至淡褐色，湿时黏，明显具网纹，边缘有菌幕残余物。菌肉白色。菌管和管孔面成熟后带橄榄色。菌柄圆柱形，4～8cm×0.3～1cm，表面黏，无网纹。

担孢子长椭圆形至近梭形，9.5～13.5μm×4.5～5.5μm，无色，平滑。

夏秋季生于针阔混交林中地上，又以壳斗科的栎属、栲属、石栎属等阔叶树为主的林下常见。

担子果（菌盖表面具网纹）

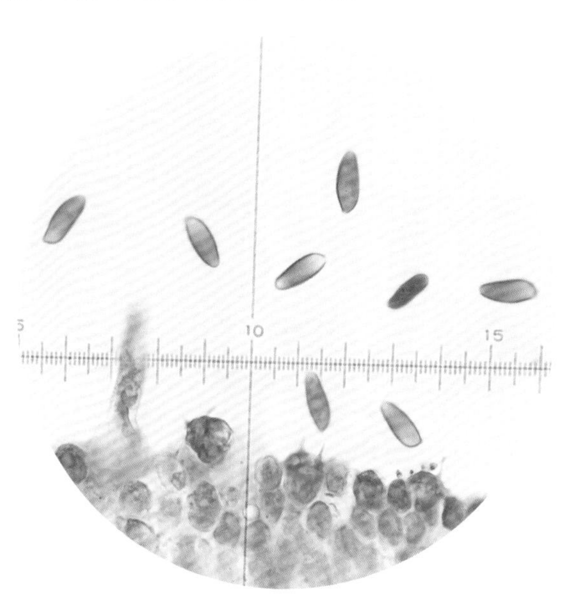

担孢子、担子、囊状体

管孔面

332 黏盖南方牛肝菌

Austroboletus olivaceoglutinosus **K. Das & Dentinger**

菌盖半球形至中央凸起，直径3～5cm，幼时橄榄色至暗绿色，成熟后淡橄榄色至浅黄绿色，湿时表面黏且略有光泽，干时被细绒毛。菌肉白色。菌管长4～7mm，与管孔面同为粉红色至浅粉紫色，孔口多角形，1～2个/mm。菌柄棒状，约9cm×1cm，表面干燥，有网脊，白色至奶油色，受伤变浅棕黄色至淡黄色。

担孢子长杏仁形至近梭形，12～17μm×6～7.5μm，浅黄色至浅棕黄色，表面有网纹和凹坑，电镜下疣突较平，常相连。

夏秋季生于高海拔地段松科的针叶林中地上。

担子果（菌盖表面湿时黏）（杨祝良原照）

管孔面，菌柄具网脊（杨祝良原照）

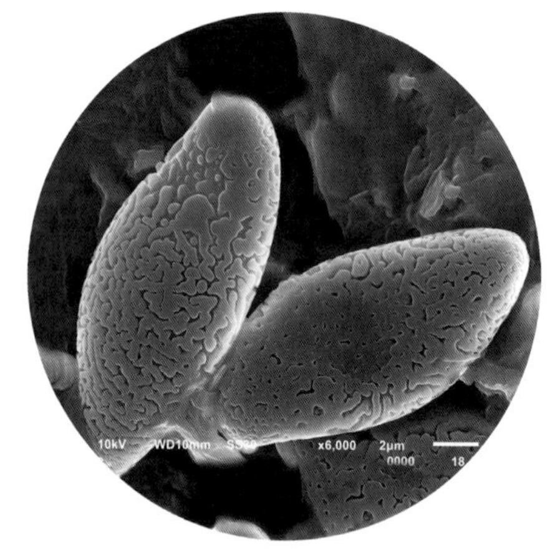

担孢子具网纹（电镜照；李艳春提供）

333 木生条孢牛肝菌

Boletellus emodensis **(Berk.) Singer**

菌盖扁平至平展，直径4.5～9cm，表面紫红色至暗红色，成熟后被大鳞片，边缘有菌幕残余。菌肉淡黄色。菌管和管孔面黄色，菌肉、菌管、管孔面受伤均变蓝色。菌柄圆柱形，6～8cm×0.5～1cm，顶部淡黄色，下部紫红至暗红色。

担孢子长椭圆形、近梭形，13～21（～23）μm×8～10μm，侧面观有纵脊。

夏秋季生于林中树桩或腐木上。据记载有毒。

担子果（菌盖表面被鳞片）

管孔面，菌盖边缘有菌幕残余

担孢子、担子

334 深红条孢牛肝菌

Boletellus obscurecoccineus **(Höhn.) Singer**

菌盖近半球形至平展，直径3～7cm，表面粉红色、暗绯红色，成熟时被鳞片。菌肉淡黄色。菌管与管孔面黄色，孔口多角形。菌柄圆柱形，3～10cm×0.3～1cm，近顶端黄色，中部被浅红色鳞片。

担孢子长椭圆形，14～18μm×6～8μm，有不明显的纵向脊，电镜下有纵条纹。

夏秋季生于林中地上。

担子果

管孔面

担孢子具纵向脊（电镜照；李艳春提供）

335 褐牛肝菌

Boletus aereus **Bull.**

菌盖扁半球形至近平展，中央稍凸起，直径5～9cm，表面棕褐色，中部深咖啡色，或有紫褐色晕斑，初被细绒毛，后脱落变光滑，少数有不规则裂纹。菌肉白色。菌管白色、成熟后橄榄绿至榄褐色，长约1cm，管孔面白色、灰白色，成熟时呈黄褐色，孔口不规则圆形、多角形，约1.5孔/mm。菌柄棒状，5～7cm×1.5～3cm，褐色，上部有网络，中下部有纵条纹，基部膨大。

担孢子长椭圆形，12～17μm×4.5～6μm，近蜜黄色，平滑。

夏秋季生于云南松林、阔叶林或针阔混交林下的地上。可食用。

担子果，管孔面

菌管剖面

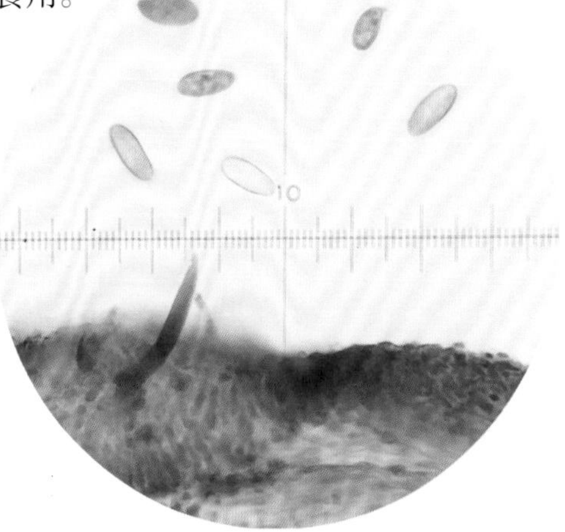

担孢子、囊状体

336 粉白牛肝菌

Boletus albellus **Peck**［现名：*Leccinellum albellum* (Peck) Bresinsky & Manfr. Binder］

担子果

菌盖初半球形后平展，中央稍凹，直径5～7cm，表面初乳白色、后呈淡粉褐色至粉橙褐色，干燥，初被短绒毛，后脱落变光滑。菌肉白色。菌管长5～8mm，白色，管孔面乳白色、灰白色，孔口圆形、不规则圆形，1～2个/mm。菌柄棒状，5～7cm×3～4cm，粉白至粉灰色，上部有不明显网络，中下部有纵条纹，基部膨大。

担孢子长椭圆形，15～17μm×4～5.5μm，无色，平滑。

夏秋季生于栎类阔叶林或针阔混交林下地上。

管孔面

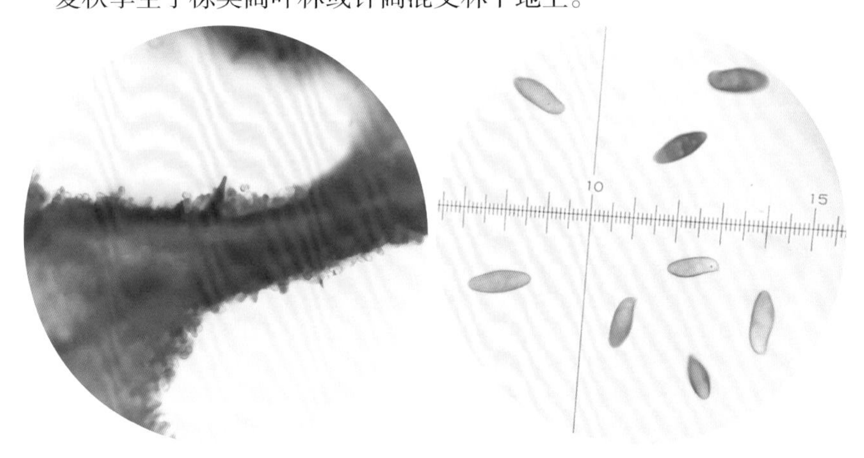

菌管剖面（囊状体、担子）　　担孢子

337 白牛肝菌

Boletus bainiugan **Dentinger**

菌盖扁半球形至平展，直径4～10cm，表面赭黄色至黄褐色。菌肉白色，受伤不变色。菌管浅黄色，长5～15mm，管孔面暗黄色，孔口近圆形至不规则多角形，1～2个/mm。菌柄棒状、柱状，5～12cm×2～4cm，污白色、淡褐色，有网纹。

担孢子梭形，11～15μm×4～6μm，淡黄色，平滑。

夏秋季生于阔叶林或针阔混交林中地上。可食用。

担子果

管孔面，菌柄具网纹

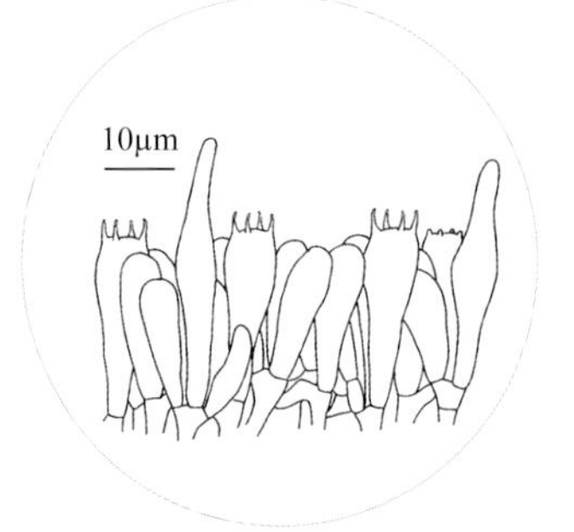

担子、囊状体（杨祝良绘）

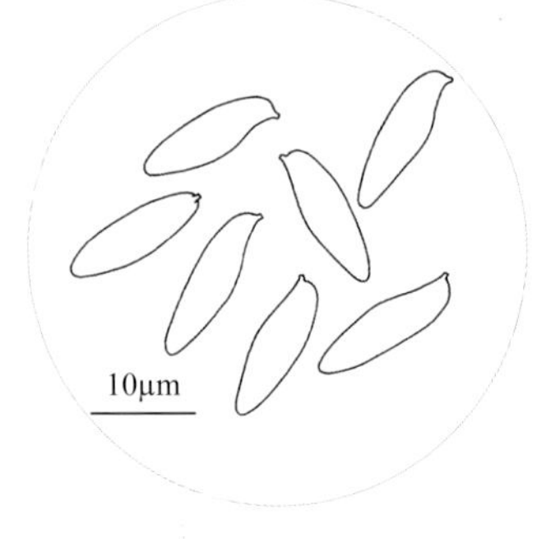

担孢子（杨祝良绘）

338 卷边牛肝菌

***Boletus albidus* Roques**

菌盖半球形至近平展，直径7～20cm，表面乳白色、灰白色至粉褐色，初被细绒毛，后脱落变光滑或有小皱褶。菌肉白色，受伤不变色或缓慢变色。菌管柠檬黄色，长5～15mm，管孔面淡黄色、柠檬黄色、灰白色，受伤变蓝色，孔口近圆形至不规则多角形，1～1.5个/mm。菌柄纺锤状，5～14cm×4～7cm，白色至淡黄色，有较浅的网纹。

担孢子长纺锤形，12～19μm×4～6μm，淡蜜黄色，平滑。

夏秋季生于壳斗科的栎属、栲属等阔叶林或针阔混交林中地上。

担子果

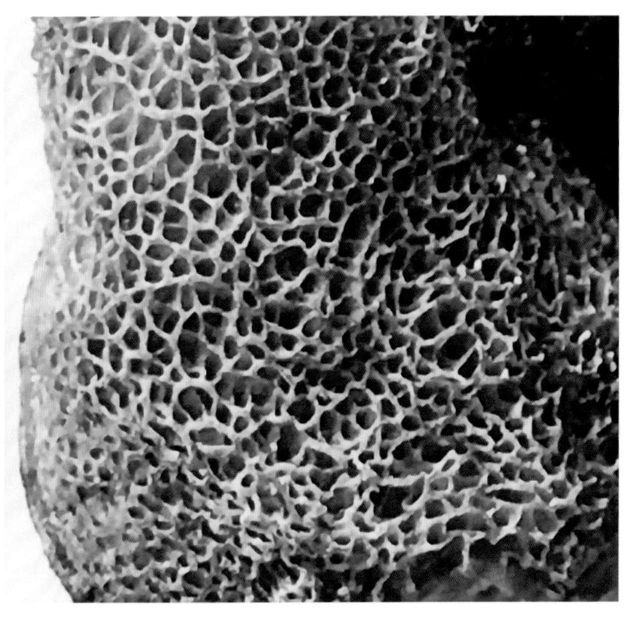

干燥标本管孔面（局部）

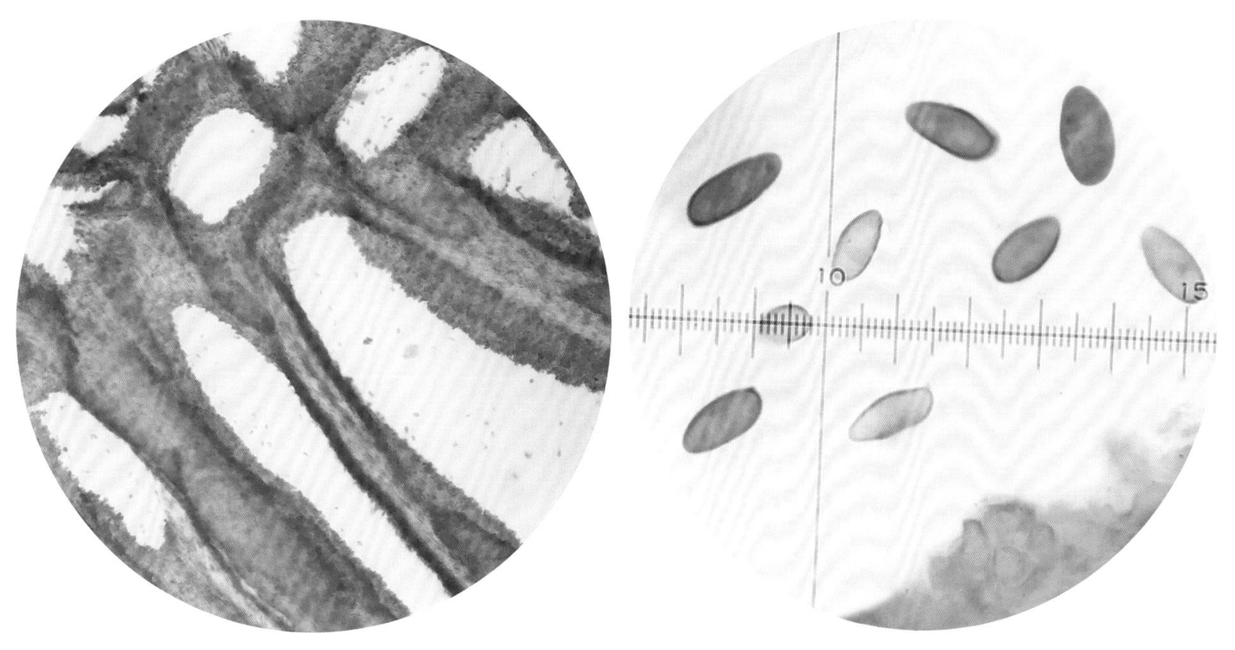

菌管剖面

担孢子

339 双色牛肝菌
Boletus bicolor **Raddi**

菌盖扁半球形至凸镜状，直径5～15cm，表面粉红色至红褐色，被细绒毛。菌肉黄色。菌管黄色，长约1cm，管孔面黄色、蜜黄色，孔口近圆形，1～2个/mm。菌肉、菌管受伤变蓝色。菌柄圆柱形，7～12cm×1～3cm，黄色至奶油色，有网纹。

囊状体瓶形，粗8～10μm，无色透明，顶端钝或尖。担孢子长椭圆形、近梭形，9～12μm×3～4.5μm，淡青黄色，平滑。

夏秋季生于针叶林或松、栎混交林中地上。可食用。

担子果

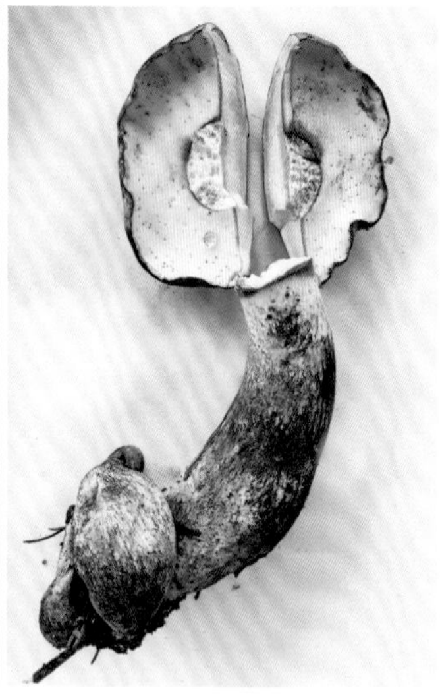
菌盖纵切面、管孔面

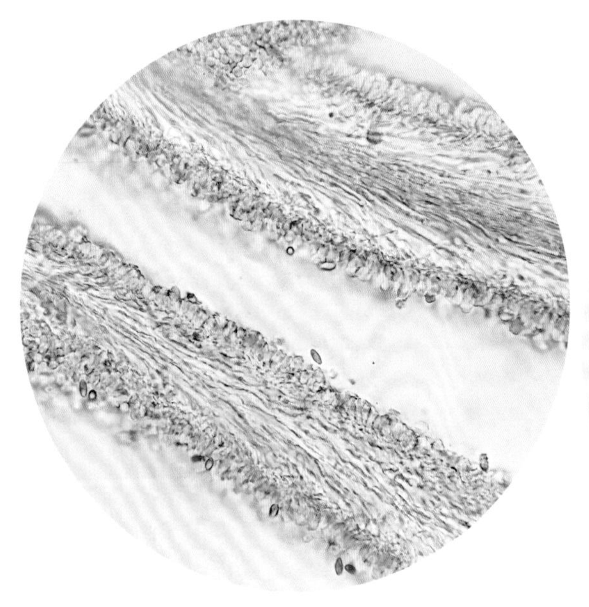
菌管剖面（子实层、菌髓）

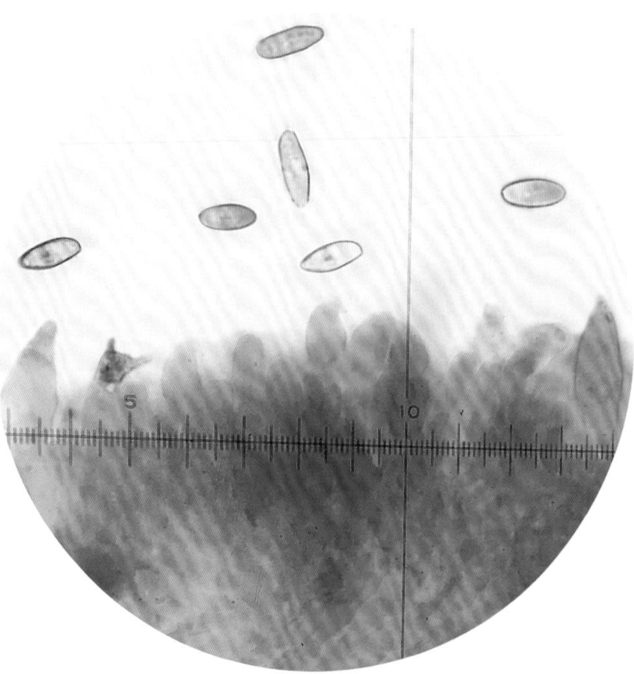

担孢子、担子、囊状体、子实层

340 红柄牛肝菌

Boletus erythropus **Krombh.**

菌盖半球形，后近平展，直径6～12cm，表面玫瑰红色、褐红色、褐紫红色，初被细短绒毛，后脱落近光滑，受伤呈黑褐色、锈褐色。菌肉黄色，厚1～2cm，受伤迅速变蓝。菌管长约1cm，管孔面橘红色、深红色，受伤变蓝色，孔口不规则圆形或多角形，1～2个/mm。菌柄粗棒状，6～10cm×1～2cm，上部柠檬黄色，有不明显网纹，中下部橘红色、深红色，有深红色颗粒状突起，基部膨大。

担孢子长椭圆形、纺锤形，13～16μm×4.5～6μm，黄褐色、赭褐色，平滑。

多生于松属、云南油杉、云杉、铁杉等针叶树树种林下，也见于栎属、槭属等阔叶树林下，长在地表。

担子果（菌盖表面光滑）

菌管受伤变色、菌柄具颗粒状突起

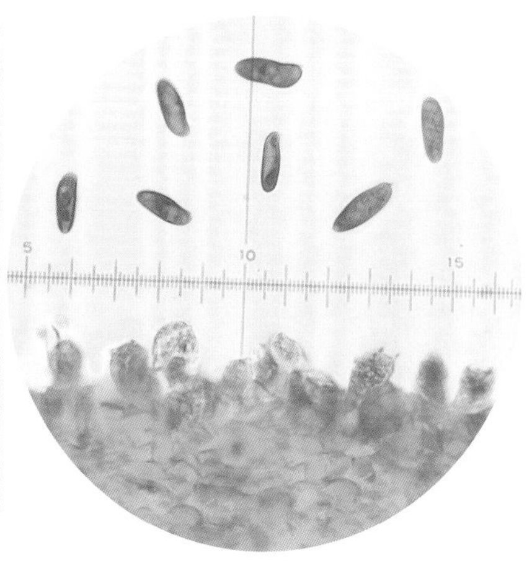

担孢子、担子

341 坚实牛肝菌

Boletus firmus **Frost**［现名：*Caloboletus firmus* (Frost) Vizzini］

菌盖初扁半球状，后平展，直径5～15cm，表面灰褐色、深褐色，初被短绒毛，后脱落变光滑，龟裂和有不规则凹槽，湿时稍黏。菌肉初乳白色后呈浅黄色，受伤变蓝色。菌管初白色，成熟后淡黄色至黄褐色，受伤变蓝绿色，长0.5～1.5cm，管孔面白色，渐变黄色、深黄色，孔口多角形，1.5～2个/mm。菌柄粗棒状，8～14cm×3～4.5cm，有明显的纵条纹和网络，上部黄色，下部黄褐色，有褐色斑点。

担孢子长椭圆形或纺锤形，9～15μm×3.5～5μm，淡黄色、淡橄榄色，平滑。

夏秋季生于冷杉属、松属、栎属的针阔混交林中地上。

担子果

管孔面，菌柄具网纹

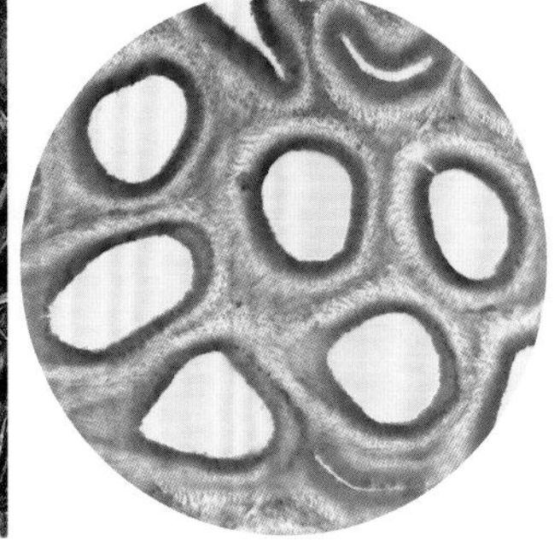

菌管剖面

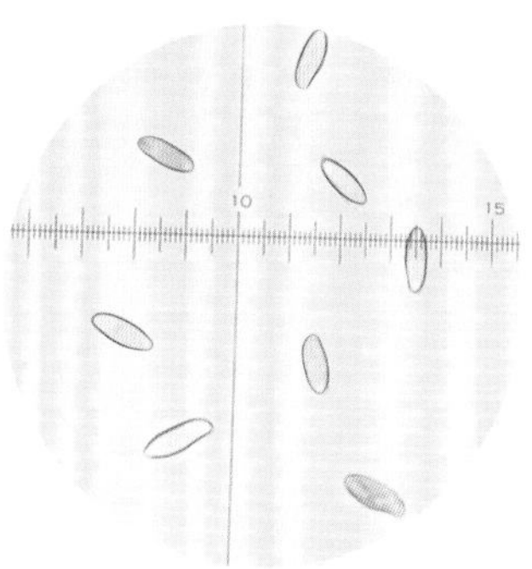

担孢子

342 黄牛肝菌

Boletus fulvus Peck

菌盖凸镜状，后平展，直径5～8cm，中央有由丛生绒毛形成的栗褐色或肉桂色斑块。菌肉淡黄色，厚1～2cm。菌管长0.5～1.5cm，黄色至黄绿色，受伤渐变蓝色，管孔面黄色、黄绿色，孔口近圆形，1～1.5个/mm。菌柄粗棒状，6～12cm×1～2cm，黄色，初有黄色麸糠状颗粒，后渐脱落，中上部有明显的纵条纹。

担孢子长椭圆形、圆柱形或纺锤形，10～18μm×3.5～5μm，无色，平滑。

生于松、栎为主的针阔混交林地上。

担子果

管孔面，菌柄具网纹

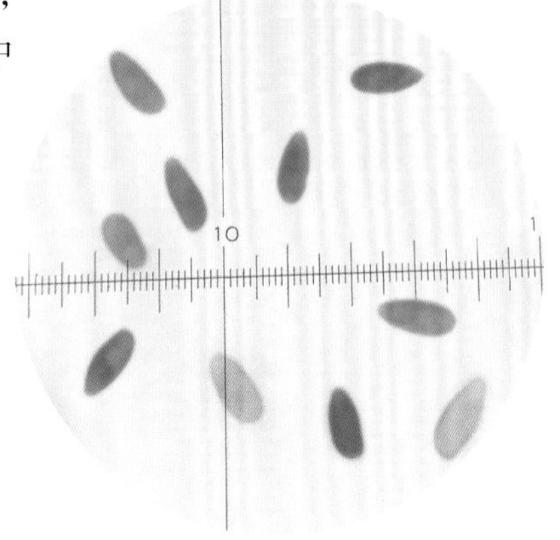

担孢子

菌管剖面

343 光盖牛肝菌

***Boletus impolitus* Fr.［现名：*Hemileccinum impolitum* (Fr.) Šutara］**

菌盖半球形至平展，直径10～20cm，表面赭褐色、黄褐色，触摸呈锈褐色，密被短绒毛或有致密颗粒，后变光滑。菌肉淡黄色。菌管黄色，长0.8～1.5cm，管孔面柠檬黄色、硫黄色，受伤变绿再转呈褐色，孔口近圆形，约1.5个/mm。菌肉、菌管受伤变蓝绿色。菌柄粗棒状，12～15cm×3～6cm，上部金黄色，下部红褐色，有明显的纵条纹，颗粒状或纤维状物，后渐脱落而变光滑。

囊状体瓶形，较多，粗7～9μm，浅黄色。担孢子长椭圆形，12～17μm×4～4.5μm，无色，平滑。

生于栎类、青冈等阔叶林中，以及松林、冷杉林中或针阔混交林中地上。

担子果管孔面

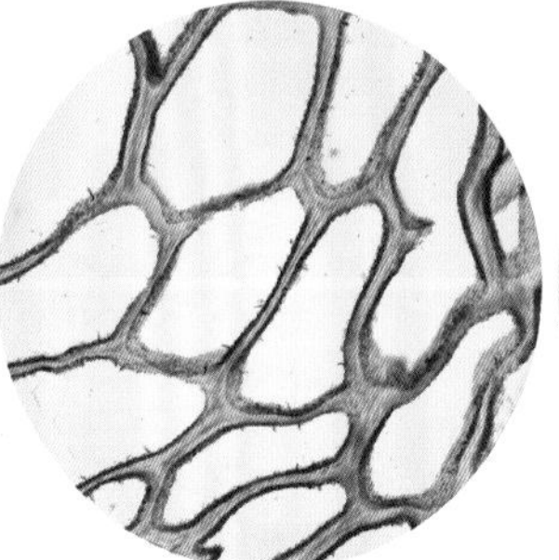

菌管剖面

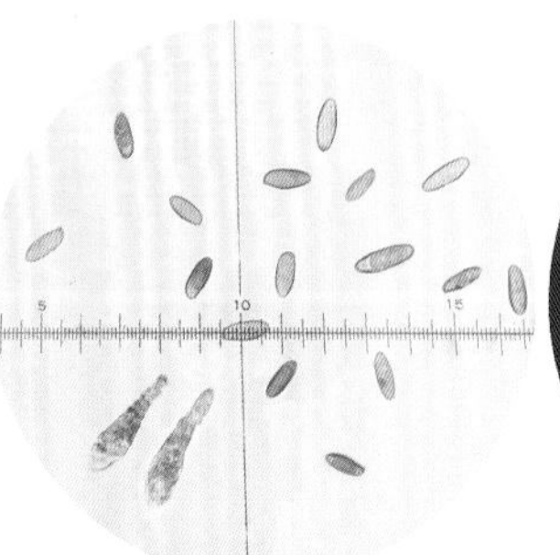

担孢子、囊状体

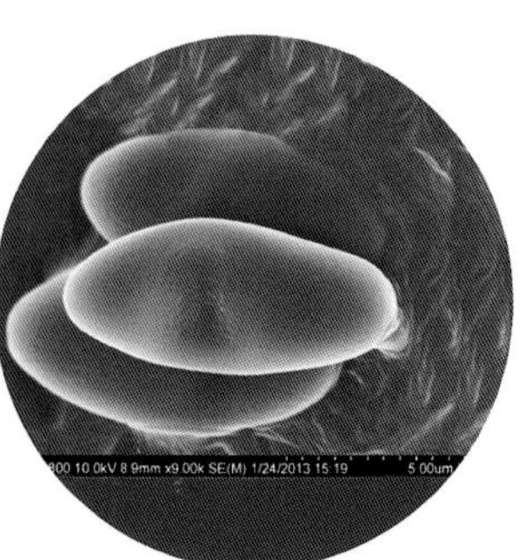

担孢子（电镜照；杨祝良原照）

344 美味牛肝菌 （俗名：白牛肝）

***Boletus meiweiniuganjun* Dentinger**（曾用名：*Boletus edulis* Bull.）

菌盖初扁半球状，后中凸而周围平展，直径3～15cm，表面淡黄褐色至淡褐色，干后颜色变深，光滑至略有裂纹，湿时稍黏。菌肉白色。菌管白色、淡黄色，长1～2cm，管孔面淡白色，受伤变黄绿、污绿色，孔口近圆形，2～3个/mm。菌柄近圆柱形至棒状，10～18cm×1.5～4cm，有微细网纹，上部黄褐色，下部浅黄色，基部粗大。

担孢子长椭圆形或纺锤形，11～17μm×4～5.5μm，淡黄色至淡榄褐色，平滑。

生于高山松、云南松、丽江云杉、冷杉等针叶林及栎类的阔叶林中地上、林缘。可食用。

担子果

管孔面，菌柄棒状、具网纹

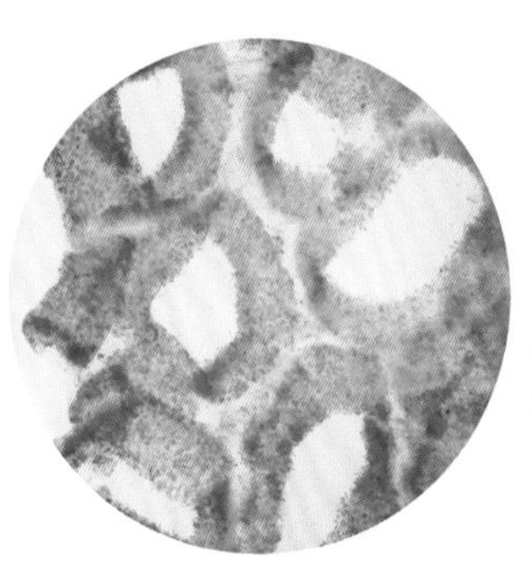

菌管剖面

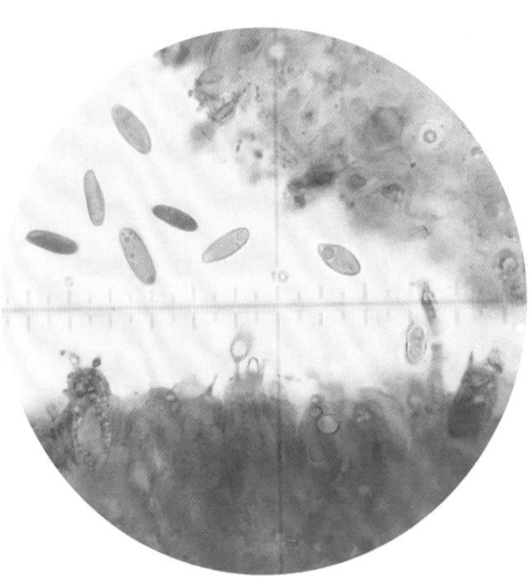

担孢子、担子、子实层

345 淡白牛肝菌

***Boletus pallidus* Frost**

菌盖半球形至凸镜状，后近平展，直径5～15cm，表面幼时白色，成熟后淡褐色、淡粉褐色至浅红褐色，多具凹斑，初被短绒毛，后脱落。菌肉白色，受伤渐变灰蓝色。菌管长1～2cm，乳黄色，受伤变绿再变褐色，管孔面灰白色，成熟后淡黄色至橄榄黄色，孔口圆形至多角形，1.5～2个/mm。菌柄粗棒状，5～12cm×1～3cm，初白色、后呈黄褐色、灰褐色，中上部有明显的网纹，基部近红褐色。

担孢子狭卵圆形、近纺锤形，9～16μm×3～5μm，近无色，平滑。

夏秋季生于栎属、栲属等阔叶林或云南松林、针阔混交林中地上。

担子果

干燥担子果，管孔面

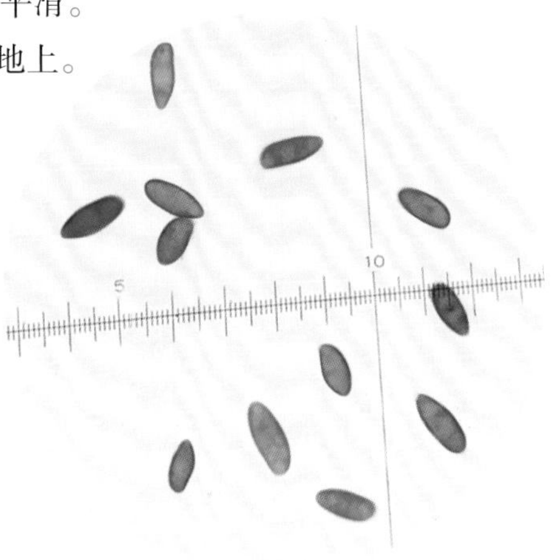

担孢子

346 网柄牛肝菌

Boletus reticulatus **Schaeff.**

菌盖半球形至近平展，直径5～10cm，表面蜜黄色、砖红褐色，初被绒毛，后脱落。菌肉乳白色。菌管乳白色至乳黄色，长1～3mm，管孔面乳白色至灰白色，孔口圆形或近圆形。菌柄棒状，8～18cm×3～6cm，浅褐色、浅灰褐色，有网纹，基部被白色绒毛。

担孢子长椭圆形、纺锤形，12～17μm×4～5μm，浅黄色，平滑。

夏秋季生于丽江云杉、长苞冷杉、云南松等针叶林下或壳斗科的阔叶林中地上。

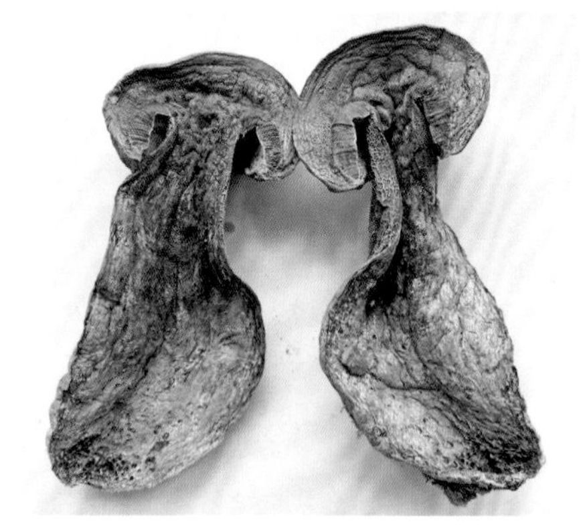

干燥担子果纵切面，菌柄具网纹

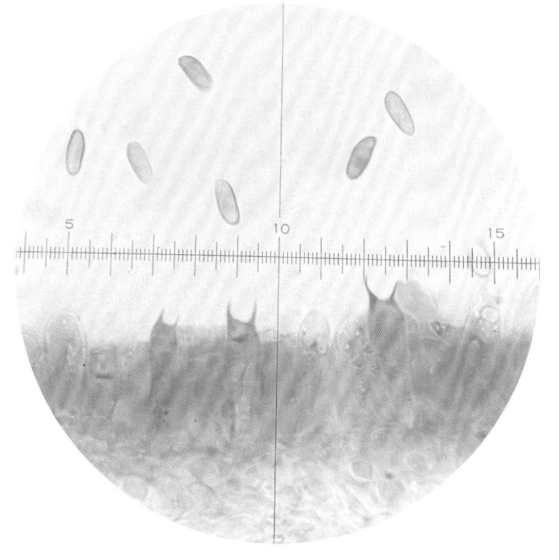

担孢子、担子、子实层

347 网盖牛肝菌

Boletus reticuloceps **(M. Zang, M.S. Yuan & M.Q. Gong) Q.B. Wang & Y.J. Yao**

菌盖扁半球形至凸镜状，直径5～15cm，表面有明显网状脊凸，且密被黄褐色、褐色至深褐色小鳞片。菌肉白色。菌管白色，管孔面白色、污白色，成熟后橄榄黄色，孔口多角形或不规则形。菌柄圆柱形至棒状，6～16cm×1.5～3cm，有明显污白色至褐色网纹。

担孢子长椭圆形、近梭形，13～18μm×5～6μm，淡黄色，平滑。

夏秋季生于亚高山针阔混交林中地上。可食用。

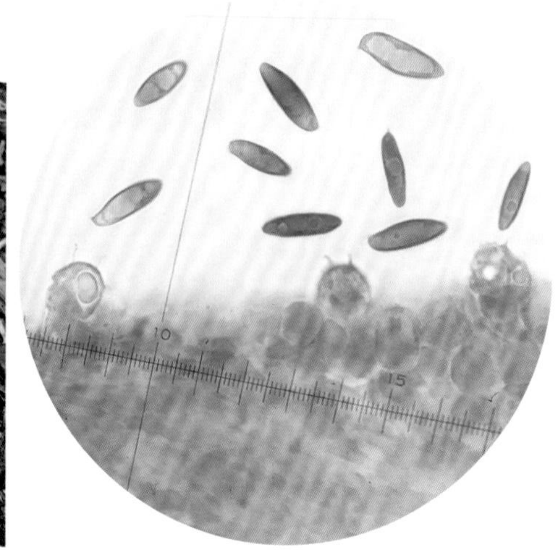

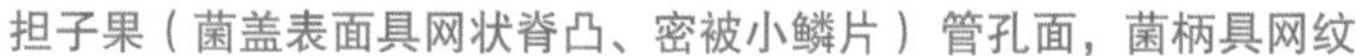

担子果（菌盖表面具网状脊凸、密被小鳞片） 管孔面，菌柄具网纹

担孢子、担子

348 血色牛肝菌

***Boletus rubellus* Krombh.**

［现名：*Hortiboletus rubellus* (Krombh.) Simonini, Vizzini & Gelardi］

菌盖近半球形至平展，直径7～9cm，表面紫红色、暗血红色至红褐色，密被短绒毛，干时易龟裂。菌肉黄色，厚1～2cm，受伤渐变淡蓝色。菌管长约1cm，金黄色，管孔面金黄色，孔口圆形，0.5～1个/mm，菌管、管孔面受伤变蓝色。菌柄棒状，5～7cm×2～3cm，向下渐粗壮，上部淡黄色，有不明显的网纹，中下部红褐色、紫褐色，基部近红黑色，有纵条纹。

担子果

囊状体较多，形状各异，浅黄褐色。担孢子长椭圆形、长卵形，14～18μm×5～6.5μm，浅黄褐色，平滑。

夏秋季散生于栎属、榜属等阔叶林下或冷杉、杜鹃的混交林中地上。

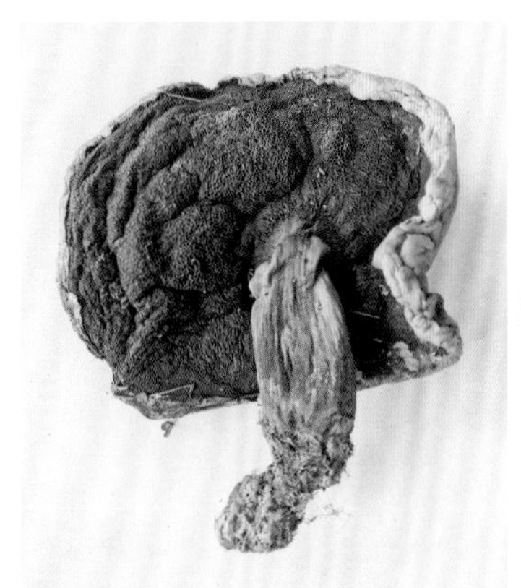

干燥担子果的管孔面

菌管剖面（有囊状体）

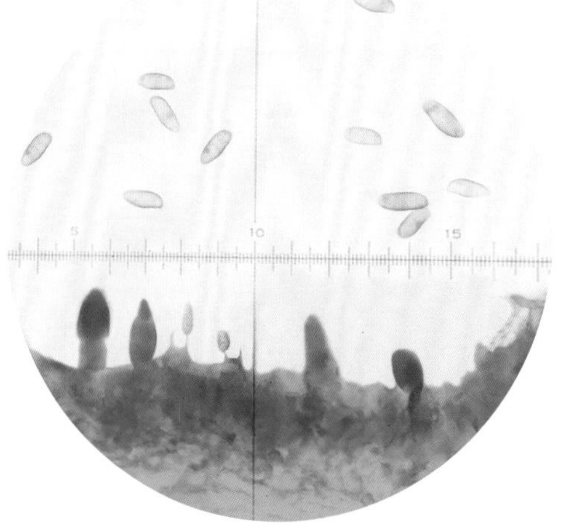

担孢子、担子、囊状体

349 敏感牛肝菌

***Boletus sensibilis* Peck**

菌盖半球形，直径5～15cm，表面鲜红色，光滑，稍黏，边缘钝。菌肉浅黄色。菌管淡黄色至黄色，孔口近圆形，4～6个/mm。菌柄近圆柱形，5～12cm×1.8～3cm，上部黄色，中部黄色略带红色，基部红色，光滑。菌肉、菌管、菌柄受伤均变蓝绿色。

担孢子椭圆形，9.5～12μm×4.5～6μm，无色，平滑。

夏秋季散生或群生于混交林或针叶林中地上。可食用。

担子果（菌盖表面光滑、湿时黏，菌盖、菌柄受伤变色）

350 食用牛肝菌
Boletus shiyong **Dentinger**

菌盖半球形至扁平，直径10～17cm，表面浅黄色、浅黄褐色至暗褐色，干燥，有皱纹，有时开裂。菌肉白色。菌管初覆有一层白色菌丝体，后变带橄榄绿色的管孔面与菌管同色，孔口近圆形，1～1.5个/mm。菌柄圆柱形、近棒状，7～11cm×3～5cm，白色、浅灰色至浅灰褐色，有明显的网纹。

囊状体瓶形，粗7.5～10μm。担孢子近纺锤形，12.5～17.5μm×4～6μm，淡黄色，平滑。

夏秋季单生或群生于高山松、高山栎的混交林中或以云杉为主的林中地上。

担子果

管孔面，菌柄棒状、具网纹

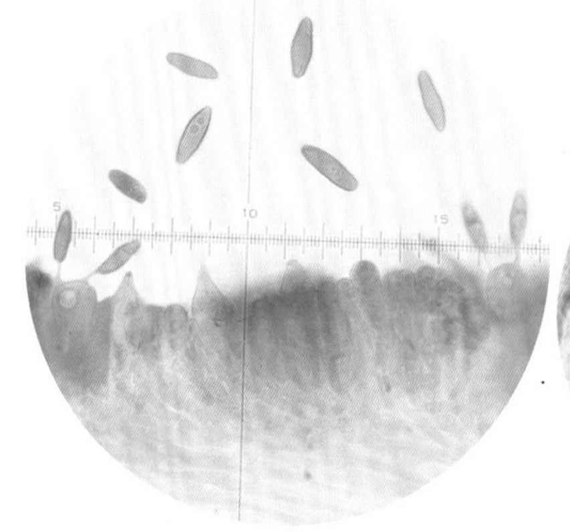

担孢子、担子、囊状体

菌管剖面（子实层、菌髓）

351 中华美味牛肝菌
Boletus sinoedulis **B. Feng, Y.Y. Cui, J.P. Xu & Zhu L. Yang**

菌盖初半球形、后凸镜状最终扁平，直径10～12cm，表面淡黄褐色至暗褐色，干燥，无毛，边缘初白色，后浅黄褐色至浅榄褐色。菌肉白色。菌管幼时覆有一层白色菌丝体，成熟时变浅黄色至浅黄褐色，管孔面与菌管同色，孔口近圆形，约1.2个/mm。菌柄棍棒状至近圆柱形，9～10cm×1.2～1.5cm，白色、浅灰色至浅灰黄色，有浅白色至淡黄色的网纹。

担孢子长椭圆形、梭形，14～17.5μm×5～6.5μm，淡黄色，壁稍厚，平滑。

夏秋季单生或群生于以云杉、冷杉为主的林中地上。

担子果

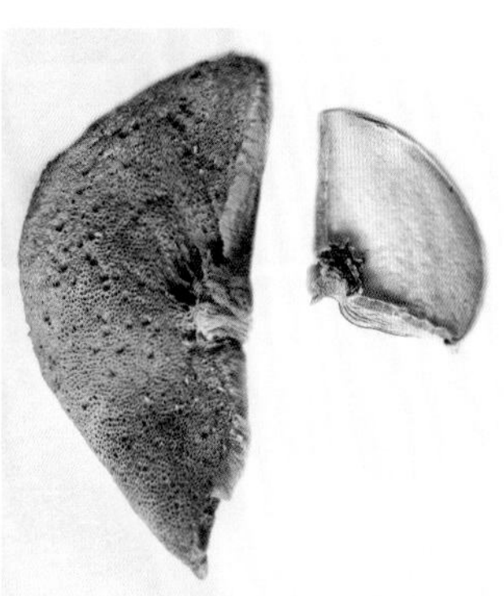

管孔面，菌管幼时覆有一层菌丝体

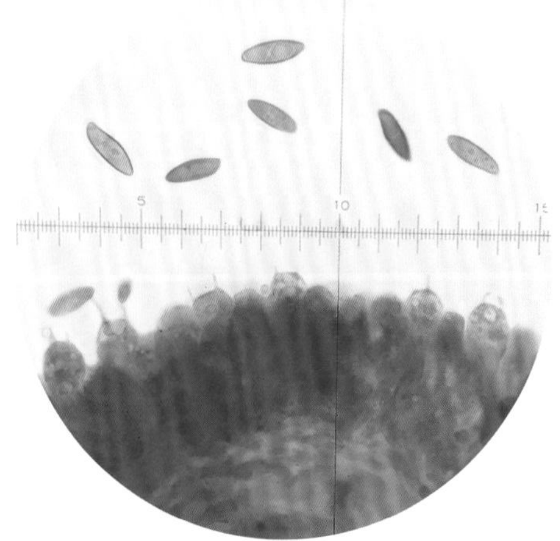

担孢子、担子、子实层

352 假小美黄肉牛肝菌
Butyriboletus pseudospeciosus **Kuan Zhao & Zhu L. Yang**

菌盖半球形至凸镜状，直径5～8cm，表面暗灰色、橄榄褐色至浅黄棕色，略带淡紫色，边缘稍内卷，受伤迅速变暗蓝色。菌肉淡黄色，厚1～1.5cm，暴露时迅速变蓝或浅灰蓝色。菌管黄色，长3～6mm，受伤迅速变蓝，再慢慢恢复到原来的颜色，管孔面成熟时黄色，受伤迅速变蓝，孔口多角形，2～3个/mm。菌柄圆柱形，6～10cm×1～3cm，中上部奶油色至黄色，有黄色网纹，下部浅紫红色，基部淡紫红色至浅红褐色。

担孢子近纺锤形，有时椭圆形，9～11μm×3.5～4μm，无色至淡黄色，壁稍厚，平滑。

夏秋季单生于云南松、华山松林中地上。

担子果

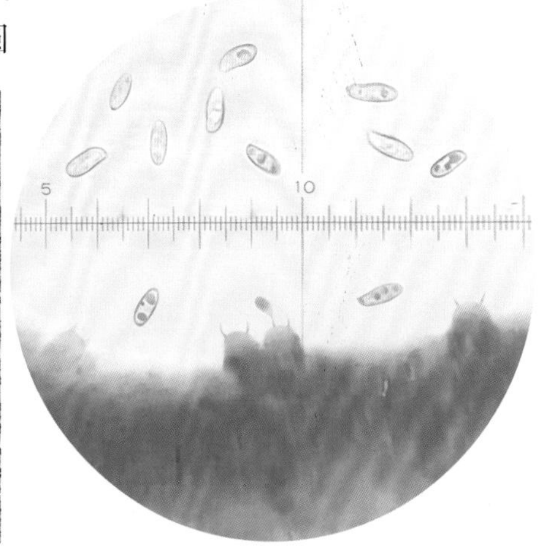

担孢子、担子

353 玫黄黄肉牛肝菌
Butyriboletus roseoflavus **(Hai B. Li & Hai L. Wei) D. Arora & J.L. Frank**

菌盖半球形，直径7～12cm，表面淡粉红色、淡紫红色、玫瑰红色，被短绒毛。菌肉淡黄色至亮黄色，受伤缓慢变蓝色或不变色。菌管长0.4～0.8cm，柠檬黄色，管孔面鲜黄色，孔口2～3个/mm，菌管和管孔面受伤迅速变蓝。菌柄圆柱形，6～12cm×1.5～3cm，上部亮黄色，有网纹，基部淡紫红色至浅红褐色。

担孢子长椭圆形、近梭形，9～12μm×3～4.5μm，淡黄色，在KOH里呈亮黄色，平滑。

夏秋季散生或群生于各种松，如云南松、马尾松等针叶林中地上。可食用。

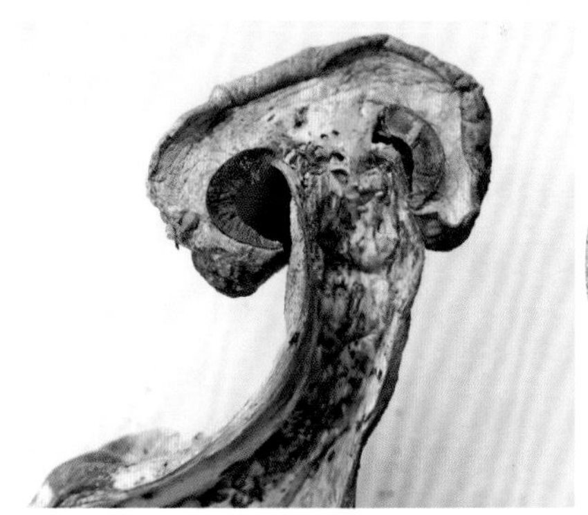
干燥担子果纵切面、菌管层

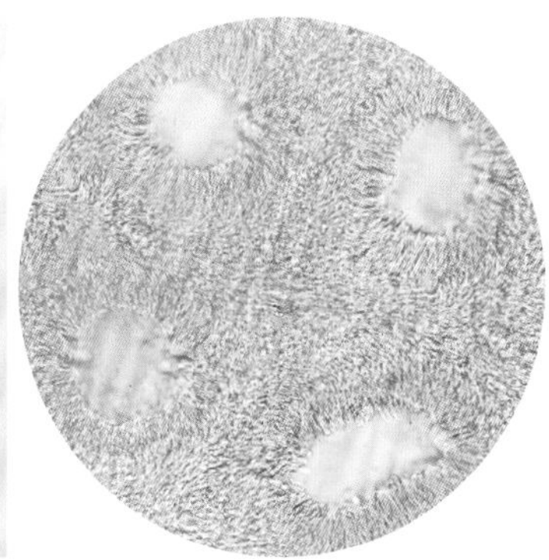
菌管剖面（子实层、菌髓）

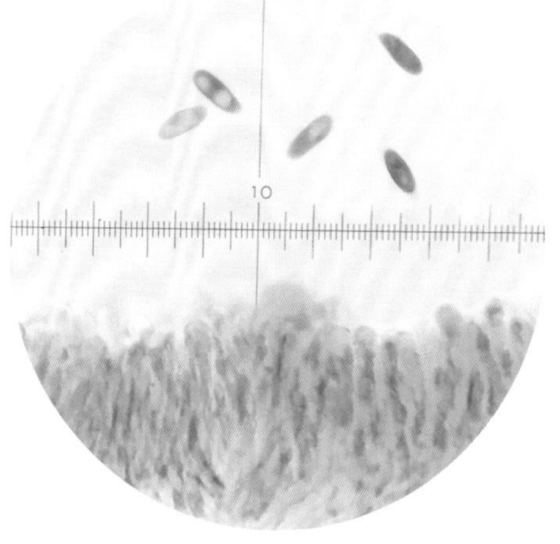

担孢子、子实层

354 彝食黄肉牛肝菌

***Butyriboletus yicibus* D. Arora & J.L. Frank**

菌盖半球形至凸镜状，直径5～10cm，表面赭色、褐色至暗褐色，干燥，被纤丝状鳞片。菌肉厚1.5～2.5cm，近白色至淡黄色，受伤渐变浅蓝色，后缓慢恢复原色。菌管长1～1.5cm，成熟时淡黄褐色至黄褐色，受伤渐变蓝色，后可慢慢恢复原色，管孔面淡黄褐色，孔口多角形，直径不到1mm。菌柄近圆柱形，4～7cm×2.5～4cm，深红色至紫红色，上部玫瑰色到粉红色，有网纹。

担孢子近纺锤形，13～15μm×4～5.5μm，无色，薄壁，平滑。

夏秋季单生或散生于云杉、冷杉林中地上，少见于云南松林下。

担子果（菌柄上部具网纹）

管孔面

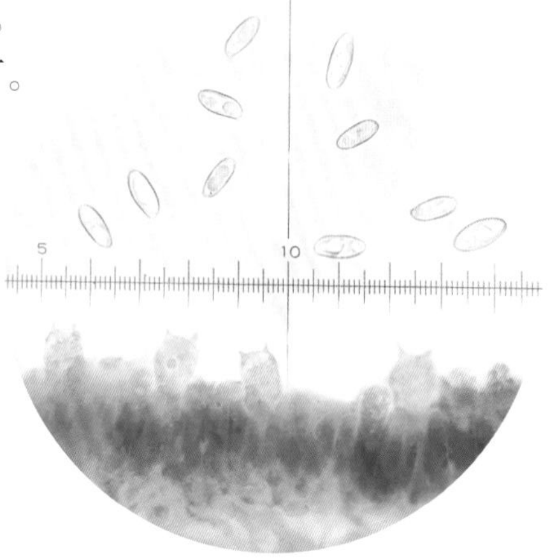

担孢子、担子、子实层

355 毡盖美牛肝菌

***Caloboletus panniformis* (Taneyama & Har. Takah.) Vizzini**

菌盖半球形至凸镜状，直径8～12cm，表面初为浅褐色、褐色，后变淡褐黄色，被软绒毛。菌肉浅黄色，受伤迅速变为浅蓝色，再慢慢变灰色。菌管长5～10mm，淡黄色至浅黄褐色，受伤变暗蓝色，后缓慢恢复原色，管孔面淡黄色，受伤变暗蓝色，孔口多角形，2～3个/mm，受伤迅速变蓝。菌柄近圆柱形，6～10cm×1～2cm，顶部亮黄色，下部玫瑰红至紫红色，密被网纹，尤其上部明显。

囊状体瓶形，粗10～12μm。担孢子近纺锤形，13～16μm×5～6μm，无色，薄壁，平滑。

夏秋季生于云杉、冷杉为主的针叶林中地上，有时见于云南松林下。

担子果（菌盖表面被绒毛）

管孔面受伤变色

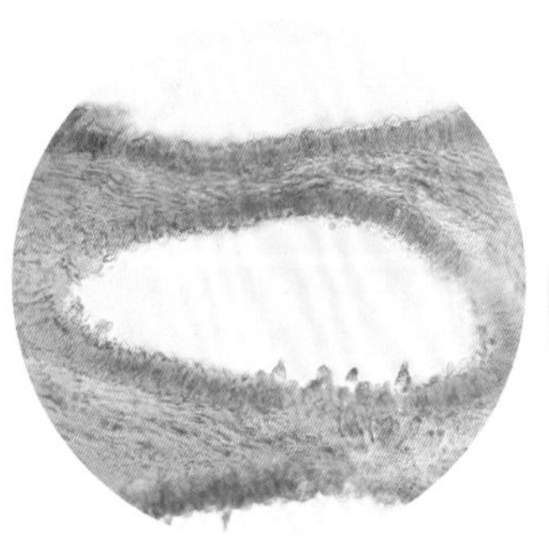

菌管剖面
（囊状体、子实层、菌髓）

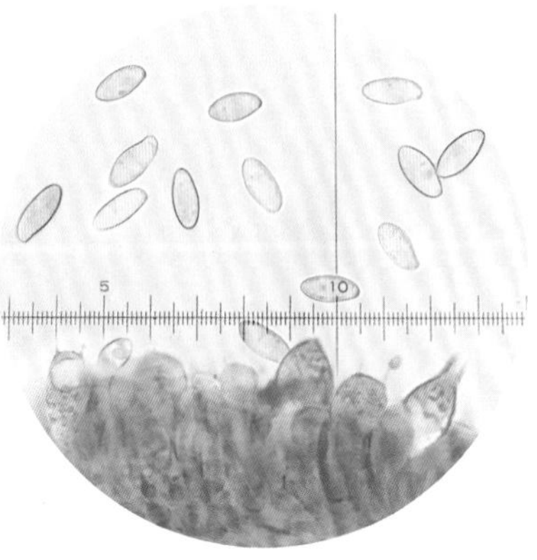

担孢子、担子、囊状体

356 云南美牛肝菌
Caloboletus yunnanensis Kuan Zhao & Zhu L. Yang

担子果（杨祝良原照）

菌盖扁半球形至平展，直径5～10cm，表面黄褐色至暗褐色，被纤丝状至绒状鳞片。菌肉粉红色至淡红色。菌管和管孔面淡黄色至黄褐色。菌柄近圆柱形，5～10cm×1～1.8cm，黄灰色至淡灰色，向上变为淡紫色，顶部淡黄色、黄色。菌肉、菌管、管孔面受伤均变淡蓝色至蓝色。

担孢子卵形至宽椭圆形，8.5～9μm×6.5～7μm，淡黄色，平滑。

夏秋季生于针叶林中地上。

担子果剖面（杨祝良原照）

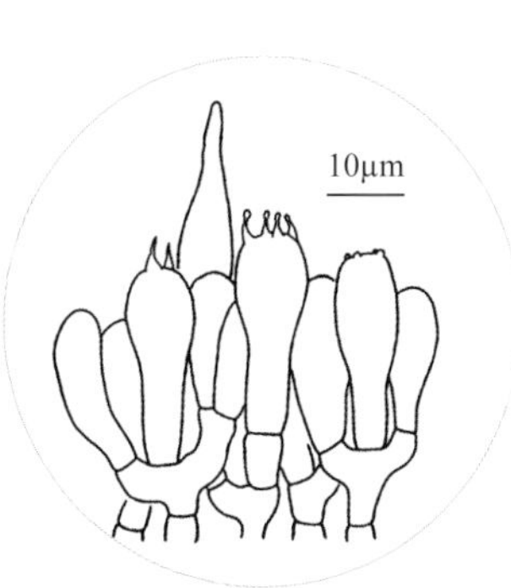

担子、囊状体（杨祝良绘）

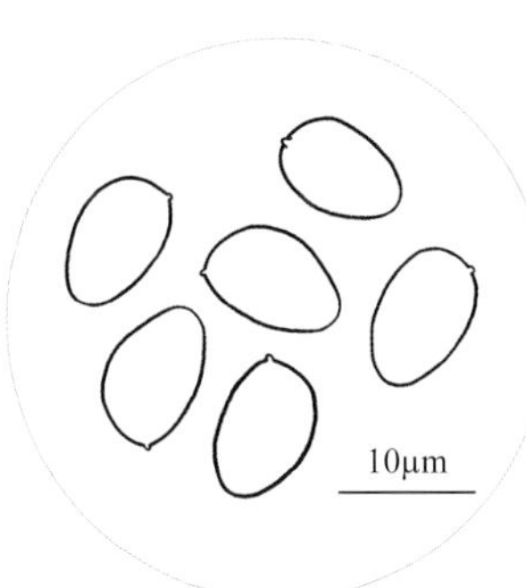

担孢子（杨祝良绘）

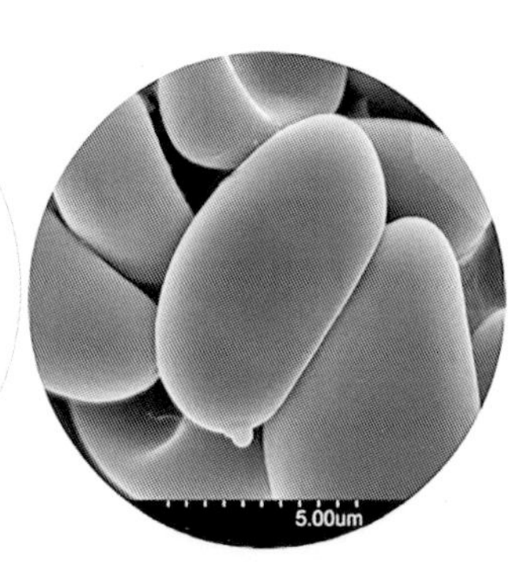

担孢子（电镜照；杨祝良原照）

357 红鳞红孔牛肝菌
Chalciporus rubinelloides G. Wu & Zhu L. Yang

菌盖凸镜状至宽凸镜状，直径3～7cm，表面浅橙色、橙色、橙红色至淡橙褐色，近光滑至被微细绒毛，湿时稍黏。菌肉淡白色。菌管长约8mm，淡灰红色至红色，管孔面同色，孔口不规则形至长圆形，2～3个/mm。菌柄近圆柱形，2.5～6cm×0.3～0.9cm，上部与管孔面同色且被粉状物，下部浅灰带黄色，成熟后表面有不明显的纵条纹。

囊状体长颈瓶形，粗可达10μm。担孢子近纺锤形，11.5～15μm×4～5.5μm，淡黄色至浅黄褐色，平滑。

夏秋季散生于云南松、华山松林下或松树与石栎、栲属的混交林中地上。

担子果（杨祝良原照）

管孔面（杨祝良原照）

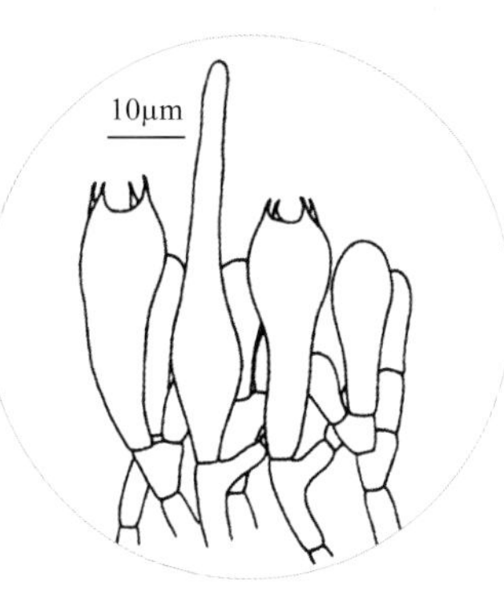

担子、囊状体（杨祝良绘）

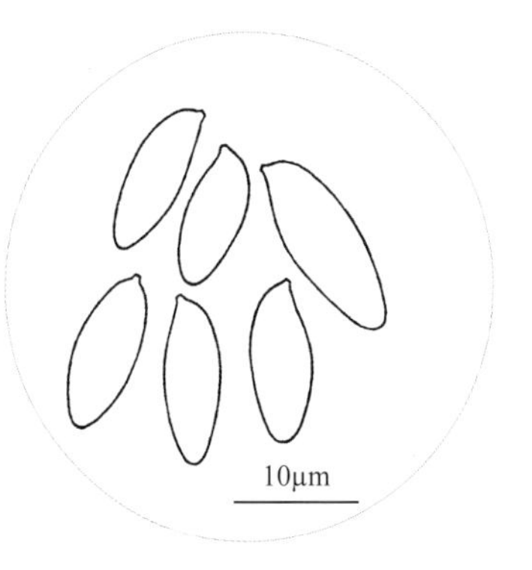

担孢子（杨祝良绘）

358 裘氏牛肝菌

Chiua virens **(W.F. Chiu) Y.C. Li & Zhu L. Yang**

菌盖半球形、凸镜状至平展，直径3～8cm，表面幼时绿色、暗绿色或橄榄绿色，老后芥黄绿色，被橄榄色纤毛或细绒毛结成的鳞片。菌肉淡黄色、亮黄色。菌管淡粉红色，管孔面幼时白色，成熟时呈淡粉红色至粉红色，孔口多角形，0.5～1个/mm。菌柄近圆柱形或棒状，2～9cm×0.5～2cm，黄色、淡黄色，靠基部亮黄色至铬黄色，有条纹，有时基部粗大。

菌盖半球形　　管孔面

担孢子椭圆形、近纺锤形，11～13.5μm×5～5.5μm，浅黄色、淡橄榄色，平滑。

夏秋季单生于云南松、云南油杉、高山松等为主的针叶林下或针阔混交林下土表。可食用。

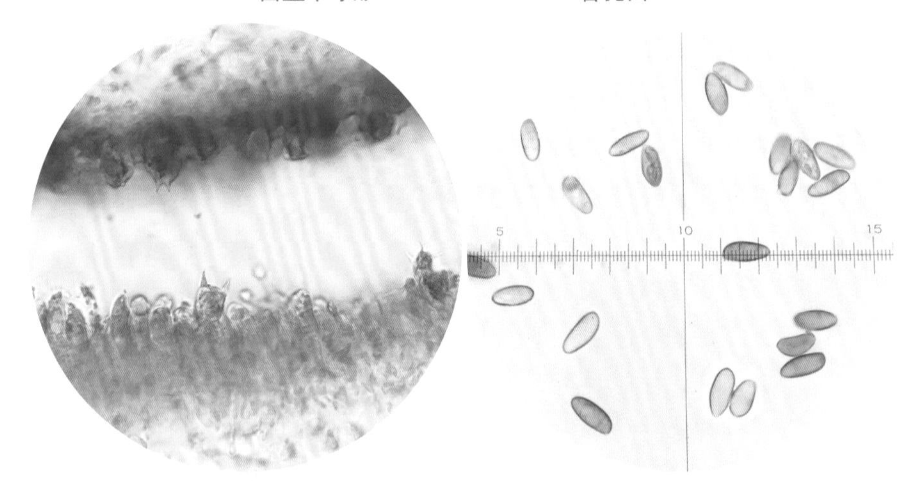

菌管剖面（担子、子实层）　　担孢子

359 绿盖裘氏牛肝菌

Chiua viridula **Y.C. Li & Zhu L. Yang**

菌盖半球形，直径3～8cm，表面黄褐色、蜜黄色带橄榄绿色。菌肉黄色。菌管和管孔面呈淡粉红色，孔口多角形。菌柄圆柱形，4～7cm×0.8～1.2cm，黄色，中部被黄色、粉红色鳞片，基部亮黄色。

囊状体近圆柱形，粗3～6μm。担孢子椭圆形，10～12μm×4～5μm，淡粉红色，平滑。

夏秋季生于针阔混交林中地表。外生菌根菌。

担子果，管孔面

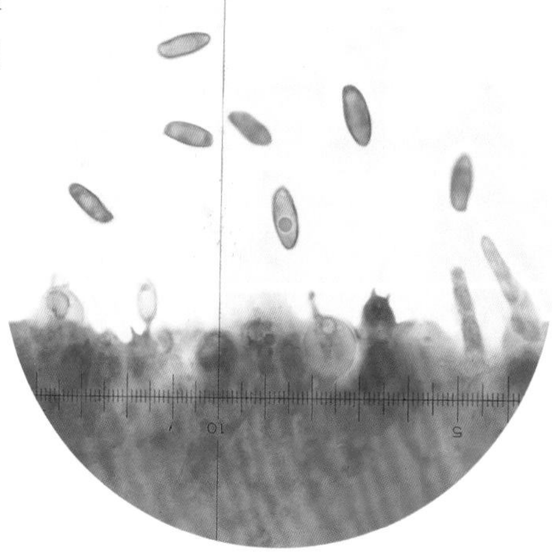

担孢子、担子、囊状体

360 华粉蓝牛肝菌

Cyanoboletus sinopulverulentus **(Gelardi & Vizzini) Gelardi, Vizzini & Simonini**

菌盖宽凸镜状至平展，直径3～6cm，表面淡红褐色、淡黄褐色至淡棕橙色，被微细绒毛。菌肉浅黄至黄色，约7mm厚。菌管与管孔面同为淡黄至黄色，孔口多角形、近圆形，2～3个/mm。菌肉、管孔面受伤迅速变暗蓝色。菌柄圆柱形、近圆柱形，3～5cm×0.5～0.8cm，上部与管孔面同色，向基部呈淡红褐色至暗褐色，被粉末或微细绒毛，受伤变浅蓝黑色。

担孢子长椭圆形至近梭形，12～15μm×5～7μm，金黄色至淡黄褐色，薄壁，平滑。

夏秋季单生或散生于壳斗科栎属、栲属、石栎属各种的林中地上。

担子果（管孔面，菌柄受伤变色）

361 黏柄褐孔小牛肝菌

Fuscoboletinus glandulosus **(Peck) Pomerl. & A.H. Sm.**

（现名：*Boletinus glandulosus* Peck）

菌盖半球形至平展，直径4～12cm，表面赭褐色、红褐色至深黑褐色，湿时黏，有凹陷并形成不规则网眼。菌肉淡黄色，厚1～1.2cm。菌管长4～8mm，暗黄色至榄褐色，孔口不规则多角形，约0.5个/mm。菌柄近棒状，4～8cm×0.8～1.5cm，上部有网纹和红色斑点。菌托鞘状，不易脱落。

担孢子圆柱形，7.5～11.5μm×3.5～5μm，淡紫褐色，平滑。

夏秋季单生或散生于黄毛青冈林、云杉、松林等针叶林或针阔混交林中地上。

干燥担子果，管孔面

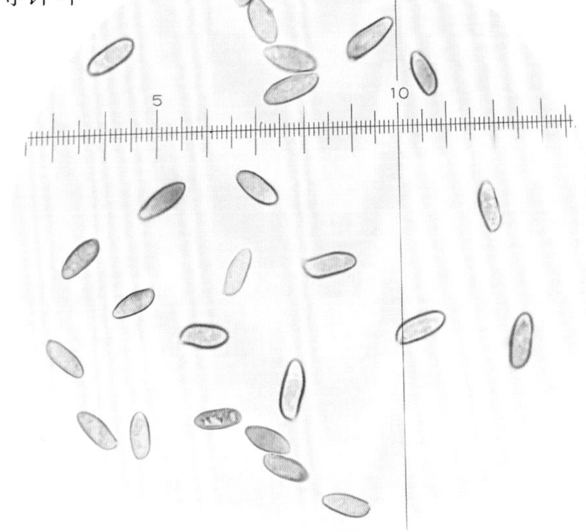

担孢子

362 腹牛肝菌

Gastroboletus boedijnii **Lohwag**

担子果被果型。菌盖半球形，直径2～5cm，表面黄褐色、赭褐色，被短绒毛，后有不规则皱纹。菌肉淡黄色，厚1.5～2.5mm。菌管与管孔面同为黄色至黄褐色，孔口近圆形、多角形，1～2个/mm，可见被撕破的内菌幕。菌柄粗短，3～5cm×1～2cm，乳白色，基部留有菌托。

担孢子圆柱形，12～16μm×5～6μm，橄榄黄色，壁较厚，平滑，底部多平凹。

夏秋季生于华山松、高山松、高山栎等林下的地上。

干燥担子果（菌盖纵切面，边缘残留撕破的内菌幕）

担孢子（底部平凹）

363 高山哈里牛肝菌

Harrya alpina **Y.C. Li & Zhu L. Yang**

菌盖近半球形至平展，表面浅褐色至浅灰褐色，通常中部色较暗而边缘色较浅，常龟裂，被细绒毛，湿时稍黏，受伤变浅红褐色至淡粉褐色。菌肉白色，表皮下的淡粉褐色至浅灰粉色。菌管长可达15mm，与管孔面同色，管孔面幼时白色，成熟后浅粉色至粉红色，孔口多角形，1～2个/mm。菌柄近圆柱形至棒状，3～5.5cm×1.2～1.8cm，奶油色至淡黄色，而基部亮黄色至铬黄色，被稀疏且略带紫红色的小鳞片。

担孢子近纺锤形，12～15μm×4.5～5.5μm，无色至淡黄色，平滑。

夏秋季散生于高山草甸。

担子果（杨祝良原照）

管孔面（杨祝良原照）

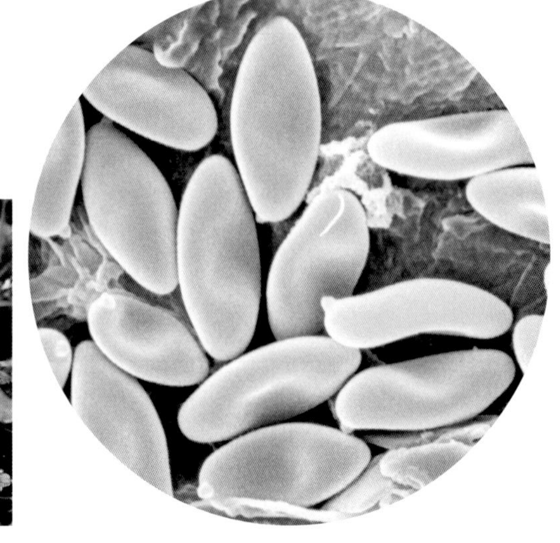

担孢子（电镜照；李艳春提供）

364 黑灰哈里牛肝菌

Harrya atrogrisea **Y.C. Li & Zhu L. Yang**

担子果（杨祝良原照）

菌盖半球形至凸镜状，表面橄榄灰色至暗榄褐色，触摸或伤及会变浅灰红色至淡红褐色，被纤毛和不明显细绒毛。菌肉白色，靠盖面处浅灰红至淡粉红色。菌管长可达2cm，与管孔面同色，管孔面幼时白色，成熟时淡粉色至粉红色，孔口多角形，1～2个/mm。菌柄圆柱形，上部白色至奶油色，基部亮黄色至铬黄色，被淡紫红色鳞片。

担孢子近纺锤形、长椭圆形，11～14μm×4.5～5.5μm，无色，平滑。

散生于松科与壳斗科的混交林内土表。

担子果纵切面（杨祝良原照）

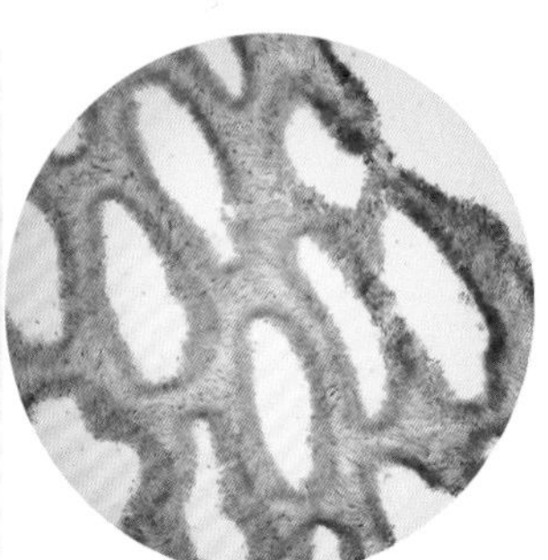
菌管剖面

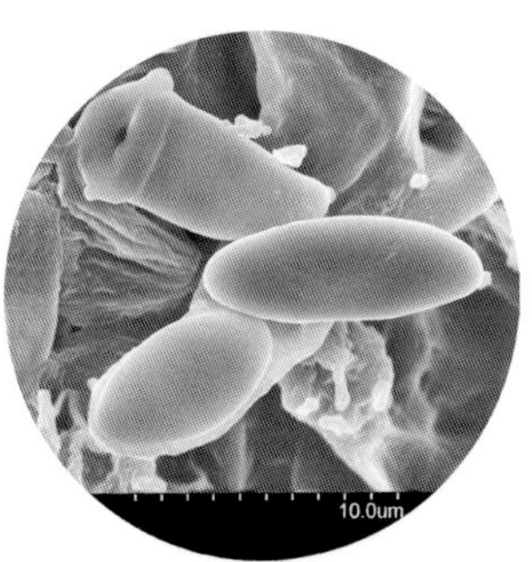

担孢子（电镜照；李艳春提供）

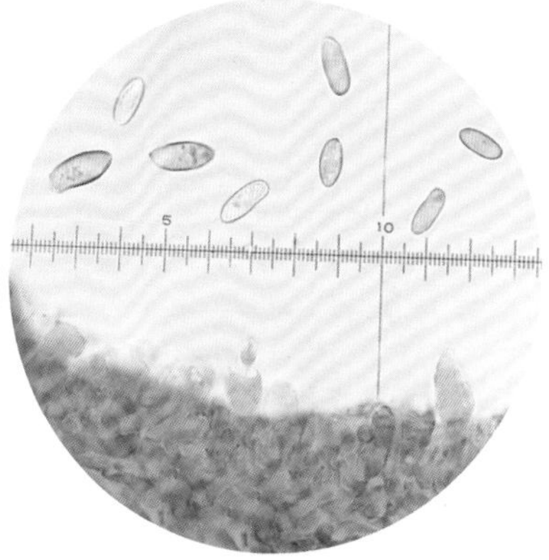

担孢子、担子、囊状体、子实层

365 哈里牛肝菌

Harrya chromipes **(Frost) Halling, Nuhn, Osmundson & Manfr. Binder**

菌盖半球形至平展，直径3～8cm，表面粉红色至淡粉褐色，被纤毛状鳞片。菌肉白色，靠盖面的呈淡粉红色至淡红褐色。菌管仅长2.5mm，与管孔面同色，管孔面幼时白色，成熟变淡粉红色至粉红色，孔口多角形，0.5～1个/mm。菌柄圆柱形，5～10cm×1～2cm，粉红、淡紫红色，被粉红色至红色鳞片，基部亮黄色或柠檬黄色。

担孢子长椭圆形至近纺锤形，11～17μm×4～5.5μm，无色至浅黄色，平滑。

夏秋季生于云杉、冷杉等针叶林或松科、壳斗科各种的针阔混交林中地上。可能有毒。

担子果（杨祝良原照）

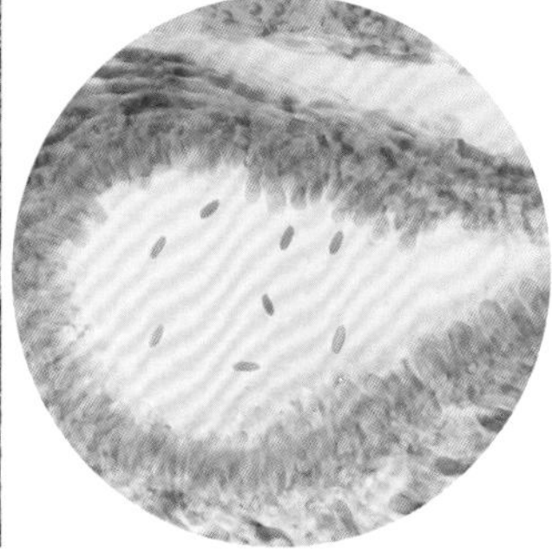
菌管剖面（担孢子、子实层）

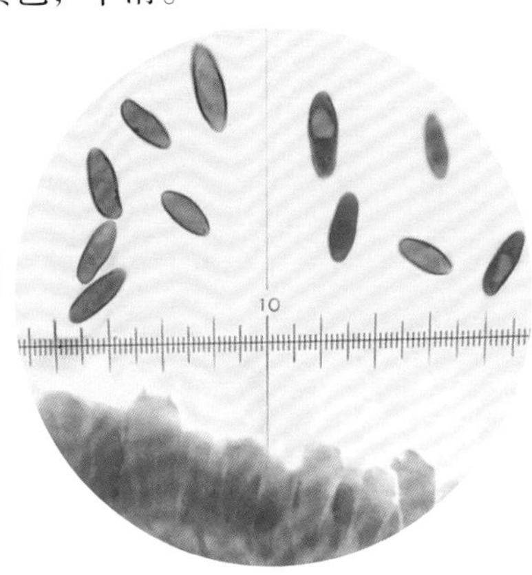

担孢子、担子、子实层

366 亚高山哈里牛肝菌

***Harrya subalpina* Y. C. Li & Zhu L. Yang**

担子果（杨祝良原照）

菌盖半球形至宽凸镜状或平展，直径3.5～5cm，表面幼时浅灰褐色至紫褐色，成熟后浅灰红色至浅灰玫瑰色，光滑或被细绒毛，伤时呈淡红色至鲑鱼色，干燥，成熟时常开裂。菌肉白色、粉色至玫瑰色。菌管仅1.5cm长，幼时白色，成熟后粉红色，孔口多角形，1～2个/mm。菌柄近圆柱形，3.5～5cm×1～1.5cm，白色至奶油色，基部亮黄色到铬黄色，有紫红色至粉红色的粗糙点状物。

担孢子长椭圆形至纺锤形，12.5～14μm×4.5～5.5μm，无色至淡黄色，平滑。

夏秋季生于松科的针叶林下或针阔混交林中地上。

管孔面（杨祝良原照）

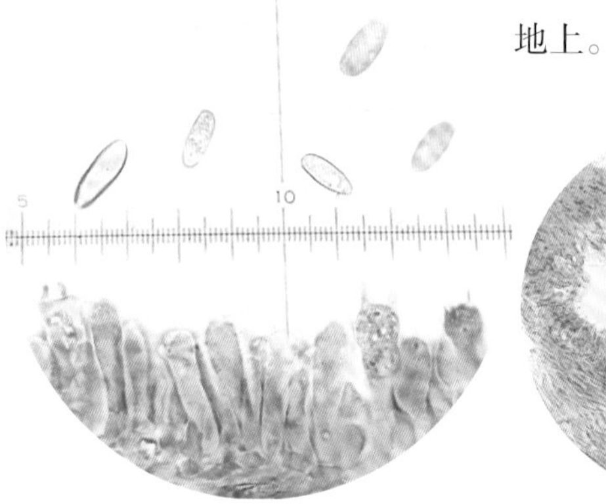

担孢子、担子、子实层

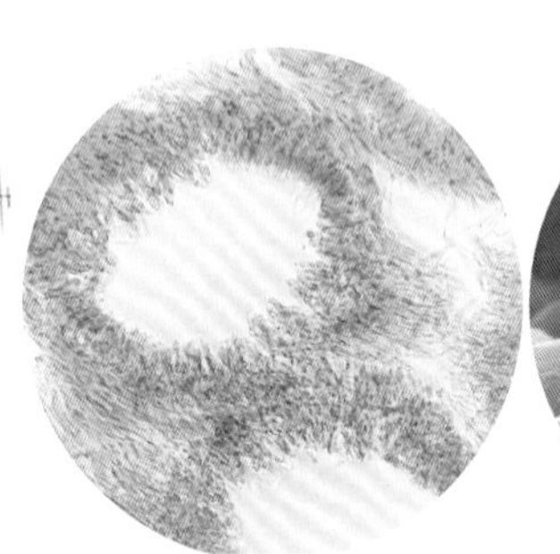

菌管剖面

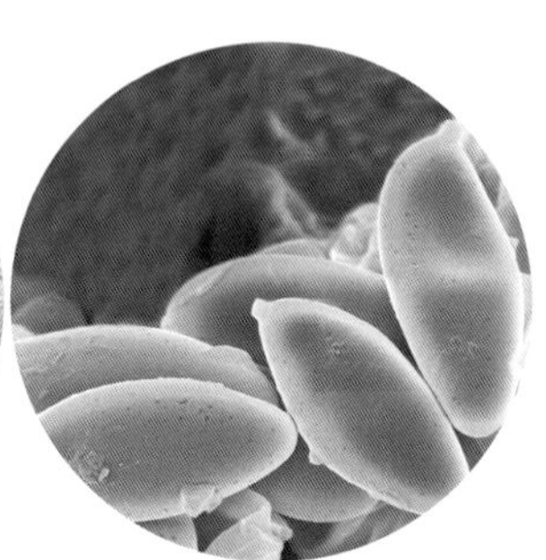

担孢子（电镜照；李艳春提供）

367 杏仁味庭院牛肝菌

***Hortiboletus amygdalinus* Xue T. Zhu & Zhu L. Yang**

菌盖近半球形、凸镜状至平展，直径2～6.5cm，表面黄褐色、红褐色、灰褐色至暗褐色，幼时多皱，后放射状开裂。菌肉奶油色至淡黄色。菌管与管孔面同为黄色、暗黄色，老后变赭色，受伤迅速变蓝色，孔口多角形，0.5～1个/mm。菌柄近圆柱形，4～8cm×0.7～1cm，顶部淡黄色，中部奶油色至浅褐色，基部奶油色至污白色。

担孢子近纺锤形，10～12μm×5～6.5μm，浅黄褐色，平滑。

夏秋季散生于云南松等松属树种或壳斗科石栎属各种的林中地上。

担子果（杨祝良原照）

担子果纵切面，菌管受伤变色（杨祝良原照）

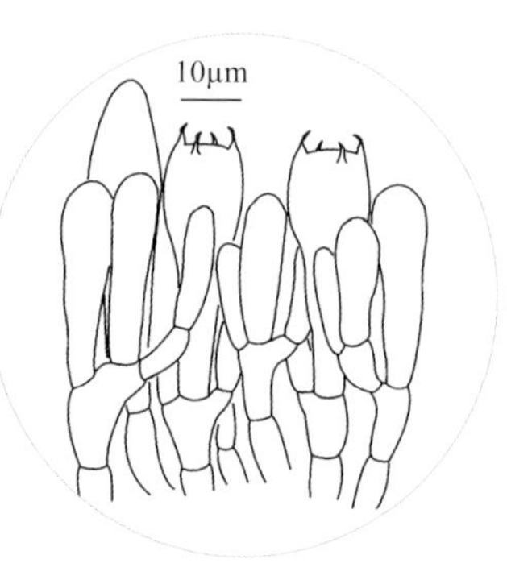

担子、子实层（杨祝良绘）

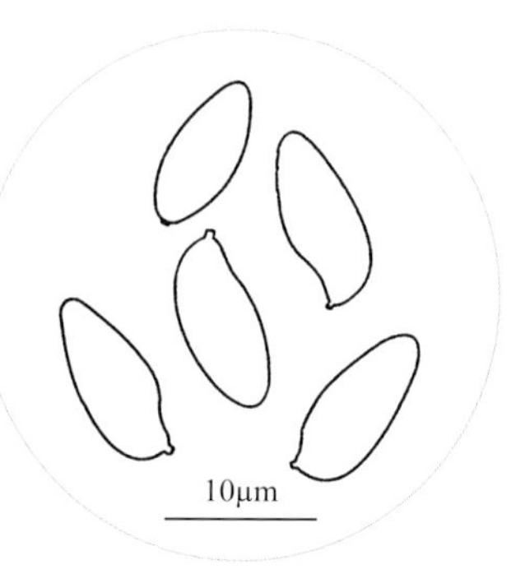

担孢子（杨祝良绘）

368 近酒红庭院牛肝菌

Hortiboletus subpaludosus **(W.F. Chiu) Xue T. Zhu & Zhu L. Yang**

菌盖近半球形至凸镜状，直径3～8cm，表面红色、红褐色至暗褐色，被绒毛，干燥。菌肉淡黄色，受伤迅速变蓝色，再变浅褐色。菌管与管孔面同为金黄色至暗黄色，成熟后呈赭色，受伤迅速变蓝，孔口多角形，1～2个/mm。菌柄近圆柱形,4～9cm×0.8～1.3cm，顶部黄色，中部红色至浅红褐色，基部奶油色至污白色，被纤毛。

担孢子近纺锤形、杏仁形，11～13μm×4.5～5μm，浅黄褐色，平滑。

夏秋季散生于以松林、栎林和石栎林为主的林中地上。

担子果（杨祝良原照）

担子果纵切面，菌管受伤变色（杨祝良原照）

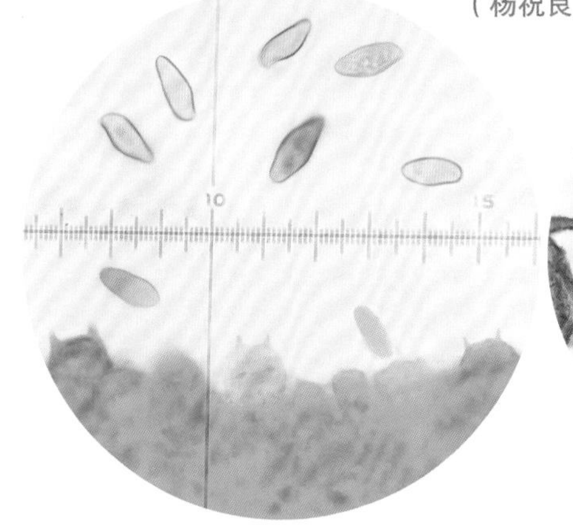

担孢子、担子

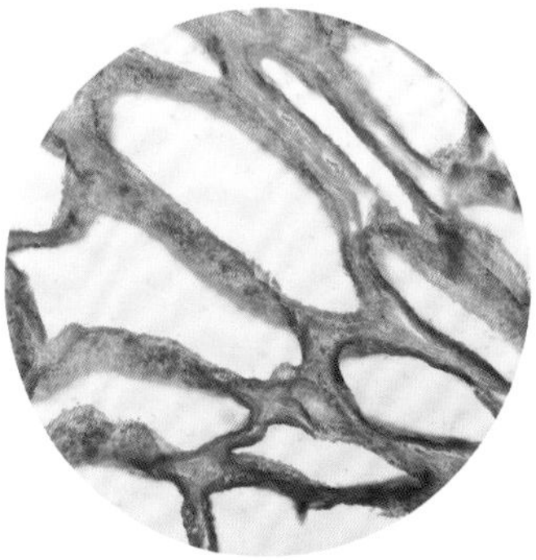

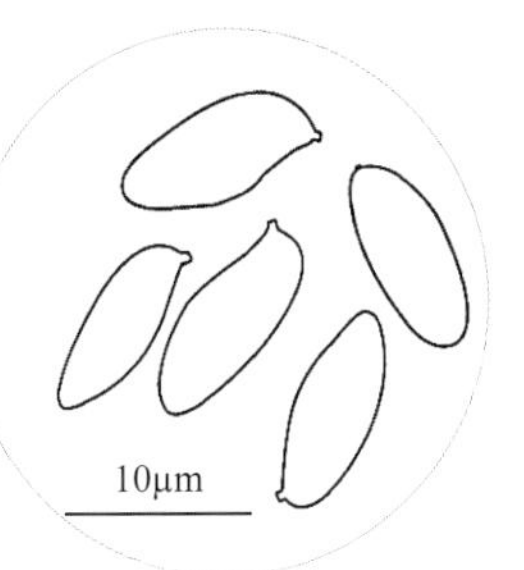

菌管剖面

369 厚瓤牛肝菌

Hourangia cheoi **(W.F. Chiu) Xue T. Zhu & Zhu L. Yang**

菌盖半球形、凸镜形，直径3～8cm，表面密被红褐色或暗褐色鳞片。菌肉污白色，较厚。菌管层较厚，与管孔面同为黄色、暗黄色，孔口圆形、多角形，0.5～1个/mm。菌肉、菌管受伤均先变蓝色，后颜色逐渐变深。菌柄近圆柱形，5～8cm×0.3～1cm，淡红褐色至淡褐色，近光滑。

担孢子长椭圆形，10～12.5μm×4～4.5μm，近无色至淡黄色，平滑。

夏秋季单生或散生于阔叶林或针阔混交林中地上。

担子果（菌盖表面被鳞片）

管孔面受伤变色

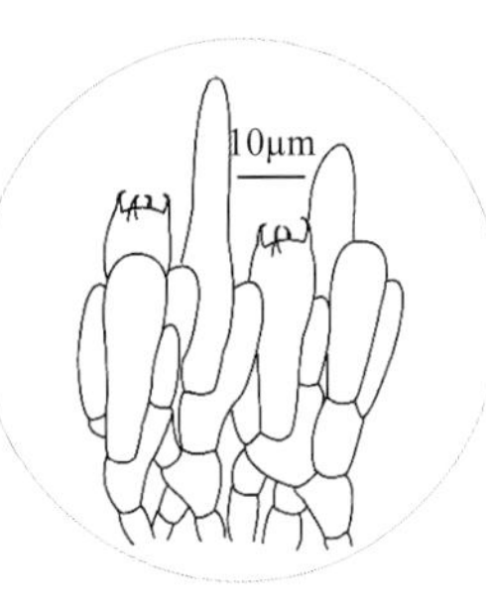

担子、囊状体（杨祝良绘）

担孢子（杨祝良绘）

370 芝麻厚瓤牛肝菌

***Hourangia nigropunctata* (W.F. Chiu) Xue T. Zhu & Zhu L. Yang**

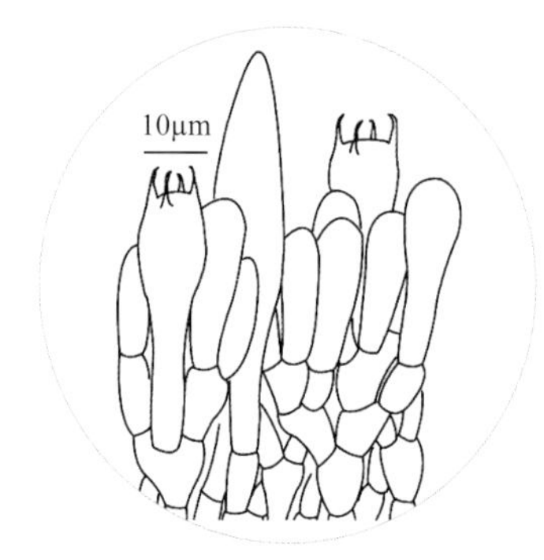

担子、子实层（杨祝良绘）

菌盖半球形，直径5～7cm，表面深茶褐色，被暗褐色或茶褐色颗粒状物，干而不黏。菌肉淡黄色，受伤变蓝色，较厚。菌管与管孔面同为黄色，孔口多角形，0.5～1个/mm。菌柄近圆柱形，5～7cm×0.5～1cm，近似盖色或略浅，被细绒毛。

担孢子椭圆形，6～8μm×3～4μm，赭色，平滑。

夏秋季单生或散生于针阔混交林中地上。

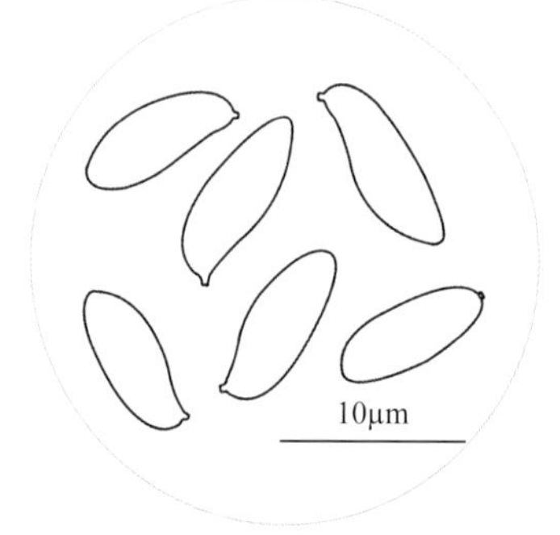

担孢子（杨祝良绘）

担子果，管孔面

371 绒盖栗色牛肝菌

***Imleria badia* (Fr.) Vizzini**［曾用名：*Xerocomus badius* (Fr.) E.-J. Gilbert］

菌盖扁半球形，后变平展，直径5～18cm，表面褐色至茶褐色，被细绒毛，受伤变蓝色。菌肉黄白色。菌管黄色，受伤变黄绿色，孔口多角形，1～2个/mm。菌柄圆柱形，稍弯曲，4～8cm×1～2.5cm，淡黄褐色。

囊状体瓶形，多。担孢子长椭圆形、圆柱形，10～15μm×4～5.5μm，青褐色，平滑，内含油滴。

夏秋季单生或群生于针叶林、阔叶林或针阔混交林中地上。慎食。外生菌根菌。

干燥担子果（菌盖表面被细绒毛）

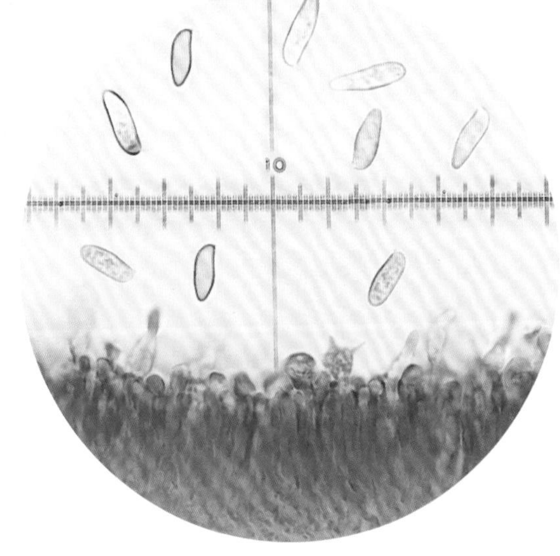

担孢子、担子、囊状体、子实层

372 亚高山栗色牛肝菌

***Imleria subalpina* Xue T. Zhu & Zhu L. Yang**

菌盖扁半球形至渐平展，直径4～8cm，表面红褐色至暗褐色，湿时稍黏。菌肉米色至黄色。菌管与管孔面淡黄色、柠檬黄色，成熟后橄榄黄色，菌肉、菌管、管孔面受伤慢慢变蓝。菌柄圆柱形至棒形，5～7cm×0.8～2cm，顶部淡黄色，大部浅红褐色，被淡褐色至暗褐色鳞片。

担孢子梭形，11～15μm×4.5～6μm，浅黄色，平滑。

夏秋季生于针叶林中地上。

担子果（菌盖湿时稍黏）

管孔面受伤变色、菌柄被鳞片

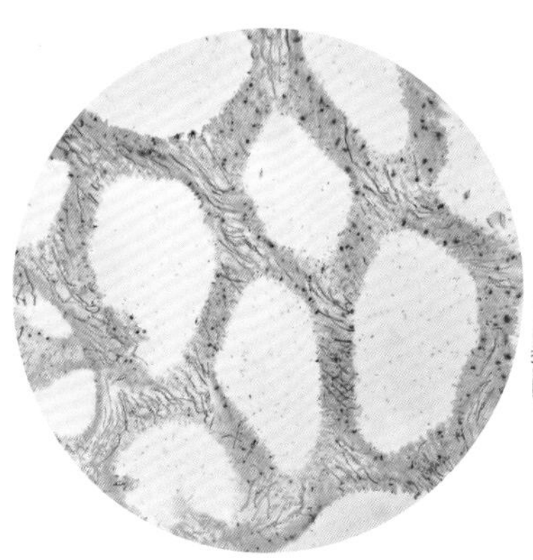

菌管剖面

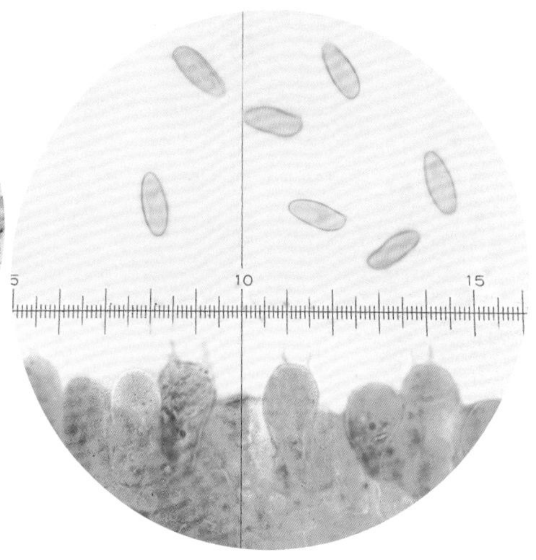

担孢子、担子、子实层

373 奶油小疣柄牛肝菌

***Leccinellum cremeum* Zhu L. Yang & G. Wu**

菌盖半球形、凸镜状至平展，直径2～4cm，表面奶油色至淡黄色，部分浅褐色，光滑。菌管污白色，管孔面污白色至奶油色，孔口不规则形。菌管和管孔面受伤均变浅褐色。菌柄近圆柱形，2～4cm×0.5～1cm，奶油色至淡黄色，被淡褐色至褐色微细鳞片。

担孢子近纺锤形，14～18μm×5～7μm，黄褐色至赭色，壁稍厚，平滑。

夏秋季散生于以云杉、栎类为主的林中地上。

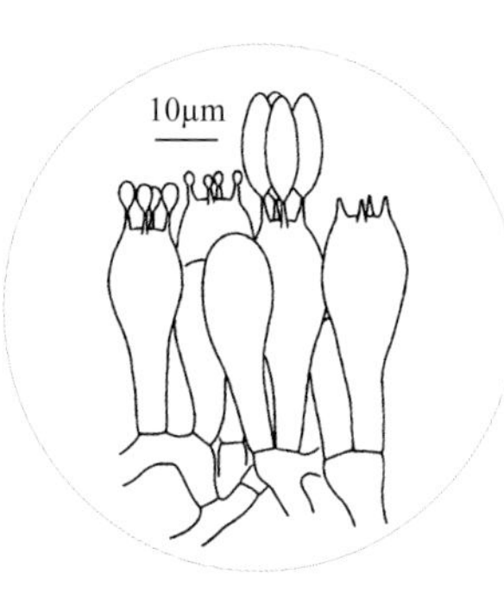

担子、担孢子（杨祝良绘）

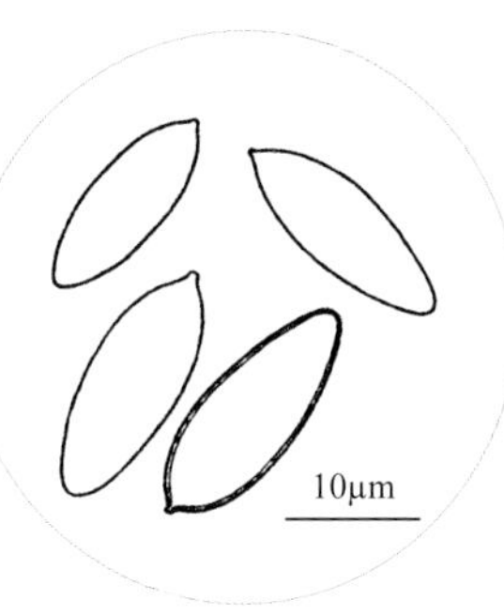

担孢子（杨祝良绘）

担子果，管孔面（杨祝良原照）

374 黑鳞疣柄牛肝菌

Leccinum atrostipitatum **A.H. Sm., Thiers & Watling**

菌盖半球形至近平展，直径5～13cm，表面浅黄褐色至赭褐色，被纤毛状鳞片，湿时黏。菌肉白色，受伤变粉红色至灰黄褐色。菌管白色，后呈浅黑褐色。菌柄圆柱形，5～15cm×1～4cm，污白色至浅褐色，被黑色粗疣或鳞片。

担孢子长椭圆形、纺锤形，10～17μm×3.5～5μm，浅褐色，平滑。

夏秋季单生或散生于阔叶林中地上。可食用。外生菌根菌。

担子果（菌盖表面湿时黏）

管孔面，菌柄被黑色鳞片

菌管剖面

担孢子

375 橙黄疣柄牛肝菌

Leccinum aurantiacum **(Bull.) Gray**

菌盖半球形，直径4～12cm，表面橙黄色至橙红色，光滑或稍被绒毛，湿时稍黏，边缘钝。菌肉污白至浅灰色。菌管浅灰白色，后变污褐色，孔口近圆形，2～3个/mm。菌柄近圆柱形，4～12cm×1～2.5cm，灰色，密被褐色疣突，顶部有网纹，基部白色。

担孢子长椭圆形、纺锤形，17～20μm×5～6μm，淡黄褐色，平滑。

夏秋季单生或散生于混交林中地上。可食用。

担子果

管孔面，菌柄密被疣突

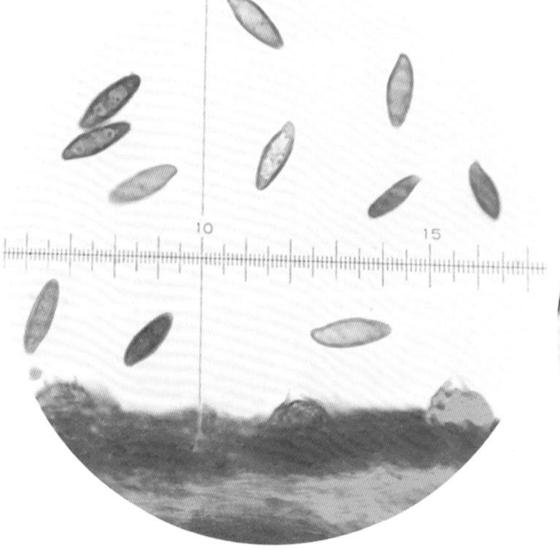

担孢子、担子

菌管剖面

376 褐疣柄牛肝菌 （曾用名：褐鳞疣柄牛肝菌）

***Leccinum scabrum* (Bull.) Gray**

菌盖凸镜状，直径5～10cm，表面淡黄褐色、褐色，光滑或被有极细绒毛，湿时稍黏。菌肉白色，受伤不变色或慢慢变淡粉红色。菌管幼时白色，成熟时浅灰褐色，长10～15mm，管孔面淡黄色至浅灰白色，成熟时有淡褐色斑点，受伤呈深褐色，孔口多角形，1.5～2个/mm。菌柄近圆柱形，5～10cm×1～3cm，白色至浅灰白色，有纵纹，被褐色颗粒状鳞片。

担孢子椭圆形或近纺锤形，10～12μm×5～7μm，淡榄褐色，平滑。

夏秋季单生或散生于针叶林或云杉、冷杉与杜鹃的混交林中地上。可食用。

担子果

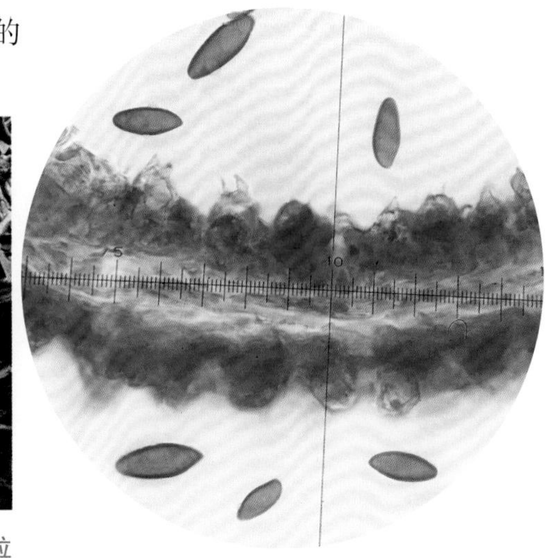

管孔面，菌柄密被颗粒状鳞片

担孢子、担子、子实层、菌髓

377 栗色黏盖牛肝菌

***Mucilopilus castaneiceps* (Hongo) Hid. Takah.**

菌盖半球形、凸镜状至平展，直径3～6.5cm，表面浅栗色至淡肉褐色，有时多皱，湿时黏。菌肉白色至浅灰白色。菌管长5～8mm，与管孔面同为淡粉红色、淡褐粉色或粉紫色，孔口多角形，1～2个/mm。菌柄圆柱形，5～7cm×0.3～1cm，白色，但受伤时常有奶油黄色的斑点，有纵向网纹。

担孢子近纺锤形，12～13.5μm×4.5～5.5μm，浅黄色、淡黄褐色，平滑。

常生于壳斗科树种林下的地表。

担子果

管孔面

担孢子、担子、子实层

378 茶褐新牛肝菌

Neoboletus brunneissimus **(W.F. Chiu) Gelardi, Simonini & Vizzini**

菌盖半球形，直径5～10cm，表面暗褐色、茶褐色至深肉桂色，被绒毛。菌肉淡黄色、黄色，受伤变蓝色。菌管黄绿色，受伤变淡蓝色，管孔面暗褐色至深肉桂色。菌柄圆柱形，5～10cm×1～3.5cm，被暗褐色糠麸状鳞片，基部有暗褐色硬毛。

担孢子长椭圆形至近梭形，9～13μm×4～5μm，淡青黄色，平滑。

夏秋季生于针阔混交林中地上。可食用。

担子果

管孔面，菌肉、菌管受伤变色

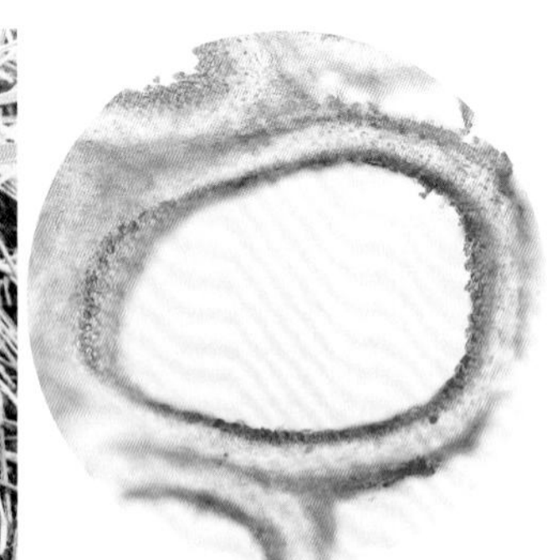

菌管切面

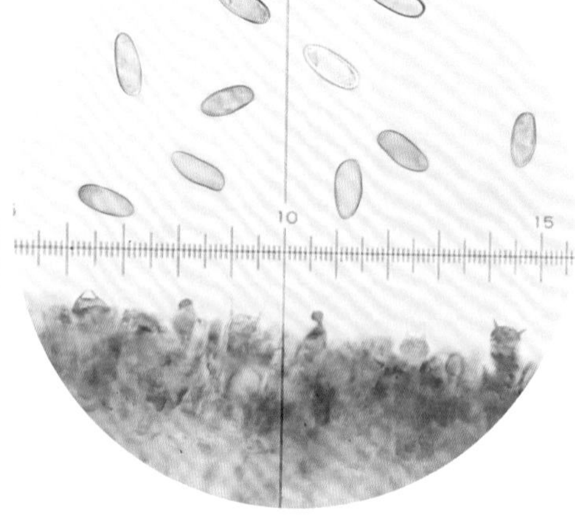

担孢子、担子、囊状体、子实层

379 华丽新牛肝菌

Neoboletus magnificus **(W.F. Chiu) Gelardi, Simonini & Vizzini**

菌盖扁半球形至平展，直径5～11cm，表面鲜红色、血红色至深红褐色，受伤变暗蓝色再变暗褐至黑褐色，被小绒毛。菌肉黄色。菌管柠檬黄色，成熟时黄褐色，长7～12mm，管孔面红色，孔口略圆形，1～2个/mm，菌肉、菌管、管孔面受伤均变蓝色。菌柄近圆柱形，6～15cm×2～4cm，上部杏黄色，近红色，有红色细小疣和红色纤丝、网纹。

囊状体瓶形，粗约9μm。担孢子椭圆形、近梭形，9～13μm×4.5～6μm，淡橄榄色，平滑。

夏秋季生于针阔混交林中地上。可食用。

担子果

管孔面

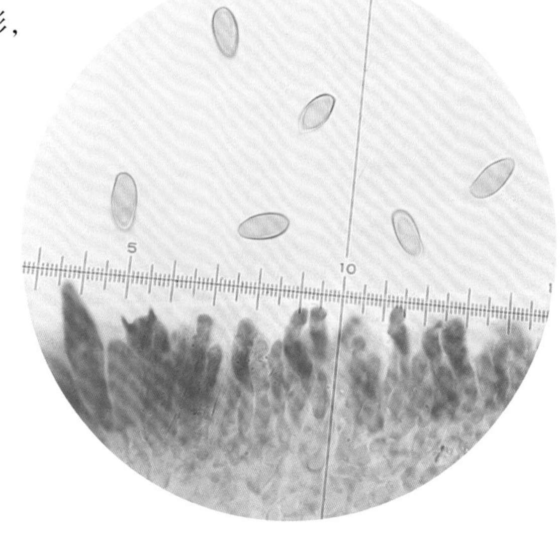

担孢子、担子、囊状体、子实层

380 红孔新牛肝菌 （曾用名：红孔异色牛肝菌）

***Neoboletus rubriporus* (G. Wu & Zhu L. Yang) N.K. Zeng, H. Chai & Zhi Q. Liang**

（曾用名：*Sutorius rubriporus* G. Wu & Zhu L. Yang）

菌盖凸镜状至平展，直径5～9cm，表面淡棕红色、淡红橙色、浅灰橙色、浅褐黄色至褐色、紫褐色，光滑无毛，湿时黏，触摸变深蓝色。菌肉淡黄色、鲜黄色。菌管浅黄、淡黄橙色至橙色，管孔面血红色、深红色，孔口近圆形，1～1.5个/mm，菌肉、菌管、管孔面受伤迅速变蓝色、暗蓝色。菌柄近圆柱状至倒棒状，6～13cm×1～2cm，淡黄红色、红色至浅褐橙色，受伤迅速变暗蓝色。

囊状体瓶形，无色，突越子实层13～15μm。担孢子近纺锤形，12～16μm×5～6μm，淡黄褐色，平滑。

夏秋季生于冷杉、云杉林中或松科与杜鹃属各种混交的林下地上。

担子果（菌盖表面湿时黏）

管孔面，菌柄受伤变色

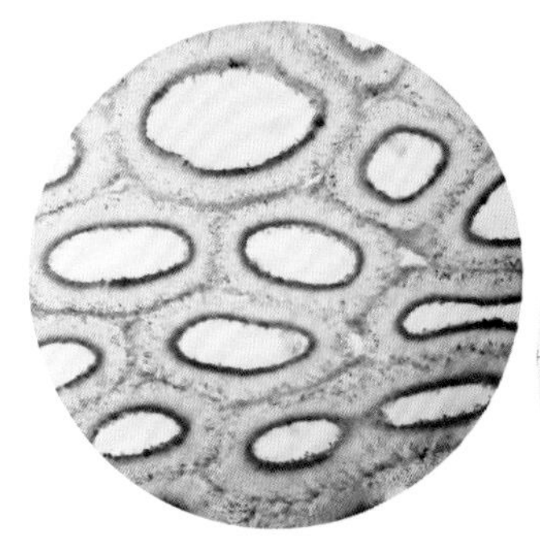

菌管剖面

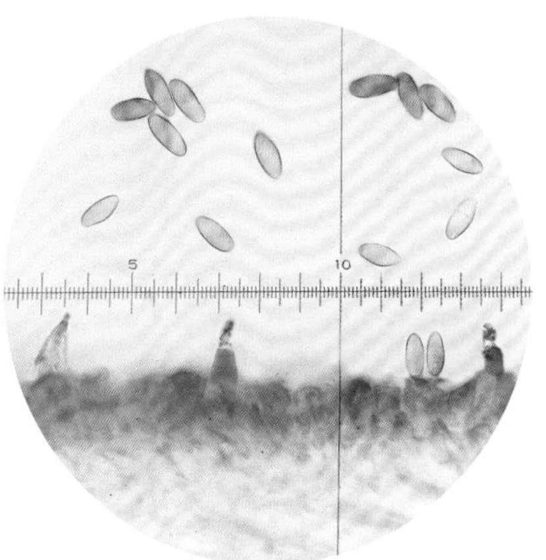

担孢子、囊状体、子实层

381 中华新牛肝菌

***Neoboletus sinensis* (T.H. Li & M. Zang) Gelardi, Simonini & Vizzini**

菌盖半圆形，表面黄赭色、深褐色、橄榄灰色，密被绒毛。菌肉黄色，厚1～2mm，受伤变蓝色。菌管红褐色，长2.5～5mm，孔口圆形，2～2.5个/mm。菌柄棒状，4～12cm×1～2.5cm，黄褐色，具网纹。

担孢子长椭圆形、椭圆形，13～19μm×5～6.5μm，淡黄褐色，平滑。

夏秋季散生于栎类林下。

干燥担子果，管孔面

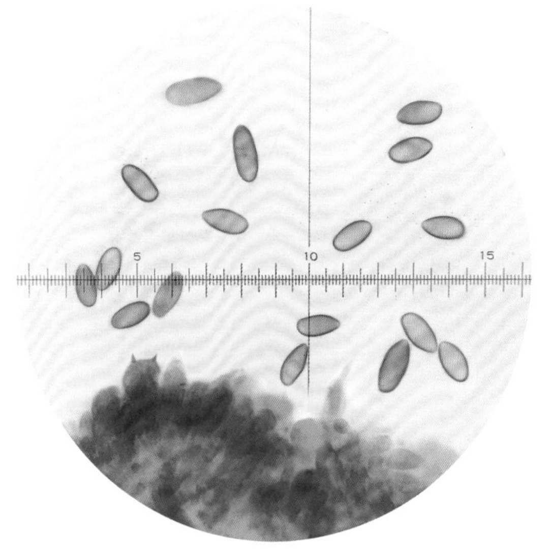

担孢子、担子、囊状体

382 拟血红新牛肝菌 （曾用名：拟血红异色牛肝菌）

Neoboletus sanguineoides **(G. Wu & Zhu L. Yang) N.K. Zeng, H. Chai & Zhi Q. Liang**

（曾用名：*Sutorius sanguineoides* G. Wu & Zhu L. Yang）

菌盖凸镜状至平展，直径5～9cm，表面深红色至浅红褐色，干燥、光滑或被微细绒毛，幼时边缘内卷。菌肉淡黄色。菌管浅黄色至黄色，管孔面血红色、暗红色至浅红褐色，孔口近圆形，1.5～3个/mm。菌柄倒棒状，少数近圆柱形，5～9cm×2～3cm，灰黄色至黄色，密被红色至暗红色粉状物。菌盖、菌肉、菌管、管孔面受伤迅速变暗蓝色。

囊状体瓶形，粗2.5～4μm。担孢子近纺锤形、圆柱形，14～18μm×5～7μm，淡褐色至黄褐色，平滑。

夏秋季散生于冷杉、云杉林或壳斗科与杜鹃混交林中地上。

担子果（菌管、菌柄受伤变色）

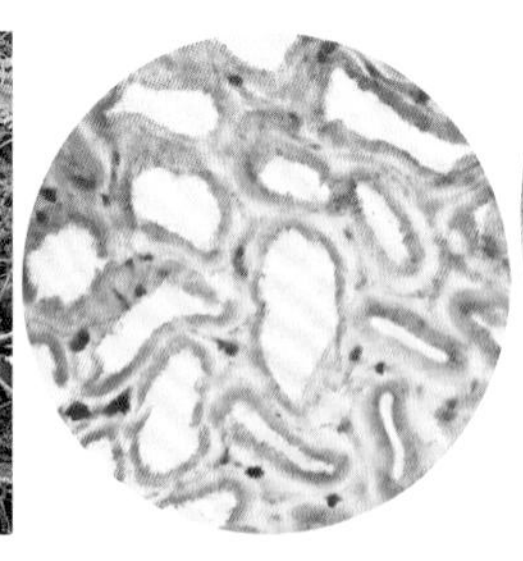

菌管剖面

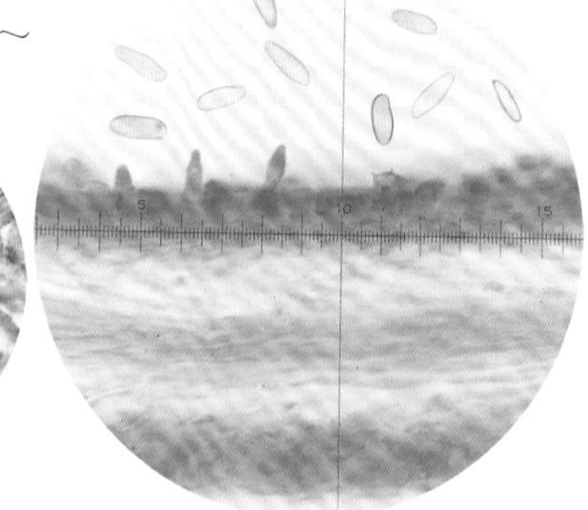

担孢子、担子、囊状体、子实层

383 血红新牛肝菌 （曾用名：血红异色牛肝菌）

Neoboletus sanguineus **(G. Wu & Zhu L. Yang) N.K. Zeng, H. Chai & Zhi Q. Liang**

（曾用名：*Sutorius sanguineus* G. Wu & Zhu L. Yang）

菌盖凸镜状至平展，直径2～10cm，表面红色、鲜红色、血红色至浅棕红色，近无毛或被微细绒毛，边缘淡黄色。菌肉淡黄色。菌管淡黄色至黄色，管孔面玫瑰红色、红色至深红色，孔口近圆形，1.5～2个/mm。菌柄近圆柱形至倒棒状，4～14cm×1.5～3cm，橙红色至红色，顶部鲜红色，向基部逐渐变为暗红色至淡红褐色，密被粉状物，少有网纹。菌盖、菌肉、菌管、管孔面和菌柄受伤都迅速变暗蓝色。

担孢子近纺锤形，10～14μm×5～6μm，淡褐色至浅黄褐色，平滑。

夏秋季散生于以云杉、冷杉为主的亚高山林或与壳斗科混交的林中地上。

担子果

管孔面，菌柄受伤变色

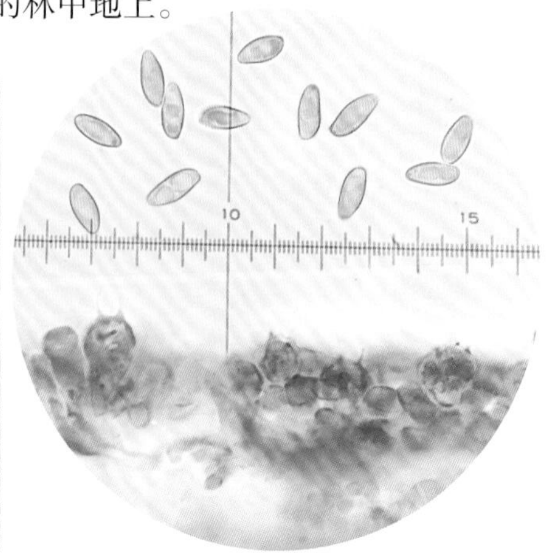

担孢子、担子

384 美丽褶孔牛肝菌

Phylloporus bellus **(Massee) Corner**

菌盖扁平至平展，直径4～6cm，被黄褐色至红褐色绒状鳞片。菌肉米色至淡黄色，受伤不变色或稍变蓝色。菌褶延生，稍稀，黄色，伤后变蓝色。菌柄圆柱形，3～7cm×0.5～0.7cm，黄褐色至红褐色，被绒毛。

囊状体棒状，粗14～18μm。担孢子长椭圆形至近梭形，9～12μm×4～5μm，青黄色，平滑。

夏秋季生于针阔混交林中地上。

担子果

菌褶延生、不等长

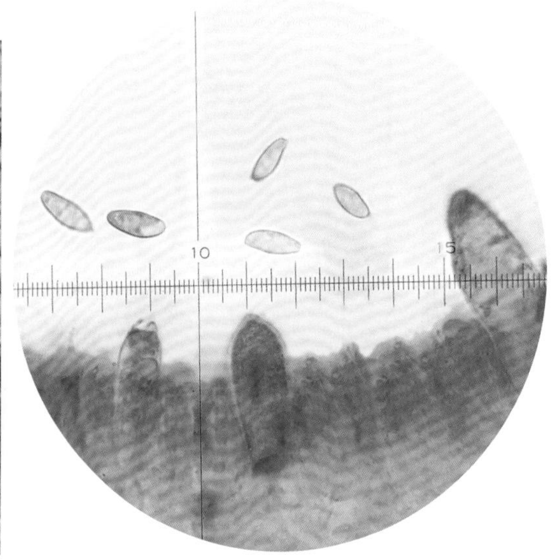

担孢子、担子、囊状体、子实层

385 褐盖褶孔牛肝菌

Phylloporus brunneiceps **N.K. Zeng, Zhu L. Yang & L.P. Tang**

菌盖扁平至平展，直径4～5cm，中央稍下陷，表面被褐色至深褐色绒状鳞片。菌肉米色至淡黄色。菌褶延生，稍稀，黄色，伤后变蓝色。菌柄圆柱形，3～4cm×0.4～0.7cm，常弯曲，黄色至黄褐色，被细绒毛，上半部有纵条纹。

担孢子长椭圆形至近梭形，10～12μm×4～4.5μm，浅青黄色，平滑。

夏秋季生于针阔混交林中地上。

担子果（菌盖表面被绒状鳞片）

菌褶延生、稍稀

386 翘鳞褶孔牛肝菌

***Phylloporus imbricatus* N.K. Zeng, Zhu L. Yang & L.P. Tang**

菌盖扁平至平展，直径4.5～11cm，表面浅黄褐色、褐色、暗褐色至红褐色，密被绒毛，最终形成覆瓦状鳞片。菌肉奶油色至淡黄色。子实层体为菌褶，黄色，受伤变蓝色，后缓慢恢复成黄色。菌柄圆柱形，5～10cm×0.3～1.5cm，黄褐色、褐色至褐红色，被绒毛。

囊状体近圆柱形，较多，粗约8μm。担孢子长椭圆形、近梭形，10～13μm×4～5μm，浅青黄色，壁稍厚，平滑。

生于冷杉或云杉等亚高山针叶林中地上。

担子果（菌盖表面被鳞片、子实层体为菌褶）

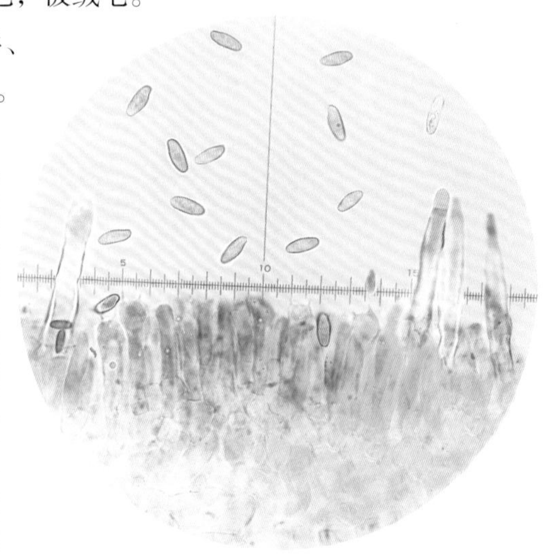

担孢子、担子、囊状体、子实层

387 褶孔牛肝菌

***Phylloporus rhodoxanthus* (Schwein.) Bres.**

菌盖扁半球形至平展，直径3～12cm，中部稍下凹，表面浅土黄色至浅红褐色，被绒毛或光滑。菌肉淡黄色。子实层体为菌褶，黄色至橘黄色，延生，较稀，不等长。菌柄近圆柱形，3～5cm×0.6～1.5cm，土黄色至浅红褐色，上部有脉纹。

囊状体瓶形或近圆柱形，粗9～11μm。担孢子长椭圆形，11～13μm×4～5.5μm，淡黄色，平滑。

夏秋季单生或散生于阔叶林或针阔混交林中地上。外生菌根菌。

担子果

菌褶延生、菌柄上部有脉纹

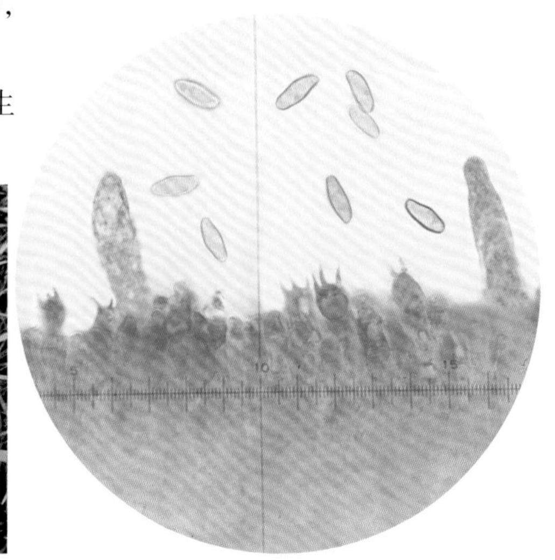

担孢子、担子、囊状体、子实层

388 云南褶孔牛肝菌

Phylloporus yunnanensis N.K. Zeng, Zhu L. Yang & L.P. Tang

菌盖扁平，直径4～6.5cm，中央常下陷，米色至浅黄色，表面密被淡黄色、褐色至红褐色鳞片。菌肉黄色，受伤不变色。菌褶延生，黄色，伤后变蓝色。菌柄圆柱形，3～7cm×0.4～0.8cm，被黄褐色至红褐色绒状鳞片。

囊状体近圆柱形，向上渐狭，顶端钝圆，粗14～18μm。担孢子长椭圆形、近梭形，10～12μm×4～5μm，浅青黄色，平滑。

夏秋季生于阔叶林中地上。可食用。

担子果

菌褶延生

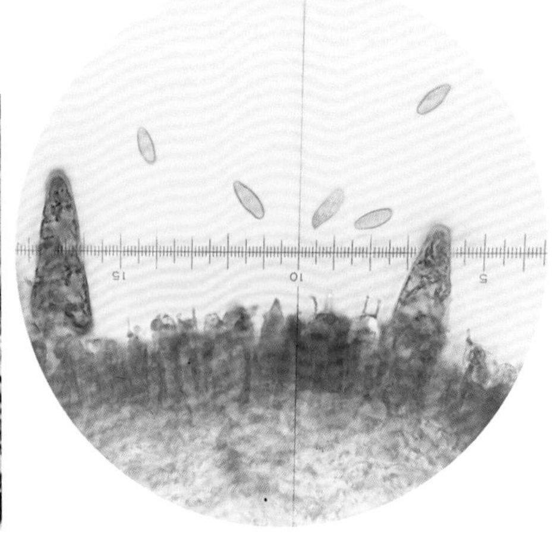

担孢子、担子、囊状体、子实层

389 红孢牛肝菌

Porphyrellus porphyrosporus (Fr. & Hök) E.-J. Gilbert

菌盖半球形，直径5～8cm，表面暗褐色、淡红褐色至浅灰褐色，被绒毛。菌肉白色至淡红色。菌管与管孔面同为黑粉色至灰粉色，后呈淡红褐色，长1～2cm，孔口多角形，1～3个/mm。菌肉、菌管、管孔面受伤变浅蓝色。菌柄圆柱形，6～10cm×1～2.5cm，与菌盖同色，光滑，基部近白色。

担孢子圆柱形、长椭圆形至近梭形，13～16.5μm×5.5～6.5μm，无色至浅黄色，平滑。

夏秋季生于以云杉、冷杉为主的针叶林中地上。

担子果

管孔面

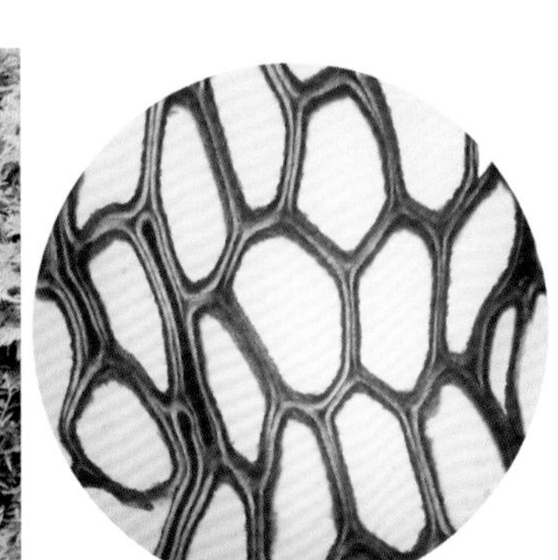

菌管剖面

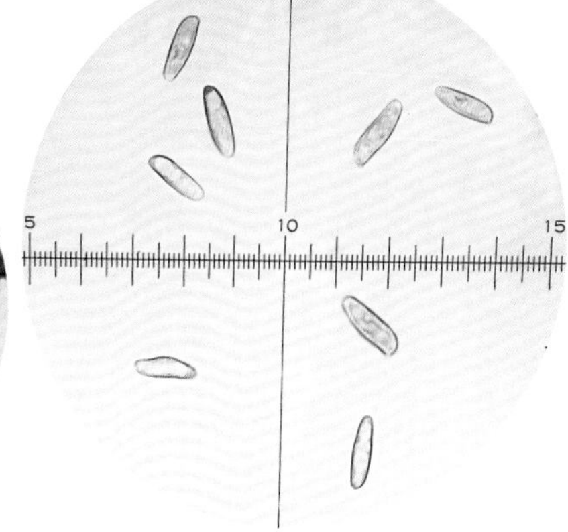

担孢子

390 考氏粉末牛肝菌

***Pulveroboletus curtisii* (Berk.) Singer**

菌盖初期半球形，后近平展，直径3～7cm，表面金黄色，中部稍呈淡黄褐色、紫黄色，被一层厚的黄色粉末。菌肉黄色。菌管黄色，孔口圆形至多角形，0.5～1个/mm。菌柄长棒状，3～7cm×0.5～1cm，金黄色，被黄色粉末，基部乳白色。菌环上位，黄色。

担孢子椭圆形、长椭圆形、梭形，（10～）11.5～14（～16.5）μm×（4～）5～6μm，浅黄色，平滑。

夏秋季单生于云南松等松属的针叶林或针阔混交林中地上。

担子果（臧穆绘）

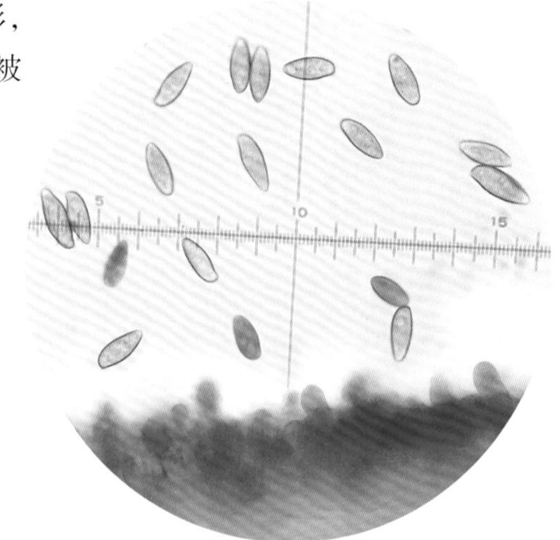

担孢子、子实层

391 大孢粉末牛肝菌

***Pulveroboletus macrosporus* G. Wu & Zhu L. Yang**

菌盖凸镜状至平展，直径3.5～12.5cm，表面黄色、浅橙色至橙红色，被同色的粗糙鳞片，鳞片脱去时表面呈淡粉色至粉红色。菌肉白色至奶油色，厚约1.5cm，受伤迅速变浅蓝色，菌管与管孔面同色，长2～5mm，幼时奶油色至淡黄色，后呈暗黄色，受伤迅速变蓝色至暗蓝色，孔口多角形、近圆形，不到1个/mm。菌柄近圆柱形、倒棒状，淡黄色、黄色，上部常有纵向脊。

囊状体瓶形，粗可达8μm。担孢子卵形、近纺锤形，9～12μm×5～6.5μm，浅棕黄色，平滑。

夏秋季散生于云南松林或云南松与栎、栗、栲属各种树木的混交林下地表。

担子果

担子果剖面（内菌幕）

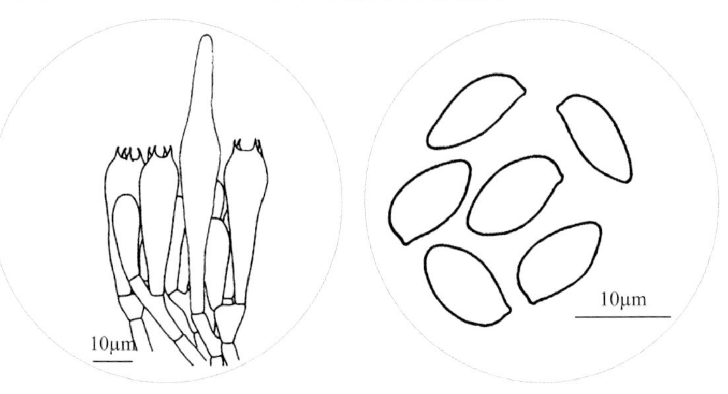

担子、囊状体（杨祝良绘）　担孢子（杨祝良绘）

392 黄粉末牛肝菌

Pulveroboletus ravenelii **(Berk. & M.A. Curtis) Murrill**

担子果初呈陀螺形。菌盖扁半球形至凸镜状、渐平展，直径4～7cm，表面金黄色，被外菌幕残留的硫黄色粉末，后裂成块状，残片挂在菌盖边缘。菌肉近白色、乳黄色，受伤变淡蓝色。菌管长5～8mm，管孔面黄色，受伤缓慢变灰蓝色至蓝色，孔口圆形、多角形，1～2个/mm。菌柄圆柱形、粗棒状，5～10cm×1～1.5cm，黄色，被硫黄色粉末。菌环上位，硫黄色，易脱落。

担孢子长椭圆形、梭形，8～14μm×4～6μm，浅黄色，平滑。

夏秋季单生于云南松、华山松林或与栎类混交的林中地上。有毒。

担子果及纵切面、内菌幕、菌管层

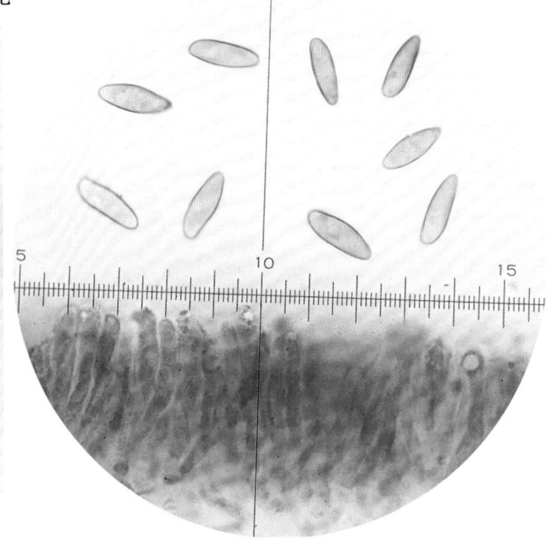

担孢子、子实层

393 网盖粉末牛肝菌

Pulveroboletus reticulopileus **M. Zang & R.H. Petersen**

菌盖半球形，直径4～6cm，表面金黄色、黄色，具网状脉络。菌肉淡黄色，受伤不变色。菌管长5～9mm，管孔面黄色，孔口圆形、多角形，约1个/mm。菌柄圆柱形、棒状，5～8cm×1～1.5cm，黄色，被黄色粉末。内菌幕淡黄色，被粉末，后撕破。

担孢子椭圆形，9～17μm×5～6.5μm，淡黄色，平滑。

夏秋季单生于针叶林或针阔混交林中地上。

幼担子果、内菌幕

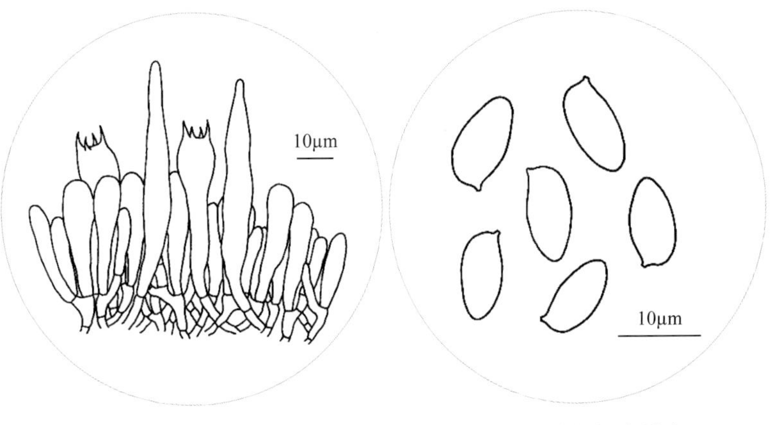

担子、囊状体（杨祝良绘）　　担孢子（杨祝良绘）

394 灰褐网柄牛肝菌

Retiboletus griseus **(Frost) Manfr. Binder & Bresinsky**

菌盖扁半球形至凸镜状后平展，直径5～10cm，表面淡灰褐色至暗褐色，被细小绒毛或光滑。菌肉白色，受伤不变色或变淡褐色。菌管初白色，后米黄色，管孔面淡黄色、近肉色，受伤变淡褐色，孔口圆形，1～2个/mm。菌柄圆柱形或棒状，4～12cm×1～2cm，上部渐变灰褐色至暗褐色，被绒毛，有黑褐色网纹。

担孢子近梭形、长椭圆形，9～14μm×4～5μm，微带黄色，平滑。

夏秋季生于壳斗科等阔叶林或针阔混交林中地上。可食用。外生菌根菌。

担子果（菌柄具网纹）

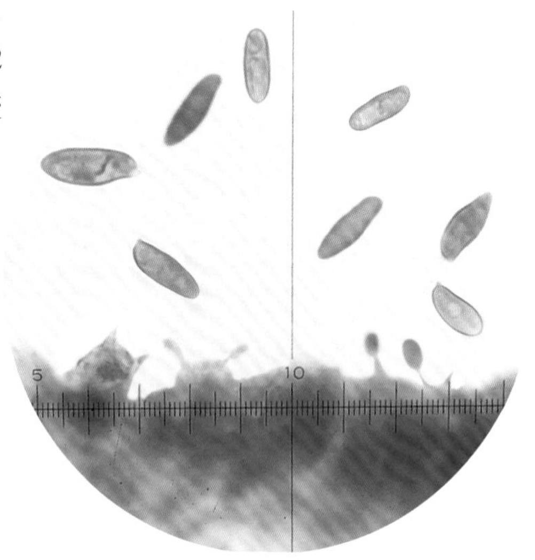

担孢子、担子、子实层

395 考夫曼网柄牛肝菌 （曾用名：雪松村牛肝菌）

Retiboletus kauffmanii **(Lohwag) N.K. Zeng & Zhu L. Yang**

菌盖扁半球形，中部微凸或近平展，直径4～6cm，表面赭褐色至灰黄色，被细短绒毛或小鳞片。菌肉淡黄色、黄色，厚0.5～1.2cm，受伤变污褐色。菌管长0.3～1cm，初期黄色，成熟后橄榄黄色至金黄色，受伤变黄褐色，管孔面黄色，受伤变褐黄色、污褐色，孔口0.5～1个/mm。菌柄圆柱形，4～7cm×0.5～1.5cm，淡赭褐色，上部有暗色网纹，中下部有纵条纹。

担孢子长椭圆形，9～15μm×4～6.5μm，淡橄榄黄色，平滑。

夏秋季生于高山松、华山松等林中地上。可食用。

担子果（管孔面，菌柄具网纹）

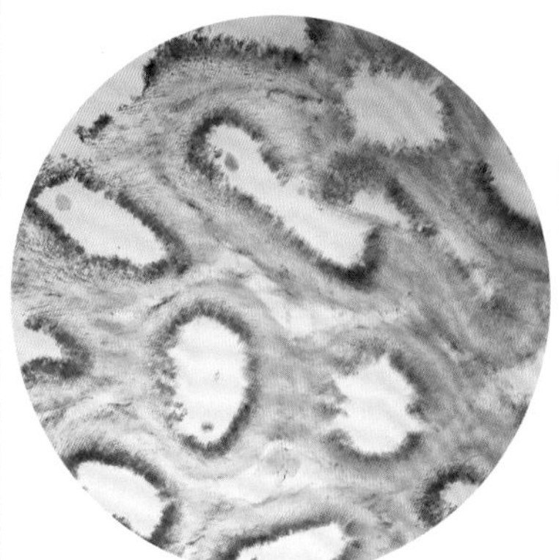

菌管剖面

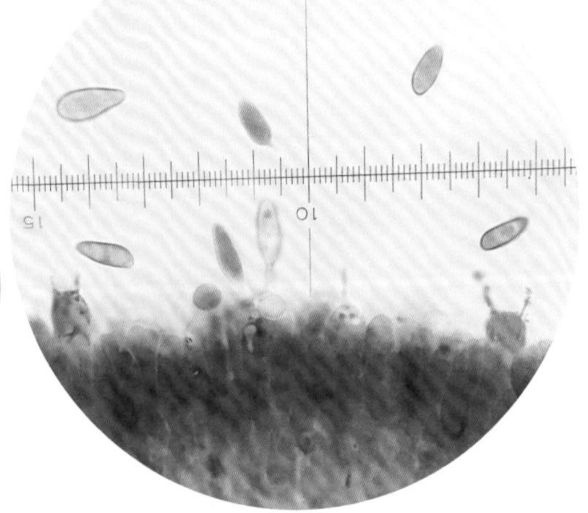

担孢子、担子、子实层

396 黑网柄牛肝菌

***Retiboletus nigerrimus* (R. Heim) Manfr. Binder & Bresinsky**

菌盖初扁球形、凸镜状、后近平展，直径5～10cm，表面黑褐色、褐紫色或棕紫色，密被细绒毛或光滑。菌肉污白色，受伤时近盖面处变紫色，靠菌管处变粉紫色、深褐色，后呈蓝色。菌管灰白色、淡灰绿色，长0.5～1cm，管孔面初乳白色，后呈灰白色、粉灰色，孔口近多角形，约1个/mm。菌柄圆柱形，4～15cm×1～2cm，初白色，后变浅绿褐色、淡灰绿色，中上部具明显粗网纹，受伤变黑色。

担孢子长椭圆形，8.5～11.5μm×3.5～5μm，淡黄色，平滑。

夏秋季单生或散生于壳斗科如栲属的阔叶林下，以及云杉、松林下或针阔混交林中地上。

担子果

担子果纵切面，菌肉、菌管受伤变色

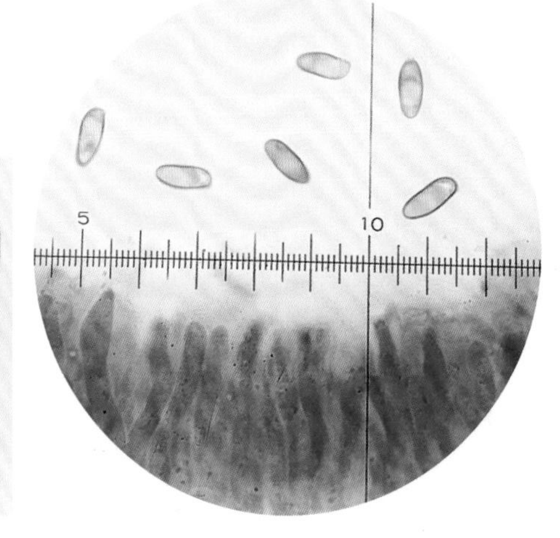

担孢子、子实层

397 粗网柄牛肝菌

***Retiboletus ornatipes* (Peck) Manfr. Binder & Bresinsky**

菌盖扁半球形至近扁平，直径5～18cm，表面黄褐色、橄榄黄色，被短绒毛，后变光滑。菌肉黄色，受伤不变色。菌管和管孔面柠檬黄色，长0.5～1cm，孔口近圆形，少数多角形，1～1.5个/mm。菌柄棒状，6～15cm×1～3cm，柠檬黄色，具明显网纹。

囊状体较多，烧瓶状，渐尖，黄褐色。担孢子长椭圆形，两侧不对称，10～15μm×5～6μm，淡黄色，平滑，嗜蓝。

夏秋季单生于针叶林、针阔混交林中地上。

担子果管孔面

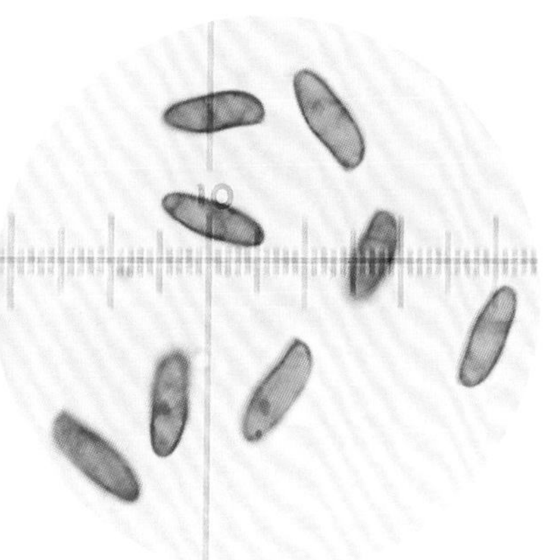

担孢子

菌管剖面（子实层、囊状体）

398 粉末网柄牛肝菌
Retiboletus retipes **(Berk. & M.A. Curtis) Manfr. Binder & Bresinsky**

菌盖初半球形后近平展，直径5～10cm，表面黄褐色、橄榄黄色，幼时微黏，后被短绒毛及黄色粉末，边缘近烟灰色。菌肉淡黄色，受伤不变色。菌管和管孔面同为柠檬黄色，长1～1.5cm，孔口不规则圆形或多角形，约1个/mm。菌柄长棒状，8～12cm×1～3cm，黄色，上部有网棱，被黄色粉末，基部稍膨大。

囊状体较多，形状各异，粗4～5μm，突越子实层7～18μm。担孢子长椭圆形、近纺锤形，10～13μm×4～5μm，淡黄色，平滑。

夏秋季单生于栎属、桦木属、松属等多种针、阔叶林下。

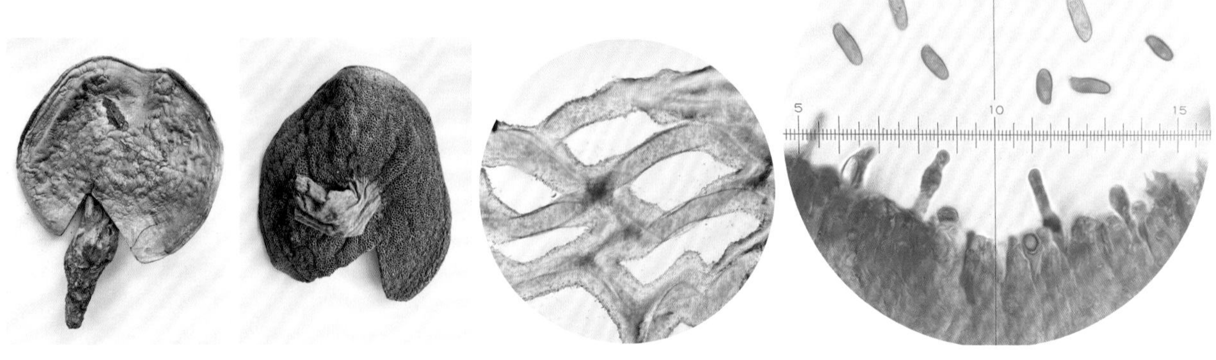

干燥担子果　管孔面　菌管剖面　担孢子、担子、囊状体、子实层

399 中华红牛肝菌
Rubroboletus sinicus **(W.F. Chiu) Kuan Zhao & Zhu L. Yang**

菌盖半球形至近平展，直径6～10cm，表面淡红色、砖红色至暗红色。菌肉米黄色，受伤变淡蓝色。菌管淡黄色，管孔面红色，受伤均变蓝色。菌柄圆柱形，6～10cm×1.5～3cm，有红色网纹。

囊状体烧瓶形，粗9～11μm，具长颈。担孢子椭圆形、近梭形，10～13μm×5～6μm，淡黄色，平滑。

夏秋季生于针叶林中地上。可食用。

担子果及纵切面（冯邦原照）

干燥担子果纵剖面、菌管层、管孔面

菌管剖面（囊状体）

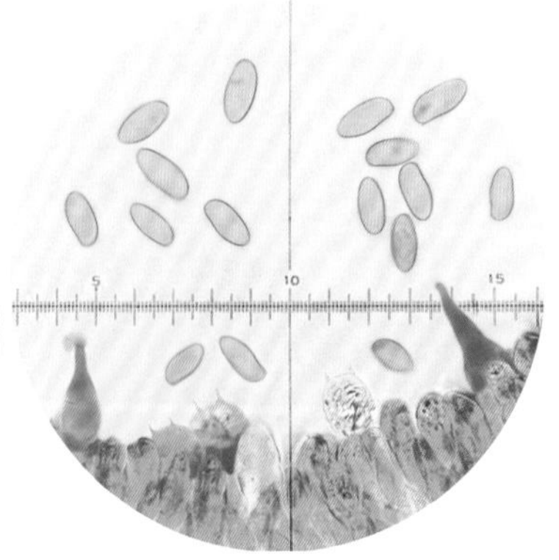

担孢子、担子、囊状体、子实层

400 皱盖牛肝菌（曾用名：远东疣柄牛肝菌；俗名：黄癞头）

Rugiboletus extremiorientalis (Lj.N. Vassiljeva) G. Wu & Zhu L. Yang

［曾用名：*Leccinum extremiorientale* (Lj.N. Vassiljeva) Singer］

菌盖扁半球形至平展，直径8～15cm，表面杏黄色至褐黄色，有时带红褐色，被短小绒毛，湿时黏而干燥时龟裂。菌肉白色、奶油色至黄色。菌管金黄色，管孔面呈淡灰黄色、浅黄色、赭褐色，孔口近圆形。菌柄粗棒形、近圆柱形，6～15cm×2～4cm，杏黄色至褐黄色，被黄色、黄褐色或带红褐色的小鳞片。

担孢子长椭圆形、近梭形，10～13μm×3～4.5μm，浅黄色，平滑。

夏秋季生于林中地上。可食用。

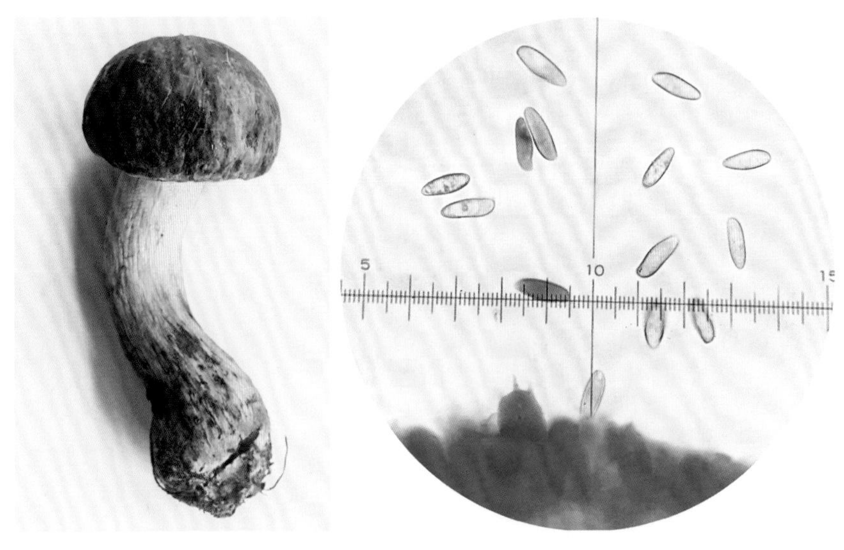

担子果　　担孢子、担子、子实层

401 蔚清华牛肝菌

Sinoboletus wangii M. Zang, Zhu L. Yang & Y. Zhang

菌盖半球形，直径3～6cm，表面新鲜时棕红色，干后紫红、淡玫瑰红色，密被黑褐色绒毛。菌肉白色、淡黄色。菌管双层，与管孔面同为黄色，孔口多角形，约1个/mm。菌肉、管孔面受伤变蓝绿色。菌柄圆柱形，3～8cm×0.3～1cm，稍弯，杏黄色至浅褐黄色。

担孢子长椭圆形、近梭形，6～16μm×4～6μm，近无色，平滑。

夏秋季生于阔叶林或针阔混交林下地表。

担子果，管孔面

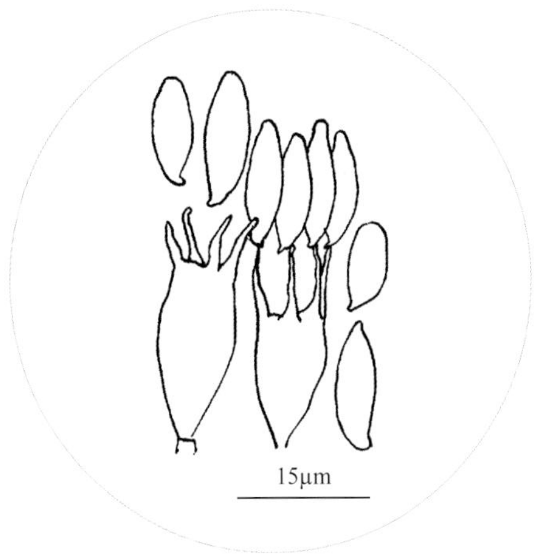

担孢子、担子（臧穆绘）

402 半裸松塔牛肝菌

***Strobilomyces seminudus* Hongo**

菌盖初半球形后扁半球形至近平展，直径7～9cm，表面污白色至淡灰色，受伤变黑褐色，常龟裂，被黑灰色至近黑色平伏的绒状鳞片。菌肉白色、污白色、淡灰色，受伤变红褐色至淡橘红色，后渐变为黑灰色。菌管初由内菌幕包被，后外露，灰褐色，受伤变褐色至近黑色，管孔面近白色、灰白色至灰黑色，孔口多角形，1～2个/mm。菌柄圆柱形，4～10cm×0.6～1.5cm，顶部网纹较明显，上部密被灰白色绒毛，下部被近黑色绒状鳞片。

囊状体瓶形，浅褐色、褐色，较多。担孢子近球形，8～10μm×7～9μm，褐色至深褐色，有网纹和疣突，电镜下疣突为柱状突，部分相连。

夏秋季生于栲树、栎树等壳斗科阔叶林中地上。

担孢子（电镜照；杨祝良原照）

担子果（菌盖、菌柄被鳞片）

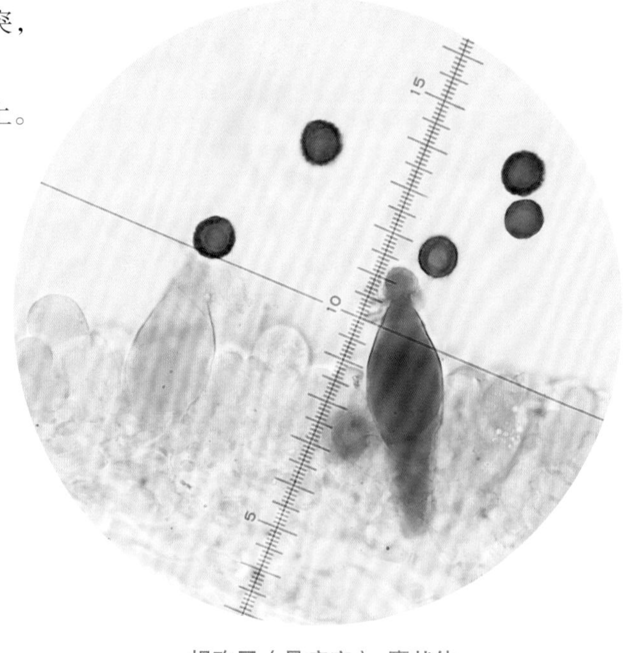

担孢子（具疣突）、囊状体

内菌幕被撕破，露出管孔面

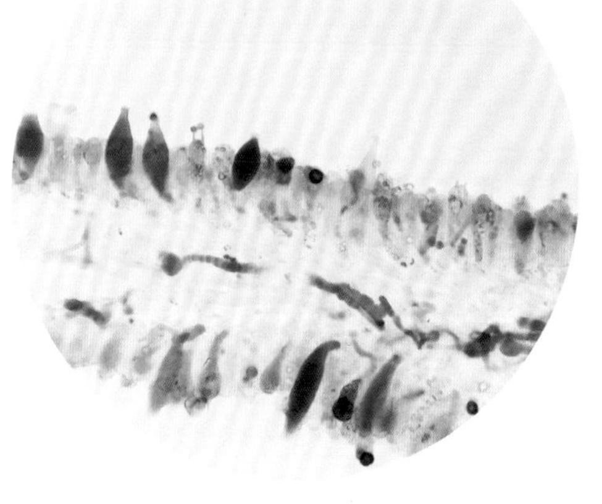
菌管剖面（担子、囊状体、子实层、菌髓）

403 松塔牛肝菌

Strobilomyces strobilaceus **(Scop.) Berk.**

菌盖初半球形后渐平展，直径2～15cm，表面黑褐色、紫褐色至黑色，被粗糙乃至直立的毡毛状鳞片或疣，边缘常残留菌幕残余。菌管污白色或灰色，后渐变为褐色或黑色，管孔面污白色、灰色，孔口多角形，约1个/mm。菌柄圆柱形，4.5～13.5cm×0.5～2cm，黑褐色至黑色，顶部有网棱，下部被鳞片和绒毛。

囊状体瓶形，浅褐色，较多。担孢子近球形、宽椭圆形、柠檬形，8～15μm×8～12μm，淡褐色至暗褐色，有网纹或棱纹，电镜下网纹明显。

夏秋季单生或群生于阔叶林或针阔混交林中地上。可食用。

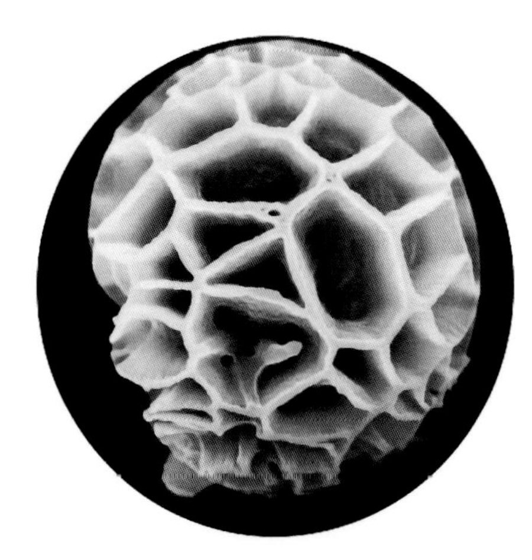

担孢子具网棱（电镜照；杨祝良原照）

担子果（菌盖表面被粗大鳞片）

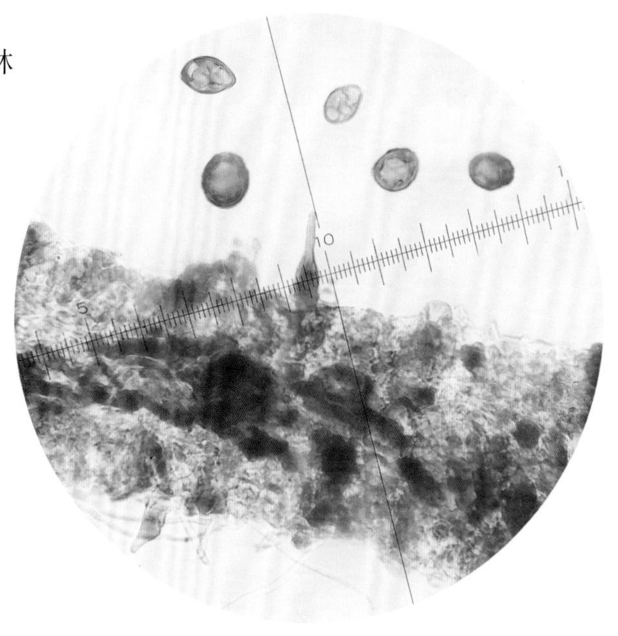

担孢子、囊状体

内菌幕撕破露出管孔面，菌柄被鳞片

菌管剖面

404 亚高山褐黄牛肝菌

***Suillellus subamygdalinus* Kuan Zhao & Zhu L. Yang**

菌盖凸镜状，直径6～8cm，表面暗红褐色、土红色，中部被细绒毛，受伤变蓝黑色。菌肉鲜黄色，厚1～1.5cm。菌管在菌柄周围凹陷，橄榄黄色，管孔面橘红色至红褐色，孔口多角形，2～3个/mm。菌柄近圆柱形，10～15cm×1.2～2cm，淡黄红色、玫红色至暗紫红色，具网纹。菌肉、菌管、菌柄受伤均迅速变蓝。

担孢子近梭形、长椭圆形，12～16μm×5～7μm，橘黄色、淡黄红色，平滑。

夏秋季散生于针阔混交林中地上。

担子果

菌肉、菌管、菌柄均受伤变色

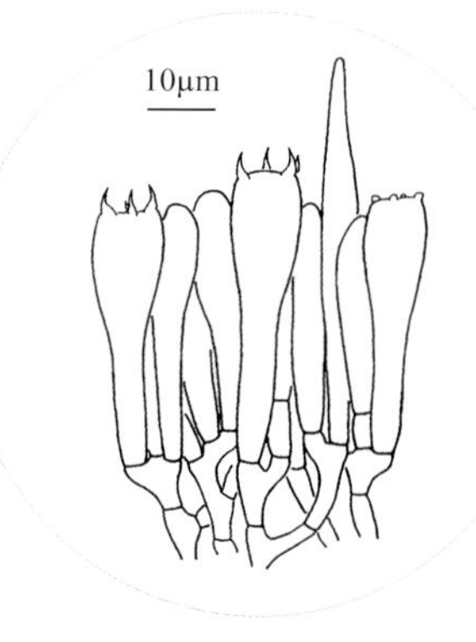

担子、子实层（杨祝良绘）

担孢子（杨祝良绘）

405 高原铅紫异色牛肝菌

***Sutorius alpinus* Y. C. Li & Zhu L. Yang**

菌盖扁半球形至平展，直径6～15cm，表面暗紫色至紫罗兰褐色，不黏或湿时稍黏。菌肉白色、灰白色。菌管淡紫色至淡肉色，长0.6～1.5cm，管孔面淡紫色、浅褐粉色、淡紫红色或暗紫色，孔口多角形，1～3个/mm。菌柄圆柱形，5～15cm×1～3cm，紫灰色、灰色，密被紫色至紫褐色细小鳞片。

担孢子长椭圆形、近梭形，11～15μm×3.5～4.5μm，近无色、淡黄色，平滑。

夏秋季生于以松科植物为优势种的针叶林或以壳斗科为主的阔叶林或针阔混交林中地上。

担子果（杨祝良原照）

担子果剖面（杨祝良原照）

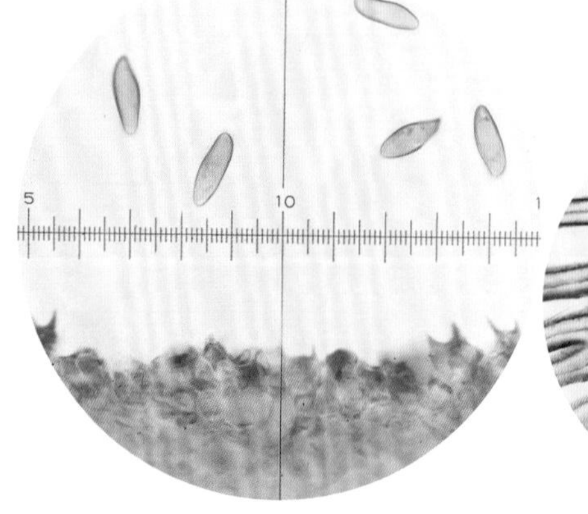

担孢子、担子、子实层

菌管剖面

406 高山粉孢牛肝菌

Tylopilus alpinus **Y.C. Li & Zhu L. Yang**

担子果（杨祝良原照）

菌盖半球形至凸镜状，直径4～18cm，表面暗橄褐色、橄榄色或橄榄绿色，被绒毛和鳞片，幼时边缘色更深。菌肉白色至浅灰色，受伤变淡红色。菌管长6～15mm，与管孔面同为淡白色至淡粉红色，受伤稍变淡褐色至橙褐色或浅灰红色，孔口多角形，2～3个/mm。菌柄圆柱形至棒状，6～18cm×2～2.5cm，浅灰色至浅橙色，上半部明显有网纹，触摸变褐色、浅橙褐色至浅褐色。

担孢子近纺锤形，13～14.5μm×4～5μm，在KOH中呈黄色至浅黄褐色，平滑。

夏秋季散生于以云杉、冷杉为主的高山林中地上。

管孔面，菌柄触摸变色（杨祝良原照）

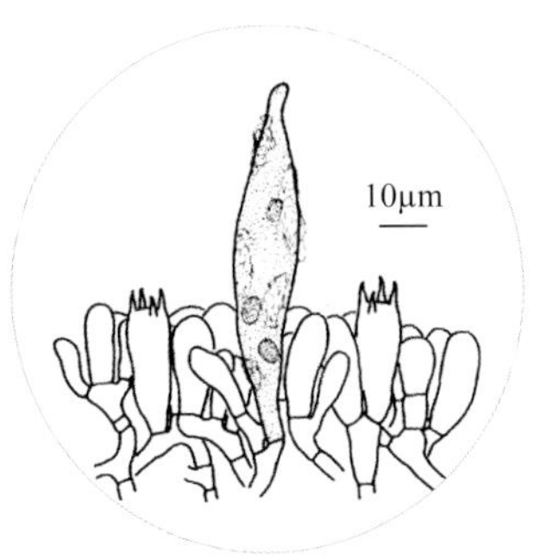

担子、囊状体（杨祝良绘）

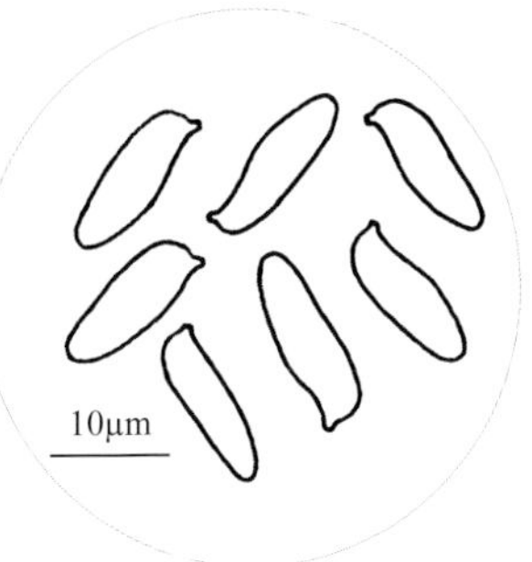

担孢子（杨祝良绘）

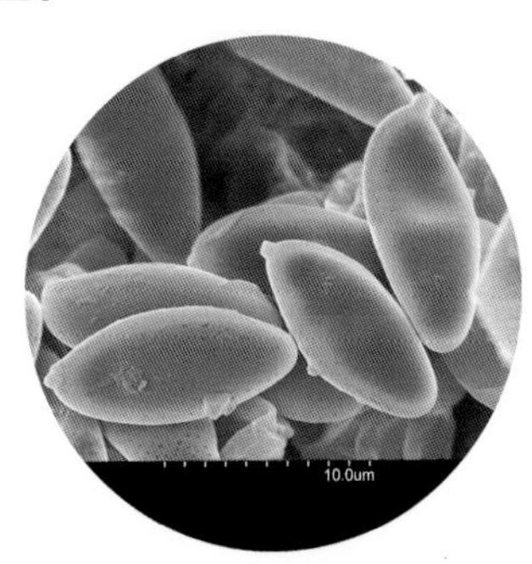

担孢子（电镜照；杨祝良原照）

407 新苦粉孢牛肝菌

Tylopilus neofelleus **Hongo**

菌盖扁半球形至平展，直径5～16cm，表面浅紫罗兰色至褐色，被微细绒毛。菌肉白色、污白色，味苦。菌管和管孔面同为淡粉色。菌柄圆柱形，5～16cm×1.5～4cm，褐色，顶部淡紫色，光滑。

囊状体较多，披针形、瓶形，粗4～9μm，突越子实层9～14μm。担孢子长椭圆形、近纺锤形，8～9μm×3～4μm，淡粉红色，平滑。

夏秋季生于针叶林或针阔混交林中地上。有毒。外生菌根菌。

担子果，管孔面

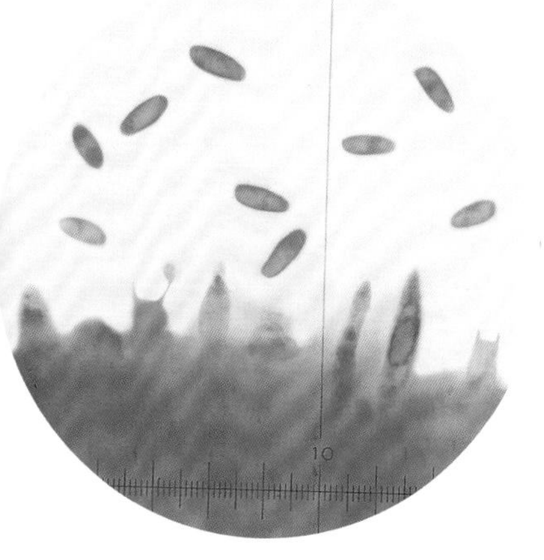

担孢子、担子、囊状体

408 苦粉孢牛肝菌

Tylopilus felleus **(Bull.) P. Karst.**

菌盖扁半球形至平展，直径5～15cm，表面灰白色至灰褐色，初被绒毛后光滑。菌肉近白色，味很苦。菌管与管孔面同为淡粉色。菌柄圆柱形，5～10cm×0.5～3cm，淡褐色至褐色，中上部有明显网纹。

囊状体近披针形，较多。担孢子长椭圆形、近纺锤形，8～16μm×4.5～5.5μm，近无色、淡粉红色，平滑。

夏秋季生于针叶林或针阔混交林中地上。有毒。为松、栎等树种的外生菌根菌。

担子果（杨祝良原照）

干燥担子果菌盖纵切面、管孔面

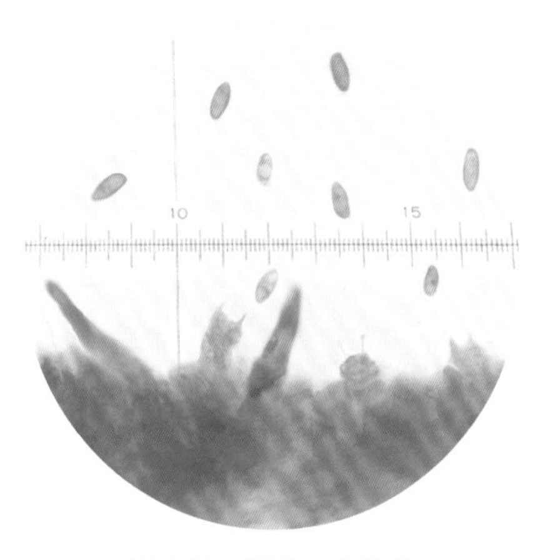

担孢子、担子、囊状体

409 类铅紫粉孢牛肝菌

Tylopilus plumbeoviolaceoides **T.H. Li, B. Song & Y.H. Shen**

菌盖半球形至平展，直径3～10cm，表面深灰紫色、暗紫褐色或栗褐色，湿时黏，被微细绒毛或光滑。菌肉白色、近白色，味苦，受伤变粉红色至淡紫红色。菌管灰白色、粉白色，渐变粉色至浅紫褐色，受伤不变色或稍变色，孔口多角形，约1个/mm。菌柄圆柱形，4～9cm×0.5～1.2cm，灰紫红色至暗紫褐色，顶部有纵条纹或细网纹。

囊状体较多，近披针形、瓶形，上部具小颗粒。担孢子椭圆形至近梭形，8.5～10.5μm×3～4μm，近无色至淡粉棕色，平滑，嗜蓝。

夏季单生、散生或近丛生于壳斗科林中地上。外生菌根菌。

担子果

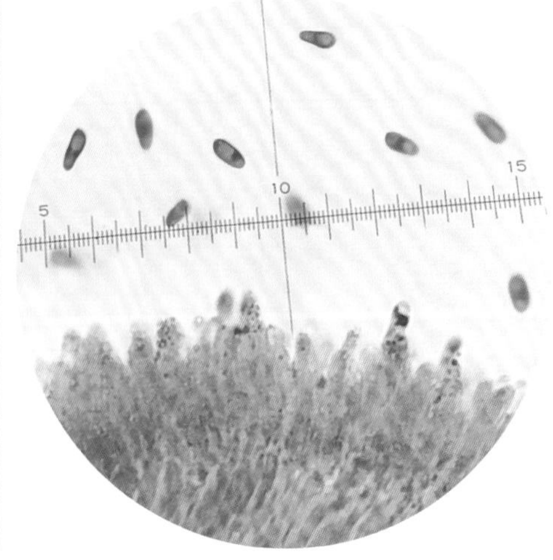

担孢子、子实层、囊状体

410 假垂边红孢纱牛肝菌

***Veloporphyrellus pseudovelatus* Y.C. Li & Zhu L. Yang**

菌盖半球形至平展，直径2～5cm，表面密被褐色、栗褐色鳞片，边缘悬垂菌幔。菌肉白色。菌管与管孔面为淡粉红色，三者受伤均不变色。菌柄圆柱形，3～7cm×0.5～0.8cm，浅栗褐色，光滑。

担孢子梭形、长椭圆形，12～15μm×4～5μm，淡粉红色，平滑。

夏季生于油杉林、松林等针叶林中地上。

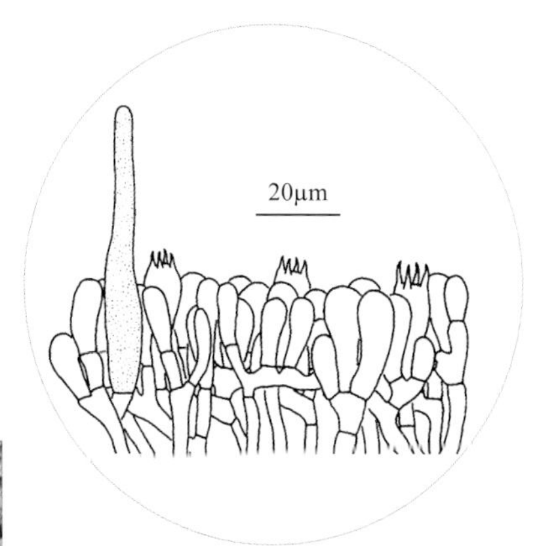

担子、囊状体（李艳春绘）

担子果（菌盖密被鳞片）

管孔面，菌盖边缘具菌幔

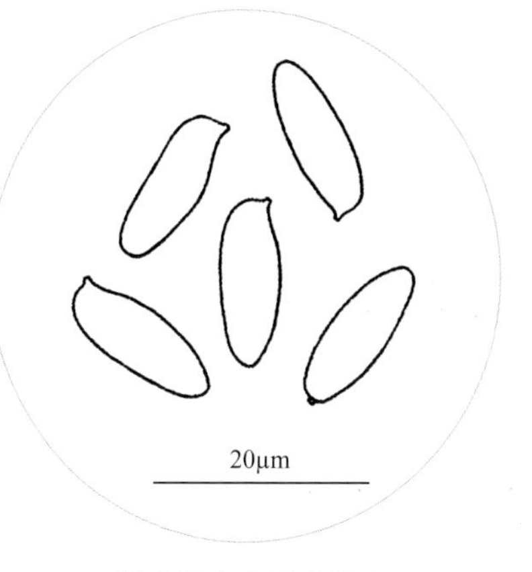

担孢子（李艳春绘）

411 土黄红绒盖牛肝菌

***Xerocomellus chrysenteron* (Bull.) Šutara**

菌盖初半球形后平展，直径4～10cm，表面暗红色或红褐色，后呈污褐色或土黄色，密被绒毛并常有细小龟裂，表皮易剥落。菌肉浅黄色，受伤变蓝色。菌管长10～15mm，亮黄色、绿黄色，管孔面黄色，孔口多角形，0.5～1个/mm。菌柄圆柱形，4～8cm×0.8～1.5cm，上部带黄色，常有红色小点或纵条纹。

囊状体细长瓶形，较多，粗5～11μm。担孢子长椭圆形或纺锤形，10～14μm×5～5.5μm，淡黄褐色，平滑。

夏秋季散生或群生于阔叶林中地上。可食用。外生菌根菌。

担子果

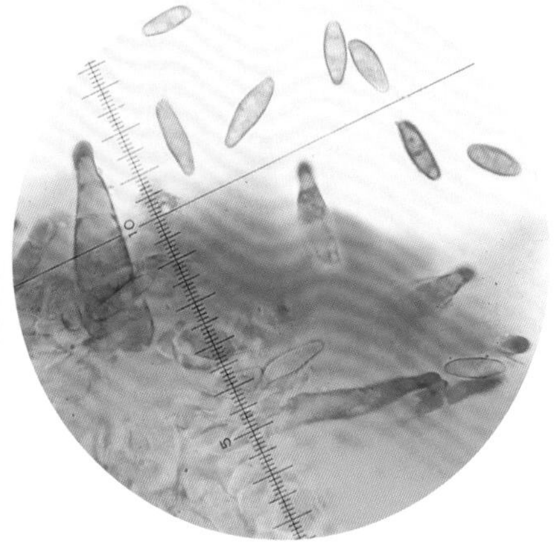

担孢子、囊状体

412 泛生红绒盖牛肝菌

Xerocomellus communis **Xue T. Zhu & Zhu L. Yang**

菌盖凸镜状至平展，直径2～7.5cm，表面暗棕色至暗红棕色，被细绒毛，干燥。菌肉奶油色至淡黄色，受伤迅速变蓝，但最终呈浅褐色。菌管受伤变蓝，管孔面橄榄黄色至浅棕黄色，成熟时为赭色，受伤迅速变蓝，孔口多角形，大，孔径1～2.5mm。菌柄近圆柱形，4.5～8cm×0.5～1cm，被纵向纤毛，上部黄色，中部紫色至淡紫红色，基部奶油色至污白色。

担子果，管孔面

囊状体瓶形，粗可达15μm。担孢子近纺锤形，11～13μm×4.5～5.5μm，浅棕黄色，平滑。

生于松林、冷杉林、栎林的林中地上。

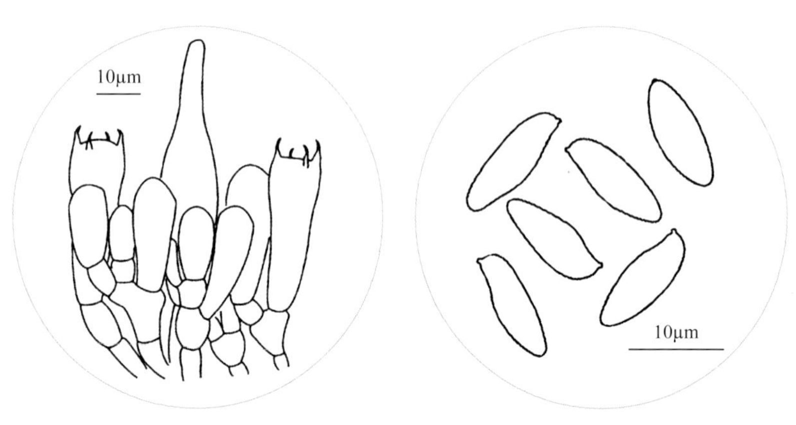

担子、囊状体（杨祝良绘）　担孢子（杨祝良绘）

413 粉棕绒盖牛肝菌

Xerocomus alutaceus **(Morgan) E.A. Dick & Snell**

菌盖半球形后近平展，直径4～7cm，中部微凸起，表面粉红肉桂色、淡粉褐色、粉棕色，皱缩，被绒毛。菌肉白色，受伤变粉红色、浅紫红色。菌管与管孔面同为淡黄色，孔口多角形，2～3个/mm。菌柄棒状，3～8cm×0.8～2cm，肉桂色、浅棕褐色，被稀疏绒毛，靠菌管处多有网纹和纵条纹。

囊状体瓶形，粗约6μm。担孢子椭圆形、纺锤形，10～12μm×4～5.5μm，橄榄褐色，平滑。

单生或散生于高山松、冷杉等针叶林下或与栎属混交林中地上。

干燥担子果，管孔面

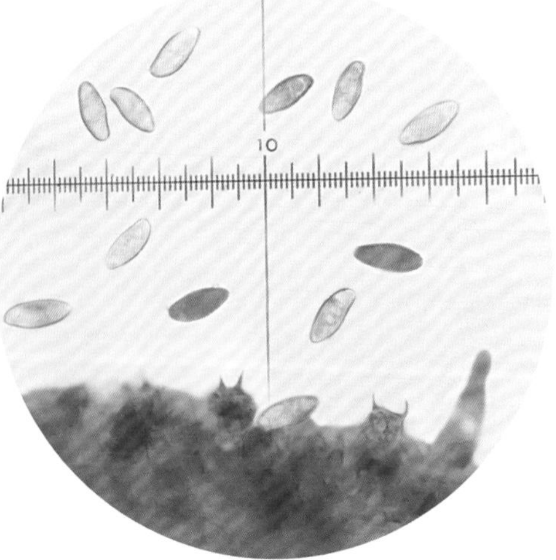

担孢子、担子、囊状体

414 锈褐绒盖牛肝菌

Xerocomus ferrugineus **(Schaeff.) Alessio**

菌盖半球形，表面褐色、红褐色，密被绒毛，龟裂。菌肉黄色，遇氨变蓝绿色。菌管黄色，长约1cm，受伤变蓝色，孔口多角形，0.5～1个/mm。菌柄圆柱形，黄褐色，有纵条纹。

囊状体纺锤状，较多，粗6～10μm。担孢子圆柱形、长椭圆形，10～14μm×4.5～5μm，淡褐色，平滑。

生于针阔混交林中地上。

担子果（臧穆绘）

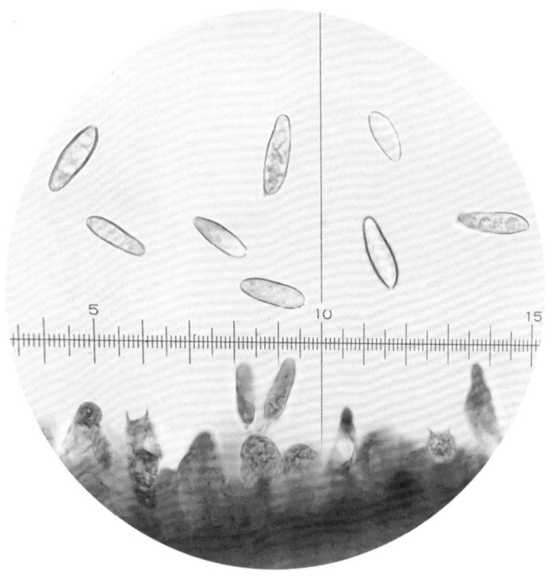

担孢子、担子、囊状体

415 黄脚绒盖牛肝菌

Xerocomus fulvipes **Xue T. Zhu & Zhu L. Yang**

菌盖凸镜状至平展，直径3～11cm，表面浅黄褐色至浅红褐色，老后褐灰色，被绒毛。菌肉奶油色至淡黄色，受伤时缓慢变淡蓝或略带蓝色。菌管与管孔面同色，受伤慢慢变蓝，管孔面幼时鲜黄色，成熟后暗黄色至浅黄褐色，受伤缓慢变蓝或变色不明显，孔口多角形，0.5～1个/mm。菌柄近圆柱形，3～9cm×0.5～1.5cm，淡红褐色或上部浅黄色，顶部有纵条纹，受伤缓慢变蓝或变色不明显。

担孢子近纺锤形，10～12μm×4～5μm，浅褐黄色，平滑。

生于松属和壳斗科树种的林中地上。

担子果，管孔面（杨祝良原照）

担子果纵切面、菌管层（杨祝良原照）

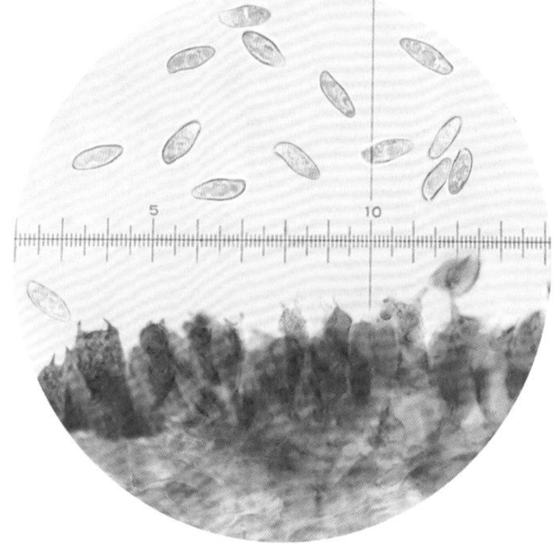

担孢子、担子、子实层

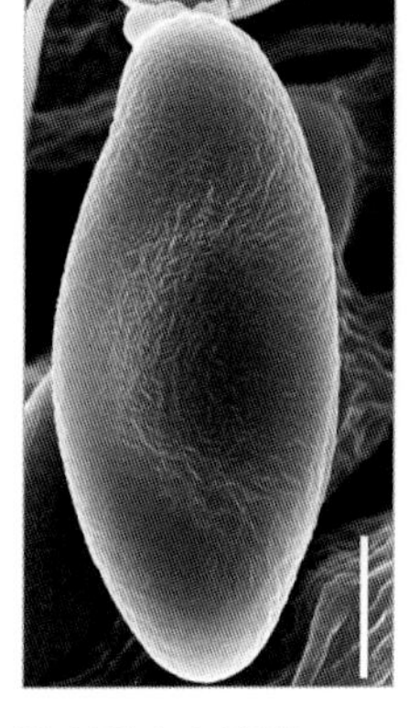
担孢子（电镜照；杨祝良原照）

416 喜杉绒盖牛肝菌

***Xerocomus piceicola* M. Zang & M.S. Yuan**

菌盖半球形至凸镜状，直径4～6cm，表面新鲜时被淡黄褐色至红棕色绒毛，成熟后有小簇状鳞片。菌肉淡黄色、奶油色。菌管与管孔面同为黄绿色、黄色至金黄色，管长3～4mm，孔口多角形，1～2个/mm，菌肉、菌管受伤均缓慢变蓝。菌柄近圆柱形、棍棒状或向下渐粗，4～9cm×0.8～1.5cm，淡黄色，具细的棕色纵向条纹，有时上部被红棕色点状鳞片。

担孢子梭形，13.5～14.5（～18）µm×5～5.5µm，浅黄褐色，平滑。

夏秋季散生于冷杉、云杉林中土表或腐木上。

担子果，管孔面（杨祝良原照）

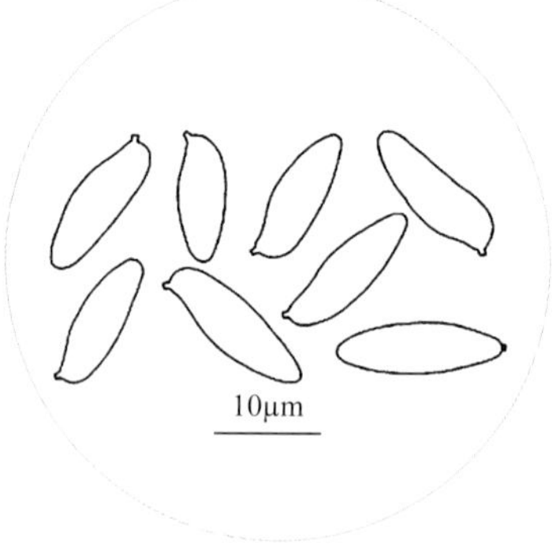

担孢子（杨祝良绘）

417 粒表绒盖牛肝菌

***Xerocomus roxanae* (Frost) Snell**［现名：*Aureoboletus roxanae* (Frost) Klofac］

菌盖半球形至近平展，直径5～8cm，表面黄褐色，被红褐色、砖红色至橙褐色绒毛，密集呈粒状突起。菌肉淡黄色、乳黄色。菌管与管孔面同为黄色、土黄色，孔口多角形，1～2个/mm，近柄处的孔径可达1.5mm。菌柄粗棒状，3～8cm×0.8～2cm，奶油色至浅黄色，有纵条纹。

囊状体较多，瓶形、渐尖，粗5～10µm。担孢子椭圆形，9～12µm×4～5µm，无色，平滑。

单生或散生于壳斗科阔叶林或混交林中地上。

担子果（菌盖表面被粒状突起的绒毛）

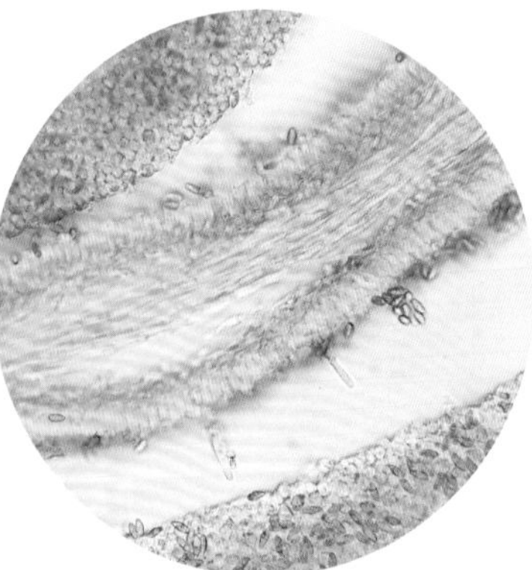
菌管剖面（子实层、菌髓）

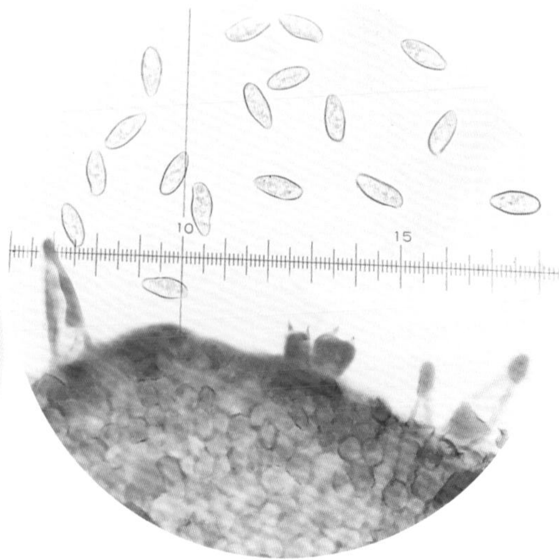

担孢子、担子、囊状体

418 绒盖牛肝菌
Xerocomus subtomentosus **(L.) Quél.**

菌盖半球形后近平展，直径4～10cm，表面榄褐色、橄榄黄色，密被绒毛。菌肉淡黄色。菌管与管孔面黄色、金黄色，孔口多角形，0.5～1个/mm。菌柄棒状，5～10cm×1～2.5cm，上部黄色，中部有红色纵条纹。

囊状体较多，瓶形，顶端渐尖，粗约8μm。担孢子长椭圆形、纺锤形，10.5～15μm×4～5μm，榄褐色，平滑。

单生或散生于松、栎、山毛榉等针阔混交林中地上。

担子果

管孔面

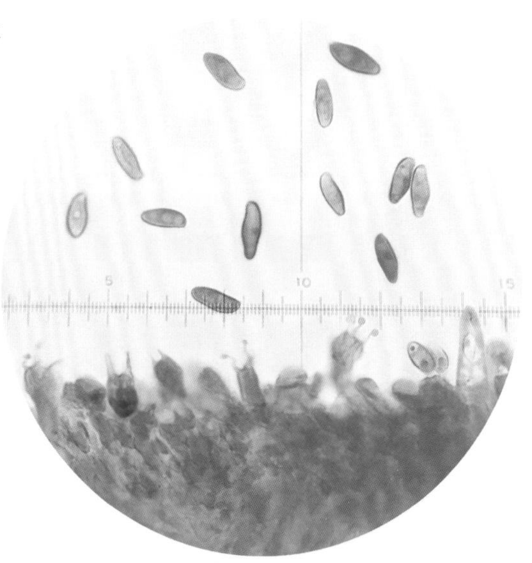

担孢子、担子、囊状体

419 细绒绒盖牛肝菌
Xerocomus velutinus **Xue T. Zhu & Zhu L. Yang**

菌盖半球形至平展，直径2.5～5cm，表面黄褐色、红褐色至暗褐色，被细绒毛，干燥。菌肉奶油至淡黄色，受伤时缓慢变蓝或变色不明显。菌管与管孔面同为淡黄至暗黄色，受伤均变蓝色，孔口多角形，1～2个/mm。菌柄近圆柱形，3.5～8cm×0.3～0.7cm，奶油色，受伤变蓝色，顶部淡黄色，其余部分浅褐色至浅灰褐色，基部有时浅红褐色。

囊状体瓶形，粗可达15μm。担孢子近纺锤形，11～14μm×4～5μm，浅黄褐色，平滑。

生于松林与壳斗科树种林下，或在冷杉属与壳斗科混交林中地上。

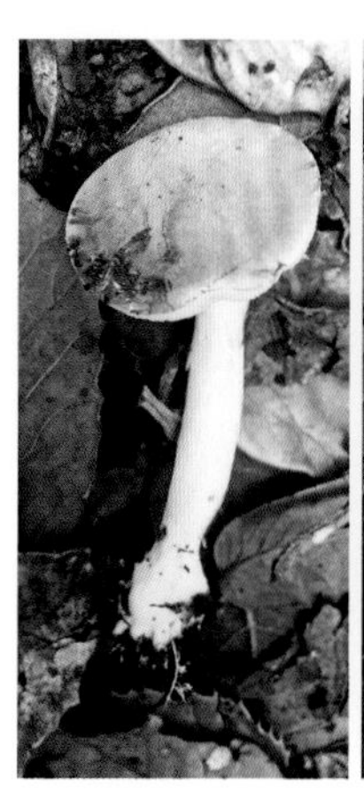

担子果

管孔面

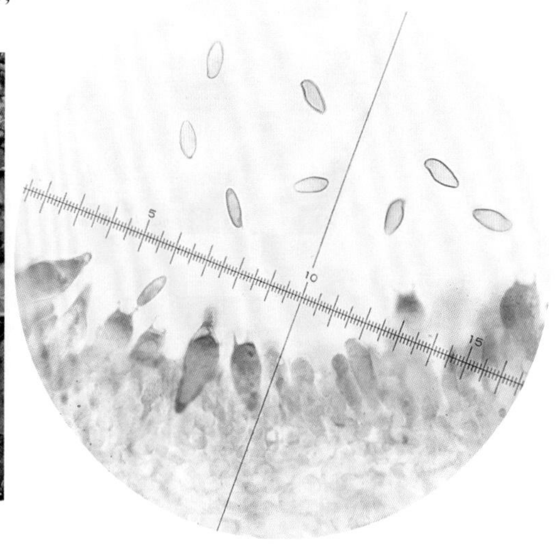

担孢子、担子、囊状体

420 云南绒盖牛肝菌

Xerocomus yunnanensis **(W.F. Chiu) F.L. Tai**

菌盖凸镜状至平展，直径2.5～5cm，表面浅黄褐色至红褐色，幼时密被绒毛，并在中央结成颗粒状鳞片，成熟后裂开。菌肉淡黄色、黄色。菌管黄色，管孔面幼时鲜黄色，成熟时呈黄褐色，受伤慢慢变蓝，孔口多角形，0.5～1个/mm。菌柄近圆柱形，3～6cm×0.3～1cm，浅黄色至淡黄褐色，有淡褐色纵向条纹。菌肉、菌柄受伤时蓝变不明显。

囊状体瓶形，粗约10μm。担孢子长椭圆形、近纺锤形，7～11.5μm×3～4.5μm，淡黄褐色，平滑。

夏秋季群生于以云南松、华山松、栎类为主的林内地表，或栗属与冷杉混交林中地上。可食用。

担子果（菌盖被鳞片）

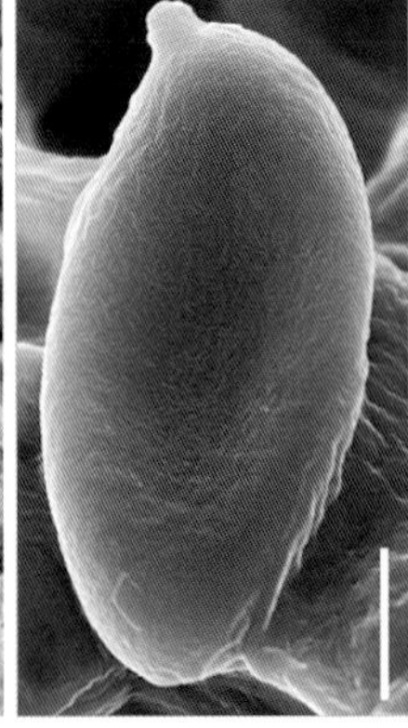

担孢子（电镜照；杨祝良原照）

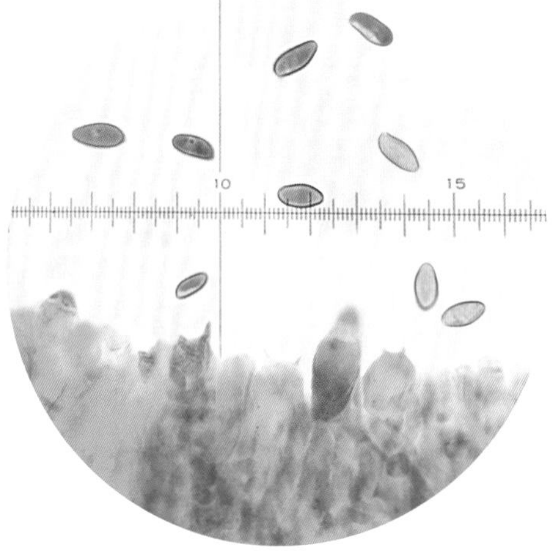

担孢子、担子、囊状体

421 红盖臧氏牛肝菌

Zangia erythrocephala **Y.C. Li & Zhu L. Yang**

菌盖扁半球形，直径3～8cm，表面红色、暗红色、紫红色至红褐色。菌肉近白色带粉色。菌管和管孔面均为淡粉红色。菌柄圆柱形，4～9cm×0.5～1.2cm，淡粉红色至粉红色，被红色鳞片，基部亮黄色。

担孢子近梭形至长椭圆形，12～15μm×5.5～6.5μm，淡粉红色，平滑。

夏季生于针叶林和针阔混交林中地上。

担子果（菌柄被鳞片）

管孔面

菌管剖面

422 绿褐臧氏牛肝菌
Zangia olivacea Y.C. Li & Zhu L. Yang

担子果（李艳春原照）

菌盖扁半球形，直径4～7cm，表面橄榄色、绿褐色。菌肉近白色带粉色。菌管和管孔面淡粉红色。菌柄圆柱形至棒状，8～13cm×1～2cm，被粉红色鳞片，基部亮黄色。

担孢子近梭形、长椭圆形，12.5～15.5μm×6～7μm，淡粉红色，平滑。

夏秋季生于针叶林中地上。

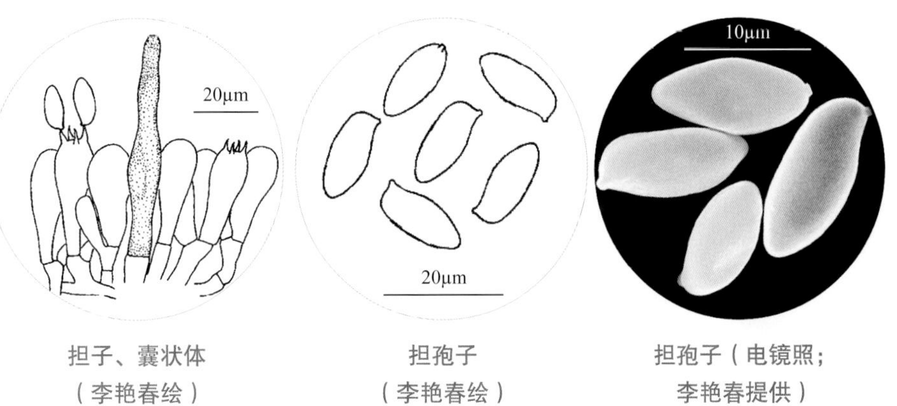

担子、囊状体（李艳春绘）　担孢子（李艳春绘）　担孢子（电镜照；李艳春提供）

423 红绿臧氏牛肝菌
Zangia olivaceobrunnea Y.C. Li & Zhu L. Yang

菌盖扁半球形，直径4～6cm，表面橄榄褐色至红褐色，稍凹凸不平。菌肉近白色带粉黄色。菌管淡粉红色，管孔面成熟后淡粉红色，受伤不变色。菌柄圆柱形，6～12cm×0.4～1cm，受伤稍变淡蓝色，表面被粉红色至紫色鳞片。

担孢子近梭形、长椭圆形，12.5～15.5μm×5～6μm，淡粉红色，平滑。

夏季生于针阔混交林中地上。

担子果

管孔面

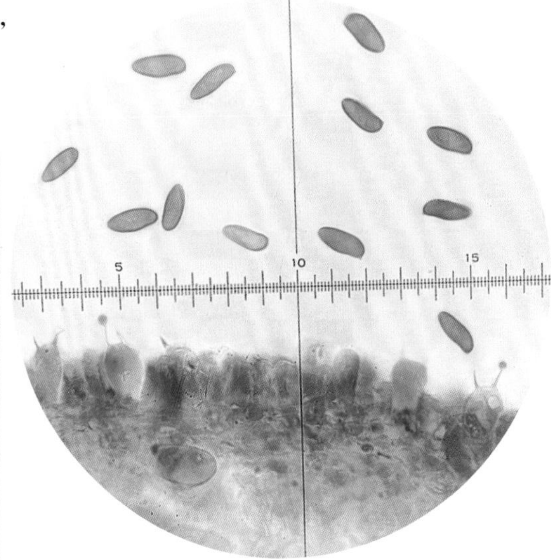

担孢子、担子、子实层

424 臧氏牛肝菌

Zangia roseola **(W.F. Chiu) Y.C. Li & Zhu L. Yang**

菌盖扁半球形，直径3～8cm，表面红色、暗红色、红褐色。菌肉近白色带粉色。菌管和管孔面淡粉红色。菌肉、菌管受伤均不变色。菌柄圆柱形，4～9cm×0.5～1.2cm，淡粉红色，被粉红色鳞片，基部黄色。

担孢子近梭形、长椭圆形，12～15μm×5.5～6.5μm，淡粉红色，平滑。

夏秋季生于针叶林或针阔混交林中地上。

担子果，菌管面

菌盖纵切面、菌管层

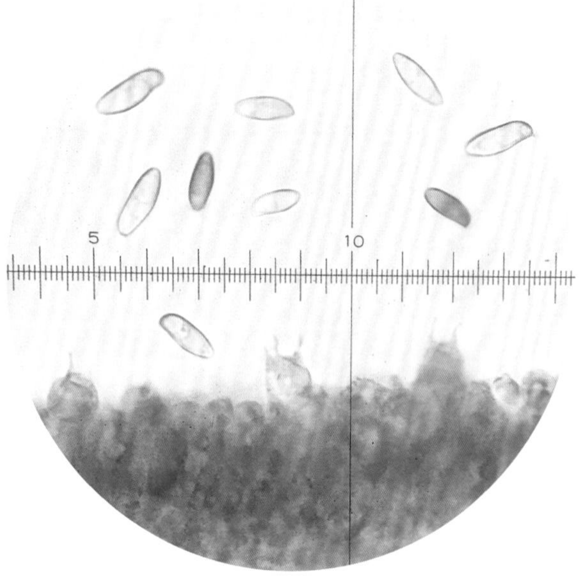

担孢子、担子

铆钉菇科 Gomphidiaceae

425 易混色钉菇

Chroogomphus confusus **Y.C. Li & Zhu L. Yang**

菌盖钝圆锥形至半球形，直径1.5～4cm，表面褐黄色至橘黄色，带红褐色。菌肉橘黄色。菌褶延生，稀疏，橘黄色，后变灰橘黄色。菌柄圆柱形，2.5～8cm×0.5～1cm，黄色至灰黄色，带粉红色调。

担孢子近梭形至椭圆形，15～20μm×5～7μm，淡褐色，平滑，拟淀粉质。

夏秋季生于针叶林中地上。可食用。外生菌根菌。

担子果（杨祝良原照）

426 拟绒盖色钉菇

Chroogomphus pseudotomentosus **O.K. Mill. & Aime**

菌盖扁半球形，直径4～7cm，表面橘黄色至黄褐色，中央色较深，被绒毛状至纤丝状鳞片，边缘有不明显条纹。菌肉橘黄色至淡黄色。菌褶淡橘黄色至灰褐色。菌柄圆柱形，7～15cm×1～2cm，淡黄色至橘黄色，被绒毛状至纤丝状鳞片。菌环上位，不明显且易脱落。

囊状体多，圆柱形、圆筒形、披针形，粗15.5～26μm。担孢子椭圆形，14.5～18μm×8～9.5μm，淡褐色，平滑。

生于针叶林中地上。可食用。

担子果（菌褶延生）

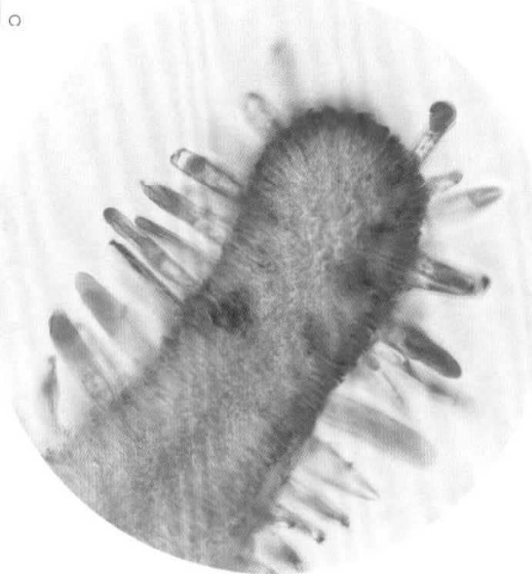

菌褶剖面

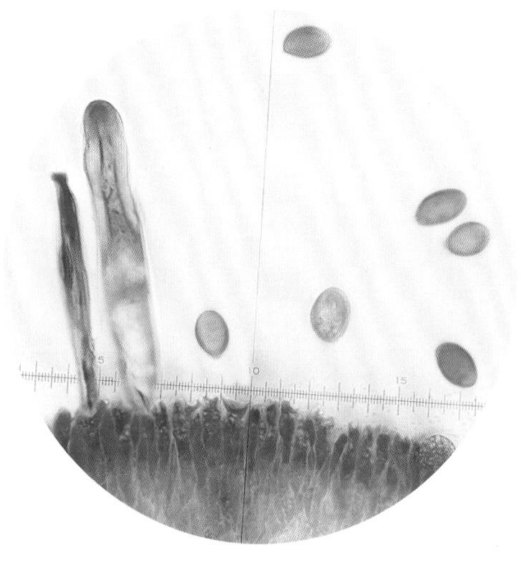

担孢子、囊状体、子实层

427 绒盖色钉菇

Chroogomphus tomentosus **(Murrill) O.K. Mill.**

菌盖初呈圆锥形，后半球形，最后可因中部下凹呈漏斗形，直径4～7cm，表面浅粉红色至黄褐色，被绒毛，中央色深。菌肉淡褐色至粉红色。菌褶延生，灰白色至灰褐色。菌柄圆柱形，4～9cm×0.6～2.8cm，淡粉黄色至淡黄褐色。菌环上位，丝膜状，易脱落。

囊状体多，圆柱形、披针形，粗20～23.5μm。担孢子椭圆形，16～20μm×7.5～9μm，淡黄褐色，平滑。

夏秋季生于针叶林中地上。可食用。外生菌根菌。

担子果（杨祝良原照）

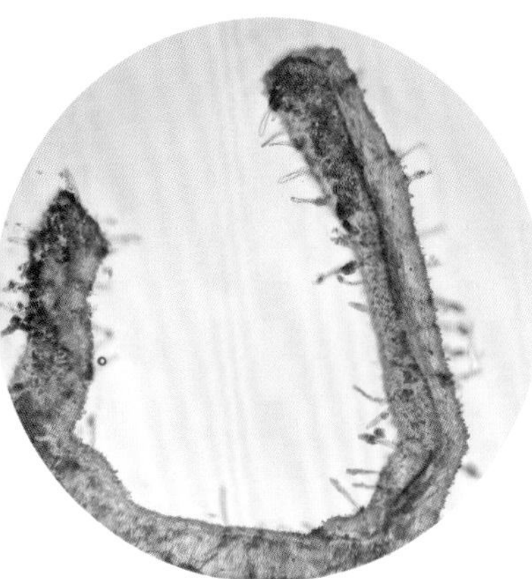

菌褶剖面

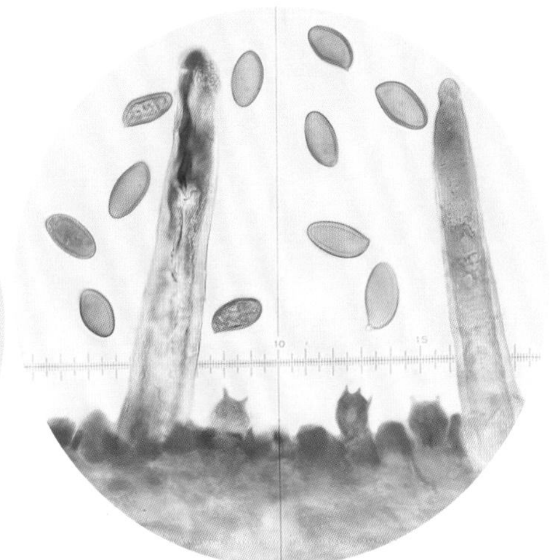

担孢子、担子、囊状体

428 黏铆钉菇

Gomphidius glutinosus **(Schaeff.) Fr.**

菌盖凸镜状至平展，直径7～10cm，表面灰紫色、淡褐色至褐色，黏。菌褶延生，较稀疏，污白色至淡褐色。菌柄圆柱形，8～12cm×1～2cm，污白色，基部亮黄色。菌环上位，易脱落。

囊状体多，短柱状、棒状、有的可称为泡囊状囊状体，粗11～18μm。担孢子圆柱形、长椭圆形，15～22μm×6～7μm，淡灰褐色，平滑。

夏秋季生于针叶林中地上。可食用。

担子果（杨祝良原照）

担孢子、担子、囊状体（泡囊状、棒状）

429 斑点铆钉菇

Gomphidius maculatus **(Scop.) Fr.**

菌盖初期扁半球形至扁平后平展，有时中部稍下凹，直径3～6.5cm，表面淡粉褐色、浅褐色或暗褐色，后期有黑褐色斑点，光滑，湿时黏。菌肉污白色至浅肉桂色，厚。菌褶延生，稀疏，厚，初近白色，后渐变为酒红灰色或烟灰色。菌柄圆柱形，4.5～8cm×1～2cm，初近白色，后渐形成黑色条斑或斑点。

担子果（杨祝良原照）

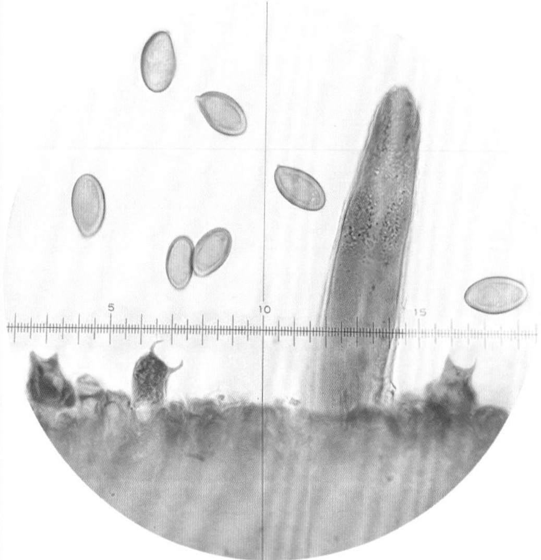

担孢子、担子、囊状体

囊状体圆柱形，粗约25μm。担孢子长椭圆形至近梭形，15～20μm×5～8μm，灰褐色至黑褐色，平滑。

夏秋季单生、散生或群生于针叶林中地上。可食用。

430 红铆钉菇

Gomphidius roseus (Fr.) Oudem.

菌盖半球形至近平展，老后中部稍下凹，直径2～6cm，表面粉红色、玫瑰红色、珊瑚红色，光滑，湿时黏。菌肉白色带粉色。菌褶延生，稀疏，污白色至浅灰褐色。菌柄近圆柱形，3～5cm×0.5～1cm，上部白色，以下粉灰白色，基部浅黄色。

囊状体棒状、瓶形，粗7～11μm。担孢子长椭圆形、近纺锤形，15～18μm×5～6μm，无色，平滑。

夏秋季散生或群生于针叶林中地上。可食用。外生菌根菌。

担子果

菌褶延生、较稀

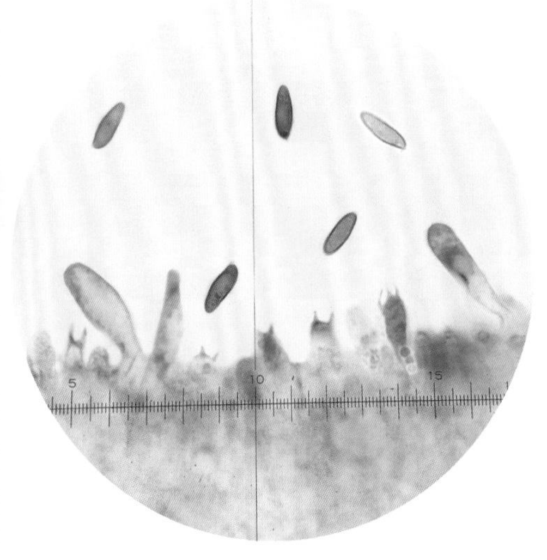

担孢子、担子、囊状体

圆孔牛肝菌科 Gyroporaceae

431 栗色圆孔牛肝菌

Gyroporus castaneus (Bull.) Quél.

菌盖扁半球形至平展，直径2～7cm，表面淡红褐色、肉桂褐色、粉紫褐色，成熟后表皮龟裂或皱缩不平，被细绒毛。菌肉白色、淡黄色。菌管淡黄色、污黄色，长约8mm，孔口圆形、多角形，0.3～1个/mm。菌柄近圆柱形，5～7cm×0.3～0.8cm，栗褐色，被细绒毛。

担孢子椭圆形，7～11.5μm×4.5～6μm，近无色，平滑，内含油滴。

夏秋季生于云南松等针叶林下或针阔混交林中地上。建议避免采食。

担子果，管孔面

432 蓝圆孔牛肝菌
Gyroporus cyanescens **(Bull.) Quél.**

菌盖半球形至近平展，直径5～8cm，表面污白色、淡黄色，被绒毛。菌肉白色，厚8～10mm。菌管在菌柄周围凹陷，与管孔面同为乳白色至淡黄色，孔口圆形，2～3个/mm。菌柄圆柱形，6～11cm×1～1.5cm，与盖面同色。菌肉、菌管、菌柄受伤均变蓝色。

担孢子椭圆形，7.5～10μm×5～5.5μm，近无色至淡黄色，平滑。

夏秋季单生或散生于阔叶林或针阔混交林中地上。

担子果（菌盖表面被绒毛）

管孔面，菌管在菌柄周围凹陷，菌柄受伤变色

乳牛肝菌科 Suillaceae

433 黏盖乳牛肝菌
Suillus bovinus **(L.) Roussel**

担子果

菌盖初半球形后渐平展，直径4～10cm，表面肉色、浅赭黄色、浅褐色至黄褐色，光滑或被微小鳞片，黏，干后有光泽。菌肉淡黄色至奶油色。菌管淡黄褐色，管孔面黄色，孔口多角形或不规则形，常呈放射状排列。菌柄圆柱形，2～7cm×0.8～1.5cm，浅赭黄色、黄褐色，光滑。

担孢子长椭圆形、椭圆形，7.5～10μm×3～4μm，浅黄色，平滑。

夏秋季丛生或群生于针叶林中地上。可食用。外生菌根菌。

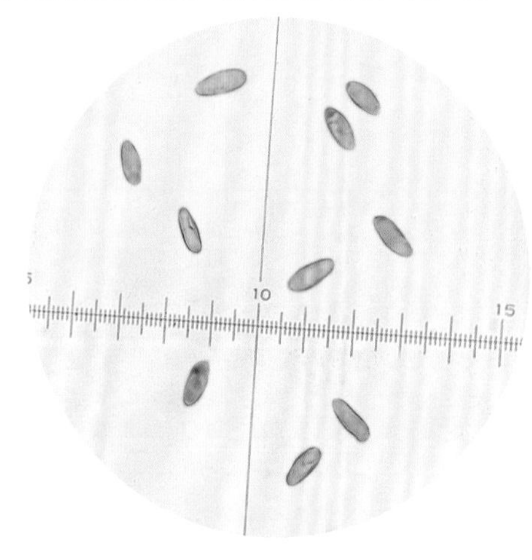

担孢子

管孔面，孔口放射状排列

434 点柄乳牛肝菌

***Suillus granulatus* (L.) Roussel**

担子果

管孔面，孔口放射状排列、菌柄具腺点

菌盖扁半球形或近扁平，后凸镜状，直径4～10cm，表面新鲜时橘黄色至褐红色，黏，干后变为黄褐色至红褐色，有光泽。菌肉新鲜时奶油色，后淡黄色。菌管黄白色至黄色，管孔面初浅黄色至黄色，干后黄褐色。菌柄近圆柱形，3～10cm×0.8～1.5cm，上部浅黄色至黄色，有腺点，基部浅黄色、黄色。

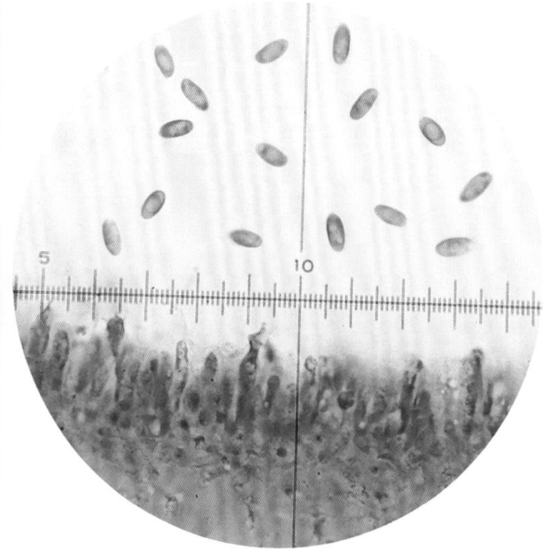

担孢子、担子、子实层

担孢子椭圆形，6.5～9.5μm×3.5～4μm，浅黄褐色，平滑。

夏秋季散生、群生或丛生于松林或针阔混交林中地上。可食用。外生菌根菌。

435 褐环乳牛肝菌

***Suillus luteus* (L.) Roussel**

菌盖扁半球形至扁平，直径3～10cm，表面淡黄褐色至红褐色，光滑，黏。菌肉白色、淡黄色。菌管米黄色至黄色，管孔面初浅黄色至黄色，干后黄褐色，孔口多角形，2～3个/mm。菌柄近圆柱形，3～8cm×1～2.5cm，蜡黄色至淡褐色，顶部有网纹，中下部浅黄色、黄色，有腺点。菌环上位，初黄白色，后褐色，膜质，薄。

担孢子近纺锤形，7～10μm×3～3.5μm，淡黄色，平滑。

夏秋季散生或群生于松林或针阔混交林中地上。可食用。外生菌根菌。

担子果（菌环上位）

管孔面，菌柄具腺点

436 虎皮乳牛肝菌

***Suillus phylopictus* Rui Zhang, X.F. Shi, P.G. Liu & G.M. Muell.**

菌盖扁半球形、凸镜状，直径3～10cm，表面奶油色，密被酒红色、深红褐色、深紫红色绒状或簇状的鳞片，边缘有菌幕残余。菌肉淡黄色。菌管与管孔面同为淡黄色至赭褐色，孔口多角形，0.5～1.5个/mm，放射状排列，受伤不变色或颜色稍变深。菌柄近圆柱形，3～8cm×0.5～1.5cm，土黄色至土黄褐色，具红褐色腺点，顶部具细网纹。菌环上位，膜质，初白色，后变灰黄至赭黄色。

担子果（菌盖表面被鳞片、内菌幕撕破）

担孢子纺锤形至梭形，9～11μm×3.5～4.5μm，淡黄色，平滑，内含油滴，强嗜蓝。

夏秋季单生或群生于针叶林或针阔混交林中，与松属植物共生。

437 松林乳牛肝菌 （曾用名：松林小牛肝菌）

***Suillus pinetorum* (W.F. Chiu) H. Engel & Klofac**

［曾用名：*Boletinus pinetorum* (W.F. Chiu) Teng］

担子果，管孔面

菌盖近半球形渐平展，直径3～8cm，表面肉桂色、红褐色至淡褐色，光滑，湿时黏。菌肉白色、淡黄色。菌管淡黄色，孔口多角形，直径约1.5mm，放射状排列。菌柄圆柱形，3～6.5cm×0.5～1cm，上部淡黄色，中下部红褐色至淡褐色，被褐色小鳞片。

囊状体多，瓶形，较粗大。担孢子长椭圆形，7～10μm×3～4μm，无色至淡黄色，平滑。

夏秋季生于针叶林中地上。

担子、囊状体、子实层

担孢子

438 黄白乳牛肝菌
Suillus placidus **(Bonord.) Singer**

菌盖扁半球形后近平展，直径5～9cm，表面奶油黄色至鹅黄色，老后污黄褐色，光滑，湿时黏。菌肉白色、淡黄色。菌管米黄色至污黄色，管孔面浅黄色至污黄色，孔口多角形，1～2个/mm，常放射状排列。菌柄近圆柱形，3～5cm×0.6～1.5cm，乳黄色至淡黄褐色，有淡黄色或黑褐色小腺点。

担孢子长椭圆形，7.5～11μm×3.5～4.5μm，淡黄色，平滑，内含大油滴。

夏秋季散生或群生于松林或针阔混交林中地上。外生菌根菌。

担子果

管孔面，菌柄具腺点

担孢子、子实层

439 硬乳牛肝菌
Suillus spraguei **(Berk. & M.A. Curtis) Kuntze**［曾用名：*Suillus pictus* (Peck) Kuntze］

菌盖扁半球形后近平展，直径4～10cm，表面淡黄褐色，密被土红褐色鳞片，湿时黏，边缘有菌幕残余。菌肉淡土黄色。菌管土黄色至黄褐色，孔口多角形，1～1.5个/mm，呈放射状排列。菌柄近圆柱形，3～8cm×1～2cm，土黄色至土黄褐色，表面粗糙有网纹。菌环上位。

担孢子长椭圆形，8～10μm×3～4μm，无色至淡黄色，平滑，内含油滴。

夏秋季散生或群生于松林或针阔混交林中地上。外生菌根菌。

幼担子果内菌幕明显

担子果（菌盖表面被鳞片）

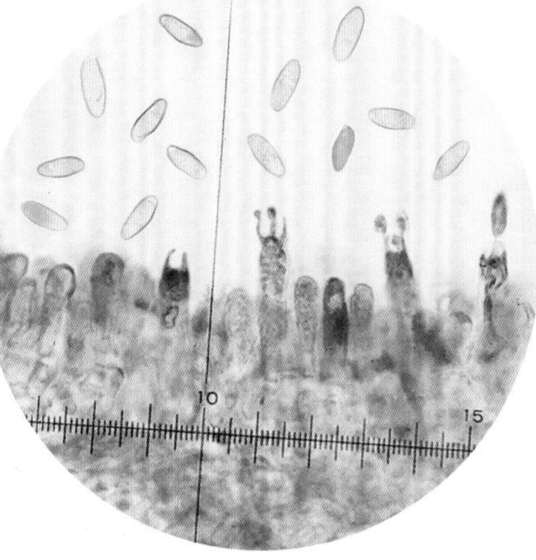

担子、子实层、菌髓、担孢子

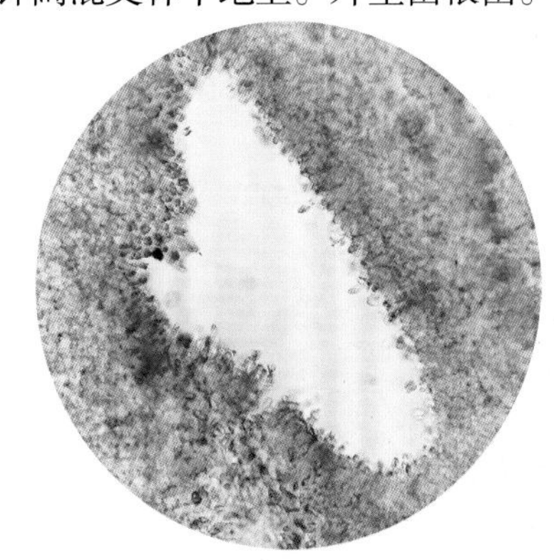

菌管剖面

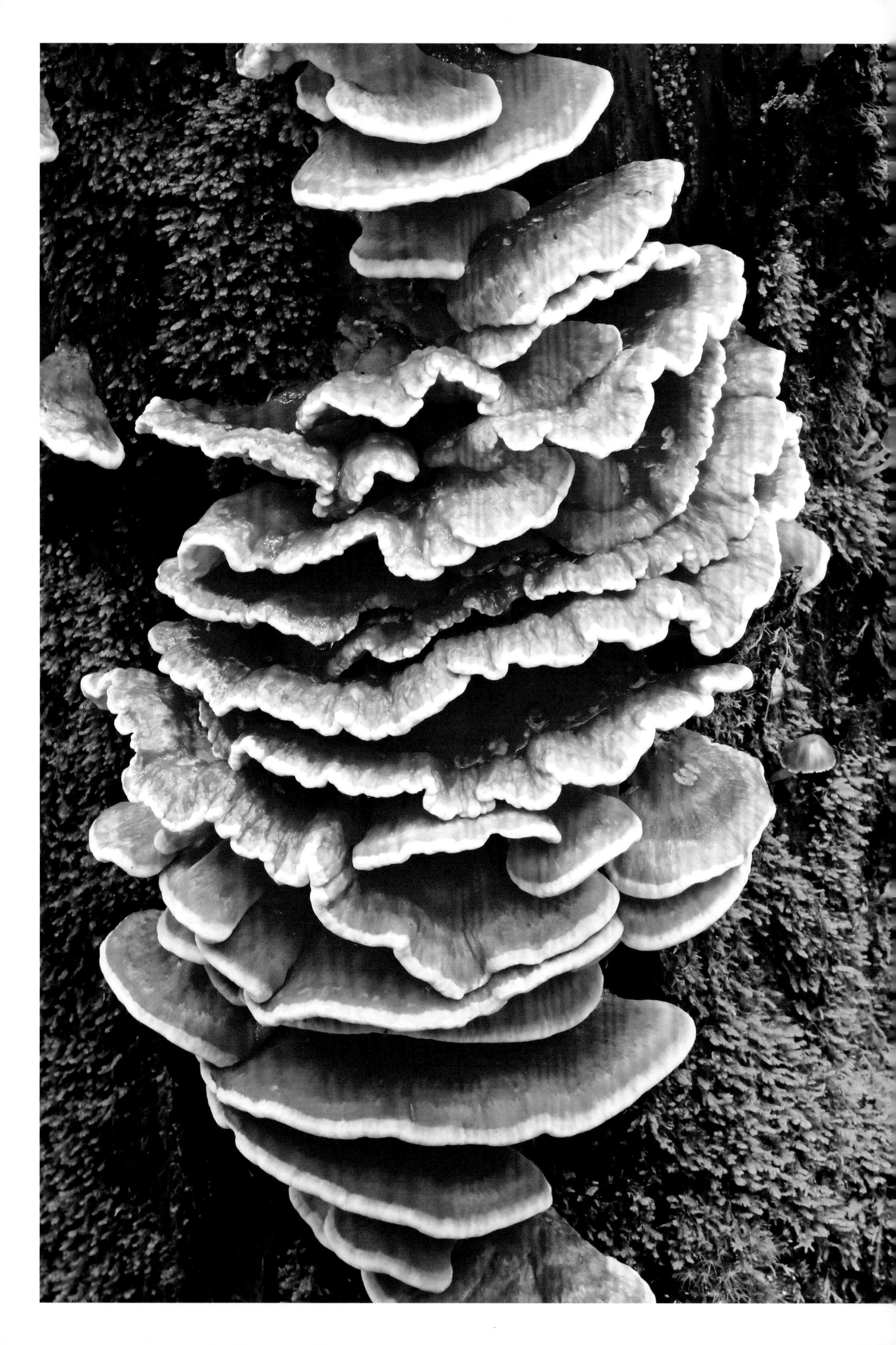

第四章

非褶菌类

子实层体非褶片状、担子果非肉质的大型担子菌多被归入非褶菌。

本书采用Donk（1964）的观点，根据担子果形态及其着生方式、子实层体的形态特征，将非褶菌类的真菌分别放入孔状菌型、革菌型、齿菌型、鸡油菌型、珊瑚菌型、杯状菌型六个类型之下。

孔状菌型

担子果形态多样、着生方式各异，子实层体多为菌管——管状（横切面呈孔状），部分菌管也可破裂成迷路状、齿状、褶状。

地花孔菌科 Albatrellaceae

440 大孢地花孔菌（曾用名：黄鳞地花菌）
Albatrellus ellisii **(Berk.) Pouzar**

担子果一年生，新鲜时肉质，干后木栓质，具偏生或侧生柄。菌盖近圆形，直径可达14～17cm，基部厚约15mm，表面新鲜时浅黄绿色至粉黄色，干后浅橙色至黄褐色，粗糙或具细小鳞片。菌肉近白色，干后棕黄色。菌管干后浅绿色，长约5mm，管孔面新鲜时奶油色，干后淡黄、灰绿色，孔口圆形或多角形，1～2个/mm。

担孢子宽椭圆形，6～11μm×5～8μm，无色，薄壁，平滑，非淀粉质，不嗜蓝。

秋季单生或聚生于针叶林中地上。食药兼用。

担子果（菌盖表面被鳞片）　　管孔面

纵隔担孔菌科 Aporpiaceae

441 胡桃榆孔菌
Elmerina caryae **(Schwein.) D.A. Reid**

担子果一至二年生，平伏，干后木栓质，长可达18cm，宽可达5cm，中部厚约2mm。菌肉灰褐色，极薄。菌管与管孔面新鲜时同为浅灰色、灰色，干后灰褐色至褐色，孔口近圆形，6～8个/mm。

担孢子腊肠形，5～6μm×2～3μm，无色，壁薄，平滑。

夏秋季生于阔叶树倒木、腐木上，引起木材白色腐朽。

担子果平伏，管孔面（戴玉成等照）

刺孢多孔菌科 Bondarzewiaceae

442 伯克利瘤孢孔菌

***Bondarzewia berkeleyi* (Fr.) Bondartsev & Singer**

担子果一年生，菌盖自柄上叠生，新鲜时肉质、软革质，干后软木栓质。菌盖半圆形、匙形，长可达12cm，宽可达10cm，基部厚可达6mm，表面灰褐色至污褐色，干后粗糙。菌肉奶油色、木材色，厚约5mm。菌管与管孔面同为木材色，管长约3mm，孔口圆形至多角形，2～4个/mm，边缘撕裂。

担孢子球形、近球形，6.5～7.5μm×6～6.5μm，无色，壁薄，具淀粉质短刺，嗜蓝。

夏秋季生于栎树根部，造成木材白色腐朽。食药兼用。

担子果（戴玉成等照）

443 高山瘤孢孔菌 （曾用名：圆孢地花）

***Bondarzewia montana* (Quél.) Singer**

担子果一年生，新鲜时肉质至软革质，干后软木栓质，多个菌盖从一粗短菌柄上生出，或莲花状叠生。单个菌盖略呈半圆形或扇形，直径可达15cm，基部厚约10mm，表面淡褐色、黄褐色，有同心环带或不明显。菌肉奶油色、白色。菌管白色至浅黄色，长约2mm并沿柄下延，管孔面奶油色至浅黄色，孔口多角形，1～3个/mm，易破裂成齿状。

担孢子球形、近球形，6～8μm×5.5～7μm，无色，厚壁，具明显的淀粉质短刺，嗜蓝。

夏秋季生于针叶树根部，造成木材白色腐朽。食药兼用。

干燥担子果（子实层体管状，多破成齿）

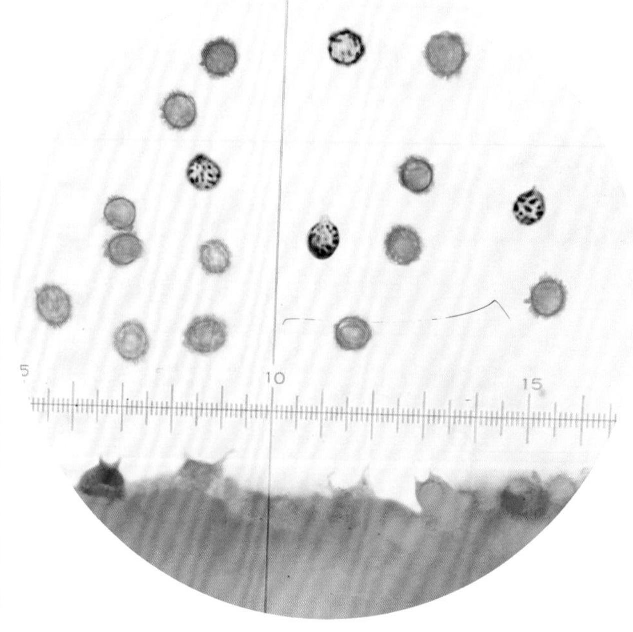

担孢子（具淀粉质短刺）、担子

444 拟欧洲瘤孢孔菌

Bondarzewia submesenterica **Jia J. Chen, B.K. Cui & Y.C. Dai**

担子果（戴玉成等照）

担子果一年生，单个或数个聚生，初肉质，成熟后软木栓质、干酪质。菌盖扇形、半圆形，长宽可达9～10cm，基部厚可达1cm，表面新鲜时浅黄褐色，干后呈砖红色。菌肉浅黄色，厚可达4mm。菌管与管孔面新鲜时呈白色、奶油色，管长约5mm，孔口多角形、不规则形，1～2个/mm，全缘至撕裂。菌柄与菌盖同色，长可达7cm，粗约1cm。

担孢子近球形，5～7μm×4.5～6（～6.5）μm，无色，壁厚，具刺，淀粉质。

生于针叶树倒木、根部，引起木材白色腐朽。食药兼用。

粉孢革菌科 Coniophoraceae

445 覆瓦假皱孔菌

Pseudomerulius curtisii **(Berk.) Redhead & Ginns**

［现名：*Meiorganum curtisii* (Berk.) Singer, J. García & L.D. Gómez］

菌盖近圆形，直径2～5cm，表面金黄色、黄褐色至棕褐色，光滑或被细绒毛，边缘波状、内卷。菌肉黄褐色、暗褐色，薄。子实层体网褶状，黄褐色，干后黑褐色。无菌柄。

担孢子椭圆形至圆柱形，3～4μm×1.5～2μm，无色，平滑，非淀粉质而嗜蓝。

秋季群生于针叶林倒木上，造成褐腐。有毒。

担子果覆瓦状叠生、子实层体网褶状

菌盖表面被绒毛

牛舌菌科 Fistulinaceae

446 牛舌菌

Fistulina hepatica **(Schaeff.) With.**

担子果新鲜时肉质，软而多汁。菌盖半圆形，扁平舌状，直径6～10cm，厚0.5～1cm，表面鲜红色至红褐色，黏，有颗粒状物、被粗绒毛而粗糙。菌肉淡红色。菌管无共同管壁，故彼此分离，管孔面近白色后变红褐色，孔口圆形，2～4个/mm。菌柄短或无，红色。

担孢子近球形，4～5μm×3～4.5μm，无色，内含1个油滴，平滑。

夏秋季生于阔叶林或混交林中的立木、树桩或腐木上。食药兼用。

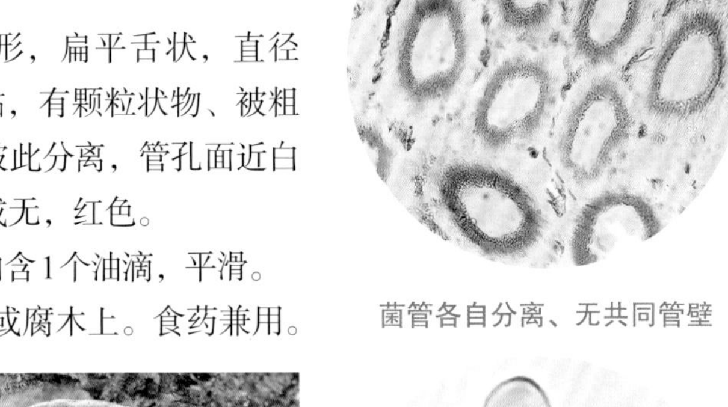

菌管各自分离、无共同管壁

担子果

担子果具短柄，管孔面

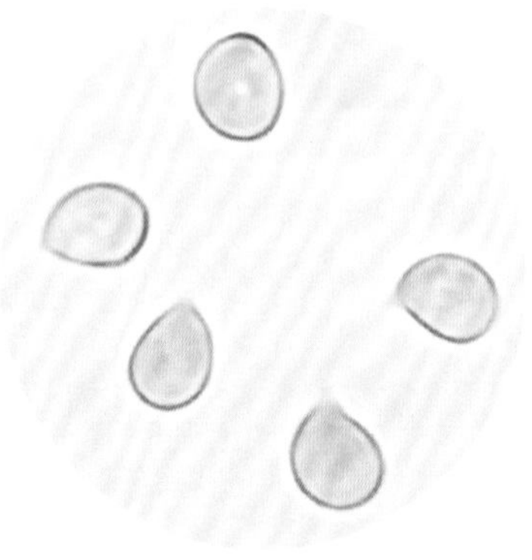

担孢子

拟层孔菌科 Fomitopsidaceae

447 苹果褐伏孔菌

Brunneoporus malicola **(Berk. & M.A. Curtis) Audet**

担子果一年生，平伏反卷，平伏部分长宽可达2～3cm，中部厚可达1cm。菌盖扇形、半圆形，长可达1.8cm，宽可达3cm，基部厚约1cm，表面浅赭色、浅褐色，被绒毛或光滑。菌肉浅赭色、浅褐色，厚可达5mm。菌管色稍浅，长可达7mm，管孔面奶油色至浅赭色、浅褐色，孔口多角形，3～4个/mm，全缘或撕裂。

担孢子圆柱形、长椭圆形，6～10μm×2.5～4μm，无色，壁薄，平滑。

夏秋季生于阔叶树、针叶树的活立木、倒木或树桩上，引起木材褐色腐朽。

担子果平伏（戴玉成等照）

448 厚垣孢黄伏孔菌 （曾用名：粉状薄孔菌）

Flavidoporia pulverulenta (B. Rivoire) Audet（曾用名：*Antrodia pulverulenta* B. Rivoire）

担子果一年生，平伏，长可达23cm，宽可达6cm，中部厚约5mm。菌肉灰白色，厚约2mm。菌管与管孔面新鲜时奶油色、浅灰色，干后浅黄至赭色，管长可达3mm，孔口多角形、不规则形至迷宫状，2～3个/mm，易撕裂。

担孢子椭圆形，5.5～8.5μm×3～4μm，无色，壁薄，平滑。

生于阔叶树倒木上，引起木材褐色腐朽。

干燥担子果平伏（戴玉成等照）

449 垫形黄伏孔菌 （曾用名：垫状薄孔菌）

Flavidoporia pulvinascens (Pilát) Audet［曾用名：*Antrodia pulvinascens* (Pilát) Niemelä］

担子果（戴玉成等照）

担子果多年生，平伏、平伏反卷，长可达10cm，宽可达4cm，中部厚约1cm。菌肉奶油色，软，厚约1mm。菌管与管孔面新鲜时白色、奶油色，干后浅黄至木材色，管长可达9mm，孔口圆形，4～5个/mm。

担孢子长椭圆形，6～7.5μm×2.5～3μm，无色，壁薄，平滑。

生于阔叶树倒木上，引起木材褐色腐朽。

450 横断拟层孔菌

Fomitopsis hengduanensis B.K. Cui & Shun Liu

担子果多年生，硬木质。菌盖半圆形至蹄形，长可达9cm，宽可达7.5cm，基部厚可达3cm，表面新鲜时基部呈黑灰色，红棕色，边缘肉粉色，干后黄色、红棕色。菌肉厚约1.5cm。菌管与管孔面同为白色、奶油色，干后草黄色，管长约1.5cm，孔口圆形至多角形，6～8个/mm。

担孢子长椭圆形、椭圆形，5～6μm×3～3.5μm，无色，壁薄。

生于云杉枯立木、倒木上，引起木材褐色腐朽。可药用。

担子果（戴玉成等照）

451 药用拟层孔菌 （俗名：苦白蹄）

Fomitopsis officinalis (Vill.) Bondartsev & Singer

担子果多年生，无柄，木栓质，干后白垩质，具明显苦味。菌盖马蹄形，长可达18cm，宽可达12cm，厚可达15cm，表面薄皮层白色、灰白色，老后灰褐色，初光滑后粗糙，渐开裂。菌肉白色，厚1～2cm，易碎。菌管白色，长约5cm，多层且分层明显，管孔面乳白色至棕黄色，孔口圆形、多角形，4～5个/mm。

担孢子椭圆形至近圆柱形，4～7.5μm×3～4μm，无色，常内含油滴，薄壁，平滑，非淀粉质，不嗜蓝。

春至秋季单生于针叶树活立木、枯立木或倒木上，尤以落叶松上为常见，造成木材褐色腐朽。可药用。

担子果蹄形

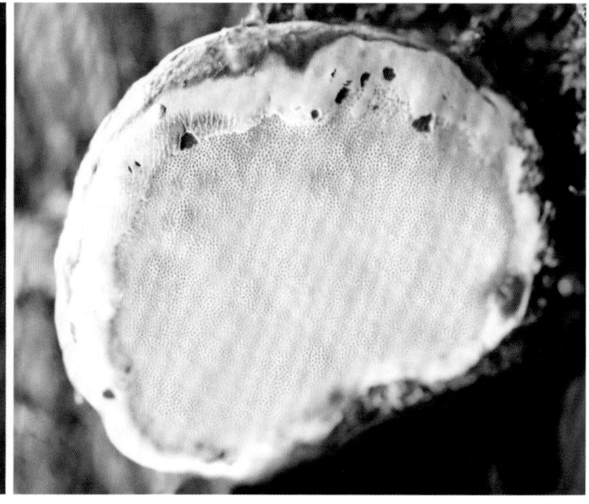

管孔面

452 脆褐波斯特孔菌 （曾用名：红褐多孔菌）

Fuscopostia fragilis (Fr.) B.K. Cui, L.L. Shen & Y.C. Dai（曾用名：_Polyporus fragilis_ Fr.）

担子果一年生，单生，新鲜时软而多汁，干后硬而脆。菌盖扇形、半圆形，长1.5～5cm，宽1.5～4cm，基部厚3～10mm，表面新鲜时近白色、灰白色，触摸或干后呈褐色，被细短绒毛。菌肉白色、浅褐色，厚1～5mm。菌管白色至褐色，长2～5mm，管孔面新鲜时白色，触摸或干后变褐色、红褐色，孔口多角形，4～6个/mm，边缘撕裂状。

担孢子腊肠形，4～5μm×1.5～2μm，无色，壁薄，平滑。

生于针叶树倒木、树桩上。引起木材褐色腐朽。

担子果（戴玉成等照）

453 红缘拟层孔菌 （俗名：红边菌）

Fomitopsis pinicola **(Sw.) P. Karst.**

担子果多年生，无柄，新鲜时硬木栓质，干后木质。菌盖半圆形至马蹄形，长可达28cm，宽可达24cm，中部厚8～10cm，皮壳表面白色，后呈红褐色至黑褐色，有似漆样光泽，边缘常呈红褐色。菌肉近白色至浅黄褐色，厚可达3cm。菌管长4～6cm，多层而分层不明显，有时有薄层菌肉相间，管孔面乳白色或浅黄色，孔口圆形，3～5个/mm。

担孢子近圆柱形或椭圆形，5.5～7μm×3.5～4μm，无色，壁略厚，平滑，非淀粉质，不嗜蓝。

春至秋季生于多种针叶树、阔叶树的活立木、倒木或腐木上，造成木材褐色腐朽。可药用。

担子果皮壳具光泽

管孔面

454 赭白波斯特孔菌

Postia ochraceoalba **L.L. Shen, B.K. Cui & Y.C. Dai**

担子果一年生。菌盖扇形，可覆瓦状叠生，长可达11cm，宽可达5.5cm，基部厚可达1.2cm，新鲜时浅黄色、赭色、灰棕色，干后浅鼠灰色、深橄榄色，具环纹和纵向沟纹。菌肉、菌管白色，菌肉厚可达10mm，菌管长约2mm，管孔面新鲜时白色，干后奶油色、浅黄色，孔口多角形，6～7个/mm，边缘锯齿状。

担孢子腊肠形，4～4.5μm×1～1.5μm，无色，壁薄，平滑。

生于针叶树倒木、树桩上。引起木材褐色腐朽。

担子果（戴玉成等照）

455 粉肉红层孔菌（曾用名：粉肉拟层孔菌）

Rhodofomes cajanderi **(P. Karst.) B.K. Cui, M.L. Han & Y.C. Dai**

［曾用名：*Fomitopsis cajanderi* (P.Karst.) Kotl. & Pouzar］

担子果多年生，木栓质，无柄或有柄状基部，平伏反卷，可覆瓦状叠生。菌盖半圆形、扇形，长2.5～8cm，宽2～5cm，厚可达1.5cm，皮壳表面红褐色至黑褐色，光滑，略有环纹。菌肉淡粉红色，厚可达1cm，稍呈火绒状，遇5%KOH溶液变黑色。菌管多层，长约5mm，管孔面肉粉色、淡粉红色，孔口多角形，4～6个/mm。

担孢子圆柱形、稍弯曲而呈腊肠形，5～6μm×1.5～2μm，无色，平滑，非淀粉质，不嗜蓝。

夏秋季生于针叶树活立木、枯立木或倒木上，少生于阔叶树上。引起木材褐色腐朽。

担子果覆瓦状叠生

管孔面

456 玫瑰红层孔菌（曾用名：玫瑰拟层孔菌）

Rhodofomes roseus **(Alb. & Schwein.) Kotl. & Pouzar**

［曾用名：*Fomitopsis rosea* (Alb. & Schwein.) P. Karst.］

担子果多年生，无柄。菌盖半球形、马蹄形，长3～12cm，宽2～6cm，厚2～3cm，皮壳表面淡玫瑰红色、紫褐色至黑色，光滑，具同心环棱，常龟裂。菌肉厚，淡粉红色、浅肉色，厚0.5～1.5cm。菌管淡粉红色，长0.7～1cm，明显多层，管孔面淡粉红色、淡粉棕色，孔口圆形，4～5个/mm。

担孢子圆柱形、椭圆形，5～6μm×2～3μm，浅黄色，平滑。

生于针叶树活立木或倒木上，偶见生于阔叶树上，造成木材褐色腐朽。

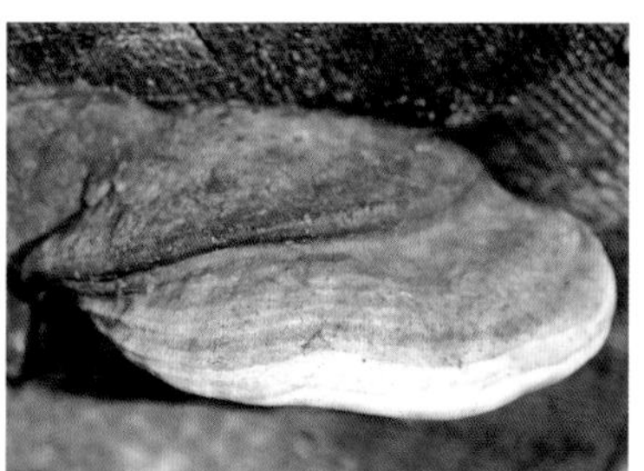

担子果

管孔面

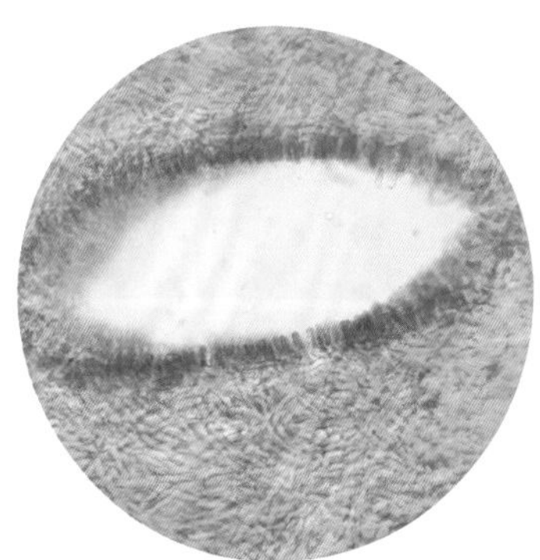

菌管剖面

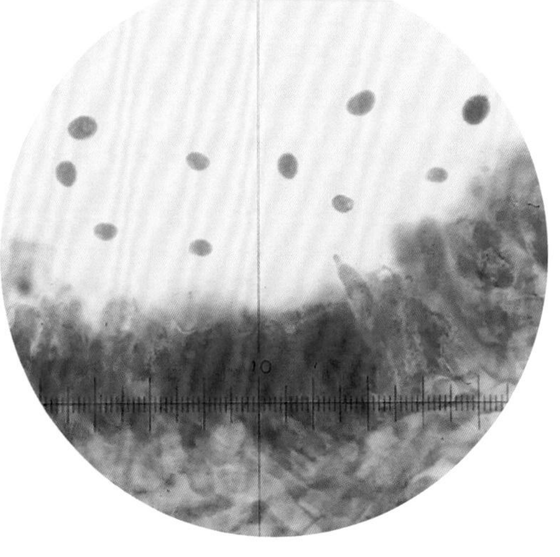

担孢子、子实层、囊状体

灵芝科 Ganodermataceae

457 树舌灵芝
***Ganoderma applanatum* (Pers.) Pat.**

担子果多年生，无柄，木栓质至木质。菌盖多为半圆形，长可达50cm，宽可达30cm，基部厚3～10cm，皮壳表面灰白色、灰褐色至锈褐色，无似漆样光泽，具明显的环沟、环带。菌肉新鲜时浅褐色，后深褐色，厚可达3cm。菌管褐色，长可达6cm，1至多层，常有菌肉层相间，管孔面灰白色、污黄色至淡褐色，孔口略圆形，4～5个/mm。

担孢子宽卵圆形，顶端平截，6～9μm×4.5～6μm，双层壁，外壁无色、平滑，内壁淡褐色，具小刺，非淀粉质，嗜蓝。

春至秋季生于多种阔叶树的活立木、倒木或腐木上，造成木材白色腐朽。可药用。

担子果

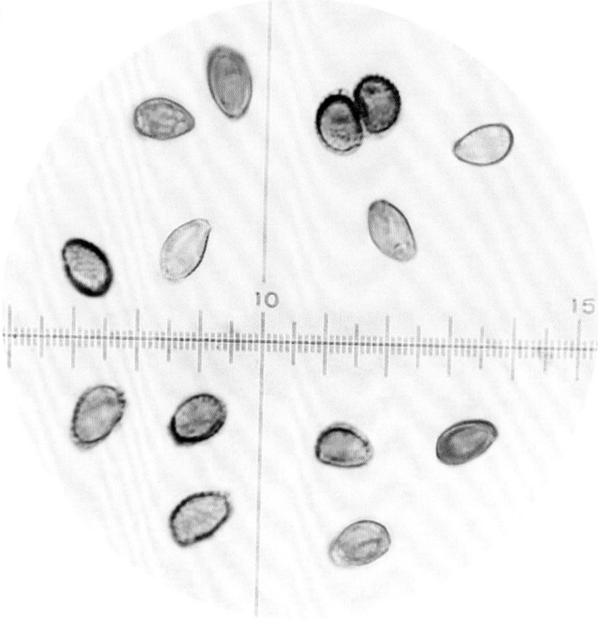

担孢子

担子果纵切面、管孔面

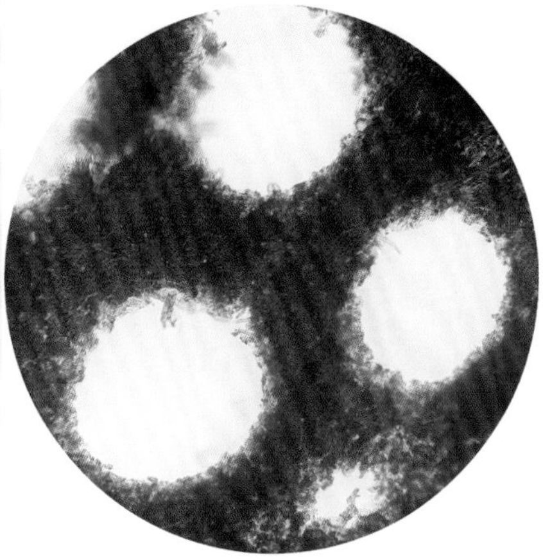

菌管剖面

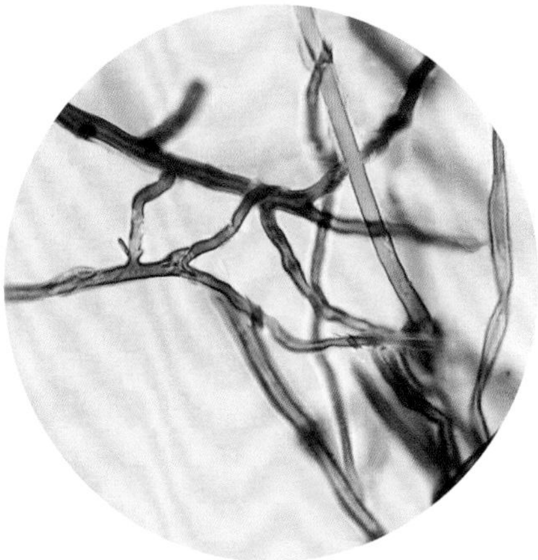

骨架丝、缠绕丝

458 南方灵芝

Ganoderma austral **(Fr.) Pat.**

担子果一年至多年生，无柄，木栓质至木质。菌盖半圆形，长10～15cm，宽4～10cm，基部厚约4cm，皮壳表面锈褐色至黑褐色，无似漆样光泽，具明显环沟、环带。菌肉新鲜时浅褐色，后棕褐色，厚1～3cm，间有黑色壳质层。菌管褐色、深褐色，长约4cm，多层，管孔面淡褐色至黄褐色，孔口略圆形，4～5个/mm。

担孢子卵圆形，顶端平截，7～13μm×4～7.5μm，双层壁，外壁无色、平滑，内壁淡褐色，小刺明显，非淀粉质，嗜蓝。

春至秋季生于多种阔叶树的活立木、倒木、树桩或腐木上，造成木材白色腐朽。可药用。

干燥担子果（皮壳表面具环沟、无光泽）

担子果纵切面（菌肉中有黑色壳质层、菌管多层）

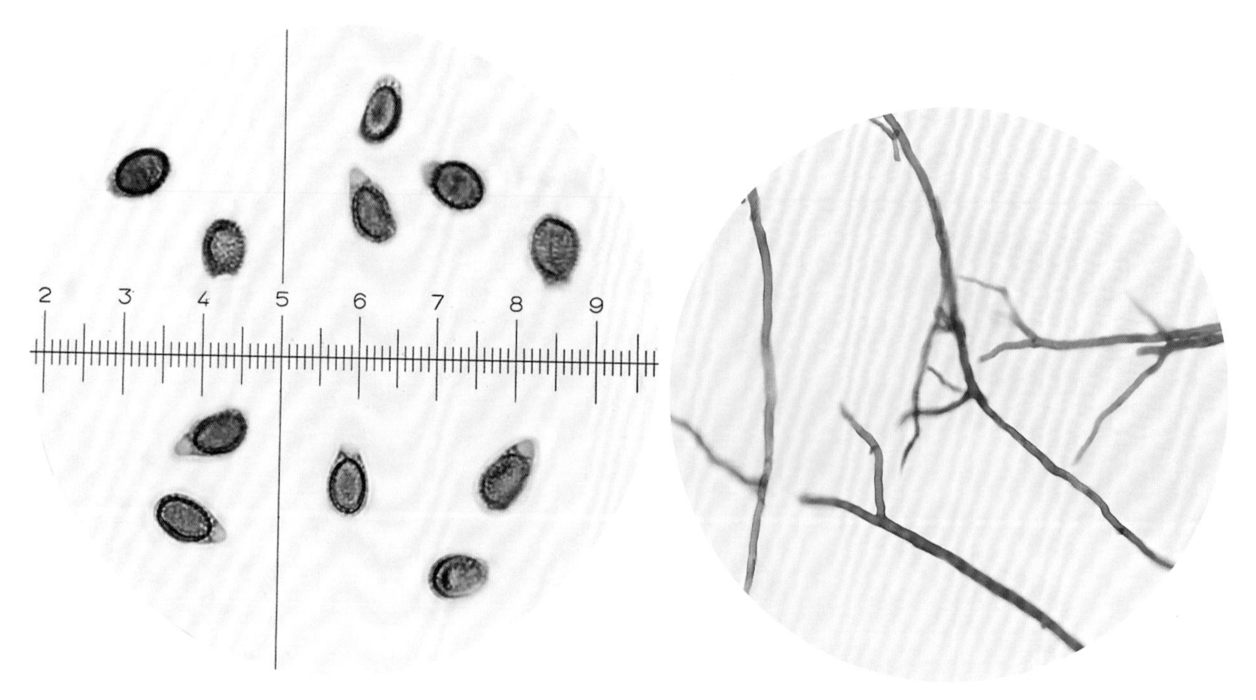

担孢子

骨架丝、缠绕丝

459 褐灵芝

Ganoderma brownii **(Murrill) Gilb.**

担子果一年至多年生，无柄，木栓质。菌盖半圆形，长6～11cm，宽5～8cm，厚2～3cm，皮壳表面褐色、黑褐色，无似漆样光泽，同心环纹不明显。菌肉淡褐色、褐色，厚可达1.5cm。菌管褐色，长约1cm，管孔面褐色、暗褐色，孔口略圆形，4～5个/mm。

担孢子宽椭圆形、卵圆形，有时顶端平截，6～11μm×6～7μm，双层壁，外壁无色，平滑，内壁浅褐色，有小刺或刺不明显。

生于各种阔叶树活立木或腐木上，引起木材白色腐朽。

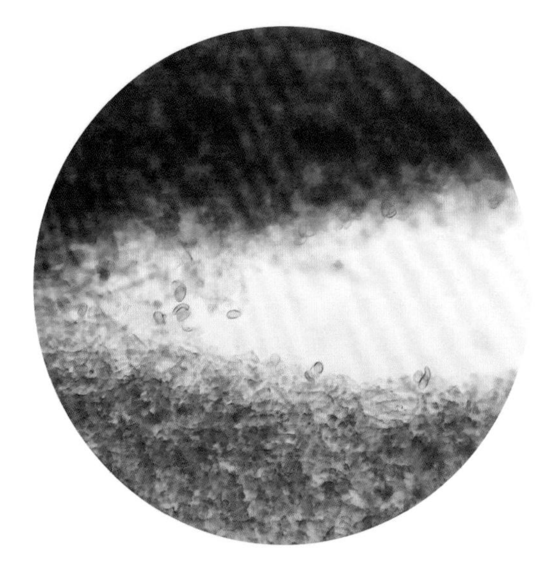

菌管剖面

担子果（戴玉成等照）

担孢子

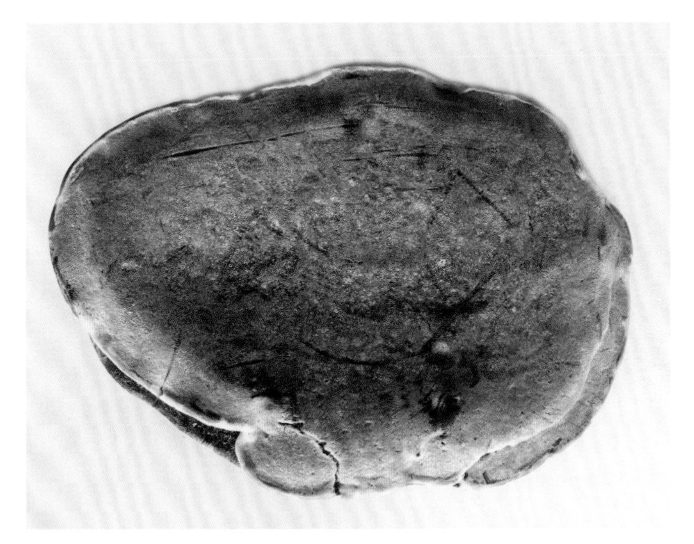

管孔面

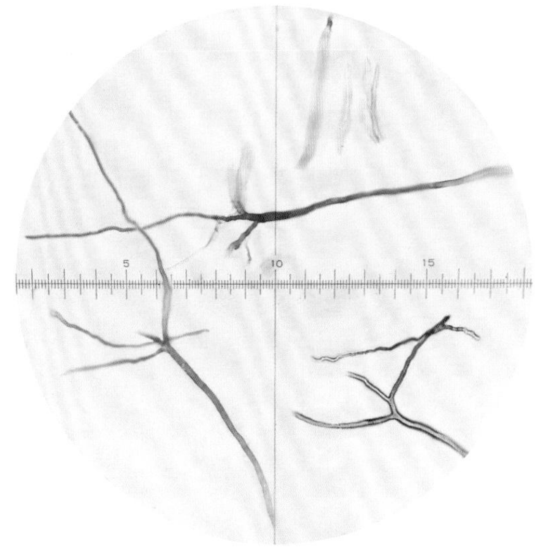

骨架丝、缠绕丝

460 有柄灵芝

***Ganoderma gibbosum* (Blume & T. Nees) Pat.**

干燥担子果（具侧生短柄、菌盖表面皮壳具同心环带、被孢子粉）

担子果多年生，木栓质至木质，有侧生粗短柄。菌盖半圆形、近扇形，长4.5～12cm，宽3～11cm，厚2～3cm，皮壳较薄，有时龟裂，土黄色至锈褐色，无似漆样光泽，有较稠密的同心环带。菌肉棕褐色、深褐色，厚0.5～1cm，有黑色壳质层。菌管褐色，长0.4～1cm，管孔面污白色、褐色，孔口近圆形，4～5个/mm。

担孢子宽卵圆形，顶端平截，6.5～8.5μm×4.5～5.5μm，双层壁，外壁无色，平滑，内壁浅褐色，有小刺，非淀粉质，嗜蓝。

生于阔叶树活立木、腐木或树桩上。可药用。

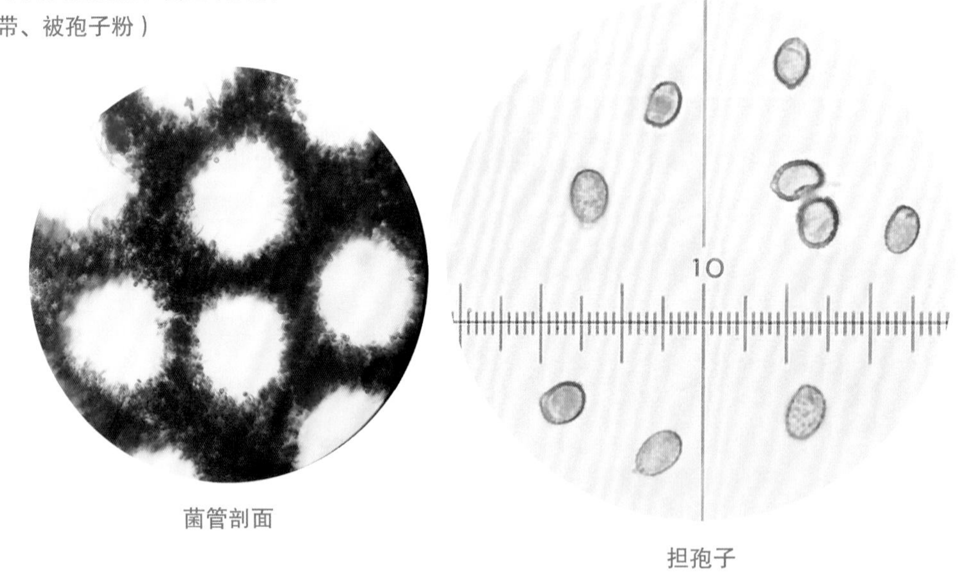

菌管剖面

担孢子

461 白肉灵芝

***Ganoderma leucocontextum* T.H. Li, W.Q. Deng, Sheng H. Wu, Dong M. Wang & H.P. Hu**

担子果一年生。菌盖半圆形或近圆形，直径10～20cm，中部厚可达3cm，皮壳表面红褐色至深褐色，具同心环沟，有漆样光泽，边缘白色至浅黄色。菌肉白色、奶油色，厚可达2.5cm。菌管奶油色至灰褐色，长可达5mm，管孔面白色，受伤变淡褐色至褐色，孔口近圆形、多角形，4～6个/mm。菌柄中生或侧生，圆柱形，红褐色至深褐色，具漆样光泽，长可达19cm，直径约1cm。

担子果，管孔面（杨祝良原照）

担孢子椭圆形，顶端平截，7.5～9（～11.5）μm×5～6（～8）μm，双层壁，外壁无色，平滑，内壁浅黄褐色，有小刺，嗜蓝。

夏秋季生于林中倒木或树桩上，引起木材白色腐朽。药用，可人工栽培。

462 灵芝

Ganoderma lingzhi Sheng H. Wu, Y. Cao & Y.C. Dai

担子果一年生，木栓质，具侧生或偏生的菌柄。菌盖肾形、半圆形或近圆形，长可达20cm，宽可达10cm，基部厚2～4cm，皮壳成熟后呈红褐色、深褐色，似漆样光泽明显，有同心环带、环沟。菌肉上层淡白色、木材色，靠菌管处呈淡褐色。菌管浅褐色至褐色，长约1cm，管孔面新鲜时白色，渐变浅褐色至褐色，孔口近圆形，4～5个/mm。

担孢子宽卵圆形，顶端平截，8～11μm×5～7μm，浅褐色，双层壁，外壁无色、平滑，内壁淡褐色，具小刺，非淀粉质，嗜蓝。

夏秋季生于多种阔叶树的活立木、枯立木、倒木或树桩上，很少在针叶树上，造成木材白色腐朽。可药用。

担子果（菌柄侧生）

菌管剖面

管孔面

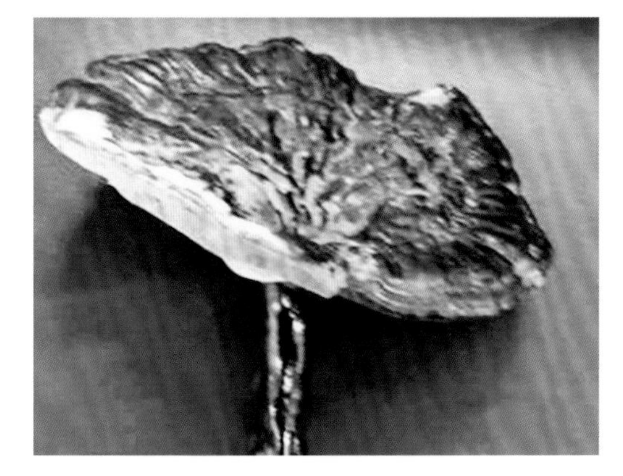

皮壳具漆样光泽，菌盖纵切面可见菌肉双层

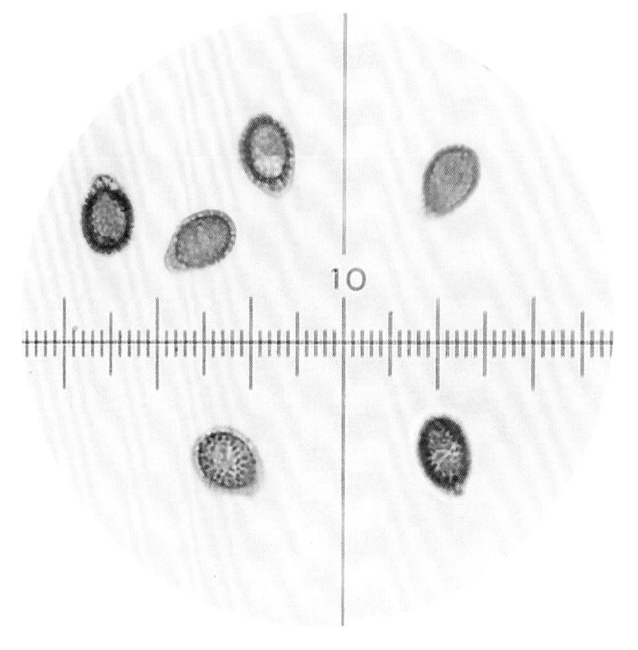

担孢子

463 紫芝（又名：中华灵芝）

Ganoderma sinense **J.D. Zhao, L.W. Hsu & X.Q. Zhang**

担子果一年生，木栓质至木质，具侧生、背侧生或偏生的菌柄。菌盖半圆形、近圆形或近匙形，长2～9.5cm，宽可达8cm，基部厚可达1.2cm，皮壳表面紫褐色、紫黑色至近黑色，具似漆样光泽，有明显的同心环纹和纵皱。菌肉褐色至深褐色，单层，厚1～3mm。菌管褐色至深褐色，长可达1cm，管孔面污白色、淡褐色至深褐色，孔口略圆形，5～6个/mm。

担孢子宽卵圆形，顶端脐突或平截，9～12.5μm×6.5～8μm，双层壁，外壁无色、平滑，内壁淡褐色至褐色，具明显小刺，非淀粉质，弱嗜蓝。

春至秋季生于多种阔叶树、针叶树的腐木或树桩上，造成木材白色腐朽。可药用。

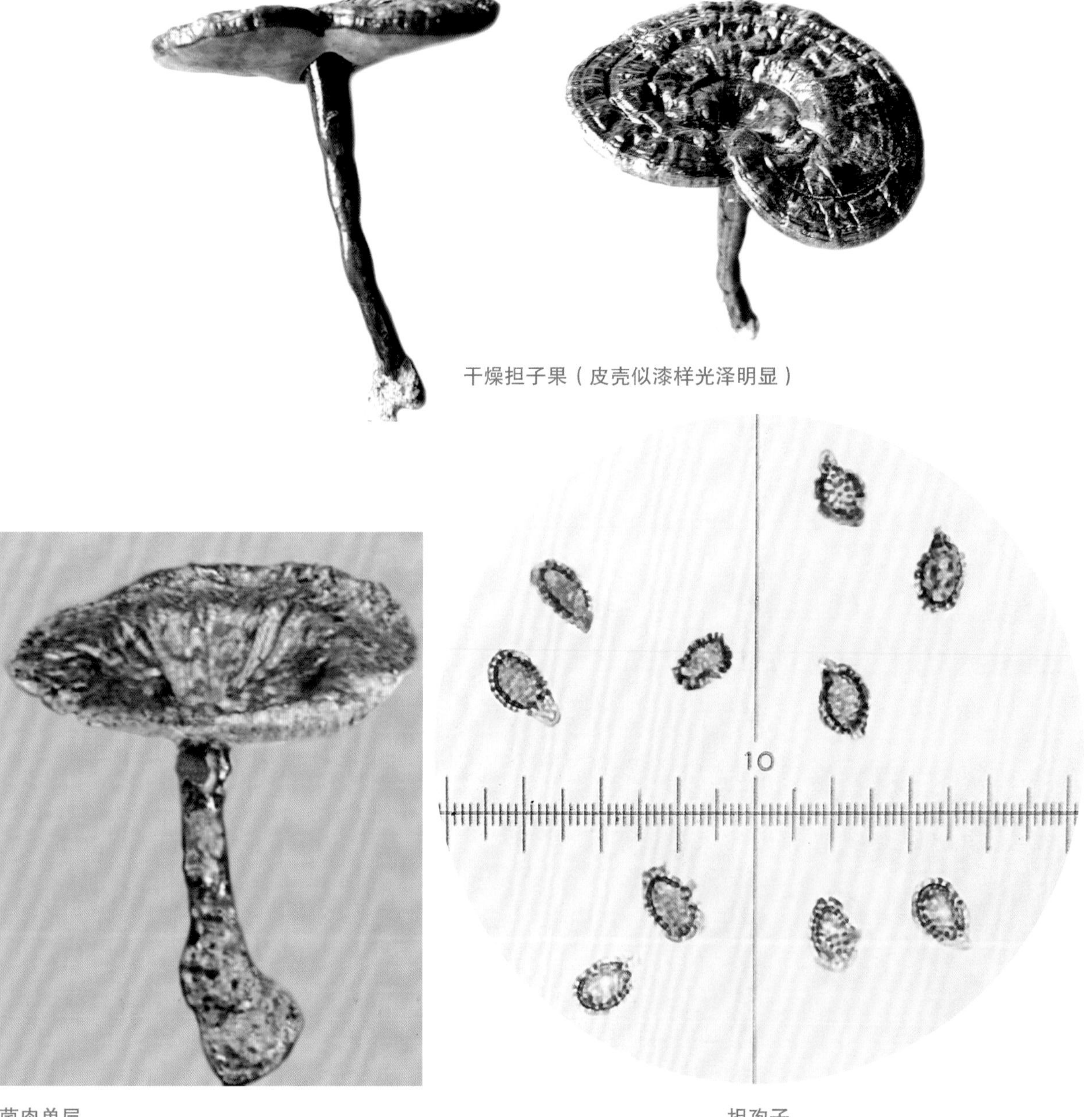

干燥担子果（皮壳似漆样光泽明显）

菌肉单层

担孢子

464 松杉灵芝

Ganoderma tsugae **Murrill**

担子果一年生，木栓质。菌盖肾形、近扇形，长7～13cm，宽可达11cm，表面皮壳红褐色、污红褐色，具似漆样光泽，环带无或不明显。菌肉白色。菌管浅褐色，管孔面淡白色，孔口略圆形，4～5个/mm。菌柄偏生，粗而短，直径约2cm，紫黑色，漆样光泽较强。

囊状体近圆筒形，先端钝圆或乳突状，粗10～12μm。担孢子卵圆形，部分顶端平截，8.5～11.5μm×6～8μm，双层壁，外壁无色透明、平滑，内壁小刺明显、褐色。

生于针叶树干基，引起木材白色腐朽。

担子果（菌盖皮壳具漆样光泽）

管孔面

菌管剖面

担孢子、囊状体

褐褶菌科 Gloeophyllaceae

465 冷杉褐褶菌

***Gloeophyllum abietinum* (Bull.) P. Karst.**

担子果一年生，无柄，平伏反卷，可覆瓦状叠生。菌盖扇形、条形，长1～1.5cm，宽1.5～2cm，基部厚不及1cm，表面锈褐色，渐变棕灰色，密被绒毛，有不明显同心环纹。菌肉浅黄褐色，厚1～2mm，遇10%KOH变黑色。子实层体褶状，黄褐色、灰色，褶宽2～5mm，不分叉，孔状区域中孔口2～3个/mm。

囊状体棍棒状，浅黄色、无色，粗4.5～6μm。担孢子圆柱形，7～10.5μm×3～3.5μm，无色，薄壁，平滑，非淀粉质，不嗜蓝。

秋季生于多种针叶树的倒木上，又以云杉和松树上为常见，造成木材褐色腐朽。可药用。

干燥担子果（菌盖表面被绒毛、具环纹）

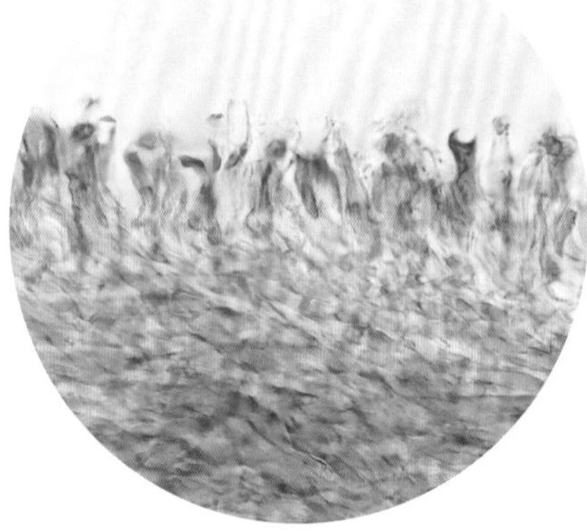

担子、子实层、菌髓

子实层体褶状

466 深褐褶菌

***Gloeophyllum sepiarium* (Wulfen) P. Karst.**

担子果一年生，韧木栓质，无柄，平伏反卷，可左右相连或覆瓦状叠生。菌盖半圆形、扇形，长2～12cm，宽1～6cm，基部厚3～10mm，表面黄褐色、深栗色至近黑色，被粗绒毛，有宽的同心环带。菌肉锈褐色，厚约3mm。子实层体褶状，肉桂色、灰褐色，褶缘薄，可呈波状。

囊状体无色，粗4～7μm。担孢子圆柱形，7～10μm×2.5～3.5μm，无色，薄壁，平滑，非淀粉质，不嗜蓝。

夏秋季生于松、云杉、冷杉等多种针叶树的倒木上，造成木材褐色腐朽。

担子果（子实层体褶状）

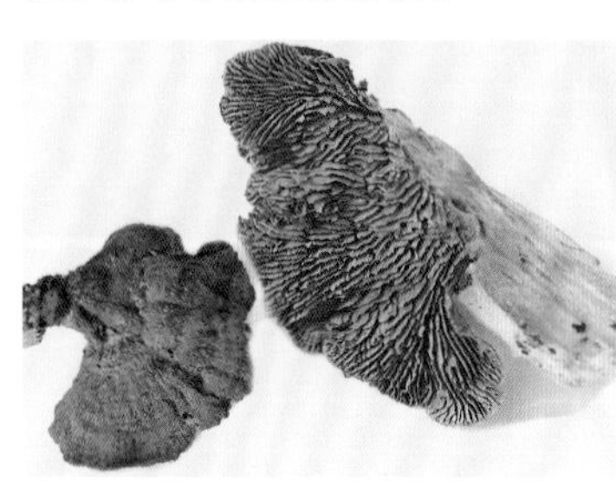

干燥担子果扇形

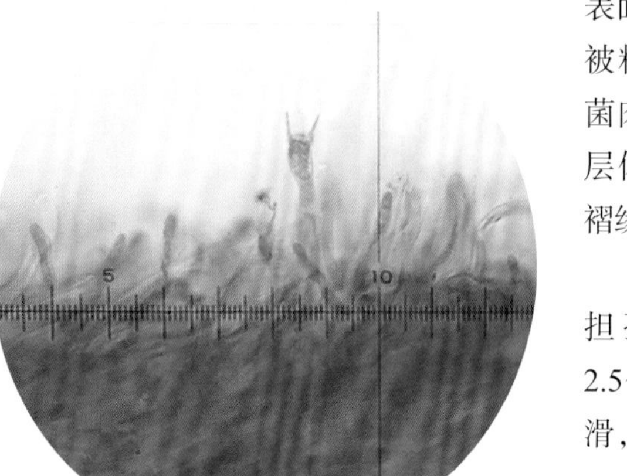

担子、菌髓

467 条纹褐褶菌

Gloeophyllum striatum **(Sw.) Murrill**

担子果（菌盖表面具同心环纹）

子实层体褶状、部分褶缘破裂成齿

担子果一年生，无柄或近有柄，革质，柔韧。菌盖扇形，长可达6cm，宽可达5.5cm，厚2～3cm，表面锈褐色或栗褐色，被绒毛后变光滑，有同心环纹或环沟。菌肉褐色，厚不及1mm。子实层体褶状，菌褶锈褐色，褶宽2～4mm，褶缘后期变锯齿状。

囊状体无色，粗5～9μm，有时顶端被细小结晶。担孢子圆柱形，6～8μm×2.5～3.5μm，无色，薄壁，平滑。

生于针叶树或阔叶树腐木上。引起木材褐色腐朽。

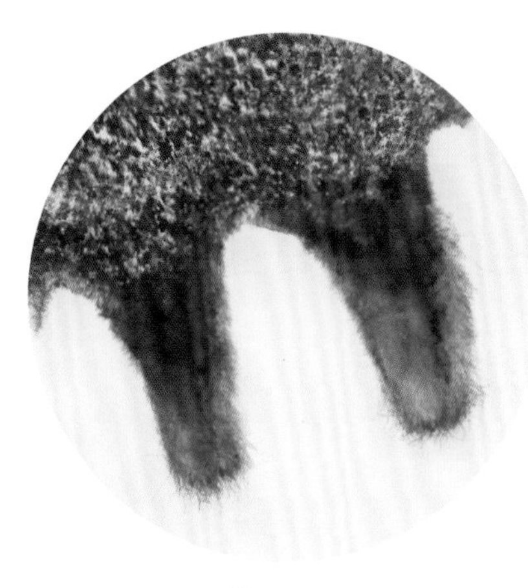
菌褶剖面

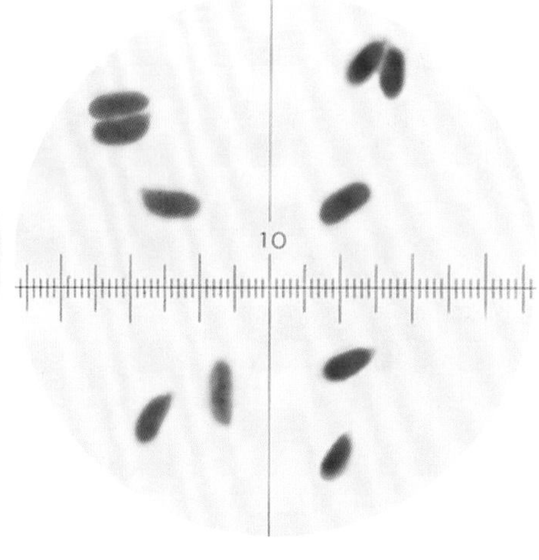

担孢子

468 亚锈褐褶菌

Gloeophyllum subferrugineum **(Berk.) Bondartsev & Singer**

担子果一年生，无柄，韧木栓质。菌盖半圆形、扇形，常覆瓦状叠生或左右相连，长可达10cm，宽2～5cm，厚可达1cm，表面锈褐色，渐褪为灰白色，被细绒毛，渐变光滑，有宽的同心环带。菌肉茶褐色、锈褐色，不及5mm厚。菌褶多分叉，褶缘可破裂成锯齿状。

囊状体无色，薄壁，粗3～4.5μm。担孢子圆柱形，7～9.5μm×2.5～3.5μm，无色，平滑。

夏秋季生在松、云杉、冷杉等针叶树的腐木上。引起木材褐色腐朽。

担子果

子实层体褶状、褶缘部分破裂成齿

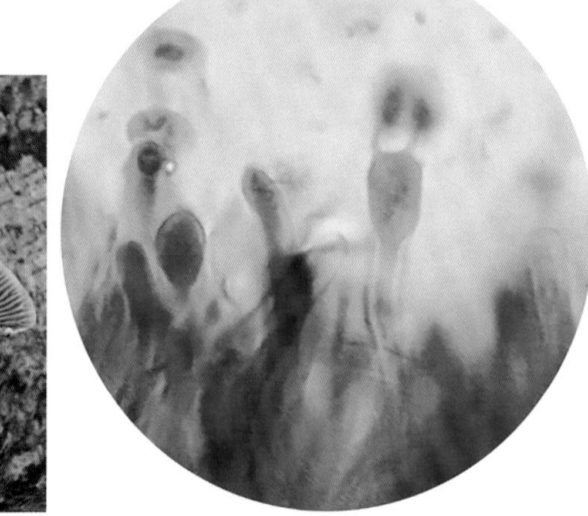
担子、担孢子

469 密褐褶菌

Gloeophyllum trabeum **(Pers.) Murrill**

干燥担子果（菌盖表面具环纹、子实层体褶状）

担子果一年生，革质，无柄，平伏反卷，可覆瓦状叠生，有时侧面相连。菌盖半圆形、扇形，长可达8cm，宽可达5cm，基部厚2～6mm，表面锈褐色至烟灰色，由细密绒毛组成同心环纹，中部被粗硬毛并粘连，略具放射状纹。菌肉棕褐色，薄，仅1～2mm。子实层体褶状，褶片可分叉，部分呈迷宫状，浅锈褐色至灰褐色。

囊状体棍棒状，无色，粗3～6μm。担孢子圆柱形、长椭圆形，6.5～9μm×2.5～3μm，无色，薄壁，平滑。

夏秋季生于倒木上，造成木材褐色腐朽。可药用。

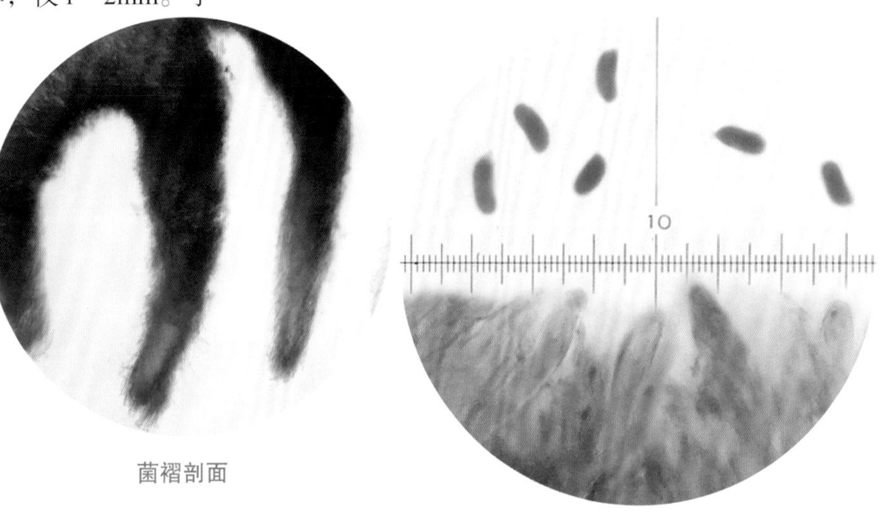

菌褶剖面

担孢子、囊状体

彩孔菌科 Hapalopilaceae

470 浅黄拟蜡孔菌

Ceriporiopsis gilvescens **(Bres.) Domański**

［现名：*Mycoacia gilvescens* (Bres.) Zmitr.］

担子果一年生，平伏，新鲜时蜡质，干后革质至脆，长可达15cm，宽可达4cm，厚约4mm。菌肉薄。菌管与管孔面同色，管孔面新鲜时白色、粉红色至浅肉红色，干后稻草色、浅黄褐色，孔口圆形或多角形，5～6个/mm，略呈撕裂状。

担孢子长椭圆形，4～5μm×1.5～2μm，无色，薄壁，平滑，非淀粉质，不嗜蓝。

夏秋季生于多种阔叶树上，造成木材白色腐朽。

担子果

471 黑烟管孔菌

Bjerkandera adusta (Willd.) P. Karst.

担子果一年生，无柄，平伏反卷常覆瓦状叠生，新鲜时软革质，干后硬。菌盖半圆形、贝壳形，长8～10cm，宽1～6cm，基部厚约3mm，表面乳白色至浅灰色，被细短绒毛，有不明显环纹。菌肉白色，厚约2mm。菌管暗灰色至淡黑色，长1～2mm，菌管层与菌肉层之间有一黑色细线，管孔面新鲜时烟灰色，干后黑灰色，孔口多角形，4～6个/mm。

担孢子椭圆形，3.5～5μm×2～3μm，无色，薄壁，平滑，非淀粉质，不嗜蓝。

夏秋季生于多种阔叶树的活立木、枯立木、倒木或树桩上，少在针叶树上，造成木材白色腐朽。可药用。

担子果覆瓦状叠生，菌盖表面被绒毛

干燥担子果（管孔面黑灰色）

菌盖纵切面，菌肉层与菌管层间有一条黑色细线

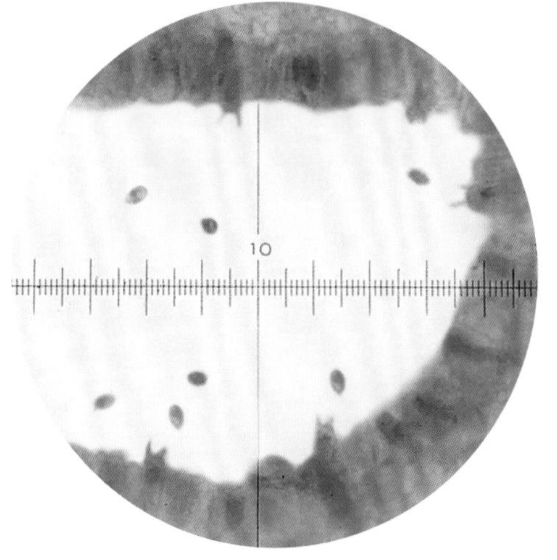

菌管剖面（担孢子、担子、子实层、菌髓）

472 霉拟蜡孔菌

Ceriporiopsis mucida (Pers.) Gilb. & Ryvarden

担子果（戴玉成等照）

担子果一年生，平伏，新鲜时软革质，干后脆革质，长可达8cm，宽可达4cm，厚约1mm。菌肉薄，干后稻草色，厚约0.3mm。菌管长约0.7mm，管孔面初为白色、奶油色，干后黄褐色，孔口圆形，4～5个/mm。

担孢子宽椭圆形，3～4.5μm×2～3μm，无色，薄壁，平滑，非淀粉质，不嗜蓝。

秋季生于阔叶树的倒木、腐木、枯枝或树桩上，造成木材白色腐朽。

473 红彩孔菌

***Hapalopilus nidulans* (Fr.) P. Karst.**［现名：*Hapalopilus rutilans* (Pers.) Murrill］

担子果一年生，无柄，新鲜时软而多汁，干后变轻且脆。菌盖半圆形，长4～5cm，宽2～3cm，厚0.5～2cm，表面浅土黄色，干后橙红色，光滑，略皱，无环带。菌肉与菌盖同色，遇KOH溶液变淡紫色，厚2～8mm。菌管长2～7mm，与菌肉同色，管孔面新鲜时玫瑰色，干后赭色至污褐色，孔口多角形、不规则形，3～4个/mm。

担孢子宽椭圆形，3～4.5（～5.5）μm×2.5～3μm，无色，薄壁，平滑。

生于阔叶树枯立木、树干、树枝上。引起木材白色腐朽。

担子果管孔面（戴玉成等照）

474 皱皮菌

***Ischnoderma resinosum* (Schrad.) P. Karst.**

担子果一至二年生，新鲜时软肉质，干后近木栓质。菌盖扁平，半圆形，长2～15cm，宽1～10cm，基部厚可达2.5cm，可覆瓦状叠生，表面有薄的表皮层，锈褐色至黑褐色，被细绒毛，后渐脱落，有同心环带，干后有放射状皱纹。菌肉木材色。菌管与菌肉同色，长1～5mm，管孔面白色、木材色，后呈黄褐色，触摸可变灰色、黑色，孔口圆形至多角形，4～6个/mm。

担子果（菌盖表面有放射状皱纹）

管孔面

担孢子长椭圆形、近圆柱形，4～5μm×1～2μm，无色，薄壁，平滑，非淀粉质，不嗜蓝。

夏秋季多生于阔叶树，少生于针叶树的枯立木、倒木、树桩上。引起木材白色腐朽。可药用。

锈革孔菌科 Hymenochaetaceae

475 冷杉锈孔菌

***Coltricia abieticola* Y.C. Dai**

担子果一年生，具中生至偏生菌柄。菌盖漏斗形，直径2～7cm，表面黄褐色至红褐色，光滑，有丝样光泽，具同心环纹、放射状沟纹。菌肉深褐色，木栓质，厚0.7～2mm。管孔面黄褐色、褐色，孔口多角形。菌柄3～5.5cm×0.3～0.6cm，褐色。

担孢子椭圆形、宽椭圆形，7～9μm×5.5～6.5μm，浅黄色，壁厚，平滑。

夏秋季生于针叶林中冷杉倒木上或地上，引起木材白色腐朽。有毒。

担子果（杨祝良原照）

476 丝光钹孔菌（曾用名：肉桂色集毛菌）

***Coltricia cinnamomea* (Jacq.) Murrill**

担子果一年生，具中生柄。菌盖近圆形，直径约6cm，中部厚约3mm，有时数个连生，表面褐色至深红褐色，被绒毛，具不明显的同心环带，有丝样光泽，边缘薄，锐，干后内卷。菌肉锈褐色，厚约1mm。菌管浅红褐色，长约2mm。管孔面锈褐色，孔口多角形，2～4个/mm，全缘或撕裂状。菌柄暗红褐色，被短绒毛。

担孢子宽椭圆形，6.5～8.5μm×4.5～6μm，浅黄色，厚壁，平滑，非淀粉质，嗜蓝。

夏秋季生于阔叶林中地上。

担子果（菌盖表面具丝光和同心环带）

菌管剖面（担孢子、菌髓）

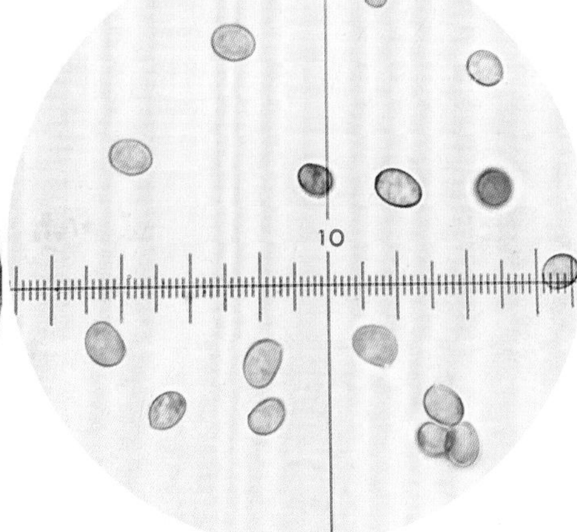

担孢子

477 硫色针叶生孔菌（曾用名：硫色针层孔菌、硫色小针层孔菌）

***Coniferiporia sulphurascens* (Pilát) L.W. Zhou & Y.C. Dai**

［曾用名：*Phellinus sulphurascens* Pilát、*Phellinidium sulphurascens* (Pilát) Y.C. Dai］

担子果一年生，平伏，新鲜时软木栓质，干后木栓质，长可达300cm，宽可达50cm，厚0.8～1.5cm。菌肉褐色，厚约1mm。菌管暗褐色，长可达1.4cm，管孔面黄褐色至暗褐色，孔口多角形，4～5个/mm，边缘撕裂状。

无子实层刚毛，菌肉层和菌髓有大量刚毛状菌丝，有些弯曲穿透子实层，有的被结晶，长可达数百微米，直径5～9μm，暗色，厚壁，先端尖。担孢子初为近球形，后呈宽椭圆形，3.5～4.5(～5)μm×3～3.5（～4）μm，无色，壁薄，平滑。

夏秋季生于针叶树倒木上，引起木材白色腐朽。

担子果（戴玉成等照）

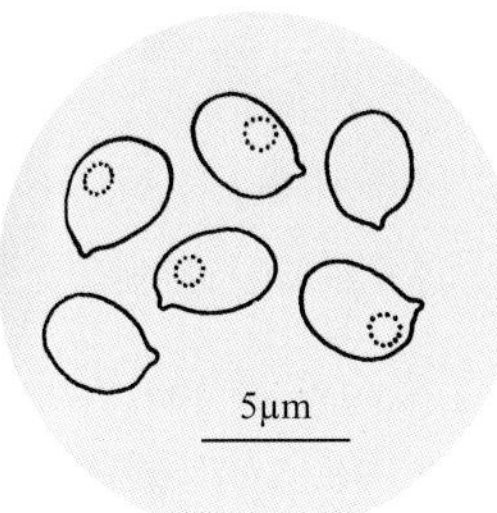

担孢子（戴玉成绘）

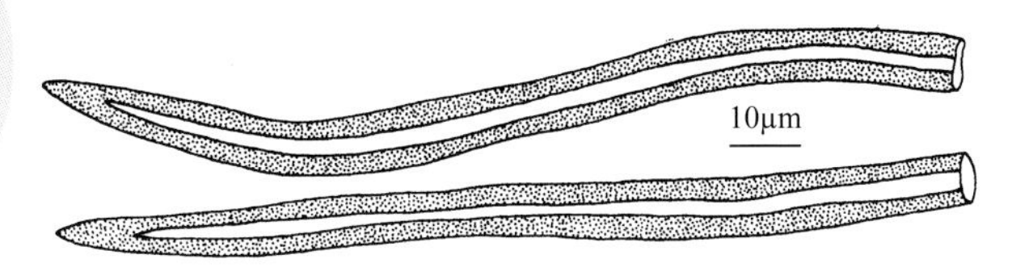

刚毛状菌丝（戴玉成绘）

478 钹孔菌（曾用名：多年生集毛菌）

***Coltricia perennis* (L.) Murrill**

担子果一年生，具中生柄。菌盖近圆形，直径2～6cm，常数个菌盖连生，表面褐色至深锈褐色，被短绒毛，具明显的同心环纹，边缘薄、锐。菌肉锈褐色，革质，厚0.3～1mm。菌管浅灰褐色，管孔面金黄褐色至锈褐色，孔口多角形至圆形，2～4个/mm。菌柄1～4cm×0.2～0.6cm，暗红褐色，被短绒毛。

担孢子宽椭圆形，6～9μm×4～5μm，浅黄色，厚壁，平滑，非淀粉质，不嗜蓝。

夏秋季群生于云南松等针叶林中地上或林缘。

担子果

干燥担子果管孔面

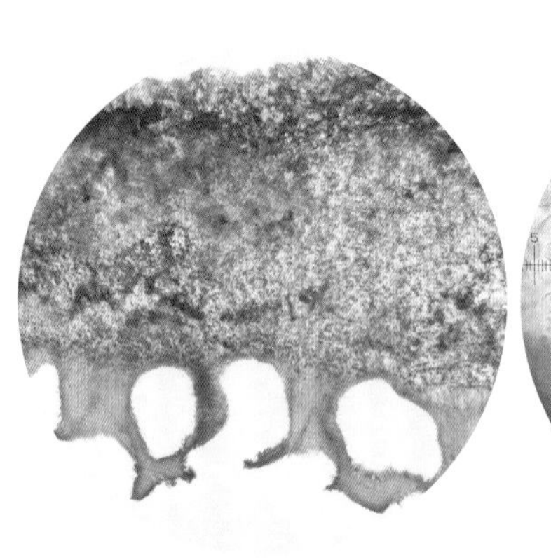

菌盖剖面

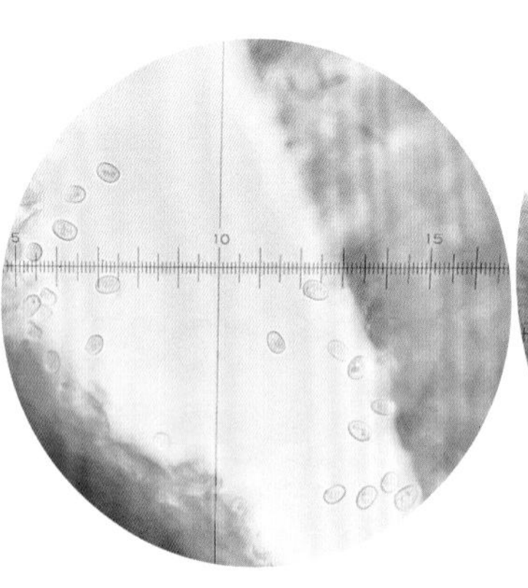

菌管剖面（担孢子）

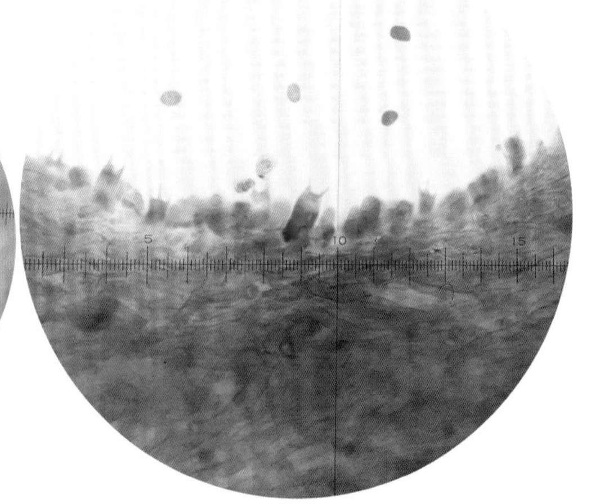

担孢子、担子、子实层

479 魏氏钹孔菌

***Coltricia weii* Y.C. Dai**

担子果一年生。菌盖圆形、漏斗形，直径可达3cm，中部厚仅1.5mm，表面锈褐色、暗褐色，具同心环纹。菌肉暗褐色，极薄。菌管浅棕黄色，长不及1mm，管孔面浅棕黄色、暗褐色，孔口圆形至多角形，3～4个/mm，边缘薄，略呈撕裂状。菌柄中生，暗褐色、黑褐色，约1.5cm×0.2cm。

担孢子宽椭圆形，5.5～7μm×4.5～5.5μm，浅黄色，壁厚，平滑。

夏秋季生于阔叶林下地上。

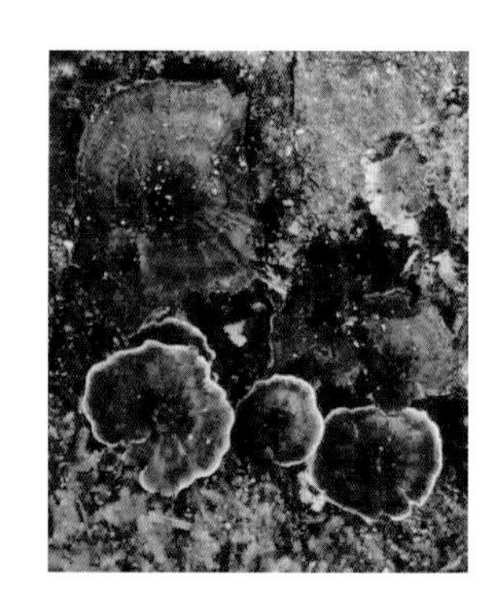

担子果（戴玉成等照）

480 浅黄圆柱孢孔菌 （曾用名：浅黄针孔菌、浅黄昂尼孔菌）

***Cylindrosporus flavidus* (Berk.) L.W. Zhou**

［曾用名：*Inonotus flavidus* (Berk.) Ryvarden、*Onnia flavida* (Berk.) Y.C. Dai］

担子果（戴玉成等照）

担子果一年生，干后木栓质。菌盖半圆形，长可达6cm，宽可达4cm，基部厚可达8mm，常覆瓦状叠生，表面黄褐色、锈褐色，被绒毛。菌肉黄褐色，厚可达5mm，与绒毛层间有一条黑色细线。菌管锈褐色，长3～4mm，管孔面暗黄色至栗褐色，孔口圆形，5～6个/mm，全缘。

子实层刚毛锥形，16～28μm×6～9μm。担孢子圆柱形，5～7μm×1.5～2（～2.5）μm，无色，壁薄，平滑。

夏秋季生于阔叶树倒木、腐木上，引起木材白色腐朽。可药用。

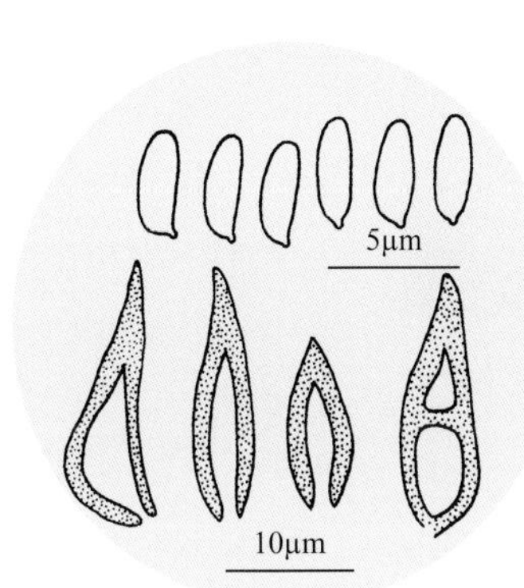

担孢子、子实层刚毛（戴玉成绘）

481 厚盖嗜蓝孢孔菌 （曾用名：厚盖针孔菌）

***Fomitiporia dryadea* (Pers.: Fr.) Y. C. Dai**［曾用名：*Inonotus dryadeus* (Pers.: Fr.) Murrill］

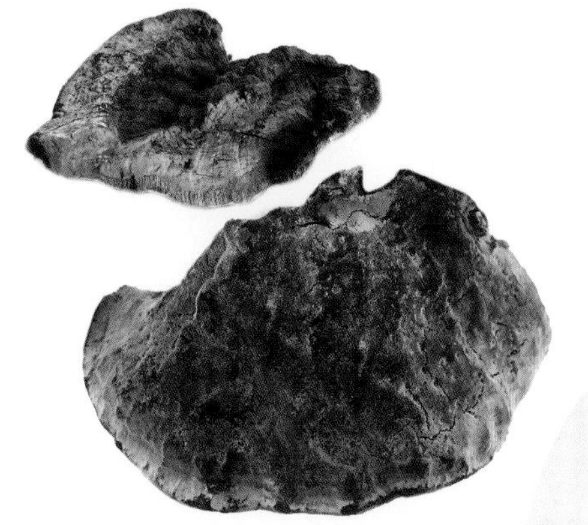

担子果纵切面、管孔面

担子果一年生。菌盖半圆形至蹄形，7～12cm×5～15cm，厚1～4cm，表面浅黄褐色至污褐色，被绒毛，后变光滑，可不规则开裂。菌肉浅黄褐色，具同心环带，厚可达3cm。菌管单层，比菌肉色稍浅，长可达1cm，管孔面浅黄褐色，孔口圆形、多角形，2～6个/mm。

子实层刚毛较少，部分顶端弯曲呈钩状，20～35μm×10～15μm。担孢子球形、近球形，6.5～8μm×5.5～8μm，无色，平滑，强嗜蓝。

单生于冷杉等针叶树立木上，造成木材白色腐朽。

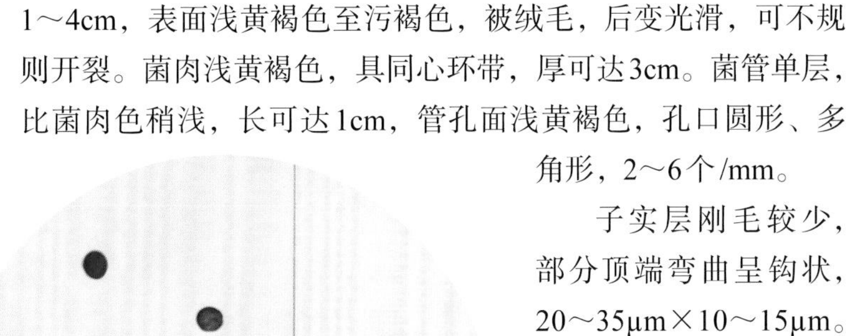

担孢子（嗜蓝）、子实层刚毛

干燥担子果

482 高山嗜蓝孢孔菌
***Fomitiporia alpina* B.K. Cui & Hong Chen**

担子果（戴玉成等照）

担子果多年生，木质、木栓质。菌盖半圆形，长可达7cm，宽可达3cm，基部厚可达4cm，表面灰褐色至黑褐色。菌肉、菌管棕色，管长约2cm，分层明显，管孔面黄棕色、浅褐色，孔口圆形至多角形，5～7个/mm。

担孢子近球形、球形，6.5～8μm×6～8μm，无色，壁薄，平滑，嗜蓝。

生于冷杉倒木上，引起木材白色腐朽。

483 哈蒂嗜蓝孢孔菌（曾用名：哈蒂针层孔菌）
***Fomitiporia hartigii* (Allesch. & Schnabl) Fiasson & Niemelä**

［曾用名：*Phellinus hartigii* (Allesch. & Schnabl) Pat.］

担子果多年生，无柄，干后硬木质。菌盖常为马蹄形，长可达20cm，宽可达10cm，基部厚约10cm，表面灰色、浅灰黑色，具同心环沟和宽的环带，老标本易龟裂。菌肉黄褐色，具同心环带，厚0.5～3cm。菌管多层且分层明显，黄褐色，可达9～10cm，管孔面浅黄褐色、栗褐色，孔口圆形，4～6个/mm。

子实层刚毛无或极少。担孢子近球形，5.5～7μm×5～6.5μm，无色，厚壁，平滑，强嗜蓝，有拟糊精反应。

生于冷杉属、松属树木的腐木上，造成木材白色腐朽。可药用。

担子果马蹄形

管孔面、担子果纵切面（菌管多层）

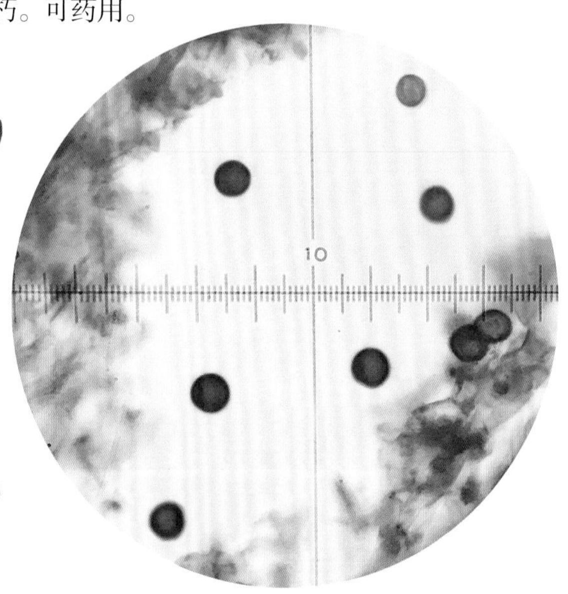

担孢子（嗜蓝）

484 稀针嗜蓝孢孔菌（曾用名：稀针层孔菌）

Fomitiporia robusta **(P. Karst.) Fiasson & Niemelä**

［曾用名：*Phellinus robustus* (P. Karst.) Bourdot & Galzin］

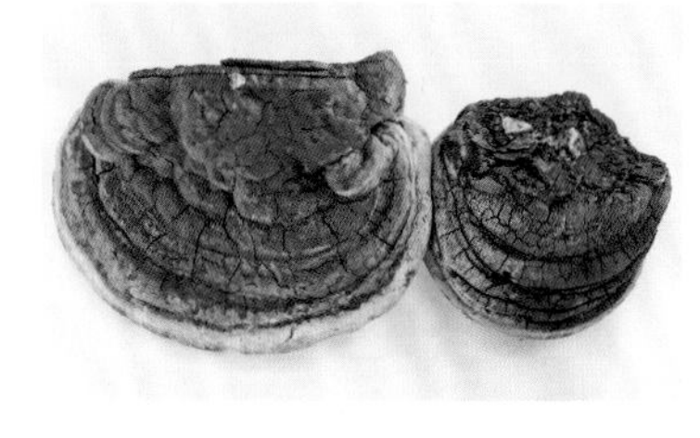

担子果

担子果多年生，无柄，干后硬木质。菌盖近马蹄形，长可达18cm，宽10～15cm，基部厚约8cm，表面浅灰褐色至暗褐色，具同心环沟和宽的同心环带，后龟裂。菌肉浅黄褐色，具同心环纹，厚可达4cm。菌管土黄色，长可达4cm，多层且分层明显，管孔面浅黄褐色至锈褐色，孔口圆形，5～8个/mm。

刚毛少或无。担孢子近球形，6～7.5μm×5～6.5μm，无色，厚壁，平滑，强嗜蓝，有拟糊精反应。

春至秋季单生于阔叶树尤其是壳斗科的活立木、枯立木和腐木上，造成木材白色腐朽。可药用。

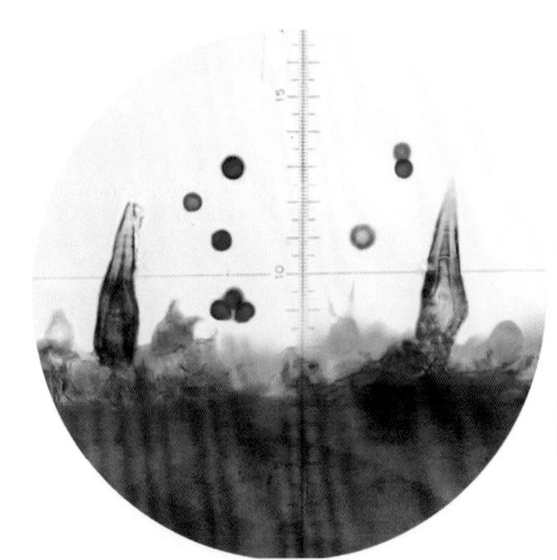

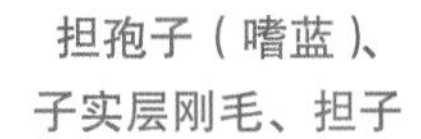

担孢子（嗜蓝）、子实层刚毛、担子

担子果纵剖面可见菌管多层

485 狭窄锈革菌

Hymenochaete attenuata **(Lév.) Lév.**

担子果软，较薄，韧革质，平伏反卷，单生或覆瓦状叠生，平伏部分长0.8～22cm，宽0.3～2.5cm。菌盖贝壳形、扇形，长0.5～2.5cm，宽3～15mm，表面黄褐色或棕褐色，被细绒毛或粗纤毛，具同心环纹和放射状皱纹。子实层体平滑并有放射状皱纹和小的瘤突，棕黄色。

担子果（子实层体平滑）

菌盖表面被毛、具同心环纹，子实层体多放射状皱纹

担子果纵剖面无皮层，具绒毛层、菌肉层、子实层和刚毛层，刚毛1～2层，刚毛披针形，（28～）37～75μm×5～9（～10）μm，红褐色。担孢子圆柱形，3.5～5.5μm×1.5～2（～2.5）μm，无色，薄壁。

生于枯枝上。

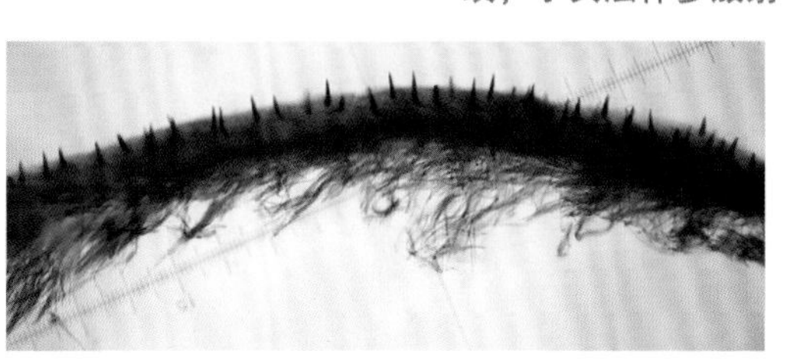

担子果剖面（缺皮层）

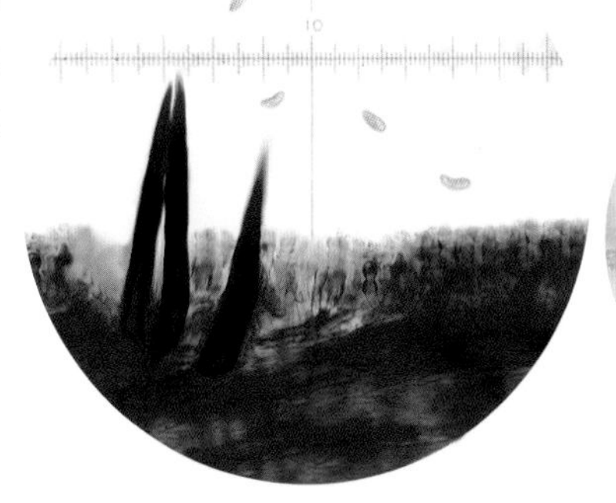

担孢子、刚毛、子实层

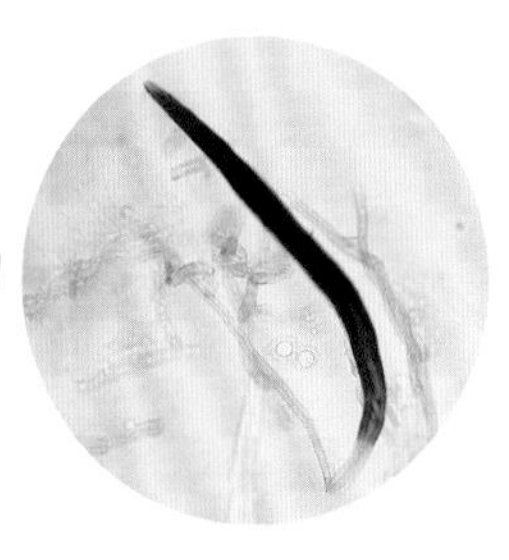

PDA培养平板上长出的刚毛

486 针毛锈齿革菌

Hydnochaete tabacinoides **(Yasuda) Imazeki**

担子果平伏反卷

菌盖表面被毛、子实层体齿状

担子果一年生，平伏、平伏反卷且常覆瓦状叠生，干后革质，平伏面长可达20cm，宽5～6cm，厚约5mm。菌盖长0.5～4cm，宽0.3～1.5cm，表面黄褐色至暗红褐色，被绒毛、粗毛，具同心环纹，边缘锐，波状，有时撕裂。菌肉分层，上层锈褐色，下层褐色致密，两层间具明显的黑线。子实层体明显齿状，长约4mm，且呈放射状排列，1～2齿/mm，黄褐色至暗褐色。

刚毛锥形，50～110μm×7～20μm，顶端常被有结晶。担孢子圆柱形，4.5～5.5μm×1.5～2μm，无色，薄壁，平滑，非淀粉质，不嗜蓝。

夏秋季生于阔叶树枯立木、倒木或枯枝上，造成木材白色腐朽。

担子果剖面（局部）

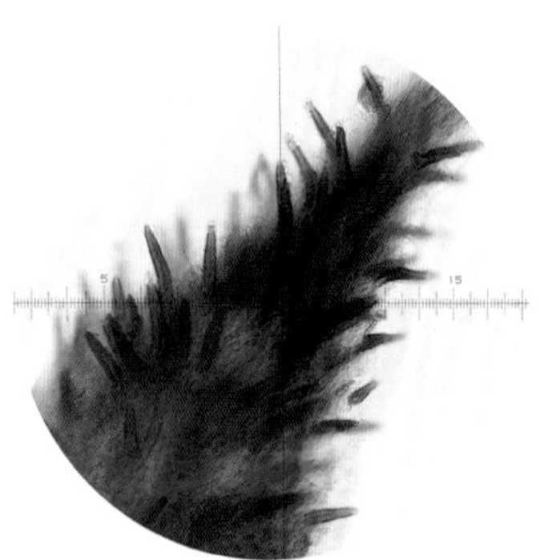

菌齿上的刚毛

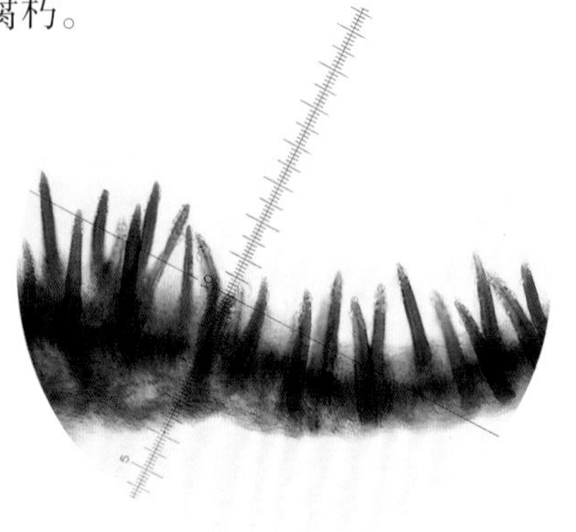

子实层刚毛被结晶

487 硬锈革菌

Hymenochaete cacao **(Berk.) Berk. & M.A. Curtis**

担子果硬革质。菌盖扇形至半圆形，长0.8～4cm，宽1～2cm，覆瓦状层叠且左右相连，表面栗色、污褐色，具同心环纹，被细绒毛、粗纤毛，有时脱落。子实层体平滑或具小疣突，橄榄灰色至咖啡色。

担子果剖面无皮层，菌肉层厚可达700μm，由大致平行排列的菌丝组成。刚毛3～6层，但分层不明显，大小为18.5～42μm×5～8μm。担孢子宽椭圆形，3～4μm×2～3μm，无色，薄壁，平滑。

夏秋季生于阔叶林下腐木上。

担子果覆瓦状层叠

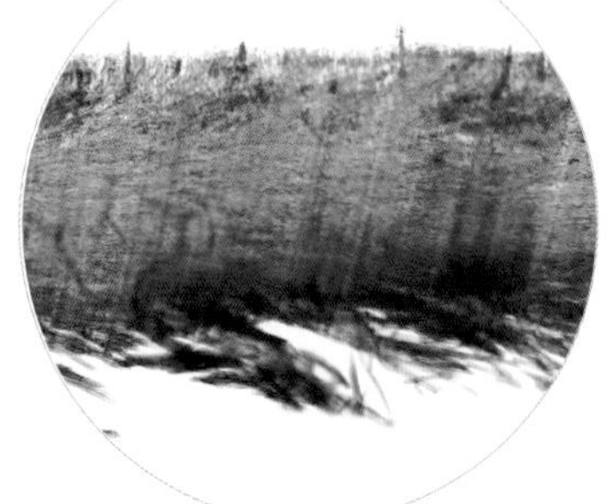

担子果剖面（无皮层、刚毛分层不明显）

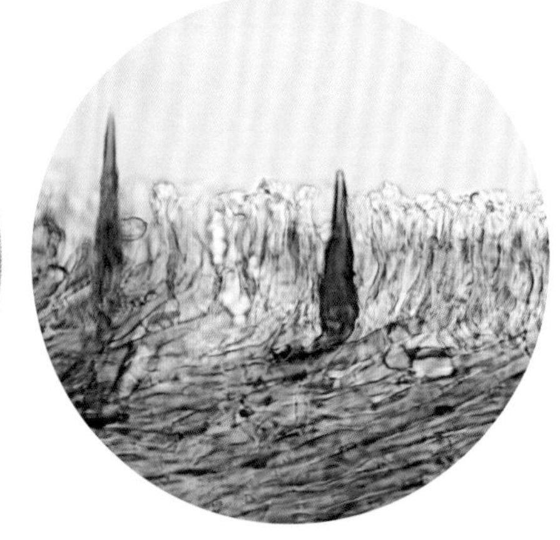

子实层刚毛

488 肉桂锈革菌（曾用名：厚锈革菌）

***Hymenochaete cinnamomea* (Pers.) Bres.**

担子果平伏（戴玉成等照）

担子果多年生，革质，平伏，长2～15cm，宽0.5～5cm，中部厚0.5～1mm。子实层体平滑，新鲜时黄褐色，干后暗褐色至黑褐色，不规则裂。

担子果纵剖面无皮层，刚毛多层且与菌肉层相间，刚毛细长，50～96（～123）μm×5～8μm。担孢子长椭圆形，4.5～5.5μm×2～2.5μm，无色，薄壁，平滑，非淀粉质，不嗜蓝。

秋季生于针叶树倒木或枯枝上，造成木材白色腐朽。

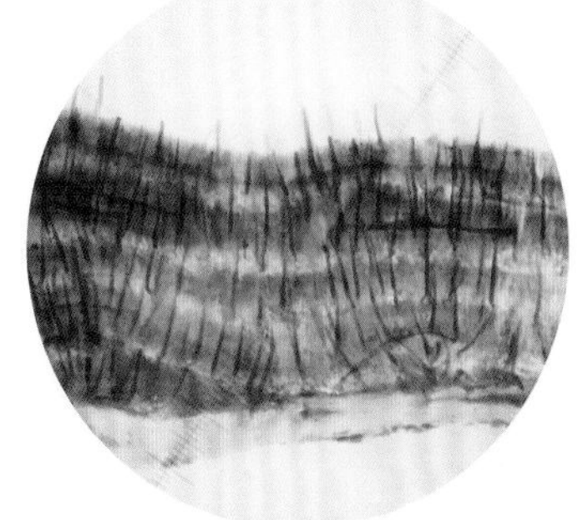

担子果纵剖面（缺皮层）

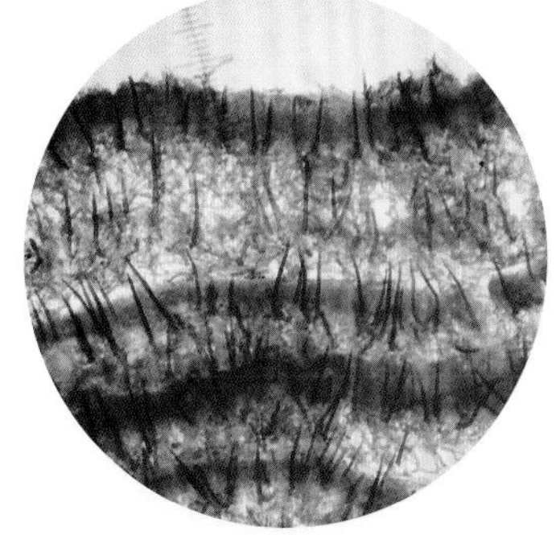

刚毛多层与菌肉层相间

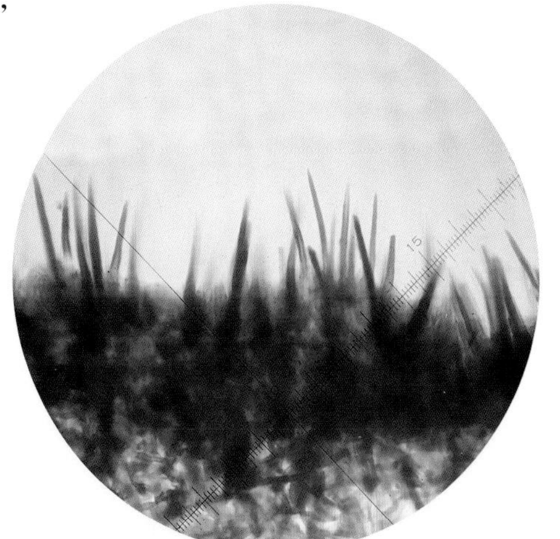

子实层刚毛

489 针毡锈革菌

***Hymenochaete corrugata* (Fr.) Lév.**

担子果平伏（子实层体平滑、有浅裂）

担子果革质，薄，平伏，长可达20cm，宽1～6cm，厚0.1～0.2mm。子实层体平滑，干后浅裂，淡紫灰色或浅褐色、锈褐色。

担子果纵剖面仅有子实层、刚毛层，无皮层和菌肉层，刚毛多层而分层不明显，刚毛（34～）40～75（～85）μm×7～10.5μm，顶端被有结晶。担孢子圆柱形或腊肠形，4～5.5μm×1.5～2μm，无色，薄壁，平滑，非淀粉质，不嗜蓝。

夏秋季生于阔叶树倒木或枯枝上，造成木材白色腐朽。

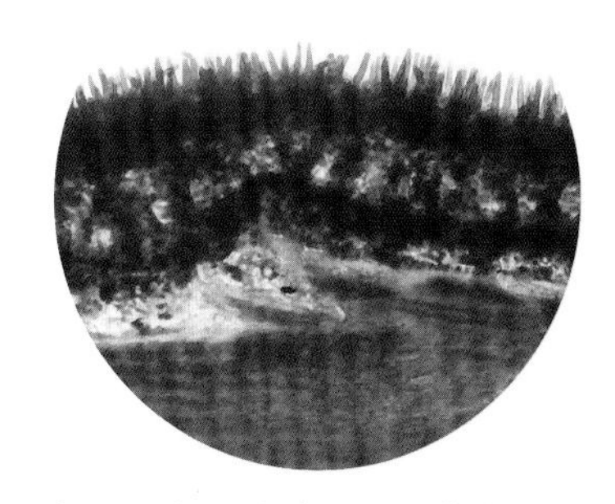

担子果剖面（缺皮层和菌肉层）

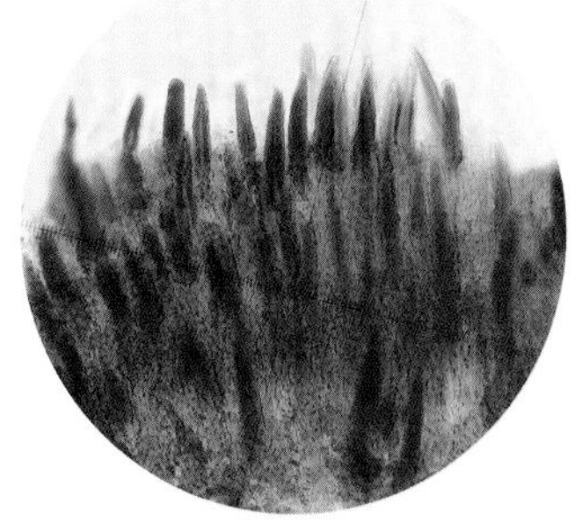

刚毛多层、分层不明显

刚毛顶端被结晶

490 红锈革菌

Hymenochaete cruenta **(Pers.) Donk**

担子果一年生，革质，平伏，呈条形或不规则半圆形，有时反卷形成檐状至半圆形的菌盖，平伏部分长0.5～15cm，宽0.3～8cm，厚约0.5mm。菌盖表面浅棕、暗栗色，被细绒毛，有细密同心环纹。子实层体平滑或有疣突，不规则开裂，新鲜时血红色，干后颜色变深，呈红褐色、紫红色、紫红褐色。

担子果纵剖面具绒毛层、皮层、菌肉层、子实层和刚毛层，刚毛1～3层，大小为47～99.5μm×5.5～8μm，少数被结晶，刚毛层里还有鹿角状侧丝。担孢子圆柱形，5～8μm×1.5～2μm，薄壁，平滑，非淀粉质，不嗜蓝。

夏秋季生于阔叶树，少数生于冷杉树的枯立木、倒木或枯枝的树皮上，造成木材白色腐朽。

担子果平伏

子实层体平滑

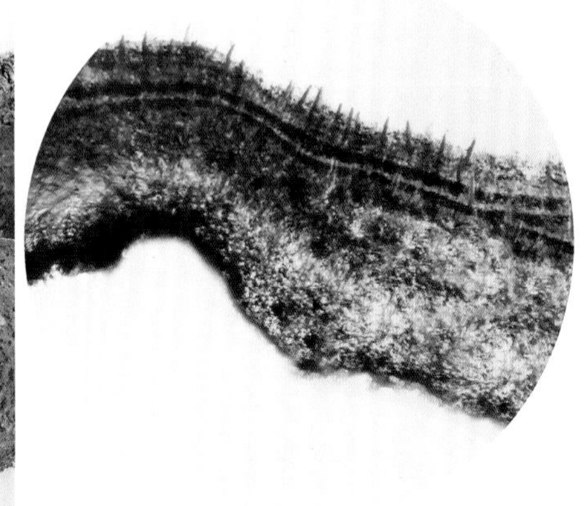

担子果剖面（具皮层、菌肉层）

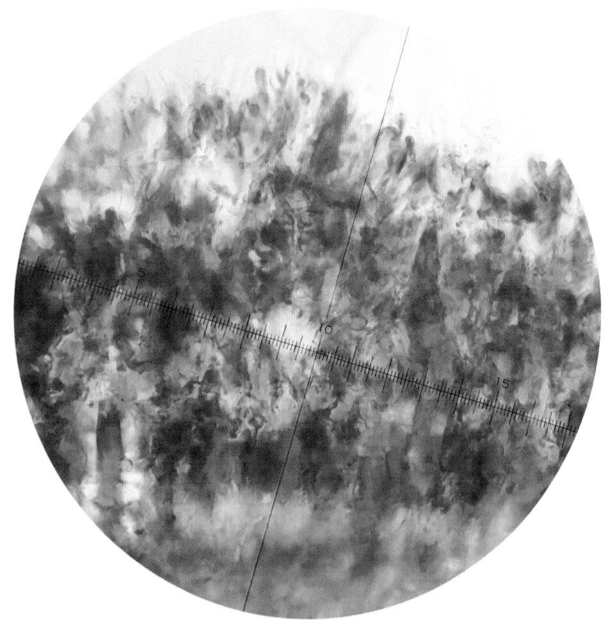

鹿角状侧丝、刚毛多层

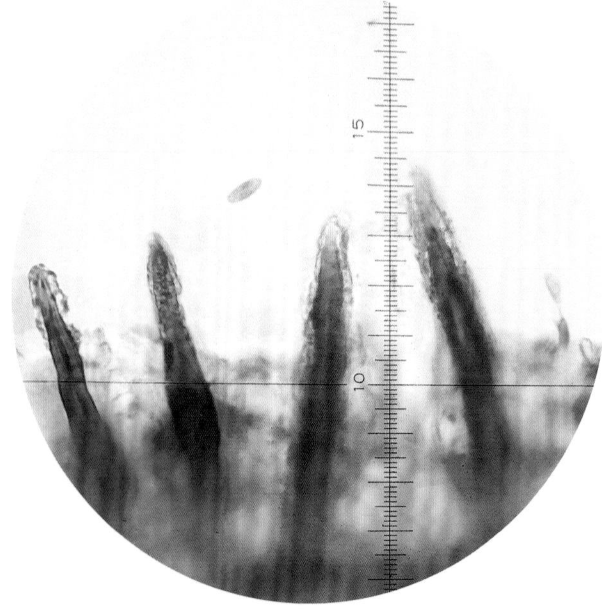

担子、担孢子、刚毛（被结晶）

491 佛罗里达锈革菌
***Hymenochaete floridea* Berk. & Broome**

担子果平伏，革质，长16～23cm，宽5～6cm，厚约0.2mm。子实层体平滑，干后浅褐色。

担子果纵剖面具皮层、菌肉层、子实层和刚毛层。刚毛单层或多层，大小为（45～）55～89（～110）μm×7.5～10（～12）μm，较稀疏。刚毛层里有鹿角状侧丝。担孢子圆柱形，5～6μm×1.5～2μm，无色，薄壁，平滑，非淀粉质，不嗜蓝。

夏秋季生于阔叶树的倒木或枯枝上，造成木材白色腐朽。

担子果平伏

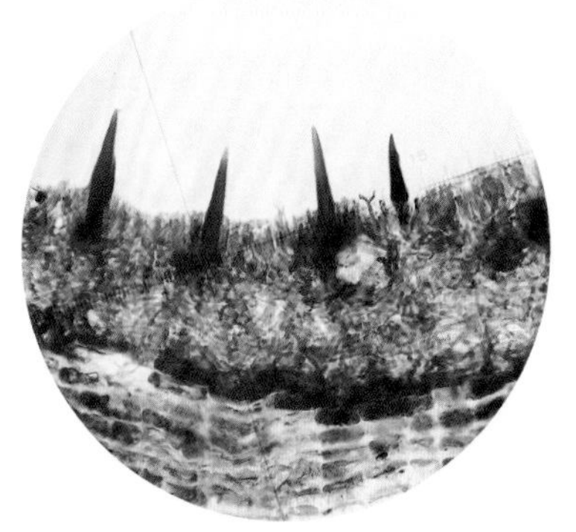

担子果剖面（具皮层、菌肉层，刚毛层中具鹿角状侧丝）

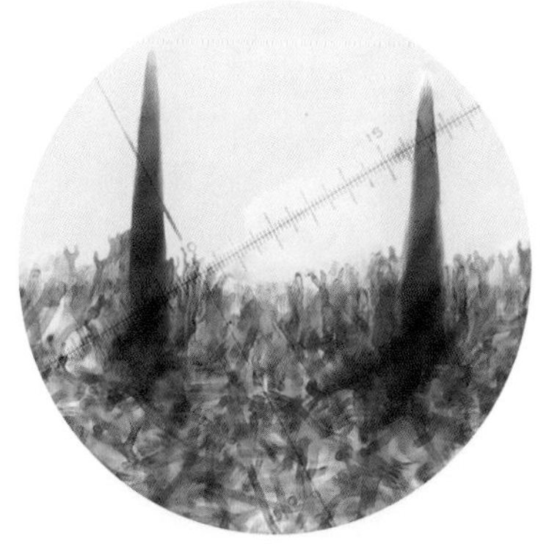

刚毛、鹿角状侧丝

492 黄褐锈革菌
***Hymenochaete luteobadia* (Fr.) Höhn. & Litsch.**

担子果一年生，平伏反卷，可覆瓦状叠生，革质至木栓质。菌盖半圆形或扇形，直径约5cm，基部厚约1.5mm，表面黄褐色、褐色至深褐色，被细绒毛，具同心环纹。子实层体平滑，灰黄色至浅橙褐色。

担子果平伏反卷

担子果纵剖面具皮层、菌肉层、子实层和刚毛层。刚毛稀少，大小为30～40μm×5～7μm。担孢子圆柱形或近腊肠形，3.5～5μm×2～2.5μm，无色，薄壁，平滑，非淀粉质，不嗜蓝。

夏秋季生于阔叶树枯立木或倒木上，造成木材白色腐朽。

担子果纵剖面（具皮层、菌肉层，刚毛稀少）

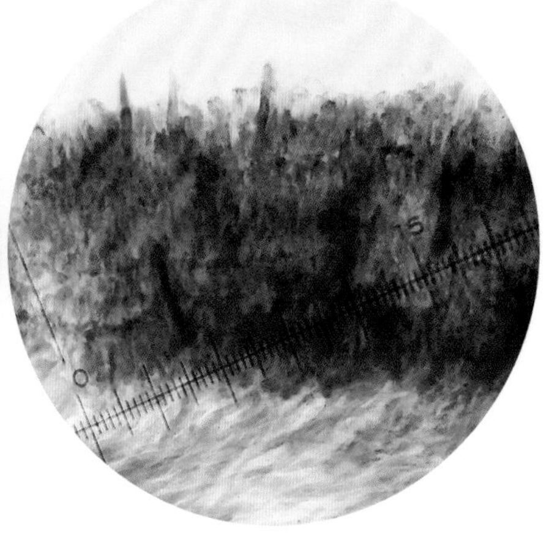

子实层及刚毛

493 拟复瓣锈革菌

***Hymenochaete pseudoadusta* J.C. Léger & Lanq.**

担子果韧革质，平伏反卷，常覆瓦状叠生。菌盖长2.5～12cm，宽1.5～7cm，表面锈褐色至污褐色，被绒毛和粗纤毛，有同心环纹。子实层体平滑，深锈褐色、污褐色，具放射状皱纹和同心环纹。

干燥担子果

担子果纵剖面具绒毛层、菌肉层、子实层和刚毛层，缺皮层。刚毛单层至多层，披针形，25.5～45（～50）μm×5～7.5（～9.5）μm，刚毛层内有从菌肉层斜向伸入的浅褐色厚壁菌丝。担孢子短圆柱形，3～5μm×1.5～2μm，无色，薄壁。

生于腐木或枯枝上。

子实层体平滑

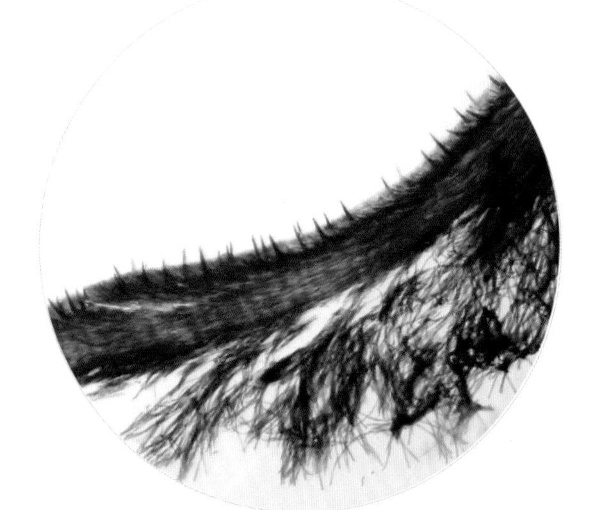

担子果剖面（缺皮层）

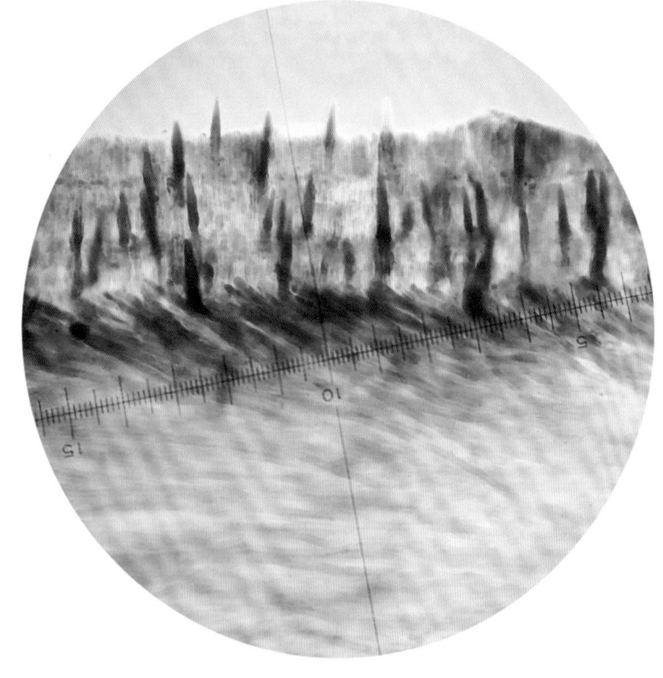

刚毛多层、具斜向伸入菌丝

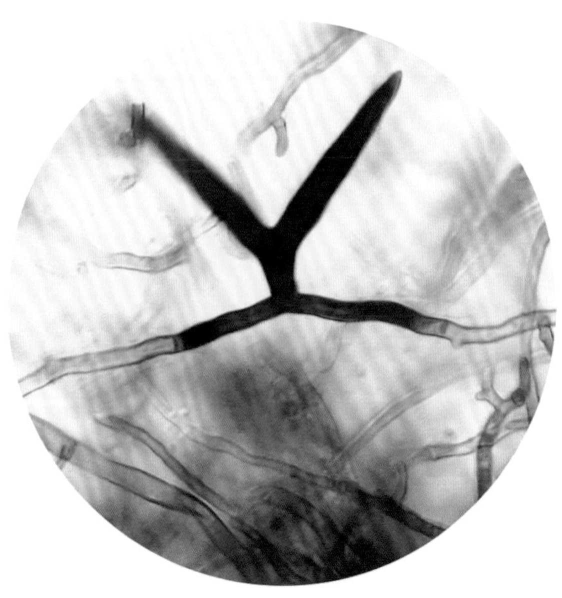

PDA培养平板上长出的刚毛

494 大黄锈革菌（曾用名：软锈革）

***Hymenochaete rheicolor* (Mont.) Lév.**（曾用名：*Hymenochaete sallei* Berk. & M.A. Curtis）

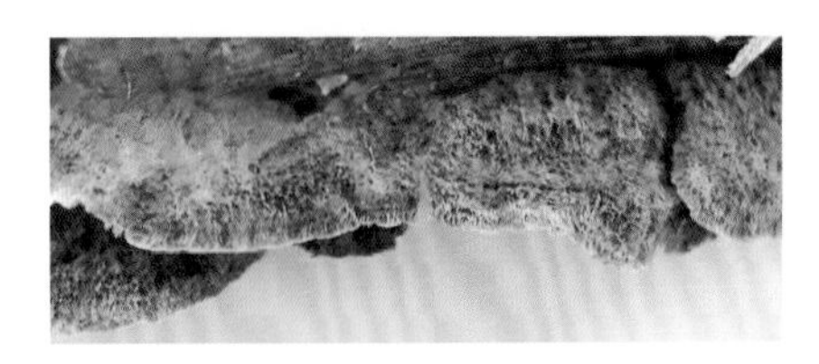

干燥担子果

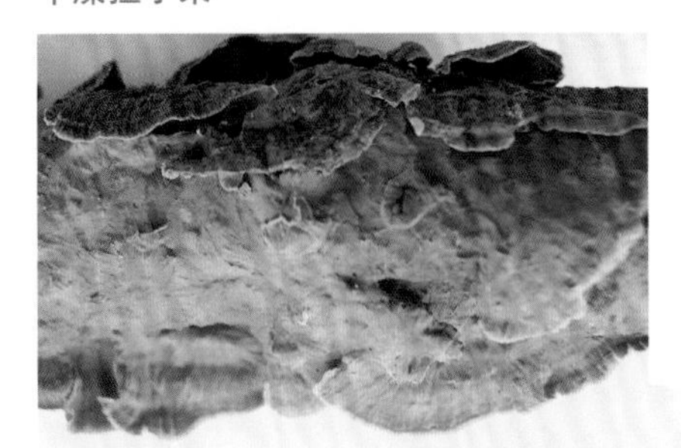

子实层体平滑

担子果一年生，薄，软革质，少数近似纸质，平伏反卷呈条状、扇形，单生或多覆瓦状叠生。菌盖长可达4cm，宽可达1cm，厚约0.4mm，表面黄褐色，被绒毛、粗纤毛。子实层体多平滑或有放射状皱褶，少数不规则裂，土黄色、黄褐色。

担子果纵剖面具绒毛层、菌肉层、子实层和刚毛层，缺皮层。刚毛单层且较稀疏、长，45～105（～125）μm×7～12.5μm。担孢子圆柱形或椭圆形，4.5～5.5μm×1.5～2.5μm，无色，薄壁，平滑，非淀粉质，不嗜蓝。

秋季生于栎类等阔叶树腐木上，造成木材白色腐朽。

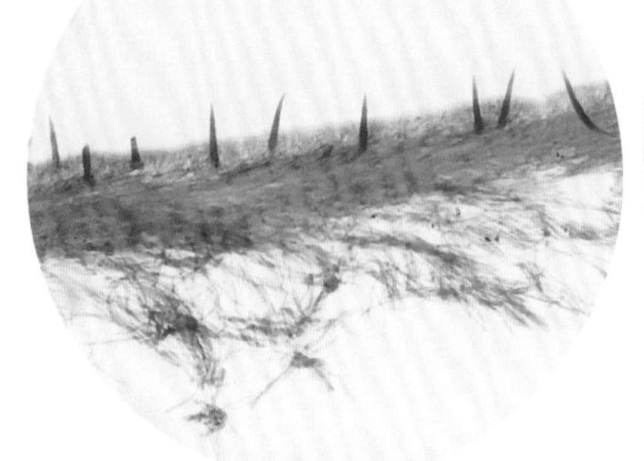

担子果剖面（缺皮层、刚毛单层）

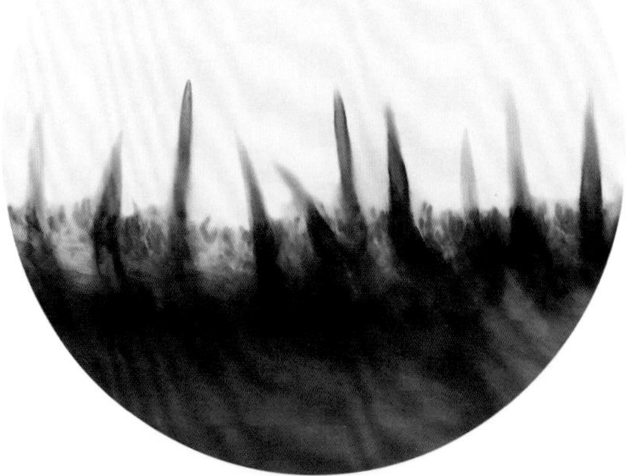

子实层及刚毛

495 球生锈革菌

***Hymenochaete sphaeriicola* Lloyd**

担子果一年生，平伏，长可达10cm，宽可达5cm。子实层体平滑，偶具疣状突起，新鲜时黑红色，干后红褐色，边缘初呈黄褐色。

担子果纵剖面厚可达500μm，菌肉层极薄。刚毛埋生于子实层、菌肉层，锥形，先端偶被结晶，70～95μm×7～9μm。鹿角状侧丝厚壁，黄色。担孢子圆柱形，稍弯曲，7～9（～10）μm×2.5～3μm，壁薄，平滑。

夏秋季生于杜鹃、栎、桦等阔叶树立木、倒木或枯枝上。引起木材白色腐朽。

担子果（戴玉成等照）

496 栗色锈革菌

Hymenochaete rubiginosa **(Dicks.) Lév.**

担子果覆瓦状叠生

菌盖表面具环棱，子实层体平滑、具疣突

担子果平伏反卷形成檐状、扇形、贝壳形的菌盖，常覆瓦状叠生，干后硬革质。菌盖长1.5～7cm，宽0.5～4cm，基部厚1～2mm，表面灰褐色、锈褐色至黑褐色，初被绒毛，后脱落，具明显的细密同心环纹和环棱。子实层体平滑或有疣突，栗褐色至污褐色，少数瓦灰色，有时可再生成一层新的子实层体，色较老的浅。

担子果纵剖面具绒毛层、皮层、菌肉层、子实层和刚毛层。刚毛多层而层次不明显，大小为34～57.5（～68.5）μm×4～8μm。担孢子圆柱形或短圆柱形，3.5～5.5μm×2～3μm，无色，薄壁，平滑，非淀粉质，不嗜蓝。

夏秋季生于阔叶树倒木或树桩上，造成木材白色腐朽。

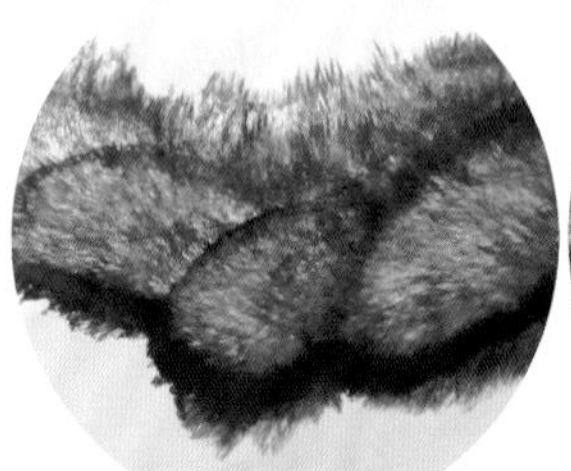
担子果剖面（具皮层、刚毛多层）

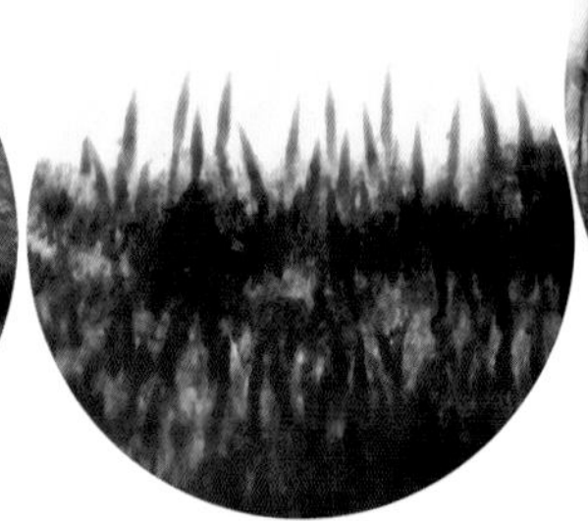
多层刚毛、分层不明显

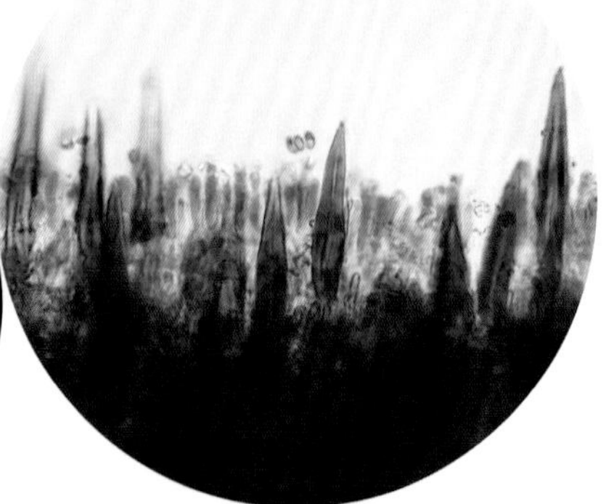
担孢子、子实层及刚毛

497 分离锈革菌

Hymenochaete separabilis **J.C. Léger**

担子果平伏，可达20cm或更长，厚约0.2mm。子实层体平滑，黄褐色至污棕黄色，有不规则细碎裂纹。

担子果纵剖面无皮层，具菌肉层、子实层和刚毛层。刚毛大小为36.5～60μm×4.5～5.5μm，顶端有稀疏的小刺突。担孢子宽椭圆形，3～3.5μm×2～2.5μm，无色，薄壁，平滑，非淀粉质，不嗜蓝。

夏秋季生于阔叶树倒木或枯枝上，造成木材白色腐朽。

担子果平伏

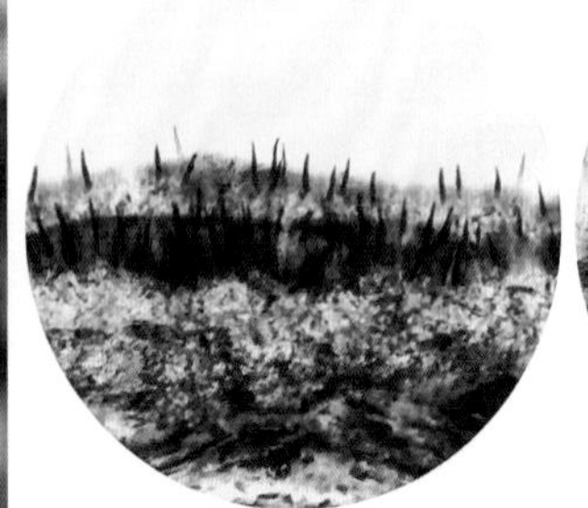
担子果剖面（缺皮层）

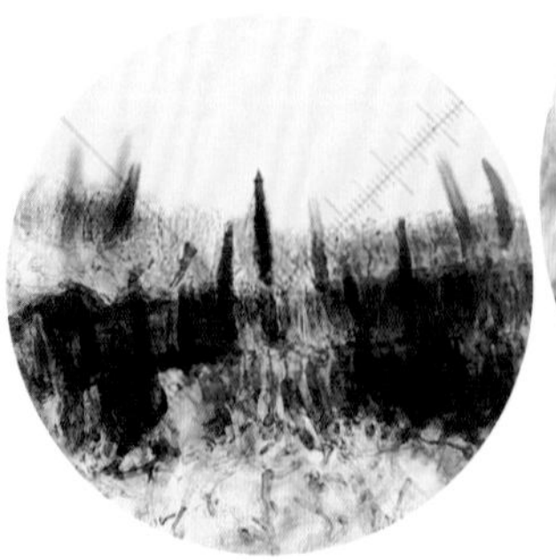
刚毛多层

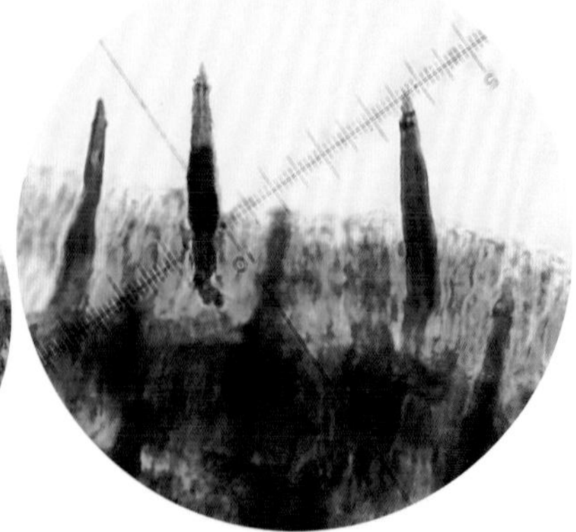
多层刚毛、刚毛顶端具小刺突

498 辐裂锈革菌

Hymenochaete tabacina **(Sowerby) Lév.**

担子果一年生，大部分平伏或平伏反卷形成扇形、半圆形的菌盖，有时覆瓦状叠生，软，韧革质。菌盖长1～6cm，宽0.5～1cm，表面土黄色、浅黄褐色至黑褐色，具同心环纹和放射状皱纹，边缘浅金黄色，干后内卷。子实层体平滑，暗沙土色至污褐色，少数有疣突或龟裂纹。

担子果纵剖面具绒毛层、皮层、菌肉层、子实层和刚毛层。刚毛多为2～3层，刚毛粗大，50～97（～129.5）μm×7～13μm，顶端被结晶。菌肉里埋生菌髓刚毛，长达227.5～270μm。担孢子圆柱形，4.5～6.5μm×1.5～2μm，无色，薄壁，平滑，非淀粉质，不嗜蓝。

夏秋季生于针叶树枯立木，以及阔叶树倒木、腐木或枯枝上，造成木材白色腐朽。

担子果覆瓦状叠生

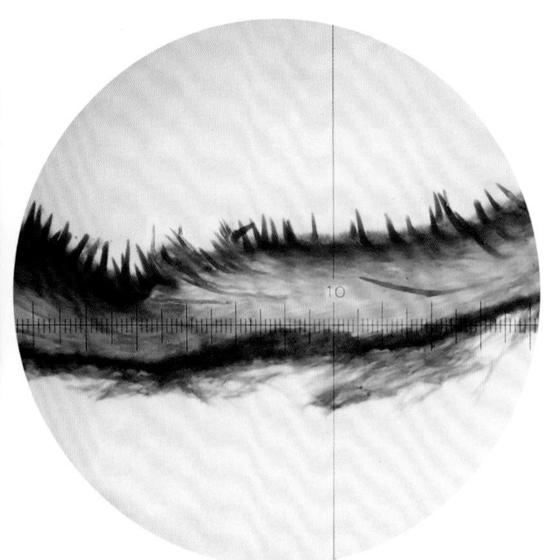

担子果剖面（具皮层、菌肉层、菌髓刚毛）

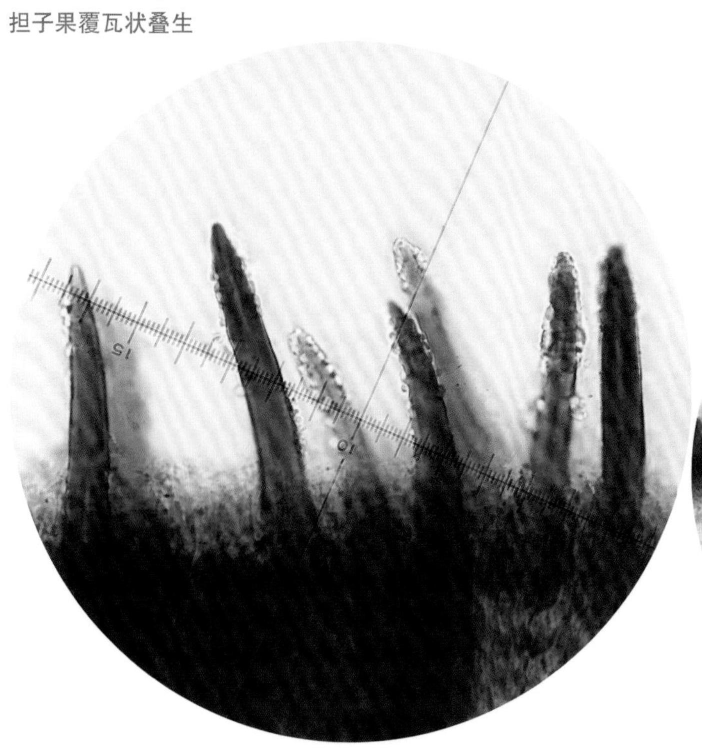

刚毛顶端被结晶

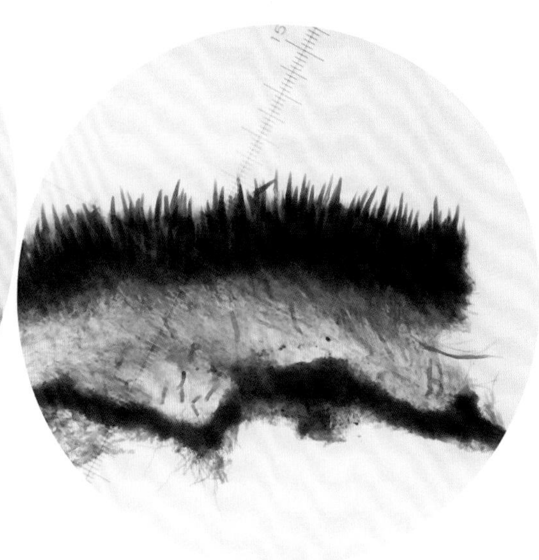

刚毛多层

499 干锈革菌 （曾用名：干环褶菌、蛋皮针层孔菌）

Hymenochaete xerantica **(Berk.) S.H. He & Y.C. Dai**［曾用名：*Cyclomyces xeranticus* (Berk.) Y.C. Dai & Niemelä，*Phellinus illicicola* (Henn.) Teng.］

担子果覆瓦状叠生

担子果一年或二年生，软革质，平伏、平伏反卷，多覆瓦状叠生，也常左右相连。菌盖半圆形至扇形，长3～7cm，宽2～3cm，基部厚约4mm，表面浅黄褐色至暗褐色，被绒毛或光滑，具不明显的同心环带、环沟，边缘锐，鲜黄色。菌肉鲜黄色至暗褐色，厚约2mm，双层，层间具一黑色细线。菌管金黄色，长2～3mm，管孔面黄褐色，孔口圆形至多角形，3～5个/mm，边缘薄并撕裂。

刚毛常从菌髓伸出，有的埋生在菌肉中，锥形，40～80μm×5～8μm。担孢子圆柱形，稍弯曲，3～4μm×1～1.5μm，无色，薄壁，平滑，非淀粉质，弱嗜蓝。

夏秋季生于多种阔叶树腐木、倒木或树桩上，造成木材白色腐朽。

管孔面（干标本）

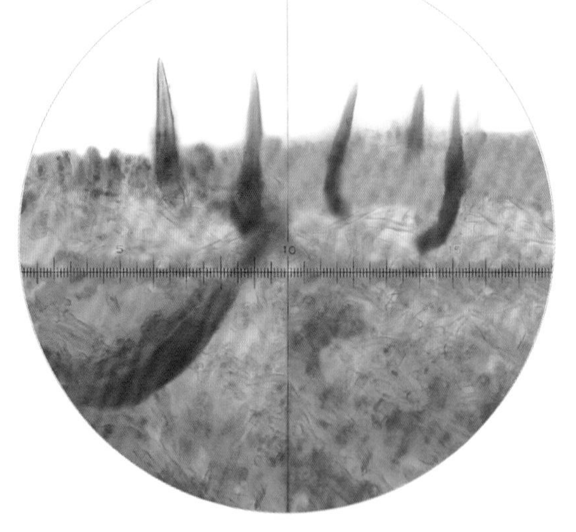

刚毛、子实层、菌髓（埋生刚毛）

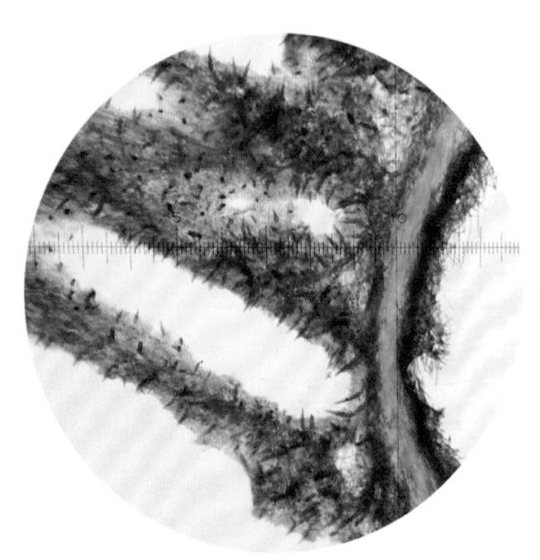

担子果剖面（局部）

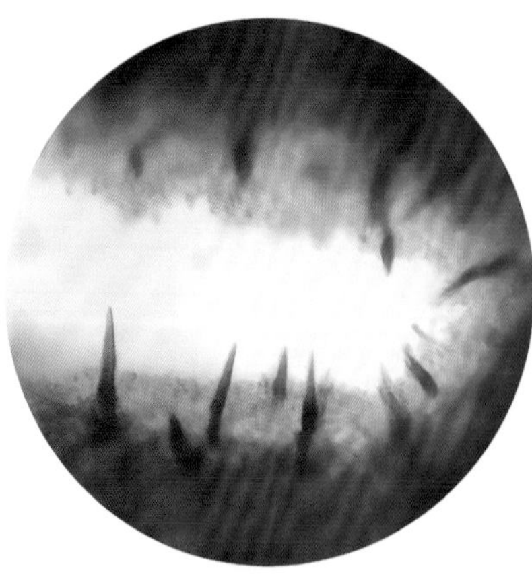

菌管剖面

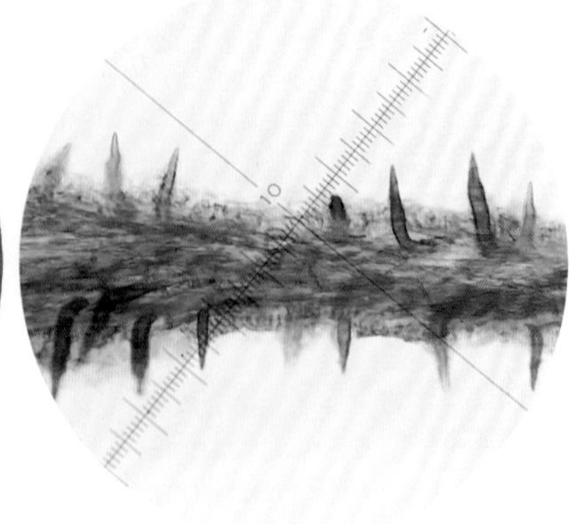

子实层刚毛、菌髓

500 金平新拟纤孔菌（曾用名：褐肉针层孔菌）

Neomensularia kanehirae **(Yasuda) F. Wu, L.W. Zhou & Y.C. Dai**

［曾用名：*Phellinus kanehirae* (Yasuda) Ryvarden］

担子果一年至多年生，硬木质，无柄或具侧生短柄。菌盖半圆形或扇形，长2～9cm，宽2～10cm，基部厚1～2cm，表面新鲜时黄褐色，干后浅灰褐色、栗褐色，被绒毛或硬长毛，具不明显的同心环带。菌肉暗褐色，两层间有一黑线。菌管一层、多层时分层明显，管孔面新鲜时栗褐色，干后灰褐色，孔口圆形，6～7个/mm。

子实层刚毛多，腹鼓形，先端弯，17～30μm×6～10μm。担孢子宽椭圆形，3～4μm×2～3μm，浅黄色，壁稍厚，平滑，非淀粉质。

春至秋季生于阔叶树枯立木或倒木上，造成木材白色腐朽。

担子果

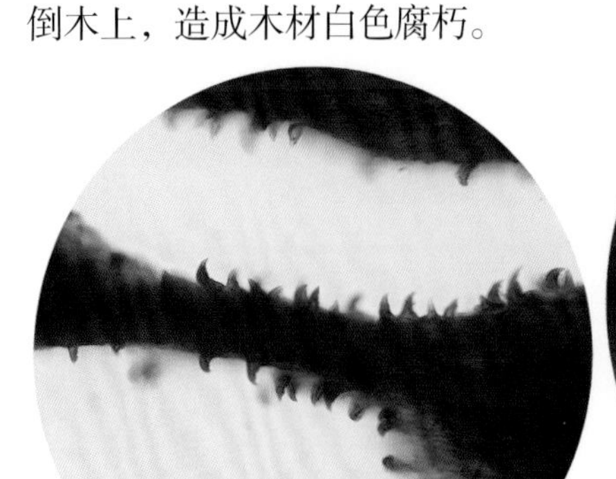

菌管剖面

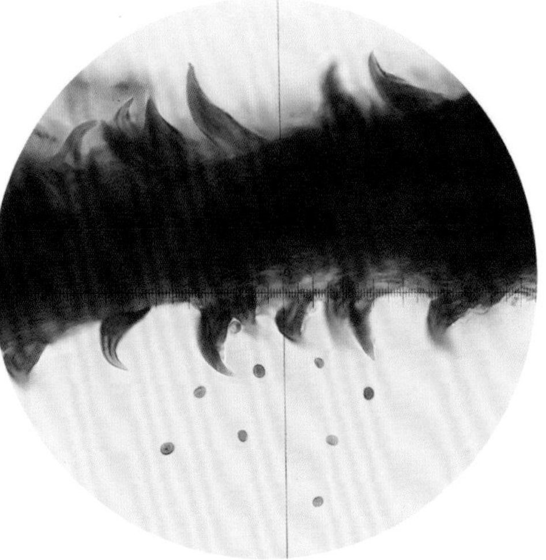

担孢子、子实层刚毛（先端弯）

管孔面

501 阿拉迪针层孔菌

Phellinus allardii **(Bres.) S. Ahmad**

担子果多年生，硬木质。菌盖蹄形，长3～5cm，厚3～4cm，表面灰黑色，有不明显的同心环带，不规则开裂。菌肉暗褐色、硬。菌管锈褐色，多层且分层不明显，老菌管中具白色菌丝束，管孔面锈褐色，孔口多角形、圆形，7～8个/mm。

子实层及菌髓中具结晶体、无刚毛。担孢子宽椭圆形，4～5μm×3～4.5μm，浅黄褐色，壁稍厚，平滑，非淀粉质，不嗜蓝。

生于倒腐木上，造成木材白色腐朽。

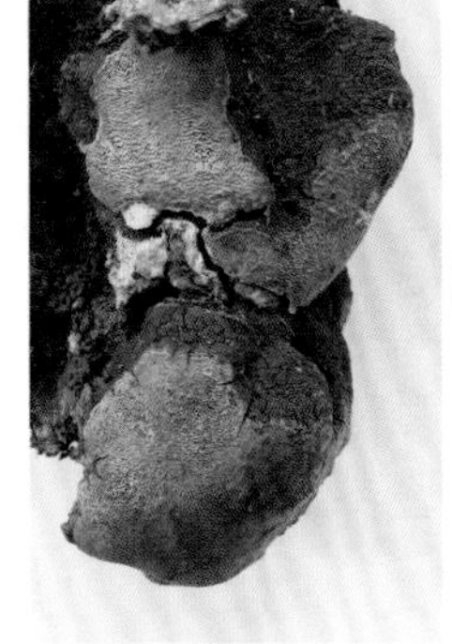

干燥担子果

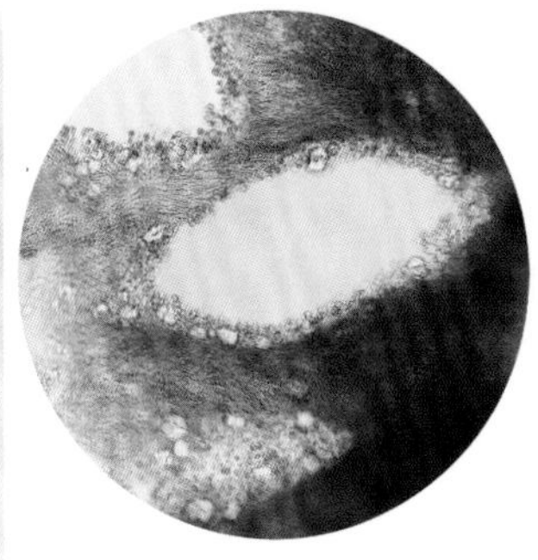

菌管剖面（子实层、担孢子、结晶块）

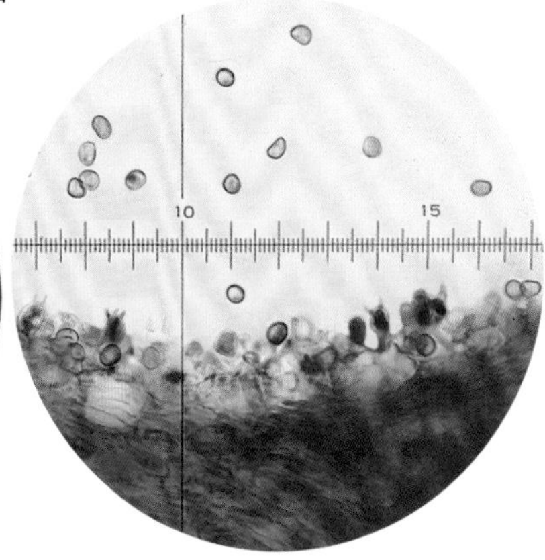

担孢子、担子、子实层

502 贝针层孔菌

***Phellinus conchatus* (Pers.) Quél.**

担子果多年生，平伏反卷或具明显菌盖，常覆瓦状叠生，干后硬木质。平伏面长可达10cm，宽约4cm。菌盖半圆形，长2～6cm，宽3～8cm，表面暗灰色至黑色，具不明显的同心环沟和狭窄的环带，初被绒毛，最终形成皮壳。菌肉污褐色，厚仅0.5mm。菌管多层且分层明显，成熟菌管中具白色菌丝束，管孔面栗褐色，孔口圆形，5～7个/mm。

子实层刚毛锥形，24～38μm×4～9μm。担孢子宽椭圆形、近球形，5～6μm×4～5μm，无色，后变浅黄色，壁略厚，平滑，非淀粉质，弱嗜蓝。

生于多种阔叶树的活立木或倒木上，造成木材白色腐朽。可药用。

干燥担子果（菌盖表面具同心环带）

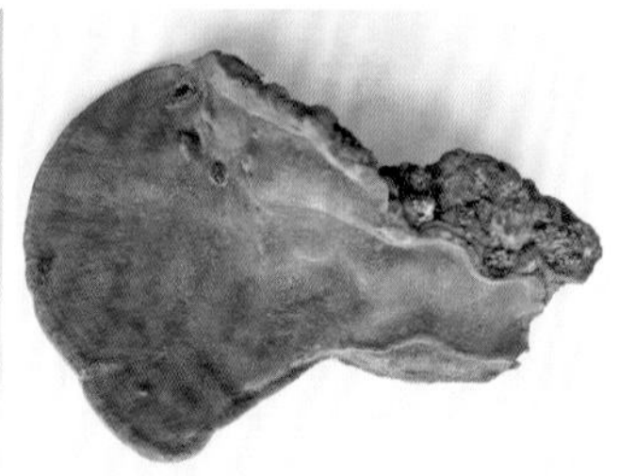

管孔面

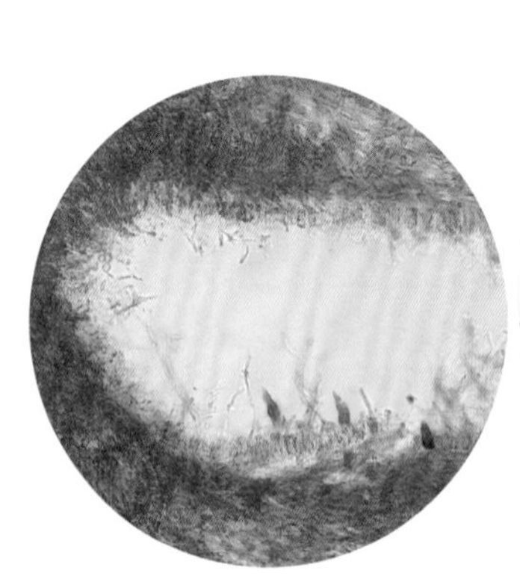

菌管剖面（刚毛、子实层、菌髓）

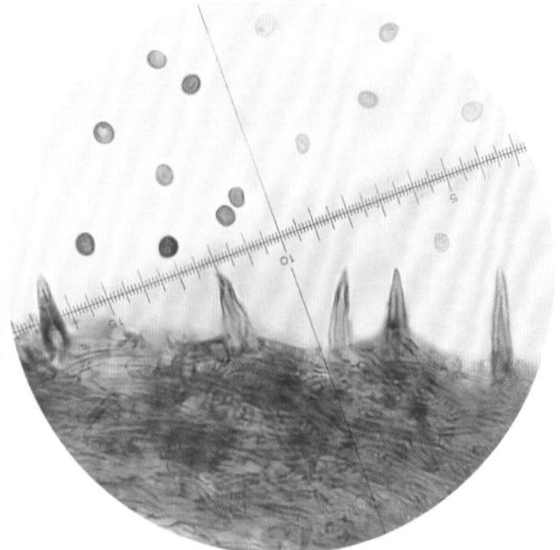

担孢子（初无色、后在KOH液中黄褐色）、子实层刚毛

503 铁针层孔菌

***Phellinus ferreus* (Pers.) Bourdot & Galzin**

担子果一至二年生，平伏，木栓质，长可达16cm，宽可达5cm，厚约4.5mm。菌肉暗褐色，厚仅0.5mm。菌管多层且分层明显，管孔面浅黄色至污褐色，孔口圆形，5～7个/mm。

子实层刚毛锥形，25～40μm×4～7μm。担孢子椭圆形，5.5～7.5μm×2～3μm，无色，薄壁，平滑，非淀粉质，不嗜蓝。一些菌丝上被细小结晶。

夏秋季生于阔叶树倒木上，造成木材白色腐朽。

担子果平伏（管孔面）

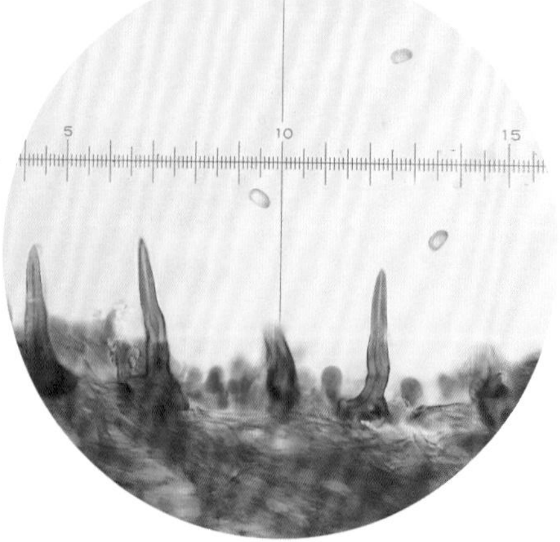

担孢子、子实层刚毛、子实层

菌管剖面（子实层刚毛）

504 锈色针层孔菌 （现名：锈色褐卧孔菌）

***Phellinus ferruginosus* (Schrad.) Pat.** ［现名：*Fuscoporia ferruginosa* (Schrad.) Murrill］

担子果一年至多年生，木栓质，平伏，长2～20cm，宽1～7cm，厚约3mm。菌肉黄褐色或栗褐色，厚不足1mm。老菌管土黄色，多层且分层明显，层间有菌肉相间，管孔面新鲜时浅黄褐色，干后暗红褐色，孔口近圆形，6～8个/mm。

担子果平伏

具菌髓刚毛和子实层刚毛。菌髓刚毛暗红褐色，厚壁，长213～240μm，直径6～10μm。子实层刚毛多，35～86μm×7～9μm。担孢子宽椭圆形，4～5.5μm×2.5～3.5μm，近无色，薄壁，平滑，非淀粉质，不嗜蓝。一些菌丝上被细小结晶。

夏秋季生于阔叶树倒木上，造成木材白色腐朽。

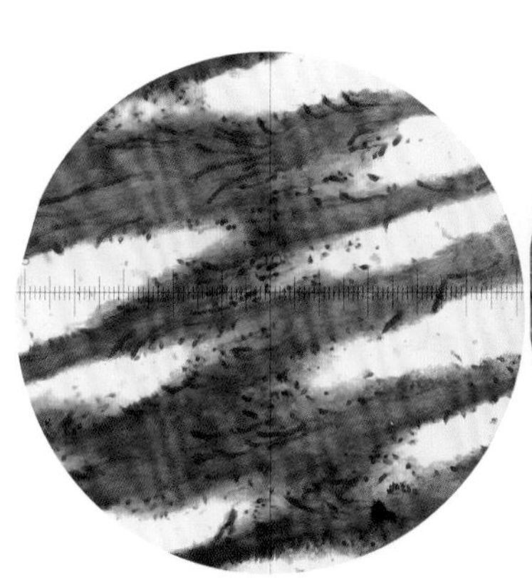

菌管剖面（子实层刚毛、菌髓刚毛）

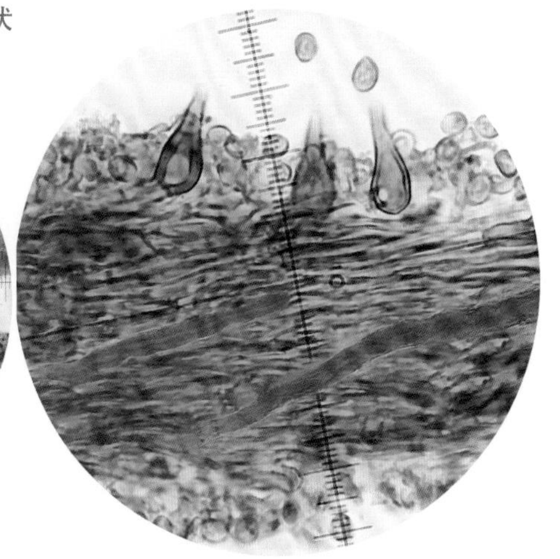

担孢子、子实层刚毛、菌髓刚毛

505 粗皮针层孔菌

***Phellinus gilvus* (Schwein.) Pat.**

担子果一年生，偶尔多年生，木栓质。菌盖半圆形或贝壳形，多覆瓦状叠生或侧面相连，长1～5cm，宽2～8cm，基部厚3～15mm，表面淡黄褐色至暗红色，有不明显的同心环带，被粗硬毛和绒毛，后粗毛脱落显粗糙，边缘锐。菌肉浅黄褐色至暗褐色，厚约3mm。菌管浅黄褐色，常为一层，多层者间有菌肉层，管孔面黄褐色，孔口圆形，6～8个/mm，边缘薄，多撕裂。

子实层刚毛多，锥形，20～35μm×5～7μm。担孢子宽椭圆形，3～4μm×2～3μm，无色，薄壁，平滑，非淀粉质，不嗜蓝。有些菌丝上被细小结晶。

秋季生于多种阔叶树的活立木、倒木、腐木或树桩上，造成木材白色腐朽。可药用。

担子果（菌盖表面被粗毛）

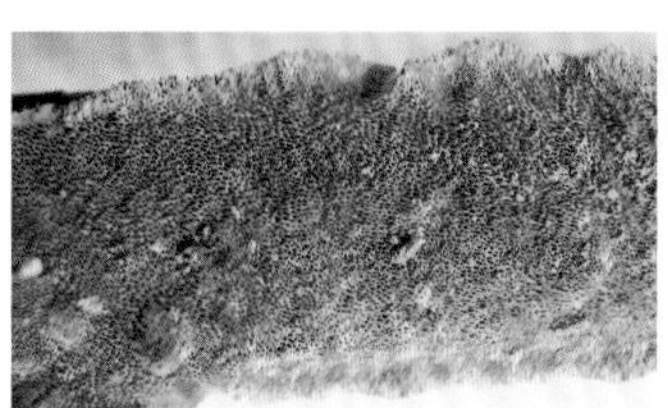

管孔面

菌管剖面

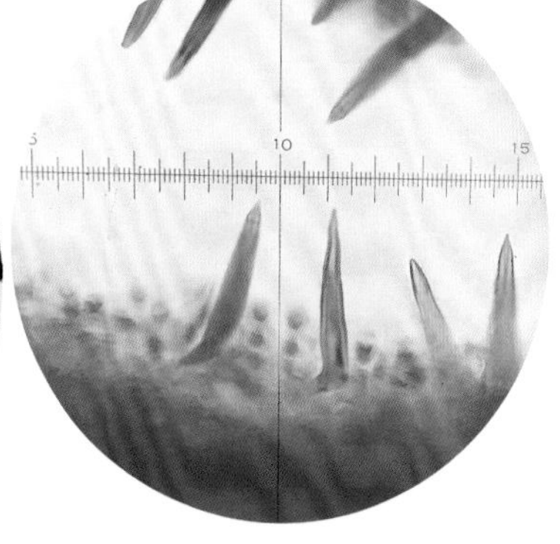

刚毛、子实层

506 火木针层孔菌

Phellinus igniarius **(L.) Quél.**

担子果多年生，干后硬木质。菌盖多为马蹄形，长2～11cm，宽3～20cm，基部厚3～6cm，皮壳表面浅灰黑色至黑色，具同心环沟和宽的环带，后期开裂。菌肉深褐色，厚约1cm，具白色菌丝束。菌管土黄褐色，多层且分层明显，老菌管中可见白色菌丝束，管孔面栗褐色，孔口圆形，4～6个/mm。

子实层刚毛腹鼓形、锥形，13～20μm×5～6μm。担孢子近球形至卵圆形，4.5～6μm×4～5.5μm，无色，厚壁，平滑，非淀粉质。

春至秋季单生于多种阔叶树活立木、倒木或腐木上，造成木材白色腐朽。可药用。

担子果蹄形

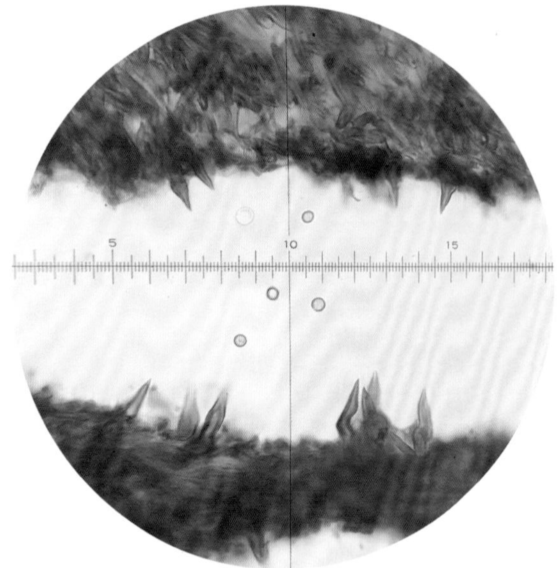

担孢子、子实层刚毛

干燥担子果（皮壳表面具环带、后开裂，菌管多层）

507 无刺针层孔菌

Phellinus inermis **(Ellis & Everh.) G.Cunn.**

［现名：*Fulvifomes inermis* (Ellis & Everh.) Y.C. Dai］

担子果一至二年生，平伏反卷成檐，平伏部分长4～8cm，宽3～4cm，厚2～6mm，反卷部分窄。菌肉锈褐色，厚不到1mm。菌管层厚1～5mm，分层不明显，管孔面锈褐色，孔口多角形至圆形，4～7个/mm。

无刚毛。担孢子宽椭圆形，4～5μm×3～4μm，淡黄褐色，壁稍厚，弱嗜蓝。

夏秋季生于阔叶林下腐木上，造成木材白色腐朽。

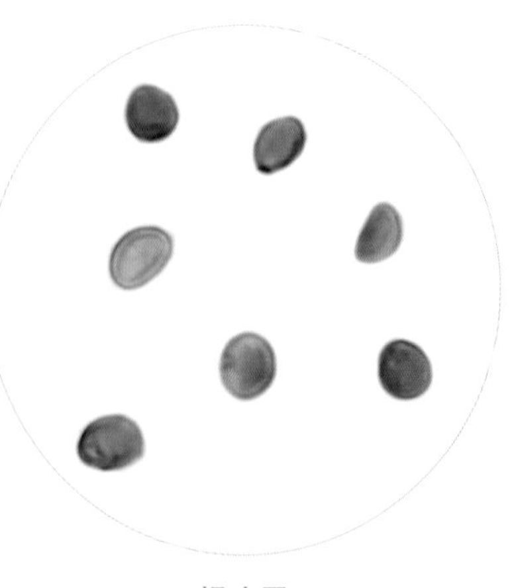

担孢子

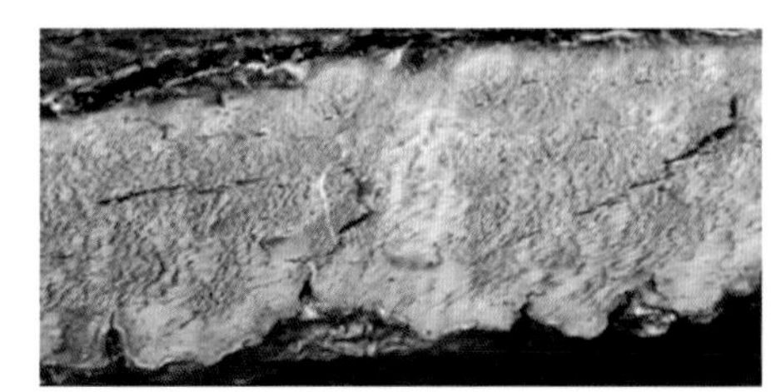

担子果平伏（戴玉成等照）

508 平滑针层孔菌

***Phellinus laevigatus* (P. Karst.) Bourdot & Galzin**

担子果多年生，木栓质至木质，平伏、平伏反卷，平伏部长2～30cm，宽3～10cm，厚可达2cm。菌盖呈狭窄半圆形，外伸可达0.5cm，皮壳表面暗褐色、黑色，环带不明显或无，后期可开裂。菌肉深褐色，厚1～5mm。菌管与管孔面同为浅红褐色、黑褐色，管长可达1.5cm，分层不明显，孔口圆形，7～9个/mm。

子实层刚毛锥形，13～19（～25）μm×4～6μm。担孢子宽椭圆形，3～4μm×2～3μm，无色，壁薄至稍厚，平滑。

生于阔叶树倒木、腐木上，造成木材白色腐朽。可药用。

担子果（戴玉成等照）

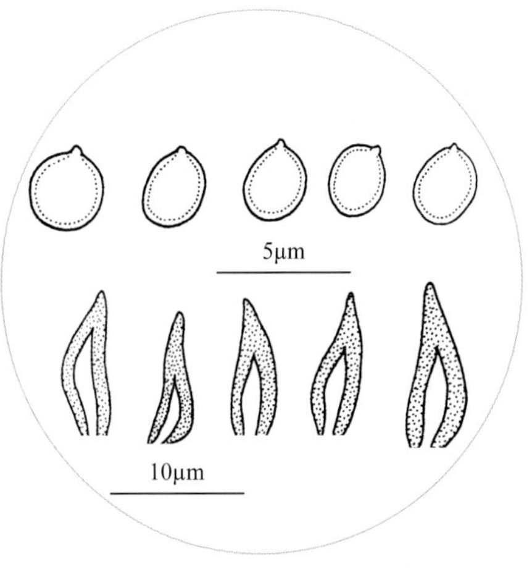

担孢子、子实层刚毛（戴玉成绘）

509 松针层孔菌薄平变种

***Phellinus pini* (Brot.) A. Ames var. *abietis* (P. Karst.) Pilát**

干燥担子果菌管纵切面（菌盖表面具同心环棱）

管孔面

担子果硬木质，平伏反卷。菌盖半圆形，薄，长9～13cm，宽4～6cm，厚3～5mm，表面栗褐色，有同心环棱。菌肉黄褐色，厚约3mm，管孔面锈褐色、褐色，孔口近圆形，4～5个/mm。

子实层刚毛多，腹鼓形，23～57μm×9～12.5μm。担孢子近球形，4.5～5μm×3～4μm，无色，薄壁。

秋季生于云杉、松树活立木或倒木上，造成木材白色腐朽。可药用。

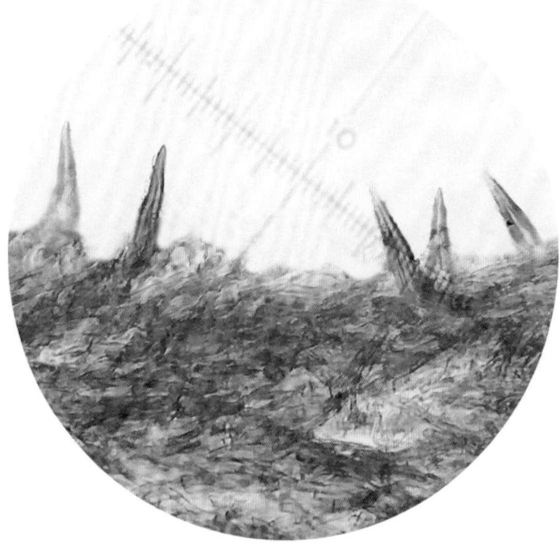

子实层刚毛、菌髓

510 云杉针层孔菌

***Phellinus piceicola* B.K. Cui & Y.C. Dai**

担子果多年生，木质。菌盖蹄形，长可达8cm，宽可达7cm，基部厚约3cm，皮壳表面黑褐色，具同心环带、环沟，后期开裂。菌肉黄褐色，厚可达8mm，具白色菌丝束。菌管与管孔面同为黄褐色、灰褐色，管长可达2cm，孔口多角形，6～8个/mm。

子实层刚毛腹鼓形、锥形，13～26μm×5～7μm。担孢子宽椭圆形、近球形，3～4μm×2.5～3μm，无色，壁厚，平滑。

生于云杉倒木上，造成木材白色腐朽。可药用。

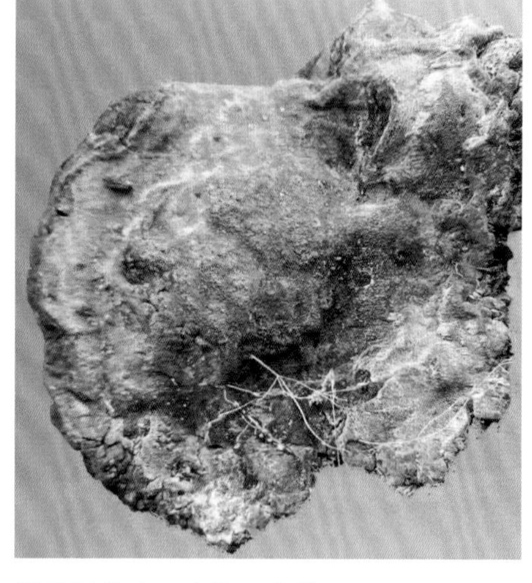

担子果管孔面（戴玉成等照）

511 松针层孔菌

***Phellinus pini* (Brot.) A. Ames**

担子果多年生，木栓质、硬木质。菌盖平展或呈马蹄形，长7～14cm，宽5～20cm，基部厚4～10cm，表面浅灰色至黑色，具同心环沟和狭窄的环带，后不规则开裂并变硬壳状。菌肉暗褐色，厚约5mm。菌管多层而分层不明显，长约3.5cm，管孔面锈褐色至栗褐色，孔口圆形至迷宫状，2～3个/mm。

子实层刚毛多，锥形，35～50μm×7～12μm。担孢子宽椭圆形，4～5μm×3.5～4.5μm，近无色，壁薄或稍厚，非淀粉质，弱嗜蓝。

春至秋季生于云南松、华山松等松树活立木或倒木上，造成木材白色腐朽。可药用。

担子果蹄形（盖面不规则开裂、菌管纵切面）

管孔面

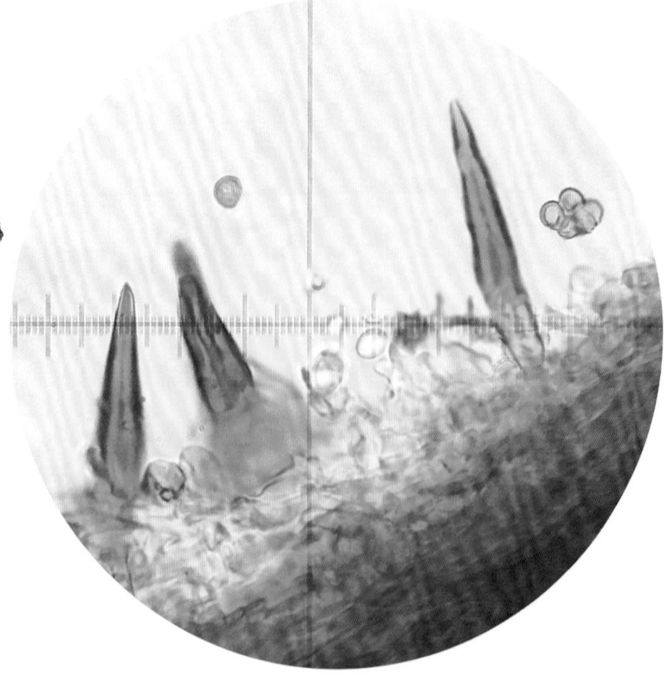

担孢子、子实层刚毛

512 裂蹄针层孔菌

***Phellinus rimosus* (Berk.) Pilát**

担子果多年生，硬木质。菌盖马蹄形、半圆形，长4～10cm，宽6～20cm，基部厚3～10cm，硬壳表面新鲜时黑褐色，后黑色，初被柔毛后脱去，粗糙，具同心环沟、环带，不规则开裂。菌肉暗褐色，厚约1cm。菌管黄褐色，多层且分层明显，管孔面新鲜时黄褐色，干后栗褐色，孔口圆形，4～5个/mm。

无刚毛。担孢子宽椭圆形至近球形，5～6μm×4～5μm，锈褐色，厚壁，平滑，非淀粉质，不嗜蓝。

春至秋季单生于阔叶树活立木或倒木上，造成木材白色腐朽。可药用。

担子果（菌盖表面开裂）

管孔面

菌管剖面（无刚毛）

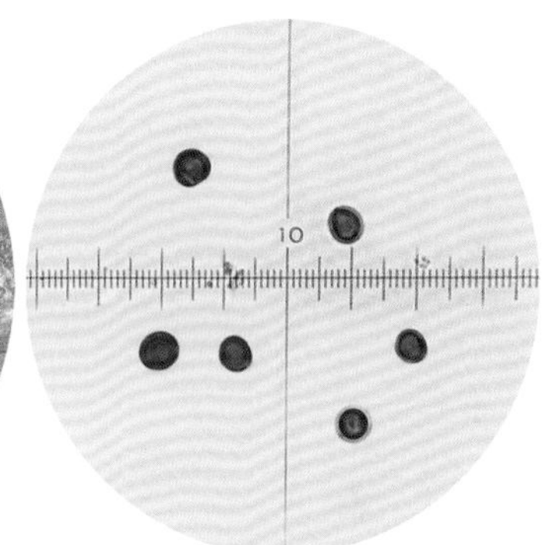

担孢子

513 毛针层孔菌

***Phellinus setulosus* (Lloyd) Imazeki**

菌盖半圆形至马蹄形，长3.5～6cm，宽2～4cm，厚1～3cm，表面暗灰色至黑色，具同心环纹，老时龟裂。菌肉薄，锈褐色。菌管多层，茶色，管孔面锈褐色，孔口圆形，约7个/mm。

子实层刚毛多，18～35μm×7～10μm。担孢子近球形，4～5.5μm×3.5～5μm，无色，嗜蓝，平滑。

生于树干上。

干燥担子果（菌盖表面具同心环棱）

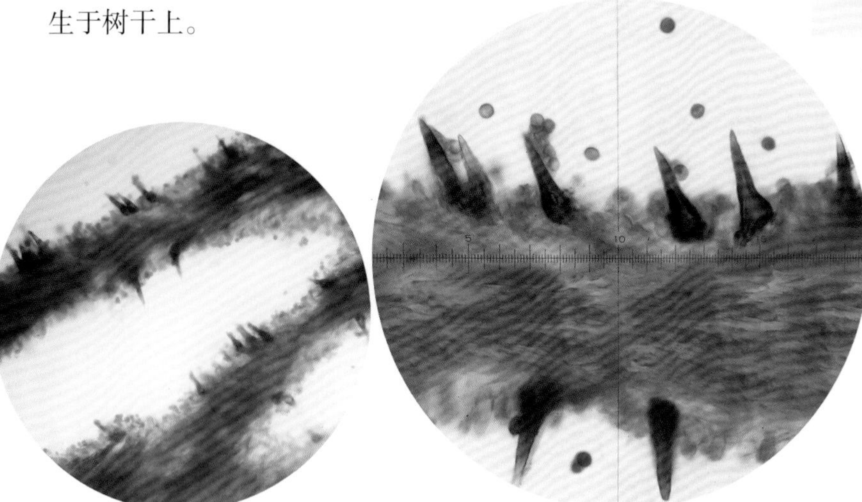

菌管剖面　　担孢子、子实层刚毛、菌髓

管孔面、菌管纵切面

514 宽棱针层孔菌

Phellinus torulosus **(Pers.) Bourdot & Galzin**

担子果多年生，干后硬。菌盖贝壳形，覆瓦状叠生，易侧面连生，长2～8cm，宽5～10cm，基部厚1～2cm，表面浅灰褐色至暗灰色，被细短绒毛，后光滑，具同心环沟和环纹。菌肉浅黄褐色，厚约1cm。菌管多层且分层明显，管孔面栗褐色、暗灰褐色，孔口圆形，6～8个/mm。

干燥担子果（菌盖表面具环沟）

子实层刚毛多，腹鼓形、锥形，27～40μm×5～10μm。担孢子宽椭圆形、近球形，4～5μm×3～4μm，近无色，薄壁，平滑，非淀粉质，弱嗜蓝。

春至秋季单生于松树和阔叶树基部或倒木上，造成木材白色腐朽。可药用。

菌管纵切面

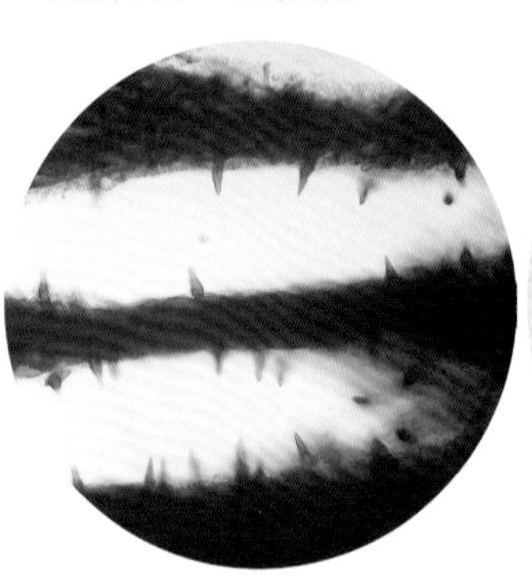

菌管剖面

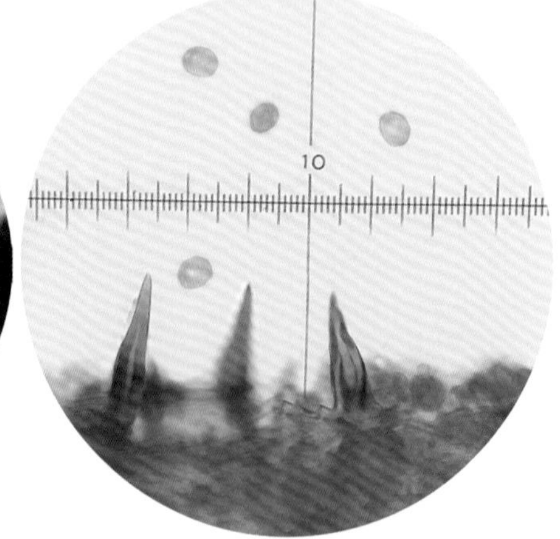

子实层刚毛、担孢子

515 苹果针层孔菌

Phellinus tuberculosus **(Baumg.) Niemelä**

担子果多年生，平伏反卷，可覆瓦状叠生，硬木质。菌盖半圆形、近马蹄形，长8～10cm，宽7～9cm，基部厚1～5cm，表面浅灰褐色至暗褐色，被细绒毛或光滑，后开裂，边缘钝。菌肉浅黄褐色，有白色菌丝束。菌管浅褐色，明显分层，每层长2～5mm，有时有白色菌丝束，管孔面浅灰褐色，孔口圆形，5～7个/mm。

子实层刚毛多或少，锥形或腹鼓形，13～16（～20）μm×4～6μm。担孢子宽椭圆形，4～5μm×2.5～4μm，厚壁，平滑，非淀粉质，弱嗜蓝。

春至秋季生于多种阔叶树活立木或倒木上，造成木材白色腐朽。

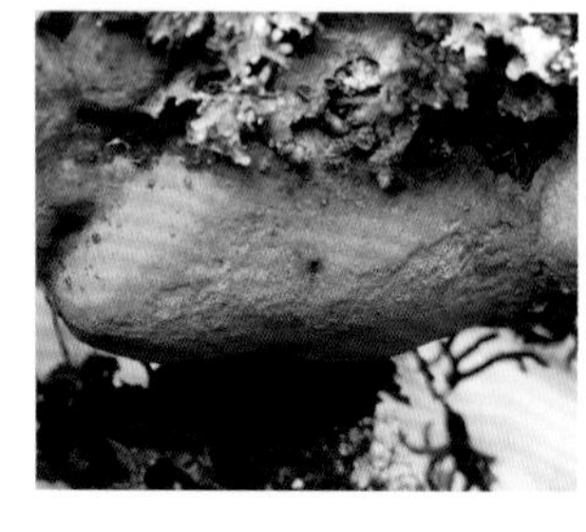

担子果管孔面

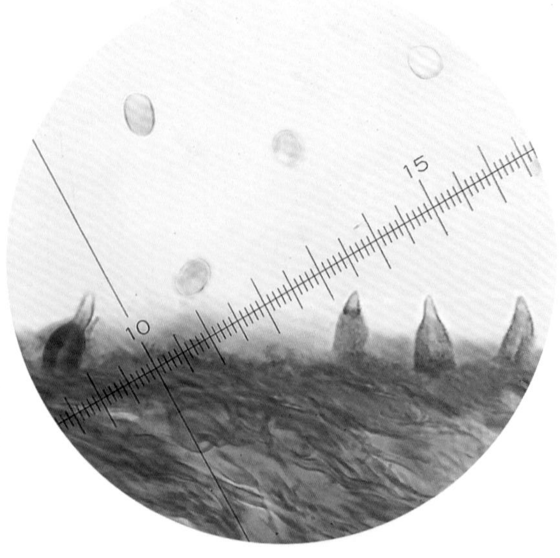

担孢子、子实层刚毛

516 鲍氏桑黄 （曾用名：鲍氏针层孔菌）

Sanghuangporus baumii (Pilát) L.W. Zhou & Y.C. Dai（曾用名：*Phellinus baumii* Pilát）

担子果多年生，硬木质。菌盖多为蹄形，偶半圆形，长2～8cm，宽3～10cm，基部厚2～6cm，表面黑灰色至近黑色，具同心环带和浅的沟纹，粗糙至光滑，有放射状裂纹或开裂。菌肉褐色、污褐色，厚约10mm。菌管浅褐色、褐色，多层且分层明显，当年生的呈金黄色，管孔面褐色至黑褐色，孔口多角形、圆形，7～10个/mm。

子实层刚毛腹鼓形，12～24μm×5～9μm。担孢子宽椭圆形、近球形，3.5～5μm×2.5～3.5μm，浅黄色，壁厚，平滑，非淀粉质，不嗜蓝。

生于多种阔叶树的活立木、垂死木或腐木上，造成木材白色腐朽。可药用。

担子果（戴玉成等照）

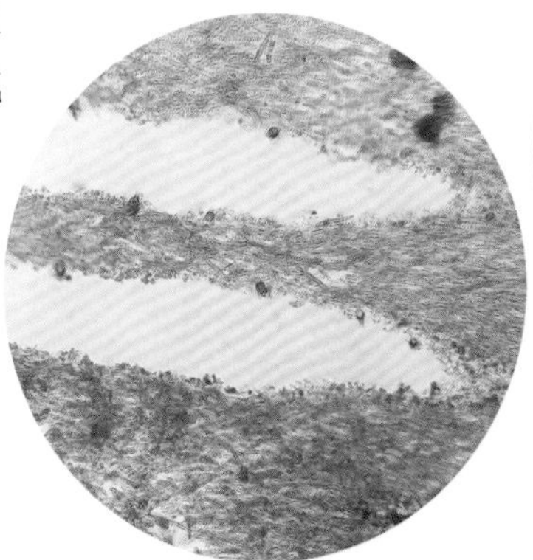

菌管剖面（刚毛、菌髓）

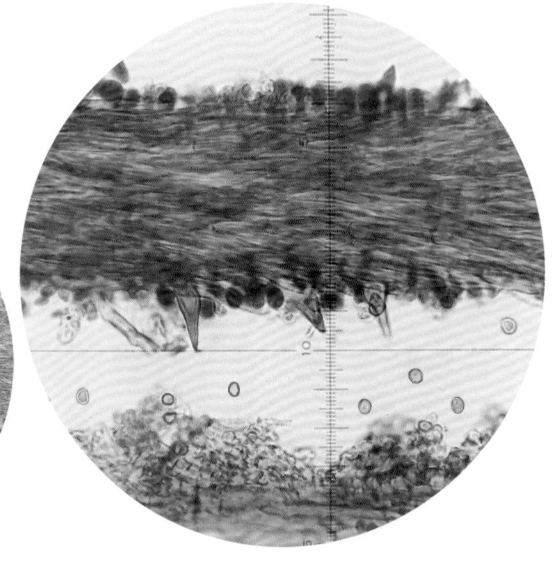

担孢子、子实层刚毛、子实层

517 桑　黄 （曾用名：桑黄纤孔菌）

Sanghuangporus sanghuang (Sheng H. Wu, T. Hatt. & Y.C. Dai) Sheng H. Wu, L.W. Zhou & Y.C. Dai（曾用名：*Inonotus sanghuang* Sheng H. Wu, T. Hatt. & Y.C. Dai）

担子果多年生，无柄，木栓质，新鲜时具酸味。菌盖多马蹄形，长约7cm，宽约5cm，基部厚约4cm，表面黄褐色至灰褐色，具明显的环沟环纹，边缘钝，鲜黄色。菌肉黄色，具环纹，厚可达3.5cm。菌管褐色，长约5mm，管孔面黄色至褐色，孔口圆形至多角形，8～9个/mm。

子实层刚毛腹鼓形、锥形，13～20μm×5～7μm。担孢子宽椭圆形，3.5～5μm×3～3.5μm，黄色，厚壁，平滑，非淀粉质，不嗜蓝。

春至秋季单生于桑树上，造成木材白色腐朽。可药用。

担子果（戴玉成等照）

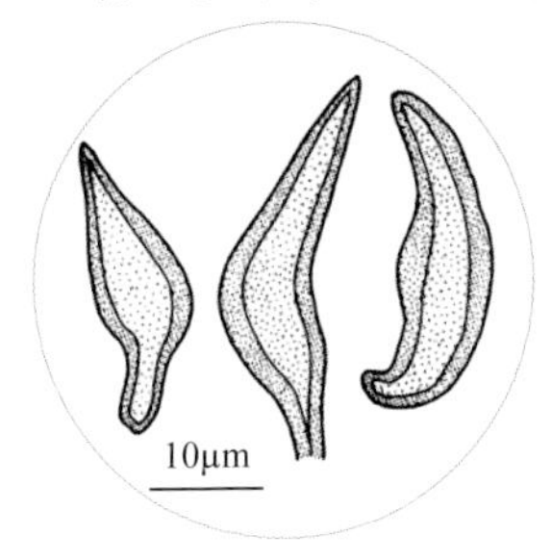

刚毛（戴玉成绘）

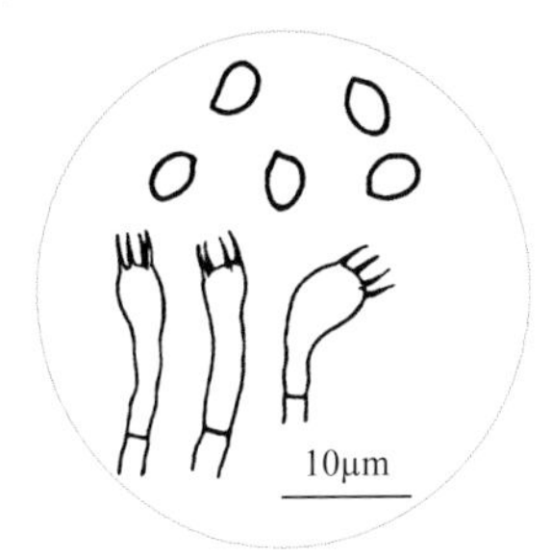

担孢子、担子（戴玉成绘）

巨盖孔菌科 Meripilaceae

518 二年残孔菌（曾用名：粉迷孔菌）

Abortiporus biennis **(Bull.) Singer**［曾用名：*Daedalea biennis* (Bull.) Fr.］

担子果一年生，韧肉质或革质，无柄或有柄。菌盖半圆形或扇形，长0.5～6cm，宽0.2～10cm，厚4～15mm，表面黄白色、浅肉色，被绒毛，无环纹。菌肉近白色，厚1～6mm，上层松软，下层木栓质。菌管近白色或淡黄褐色，长1～4mm，管孔面近白色，干后淡肉色，孔口多角形，1～2个/mm，有的迷宫状，渐裂成锯齿状。

担孢子宽椭圆形、卵形、近球形，4.5～6.5μm×3～4.5μm，无色，平滑。

生于多种阔叶树树干上。

担子果

管孔面迷宫状

519 白薄孔菌

Antrodia albida **(Fr.) Donk**

担子果一年生，革质，无柄，平伏、平伏反卷，可覆瓦状叠生。平伏面长可达20cm，宽可达5cm。菌盖勺形、半圆形，长0.7～5cm，宽0.5～2cm，厚约8mm，表面白色、奶油色至淡黄色，有不明显环纹。菌肉白色、浅黄色，厚0.5～2mm。菌管浅黄色，长可达5mm，管孔面白色、淡黄色，孔口圆形、不规则状、迷宫状或近褶状，0.5～2个/mm，边缘可撕裂成齿。

担孢子圆柱形或椭圆形，7～9（～11）μm×2.5～4（～6）μm，无色，薄壁，平滑，非淀粉质。

夏秋季生于阔叶树的腐木、倒木或树桩上，造成木材褐色腐朽。可药用。

担子果

管孔面

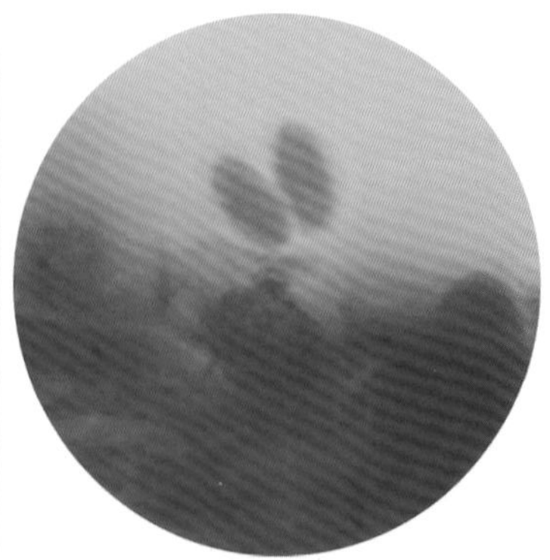

担孢子

520 异形薄孔菌

***Antrodia heteromorpha* (Fr.) Donk.**

担子果一年或多年生，平伏或平伏反卷，可覆瓦状叠生或相互连成片，长4～10cm，宽3～6cm，厚可达1cm。菌盖表面白色、浅土黄色，初被绒毛，后光滑，环纹不明显。菌肉白色至浅黄色，厚1～4mm。菌管白色，长3～10mm，管孔面白色、乳黄色，后淡黄色至淡褐色，孔口不规则形、多角形或呈迷宫状，后破裂成齿，0.5～1个/mm。

担孢子圆柱形、长椭圆形，8～12μm×3.5～5μm，无色，薄壁，平滑，非淀粉质，不嗜蓝。

夏秋季生于阔叶树、针叶树腐木上，造成木材褐色腐朽。

担子果（菌盖表面被绒毛）

管孔面

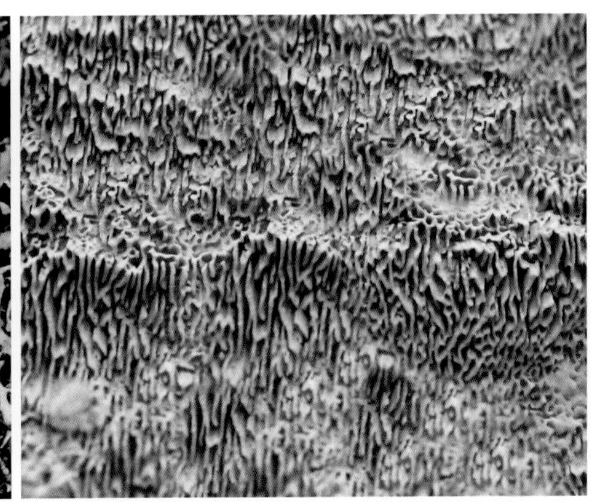

管孔多齿裂

521 灰树花

***Grifola frondosa* (Dicks.) Gray**

担子果一年生，新鲜时肉质、半肉质，干后软木栓质，柄从基部分枝形成一丛覆瓦状叠生的菌盖。菌盖扇形、匙形，宽2～8cm，厚2～7mm，表面白色、灰白色至浅褐色，被绒毛后光滑，具不明显放射状条纹。菌肉白色，厚1～4mm。菌管延生至菌柄上部，白色、乳白色，长1～4mm，管孔面白色、淡黄色，孔口多角形、圆形，1～3个/mm。

担孢子卵圆形、宽椭圆形，5～6.5μm×3.5～4.5μm，无色，薄壁，平滑，非淀粉质，不嗜蓝。

夏秋季生于多种阔叶树基部或根部周围的地上，可造成木材白色腐朽。食药兼用。

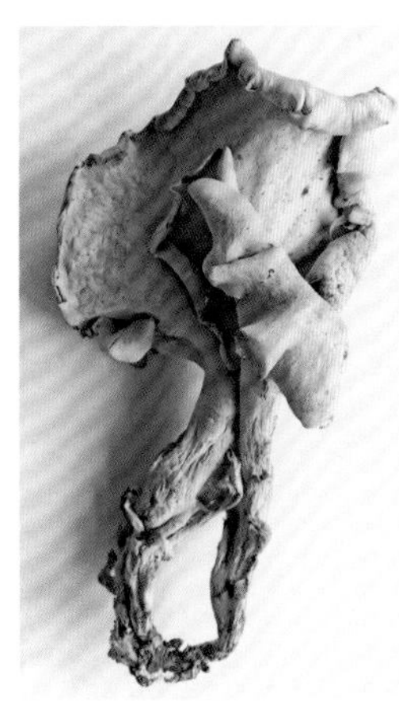

担子果丛生，管孔面（干燥标本）

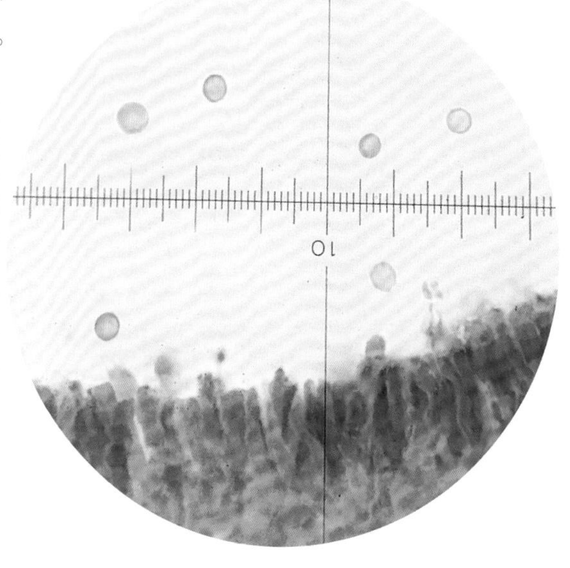

担孢子、担子、子实层

皱孔菌科 Meruliaceae

522 革毡干朽菌（曾用名：肉色皱孔菌）

***Byssomerulius corium* (Pers.) Parmasto** ［曾用名：*Merulius corium* (Pers.) Fr.］

担子果一年生，韧革质，平伏，长宽各1～2cm，偶尔平伏反卷，常左右相连，形成很窄的菌盖，反卷部分长1～5mm，宽10～15mm，表面新鲜时奶油色，干后浅黄色，被细绒毛，有环纹。菌肉薄。子实层体初平滑，后渐形成浅的凹坑、网纹，新鲜时乳白色，干后肉桂色。

担孢子近圆柱形或椭圆形，4～6μm×2～3μm，无色，薄壁，平滑，非淀粉质，不嗜蓝。

夏秋季生于阔叶树的枯立木、倒木或落枝上，造成木材白色腐朽。

担子果平伏反卷、菌盖表面被绒毛

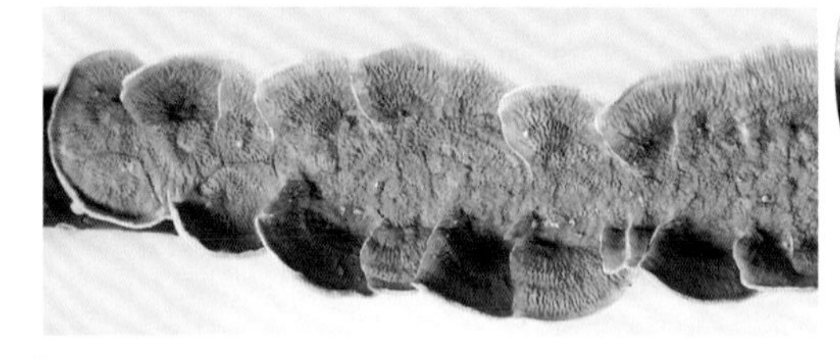

子实层体为浅凹坑

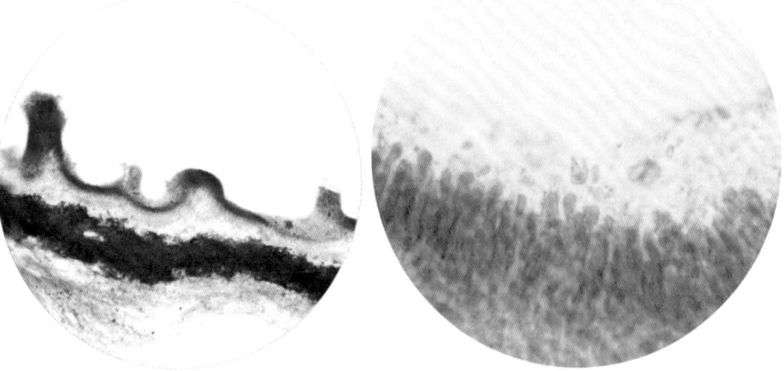

担子果剖面　　子实层

523 丽极肉齿耳（曾用名：黏肉齿耳）

***Climacodon pulcherrimus* (Berk. & M.A. Curtis) Nikol.**

［曾用名：*Steccherinum pulcherrimum* (Berk. & M.A. Curtis) Banker］

担子果平伏反卷。菌盖半圆形、扇形，长2～10cm，宽1～5cm，可覆瓦状叠生并左右相连，表面淡黄色至锈黄色，有环纹，被绒毛或粗毛。菌肉浅黄色。子实层体齿状、刺状，长1～6mm，新鲜时白色，干后浅黄色至黄色。

无囊状体。担孢子椭圆形，4～5μm×2～2.5μm，无色，平滑。

夏秋季生于阔叶树倒木或腐木上，造成木材白色腐朽。

担子果覆瓦状叠生、子实层体刺状

524 胶质射脉菌

Phlebia tremellosa **(Schrad.) Nakasone & Burds.**

担子果一年生，平伏反卷，反卷部分窄半圆形，长可达6cm，厚约2mm，表面白色至粉黄色，被细绒毛。菌肉 灰白色，薄，胶质。子实层体浅肉桂色，干后浅孔状，孔口近圆形，3～4个/mm。

担孢子腊肠形，长约4μm，宽约1μm，无色，薄壁，平滑。

夏秋季生于阔叶树倒腐木上，造成木材白色腐朽。

担子果（子实层体为浅孔状）

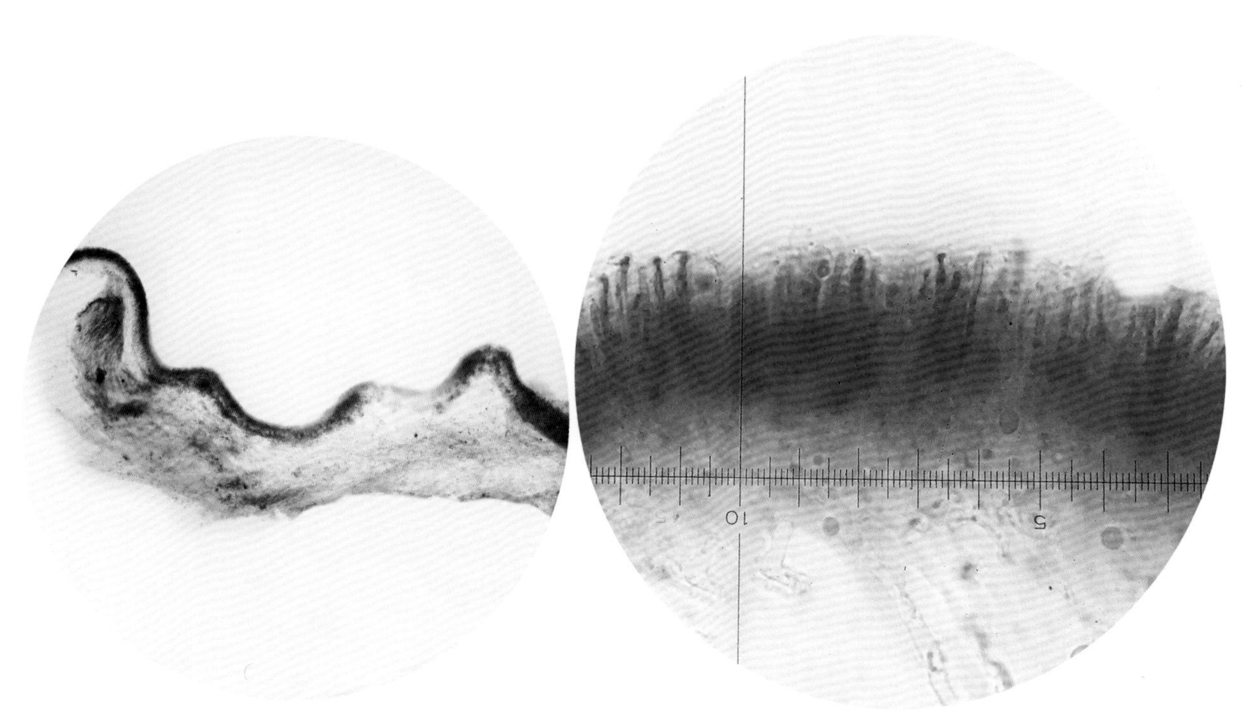

担子果剖面

子实层、菌髓（胶质）

多孔菌科 Polyporaceae

525 一色齿毛菌 （曾用名：单色革盖菌）

***Cerrena unicolor* (Bull.) Murrill**［曾用名：*Coriolus unicolor* (Bull.: Fr.) Pat.］

担子果一年生，新鲜时软革质，干后近革质，无柄，平伏反卷，常覆瓦状叠生且左右相连。菌盖半圆形、贝壳形、扇形，长7～14cm，宽3～10cm，中部厚2～5mm，表面初期乳白色，后呈浅黄色至灰褐色，被粗毛或绒毛，具同心环纹，边缘锐或钝。菌肉白色。菌管白色，长约2mm，管孔面白色至淡黄色，后呈淡污褐色，孔口初期近圆形，3～4个/mm，很快变为迷宫状并齿裂。

担子果

管孔面，部分齿裂

担孢子椭圆形或圆柱形，4～6.5μm×2.5～3.5μm，无色，薄壁，平滑，非淀粉质，不嗜蓝。

秋季生于多种阔叶树的活立木、倒木、腐木或树桩上，少生于针叶树，造成木材白色腐朽。可药用。

526 隐孔菌 （俗名：松橄榄）

***Cryptoporus volvatus* (Peck) Shear**

担子果一年生，木栓质，无柄或有柄状基部。菌盖扁半球形至近球形，长2～5cm，宽2～3.5cm，基部厚可达2.5cm，皮壳表面浅土黄色至深蛋壳色，新鲜时光滑，老后会浅裂，边缘延生形成覆盖菌管和管孔面的菌幕。菌肉白色、淡黄色，厚2～10mm。菌管长2～5mm，管孔面粉灰色、栗褐色，孔口圆形、近圆形，3～5个/mm，被菌幕覆盖，成熟后菌幕在近基部处开一小圆孔释放担孢子。

担子果具皮壳

菌幕具小孔、担子果纵剖面可见菌肉层、菌管层、菌幕

担孢子圆柱形，8～11.5μm×4～5μm，无色，平滑，非淀粉质，弱嗜蓝。

单生或散生于松树或云杉、冷杉等针叶树的枯立木、倒木或腐木上，造成木材白色腐朽。可药用。

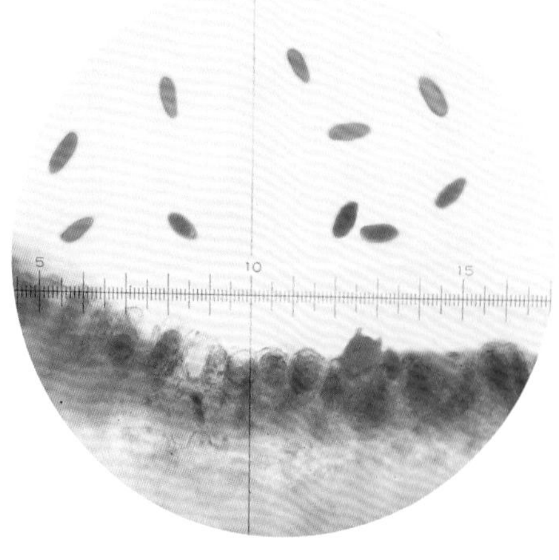

担孢子、担子、子实层

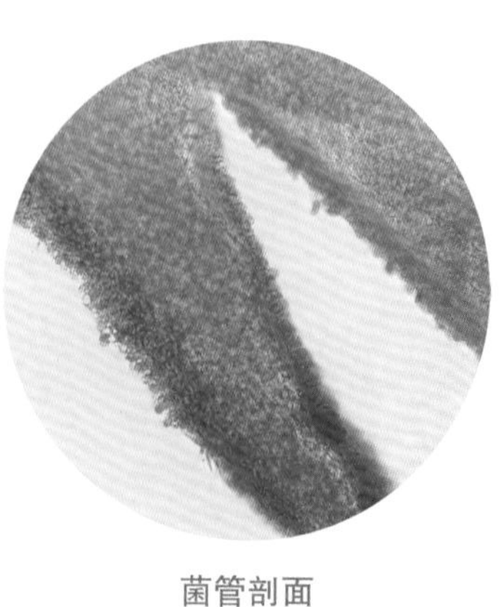

菌管剖面

527 云杉灰蓝孔菌

***Cyanosporus piceicola* B.K. Cui, L.L. Shen & Y.C. Dai**

担子果一年生，单生，新鲜时软木栓质，干后硬木栓质。菌盖扇形，长可达5.5cm，宽可达3cm，基部厚可达1.8cm，表面新鲜时奶油色、浅黄色，被短绒毛，具灰色环纹。菌肉奶油色，厚可达1.5cm。菌管与菌盖同色，长可达3mm，管孔面白色、奶油色至浅蓝色，孔口圆形，3～5个/mm。

担孢子腊肠形，4～4.5μm×1～1.5μm，无色，壁薄，平滑。

生于云杉倒木上，引起木材褐色腐朽。

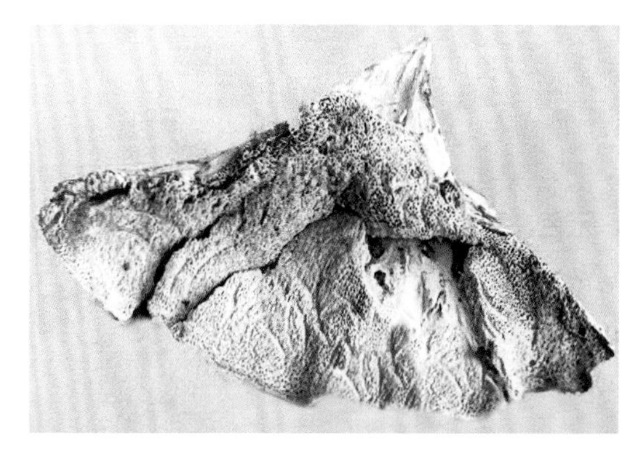

担子果（戴玉成等照）

528 裂拟迷孔菌

***Daedaleopsis confragosa* (Bolton) J. Schröt**

担子果一年生，木栓质。菌盖半圆形、近扇形或贝壳形，长2～12cm，宽2～7cm，中部厚0.5～2cm，表面近白色、浅黄色至浅褐色，初被细绒毛，后变光滑，具同心环纹。菌肉近白色、浅褐色，厚1～10mm。菌管与菌肉同色，单层，长约10mm，管孔面奶油色至浅黄色、黄色，孔口近圆形，1～2个/mm，基部有时迷宫状，而边缘呈褶状。

担孢子圆柱形，略弯曲，6～10μm×1.5～2.5μm，无色，薄壁，平滑，非淀粉质，不嗜蓝。

夏秋季生于柳树等阔叶树的活立木或倒木上，少生于针叶树上，造成木材白色腐朽。

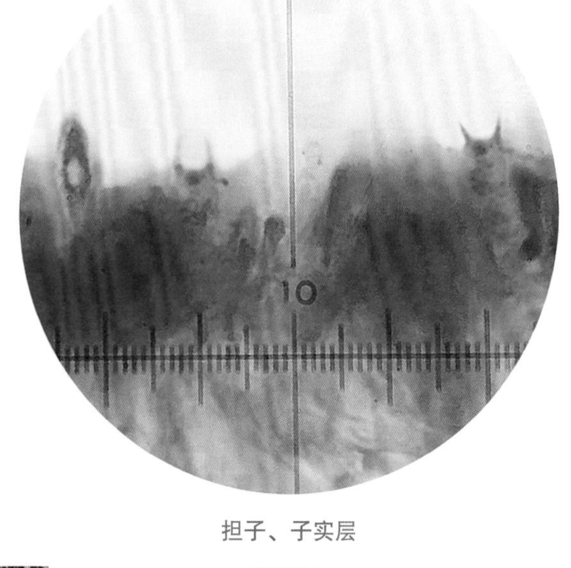

担子、子实层

担子果（菌盖具同心环纹，管孔面部分迷宫状）

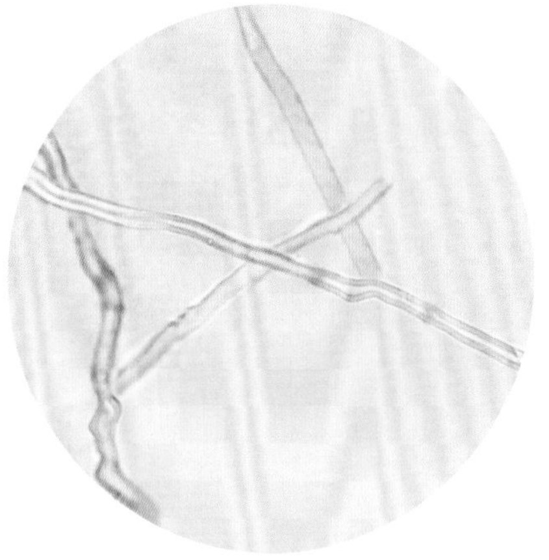

骨架丝、生殖丝

529 迪氏迷孔菌
***Daedalea dickinsii* Yasuda**

菌盖表面具同心环纹

管孔面

担子果一年至多年生，木栓质至木质，平伏反卷，平伏部分较小。菌盖半圆形、贝壳状，可覆瓦状叠生，长2～20cm，宽1～10cm，厚可达3cm，表面浅肉褐色、褐色，被细短绒毛、后光滑，具同心环纹。菌肉肉色，厚可达2cm。管孔面米黄色、浅黄褐色，孔口近圆形、多角形至迷宫状、褶状，1～2个/mm。

担孢子圆柱形，5.5～7μm×2～3μm，无色，平滑，非淀粉质，不嗜蓝。

春至秋季生于阔叶树倒木、腐木或木桩上，引起木材褐色腐朽。

孔口迷宫状

530 三色拟迷孔菌
***Daedaleopsis tricolor* (Bull.) Bondartsev & Singer**

担子果一年生，木栓质、近革质，平伏反卷，有时可左右相连或覆瓦状叠生。菌盖半圆形，长1～8cm，宽1～5cm，基部厚0.5～1cm，表面朽叶色、栗褐色、紫褐色，初被绒毛，后光滑，有同心环纹和放射状皱纹。菌肉木材色、浅褐色，薄，仅1mm左右。子实层体浅褐色、栗褐色，初为不规则孔状，1～2个/mm，后为褶状，菌褶薄，褶缘可呈锯齿状，菌盖边缘处有时呈迷宫状。

担孢子圆柱形，7～10μm×2～3μm，无色，薄壁，平滑，非淀粉质，不嗜蓝。

夏秋季生于多种阔叶树的枯立木、倒木、树桩、落枝或腐木上，偶见于松林下的腐木上，造成木材白色腐朽。可药用。

担子果

子实层体褶状

干燥担子果（子实层体部分孔状）

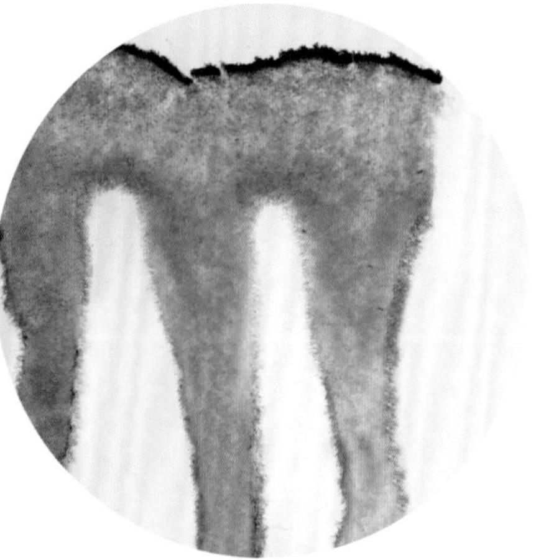
菌盖剖面

531 软异薄孔菌

Datronia mollis **(Sommerf.) Donk**

担子果一年生，平伏、平伏反卷，木栓质。菌盖贝壳形，长3～6cm，宽约4cm，厚仅1～2mm，表面暗褐色至黑褐色，被绒毛或粗毛，后渐光滑，具同心环带。菌肉淡褐色或浅黄褐色，与绒毛层间有一条黑线。菌管单层，长约1mm，管孔面浅灰褐色至污褐色，孔口圆形至不规则形，1～2个/mm，可齿裂。

担孢子圆柱形，6.5～10μm×2.5～4μm，无色，薄壁，平滑，非淀粉质，不嗜蓝。

夏秋季生于阔叶树倒木或腐木上，造成木材白色腐朽。

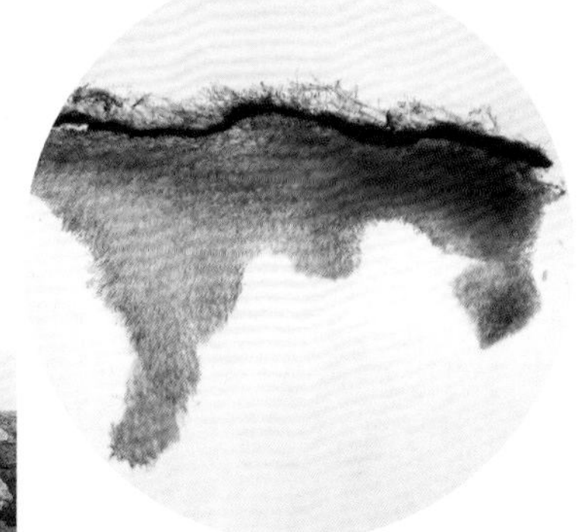

担子果剖面（菌肉层与绒毛层间具一黑线）

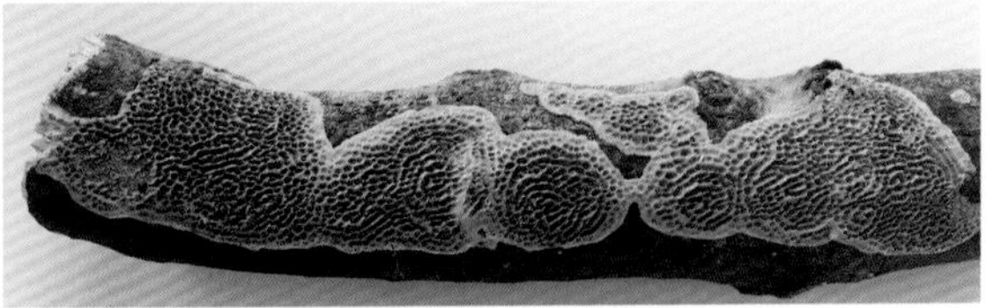

担子果平伏，管孔面

532 污叉丝孔菌

Dichomitus squalens **(P. Karst.) D.A. Reid**

担子果一年至二年生，韧木栓质，平伏或平伏反卷，可覆瓦状叠生。菌盖扇形，长2～6cm，宽1～3cm，基部厚5～15mm，表面近白色至奶油色，干后淡黄白色至淡黄褐色。菌肉白色至淡黄色，厚约4mm。菌管长2～5mm，管孔面近白色、奶油色，干后淡黄白色、浅黄褐色，孔口圆形或多角形，3～5个/mm。

担孢子圆柱形，7～10μm×2～3μm，无色，薄壁，平滑，非淀粉质，不嗜蓝。

夏秋季生于针叶树活立木或腐木上，造成木材白色腐朽。

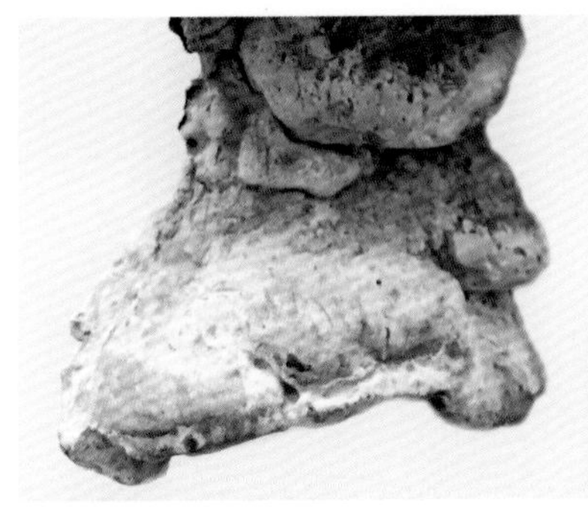

干燥担子果覆瓦状叠生

管孔面

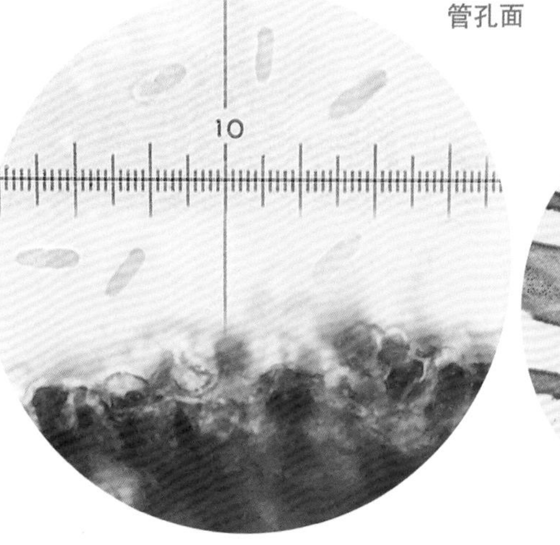

担孢子、子实层

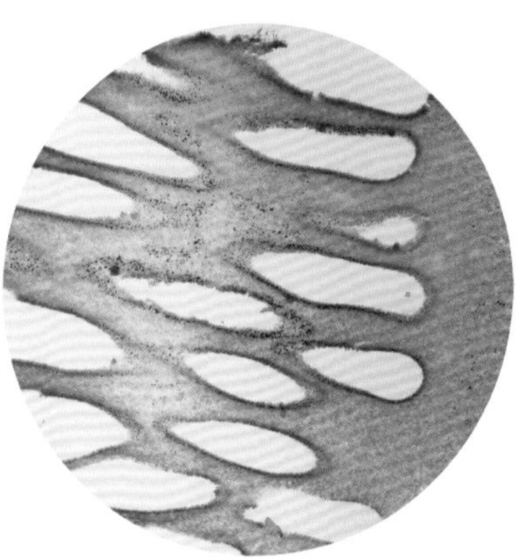

菌管剖面

533 条盖棱孔菌

***Favolus grammocephalus* (Berk.) Imazeki**

担子果一年生，近革质。菌盖半圆形至扇形，长4～20cm，宽3～12cm，初期淡黄色至木材色，后变淡褐色至栗褐色，光滑，有放射状条纹，边缘瓣裂或波状，稍内卷。菌肉白色、木材色。菌管延生，淡黄褐色，孔口近圆形至多角形，3～4个/mm。菌柄短而粗或仅有一个柄状基部，浅褐色。

担孢子圆柱形至长椭圆形，5～7μm×2～3μm，无色，薄壁，平滑。

夏秋季群生于阔叶林中腐木上。

幼担子果

管孔面

534 黄白索孔菌 （曾用名：黄白薄孔菌）

***Fibroporia citrina* (Bernicchia & Ryvarden) Bernicchia & Ryvarden**

（曾用名：*Antrodia citrina* Bernicchia & Ryvarden）

担子果一年生，平伏，长可达14cm，宽可达5cm，中部厚约5mm。菌肉白色，厚达1mm。菌管奶油色至浅黄色，长约4mm，管孔面奶油色、浅黄色、橘黄色，后呈橄榄棕色，孔口圆形至多角形，4～5个/mm，全缘。

担孢子宽椭圆形、近卵形，4～5μm×3～3.5μm，无色，壁稍厚，平滑。

生于云杉倒木上，引起木材褐色腐朽。

担子果（戴玉成等照）

535 黄层架菌

***Flabellophora licmophora* (Massee) Corner**

担子果一年生。菌盖扇形、近半圆形，长2～5cm，宽2～4cm，厚仅1mm左右，表面浅土黄色，光滑。菌肉白色，薄。管孔面淡黄白色、白色，孔口近圆形、多角形，7～8个/mm。菌柄侧生，浅褐色、褐色。

担孢子圆柱形，5～6μm×1.5～2.5μm，无色，平滑。

夏秋季生于松栎混交林下腐木上。

担子果具侧生柄

管孔面

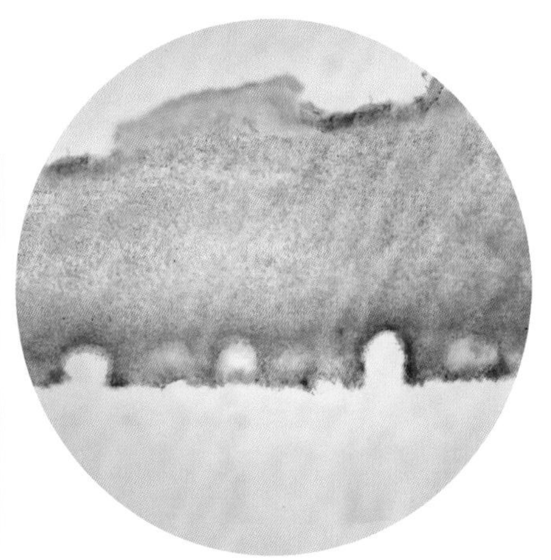

菌盖纵切面

536 木蹄层孔菌（俗名：木蹄）

***Fomes fomentarius* (L.) Fr.**

担子果蹄形、菌盖表面皮壳具同心环沟

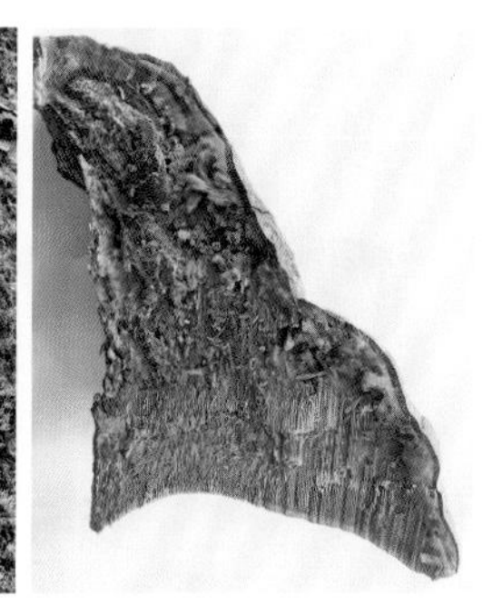

干燥担子果纵切面（菌管多层、分层不明显）

担子果多年生。菌盖马蹄形，木质，长20～30cm，宽2～15cm，中部厚12～18cm，硬皮壳灰色至灰黑色，光滑，具同心环带和浅的环沟。菌肉浅黄褐色或锈褐色，厚可达5cm。菌管浅褐色，多层且分层不很明显，有时具白色菌丝束，管孔面褐色，孔口圆形，3～5个/mm。

囊状体圆筒形。担孢子圆柱形、长椭圆形，12～21μm×5～6.5μm，无色，薄壁，平滑，非淀粉质，不嗜蓝。

春至秋季生于多种阔叶树的活立木或倒木上，造成木材白色腐朽。可药用。

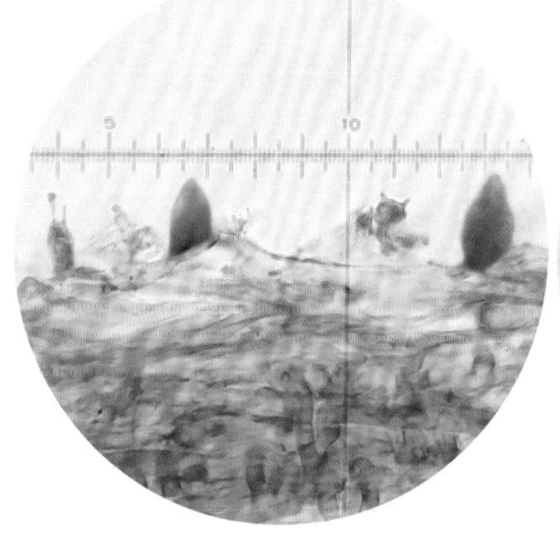

担子、囊状体

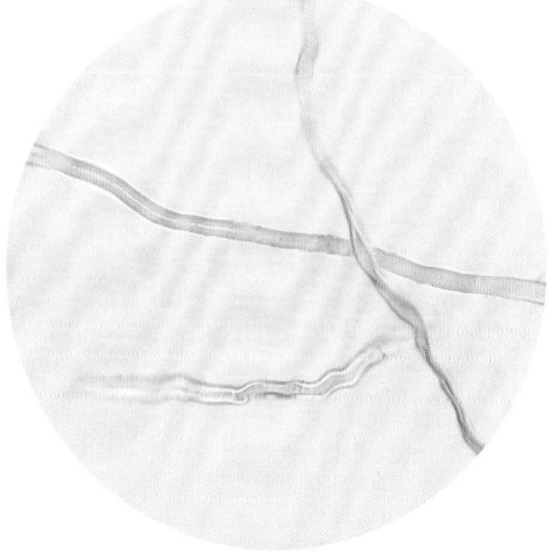

骨架丝、缠绕丝

537 硬毛粗毛盖孔菌（曾用名：硬毛栓孔菌）

Funalia trogii **(Berk.) Bondartsev & Singer**（曾用名：*Trametes trogii* Berk.）

担子果（菌盖表面被粗硬毛）

管孔面，孔口部分破裂成齿

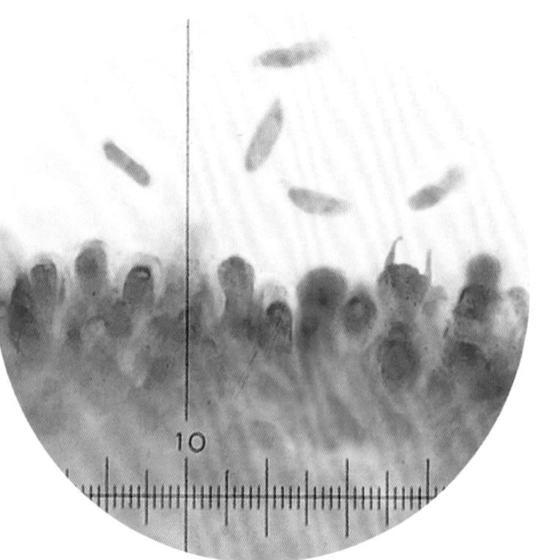

担孢子、担子、子实层

担子果一年生，韧木栓质，平伏反卷。菌盖近半圆形，长1.3～15cm，宽1.5～10cm，厚约2cm，表面暗褐色，被粗糙硬毛，无环带或环带不明显。菌肉淡白色、木材色，厚3～5mm，上层松软，靠菌管层较致密。菌管与菌肉同色，长2～9mm，管孔面污白色、污淡黄褐色，孔口略圆形、多角形或不规则形，1～2个/mm，部分破裂成齿。

担孢子圆柱形，7～10.5μm×2～4μm，无色，薄壁，平滑。

常生于阔叶树的活立木、枯立木或树桩上，造成木材白色腐朽。

538 二色半胶菌（曾用名：紫半胶孔菌）

Gloeoporus dichrous **(Fr.) Bres.**

担子果一年生，新鲜时软，干后脆，平伏、平伏反卷。菌盖呈半圆形、扇形、条形、贝壳状，可覆瓦状叠生并左右连生，长2～3.5cm，宽0.5～2.5cm，基部厚1～3mm，表面白色、淡黄色至灰白色，被短绒毛，具不明显同心环纹。菌肉白色。菌管浅紫色、红褐色，新鲜时胶质，略透明，长约1mm，管孔面红褐色、暗紫色、黑褐色，孔口略圆形，少呈多角形，5～6个/mm。

担孢子腊肠形、圆柱形，3～5μm×1～1.5μm，无色，薄壁，平滑，非淀粉质，不嗜蓝。

生于栎类等阔叶树倒木上，偶在冷杉上，造成木材白色腐朽。

担子果（盖面被短绒毛）

菌管新鲜时胶质

539 松根异担子菌

***Heterobasidion annosum* (Fr.) Bref.**

担子果多年生，平伏、平伏反卷。菌盖半圆形、条状、贝壳状，可覆瓦状叠生，长2～25cm，宽1～12cm，厚可达2cm，薄的胶质壳表面浅土黄色后呈暗灰色、深棕灰色，初被绒毛，后渐光滑，有皱纹、瘤突和环带。菌肉白色、木材色，厚2～5mm。菌管白色，多层但分层不明显，管孔面白色、乳白色，孔口略圆形，3～4个/mm。

担孢子宽椭圆形、卵形，4～6μm×3～4μm，无色，薄壁，具小刺或稍粗糙。

生于多叶针叶树树干基部或倒木上，有的长在地下的根部，造成白色腐朽，是重要的林木病原菌。

干燥担子果覆瓦状层叠，管孔面

540 岛生异担子菌

***Heterobasidion insulare* (Murrill) Ryvarden**

担子果一年生，无柄或具柄状基部，木栓质。菌盖半圆形，贝壳状，可覆瓦状叠生，长3～10cm，宽2～7cm，厚约10mm，表面污褐色，光滑，有放射状皱纹。菌肉白色，厚1～3mm。菌管1～7mm长，管孔面淡黄白色、淡黄色，孔口多角形、不规则形，2～4个/mm。

担孢子宽椭圆形、近球形，5～7μm×4～5μm，无色，微粗糙。

生于松、冷杉、云杉等针叶树上，造成木材白色腐朽。

幼担子果

管孔面

541 亚小孔异担子菌

***Heterobasidion subparviporum* Y.C. Dai, Jia J. Chen & Yuan Yuan**

担子果多年生，干后木栓质或硬革质。菌盖半圆形、扇形，常覆瓦状叠生，长可达9cm，宽可达6cm，基部厚约2.2cm，表面初为浅黄色，后呈灰褐色、黑褐色。菌肉、菌管干后呈黄褐色，菌肉极薄，管长2cm，管孔面新鲜时白色，后呈奶油色，干后浅黄色，孔口近圆形，3～5个/mm。

担孢子宽椭圆形、近球形，5～6.5μm×4～5μm，无色，壁厚，具细疣刺。

生于冷杉、云杉倒木或树桩上，造成木材白色腐朽。可药用。

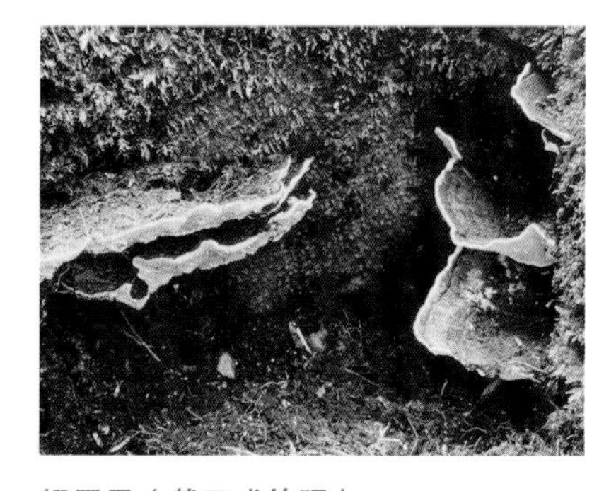

担子果（戴玉成等照）

542 薄蜂窝孔菌

Hexagonia tenuis **(Hook.) Fr.**

担子果一年至多年生，可覆瓦状叠生，干后硬革质。菌盖半圆形、近扇形或贝壳形，长3～11cm，宽2～6cm，中部厚1.5～2mm，表面新鲜时浅灰褐色，干后赭色至褐色，光滑，具明显的同心环纹。菌肉淡褐色至褐色，厚1～2mm。菌管长仅0.5mm，管孔面初期浅灰色，后期灰褐色至深褐色，孔口六角形，约1个/mm，呈蜂窝状排列。

干燥担子果（菌盖表面具同心环纹）

担孢子圆柱形，9～13.5μm×3.5～5μm，无色，薄壁，平滑，非淀粉质，不嗜蓝。

夏秋季生于阔叶树的倒木或落枝上，造成木材白色腐朽。

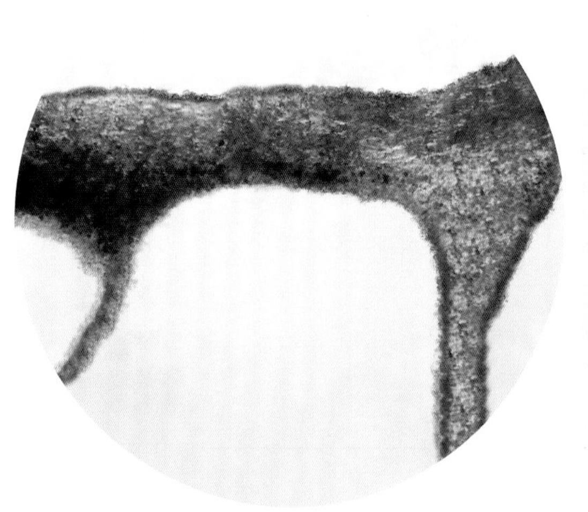

菌盖剖面

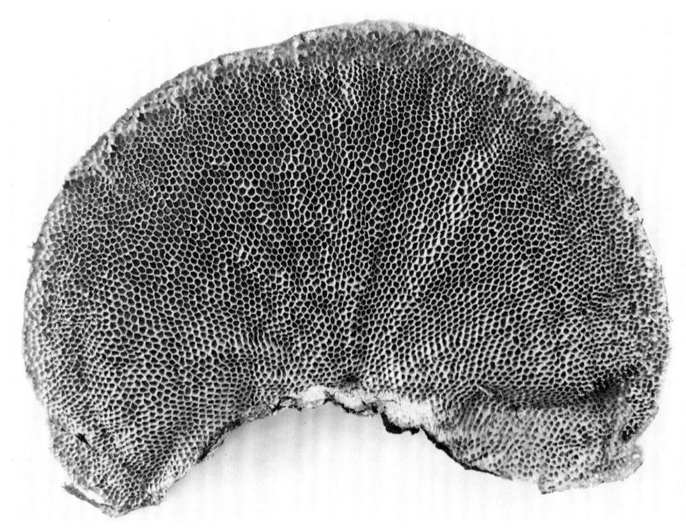

管孔近六角形、蜂窝状排列

543 粗毛囊孔

Hirschioporus anomalus **(Lloyd) Teng**

担子果一年生，革质，平伏反卷，常覆瓦状叠生并左右连生。菌盖扇形、半圆形，长1.5～7.5cm，宽1～3.5cm，厚2～4mm，表面米黄色、茶褐色，被粗毛，具宽环纹。菌肉浅粉灰色，厚不及2mm。菌管短，管孔面淡粉灰色或菱色，孔口多角形或不规则形、迷宫状，1～2个/mm，易破裂成齿。

被结晶囊体20～48μm×5～10μm。担孢子椭圆形，5.5～8μm×3～4.5μm，无色，薄壁，平滑。

生于栎树的腐木上。

担子果覆瓦状叠生，菌盖表面被粗毛，管孔多角形、迷宫状、易破裂成齿

544 硫色炮孔菌（曾用名：硫黄菌）

Laetiporus sulphureus (Bull.) Murrill

担子果一年生，无柄或有侧生短柄，新鲜时软而多汁，干后干酪质，脆而易碎。菌盖半圆形、扇形，单生或覆瓦状叠生，直径10～30cm，厚0.5～2cm，表面珊瑚红色或橙红色，光滑，无环带，有放射状皱纹，边缘薄，波状或瓣裂。菌肉淡白色、浅黄色。菌管白色、淡黄色，长1～2mm，管孔面硫黄色，孔口不规则形、多角形，2～5个/mm。

担孢子卵形、宽椭圆形，5～7.5μm×3.5～4.5μm，无色，薄壁，平滑。

生于各种阔叶树活立木，以及针阔混交林中的针叶树活立木或腐木上，造成木材褐色腐朽。食药兼用。

担子果覆瓦状叠生

枯树桩上的担子果

菌盖表面珊瑚红色

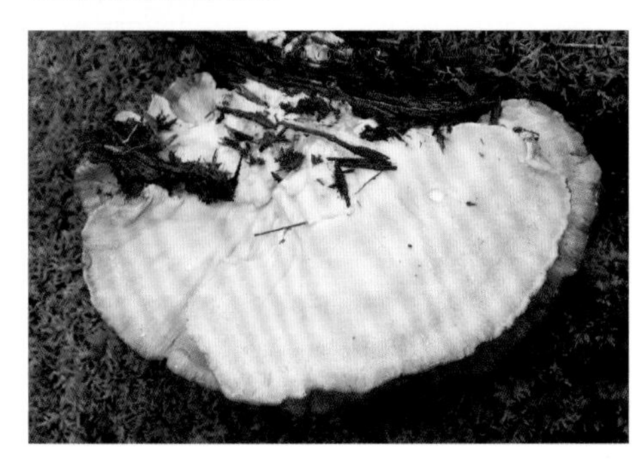

管孔面硫黄色

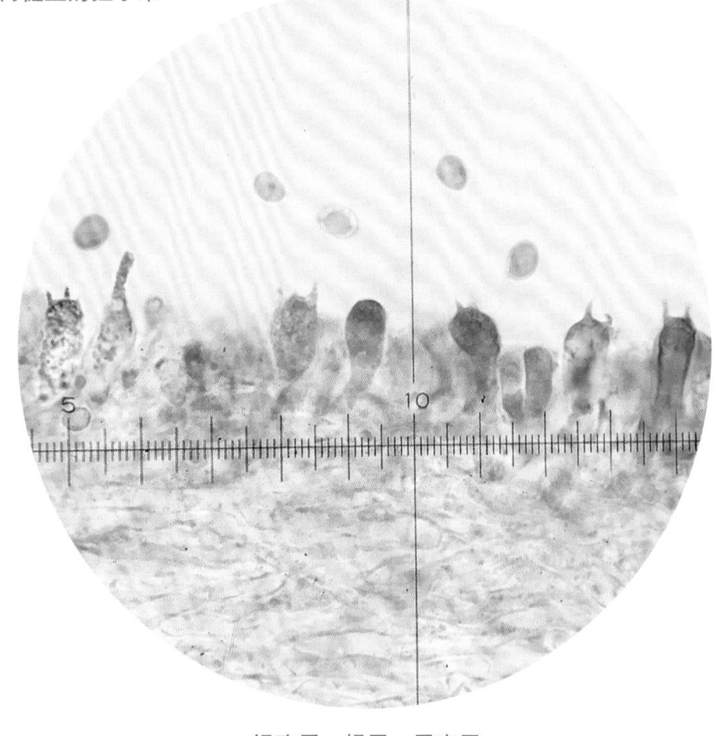

担孢子、担子、子实层

545 桦褶孔菌

***Lenzites betulina* (L.) Fr.**

担子果（菌盖表面被毛、具同心环纹）

子实层体褶状

担子果一年生，干后革质，单生或左右相连，有时覆瓦状叠生。菌盖半圆形、扇形、贝壳形，长5～10cm，宽0.5～7cm，中部厚0.8～1cm，表面新鲜时污白色，干后土黄色、浅褐色，被绒毛或粗硬毛，具狭密的同心环纹。菌肉白色、浅黄色，厚1～2mm。子实层体褶状，呈放射状，靠盖缘处交织成孔状，初期奶油色，干后浅土黄色。

缠绕菌丝分枝先端尖锐呈剑状，部分伸入子实层。担孢子圆柱形，稍弯曲，4.5～6μm×1.5～2.5μm，无色，薄壁，平滑，非淀粉质，不嗜蓝。

秋季生于多种阔叶树，特别是桦树的活立木、枯立木、倒木或残桩上，少生于针叶树，造成木材白色腐朽。可药用。

担子果剖面（局部）

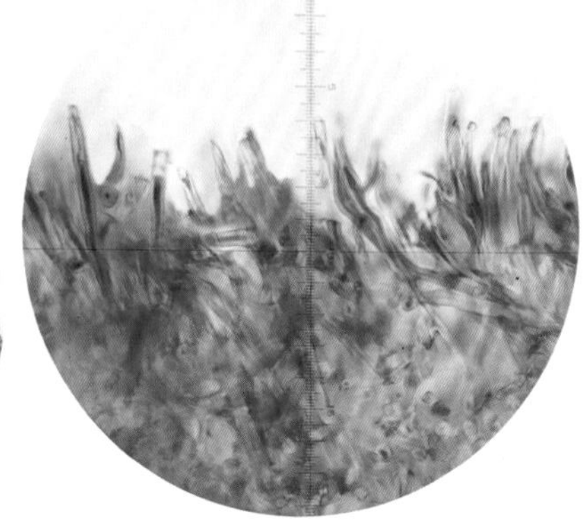

子实层（可见顶端尖锐的剑状菌丝）

546 马来褶孔菌

***Lenzites malaccensis* Sacc. & Cub.**

干燥担子果（菌盖表面无毛、具放射状皱纹）

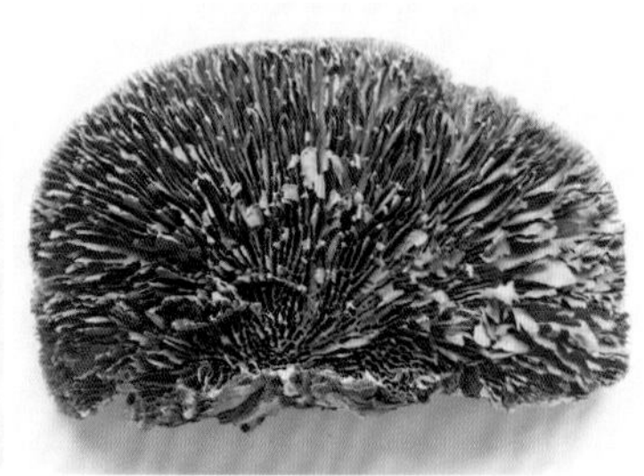

子实层体褶状

担子果一年生，木栓质，干后硬，以狭窄的基部与基物连接。菌盖半圆形、圆形，扁平，长7.5～24cm，宽5～15cm，表面灰白至土黄色，光滑，环带无或不明显，近边缘处有放射状皱纹。菌肉白色、肉色，厚1～5mm。子实层体褶状，菌褶淡土黄色、淡褐色至浅黑褐色，可分叉，靠基部的褶缘变锯齿状。

担孢子圆柱形，6～7.5μm×3～3.5μm，无色，薄壁，平滑。

多生于阔叶树腐木上。

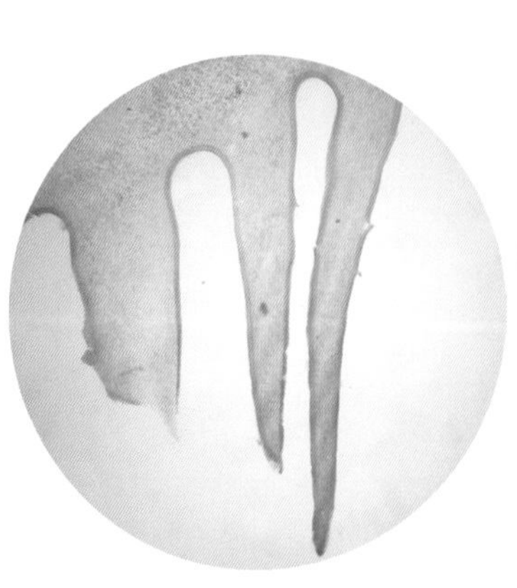

菌褶剖面

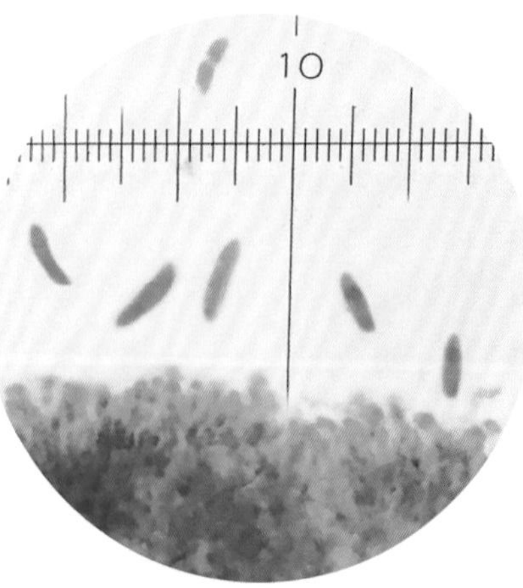

担孢子、子实层

547 近缘小孔菌（曾用名：褐芝小孔菌）

Microporus affinis **(Blume & T. Nees) Kuntze**

担子果（菌盖表面具纵皱纹、同心环纹）

担子果一年生，柄侧生或无，革质。菌盖近圆形、扇形或半圆形，长3～5cm，宽2～3.5cm，基部厚1～2mm，表面红褐色、褐色至红黑色，具纵皱纹和深色同心环带。菌肉白色，干后淡黄色，厚约1.5mm。菌管木材色、污白色，长约0.5mm，管孔面新鲜时白色至奶油色，干后污白色、淡黄色，孔口圆形，8～10个/mm。菌柄红褐色至褐色，光滑。

担孢子短圆柱形，4～5μm×1.5～2.5μm，无色，薄壁，平滑，非淀粉质，不嗜蓝。

秋季群生于阔叶树倒木、落枝或腐木上，造成木材白色腐朽。

管孔面，孔口小而密

菌管剖面

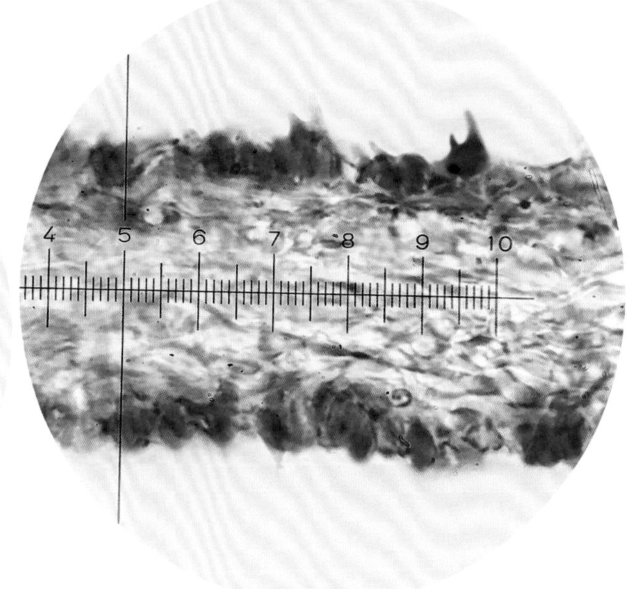

担子、子实层、菌髓

548 黄褐小孔菌 （曾用名：盏芝）
***Microporus xanthopus* (Fr.) Kuntze**

担子果一年生，具中生柄，韧革质。菌盖圆形、漏斗形，直径8～15cm，中部厚0.5～2mm，表面浅黄褐色、浅红褐色至暗褐色，具同心环纹，有光泽，边缘锐，波状，有时撕裂。菌肉白色、木材色，薄。菌管极短，管孔面白色、奶油色、木材色，孔口圆形，8～10个/mm。菌柄具浅黄色表皮，光滑。

担孢子圆柱形，略弯曲，5～6（～7.5）μm×2～2.5μm，无色，薄壁，平滑，非淀粉质，不嗜蓝。

夏秋季单生或群生于阔叶树倒木或腐木上，造成木材白色腐朽。

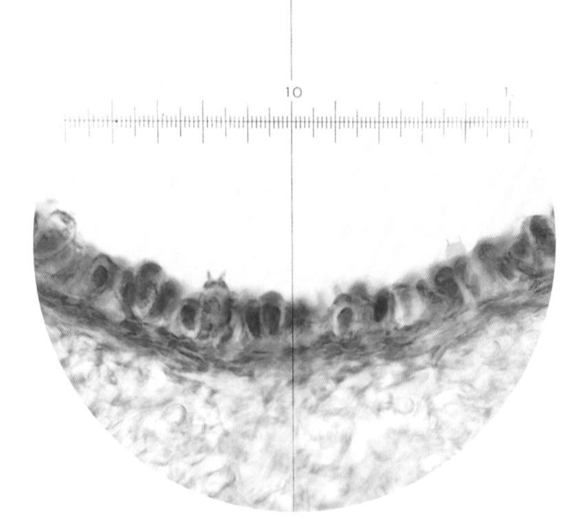
担子、子实层、菌髓

担子果（菌盖表面有光泽）

菌盖漏斗形、菌柄中生

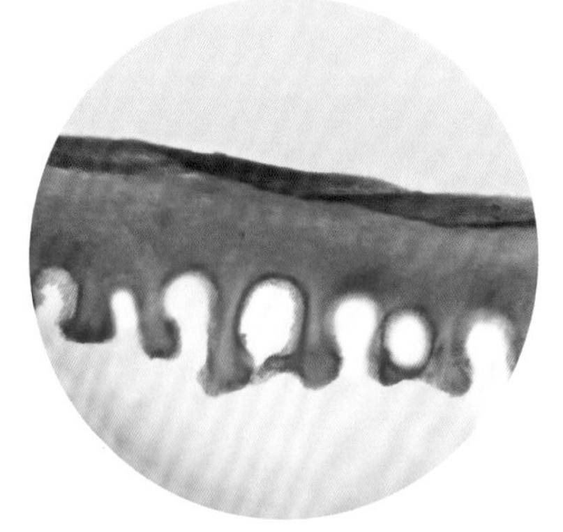
菌盖剖面

549 宽边锐孔菌
***Oxyporus latemarginatus* (Dur. & Mont.) Donk**

担子果一年生，平伏，革质或木栓质，长可达30cm，宽可达10cm，厚2～3mm。菌肉白色，厚约1mm。菌管奶油色，管孔面新鲜时奶油色、浅肉色，干后浅黄褐色，孔口略圆形至不规则形，1～3个/mm。

棒状的囊状体粗3～7μm，先端无结晶。担孢子椭圆形，5～7μm×3～4μm，无色，薄壁，平滑，非淀粉质，不嗜蓝。

夏秋季生于阔叶树上，造成木材白色腐朽。

担子果平伏，管孔面

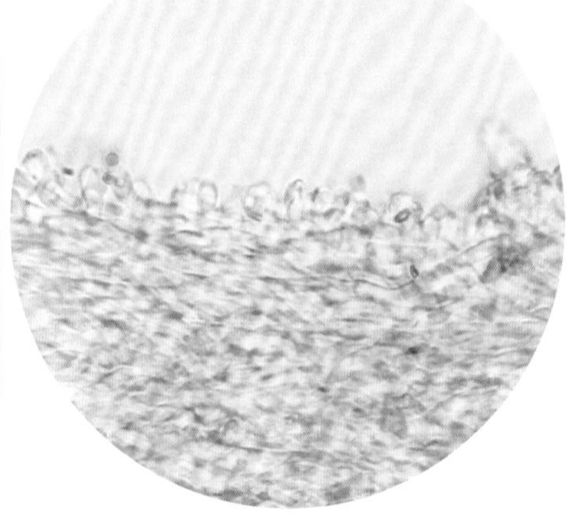
子实层、菌髓

550 贝壳状革耳

***Panus conchatus* (Bull.) Fr.**

担子果（戴玉成等照）

菌盖平展至中部凹陷，杯形或贝壳状，韧革质，直径4～5cm，表面黄白色、黄褐色或肉褐色，被绒毛或少量硬毛，边缘波状或浅裂，内卷。菌肉淡黄色。菌褶延生，紫色或淡紫色，后期污白色至淡黄色。菌柄圆柱形，偏生至近侧生，紫色，后褪为灰白色，被短绒毛或短糙硬毛。

担孢子椭圆形至短圆柱形，5.5～6.5μm×2.5～3.5μm，无色，平滑。

群生于腐木上。

551 革耳

***Panus rudis* Fr.**

菌盖中部下凹或呈漏斗形，革质，直径2～9cm，表面土黄色至锈褐色，被粗毛。菌肉淡黄色。菌褶延生，浅粉红色，干后浅黄色，密。菌柄圆柱形，偏生至侧生，土黄色至黄褐色，0.5～2cm×0.2～1cm，被粗毛。

囊状体圆柱形至棒状，突越子实层30～35μm，无色。担孢子椭圆形，3.5～6μm×2～3μm，无色，平滑。

夏秋季群生于阔叶树腐木上，造成木材白色腐朽。可食。

担孢子、担子、囊状体

担子果（菌褶延生）

干燥担子果（菌盖表面被毛）

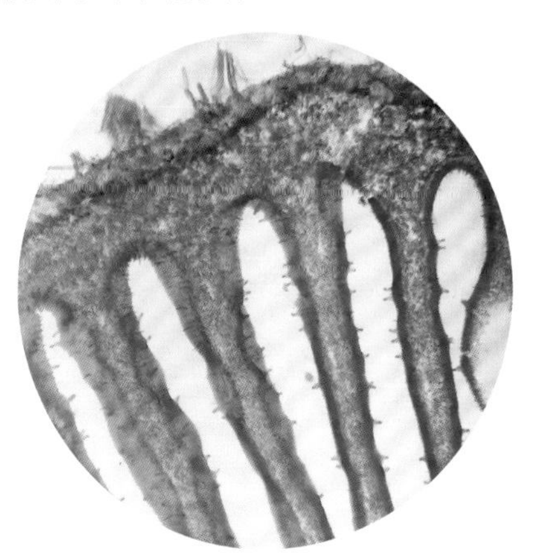

菌盖纵剖面（子实层中有大量囊状体）

552 皮生多年卧孔菌（现名：皮生帕氏孔菌）

***Perenniporia corticola* (Corner) Decock**（现名：*Parmastomyces corticola* Corner）

担子果多年生，平伏，干后木栓质，长可达10cm，宽约5cm，中部厚0.3～1cm。菌肉黄色、奶油色，极薄。菌管黄色，多层且分层明显，填充白色菌丝束，管孔面干后浅黄色，孔口近圆形，6～9个/mm。

菌髓中可见大量结晶块。担孢子宽椭圆形，一端平截，4.5～5.5μm×3～4μm，无色，厚壁，有拟糊精反应，嗜蓝。

夏秋季生于针、阔叶树倒木或腐木上，造成木材白色腐朽。

平伏担子果

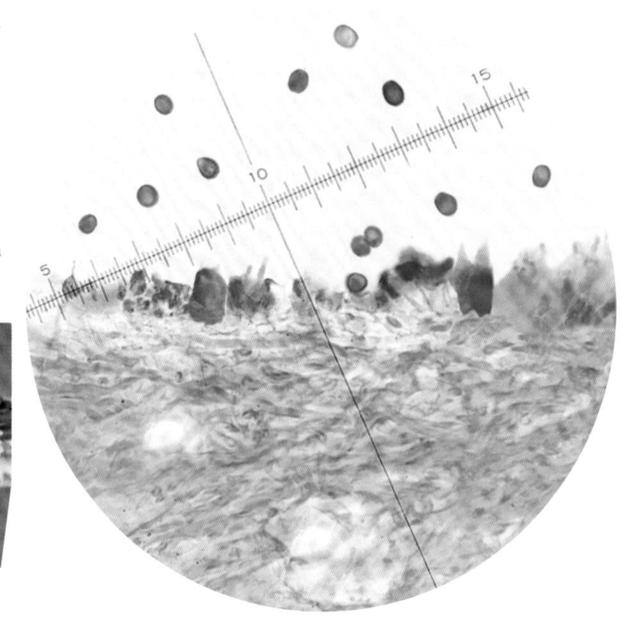

担孢子（嗜蓝）、担子、子实层、菌髓（埋生结晶块）

553 椭圆孢多年卧孔菌

***Perenniporia ellipsospora* Ryvarden & Gilb.**

担子果一年生，干后木质，平伏，长约7.5cm，宽约5cm，中部厚约3.5mm。菌肉近奶油色，极薄。菌管长约3mm，管孔面新鲜时白色、奶油色，干后浅黄色，孔口圆形、多角形，3～4个/mm。

菌髓中可见大量结晶块。担孢子宽椭圆形，4.5～5.5μm×3～4μm，无色，厚壁，平滑，拟糊精反应，嗜蓝。

夏秋季生于阔叶树枯立木上，引起木材白色腐朽。

平伏担子果，管孔面

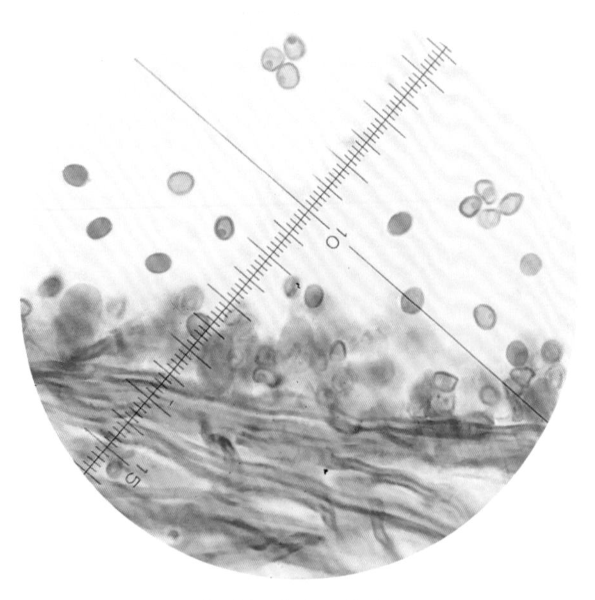

担孢子嗜蓝、菌髓

554 云杉多年卧孔菌

Perenniporia piceicola Y.C. Dai

干燥担子果平伏，管孔面

担子果一年或两年生，木栓质，平伏，一般长约5cm，宽约3cm，中部厚约5mm。菌肉稻草黄色，厚仅2mm。菌管长约3.5mm，管孔面浅黄色，孔口圆形，2～3个/mm。

子实层中有梨形的囊状体，壁厚，平滑。担孢子椭圆形、卵形，一端平截，10～14（～16）μm×5～7.5μm，弱拟糊精反应，嗜蓝。

秋季生于云杉、冷杉的倒木上，引起木材白色腐朽。

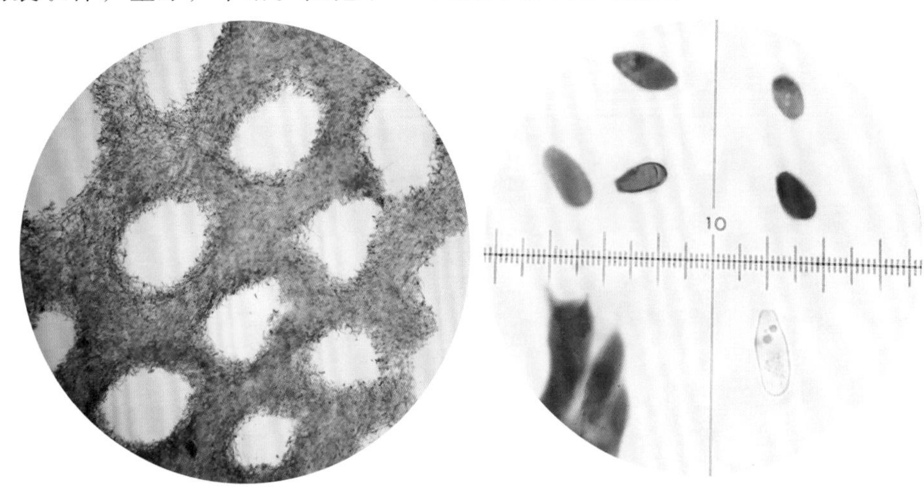

菌管剖面

担孢子（一端平截、嗜蓝）、担子

555 微酸多年卧孔菌

Perenniporia subacida (Peck) Donk

担子果一年至多年生，革质，平伏，长25～200cm，宽5～70cm，中部0.3～1cm。菌肉浅黄色，厚仅1mm左右。菌管浅黄色，长约1.5cm，多层而分层不明显，管孔面白色、浅黄色至淡金黄色，孔口圆形、多角形，3～6个/mm。

担孢子宽椭圆形，5～6μm×3～4μm，无色，壁厚，平滑，非淀粉质，嗜蓝。

春至秋季长于多种针、阔叶树的活立木、枯立木、倒木、树桩或腐木上，引起木材白色腐朽。可药用。

担子果平伏

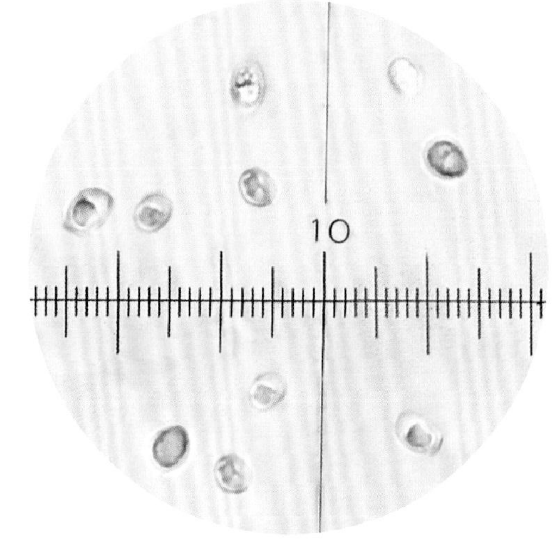

担孢子

干燥担子果（多层菌管分层不明显）

556 薄多年卧孔菌

Perenniporia tenuis **(Schwein.) Ryvarden**

担子果一年生，木栓质，平伏，长可达15cm，宽1～5cm，中部厚1～3.5mm。菌肉奶油色，薄，仅0.5mm厚。菌管长约3mm，管孔面浅黄色至黄色，孔口多呈圆形，4～6个/mm。

担孢子宽椭圆形，多数一端平截，5～8μm×4～5μm，无色，薄壁，平滑，有拟糊精反应，嗜蓝。

夏秋季生于针、阔叶树的枯立木或倒木上，引起木材白色腐朽。

干燥担子果，管孔面

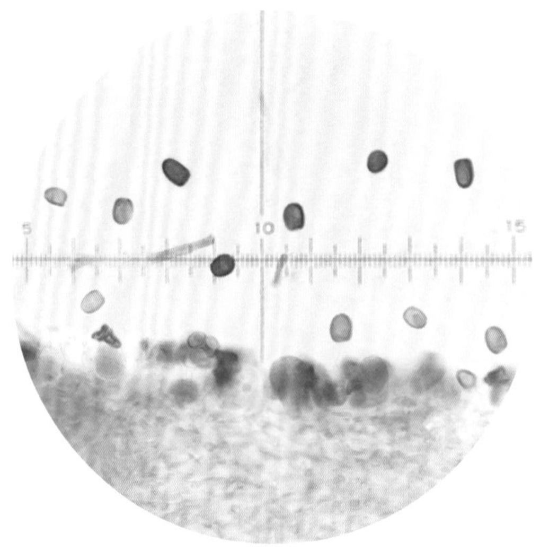

担孢子（一端平截、嗜蓝）、子实层

557 栗褐暗孔菌

Phaeolus schweinitzii **(Fr.) Pat.**

担子果一年生，干后软木栓质，从中生或侧生菌柄上长出覆瓦状叠生的近圆形菌盖，其直径20～25cm，基部厚0.5～1.5cm，表面幼时黄色，后呈栗色、黄褐色、红褐色，有明显的同心环带，被粗绒毛。菌肉暗褐色，厚可达1cm。菌管黄褐色、栗褐色，长约0.5cm，管孔面与菌管同色，孔口多角形、不规则形，0.5～2个/mm。

囊状体棍棒状，粗10～15μm，无色。担孢子宽椭圆形、卵圆形，6～8μm×4～5μm，无色，薄壁，平滑，非淀粉质，不嗜蓝。

夏秋季生于针叶树活立木基部、根部或倒木上，少在阔叶树上，造成木材褐色腐朽。可药用。

担子果，管孔面

菌管纵切面

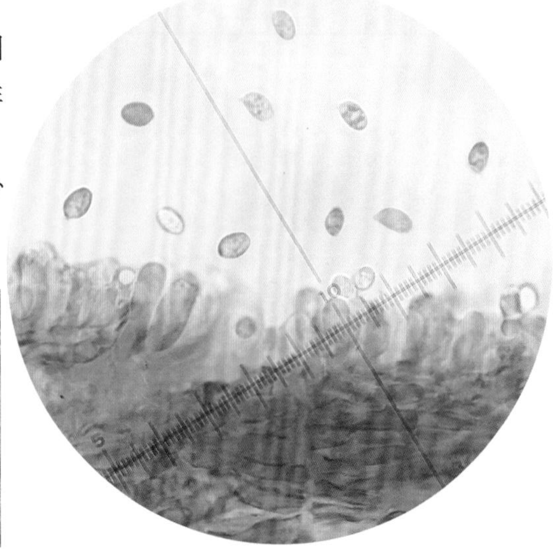

担孢子、子实层

558 褐黑柄多孔菌（曾用名：褐多孔菌）

***Picipes badius* (Pers.) Zmitr. & Kovalenko**［曾用名：*Polyporus badius* (Pers.) Schwein.］

担子果一年生，韧革质，具侧生或偏生的柄。菌盖近圆形、扇形、肾形，长3～15cm，宽1.5～10cm，厚1～3mm，表面栗褐色，中部色稍深或全部黑褐色，光滑。菌肉近白色、粉黄色，厚0.5～1mm。菌管与菌肉同色，长0.5～1.5mm，沿柄下延，管孔面近白色、粉黄色，孔口近圆形、多角形，4～7个/mm。

担孢子圆柱形，4～8μm×2～3μm，无色，薄壁，平滑，非淀粉质。

夏秋季生于阔叶树，偶在针叶树的倒木上，造成木材白色腐朽。

担子果，管孔面

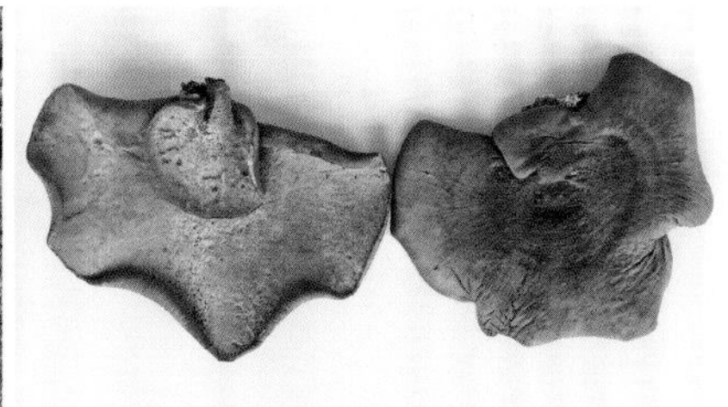

干燥担子果

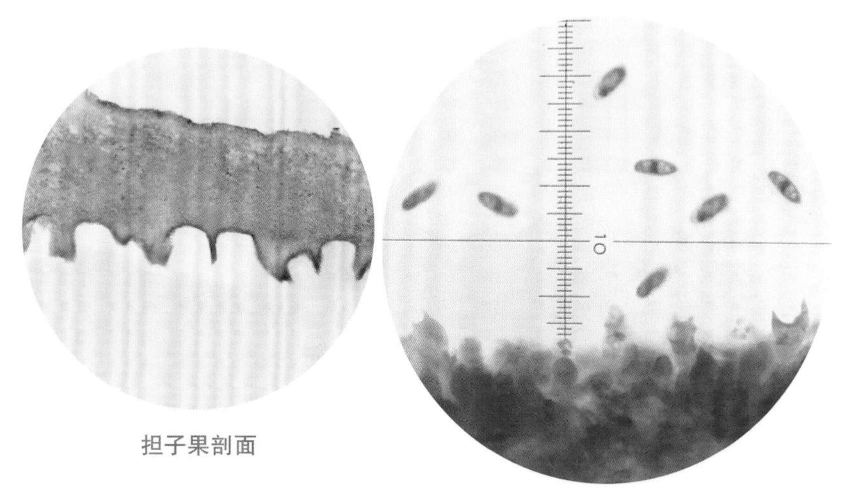

担子果剖面

担孢子、担子

559 黑柄多孔菌

***Picipes melanopus* (Pers.) Zmitr. & Kovalenko**

［曾用名：*Polyporus melanopus* (Pers.) Fr.］

担子果一年生，韧肉质。菌盖圆形或近漏斗形，直径3～10cm，厚1～2mm，表面初期近白色，后淡黄褐色、赭黄色至紫褐色，光滑，边缘薄，稍内卷。菌肉近白色。菌管近白色，沿柄的一侧延生，管孔面近白色，干后淡黄褐色，孔口近圆形至多角形，3～4个/mm，有时破裂呈不规则形。菌柄圆柱形，2～6cm×0.3～1cm，中生或偏生，暗褐色至黑色，被微细绒毛。

担孢子圆柱形，6.5～9.5μm×2.5～4μm，无色，薄壁，平滑。

夏秋季散生于阔叶林中树干基部附近，长在地下的腐木上，造成木材白色腐朽。

担子果（菌盖近漏斗形、具中生菌柄）

菌柄偏生、孔口近圆形

560 桦剥管菌

Piptoporus betulinus **(Bull.) P. Karst.**

担子果一年生，有侧生短柄或无柄，新鲜时肉质，干后木栓质。菌盖半圆形、圆形，长5～35cm，宽3～5cm，中部厚2.5～5cm，薄皮层表面乳白色至浅褐色，易开裂，剥落。菌肉白色、奶油色，厚1.5～3cm。菌管白色、浅黄色，长3～8mm，易与菌肉剥离，管孔面白色、浅黄色，孔口圆形，3～5个/mm。

担孢子圆柱形或长椭圆形，有的稍弯曲，4～7μm×1～2μm，无色，薄壁，平滑，非淀粉质，不嗜蓝。

生于桦树活立木或倒木上，造成木材褐色腐朽。可药用。

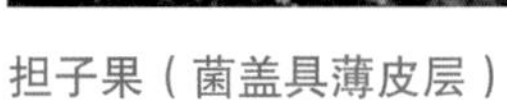

担子果（菌盖具薄皮层）

管孔面（干燥标本）

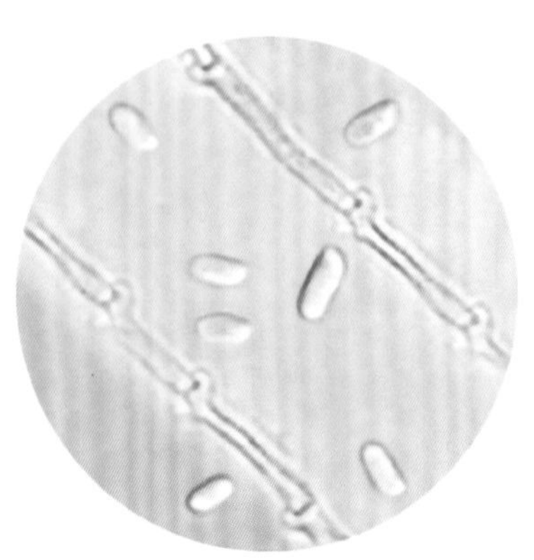

担孢子、生殖菌丝（具锁状联合）

561 大孔多孔菌

Polyporus alveolaris **(DC.) Bondartsev & Singer**

［现名：*Neofavolus alveolaris* (DC.) Sotome & T. Hatt.］

担子果一年生。菌盖扇形，有时近漏斗状，直径3～10cm×3～6cm，厚可达6mm，表面浅朽叶色，后渐变白色，被小鳞片，环纹不明显。菌肉薄，近白色，后变浅黄色。菌管近白色、浅黄色，管孔面浅黄色，孔口长方形、多角形，长1～3mm，放射状排列，顺柄下沿。菌柄侧生、偏生，短粗。

囊状体近披针形。担孢子圆柱形，8～11μm×2.5～4μm，无色，平滑。

生于多种阔叶树枯枝上，引起木材白色腐朽。

担子果近漏斗形、管孔顺柄下延

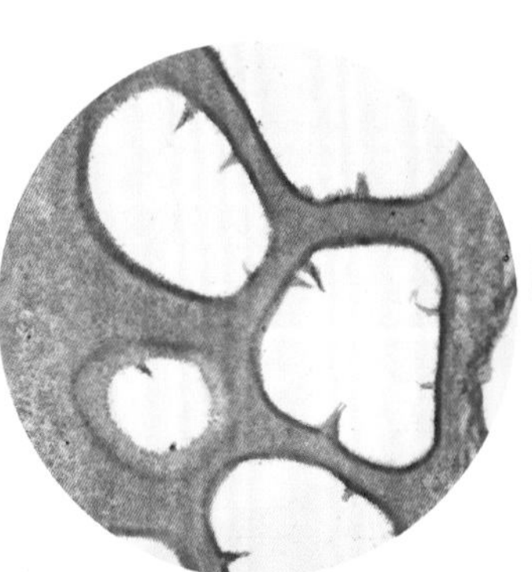

菌管剖面（可见囊状体）

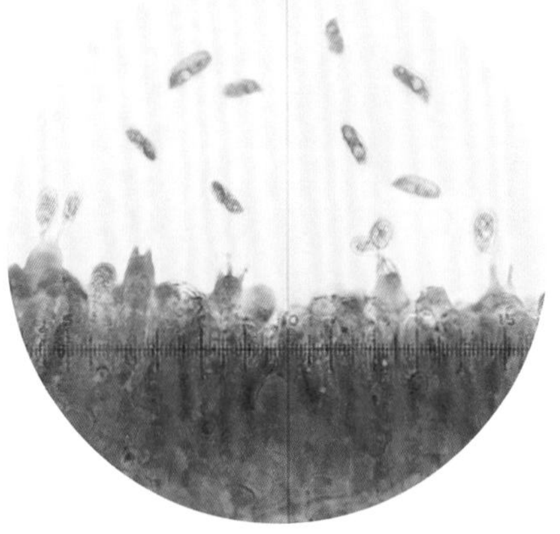

担孢子、担子、子实层

562 漏斗多孔菌

***Polyporus arcularius* (Batsch) Fr.**

担子果一年生，韧肉质后革质，有中生、近中生的菌柄。菌盖圆形，有时中央下凹呈漏斗状，直径2～8.5cm，厚1～3mm，表面新鲜时乳黄色，干后黄褐色至褐色，被深褐色鳞片，无环纹。菌肉近白色、淡黄色，厚约1mm。菌管白色至浅褐色，长1～2mm，常沿柄下延，管孔面浅黄色至污褐色，孔口常呈放射状排列，长可达3mm。

担孢子圆柱形，直或略弯曲，5～10μm×2.5～3μm，无色，薄壁，平滑，非淀粉质，不嗜蓝。

夏季单生或数个簇生于栎类等多种阔叶树枯立木、枯枝或倒木上，少在针叶林下。造成木材白色腐朽。可药用。

担子果漏斗形

菌柄近中生，菌管顺柄下延、孔口放射状排列

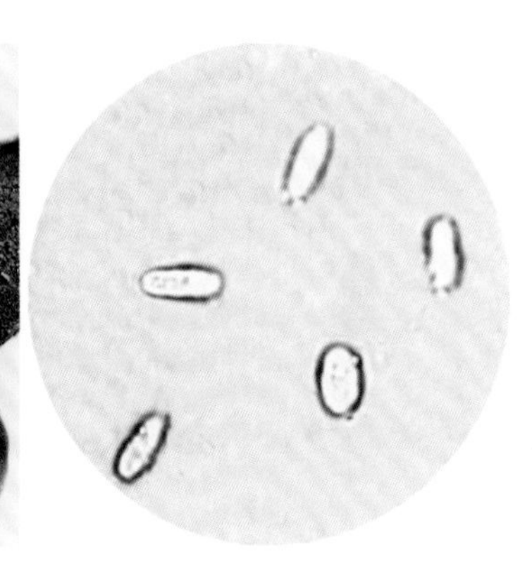

担孢子

563 小褐多孔菌

***Polyporus blanchetianus* Berk. & Mont.**

担子果一年生，具柄，干后硬、脆。菌盖半圆形、扇形，直径4～6cm，中部厚1～3mm，表面栗褐色、黑褐色，光滑或被绒毛。菌肉白色、棕黄色，厚1～2mm。菌管白色，长约1mm，管孔面新鲜时奶油色，干后变土黄色、灰色，孔口圆形、多角形，5～8个/mm。菌柄侧生，罕偏生，0.2～1cm×0.2～0.5cm，黑褐色。

担孢子圆柱形、长椭圆形，5～7μm×2～3μm，无色，薄壁，平滑，非淀粉质，不嗜蓝。

夏季单生于阔叶树倒木或腐木上，造成木材白色腐朽。

担子果具侧生柄、管孔小而密

564 冬生多孔菌

***Polyporus brumalis* (Pers.) Fr.**

担子果一年生，有中生或侧生柄，近革质。菌盖圆形、扁圆形，直径为1.5～8cm，中部厚1～3mm，表面灰、淡黄灰色、红褐色至黑褐色，初被绒毛，后粗糙或光滑。菌肉白色。菌管白色、淡黄色、浅黄褐色，长约2mm，稍下延，管孔面浅黄色或浅褐色，孔口圆形、多角形，3～4个/mm。菌柄圆柱形，稻草黄色、粉灰色，被绒毛后渐光滑。

担孢子短圆柱形，5.5～7μm×1.5～2.5μm，有时稍弯，无色，薄壁，平滑，非淀粉质，不嗜蓝。

多生于阔叶树的枯枝或倒木，少生于针叶树的腐木上，造成木材白色腐朽。

担子果（戴玉成等照）

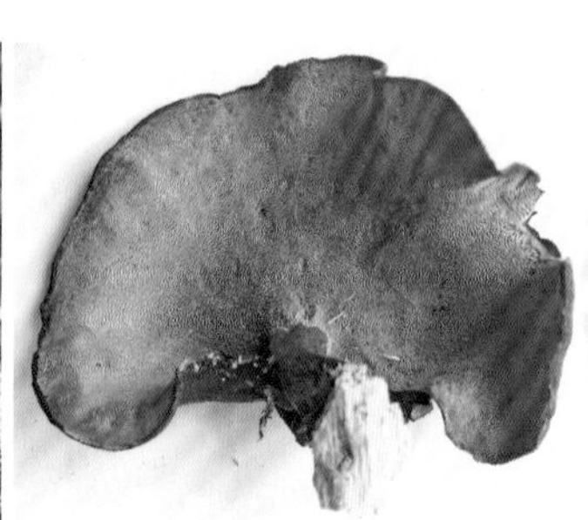

管孔面（干燥标本）

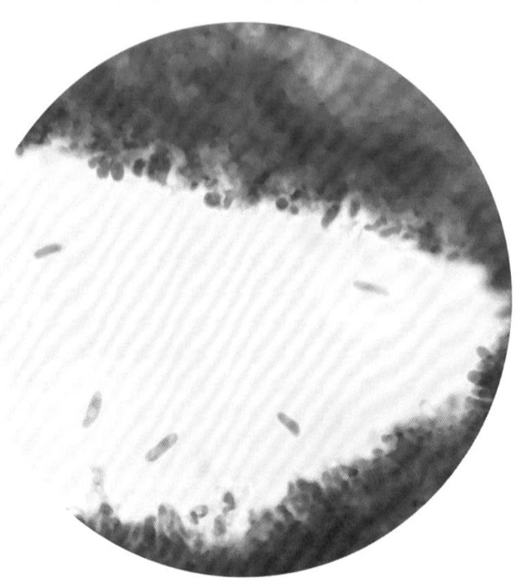

菌管剖面（担孢子、子实层）

565 宽鳞多孔菌

***Polyporus squamosus* (Huds.) Fr.**

担子果一年生，具侧生短柄或近无柄，肉质。菌盖圆形或扇形，直径可达20cm，厚可达4cm，可覆瓦状叠生，表面近白色、乳黄色至浅黄褐色，被暗褐色或红褐色的较大鳞片。菌肉白色、奶油色，厚约3cm。菌管白色、黄褐色，长约3mm，沿柄下延，管孔面白色，孔口长圆形、多角形，长2～3mm，放射状排列。

担孢子圆柱形，10.5～16μm×4.5～5.5μm，无色，薄壁，平滑，非淀粉质，不嗜蓝。

夏秋季生于多种阔叶树活立木、枯立木、倒木或树桩上，造成木材白色腐朽。可药用。

担子果，管孔面

菌盖表面被较大鳞片

566 变形多孔菌（曾用名：多孔菌）

***Polyporus varius* (Pers.) Fr.**

担子果一年生，韧革质，具侧生或偏生菌柄。菌盖圆形、肾形或扇形，有时漏斗形，长5～12cm，宽3～7cm，厚约10mm，表面红褐色、栗褐色至黑色，光滑无毛。菌肉白色，厚达8mm。菌管浅黄褐色，长约4mm，沿菌柄一侧下延，管孔面浅黄色至褐色，孔口多角形、圆形，3～5个/mm。菌柄基部黑褐色，被绒毛。

担子果，管孔面

菌盖表面光滑无毛

担孢子圆柱形、长椭圆形，7～9.5μm×3～4μm，无色，薄壁，平滑，非淀粉质，不嗜蓝。

夏秋季单生于多种阔叶树，特别是栎树、杨树的枯立木、倒木或树桩上，少数生于松树、云杉上。造成木材白色腐朽。可药用。

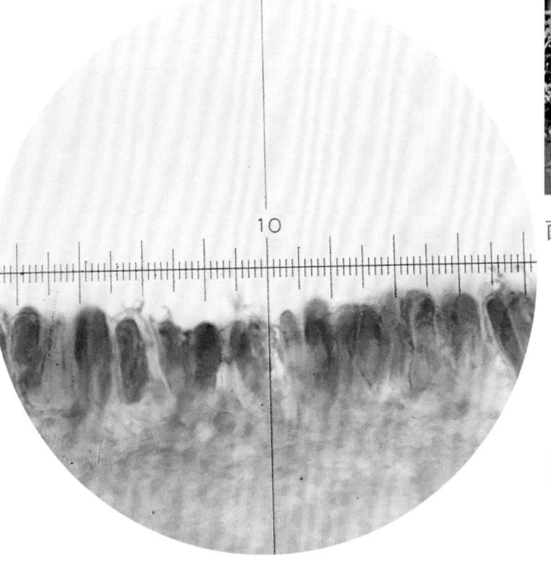

担子、子实层

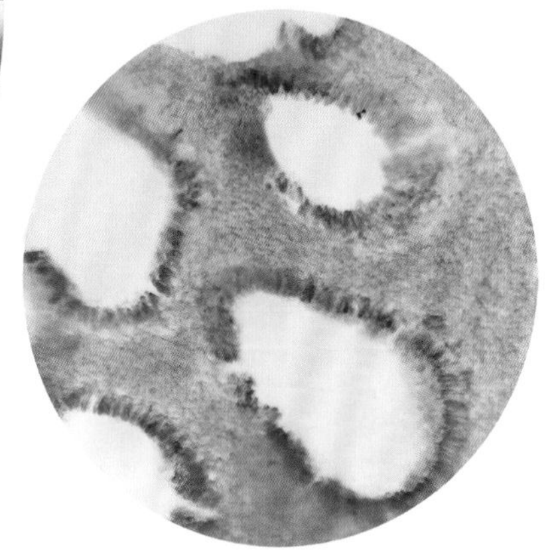

菌管剖面

567 朱红密孔菌（曾用名：鲜红密孔菌）

***Pycnoporus cinnabarinus* (Jacq.) P. Karst.**

担子果一年生，木栓质。菌盖半圆形、扇形、肾形，长3～12cm，宽2～7cm，基部厚0.5～2cm，表面橙红色、朱红色，后渐褪浅，被细绒毛或无，无环纹。菌肉橙红色、红色，厚0.5～3mm，遇KOH液变黑色。菌管红色，长1～4mm，管孔面红色、橙红色，孔口略圆形至不规则形，2～5个/mm。

担孢子圆柱形、长椭圆形，4.5～5.5μm×2～2.5μm，无色，薄壁，平滑，非淀粉质，不嗜蓝。

夏秋季生于多种阔叶树倒木、腐木或枯枝上，有时也长于松树倒木上。造成木材白色腐朽。可药用。

担子果，管孔面

568 血红密孔菌（现名：血红栓孔菌）

Pycnoporus sanguineus **(L.) Murrill**［现名：*Trametes sanguinea* (L.) Lloyd］

担子果一年生，木栓质。菌盖扇形、半圆形或肾形，可覆瓦状叠生，长3～7cm，宽约5cm，基部厚仅2～5mm，表面新鲜时橙红色、浅红褐色、近血红色，后可褪淡，光滑。菌肉浅橙色、红色、浅红褐色，厚约3mm。菌管浅橙红色，长约2mm，管孔面新鲜时橙红色、近血红色，孔口近圆形，5～7个/mm。

干燥担子果（菌盖表面光滑）

担孢子圆柱形，3～5.5μm×1.5～2.5μm，稍弯曲，无色，薄壁，平滑，非淀粉质，不嗜蓝。

夏秋季单生或群生于多种阔叶树倒木、树桩或腐木上，造成木材白色腐朽。可药用。

担子果纵切面、管孔面

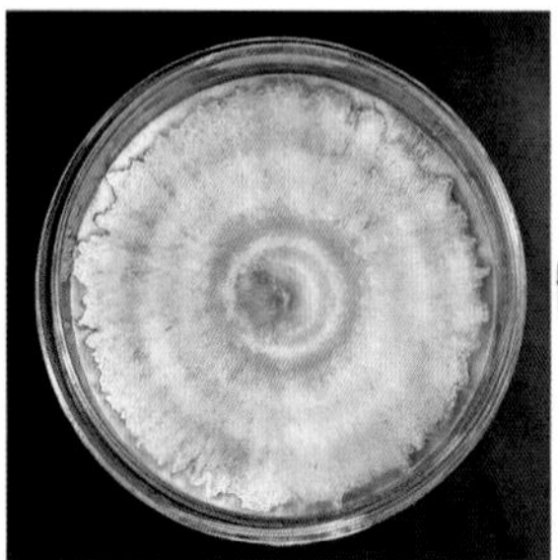

纯培养菌落

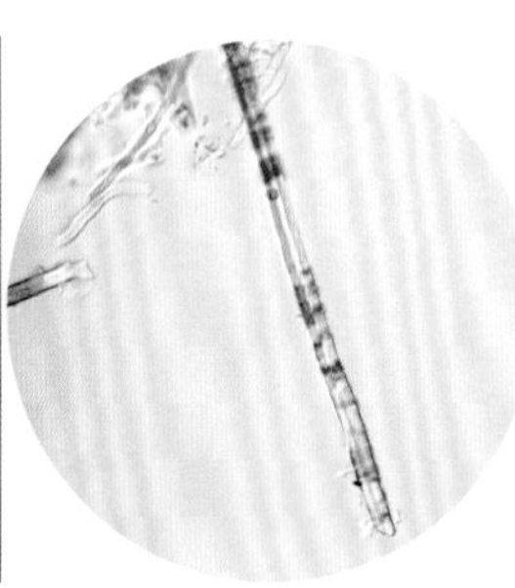

培养菌丝具红色内含物

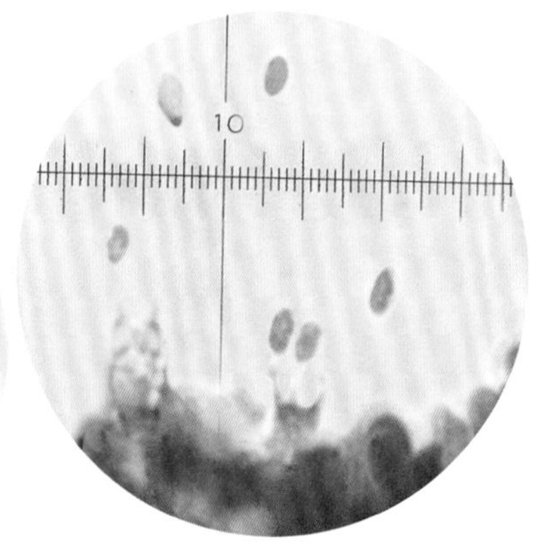

担孢子、担子

569 平丝硬孔菌

Rigidoporus lineatus **(Pers.) Ryvarden**

担子果一年生，木栓质、木质。菌盖半圆形至扇形，平伏反卷者可覆瓦状叠生，长5～11cm，宽1.5～5.5cm，厚0.5～1.5cm，表面土黄色、浅黄色或污黄色，被微细绒毛或光滑，具同心环纹和放射纵皱纹。菌肉近白色、淡黄色、木材色，厚2～10mm。菌管与菌肉同色，长1～5mm，管孔面新鲜时浅橘红色，干后赭色、土黄色、灰褐色，孔口圆形或多角形，5～8个/mm。

被结晶囊体，粗3.5～4μm。担孢子近球形，4.5～5μm×4～4.5μm，无色，薄壁，平滑，非淀粉质，弱嗜蓝。

夏秋季生于阔叶树枯立木上，造成木材白色腐朽。

干燥担子果（菌盖表面具同心环纹）

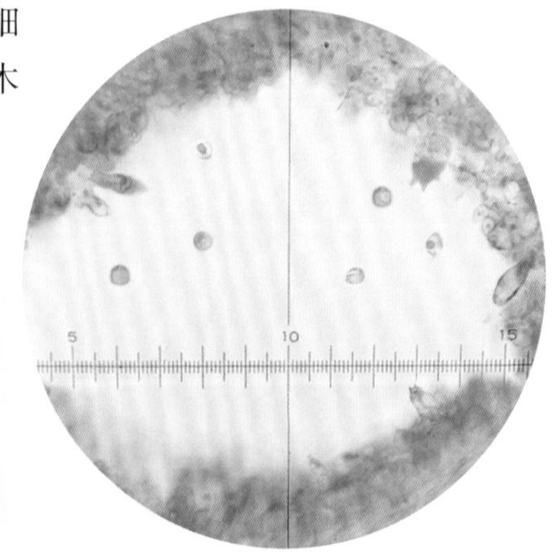

菌管剖面（担孢子、担子、囊状体）

570 小孔硬孔菌

***Rigidoporus microporus* (Sw.) Overeem**

担子果覆瓦状叠生，菌盖表面具同心环纹、孔口小而密

菌盖表面光滑

担子果一年生，少多年生，木栓质，平伏反卷的可覆瓦状叠生。菌盖半圆形至扇形，长4～15cm，宽4～11cm，基部厚约1.5cm，表面浅褐色至红褐色，光滑，偶具同心环带。菌肉近白色、微带浅褐色，厚2～10mm。菌管奶油色至浅褐色，长6～12mm，管孔面干后近白色、浅褐色，孔口圆形、多角形，6～10个/mm。

担孢子近球形，4～6μm×3～5μm，无色，薄壁，平滑，非淀粉质，弱嗜蓝。

秋季生于阔叶树倒木、树桩或腐木上，造成木材白色腐朽。

571 云杉硬孔菌

***Rigidoporus piceicola* (B.K. Cui & Y.C. Dai) F. Wu, Jia J. Chen & Y.C. Dai**

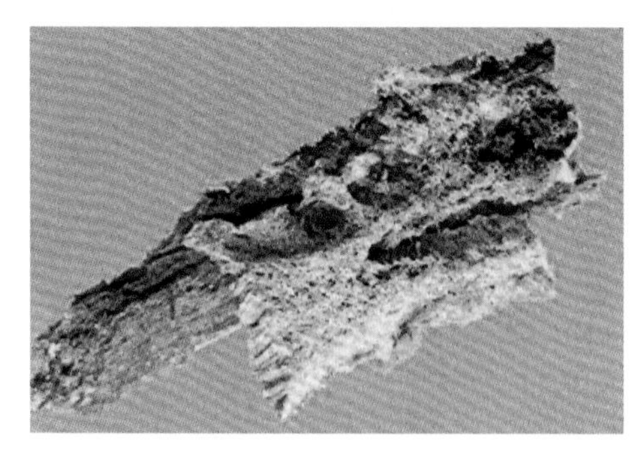
干燥担子果（戴玉成等照）

担子果一年生，平伏，新鲜时软革质，干后革质，长可达3cm，宽可达2cm，中部厚约1mm。菌肉奶油色，极薄。菌管长可达0.9mm，管孔面干后肉桂色，孔口圆形，4～6个/mm，边缘易撕裂。

被结晶囊体棍棒形，30～48μm×5～7μm，壁薄或厚。担孢子椭圆形，4.5～5.5μm×3～3.5μm，无色，壁薄，平滑。

夏秋季生于针叶树倒木上，造成木材白色腐朽。

572 杨硬孔菌 （现名：杨锐孔菌）

***Rigidoporus populinus* (Schumach.) Pouzar**

［现名：*Oxyporus populinus* (Schumach.) Donk］

担子果多年生，木栓质。菌盖半圆形、长形，可覆瓦状叠生，长3～20cm，宽3～15cm，厚可达3cm，表面白色至浅黄色，后期灰色，初被细绒毛，后光滑，无环带。菌肉白色、浅黄色，厚约1cm。菌管多层且分层明显，层间有薄的菌肉相间，管孔面白色至浅黄色，孔口圆形、多角形，5～7个/mm。

被结晶囊体粗7～10μm。担孢子近球形，3.5～5μm×3～4.5μm，无色，薄壁，平滑，非淀粉质，不嗜蓝。

秋季生于杨树、槭树等阔叶树活立木上，造成木材白色腐朽。

担子果覆瓦状叠生、菌盖表面被绒毛

573 迷宫状栓孔菌

Trametes gibbosa **(Pers.) Fr.**

担子果一年生，木栓质。菌盖半圆形、可左右相连或覆瓦状叠生，长5～15cm，宽可达10cm，厚约2cm，表面浅灰色、浅棕黄色、土黄色，被绒毛，具明显的同心环纹和宽棱纹。菌肉近白色，厚可达1cm。菌管同色，长可达15mm，管孔面乳白色至草黄色，孔口多近长方形、近圆形，1～2个/mm，部分呈迷宫状、褶状。

担孢子圆柱形，4～5μm×2～2.5μm，无色，薄壁，平滑，非淀粉质，不嗜蓝。

夏秋季生于多种阔叶树倒木或腐木上，造成木材白色腐朽。可药用。

担子果覆瓦状叠生，盖面被绒毛、具明显同心环纹，孔口部分迷宫状、褶状

574 毛栓孔菌

Trametes hirsuta **(Wulfen) Lloyd**

担子果一年生，平伏反卷，软木栓质。菌盖半圆形、扇形，常覆瓦状层叠，长1.5～10cm，宽0.5～7cm，厚2～10mm，表面浅黄色至淡黄褐色，被长硬毛和细绒毛，有同心环纹、环沟。菌肉白色、淡黄色，厚约2mm。菌管与菌肉同色，长1～8mm，管孔面乳白色、淡黄色，有时变灰色，孔口多角形或略圆形，2～4个/mm。

担孢子圆柱形，5～8μm×1.5～2.5μm，无色，薄壁，平滑。

秋季生于阔叶树的倒木或腐木上，少在针叶树的腐木上。造成木材白色腐朽。

干燥担子果（菌盖表面被绒毛、具环纹）

管孔面

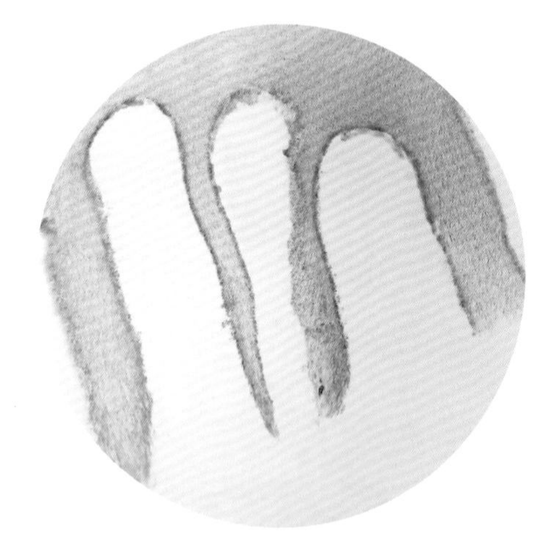

菌管剖面

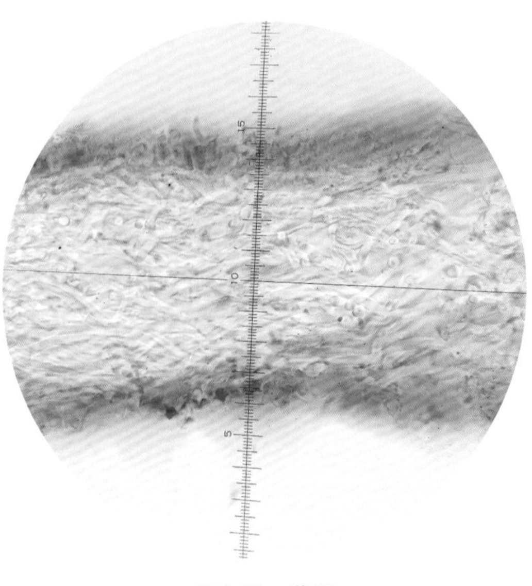

子实层、菌髓

575 灰白栓孔菌
***Trametes incana* Lév.**

担子果（菌盖表面有瘤状凸起）

管孔面

担子果一年生。菌盖半圆形、近扇形，长6～12cm，宽3～8cm，厚约5mm，可叠生或左右相连，薄皮壳表面浅黄褐色或污黄褐色，被有绒毛或光滑，有大小不等的瘤状凸起，无环纹和环带。菌肉黄白色、淡黄褐色。菌管与菌肉同色，长1～3mm，管孔面米黄色至淡褐色、褐色，孔口略圆形，2～3个/mm。

担孢子椭圆形、近圆柱形，4～7μm×2～3.5μm，无色，薄壁，平滑。

多生于阔叶树，少生于针叶树的腐木上，造成木材褐色腐朽。

576 大白栓孔菌
***Trametes lactinea* (Berk.) Sacc.**

担子果（菌盖表面被绒毛）

担子果无柄。菌盖半圆形，平展，长5～20cm，宽5～15cm，可左右相连，表面近白色渐变浅肉色，光滑。菌肉白色、米黄色。菌管与菌肉同色，管长5～10mm，管孔面近白色，孔口圆形，3个/mm。

担孢子宽椭圆形，5～5.5μm×3～4μm，无色，壁平滑。

生于阔叶树腐木上。

577 绒毛栓孔菌
***Trametes pubescens* (Schumach.) Pilát**

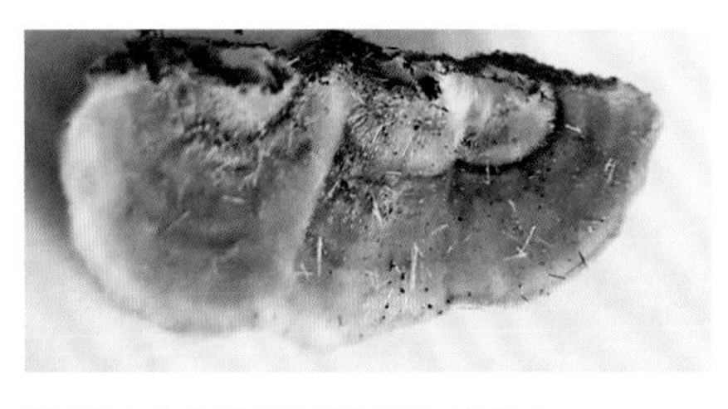
担子果（菌盖表面被细短绒毛）

管孔面

担子果一年生，木栓质。菌盖半圆形、贝壳形，长1～8cm，宽0.5～5cm，厚2～8mm，可几个相连或覆瓦状叠生，表面奶油色、浅黄至灰褐色，被细短绒毛，有不明显的环带。菌肉白色、木材色，厚3～5mm。菌管白色至浅褐色，长2～3mm，管孔面白色、浅黄色至浅褐色，高低不平，孔口略圆形或多角形，3～4个/mm，常破成齿。

担孢子近圆柱形，5～7μm×1.5～3μm，无色，薄壁，平滑，非淀粉质，不嗜蓝。

生于阔叶树的枯立木、倒木或腐木上，造成木材白色腐朽。可药用。

578 淡黄褐栓孔菌

Trametes ochracea **(Pers.) Gilb. & Ryvarden**

担子果一年生，韧革质。菌盖半圆形、扇形，可覆瓦状层叠，长可达10cm，宽可达4cm，中部厚可达1cm，表面淡红褐色，有细绒毛或几乎光滑，有同心环纹。菌肉白色、木材色或深肉色，厚2～2.5mm。菌管长2～5mm，管孔面奶油色至淡黄褐色，孔口略圆形、多角形，3～4个/mm。

担孢子圆柱形，5～8μm×2～3μm，无色，薄壁，平滑，非淀粉质，不嗜蓝。

夏秋季生于阔叶树活立木上，造成木材白色腐朽。

担子果（菌盖表面具环纹、被绒毛）

管孔面

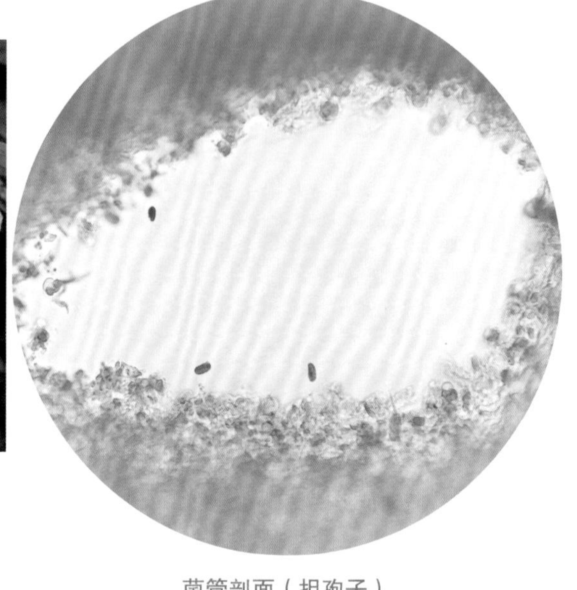

菌管剖面（担孢子）

579 香栓孔菌

Trametes suaveolens **(L.) Fr.**

担子果一年生，木栓质，新鲜时有香味。菌盖半圆形或贝壳形，可覆瓦状叠生，长6～11.5cm，宽2.5～7cm，厚1.5～3cm，表面白色或浅黄色，被细绒毛，渐变光滑无毛。菌肉近白色，厚0.5～2cm。菌管与菌肉同色，长3～10mm，管孔面白色、淡黄色或浅褐色，孔口近圆形或多角形，1～3个/mm。

担孢子圆柱形，6.5～10μm×3～4μm，无色，薄壁，平滑，非淀粉质，不嗜蓝。

夏秋季生于阔叶树活立木或枯立木上，造成木材白色腐朽。

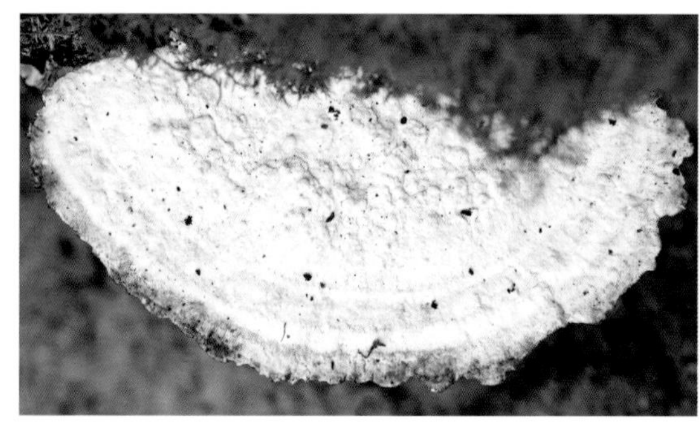

担子果

管孔面

580 云芝栓孔菌（俗名：云芝，曾用名：彩绒革盖菌）

***Trametes versicolor* (L.) Lloyd** ［曾用名：*Coriolus versicolor* (L.) Quél.］

担子果一年生，近革质，平伏反卷。菌盖半圆形、扇形、贝壳状，常多层、紧密地覆瓦状层叠，也可左右相连成片，长1～12cm，宽0.5～6cm，厚1～4mm，表面具黑色、黑灰色、灰褐色或黄褐色细密绒毛组成不同颜色稠密的同心环纹、环带。菌肉白色，厚1～2mm，与绒毛层间有一薄的黑色带。菌管白色，长0.5～2mm，管孔面白色、干后灰褐色或淡土黄色，孔口略圆形或不规则形，3～5个/mm。

担孢子圆柱形，4～6μm×1.5～2.5μm，无色，薄壁，平滑，非淀粉质，不嗜蓝。

夏秋季生于多种阔叶树倒木、枯枝或树桩上，少生在松树上，造成木材白色腐朽。可药用。

担子果覆瓦状叠生

菌盖表面被绒毛并组成不同色的同心环带

管孔面

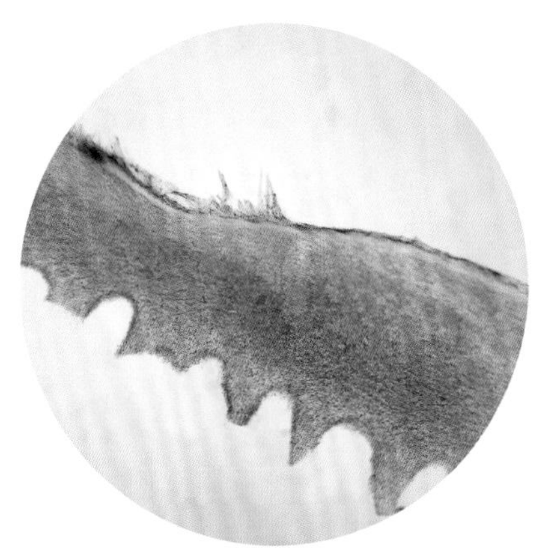

菌盖纵剖面

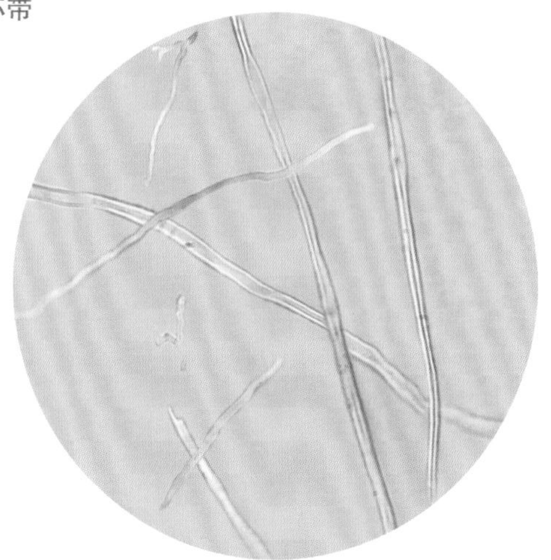

生殖菌丝、骨架菌丝

581 长绒毛栓孔菌

***Trametes villosa* (Sw.) Kreisel**

担子果一年生，木栓质或近革质。菌盖半圆形或扇形、贝壳状，可覆瓦状叠生或左右相连，长1.5～6.5cm，宽1～4.5cm，厚1～2mm，表面灰白色、米黄色或土黄色，有同心环带、环棱，被细长绒毛或粗长毛。菌肉白色、淡黄色，厚2～3mm。菌管与菌肉同色，长1～2mm，管孔面白色至淡黄色，孔口近圆形、多角形，1～3个/mm。

担孢子圆柱形，5～6μm×2～3μm，无色，薄壁，平滑。

夏秋季生于针叶树、阔叶树的腐木上，造成木材白色腐朽。

担子果覆瓦状叠生

582 浅黄拟栓孔菌 （曾用名：齿贝栓孔菌）

***Trametopsis cervina* (Schwein.) Tomšovský** ［曾用名：*Trametes cervina* (Schwein.) Bres.］

担子果一年生，木栓质。菌盖贝壳形、半圆形或不规则形，长1～6.5（～13）cm，宽1～5cm，厚1～9mm，常覆瓦状叠生或左右相连，表面米黄色、淡黄褐色，被绒毛或光滑，有不明显的环纹。菌肉白色或乳白色，厚0.6～3.5mm。菌管白色、木材色，长1.5～4mm，管孔面近白色后淡黄色，孔口不规则形，1～2个/mm，部分裂为齿状。

担孢子圆柱形，5.5～7(～9) μm×2～3μm，无色，薄壁，平滑。

多生于阔叶树腐木或倒木上，少在针叶树上，造成木材白色腐朽。

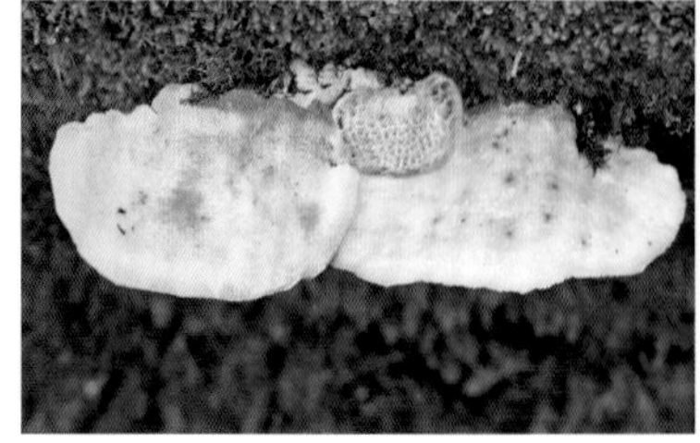

担子果（孔口部分破裂成齿）

菌盖表面被绒毛、具环纹

583 冷杉附毛孔菌 （曾用名：冷杉囊孔菌）

***Trichaptum abietinum* (Pers. ex J.F. Gmel.) Ryvarden**

［曾用名：*Hirschioporus abietinus* (Pers. ex J.F. Gmel.) Donk］

担子果一年生，革质，平伏、平伏反卷至明显有菌盖，平伏时长可达20cm，宽可达10cm。菌盖半圆形、扇形，长0.5～4cm，宽0.5～3cm，厚1～2mm，表面白色至灰色，被细长绒毛，具明显的同心环纹。菌肉白色、灰白色，厚不及0.5mm。菌管带紫色，长1～2mm，管孔面紫色至赭色，孔口多角形，2～5个/mm，后渐撕裂成齿状。

被结晶囊体粗4～8μm。担孢子圆柱形，略弯曲，5.5～7μm×2.5～3μm，无色，薄壁，平滑，非淀粉质，不嗜蓝。

夏秋季生于针叶树枯立木、倒木或树桩上，造成木材白色腐朽。可药用。

担子果（菌盖表面被绒毛、具同心环纹）

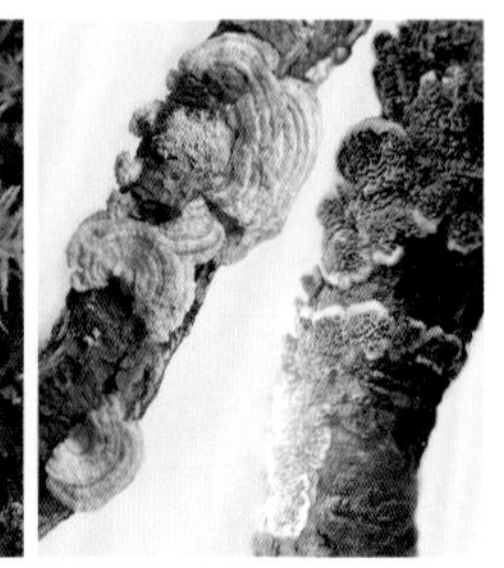

管孔面，孔口破裂成齿

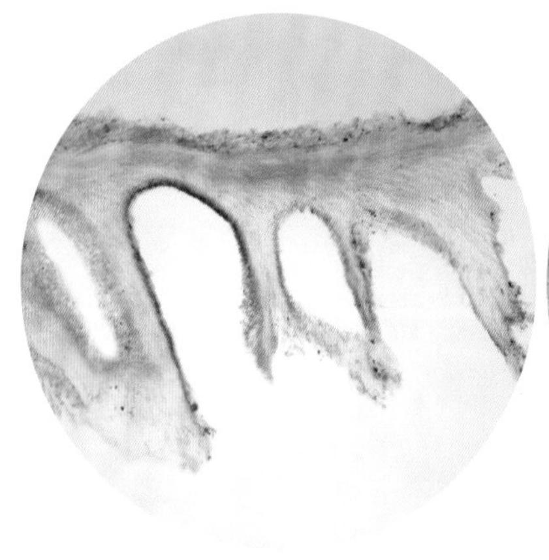

担子果剖面

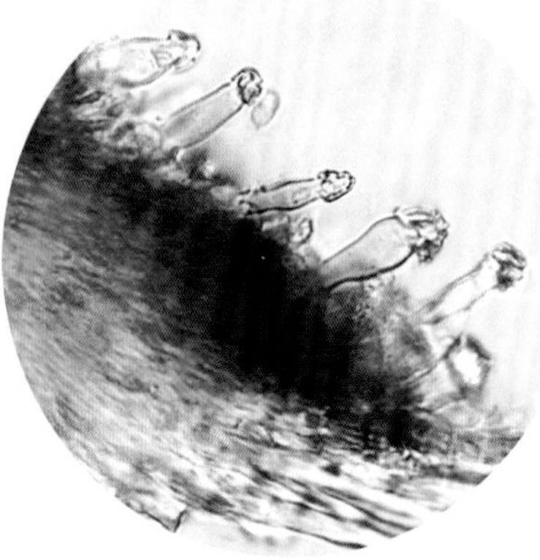

被结晶囊体

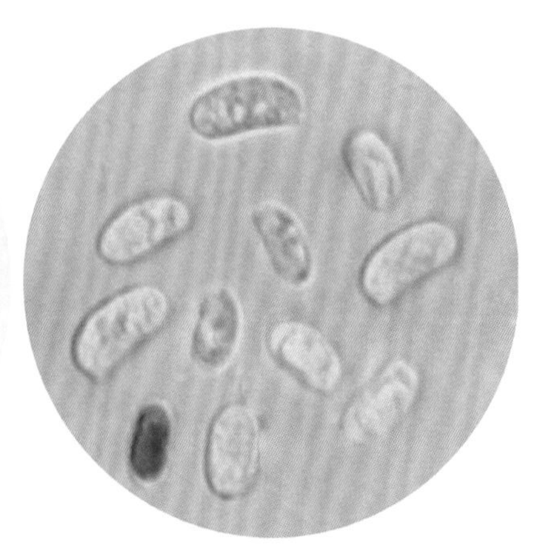

担孢子

584 二形附毛孔菌（曾用名：囊孔菌、勺形囊孔）

***Trichaptum biforme* (Fr.) Ryvarden**［曾用名：*Hirschioporus pargamenus* (Fr.) Bondartsev & Singer、*Hirschioporus elongatus* (Berk.) Teng］

担子果覆瓦状叠生，菌盖表面被绒毛、具同心环纹

担子果一年生，韧革质。菌盖半圆形、扇形，长1～7cm，宽0.5～3cm，厚1～10mm，可覆瓦状叠生并左右相连，表面白色、粉黄色、淡黄褐色，密被细长绒毛、粗毛或光滑，具同心环纹。菌肉薄，厚1～3mm，分两层，上层乳白色，下层浅褐色。管孔面浅黄色、淡紫色、浅褐色，孔口不规则形，0.5～4个/mm，多裂为齿状。

被结晶囊体多，粗3.5～5μm。担孢子圆柱形，稍弯曲，4.5～7μm×1～2.5μm，无色，薄壁，平滑，非淀粉质，不嗜蓝。

夏秋季生于阔叶树，尤其桦、杨、柳树的倒木或树桩上，少在针叶树上，造成木材白色腐朽。可药用。

干燥担子果，菌盖表面无毛、具环带，孔口裂为齿状

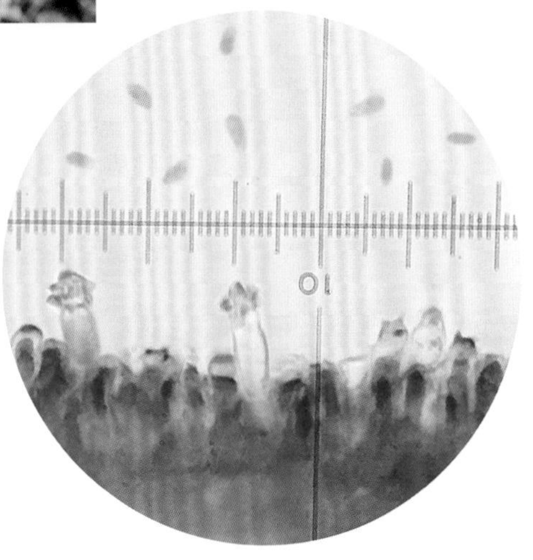

担孢子、担子、被结晶囊体、子实层

585 毛囊附毛孔菌（曾用名：长毛囊孔菌）

***Trichaptum byssogenum* (Jungh.) Ryvarden**

［曾用名：*Hirschioporus versatilis* (Berk.) Imazeki］

担子果一年生，革质，平伏、平伏反卷。菌盖半圆形或扇形，常覆瓦状叠生或侧面相连，长4～14cm，宽2.5～7cm，中部厚0.7～1cm，表面浅灰色、浅灰褐色、褐色，密被粗长毛，具同心环纹和放射状皱纹。菌肉近白色，厚约2mm。菌管长约5mm，管孔面淡紫色、灰色、浅紫褐色，孔口多角形至迷宫状，0.5～2个/mm，可破裂成齿。

被结晶囊体多，粗4～5.5μm。担孢子圆柱形，略弯曲，6.5～8μm×2～3μm，无色，薄壁，平滑，非淀粉质，不嗜蓝。

夏秋季生于阔叶树、针叶树的活立木、倒木或腐木上，造成木材白色腐朽。可药用。

担子果覆瓦状叠生

管孔面，孔口破裂成齿

586 褐紫附毛孔菌（曾用名：褐紫囊孔菌）

***Trichaptum fuscoviolaceum* (Ehrenb.) Ryvarden**

［曾用名：*Hirschioporus fusco-violaceum* (Ehrenb.) Donk］

担子果一年生，革质，平伏反卷，常覆瓦状叠生或侧面相连。菌盖半圆形，长4～6cm，宽2～4cm，厚仅1.5mm左右，表面灰白色、淡黄白色至紫褐色，被细绒毛、长硬毛乃至粗硬毛，具不明显同心环带。菌肉薄，不及1mm厚。管孔面紫色、淡紫褐色，孔口不规则形，多已破裂成齿，齿长可达3mm，少数近褶状。

被结晶囊体粗约7μm。担孢子圆柱形，稍弯曲，5.5～7μm×2.5～3μm，无色，薄壁，平滑，非淀粉质，不嗜蓝。

夏秋季生于针叶树枯立木、倒木或树桩上，少在阔叶树上，造成木材白色腐朽。可药用。

担子果覆瓦状叠生，菌盖表面被绒毛、具同心环纹

管孔面，孔口部分破裂成齿

587 薄皮干酪菌

***Tyromyces chioneus* (Fr.) P. Karst.**

担子果一年生，新鲜时肉质，软而多汁，干后脆。菌盖半圆形，长3～7cm，宽2～4cm，基部厚可达2cm，表面有一薄皮层，新鲜时白色，被细绒毛，后呈灰白色、近黑褐色，光滑。菌肉白色、木材色，厚可达15mm，松脆，易捻成粉末。菌管白色至浅褐色，长1～4mm，管孔面近白色至淡褐色，孔口近圆形、多角形，3～5个/mm，有时齿裂。

担孢子圆柱形，稍弯曲，3.5～5μm×1～2μm，无色，薄壁，平滑，非淀粉质，不嗜蓝。

夏秋季单生于阔叶树落枝或腐木上，造成木材白色腐朽。

担子果肉质

管孔面，孔口近圆形、少数齿裂

588 楷米干酪菌
***Tyromyces kmetii* (Bres.) Bondartsev & Singer**

担子果一年生，新鲜时软而多汁，干后脆。菌盖半圆形、近扇形，长4～5.5cm，宽3～4.5cm，基部厚3～4mm，表面新鲜时硫黄色，干后浅橙黄色、奶油色，光滑，无环带。菌肉白色，稍带浅橙色，厚2～3mm，干后干酪质。菌管白色、奶油色，长1.5～2mm，管孔面浅橙色，干后奶油色，孔口多角形，3～4个/mm。

担孢子宽椭圆形，4～5μm×2～3μm，无色，壁薄，平滑。

生于阔叶树倒木上，引起木材白色腐朽。

担子果（戴玉成等照）

589 白蜡范氏孔菌 （曾用名：白蜡多年卧孔菌）
***Vanderbylia fraxinea* (Bull.) D.A. Reid**

［曾用名：*Perenniporia fraxinea* (Bull.) Ryvarden］

担子果多年生，单生或覆瓦状叠生，木质。菌盖半圆形，长6～13cm，宽4～6cm，基部厚约2cm，薄皮壳表面暗紫褐色、暗红褐色、污褐色，粗糙，有不明显的同心环带。菌肉木材色、浅黄褐色，遇KOH变黑。菌管多层且分层不明显，管孔面新鲜时奶油色，干后浅褐色，孔口圆形，4～6个/mm。

菌髓中埋生小结晶块。担孢子近球形、宽椭圆形，5～7μm×4.5～5.5μm，无色，厚壁，平滑，有拟糊精反应，嗜蓝。

夏秋季生于多种阔叶树的活立木、枯立木、倒木或树桩上，造成木材白色腐朽。可药用。

干燥担子果，覆瓦状叠生

菌管纵切面、管孔面

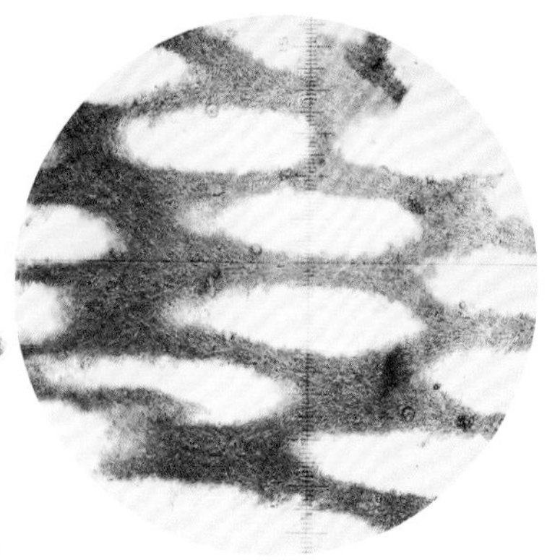
菌管剖面（菌髓中埋生小结晶块）

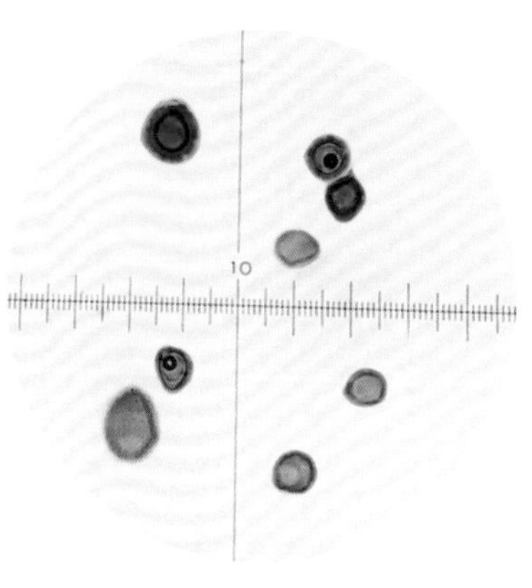

担孢子嗜蓝

裂孔菌科 Schizoporaceae

590 淡黄丝齿菌（曾用名：淡黄裂孔菌）

Hyphodontia flavipora **(Berk. & M.A. Curtis ex Cooke) Sheng H. Wu**

［曾用名：*Schizopora flavipora* (Berk. & M.A. Curtis ex Cooke) Ryvarden］

担子果一年生，平伏，长可达50cm，宽近10cm，厚1～2mm，与基物不易分离。菌肉浅黄色，薄。菌管浅黄色，管孔面奶油色，干后浅黄色、肉色，孔口多角形，3～5个/mm，部分迷宫状，可撕裂成齿。

担孢子宽椭圆形、卵圆形，3.5～5μm×2.5～3.5μm，无色，平滑。

夏秋季生于阔叶树腐木或枯枝上，造成木材白色腐朽。

担子果平伏

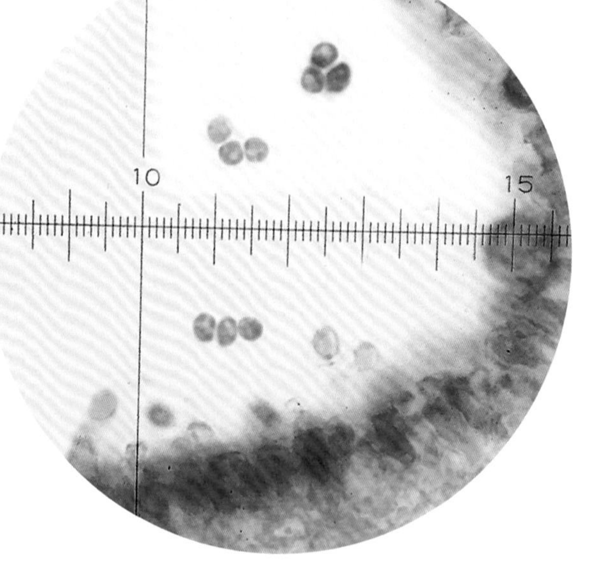

担孢子、子实层

591 齿白木层孔菌

Leucophellinus irpicoides **(Pilát) Bondartsev & Singer**

担子果多年生，革质，平伏，长可达30cm，宽可达8cm，厚约15mm。菌肉乳黄色，厚约4mm。菌管多层，长约10mm，管孔面新鲜时乳白色、奶油色，干后乳黄色，孔口不规则形、扭曲，1～1.5个/mm，边缘撕裂成齿。

担孢子椭圆形，6～8.5μm×5～6μm，无色，厚壁，非淀粉质，弱嗜蓝。

夏秋季生于槭树活立木上，造成木材白色腐朽。

担子果平伏、孔口边缘撕裂成齿

592 热带丝齿菌

Hyphodontia tropica **Sheng H. Wu**

担子果一年生，平伏，紧贴于基物，长近20cm，宽近6cm，厚可达5mm。菌肉奶油色，薄。菌管奶油色、淡黄色，管孔面白色、浅黄色，孔口近圆形，6～8个/mm，部分撕裂。

担孢子近球形、宽椭圆形，直径3～4μm，无色，平滑。

夏秋季生于针阔叶树落枝、倒木或树桩上，造成木材白色腐朽。

担子果平伏

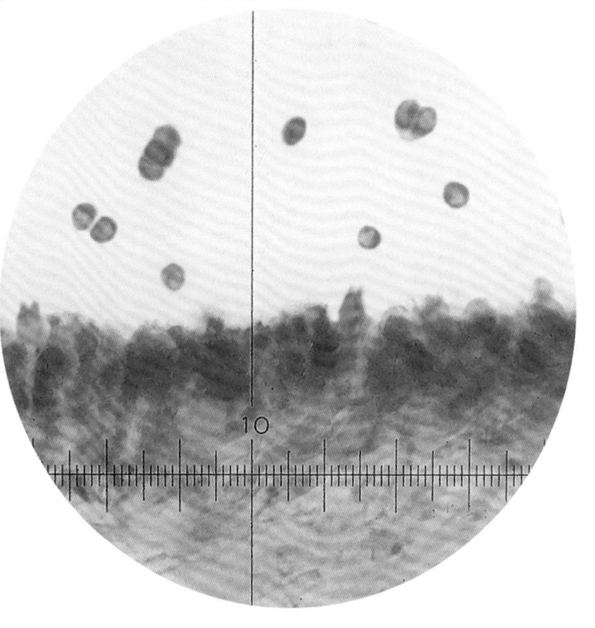

担子、担孢子、子实层

未确定科 Incertae sedis

593 斜管玫瑰孔菌

Rhodonia obliqua **(Y.L. Wei & W.M. Qin) B.K. Cui, L.L. Shen & Y.C. Dai**

担子果（戴玉成等照）

担子果一年生，平伏，长可达100cm，宽可达50cm，中部厚可达1cm。菌肉红棕色，极薄。菌管奶油色至红棕色，倾斜生长，长可达1cm，易碎，管孔面新鲜时白色，干后棕色，孔口圆形至多角形，2～3个/mm，全缘至撕裂状。

担孢子圆柱形，4.5～6μm×2～2.5μm，无色，壁薄，平滑。

生于云杉倒木上，引起木材褐色腐朽。

革菌型

担子果平伏、平伏反卷至直立有柄。子实层体平滑或有疣突，生于担子果一侧（上面或下侧）。

602 硬垫革菌 （曾用名：平伏厚韧革菌）

***Scytinostroma duriusculum* (Berk. & Broome) Donk**

（曾用名：*Stereum duriusculum* Berk. & Broome）

担子果硬革质、木质，平伏，长1～12cm，宽0.2～6cm，仅边缘可形成小的菌盖，表面褐色，具同心环纹。子实层体平滑，近白色、米黄色、淡灰黄色，常有裂纹，有时具疣突。

担子果纵剖面具皮层，子实层单层至多层，多层的分层明显，层间有块状结晶。担孢子椭圆形、卵形，5～6（～7.5）μm×2.5～3（～3.5）μm，平滑，无色。

多生于阔叶树的腐木或树皮上。

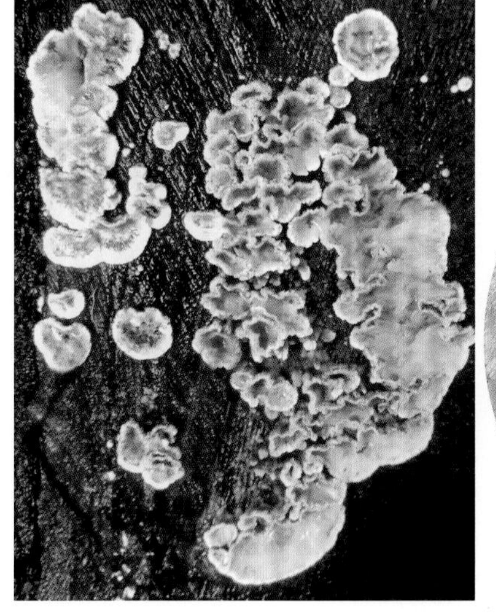

担子果

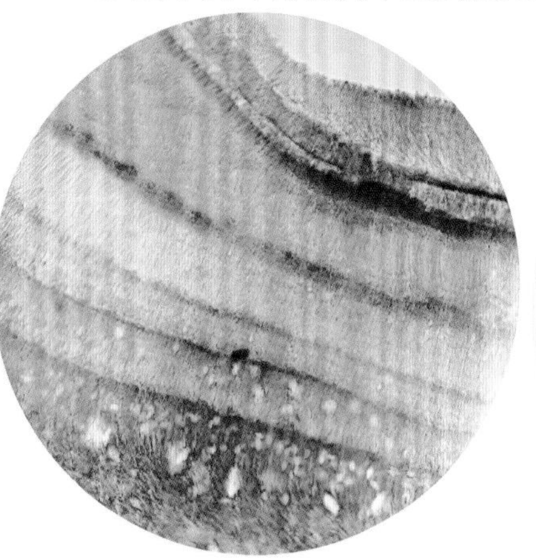

担子果剖面（子实层多层、分层明显、有结晶块）

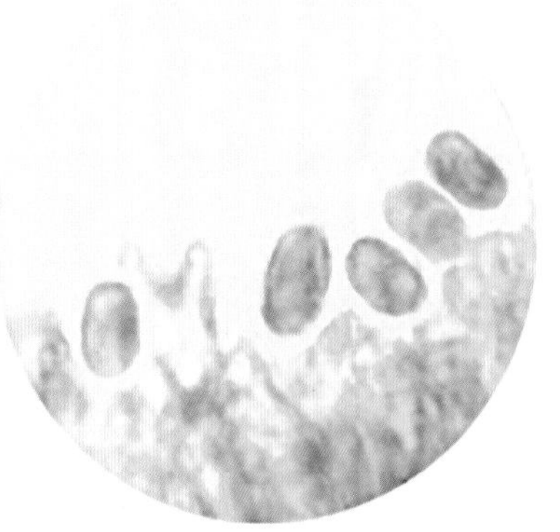

担孢子

原毛平革菌科 Phanerochaetaceae

603 毡毛原毛平革菌 （曾用名：厚粉红隔孢伏革菌）

***Phanerochaete velutina* (DC.) P. Karst.**

［曾用名：*Peniophora velutina* (DC.) Cooke］

担子果平伏，长3～15cm，宽1～8cm，厚约0.5mm。子实层体平滑或有小裂纹，浅粉色、藕色。

被结晶囊体生于不同深度，粗9～18μm。担孢子椭圆形、近圆柱形，4～6μm×2～3μm，无色，平滑。

生于栎类和其他阔叶树的活立木或枯枝上。

担子果平伏

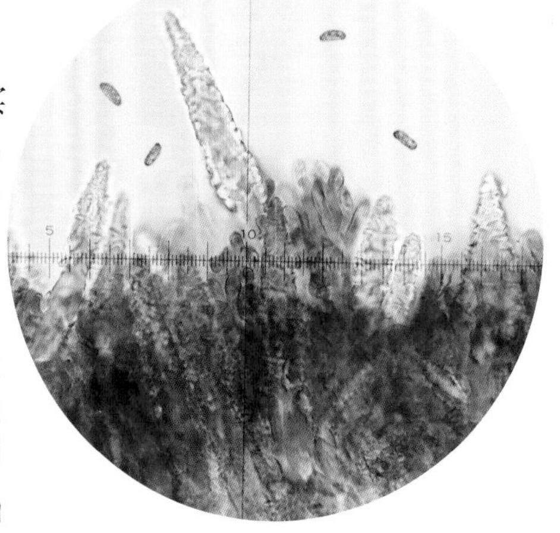

担孢子、从不同深处长出的被结晶囊体

604 厚拟射脉革菌 （曾用名：剑筍筍革）

Phlebiopsis crassa (Lév.) Floudas & Hibbett［曾用名：*Lloydella umbrina* (Cooke) S. Ito］

担子果平伏反卷

担子果软革质，平伏或平伏反卷，平伏部分长0.5～7cm，宽0.5～5.5cm，反卷的菌盖长1.5～10cm，宽2～3cm，肉桂色至黄色。子实层体平滑，浅灰色至浅褐色。

担子果纵剖面具皮层，子实层有被结晶囊体，粗8.5～15μm，先端尖细，突越子实层可达40μm。担孢子椭圆形、近圆柱形，3.5～7.5μm×2.5～4μm，透明、薄壁、平滑。

多生于栎类和其他阔叶树的枯枝上。

担子果剖面具皮层

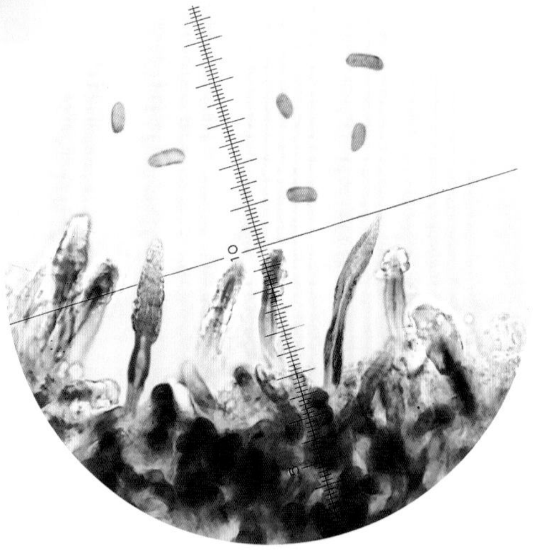
担孢子、顶端尖细的被结晶囊体

605 纸状拟射脉革菌 （曾用名：粗筍筍革）

Phlebiopsis papyrina (Mont.) Miettinen & Spirin［曾用名：*Lloydella papyrina* (Mont.) Bres.］

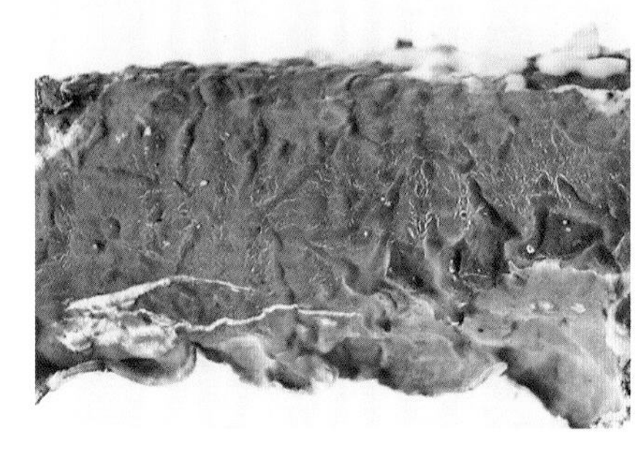
担子果（菌盖表面被绒毛）

担子果平伏反卷，平伏部分长10～17cm，宽1～6cm，反卷成檐处表面茶褐色，后渐褪为粉黄色，被绒毛。子实层体平滑，酱色、灰褐色。

担子果剖面具皮层，被结晶囊体粗大，粗10～20μm，突出子实层8～16μm。担孢子椭圆形，4～8μm×3～4μm，无色、薄壁、平滑。

生于林下枯枝上。

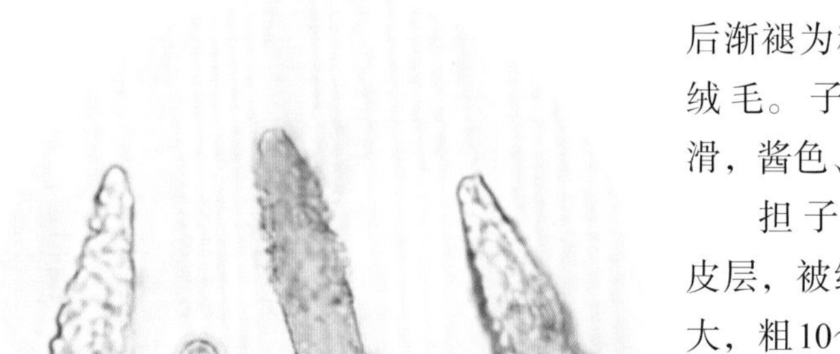
被结晶囊体

子实层体平滑

606 软质蓝革菌 （曾用名：蓝伏革菌）

***Terana coerulea* (Lam.) Kuntze** ［曾用名：*Corticium coeruleum* (Lam.) Fr.］

担子果一年生，革质，平伏，长可达50cm，宽可达15cm，厚约5mm。子实层体平滑或具小疣突，新鲜时深蓝色，干后污蓝色。

担孢子椭圆形，7～9μm×4～5μm，无色，薄壁，平滑，非淀粉质，嗜蓝。

秋季生于阔叶树倒木或枯枝上。

担子果平伏（干燥）

韧革菌科 Stereaceae

607 韦克菲尔德盘革菌

***Aleurodiscus wakefieldiae* Boidin & Beller**

担子果（戴玉成等照）

担子果一年生，杯状或盘状，渐相连呈条状，长可达5cm，宽可达0.5cm，厚不及1mm，边缘略反卷。菌肉极薄。子实层体平滑，表面粉红色、奶油色至灰褐色。

子实层具棘状侧丝，27～82μm×5.5～15μm。担孢子椭圆形，21～27（～32）μm×（12～）14～18μm，无色，壁薄至厚，具小刺。

生于阔叶树枯枝上，造成木材白色腐朽。

608 沙耶淀粉韧革菌

***Amylostereum chailletii* (Pers.) Boidin**

担子果韧革质，平伏、平伏反卷，平伏部分长3～9cm，宽1.5～6cm。菌盖薄，长可达5cm，宽约2cm，可覆瓦状叠生且左右相连，表面锈褐色，具同心环纹，被厚而密的绒毛。子实层体平滑或有疣状突起，浅粉灰色、浅褐色。

担子果纵剖面具皮层，子实层有被结晶囊体，粗4～6μm，突出子实层10.5～20μm。担孢子圆柱形、长椭圆形，5.5～8.5μm×2～3.5（～5.5）μm，无色，薄壁，平滑，淀粉质，不嗜蓝。

生于针叶树倒木上。

担子果平伏反卷、菌盖表面被绒毛

子实层体平滑、有疣突

609 紫色小韧革菌

Chondrostereum purpureum **(Pers.) Pouzar**

担子果一年生，新鲜时软革质，干后硬革质至脆革质，平伏、平伏反卷，常覆瓦状叠生，且左右相连。菌盖檐状、窄扇形，长约6cm，厚约1mm，表面灰白色至浅黄色，密被绒毛，有明显的同心环带。子实层体平滑，有时具疣突，初期奶油色，后期藕色、紫色、紫黑色。

担子果剖面具皮层。担孢子近圆柱形至腊肠形，5～7μm×2～3μm，无色，薄壁，平滑，非淀粉质，不嗜蓝。

夏秋季生于桦树的活立木、枯立木或树枝上，造成木材白色腐朽。

担子果平伏反卷、覆瓦状叠生，菌盖表面具同心环带、被绒毛

子实层体平滑

610 射脉状胶质韧革菌

Gelatinostereum phlebioides **S.H. He, S.L.Liu & Y.C.Dai**

担子果（戴玉成等照）

担子果一年生，平伏反卷，形状不规则，长可达5.5cm，宽可达2.3cm，基部厚不及0.5mm。菌肉极薄。子实层体平滑或具小疣，后开裂，淡橘色至灰黄色。

具胶囊体，先端尖，35～60μm×7～14μm，壁薄或略厚。担孢子椭圆形，6～8（～8.5）μm×2～3（～4）μm，无色，壁薄，平滑。

生于阔叶树枯立木、枯枝上，造成木材白色腐朽。

611 富士新小盘革菌

Neoaleurodiscus fujii **Sheng H. Wu**

担子果一年生，盘状，边缘略反卷，新鲜时革质，干后脆，直径可达2cm，厚不及1mm。菌肉层极薄。子实层体平滑，粉红色、橙色至灰红色，后开裂。

子实层具胶囊体，念珠状，壁厚，83～150μm×6～10μm。担孢子宽椭圆形、椭圆形，23～27（～30）μm×（12～）16～21μm，无色，壁厚，平滑。

生于杜鹃树活立木枝条上，造成木材白色腐朽。

担子果（戴玉成等照）

612 覆瓦韧革菌
Stereum complicatum (Fr.) Fr.

担子果一年或二年生，革质，平伏至平伏反卷，平伏部分长0.5～5cm，宽0.3～1.7cm。菌盖檐状或半圆形，长0.5～2.4cm，宽0.1～0.5cm，常覆瓦状叠生，可左右相连，表面浅黄色、橘黄色，干后土黄色，被放射状纤毛且略具丝样光泽，有浅灰色的细密同心环纹。子实层体平滑，米黄色至土黄色，具同心环纹。

担子果纵剖面具皮层，子实层和菌肉层中有较大的结晶块，子实层内具囊状体菌丝，淡黄褐色，圆筒形。担孢子椭圆形，稍弯，4～6μm×2～3μm，无色，壁薄，淀粉质。

常群生于腐木或枯枝上。

担子果覆瓦状叠生

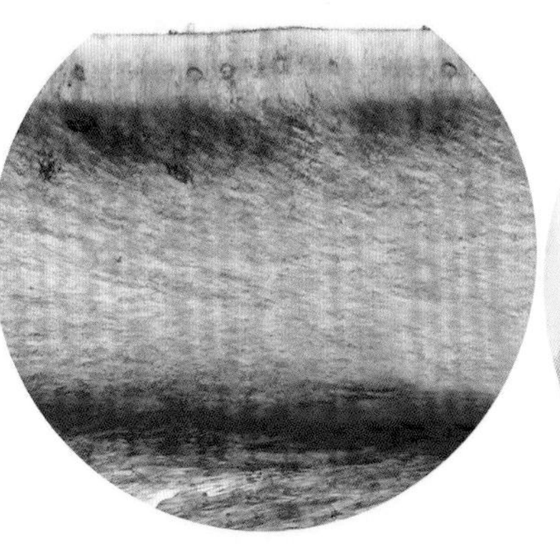
担子果剖面具皮层、子实层中有结晶块

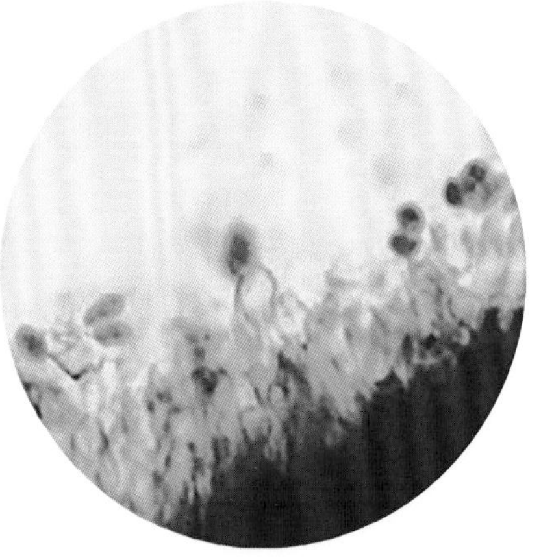
担孢子

613 轮纹韧革菌
Stereum fasciatum (Schwein.) Fr.

担子果一年或二年生，韧革质，平伏反卷，少平伏。菌盖多为扇形、贝壳形，可左右相连，长1～14cm，宽1～9.5cm，表面浅黄色、黄褐色、浅栗色、鼠灰色，密被绒毛，但常脱落，形成光滑的浅朽叶色同心环带，与绒毛带相间。子实层体平滑，浅肉色、浅黄色、蛋壳色。

担子果纵剖面具皮层，子实层有囊状体菌丝，粗4.5～8μm。担孢子椭圆形，4～6μm×2～3.5μm，无色，薄壁，平滑，淀粉质。

单生或群生于阔叶树的腐木、枯枝或树皮上，造成木材白色腐朽。

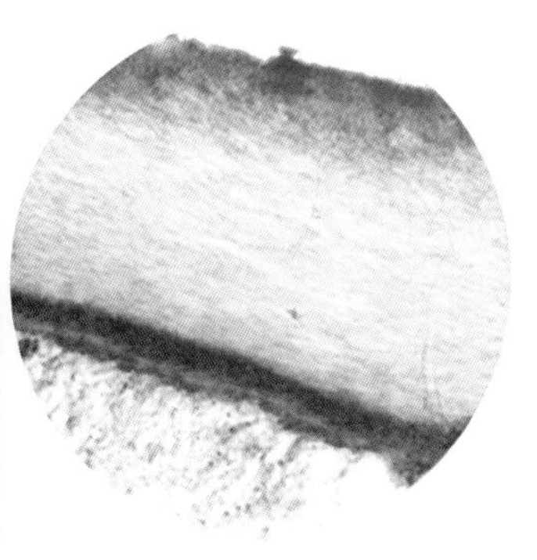
担子果剖面具皮层

担子果覆瓦状叠生

菌盖表面密被绒毛、具光滑同心环带，子实层体平滑

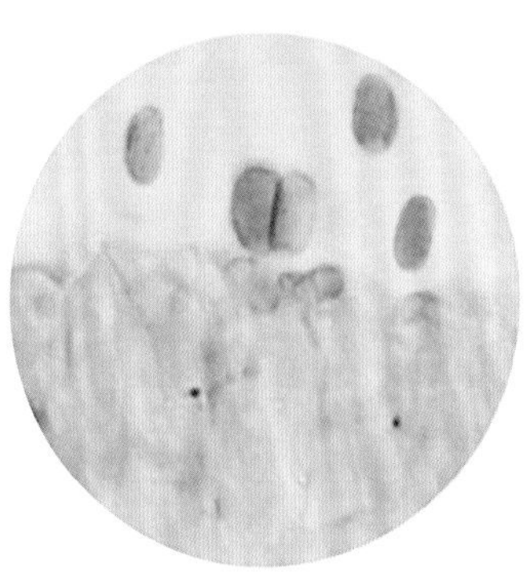
担孢子

614 烟色韧革菌 （曾用名：烟色血革菌）

***Stereum gausapatum* (Fr.) Fr.** ［曾用名：*Haematostereum gausapatum* (Fr.) Pouzar］

担子果一年生，革质，平伏反卷，平伏部分长0.7～6.5cm，宽0.5～5cm，反卷的菌盖扇形、半圆形或不规则形，长0.5～5cm，宽0.5～2cm，可覆瓦状叠生，有时左右相连，表面淡黄褐色、灰白色，被有粗纤毛、细长毛，有不明显的环纹和放射状条纹。子实层体平滑，有的具疣状突起或放射状条纹，粉灰色，受伤流出汁液呈血红色，干后颜色变污。

菌盖表面被粗毛

担子果覆瓦状层叠、子实层体受伤流出汁液

担子果纵剖面具皮层，子实层有许多色汁导管，圆筒形，粗3～7μm，内含物黄褐色。担孢子长椭圆形，一端稍弯，5～8μm×2～3.5μm，无色，平滑，薄壁，淀粉质，不嗜蓝。

多生于栎类等阔叶树的腐木上，造成木材白色腐朽。

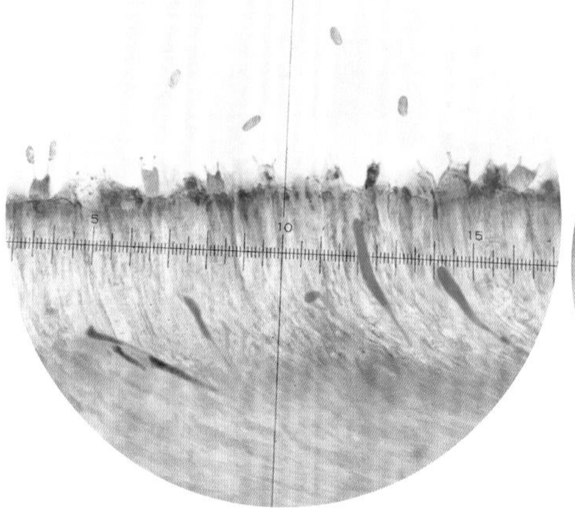
担孢子、担子、子实层、色汁导管

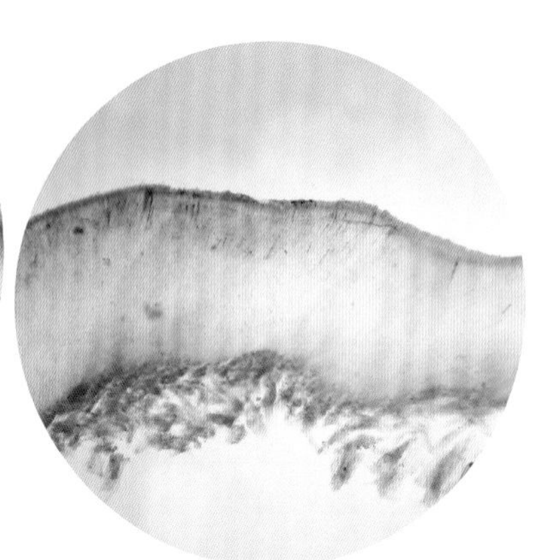
担子果剖面具皮层

615 脱毛韧革菌

***Stereum lobatum* (Kunze) Fr.**

担子果革质。菌盖扇形，长2.5～10cm，宽2～8cm，常左右相连，表面被米黄至青灰色绒毛，脱去后可见光滑的、浅朽叶色、较宽的同心环带。子实层体平滑，浅肉色至米黄色。

担子果剖面具皮层，囊状体菌丝圆筒形。担孢子椭圆形，6～7.5μm×2.5～3μm，无色，薄壁，平滑。

群生于阔叶林中倒腐木上。

担子果（菌盖表面具较宽同心环带、子实层体平滑）

616 粗毛韧革菌

Stereum hirsutum **(Willd.) Pers.**

担子果一年或二年生，韧革质，平伏反卷，平伏部分长0.5～12cm，宽0.4～4cm，常覆瓦状叠生。菌盖半圆形、贝壳形至扇形，长1～3.5cm，宽0.5～2.5cm，表面浅黄色、黄褐色、灰白色，被有粗纤毛和粗短绒毛，具环纹。子实层体平滑，淡黄色至土黄色。

担子果纵剖面具皮层，子实层具囊状体菌丝，圆筒形，粗4～10（～12）μm。担孢子椭圆形、卵形，4～8μm×2～4μm，薄壁，无色，平滑，非淀粉质，嗜蓝。

单生或群生于阔叶树腐木、倒木、枯枝或树桩上。

担子果（子实层体平滑）

菌盖表面被粗纤毛

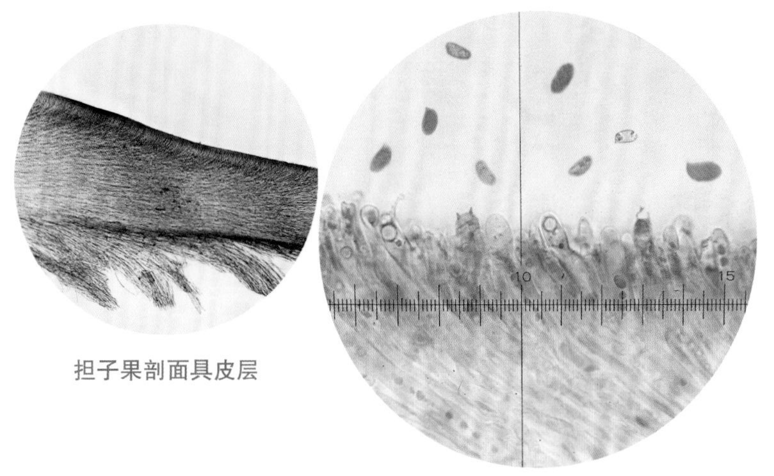

担子果剖面具皮层

担孢子、担子、子实层、菌髓

617 长毛韧革菌

Stereum ochroleucum **(Fr.) Quél.**

担子果革质，平伏反卷。菌盖圆形或盘状、贝壳形、扇形，长1～3cm，宽0.5～2.5cm，表面近白色、灰白色，被细长绒毛，有同心环纹和不明显的放射状纹。子实层体平滑，有疣状突起或裂纹，蛋壳色、米黄色至灰白色。

担子果纵剖面无皮层，子实层内有囊状体菌丝，粗5～7μm。担孢子椭圆形、圆柱形，4.5～7.5μm×2.5～3μm，无色，平滑。

生于阔叶树枯枝上。

担子果平伏反卷、菌盖表面被细长绒毛、子实层体平滑

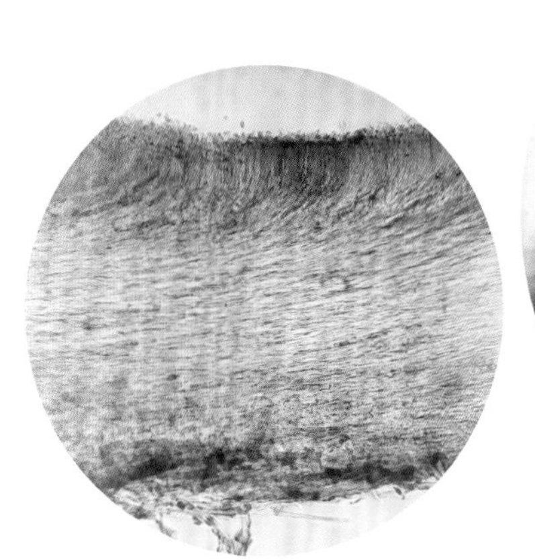

担子果剖面缺皮层

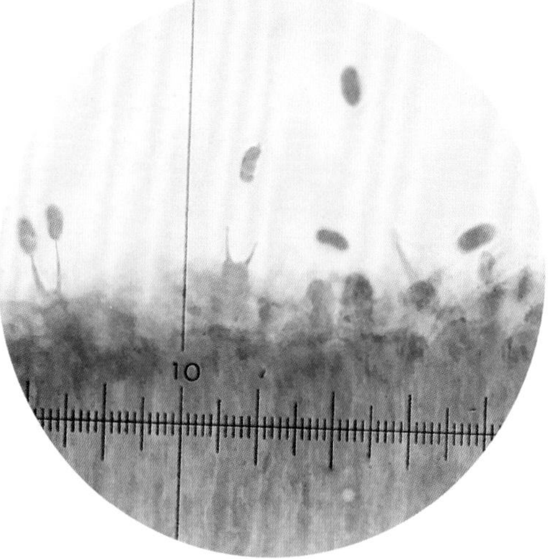

担孢子、担子

618 扁韧革菌 （曾用名：厚血革菌）

Stereum ostrea **(Blume & T. Nees) Fr.** ［曾用名：*Haematostereum australe* (Lloyd) Z.T.Guo］

担子果革质，平伏反卷，平伏部分长0.5～7cm，宽0.5～5.5cm，反卷的菌盖扇形或半圆形，长3～4cm，宽2～6cm，表面灰白色、淡黄褐色，密被绒毛和同心环纹，后出现狭窄、光滑的同心环带。子实层体平滑，淡黄褐色、淡粉灰色，受伤处流出汁液呈血红色，干后色变暗。

担子果纵剖面具皮层，色汁导管圆筒形，粗3.5～4.5μm，内含物黄褐色。担孢子椭圆形，4～7（～8）μm×2～4μm，无色，薄壁，淀粉质。

多生于阔叶树的腐木上。

担子果覆瓦状层叠

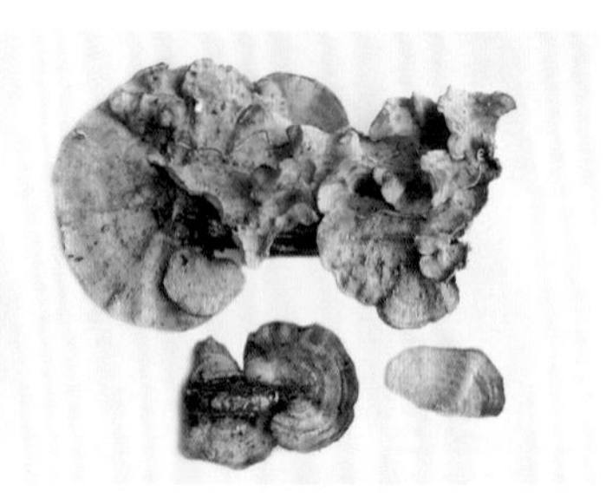

菌盖表面具同心环纹，子实层体平滑、有伤后汁液痕迹

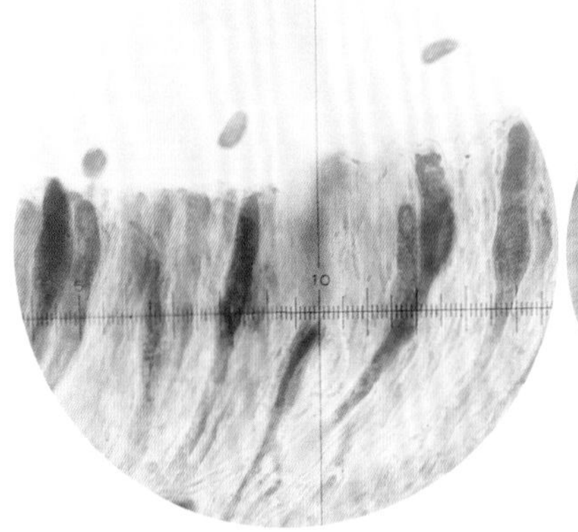

担孢子、色汁导管

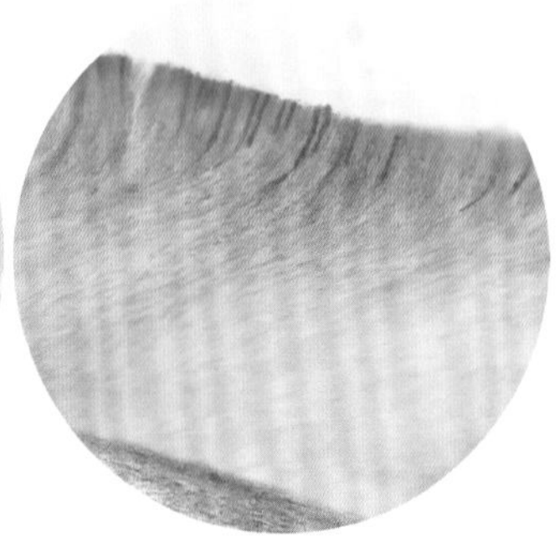

担子果剖面具皮层、色汁导管、菌髓

619 细绒韧革菌

Stereum pubescens **Burt**

担子果革质、韧革质，平伏反卷，平伏部分长1～8cm，宽0.5～5.5cm。菌盖条形、扇形、半圆形，长0.7～6cm，宽0.3～3.5cm，常覆瓦状叠生或左右相连，表面灰白色、淡黄色，被细密绒毛，具不明显同心环纹。子实层体平滑，具不明显的环纹，浅黄色、蛋壳色、粉褐色。

担子果纵剖面具皮层，部分标本菌肉层与子实层有许多结晶块，囊状体菌丝粗4～7μm。担孢子圆柱形、椭圆形，10～12.5μm×3.5～5.5μm，无色，平滑，淀粉质。

生于腐木、倒木、枯枝或树桩上。

担子果（菌盖表面被细密绒毛）

子实层体平滑、具不明显环纹

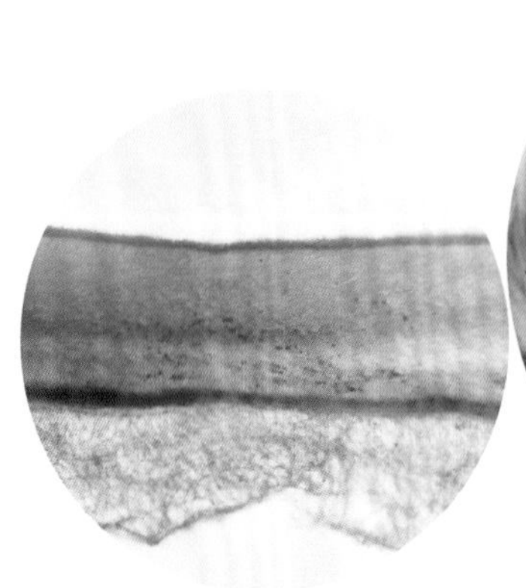

担子果剖面具皮层

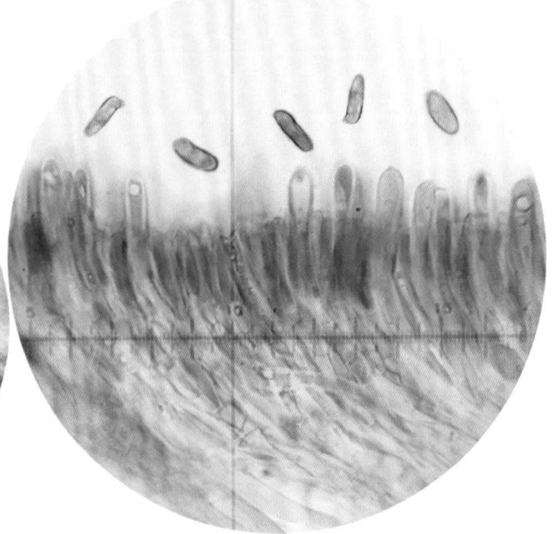

担孢子、子实层（具囊状体菌丝）

620 血红韧革菌（曾用名：血革菌）

Stereum sanguinolentum **(Alb. & Schwein.) Fr.**

［曾用名：*Haematostereum sanguinolentum* (Alb. & Schwein.) Pouzar］

担子果一年生，革质，平伏反卷，覆瓦状叠生。菌盖半圆形或扇形，长可达5cm，宽可达3cm，基部厚约1mm，表面污黄色、淡青灰色、黑褐色，被细长毛或绒毛，具明显的光滑、褐色、狭窄的同心环带。子实层体平滑，有时具疣突，新鲜时乳白色至粉褐色，触摸后迅速变为血红色，干后变为污黄色至浅黄褐色。

担子果纵剖面具皮层，子实层里有许多色汁导管，粗3～4μm。担孢子圆柱形或长椭圆形，微弯，5～7μm×2～2.5μm，无色，薄壁，平滑，淀粉质。

夏秋季生于针叶树腐木或树皮上，造成木材白色腐朽。

担子果（菌盖表面具狭窄同心环带）

担子果覆瓦状叠生，子实层体平滑、受伤流出红色汁液

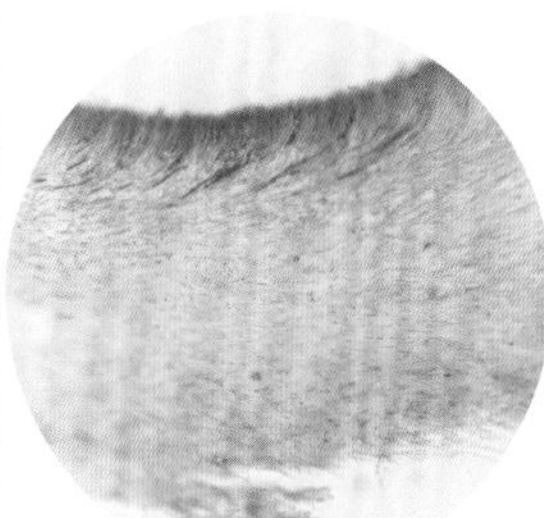

担子果剖面具皮层、色汁导管

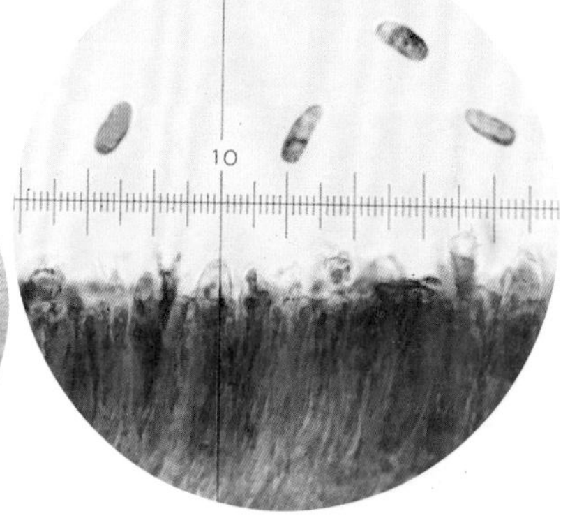

担孢子、担子、子实层

621 薄长毛韧革菌

Stereum vellereum **Berk.**

担子果革质，平伏反卷，平伏部分长1～4.2cm，宽0.5～2.2cm。菌盖檐状或扇形，常左右相连，长5～18cm，宽2～10cm，表面灰白色至浅黄褐色，密被粗长纤毛，有不明显的同心环纹。子实层体平滑，米黄色。

担子果纵剖面缺皮层，囊状体菌丝圆筒形，粗5～7μm。担孢子长椭圆形，4.5～8μm×2～3μm，无色，薄壁，平滑，淀粉质。

生于阔叶树枯枝或腐木上。

担子果平伏反卷、菌盖表面被粗长毛、子实层体平滑

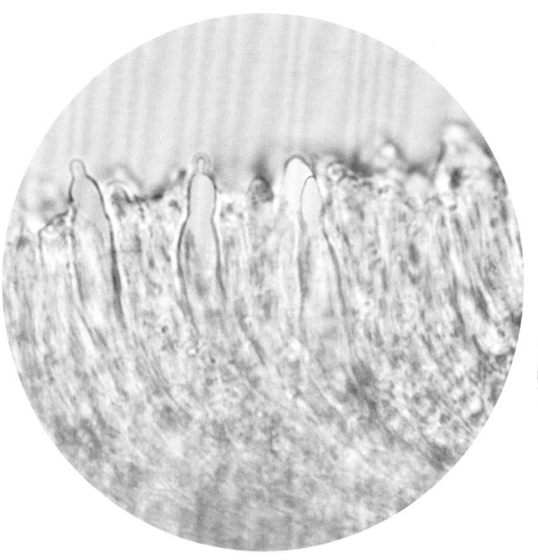

担子子实层具囊状体菌丝

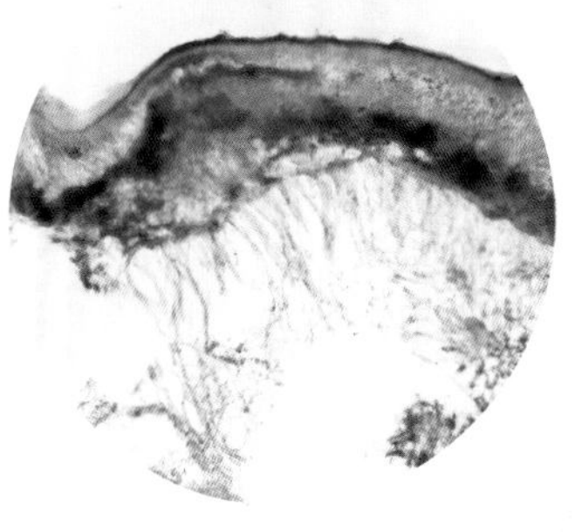

担子果剖面缺皮层

622 金丝韧革菌（曾用名：金丝血革菌）

Stereum spectabile **Klotzsch**［曾用名：*Haematostereum spectabile* (Klotzsch) Z.T. Guo］

担子果革质，平伏反卷，长0.7～2.5cm，宽0.5～1.4cm，可覆瓦状叠生。菌盖表面黄褐色，有平伏的丝状绒毛，略具光泽，有不明显的同心环带及放射状皱褶。子实层体平滑，淡粉灰色，受伤流出汁液，干后色变暗。

担子果纵剖面具皮层，色汁导管粗2.5～5.5μm，内含物黄褐色，有棘状侧丝。担孢子长椭圆形，5～7.5（～8）μm×2.5～3.5（～5）μm，薄壁，无色。

常生于阔叶树树皮上。

担子果覆瓦状层叠

菌盖表面具环纹、被绒毛

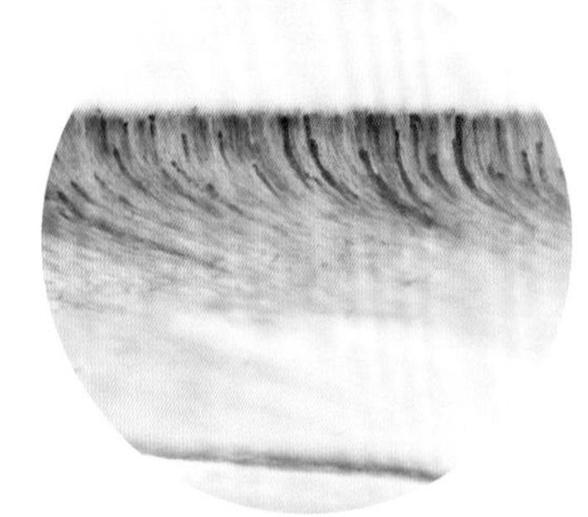

担子果剖面具皮层、色汁导管

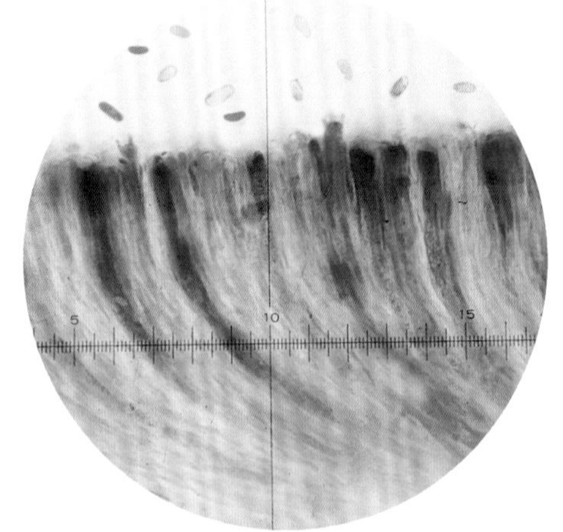

子实层、担子、担孢子、色汁导管

623 硬叉丝革菌

Vararia investiens **(Schwein.) P. Karst.**

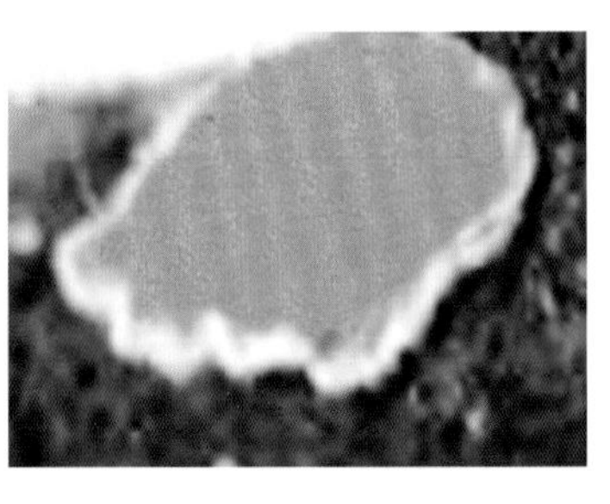

担子果平伏

担子果平伏，长3～4cm，宽1～1.5cm，薄。子实层体平滑，淡肉色，潮湿时可小块剥落。

具鹿角状侧丝，无色。担孢子长椭圆形，10～12μm×3～4μm，无色，但成堆时显浅黄色。

生于林下枯枝上。

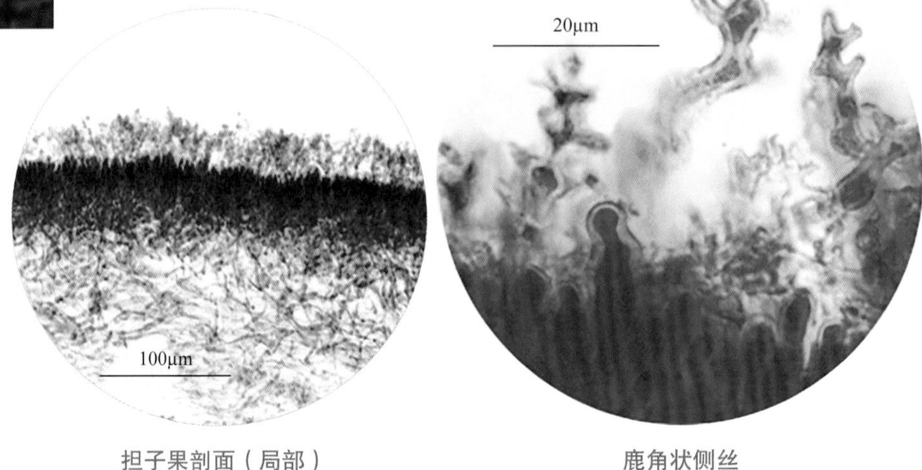

担子果剖面（局部）　　鹿角状侧丝

624 褐盖韧革菌 （现名：褐盖北方韧革菌）

***Stereum vibrans* Berk. & M.A. Curtis**

[现名：*Boreostereum vibrans* (Berk. & M.A. Curtis) Davydkina & Bondartseva]

担子果覆瓦状层叠

担子果革质、韧革质，平伏反卷。菌盖多扇形，长1.5～4.5cm，宽1.5～3.5cm，常覆瓦状叠生，可左右相连，表面黄褐色、茶褐色，被细绒毛，渐脱而变光滑，有狭窄的同心环纹。子实层体平滑，有小突起，浅粉灰色、浅茶褐色。

担子果纵剖面具皮层，有的菌肉层与子实层里有结晶块。囊状体菌丝粗2.5～3（～5）μm。担孢子圆柱形，微弯曲，4.5～5.5μm×1.5～3.5μm，无色，平滑。

常见于腐木上。

菌盖表面被细绒毛、有同心环纹，子实层体平滑

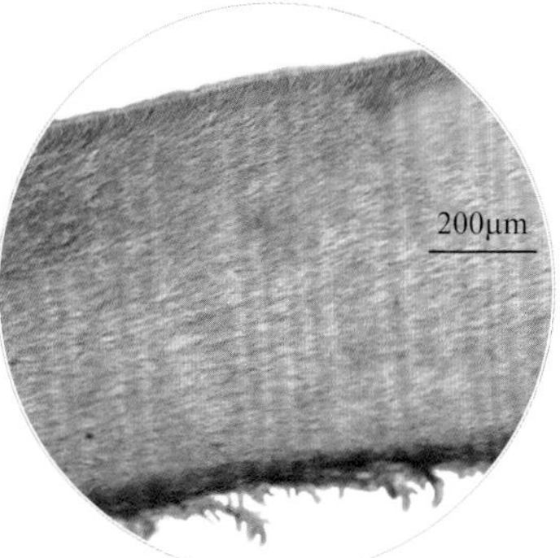

担子果剖面具皮层

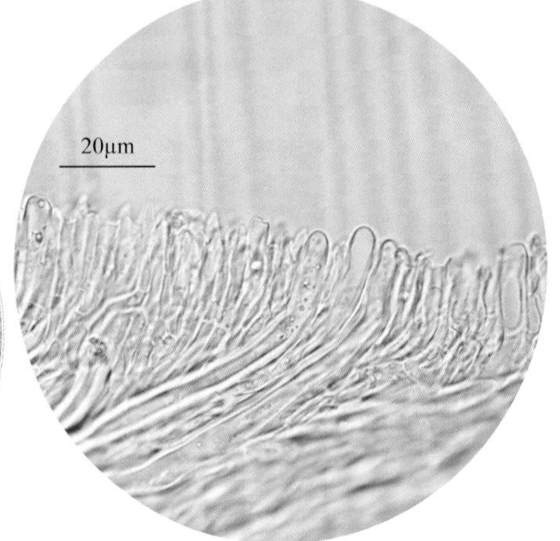

担子子实层、囊状体菌丝

625 高山叉丝革菌

***Vararia montana* S.L. Liu & S.H. He**

担子果一年生，平伏，紧贴于基物，新鲜时软，干后易碎，长可达5cm，宽可达3cm，厚约0.5mm。子实层体平滑，橘色至黄褐色，后期开裂。

具胶囊体，棍棒形，先端乳突状，50～100μm×4～9μm，无色，薄壁。担孢子宽椭圆形，16～24μm×8～13μm，无色，壁薄，平滑。

生于阔叶树倒木、腐木上，引起木材白色腐朽。

担子果（戴玉成等照）

626 平伏刷革菌

***Xylobolus annosus* (Berk. & Broome) Boidin**

担子果多年生，木质，大部平伏，平伏部分长4～14cm，宽1.5～10cm，边缘反卷部分形成半圆形或条状菌盖，长1.5～2.5cm，宽0.5～1cm，基部厚约1.5mm，表面黄褐色至暗褐色，被稀疏的细短绒毛或毛脱落，具窄而密的同心环带。子实层体平滑，具小突起和微细裂纹，米黄色、浅肉色。

担子果纵剖面具皮层，子实层多层，内有结晶块，棘状侧丝多且明显，最上层的无色，以下各层的多为黄褐色，粗2.5～5μm。担孢子椭圆形、卵形，4.5～6μm×2.5～3μm，无色，透明，平滑，淀粉质。

生于枯立木、腐木或倒木上。

担子果平伏反卷、菌盖表面具同心环带、子实层体平滑

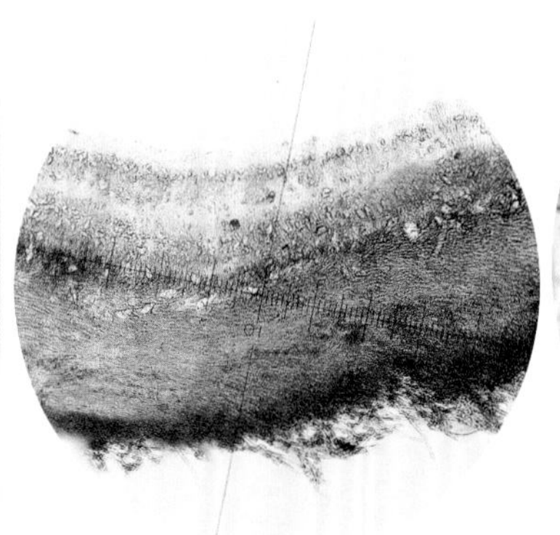

担子果剖面具皮层，子实层多层、有结晶块

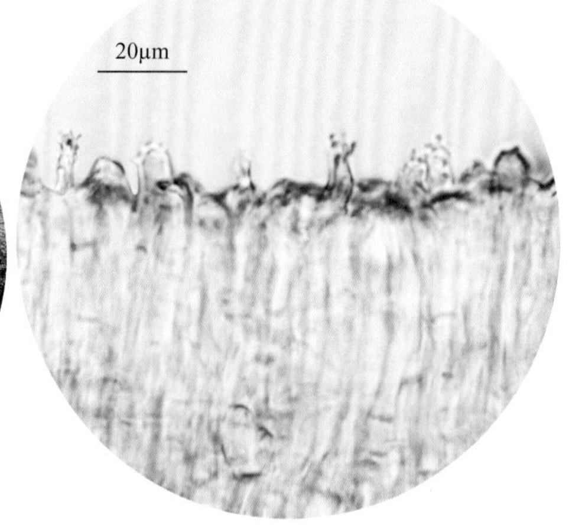

担子子实层、棘状侧丝

627 丛片刷革菌 （曾用名：龟背刷革）

***Xylobolus frustulatus* (Pers.) P. Karst.**

担子果木质，平伏，长可达10cm，宽1～2.5cm，厚1mm左右，有时稍反卷，可相连。菌盖表面暗褐色，有不明显的同心环纹，无毛。子实层体平滑，近白色、灰白色、浅肉色，具有细而深的裂缝。

担子果纵剖面无皮层，子实层多层，棘状侧丝粗3～5μm，无色至淡褐色。担孢子椭圆形、卵形，5～6.5μm×2.5～4μm，无色，壁薄且平滑，淀粉质。

生于倒木或腐木上，造成木材白色腐朽。

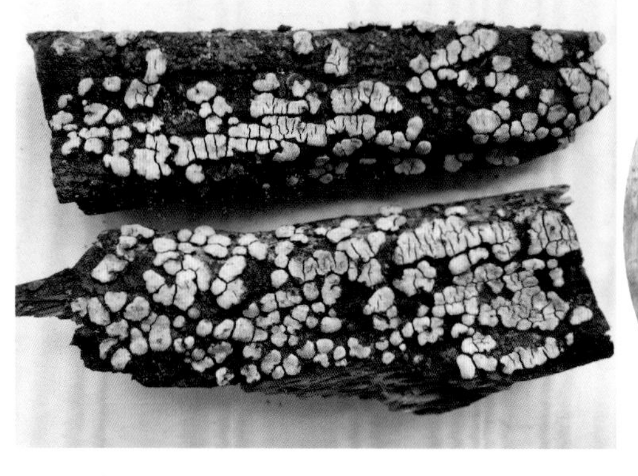

干燥担子果（子实层体平滑、开裂）

担子果剖面缺皮层、子实层多层

628 大刷革菌

***Xylobolus princeps* (Jungh.) Boidin**

担子果多年生，硬革质，平伏反卷，平伏部分长3～21cm，宽0.9～10.5cm。菌盖半圆形、扇形至贝壳状，长2～15(～20)cm，宽2～6.5(～10)cm，靠基部处厚约4mm，常左右相连，可覆瓦状叠生，表面锈褐色、栗褐色、灰褐色，幼时被细短绒毛，成熟时脱落，有深色、狭窄的同心环带。子实层体平滑，近基部有疣状突起，米黄色、淡褐色、浅棕色。

担子果纵剖面具皮层，子实层多层，层内棘状侧丝多而密集，棍棒形、圆筒形，粗3～6μm，一般最上层的无色，以下各层的黄褐色。担孢子椭圆形，3～6μm×2.5～3.5μm，无色，薄壁，淀粉质。

常生于栎属各种的倒木上。

担子果（菌盖表面具狭窄同心环带）

子实层体平滑、具疣突

棘状侧丝密集、上层近无色、下层色深

担孢子、棘状侧丝

629 硬刷革菌

***Xylobolus subpileatus* (Berk. & M.A. Curtis) Boidin**

担子果多年生，木栓质，硬，平伏反卷，反卷部分菌盖檐状、扇形，长4.5～6cm，宽1.5～3.5cm，左右相连的可长12cm，表面锈褐色、灰褐色至暗褐色，被细绒毛，具明显或不明显的同心环带。子实层体平滑，但常有小瘤状突起，近白色、浅黄色、土黄色至黄褐色。

担子果纵剖面具皮层，子实层多层，内有囊状体菌丝、棘状侧丝、被结晶囊体，棘状侧丝密集，直径4～6μm，有的被结晶，最上层的无色，以下各层的呈黄褐色；被结晶囊体棍棒形至圆筒形，直径4～8μm。担孢子宽椭圆形至卵形，4～5.5μm×2～4μm，无色，薄壁，平滑，淀粉质。

生于枯立木或枯树桩上。

担子果左右相连、菌盖表面具同心环带

子实层体平滑、具小瘤

子实层具棘状侧丝

革 菌 科 Thelephoraceae

630 莲座革菌

***Thelephora vialis* Schwein.**

担子果由自短柄升起的几个分枝裂片组成，层叠似莲座，高约10cm，灰白色、灰色，软革质。子实层体平滑，生于一侧，淡粉灰色、暗灰色。菌肉淡色，遇KOH变绿色再变褐色。

担孢子浅灰色，5～7μm×4～5μm，壁深波状，又称具冠状突起。

夏秋季生于针叶林、针阔混交林中地表。药食兼用。外生菌根菌。

担子果裂片层叠似莲座

幼担子果

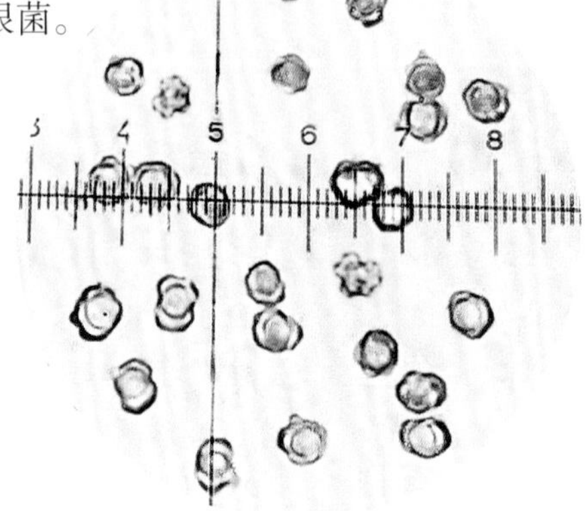

担孢子具冠状突起

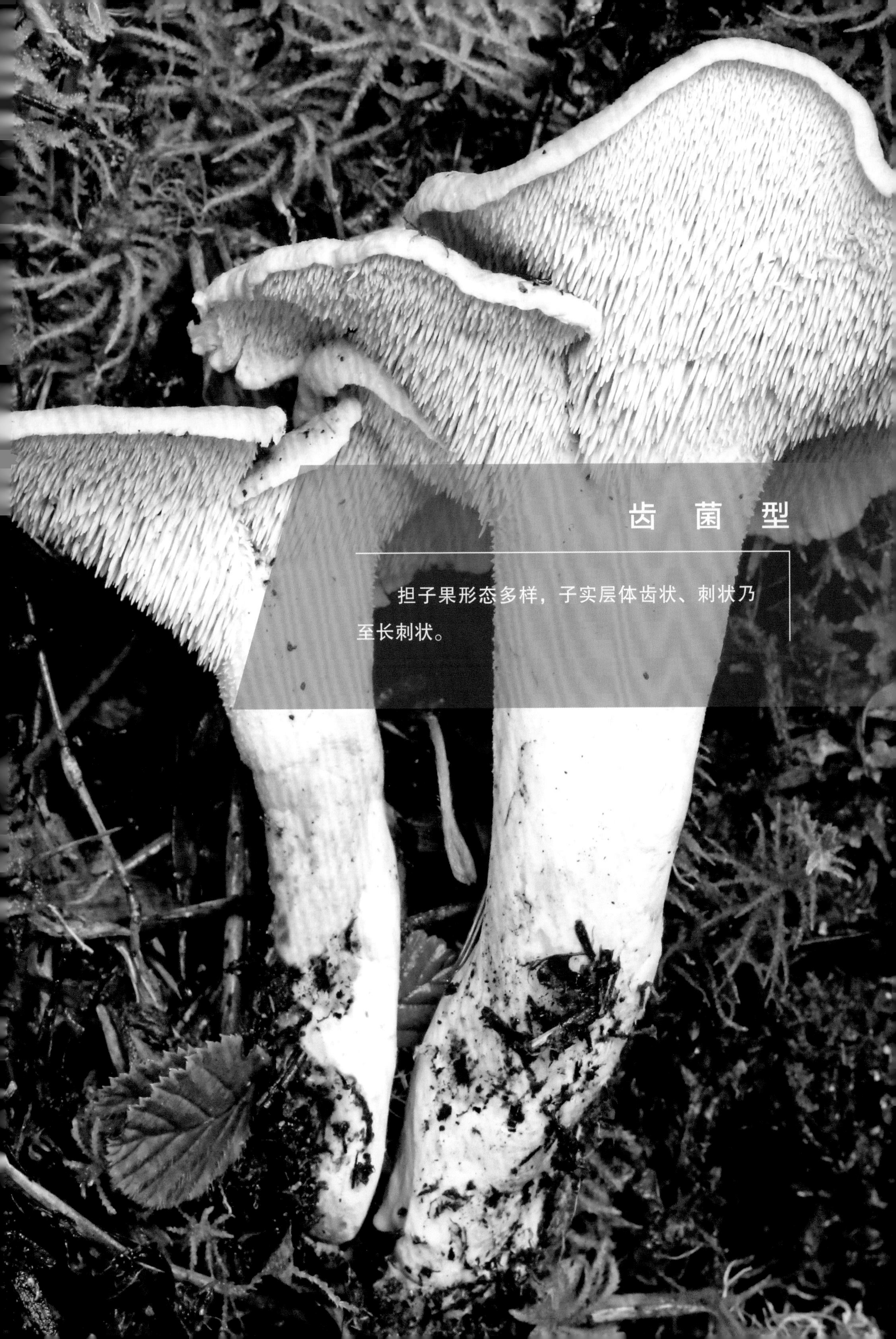

齿 菌 型

担子果形态多样，子实层体齿状、刺状乃至长刺状。

烟白齿菌科 Bankeraceae

631 锈褐丽齿菌
Calodon velutinus **(Fr.) P. Karst.**

菌盖扁半球形至平展，直径4～9cm，表面锈褐色，有瘤状凸起，被绒毛，中部稍下凹，幼时边缘色稍浅。菌肉锈褐色。子实层体锥刺状，长0.2～0.6cm，锈褐色，延生至菌柄上部。菌柄中生至偏生，粗壮，2～4cm×0.8～1.2cm，深褐色，粗糙，密被绒毛，基部稍膨大。

担孢子近球形，5～6μm×4～5μm，浅褐色，有小疣。

夏秋季散生或群生于云南松林地上。

担子果（菌盖表面被绒毛）

子实层体锥刺状、延生至柄

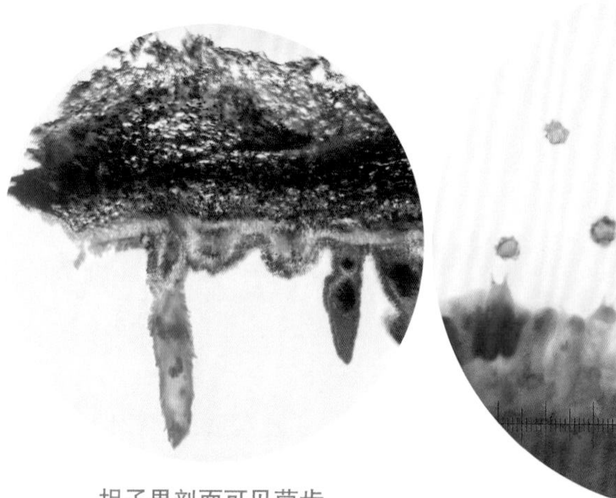
担子果剖面可见菌齿

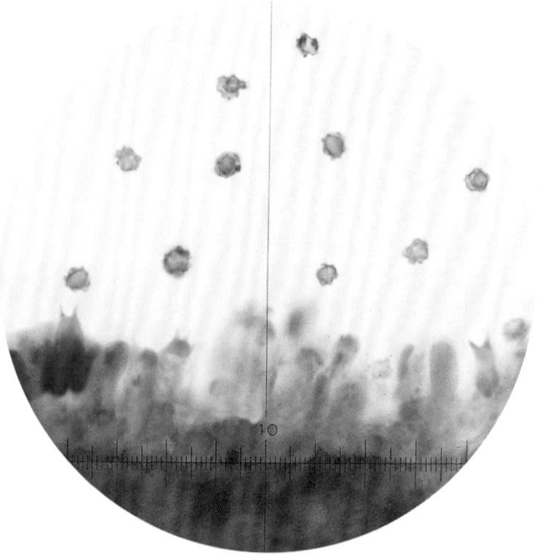
担孢子、担子

632 粉灰栓齿菌
Phellodon confluens **(Pers.) Pouzar**

菌盖平展，中部稍下凹，直径2～7cm，表面粉灰色，被绒毛，边缘近白色。菌肉灰白色。子实层体锥刺状，灰白色，刺长0.2～0.6cm，顶端尖，下垂，延生至菌柄上部。菌柄中生至偏生，粗壮，2～4cm×0.8～1.5cm，灰白色，后期灰紫色，表面粗糙，密被绒毛。

担孢子近球形，3.5～5μm，近无色，有小刺。

夏秋季散生或群生于针阔混交林中地上。

担子果（柄偏生、菌盖表面被毛、子实层体锥刺状）

633 褐薄丽齿菌

Calodon zonatus **(Batsch) P. Karst.**

［现名：*Hydnellum concrescens* (Pers.) Banker］

菌盖近漏斗形或扁平，直径3～5.5cm，革质，表面粉灰色、锈褐色至肝褐色，具同心环带及放射状条纹，被纤毛。菌肉厚不及1mm，不分层，锈褐色。子实层体锥刺状，长约3mm，粉灰色，渐变栗褐色，延生至菌柄上部。菌柄中生至偏生，1～4cm×0.3～1cm，锈褐色，被细绒毛，基部常膨大。

担孢子近球形，4～6μm×3.5～5μm，浅褐色，具波状突起，嗜蓝。

夏秋季群生于混交林中地上。

担子果（菌柄中生）

子实层体锥刺状、延生至柄

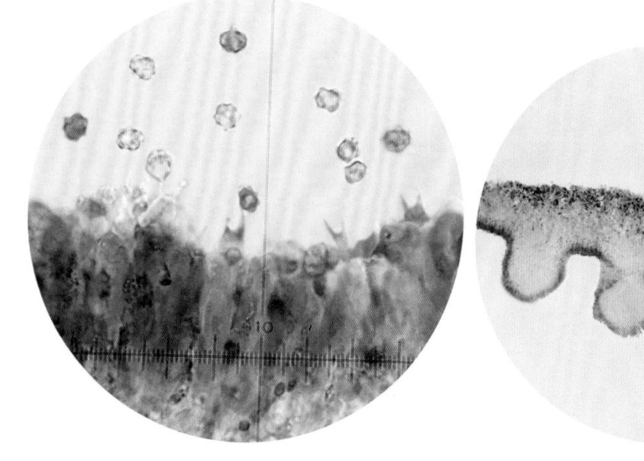

担孢子、担子、子实层

菌盖剖面

634 黑栓齿菌

Phellodon niger **(Fr.) P. Karst.**

担子果高3～8cm。菌盖近圆形，扁平或微凹，直径2～5cm，表面青灰色，渐变青黑色，有环纹，被毛，边缘初呈白色。菌肉青黑色，有香味。子实层体锥刺状，污白灰色，向柄延生。菌柄偏生，粗壮，被毛。

担孢子球形，直径4～6μm，无色，有刺突。

夏秋季群生于针阔混交林中地上。可食用。

担子果（菌盖表面具环纹、被毛，幼时边缘白色）

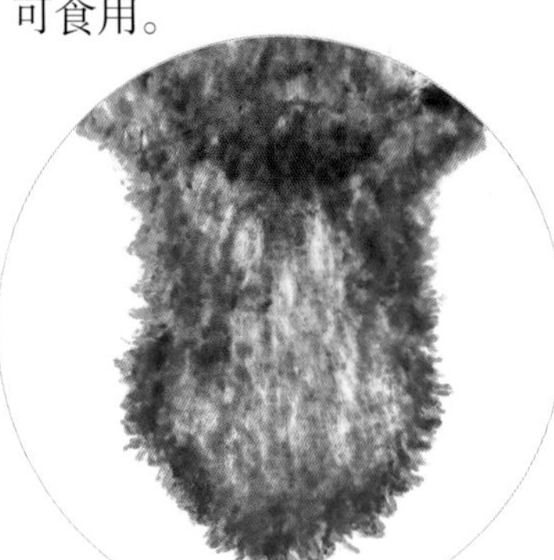

菌齿剖面

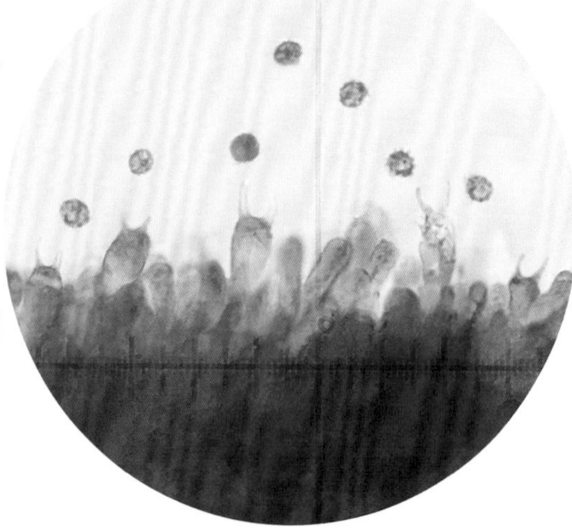

担孢子、担子、子实层

子实层体锥刺状、菌柄偏生

635 环纹栓齿菌

Phellodon tomentosus (L.) Banker

担子果韧肉质。菌盖直径1.8～4.5cm，中央微下凹，表面有褐色和白色相间的同心环棱，边缘波状。菌肉红褐色，纤维质，较薄。子实层体锥刺状，暗灰色，短小，长0.2～0.4cm，圆锥形，延生至菌柄上部。菌柄中生或偏生，2～4cm×0.3～0.8cm，表面凹凸不平。

担孢子宽椭圆形至球形，直径3～4.5μm，近无色，壁厚，表面有疣突。

生于云南松林中。幼时可食用。

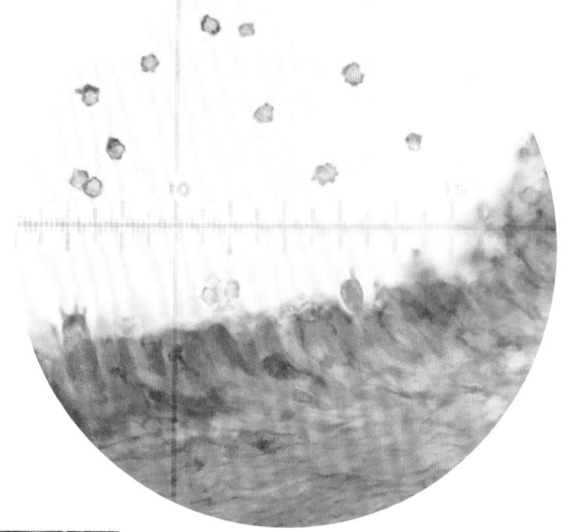

担孢子、担子、子实层

担子果（菌盖表面具环纹）

子实层体锥刺状、菌柄中生

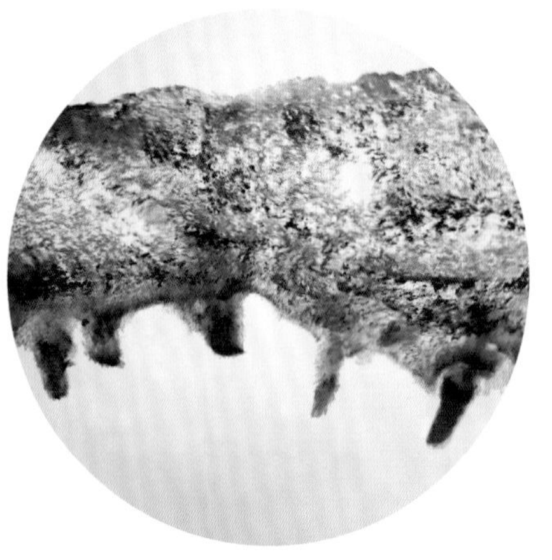

菌盖剖面

636 褐紫肉齿菌

Sarcodon aspratus (Berk.) S. Ito

担子果高10～20cm。菌盖直径8～18cm，近圆形，中部深凹，表面淡红褐色，被黑褐色鳞片。菌肉淡粉红色，香。子实层体刺状，长约10mm，向柄延生，淡褐色至褐色。菌柄中生或偏生，3～16cm×0.3～0.8cm，与菌盖同色，光滑。

担孢子近球形，直径5～6μm，浅褐色，壁粗糙。

夏秋季群生于阔叶林中地上。可食用。外生菌根菌。

担子果（菌柄偏生）

子实层体刺状

637 褐白肉齿菌

***Sarcodon fuligineoalbus*(J.C. Schmidt) Quél.**

［现名：*Phellodon fuligineoalbus* (J.C. Schmidt) R.E. Baird］

担子果一年生，具中生或偏生菌柄。菌盖平展、近圆形，中部下凹，直径4～15cm，表面浅灰黄色、黄褐色，光滑，湿时稍黏。菌肉黄白色。子实层体刺状，长1～3mm，乳白色、浅土黄色，向柄延生。菌柄与菌盖同色。

担孢子近球形，直径3～4.5μm，无色，稍带浅黄色，具疣突。

夏秋季群生或散生于针阔混交林中地上。造成木材白色腐朽。药食兼用。

担子果（子实层体刺状、菌柄中生）

638 翘鳞肉齿菌（俗名：黑虎掌菌）

***Sarcodon imbricatus* (L.) P. Karst.**

担子果一年生，肉质，具中生至偏生的菌柄。菌盖圆形，中部脐状或下凹，有时呈浅漏斗形，直径可达20cm，表面暗灰黑色，被紫褐色、黑褐色呈同心环状排列的大鳞片，中央的粗大、厚并翘起。菌肉污白色、淡灰色，微苦，厚达1cm。子实层体刺状，灰白色，后深褐色，长约10mm。菌柄圆柱形，淡褐色。

担孢子近球形，6～8μm×5～7.5μm，浅褐色，壁稍厚，具瘤状突起，非淀粉质，弱嗜蓝。

秋季单生或群生于针叶林中地上，又以云杉、冷杉林下为常见。食药兼用。

担子果（菌盖表面被大鳞片）

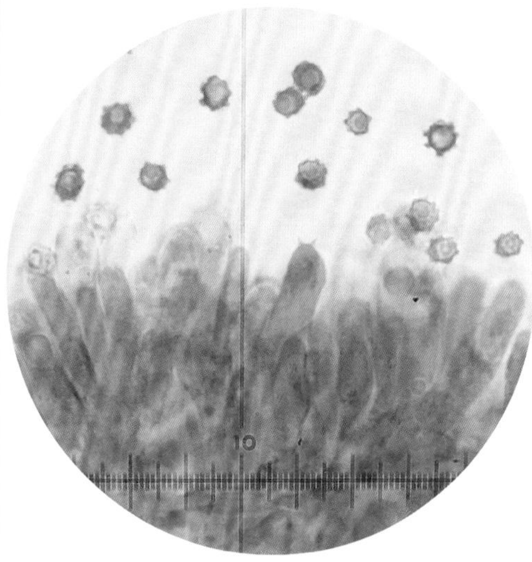

担孢子、担子

菌盖中部鳞片上翘、子实层体刺状

639 苦肉齿菌

Sarcodon lidongensis **Y.H. Mu & H.S. Yuan**

担子果一年生，肉质，具中生至偏生的菌柄。菌盖圆形，中部脐状或下凹，有时呈浅漏斗形，直径可达20cm，表面暗灰黑色，被紫褐色、黑褐色呈同心环状排列的大鳞片，中央的粗大、厚并翘起。菌肉污白色、淡灰色，微苦，厚达1cm。子实层体刺状，灰白色，后深褐色，长约10mm。菌柄圆柱形，淡褐色。

担孢子近球形，6～8μm×5～7.5μm，浅褐色，壁稍厚，具瘤状突起，非淀粉质，弱嗜蓝。

秋季单生或群生于针叶林中地上，又以云杉、冷杉林下为常见。食药兼用。

担子果（子实层体刺状）（杨祝良原照）

640 鳞盖肉齿菌

Sarcodon scabrosus **(Fr.) P. Karst.**

担子果一年生，具中生柄，肉质。菌盖呈不规则圆形，平展或中部微凸，直径10～15cm，表面新鲜时淡黄褐色，成熟后暗褐色，被有贴生的暗褐色、放射状鳞片，后翘起。菌肉新鲜时污白色，后土黄色，厚约1cm。子实层体刺状，长1～1.2cm。菌柄圆柱形，淡褐色。

担孢子近球形，5～7μm×4～5.5μm，无色，壁稍厚，具瘤状突起，非淀粉质，弱嗜蓝。

夏秋季生于针叶林中地上。可药用。

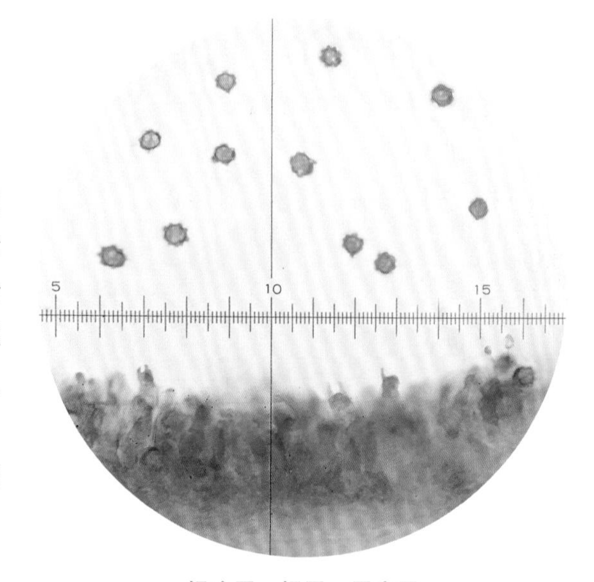

担孢子、担子、子实层

担子果（菌盖表面被鳞片）

子实层体刺状

641 紫肉齿菌

***Sarcodon violaceus* (Thore) Quél.**

[现名：*Bankera violacea* (Thore) Pouzar]

担子果

子实层体齿状、刺状

担子果烟紫色。菌盖平展，直径10～15cm，中部稍下凹，表面被黑褐色鳞片。菌肉灰紫色。子实层体齿状、刺状，长1～2mm，灰紫色，向柄延生。菌柄偏生，粗大，灰紫色。

担孢子近球形，直径4.5～5.5μm，无色，具刺突。

夏秋季群生于松林地上。可食用。

挂钟菌科 Cyphellaceae

642 拷氏齿舌革菌 （曾用名：悬垂箭皮菌）

***Radulomyces copelandii* (Pat.) Hjortstam & Spooner**

[曾用名：*Oxydontia copelandii* (Pat.) S. Ito]

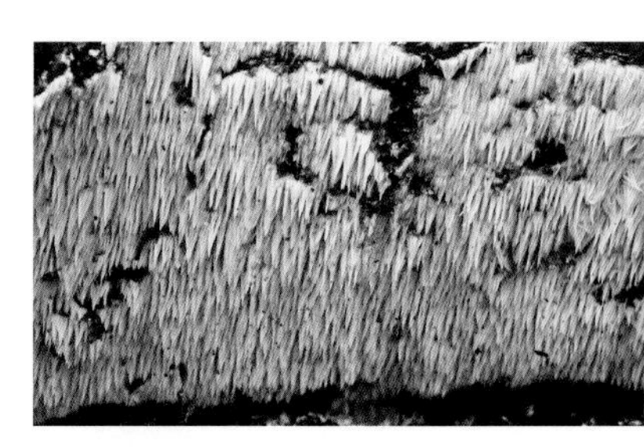

子实层体刺状

担子果平伏

担子果平伏，软革质，近圆形或不规则。子实层体刺状，白色，老后浅黄色。

担孢子近球形，直径5～6μm，无色，平滑。

夏秋季生于阔叶树枯立木或倒木上，垂生。

猴头菌科 Hericiaceae

643 珊瑚状猴头菌

***Hericium coralloides* (Scop.) Pers.**

担子果珊瑚状分枝

子实层体长刺状下垂

担子果一年生，肉质，新鲜时白色至淡黄色，直径5～10cm，珊瑚状分枝，丛枝再生出小枝。子实层体为小枝所悬垂的密集的长刺，刺长1.5～15mm。

子实层生于刺的周围。担孢子近球形，4～6μm×4～5.5μm，无色，平滑。

夏秋季生于阔叶树活立木或针叶树上，造成木材白色腐朽。食药兼用。

644 猴头菌

***Hericium erinaceus* (Bull.) Pers.**

担子果一年生，无柄或具非常短的侧生柄，新鲜时肉质，头状或近球形，直径可达25cm，表面白色，后浅乳黄色、木材色。菌肉厚可达10cm。子实层体为密集下垂的长刺，长1～3cm。

子实层生于刺的周围。担孢子近球形、宽椭圆形，6～7μm×5～6μm，无色，平滑。

夏秋季通常单生或对生于阔叶树活立木或腐木上，造成木材白色腐朽。食药兼用。

担子果头状

子实层体长刺状下垂

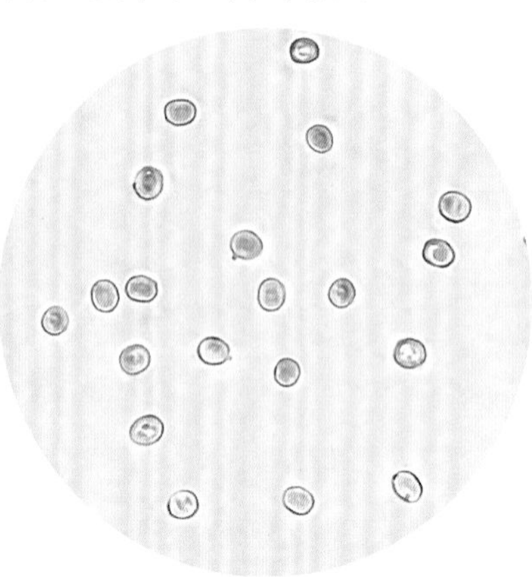

担孢子

齿菌科 Hydnaceae

645 卷缘齿菌（又名：美味齿菌）

***Hydnum repandum* L.**

担子果一年生，新鲜时肉质，干后软木栓质，具中生或偏生柄。菌盖扁半球形、圆形，直径5～10cm，中部厚约5mm，表面新鲜时奶油色至淡黄色，干后土黄色，被微细绒毛，后光滑，边缘内卷。菌肉上层奶油色至淡黄色，下层色稍暗。子实层体刺状、齿状，淡黄色，刺长约4mm，2～3个/mm。菌柄圆柱形，近白色。

担孢子近球形，7～9μm×6.5～7.5μm，无色，薄壁，平滑，非淀粉质，不嗜蓝。

夏秋季单生或聚生于阔叶林或针阔混交林中地上，有时也生于林缘和路边空旷地上。食药兼用。外生菌根菌。

担子果（菌柄偏生）

菌盖边缘内卷、子实层体刺状、菌柄偏生

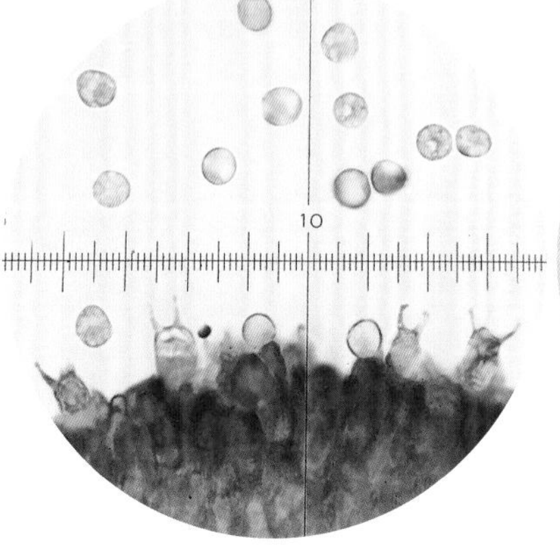

担孢子、担子

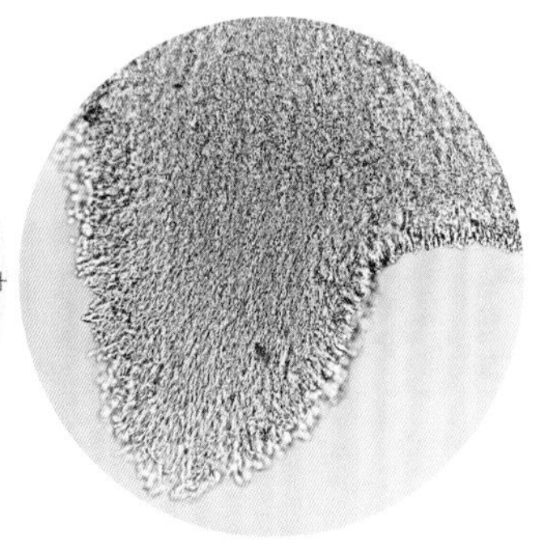

菌齿剖面（局部）

646 卷缘齿菌白色变种

Hydnum repandum **L. var.** ***album*** **(Quél.) Rea**

担子果白色、乳白色。菌盖直径3～5cm，扁半球形，中部稍下凹，表面白色。菌肉白色。子实层体刺状，白色，向柄延生。菌柄圆柱形，偏生，近白色。

担孢子近球形，直径3.5～6μm，无色，平滑。

夏秋季散生于阔叶林中地上。可食用。

担子果（菌盖中部稍下凹、子实层体刺状、菌柄偏生）

647 变红齿菌

Hydnum rufescens **Pers.**

菌盖平展，中央微凹，直径4～10cm，表面淡橘黄色，光滑。菌肉白色至淡橘黄色。子实层体为软肉刺，刺长0.2～0.8cm，下垂，奶油色至淡黄色。菌柄近中生，圆柱形，淡橘黄色，光滑。

担孢子宽卵圆形至近球形，7～9μm×5.5～7μm，无色，平滑。

夏秋季散生或群生于冷杉、云杉等针叶林或混交林中地上。可食用。

担子果具偏生菌柄

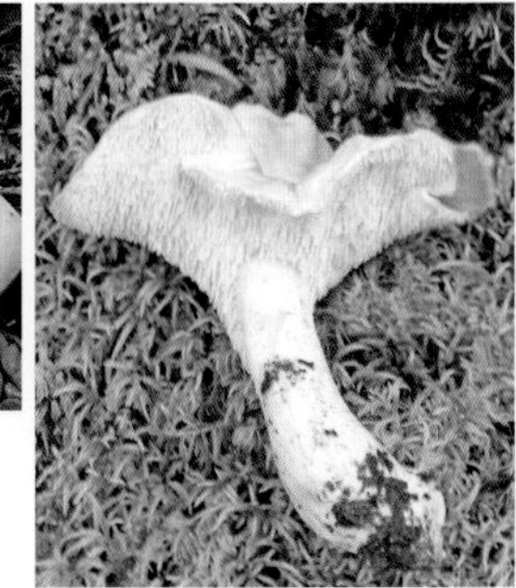

子实层体刺状

新小薄孔菌科 Neoantrodiellaceae

648 白膏新小薄孔菌（曾用名：白膏小薄孔菌）

Neoantrodiella gypsea **(Yasuda) Y.C. Dai, B.K. Cui, Jia J. Chen & H.S. Yuan**

［曾用名：*Antrodiella gypsea* (Yasuda) T. Hatt. & Ryvarden］

担子果一年至多年生，平伏、平伏反卷，覆瓦状叠生。菌盖长约1.5cm，宽约0.8cm，厚约4mm，表面奶油色至淡黄色，被细绒毛。菌肉白色、奶油色。菌管同色，管孔面初为奶油色，后淡黄色至橘黄褐色，孔口多角形，7～8个/mm。

担孢子宽椭圆形，2.5～3μm×1～1.5μm，无色，平滑，薄壁，非淀粉质。

夏秋季生于针叶树活立木或倒木上，造成木材白色腐朽。

担子果

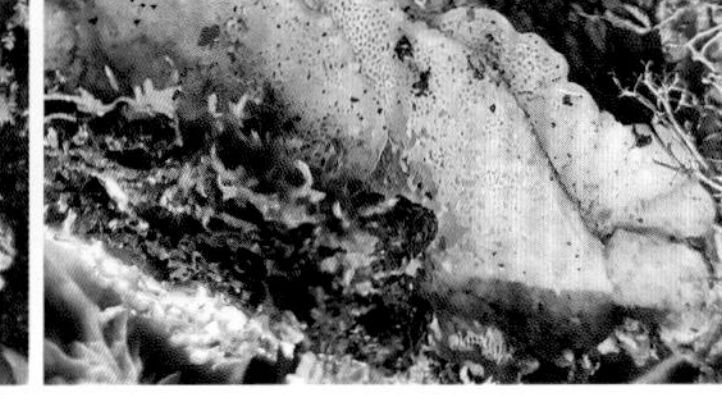

管孔面

担孢子

齿耳科 Steccherinaceae

649 橘黄小薄孔菌（现名：橘黄齿耳）

***Antrodiella aurantilaeta* (Corner) T. Hatt. & Ryvarden**

［现名：*Steccherinum aurantilaetum* (Corner) Bernicchia & Gorjón］

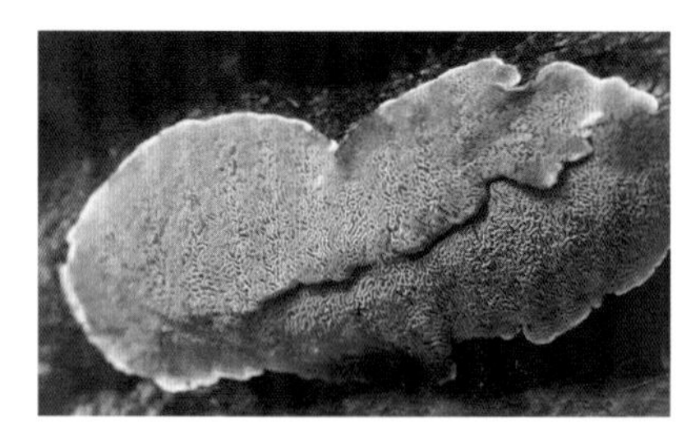

担子果（管孔面迷宫状）
（戴玉成等照）

担子果一年生，平伏、平伏反卷，新鲜时肉质至革质，干后木栓质，平伏部分长可达7cm，宽可达4cm，中部厚约5mm。菌盖半圆形，长可达1cm，宽可达3cm，表面新鲜时橘红色，后呈橙黄色，具同心环纹。菌肉、菌管浅米黄色。管长可达4mm，管孔面深橘红色，孔口多角形，后呈迷宫状、不规则形，1～3个/mm。

担孢子短圆柱形、椭圆形，3～3.5μm×1.5～2μm，无色，壁薄，平滑。

生于阔叶树倒木或树桩上，引起木材白色腐朽。

650 环带小薄孔菌（现名：环带齿毛菌）

***Antrodiella zonata* (Berk.) Ryvarden**［现名：*Cerrena zonata* (Berk.) H.S. Yuan］

担子果一年生，平伏、平伏反卷，覆瓦状层叠，革质，干后硬革质。菌盖长约5cm，宽约3cm，薄，表面橘黄色、黄褐色，具同心环纹。菌肉厚约4mm。菌管黄褐色，管孔面黄褐色，孔口近圆形，2～3个/mm，易撕裂成齿。

担孢子宽椭圆形，4.5～6μm×3～4μm，无色，薄壁，平滑，非淀粉质，不嗜蓝。

春至秋季生于阔叶树活立木、死树或倒木上，造成木材白色腐朽。可药用。

担子果

孔口边缘撕裂成齿

651 常见灰孔菌

***Cinereomyces vulgaris* (Fr.) Spirin**

担子果平伏、子实层体孔状

担子果一年生，平伏，新鲜时软木栓质，干后木质，长可达9cm，宽可达4cm，厚约0.4mm。菌肉极薄。菌管浅黄色，长约0.2mm，管孔面新鲜时白色、乳白色，干后奶油色至浅黄色，孔口近圆形，6～8个/mm。

担孢子腊肠形，3～4μm×1μm，无色，平滑，薄壁，非淀粉质，不嗜蓝。

秋季单生于阔叶树或松树腐木上，造成木材白色腐朽。

652 浅黄囊孔菌（曾用名：黄囊耙齿菌、黄囊孔）

***Flavodon flavus* (Klotzsch) Ryvarden**

［曾用名：*Irpex flavus* Klotzsch、*Hirschioporus flavus* (Klotzsch) Teng］

担子果一年生，干后软革质，平伏至平伏反卷。菌盖长形，长2～3.5cm，宽1～2.5cm，厚约3mm，可覆瓦状叠生或左右相连，表面米黄色、灰黄色至黄褐色，被绒毛，有同心环沟。菌肉深黄色，厚约1mm。菌管柠檬黄色，长1mm左右。管孔面黄褐色、淡褐色，孔口2～3个/mm，但多数裂成扁齿形，有的裂为锥形。

被结晶囊体粗4～6μm。担孢子长椭圆形，5～7μm×3～4μm，无色，薄壁，非淀粉质，不嗜蓝。

夏秋季生于阔叶树的枯立木、倒木或树桩上，造成木材白色腐朽。

担子果（孔口裂成扁齿形、锥形）

被结晶囊体

653 鲑贝耙齿菌（曾用名：鲑贝革盖菌）

***Irpex consors* Berk.**［曾用名：*Coriolus consors* (Berk.) Imazeki］

担子果一年生，无柄，直径1～3.5cm，厚约5mm，木栓质、革质。菌盖半圆形，常覆瓦状叠生，表面粉黄色、橘红色，后褪为近白色，无绒毛，有不明显环带和条纹。菌肉白色、浅肉色，厚0.5～1mm。菌管白色、浅肉色，长2～4mm，管孔面淡黄色，孔口略圆形或不规则形，1～3个/mm，多裂成齿状。

囊状体瓶形或圆筒形。担孢子宽椭圆形，4.5～6.5μm×2.5～3.5μm，无色，平滑。

群生于栎类阔叶树的落枝或腐木上，引起木材白色腐朽。

担子果覆瓦状叠生

子实层体扁齿状

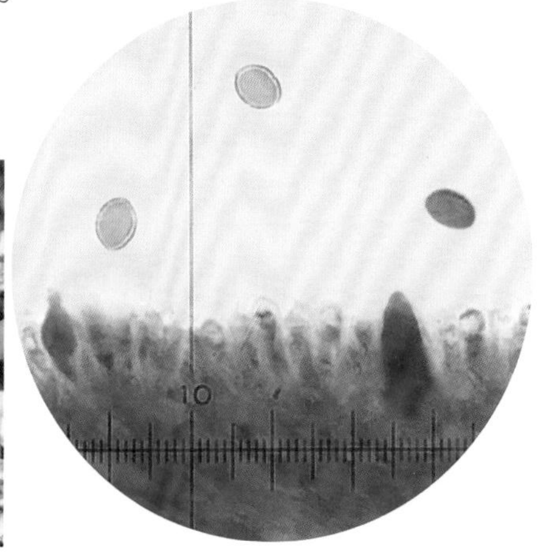

担孢子、囊状体、子实层

654 白囊耙齿菌（曾用名：白囊孔）

Irpex lacteus (Fr.) Fr. [曾用名：*Hirschioporus lacteus* (Fr.) Teng]

担子果一年生，近革质，平伏、平伏反卷。平伏时长可达10cm，宽约5cm。菌盖半圆形，长约2cm，宽约1cm，厚约3mm，有时覆瓦状叠生，表面乳白色至浅黄色，被细长毛、绒毛，同心环带不明显。菌肉白色至奶油色，厚约1mm。管孔面白色至淡黄白色，孔口多角形，2～3个/mm，常裂成齿。

被结晶囊体粗6～8μm，突出子实层30～40μm。担孢子圆柱形、椭圆形，4～6μm×2～3μm，无色，薄壁，平滑，非淀粉质，不嗜蓝。

夏秋季生于多种阔叶树枯立木、倒木或枯枝上，偶在针叶林内发生，造成木材白色腐朽。可药用。

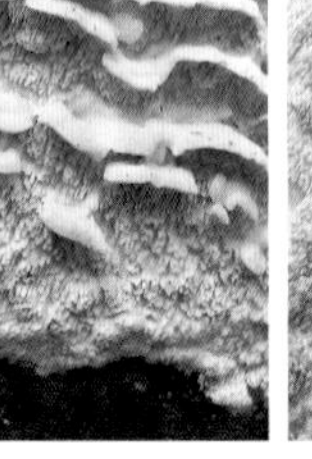

担子果平伏反卷

孔口常裂成齿

担孢子、被结晶囊体

655 绒囊耙齿菌（曾用名：软绒囊孔）

Irpex vellereus Berk. & Broome [曾用名：*Hirschioporus vellereus* (Berk. & Broome) Teng]

担子果软革质，平伏反卷，或平展。菌盖长2～4cm，宽1～2cm，可左右相连、覆瓦状叠生，表面淡黄色、黄白色，被绒毛，有同心环纹。菌肉白色。菌管黄褐色、褐色，管孔面与管同色，孔口多角形、不规则形，约2个/mm，多齿裂。

被结晶囊体粗3～5μm，无色、浅黄色。担孢子椭圆形，4.5～5.5μm×1.5～2.5μm，无色，平滑。

夏秋季生于阔叶树的倒木或枯枝上，造成木材白色腐朽。

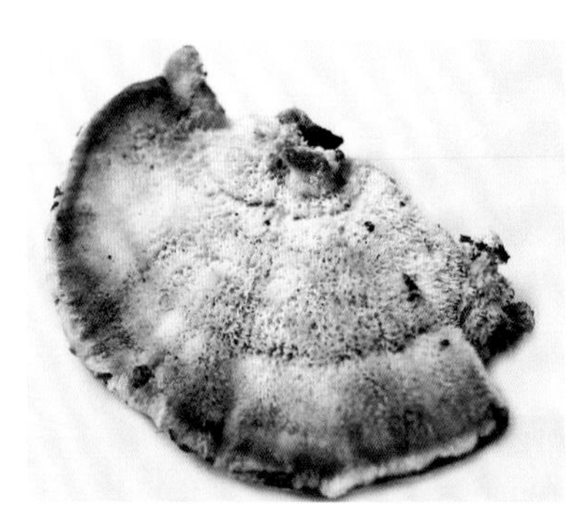

担子果（菌盖表面被绒毛）

被结晶囊体

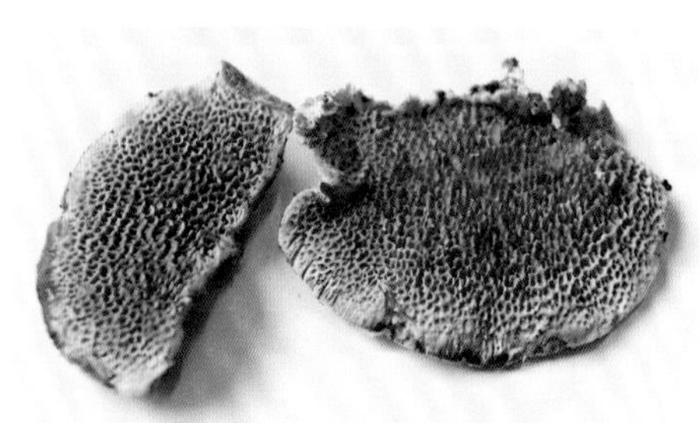

子实层体孔状、部分破裂成齿

656 黑刺齿耳

***Steccherinum adustum* (Schwein.) Banker**

［现名：*Mycorrhaphium adustum* (Schwein.) Maas Geest.］

担子果一年生，具侧生或偏生菌柄，革质。菌盖近圆形、扇形，长可达5cm，宽可达3cm，基部厚约5mm，表面白色、土黄色，被细绒毛，有不明显环纹。菌肉白色，厚1～3mm。子实层体扁刺状，棕褐色，触摸后变为紫色至黑色，长约2mm。

担孢子短圆柱形，2.5～3.5μm×1～1.5μm，无色，薄壁，平滑，非淀粉质，不嗜蓝。

夏秋季生于阔叶树倒木上，造成木材白色腐朽。

干燥担子果

子实层体扁刺状

菌齿剖面（局部）

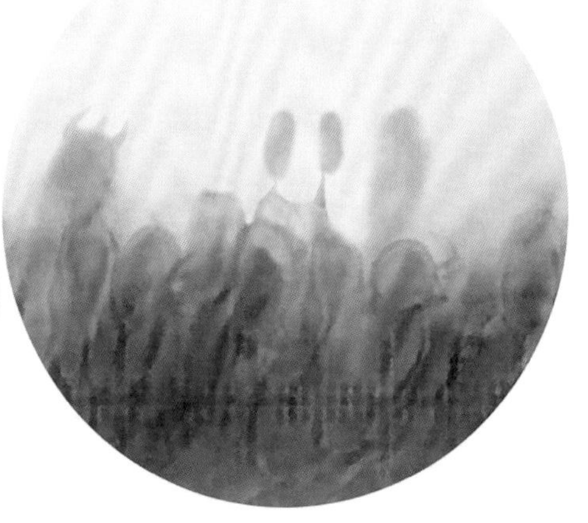

担孢子、担子、子实层

657 毛缘齿耳

***Steccherinum fimbriatum* (Pers.) J. Erikss.**

担子果一年生，平伏，长4～14cm，宽1～8cm，厚约1mm。不育边缘绒毛状，形成白色菌索。菌肉厚约0.4mm。子实层体短齿状，淡紫褐色至灰黄褐色，长约0.5mm。

被结晶囊体棒状，粗6.5～13μm。担孢子椭圆形，3～3.5μm×1.5～2.5μm，无色，薄壁，平滑，非淀粉质，不嗜蓝。

秋季生于阔叶树的树皮或倒木上，造成木材白色腐朽。

担子果

658 短刺白齿耳

***Steccherinum helvolum* (Zipp. ex Lév.) S. Ito**

担子果木栓质或近革质，扇形，1～4cm×0.5～3cm，基部狭窄。菌盖表面黄白色或淡黄褐色，近光滑，有不明显环纹和放射状条纹。菌肉近白色，厚不及2.5mm。刺长1.5～4mm，浅朽叶色。

无囊状体。担孢子椭圆形，7.5～9μm×3～4μm，无色，平滑。

生于林下腐木上。

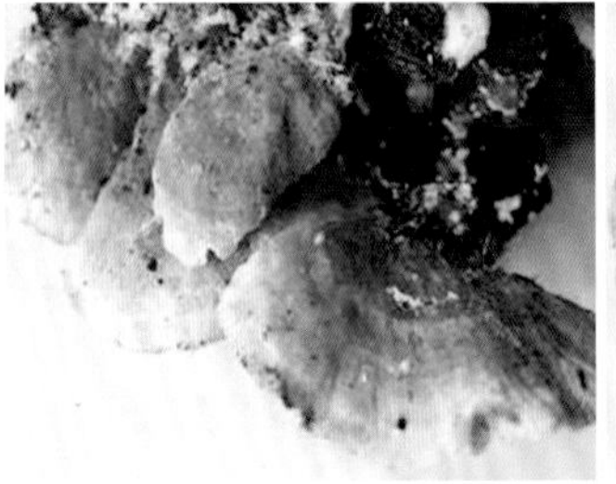

担子果　　子实层体齿状

659 赭黄齿耳 （又名：绒盖齿耳）

***Steccherinum ochraceum* (Pers. ex J.F. Gmelin) Gray**

担子果一年生，革质，平伏反卷。菌盖半圆形、扇形，可覆瓦状叠生和左右相连，长可达2.5cm，宽可达2cm，厚0.8～1.5mm，表面白色、淡黄色，老后变灰色，有环状棱纹，被绒毛。菌肉上层疏松，下层紧密。子实层体齿状、锥刺状，长1～2mm，粉黄色、浅肉色。

被结晶囊体棒状，粗4～8μm。担孢子卵形、宽椭圆形，3～4μm×2～2.5μm，无色，薄壁，平滑，非淀粉质。

夏秋季生于阔叶树枯立木、倒木或腐木上，造成木材白色腐朽。

干燥担子果（菌盖表面被绒毛）

担子果纵切面、子实层体齿状

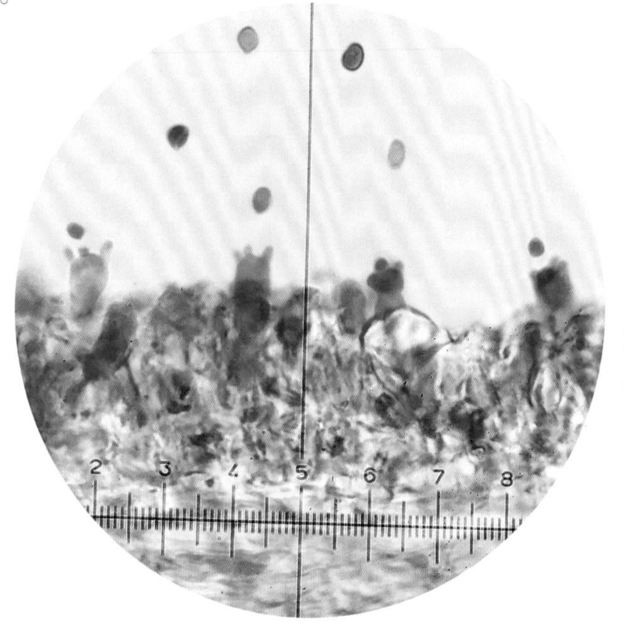

担孢子、担子

菌齿剖面

660 穆氏齿耳

***Steccherinum murashkinskyi* (Burt) Maas Geest.**

［现名：*Metuloidea murashkinskyi* (Burt) Miettinen & Spirin］

担子果一年生，平伏反卷，可覆瓦状叠生，新鲜时革质。菌盖半圆形，长可达1～4cm，宽0.5～1cm，基部厚4～5mm，表面暗黄褐色，具不明显环纹。菌肉土黄色，厚约0.5mm。子实层体齿状，菌齿下部暗褐色，上部灰褐色，长约4mm，3～4个/mm。

被结晶囊体棍棒形，粗7～18μm。担孢子椭圆形，3～4μm×1.5～2μm，无色，壁薄，平滑。

生于阔叶树倒木上，引起木材白色腐朽。

担子果（子实层体齿状）（戴玉成等照）

661 长刺白齿耳 （现名：长刺类齿菌）

***Steccherinum pergameneum* (Yasuda) S. Ito**

［现名：*Mycoleptodonoides pergamenea* (Yasuda) Aoshima & H. Furuk.］

担子果肉质，干后半膜质。菌盖扇形，长4～5cm，宽5～8cm，厚2～5mm，基部狭窄似柄，表面白色，干后浅土黄色，光滑无毛，有皱纹。菌肉近白色或乳白色，厚0.5～1mm。子实层体刺状，刺长3～8mm，浅黄色、浅朽叶色。

无囊状体。担孢子长椭圆形，4～7μm×1.5～2μm，无色，平滑。

生于阔叶树的枯立木上。

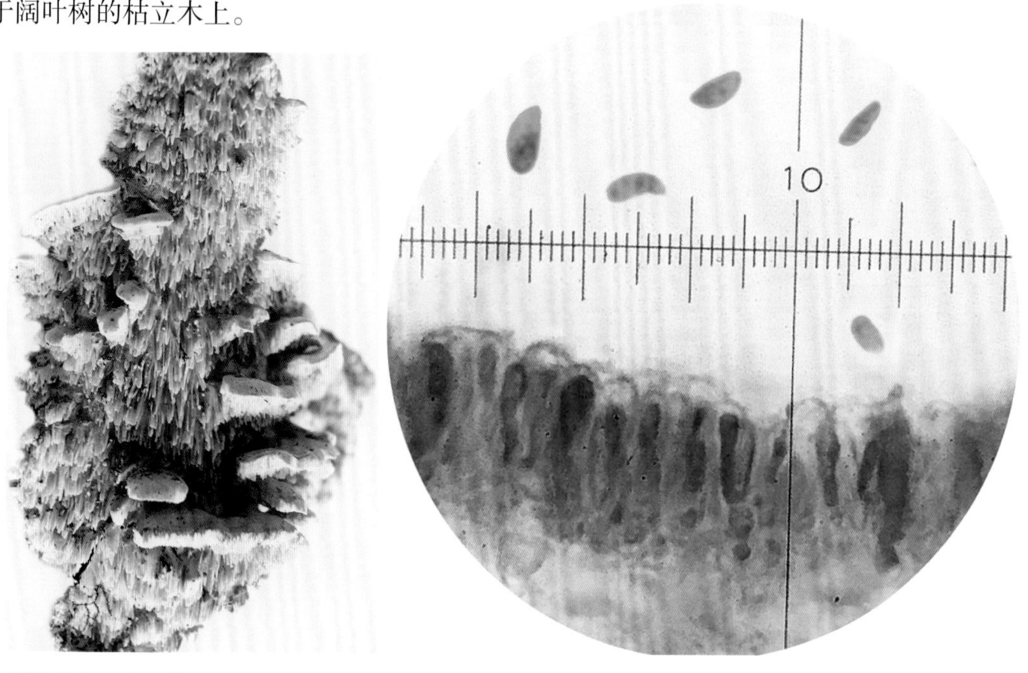

担子果（子实层体长刺状）　　担孢子、子实层

鸡油菌型

担子果漏斗形、喇叭形、管状。子实层体平滑或皱褶状，生于担子果外侧。

鸡油菌科 Cantharellaceae

662 鸡油菌
Cantharellus cibarius Fr.

担子果喇叭形，高4～12cm，肉质，鲜杏黄色至蛋黄色。菌盖初期扁平，后下凹，直径3～12cm，表面光滑，边缘波状，有时瓣裂、内卷。菌肉白色、淡黄色，有杏仁味。子实层体为棱褶，分叉或相互交织，向柄延生。菌柄中生或偏生，粗短，杏黄色。

担孢子宽椭圆形，7～10μm×5～6μm，无色，平滑。

夏秋季单生或群生于针叶林或针阔混交林中地上。美味食用菌。

担子果喇叭形，棱褶分叉、向柄延生，菌柄中生

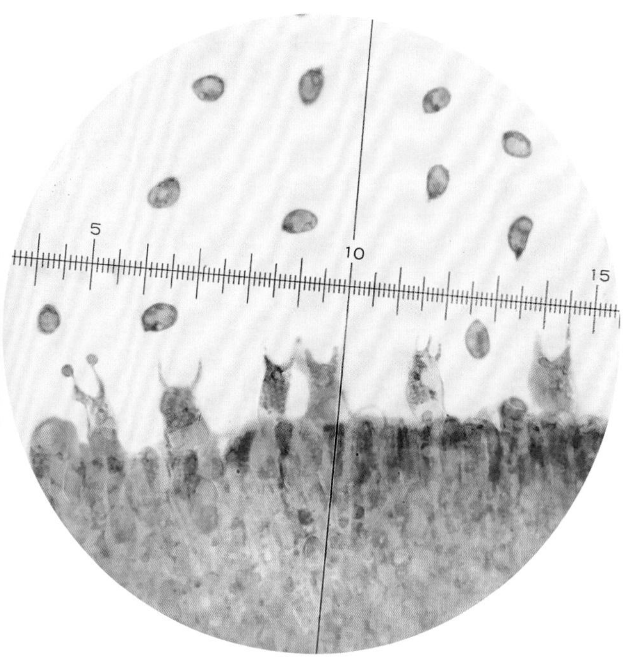

担孢子、担子、子实层

663 小鸡油菌
Cantharellus minor Peck

担子果肉质。菌盖初为近半球形至扁平，后中部下凹呈喇叭状，直径1～3cm，杏黄色、鲜黄色、蛋黄色或橙黄色，表面光滑，边缘不规则波浪状。子实层体为分叉的棱褶，向柄延生、近延生。菌柄圆柱形，与菌盖同色或稍浅。

担孢子椭圆形，6～10μm×4.5～5.5μm，淡黄色，平滑。

夏秋季群生于针阔混交林中地上。可食用。

担子果（菌盖中部下凹、子实层体棱褶状）

664 疣孢鸡油菌

Cantharellus tuberculosporus M. Zang

担子果肉质，黄色至黄褐色。菌盖平展而中部凹陷，直径3～7cm，表面光滑或表皮撕裂成黄褐色鳞片。菌肉较薄。子实层体皱褶状、棱状，黄色、淡黄色。菌柄圆柱形，淡黄色、黄色。

担孢子宽椭圆形，7.5～9.5μm×5.5～6.5μm，无色，有小疣突。

夏秋季生于亚高山针阔混交林中地上。可食用。

担子果（菌盖中部凹陷、光滑，子实层体皱褶状，菌柄中生）

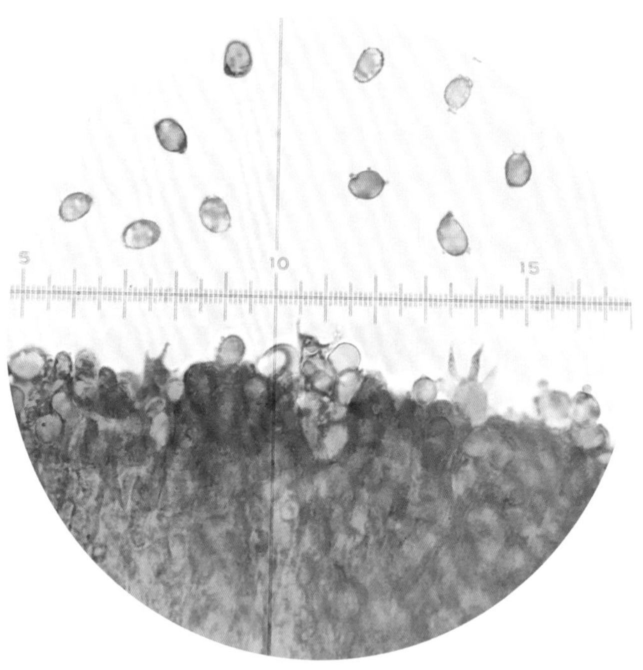

担孢子、担子、子实层

665 云南鸡油菌

Cantharellus yunnanensis W.F. Chiu

担子果淡橙黄色，肉质。菌盖直径1.5～2.5cm，中部微下凹，边缘波状内卷。菌肉近白色。子实层体皱褶状，白色渐变淡橙色，向柄延生。菌柄3～5cm×0.5～1cm，淡黄白色。

担孢子宽椭圆形，4～5μm×2～3.5μm，无色，平滑。

夏秋季生于针阔混交林下。可食用。外生菌根菌。

担子果（菌盖表面光滑）

子实层体皱褶状

666 灰黑喇叭菌（俗名：灰号角）

***Craterellus cornucopioides* (L.) Pers.**

担子果中部深凹呈喇叭状。菌盖直径3～8cm，灰色、灰褐色至灰黑色，被细小鳞片，边缘波状或向下卷。菌肉薄。子实层体平滑、近平滑，淡灰色、灰紫色。菌柄灰色至灰黑色。

担孢子宽椭圆形，8～15μm×6～10μm，无色，平滑。

夏秋季群生于针叶林或针阔混交林中地上。可食用。

担子果喇叭形、子实层体平滑

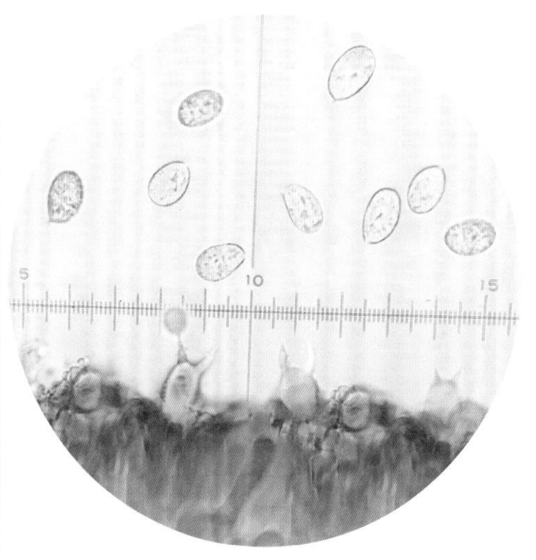

担孢子、担子

667 变黄喇叭菌

***Craterellus lutescens* (Fr.) Fr.**

担子果喇叭状。菌盖直径3～8cm，灰黄色至黄褐色，表面被细小鳞片，边缘波状或向下卷。菌肉薄。子实层体近平滑至有脉纹，向柄延生，黄色、黄褐色。菌柄圆柱形，黄色至橘黄色。

担孢子宽椭圆形，9～12μm×6～8.5μm，无色，平滑。

夏秋季生于针叶林或针阔混交林中地上。可食用。

担子果喇叭状、菌盖表面被鳞片

子实层体平滑或有脉纹

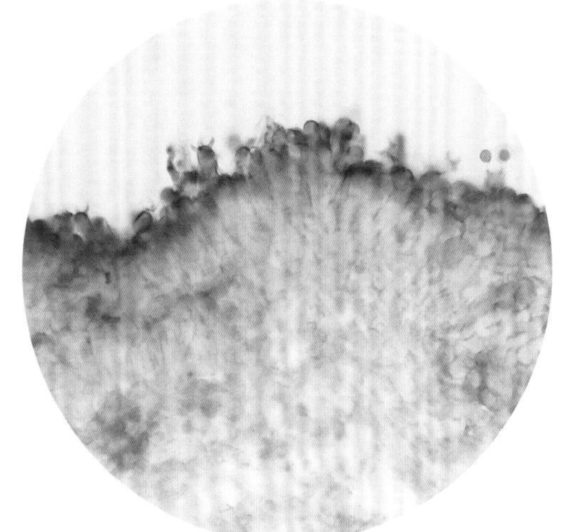

菌盖剖面（局部）

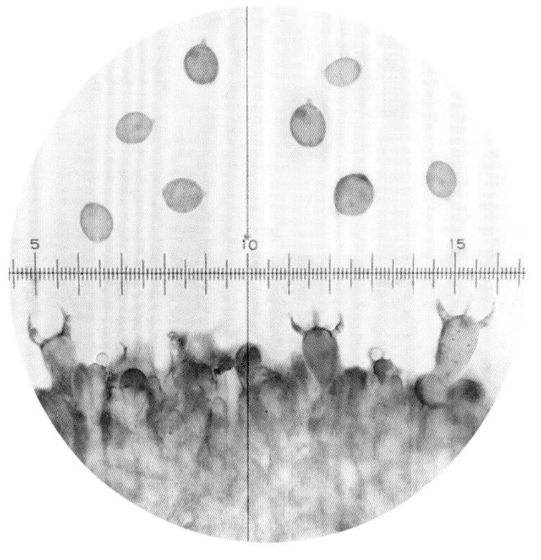

担孢子、担子、子实层

钉　菇　科　Gomphaceae

668 毛钉菇（曾用名：毛陀螺菌）

***Gomphus floccosus* (Schwein.) Singer**

［现名：*Turbinellus floccosus* (Schwein.) Earle ex Giachini & Castellano］

担子果喇叭形，高10～15cm。菌盖中央下陷至菌柄基部，表面黄色至橘红色，被橙褐红色大鳞片。子实层体皱褶状，白色、淡黄色，向柄延生。菌柄圆柱形，淡黄色。

担孢子椭圆形，11～16μm×6～7.5μm，淡黄色、近无色，初平滑后稍粗糙。

夏秋季群生于针叶林中地上。有食后中毒的记录，不建议采食。

幼担子果（担子果喇叭形、菌盖表面被鳞片）

子实层体皱褶状

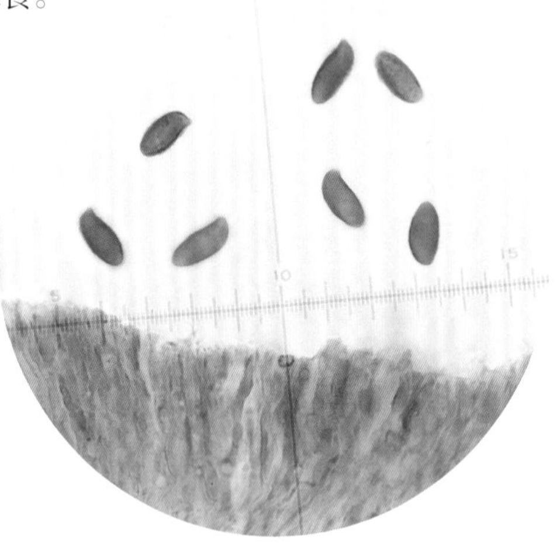

担孢子、子实层

669 浅褐钉菇（曾用名：浅褐陀螺菌）

***Gomphus fujisanensis* (S. Imai) Parmasto**

担子果喇叭状，高7～12cm，浅土黄色、淡黄褐色。菌盖中央下凹至菌柄基部，表面近肉色，被淡褐色鳞片。子实层体为曲折棱纹，向柄延生，污白色、米色。菌柄污白色。

担孢子椭圆形，12～18μm×6～8μm，具细小疣突而稍粗糙。

夏秋季群生于针叶林或阔叶林中地上。可食用，但也有记载具一定毒性，可引起吐泻。

担子果（子实层体为曲折棱纹）

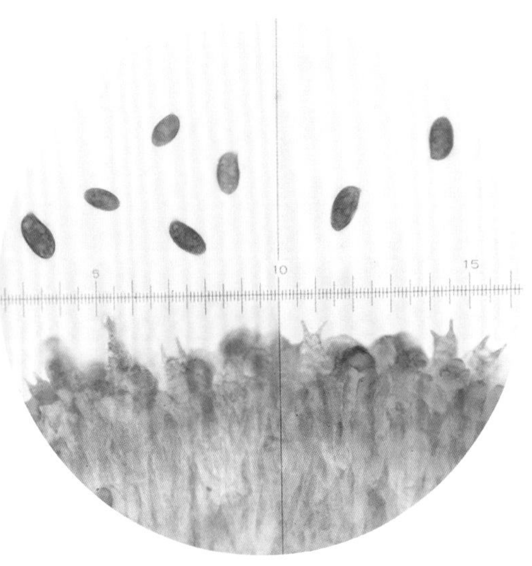

担孢子、担子、子实层

670 东方钉菇

Gomphus orientalis R.H. Petersen & M. Zang

担子果常分叉。菌盖扁平、平展，直径5～8cm，带紫色，表面被小鳞片。子实层体为延生分叉的皱棱条纹，淡褐色至淡紫色，向柄延生。菌柄灰褐色，带紫色。

担孢子椭圆形，9.5～16μm×5～7.5μm，无色至淡黄色，成堆时黄色，表面有小疣而粗糙。

夏秋季生于混交林中地上。可食用。

担子果（菌盖表面被鳞片、子实层体为分叉棱褶）

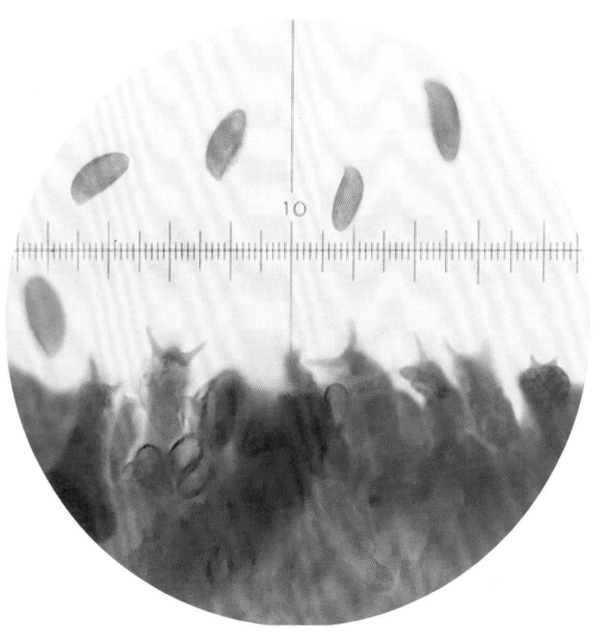

担孢子、担子

671 紫罗兰钉菇

Gomphus violaceus Xue-Ping Fan & Zhu L. Yang

担子果近喇叭状，紫色，边缘波状，高10～20cm。菌肉污紫罗兰色，受伤不变色。子实层体棱褶状，紫色，延生。

担孢子椭圆形，9～12（～15）μm×4～6.5（～8.5）μm，平滑。

夏秋季丛生或群生于针叶林、针阔混交林中地上。外生菌根菌。

担子果（子实层体为分叉棱褶）

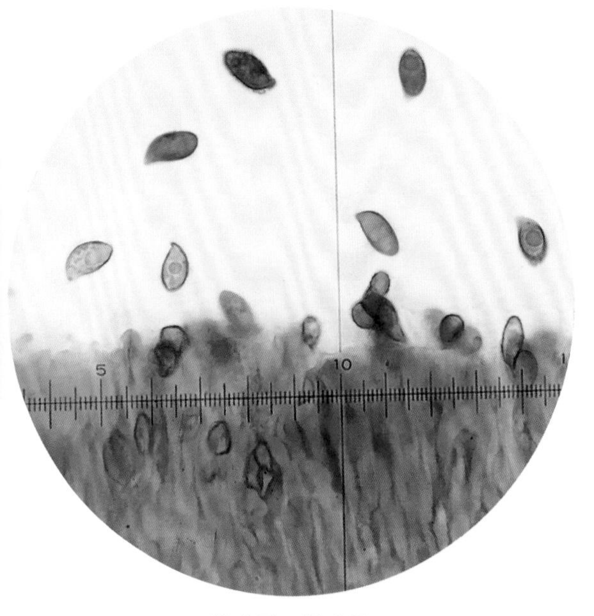

担孢子、子实层

珊瑚菌型

担子果直立，棒状不分枝或珊瑚状分枝。子实层体平滑，生于担子果表面或分枝表面。

珊瑚菌科 Clavariaceae

672 小勺珊瑚菌
Clavaria acuta **Sowerby**

担子果长棍棒状或圆柱状，不分枝，高4～8cm，粗0.2～0.3cm，白色，干后呈黄白色，基部色稍暗。

担孢子近球形，直径6.5～10μm，内含油滴，无色，平滑。

夏秋季散生或群生于混交林或竹林下的苔藓层。

担子果不分枝

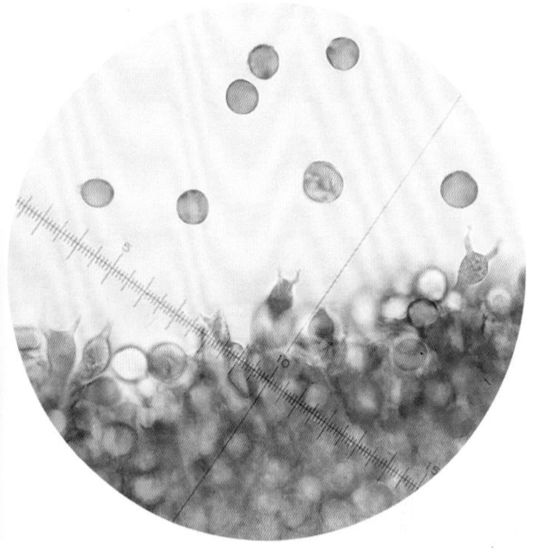
担孢子、担子

673 红珊瑚菌
Clavaria rubicundula **Leathers**

担子果丛生、棒状

担子果丛生，直立，棍棒状，不分枝，灰粉色至粉红色，高4～9cm，粗0.3～1cm，顶端圆钝，表面光滑。菌肉淡粉红色至淡灰粉色，薄。

担孢子卵圆形至宽椭圆形，6～8μm×3～5μm，无色，平滑。

夏秋季丛生于阔叶林或竹林下的腐枝落叶层。可食用。

674 脆珊瑚菌
Clavaria fragilis **Holmsk.**

担子果细长圆柱形或长梭形，不分枝，顶端变尖或圆钝，高2～6cm，粗2～4mm，白色、乳白色，老后略带黄色，脆。菌柄不明显。

担孢子椭圆形，4～7.5μm×3～4μm，无色，平滑。

夏秋季丛生于林中地上。可食用。

担子果丛生

675 烟色珊瑚菌

Clavaria fumosa **Pers.**

担子果近棒状，不分枝或顶部偶分叉，烟灰色，高4～6.5cm，粗0.2～0.4cm，表面有纵沟纹，顶端尖或钝，呈棕色。

囊状体棒状、圆筒形，粗约8μm。担孢子椭圆形，5.5～8μm×3～4μm，无色，平滑。

夏秋季丛生或群生于阔叶林下的腐枝落叶层、朽木或苔藓层。据云南记载可食，而北美地区报道有毒。

担子果近棒状

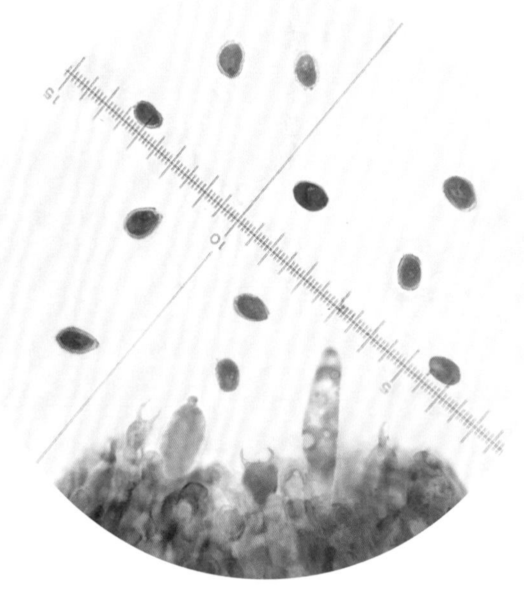

担孢子、担子、囊状体

676 堇紫珊瑚菌

Clavaria zollingeri **Lév.**

担子果密集成丛而基部常相连，呈珊瑚状，高1.5～7cm，丛宽1～5cm，有时顶部为两叉或多分叉的短枝，新鲜时淡紫色、堇紫色、水晶紫色。

担孢子近球形或宽椭圆形，5.5～7.5μm×4.5～5.5μm，无色，平滑。

夏秋季丛生或群生于冷杉等针叶林或针阔混交林中地上。可食用。

担子果密集成丛、顶部可分枝

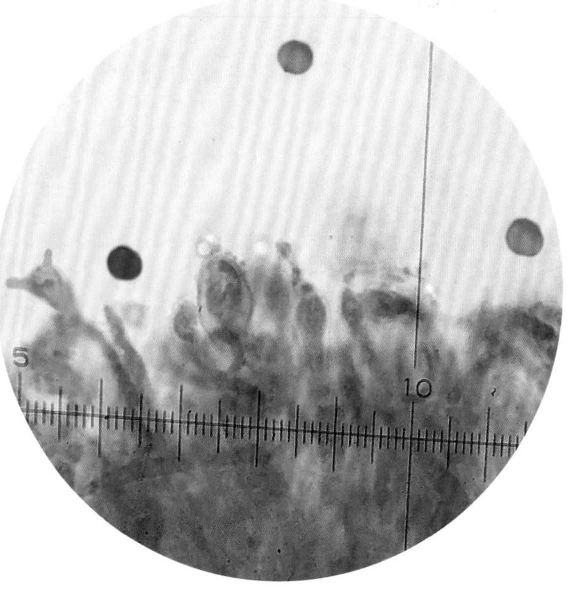

担孢子、担子

677 杯冠瑚菌

***Clavicorona pyxidata* (Pers.) Doty**［现名：*Artomyces pyxidatus* (Pers.) Jülich］

担子果珊瑚状分枝，肉质，高3～10cm，初乳白色，渐变淡黄色，后淡褐色、褐色。主枝3～5个，分枝3～5回，每一分枝处的轮状分枝成环状，最上层小枝顶端呈小杯状，凹陷周围具几个小突起。菌肉污白色。

囊状体梭形，粗5～7μm。担孢子椭圆形，3.5～5μm×2～3μm，无色，壁不平滑，有小凹痕，淀粉质。

夏秋季散生或群生于针阔混交林中腐木上。可食用。

担子果珊瑚状分枝

小分枝顶端杯状

担孢子、担子、子实层

678 金赤拟锁瑚菌

***Clavulinopsis aurantiocinnabarina* (Schwein.) Corner**

担子果棒状，不分枝或少分枝，高1.5～4.5cm，直径0.5～2mm，橘红色，枝端尖，偶微瓣裂。菌肉黄褐色。菌柄与可育部分的分界不明显，暗橙褐色。

担孢子近球形，5～7.5μm×5～6.5μm，无色，内含油滴，平滑。

夏秋季单生或丛生至簇生于阔叶林中地上。

担子果不分枝、枝端尖

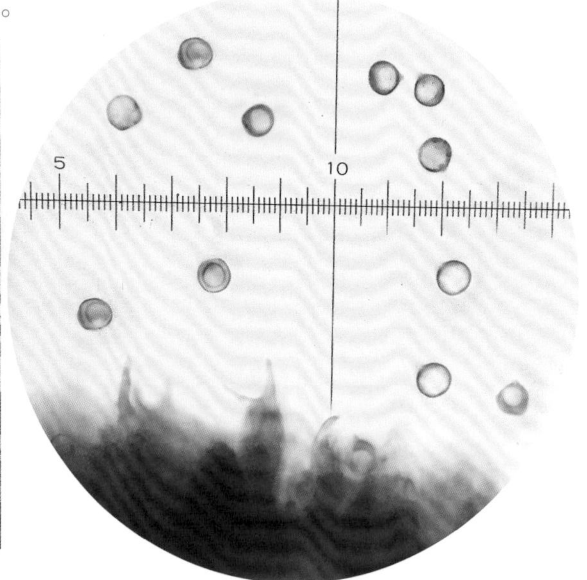

担孢子、担子

679 角拟锁瑚菌

***Clavulinopsis corniculata* (Schaeff.) Corner**

担子果纤细，高2～8cm，2～3次分枝，黄色，后从基部向上渐变褐色。菌肉白色至淡黄色。柄明显，基部白色。

担孢子近球形，直径4～7.5μm，内含1个大油滴，无色，平滑。

夏秋季群生或丛生于阔叶林中地上。可食用。

担子果2～3次分枝

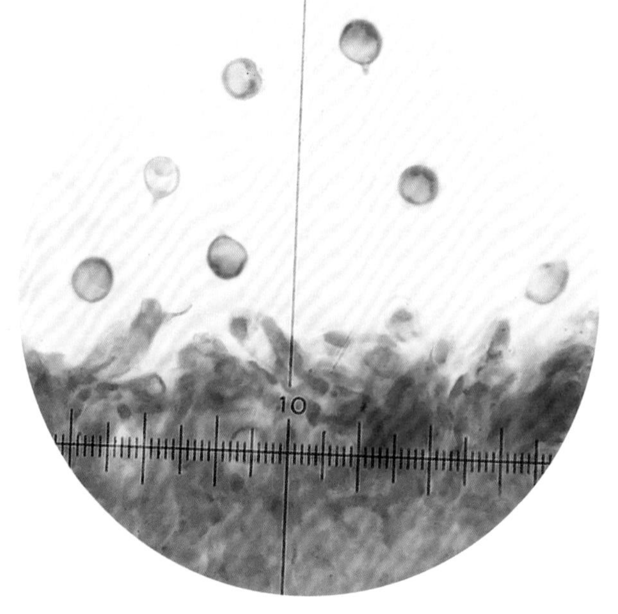

担孢子（内含油滴）、担子

680 梭形黄拟锁瑚菌

***Clavulinopsis fusiformis* (Sowerby) Corner**

担子果棒状，不分枝，顶窄或尖而呈梭形，或钝，高5～10cm，粗2～7mm，鲜黄色。菌肉淡黄色。

担孢子宽椭圆形、近球形，7～9μm×6～7μm，无色，成堆时白色，平滑。

夏秋季生于针阔混交林中地上。可食用。

担子果不分枝

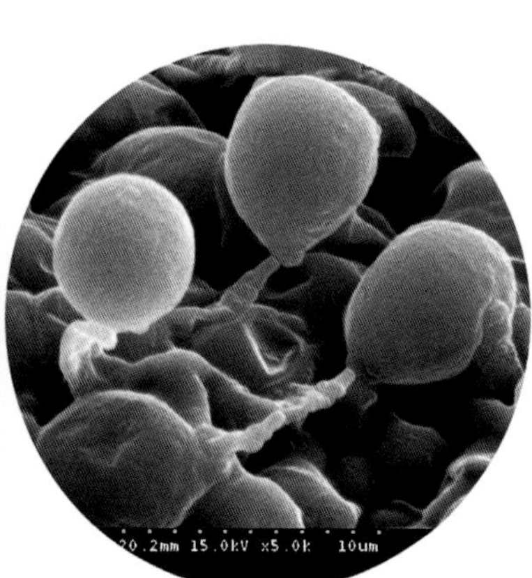

担孢子（电镜照）

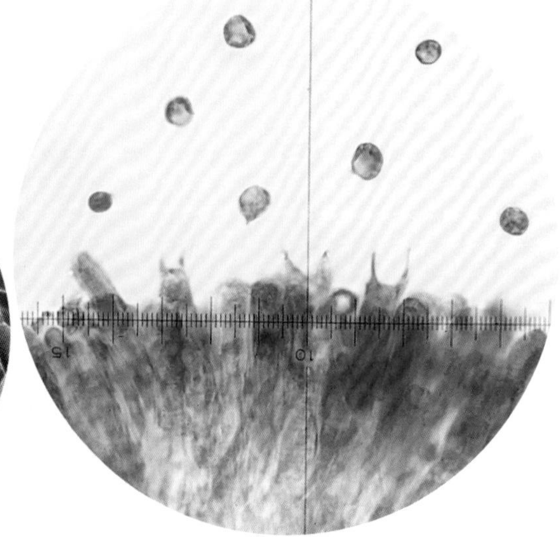

担孢子、担子、子实层

681 微黄拟锁瑚菌

Clavulinopsis helvola **(Pers.) Corner**

担子果细长棒状，有时扁平或扭曲，不分枝，高3～6cm，粗0.4～0.6cm，橙黄色，表面光滑，初期内部充实，后变空心，顶端尖细，基部色较淡，光滑或被细绒毛。菌肉淡黄色。

担孢子近球形，5～8.5μm×5～7μm，无色至淡黄色，内含油滴，表面有小疣。

夏秋季群生于针阔混交林或阔叶林地上。可食用。

担子果扁平

担子果扭曲、顶端尖细

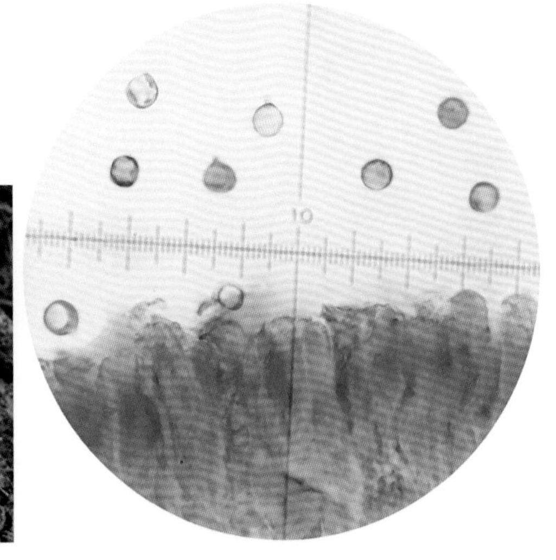

担孢子、子实层

682 红拟锁瑚菌

Clavulinopsis miyabeana **(S. Ito) S. Ito**

担子果直立，细棒状，不分枝，高6～15cm，粗0.4～1cm，橘红色，顶端圆钝或渐尖，表面光滑或凹凸不平。菌肉淡橘红色。

担孢子近球形，直径5～8μm，无色，平滑。

夏秋季丛生或群生于针阔混交林中地上。可食用。

担子果不分枝、顶端渐尖或圆钝

担子果剖面

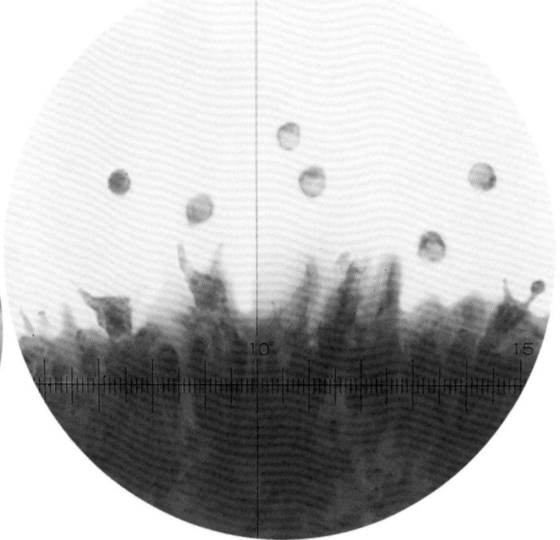

担孢子、担子、子实层

683 孔策拟枝瑚菌

Ramariopsis kunzei (Fr.) Corner

担子果自中下部2～3叉多次分枝，高3～4.5cm，宽2～3cm，分枝向上渐细，乳白色、白色，顶端尖。菌肉白色。柄白色，被微细绒毛。

担孢子近球形、宽椭圆形，3.5～5μm×2.5～5μm，内含1个油滴，壁厚，具小疣。

夏秋季生于阔叶林中的枯枝落叶层中，或倒木、腐木上。可食用，也可引起木材腐朽。

担子果分枝顶端尖

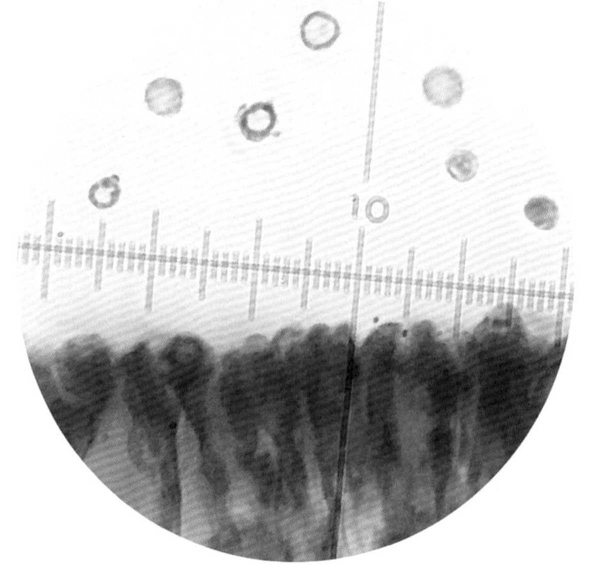

担孢子（具小疣）、子实层

棒瑚菌科 Clavariadelphaceae

684 小棒瑚菌

Clavariadelphus ligula (Schaeff.) Donk

担子果棒状，不分枝，顶部平，少数稍尖，表面粉褐色、淡黄褐色，平滑或稍皱，高5～10cm，粗约2cm。菌肉白色。

担孢子宽椭圆形，8～12μm×5～7μm，无色，平滑。

夏秋季群生于林中地上。

干燥担子果

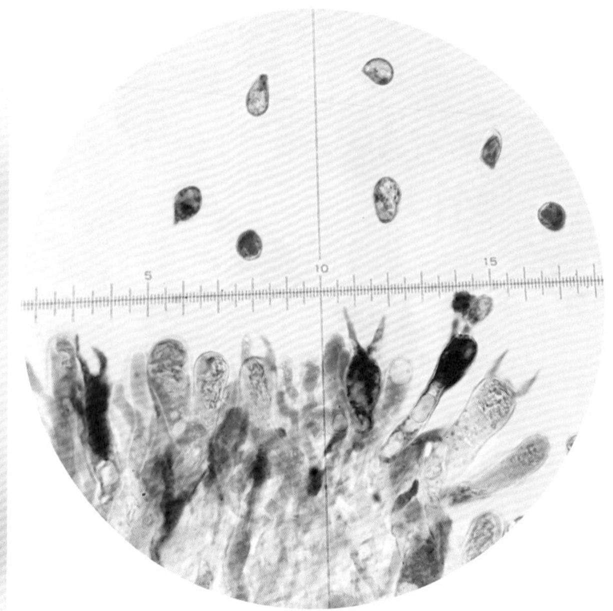

担孢子、担子、子实层

685 肉色平截棒瑚菌

Clavariadelphus pallidoincarnatus **Methven**

担子果棒状、顶部平截，且不明显下凹，高10～20cm，粗1～2.5cm，向基部渐变细，表面具纵条纹，上部淡肉色、淡黄褐色，下部污白色。

担孢子宽椭圆形、宽卵形，9～11μm×6.5～8μm，浅黄色，平滑。

夏秋季散生或近丛生于针阔混交林中地上。可食用。

干燥担子果

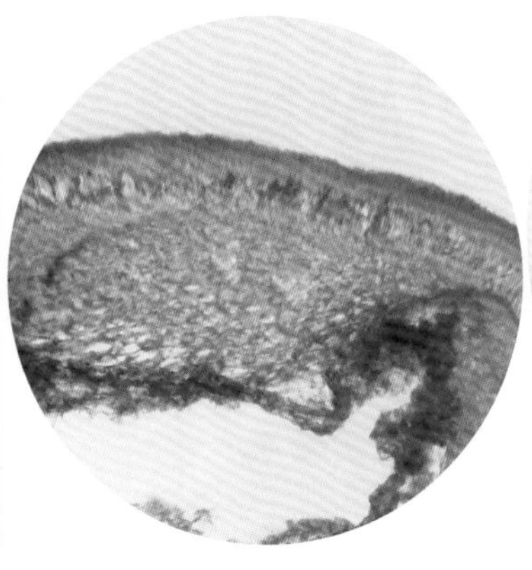

担子果剖面

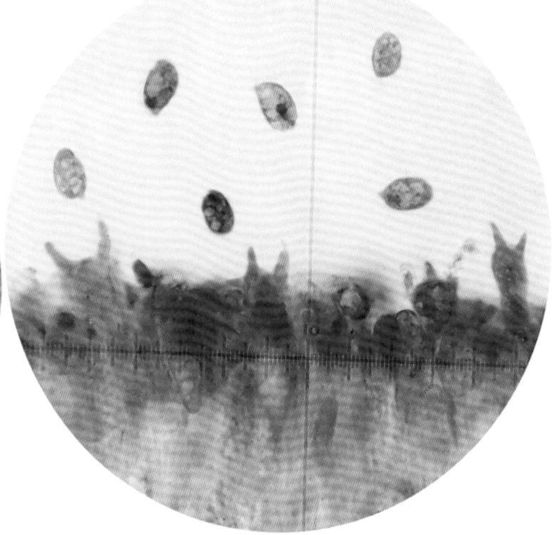

担孢子、担子、子实层

686 棒瑚菌

Clavariadelphus pistillaris **(L.) Donk**

担子果棒状，不分枝，顶部钝圆，高10～15cm，粗1～3cm，幼时平滑，后渐形成纵条纹或纵皱纹，土黄色，后赭色或带紫褐色。菌肉白色，有苦味。

囊状体瓶形，突越子实层6～10μm。担孢子宽椭圆形，10～12μm×6～8μm，无色，平滑。

夏秋季散生于阔叶林中地上。可食用，但也有中毒报道。

担子果棒状直立

担子果顶部钝圆

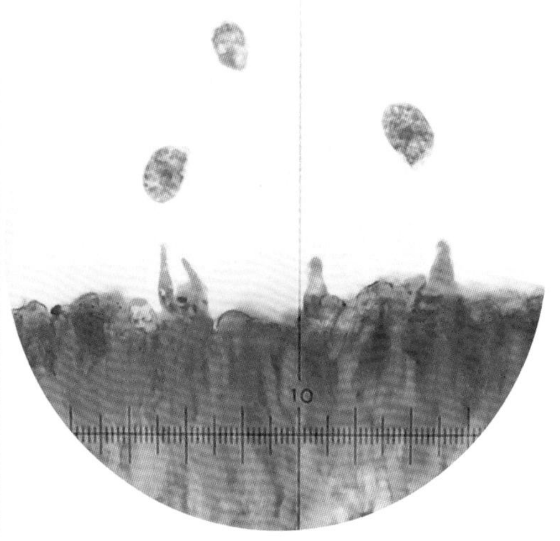

担孢子、担子、囊状体、子实层

687 平截棒瑚菌

Clavariadelphus truncatus **Donk**

担子果棒状且顶部平截，高8～15cm，粗3～6cm，上部蜡黄色、橙黄色至土褐色，有时红褐色。菌肉近白色。菌柄表面黄褐色、土褐色，光滑或稍有皱纹，有时可见纵棱纹，被细绒毛。

担孢子宽椭圆形，9～13μm×5～8μm，无色，平滑。

秋季单生或散生于针叶林或针阔混交林中地上。可食用。

担子果棒状

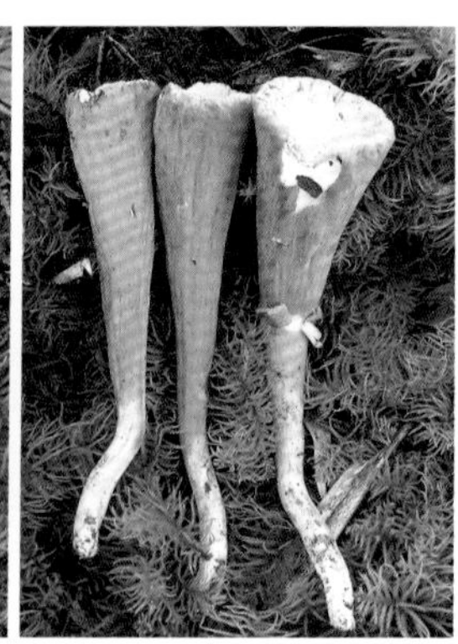

担子果顶部平截

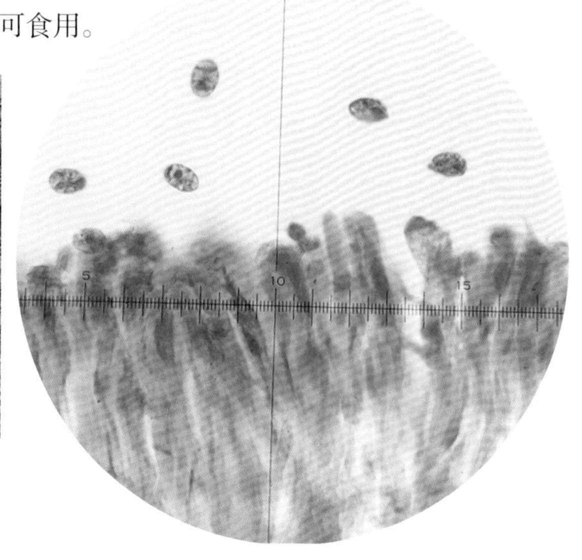

担孢子、子实层

688 云南棒瑚菌

Clavariadelphus yunnanensis **Methven**

担子果棒状，不分枝，高6～15cm，直径1～1.5cm，顶部圆钝，表面土黄色、黄褐色至红褐色。菌肉白色至污白色。菌柄与可育部分分界不明显。

担孢子椭圆形，8.5～11μm×5～7μm，无色，平滑。

夏秋季生于针叶林或针阔混交林中地上。可能有毒。

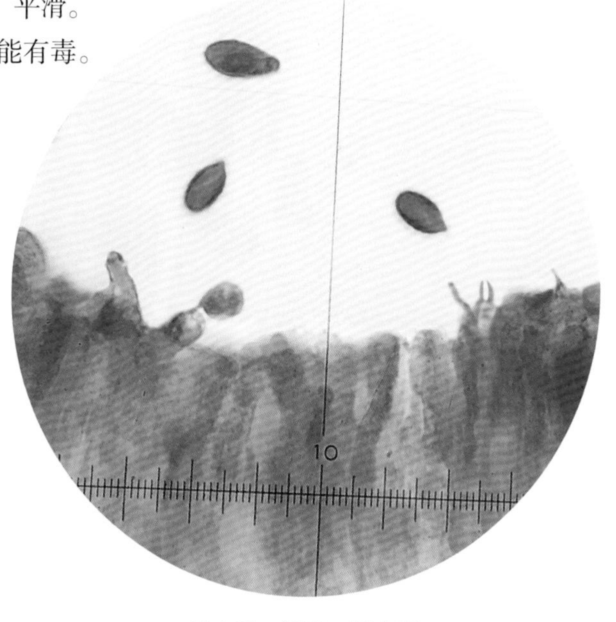

担子果棒状、顶部圆钝

担孢子、担子、子实层

锁瑚菌科 Clavulinaceae

689 灰锁瑚菌

***Clavulina cinerea* (Bull.) J. Schröt.**

担子果多分枝且分枝密集、扁平，高3～5cm，灰色，末端分枝，顶尖呈齿状。菌柄有拟淀粉反应。

担孢子近球形、宽椭圆形，直径5.5～8μm，内含1个大油滴，无色，平滑。

生于阔叶林中地上。可食用。

担子果多分枝（干燥）

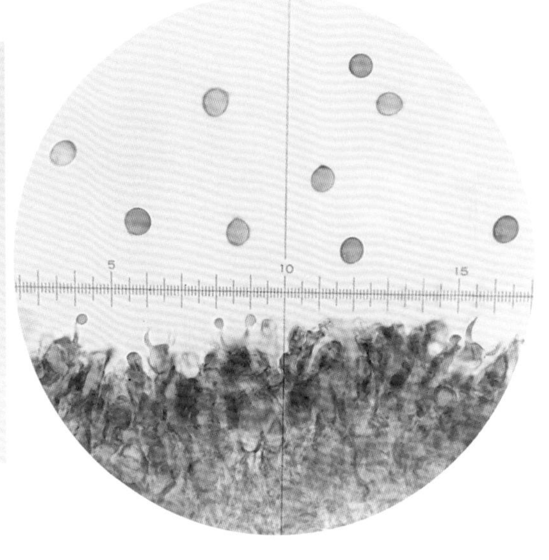

担孢子、担子

690 珊瑚状锁瑚菌

***Clavulina coralloides* (L.) J. Schröt.**

担子果珊瑚状多分枝，高3～6cm，直径2～5cm，白色、灰白色或淡粉红色，枝顶有丛状密集、细尖的小枝。菌肉白色。

担孢子近球形，直径7～9.5μm，内含1个大油滴，平滑。

夏秋季生于阔叶林中地上。可食用。

担子果

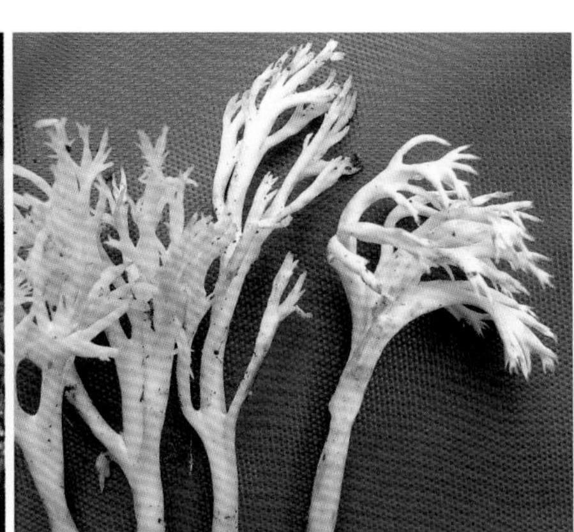

小枝密集尖细

691 皱锁瑚菌

Clavulina rugosa **(Bull.) J. Schröt.**

担子果不分枝或少呈鹿角状分枝，高2～6cm，宽1～3.5cm，表面凹凸不平，乳白色、灰白色至很浅的淡紫色。菌肉白色。

担孢子近球形，直径5～10.5μm，内含1个大油滴，无色，平滑。

夏秋季散生或群生于针阔混交林中地表的枯枝落叶层。可食用。

担子果少分枝、表面凹凸不平

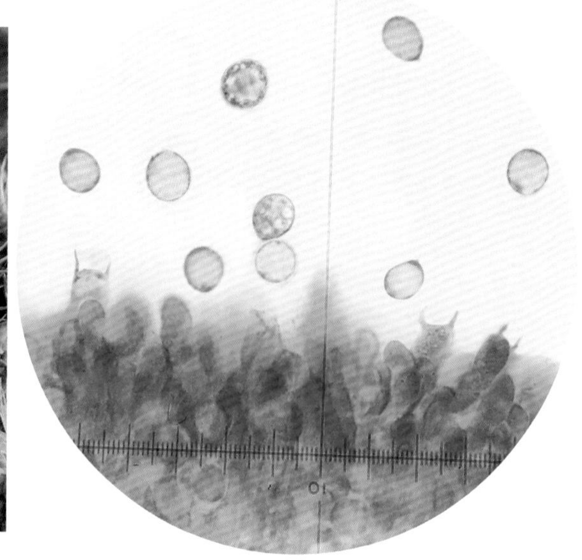

担孢子、担子

羽瑚菌科 Pterulaceae

692 平和龙爪菌

Deflexula pacifica **(Kobayasi) Corner**

担子果高0.5～1.5cm，宽0.5～1.5cm，有短柄，分枝自基部开始，成簇，上部也分枝，针刺状，刺长0.3～1cm，顶端尖细，表面光滑，浅肉色。菌肉乳白色。

担孢子近长椭圆形，有一明显弯尖，12～13.5μm×4～5μm，内含1至数个油滴，无色，壁很薄，平滑。

夏秋季生于倒木的树皮上。

担子果具短柄、上部分枝、顶端尖细

693 雪白龙爪菌

***Deflexula nivea* (Pat.) Corner**

［现名：*Pterulicium subsimplex* (Henn.) Leal-Dutra, Dentinger & G.W. Griff.］

担子果7～20根一簇，由同一基点长出并倒悬于腐木上，呈针刺状，长可达2cm，不分叉而末端尖，白色。

担孢子椭圆形，10～14μm×7～8μm，内含1个油滴，无色，平滑。

夏秋季生于倒木的树皮上。

干燥担子果不分叉、末端尖

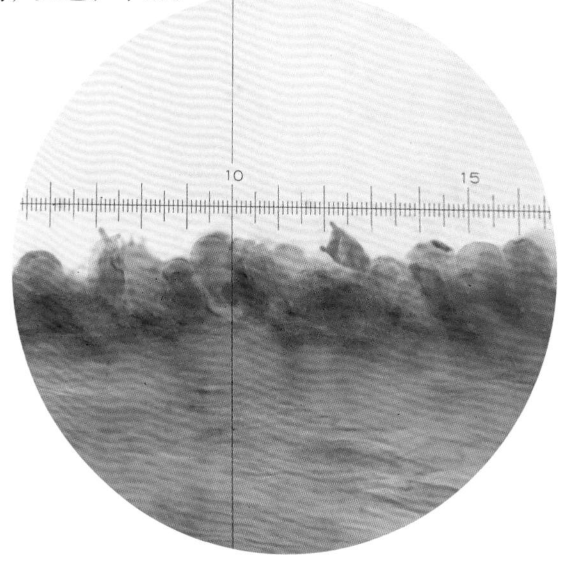

担子、子实层

694 龙爪菌属之一种

***Deflexula* sp.**

担子果部分由基部分叉，倒悬于腐木上，针刺状，白色。

担孢子球形、宽椭圆形，9～12.5μm×9～10.5μm，厚壁，无色，内含油滴，平滑，嗜蓝。

夏秋季生于倒腐木的树皮上。

担子果

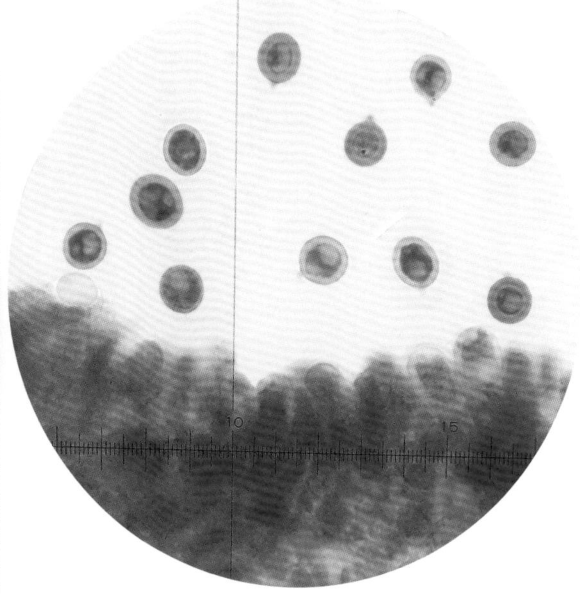

担孢子、子实层

枝瑚菌科 Ramariaceae

695 尖顶枝瑚菌
Ramaria apiculata **(Fr.) Donk**

担子果

担子果帚状，高4～6cm，由基部或靠近基部开始分枝，上部二叉分枝多次，顶端细而尖，浅肉色，受伤变褐色。菌肉白色，受伤变暗。

担孢子椭圆形，6～9μm×4.5～5μm，浅锈色，表面粗糙或具小疣。

夏秋季单生或丛生于针叶林中倒木、腐木上、地上或腐殖质上。可食用，对癌症也有一定抑制作用。

担子果上部多次二叉分枝、顶端尖细

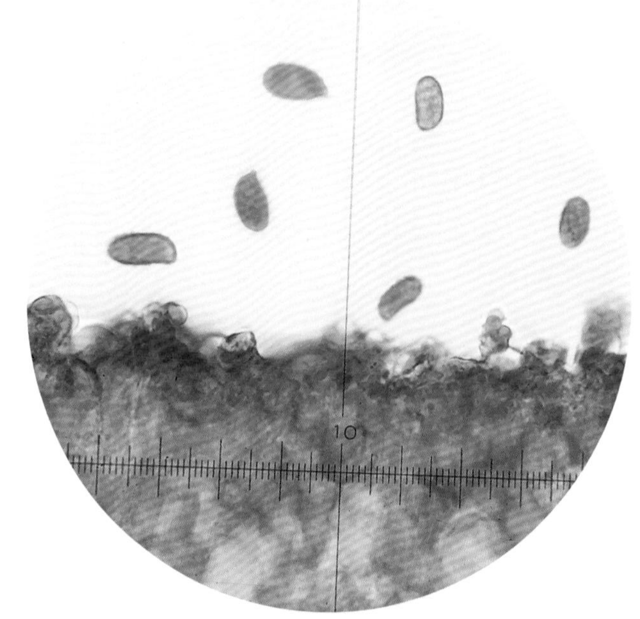
担孢子、子实层

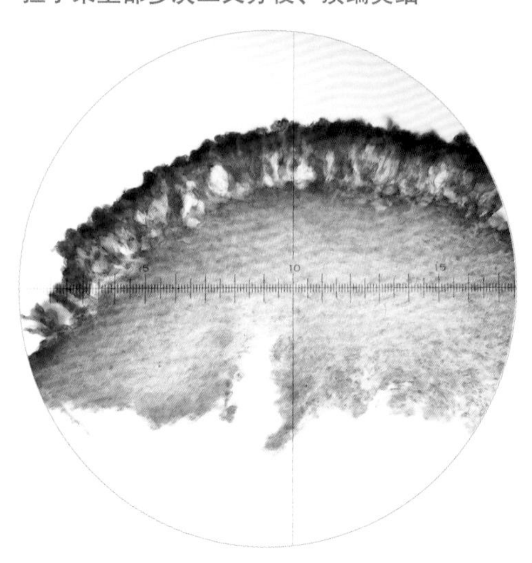
担子果剖面

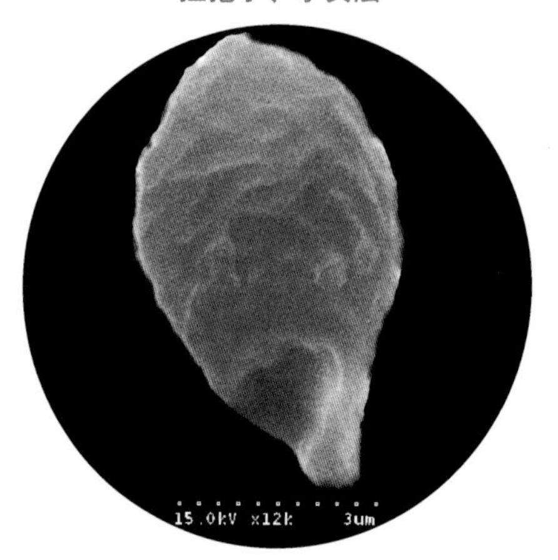

担孢子（电镜照）

696 亚洲枝瑚菌

Ramaria asiatica **(R.H. Petersen & M. Zang) R.H. Petersen**

担子果多次分枝呈帚状，侧面观倒卵形，高8～12cm，直径4～8cm。主枝3～5个，紫褐色，伤后渐变红褐色，分枝3～5回，圆柱形，枝顶细长，二叉分枝。菌肉白色。菌柄单个或分叉，紫褐色。

担孢子椭圆形，少数圆柱形，10.5～12μm×5～6μm，浅黄色，内含1～2个油滴，厚壁，表面有瘤或曲折、网状的脊。

夏秋季生于针阔混交林中地上。可食用。

担子果（枝顶细长、二叉分枝）

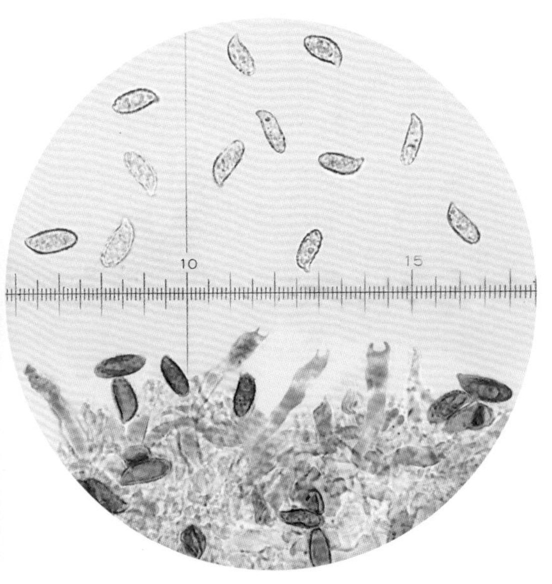

担孢子（具瘤突）、担子

697 枝瑚菌 （曾用名：葡萄状枝瑚菌）

Ramaria botrytis **(Pers.) Richen**

担子果高约16cm，宽约8cm，白色、奶油黄色，从菌柄近地表处开始分出多个主枝，再分密集叉枝，顶成丛，先端粉红色或淡紫色，受伤可变色。菌肉白色。菌柄粗壮，白色。

担孢子圆柱形、长椭圆形，11.5～17μm×4～6μm，淡黄色，有斜条纹，电镜下尤为明显。

夏秋季散生于阔叶林中地上。可食用，有药用功效。

担子果分枝密集

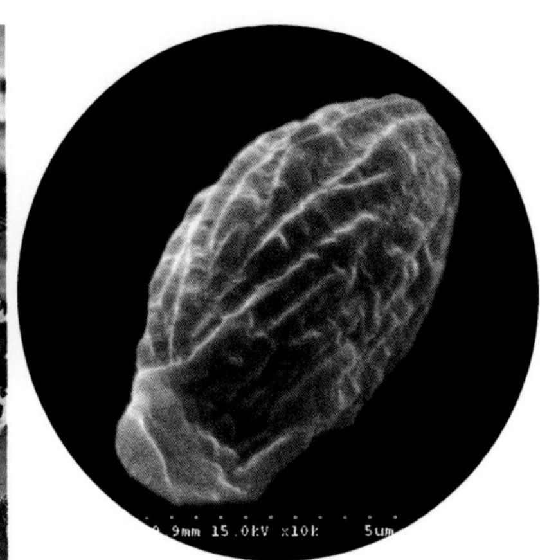

担孢子具斜条纹（电镜照）

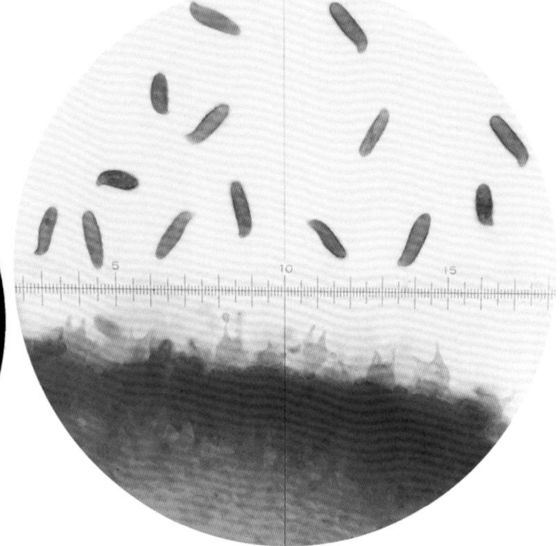

担孢子、担子

698 红顶枝瑚菌
Ramaria botrytoides (Peck) Corner

担子果珊瑚状，高8～10（～15）cm，基部白色，从近地表处开始分枝，且下部的分枝粗，主枝直立，肉色，顶部分枝成丛，枝顶端红色、玫瑰色，表面光滑，小枝先端钝。菌肉白色。

担孢子椭圆形，7.5～10μm×4～4.5μm，内含油滴，无色至淡黄色，壁薄，表面稍粗糙。

夏秋季生于阔叶林中地上。可食用，贵州还作药用。

担子果

担孢子壁粗糙、担子、子实层

699 红顶枝瑚菌小孢变种
Ramaria botrytoides (Peck) Corner var. _microspora_ R.H. Petersen & M. Zang

担子果高10cm，宽7cm，玫瑰粉色，主枝2～4个，分枝3～6回，幼时很浅的淡赭色，成熟时颜色稍深，小枝二叉分枝，纤细易碎。菌肉白色。菌柄较粗壮，淡粉紫色或带白色，有白色粉状附属物。

担孢子短圆柱形至宽椭圆形，6.5～9μm×4～5μm，暗黄色，内含1至几个油滴，厚壁，侧面观粗糙，表面有小疣突或短脊。

夏秋季常丛生于针阔混交林中地上。可食用。

担子果

担孢子（臧穆绘）

700 棕顶枝瑚菌

Ramaria brunneipes **R.H. Petersen & M. Zang**

担子果高20cm，宽13cm。主枝2～4个，幼时黄色至黄绿色，成熟后逐渐变黄赭色，3～6回分枝，亮黄色至赭黄色。菌肉白色，紧密。菌柄表面光滑，灰白色，受伤渐变为褐色。

担孢子圆柱形、长椭圆形，11～14μm×4～5μm，暗黄色，内含1～4个油滴，厚壁，平滑，偶有微细的脊和小斑块。

夏秋季常丛生于针阔混交林中地上。

担子果

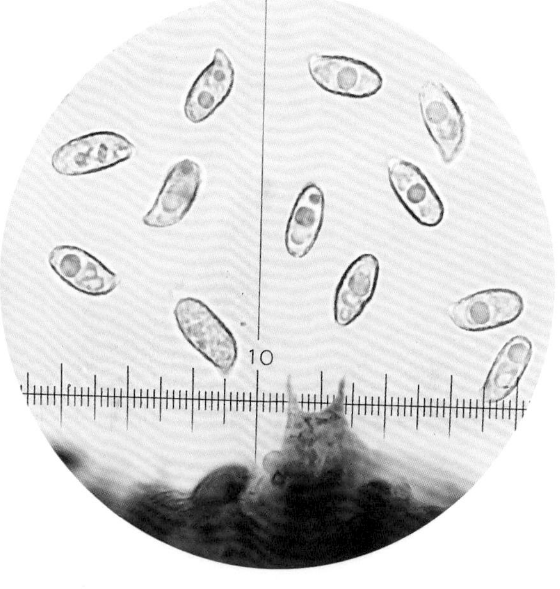

担孢子（内含油滴、壁粗糙）、担子

701 同色枝瑚菌

Ramaria concolor **(Corner) R.H. Petersen**

担子果木生，下有白色的菌丝垫，高7～14cm，自基部2～3叉、多次直立分枝，顶端尖，光滑，褐色，老后颜色更暗，基部遇梅氏试剂变暗蓝色，分枝表面和菌肉在$FeSO_4$溶液中都变蓝绿色。

担孢子椭圆形，7.5～10μm×4～5μm，黄褐色至深褐色，内含油滴，表面具小疣。电镜照片显示部分瘤突可相连成脊。

生于林中地上。

担子果

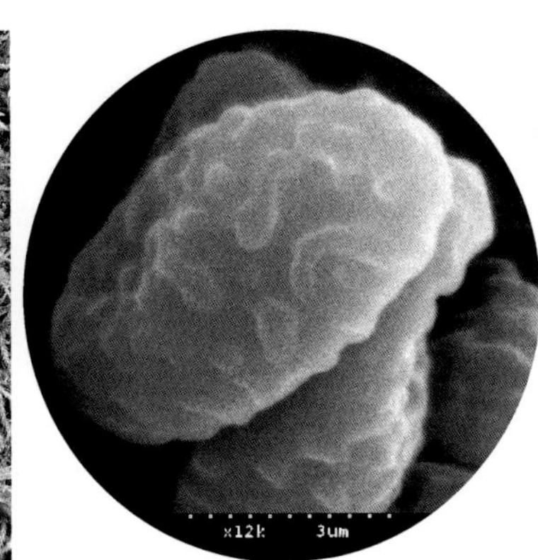

担孢子具瘤突（电镜照）

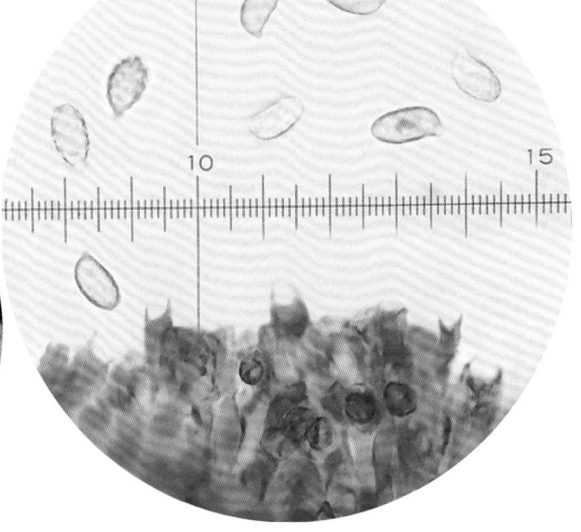

担孢子、担子

702 离生枝瑚菌

Ramaria distinctissima **R.H. Petersen & M. Zang**

担子果高12～14cm，宽可达7cm，多分枝呈帚状。主枝2～4个，圆柱形，分枝3～6回，亮黄色、金黄色至杏黄色，顶端二叉分枝。菌肉黄色或白色。菌柄粗壮，金黄色、橙黄色，上部光滑，基部被绒毛。

担孢子长椭圆形，12～16μm×5～6μm，内含1至几个油滴，厚壁，具疣突和短而曲折的脊。

秋季生于针叶林或针阔混交林地上。可食用。

担子果帚状分枝

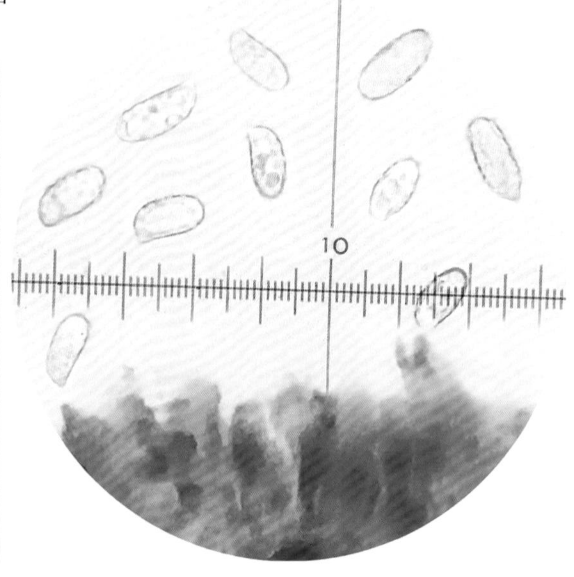

担孢子、担子、子实层

703 枯皮枝瑚菌

Ramaria ephemeroderma **R.H. Petersen & M. Zang**

担子果多分枝

担子果多分枝，高10～13cm，直径5～8cm。主枝3～5个，淡肉粉色，局部黄色，分枝3～7回，近圆柱形，鲑肉色，易褪色呈粉色至近白色，枝顶纤细，成熟后细指状，亮黄色。菌柄灰白色，表面有白粉或光滑。

担孢子椭圆形，9～12μm×4.5～6.5μm，黄色，内含1～4个油滴，厚壁，有较大的片状疣突和相连的脊。电镜照片显示脊极明显。

夏秋季生于针阔混交林中地上。可食用。

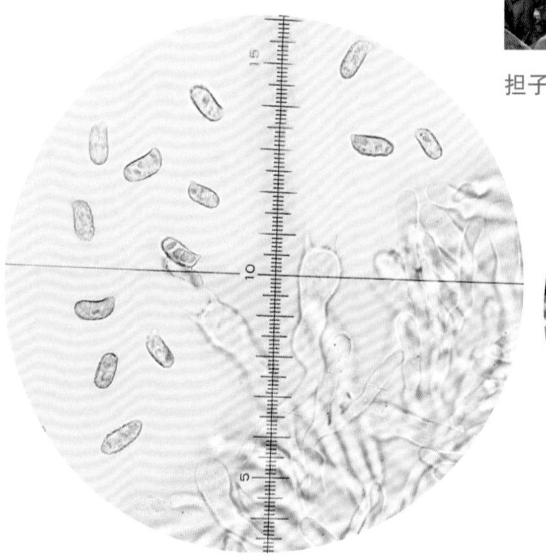

担孢子、担子

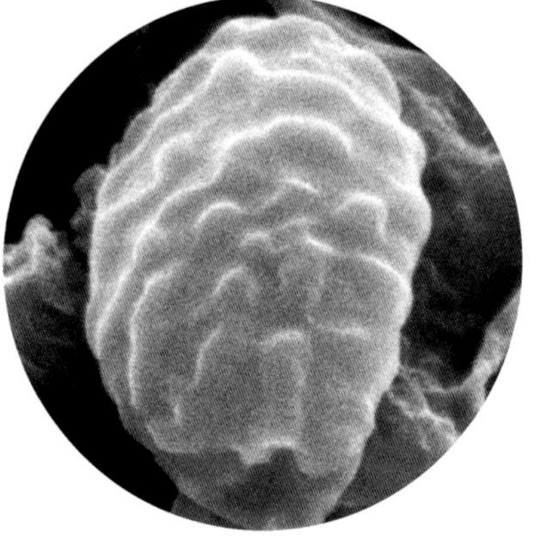

担孢子瘤突相连成脊
（电镜照）

704 洱源枝瑚菌

Ramaria eryuanensis **R.H. Petersen & M. Zang**

担子果多分枝，高可达12cm，宽可达8cm。主枝圆柱形，粗壮，灰白色、浅赭黄色或浅粉肉桂色，分枝3～5回，短而密，玫瑰色，略带粉黄色或褐色、粉红色，小枝顶端指状至锥状，粉玫瑰褐色至浅赭红色。菌肉白色，受伤变污灰色。菌柄粗壮，光滑，上部灰白色，基部白色，有时粉红色。

担孢子近卵圆形至长椭圆形，10.5～13μm×4～5μm，厚壁，表面有粗条纹。

夏秋季散生于阔叶林或针阔混交林中地上。

担子果分枝密、小枝顶端指状

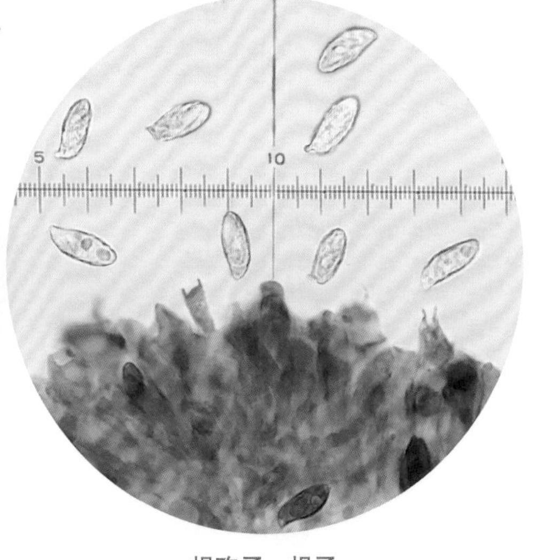

担孢子、担子

705 疣孢黄枝瑚菌

Ramaria flava **(Schaeff.) Quél.**

担子果珊瑚状多分枝，高8～13cm，宽6～12cm，小枝密集，稍扁，帚状，表面柠檬黄色、硫黄色至污黄色，干后青褐色。菌肉白色至淡黄色，较脆。菌柄较短，基部受伤变红色。

担孢子长椭圆形，11～15.5μm×4.5～6μm，浅黄色，内含油滴，具小疣。电镜照片显示疣突细小。

夏秋季散生或群生于阔叶林或针阔混交林中地上。药食兼用，但也有报道具毒性。外生菌根菌。

担子果

小枝帚状分枝

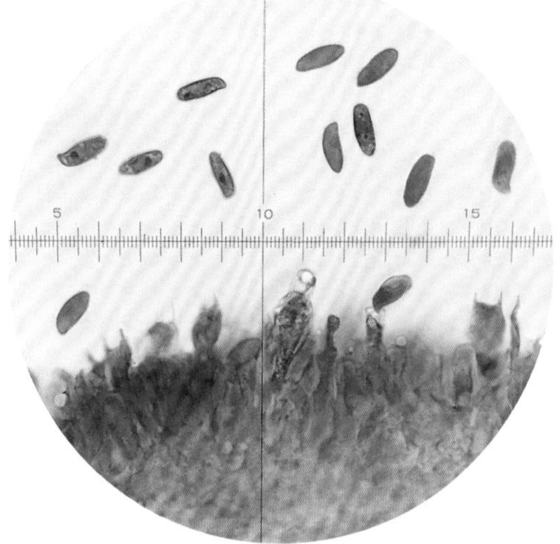

担孢子、担子

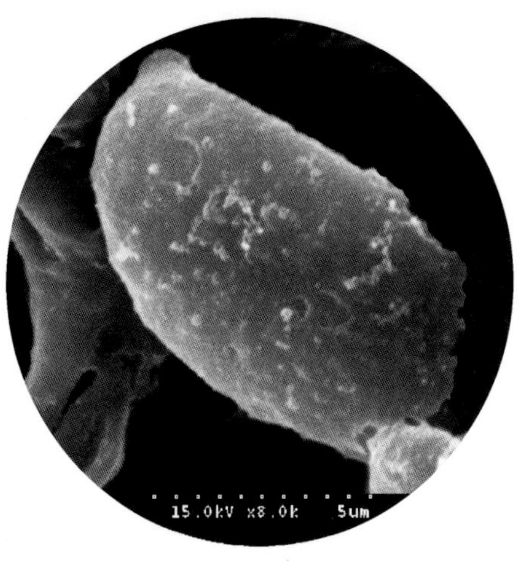

担孢子具小疣（电镜照）

706 浅黄枝瑚菌

Ramaria flavescens **(Schaeff.) R.H. Petersen**

担子果高13～18cm，自粗大的基部大量分枝，并再次分枝而密集成丛，小枝顶端较尖，表面光滑，亮黄色、草黄色。菌肉近白色。

担孢子长椭圆形、圆柱形，8～14μm×4～5μm，内含油滴，无色，有明显的瘤状突起。电镜照片显示瘤突明显。

夏秋季群生于阔叶林或混交林中地上。可食用。

担子果分枝密集成丛

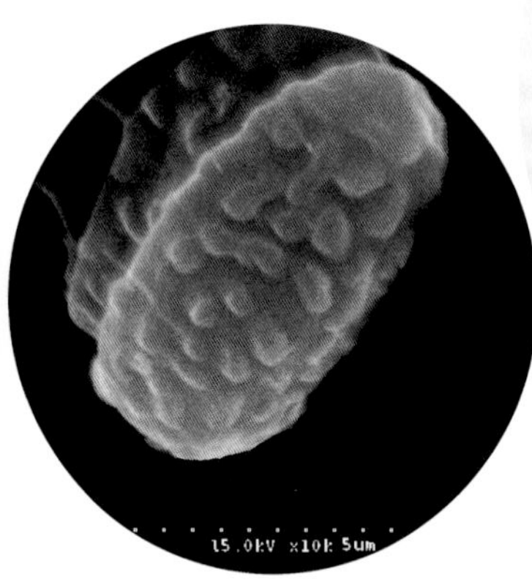

担孢子瘤突明显（电镜照）

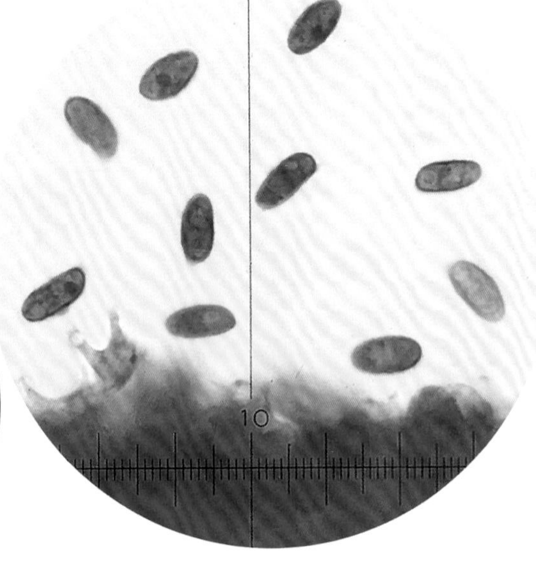

担孢子、担子

707 胶黄枝瑚菌

Ramaria flavigelatinosa **Marr & D.E. Stuntz**

担子果倒卵形或宽纺锤形，高5～14cm，宽3～10cm，胶质，干后变硬。主枝淡黄色至淡黄褐色，分枝3～5回，枝尖幼时齿状，成熟时指状。菌柄白色，下部受伤处变酒红色。

担孢子椭圆形，9～11μm×4～5μm，有显著的小瘤，强嗜蓝。电镜照片显示瘤突明显。

夏秋季散生或群生于针叶林或针阔混交林地上。可食用。

担子果略胶质、枝尖指状

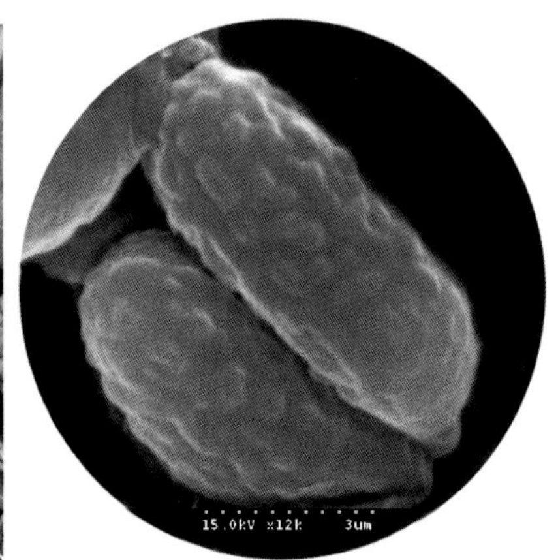

担孢子具明显瘤突（电镜照）

708 美枝瑚菌

Ramaria formosa (Pers.) Quél.

担子果高11～15cm，宽约7cm，由基部长出许多分枝，呈珊瑚状，主枝2～4个，略呈圆柱形，分枝3～6回，圆柱形，淡鲑肉色，常有纵皱纹，小枝顶端叉状、指状、齿状，奶油色或奶油黄色。菌肉粉黄色，紧密。菌柄近白色至黄色，伤后缓慢变色，基部被绒毛。

担孢子圆柱形、椭圆形，10.5～12μm×5～6μm，厚壁，表面粗糙，有扁平的片状疣突。

夏秋季单生或群生于阔叶林或混交林中地上。国外有采食中毒的报道，但中国南方采食。外生菌根菌。

担子果

小枝顶端指状

担孢子壁粗糙、子实层

709 暗灰枝瑚菌

Ramaria fumigata (Peck) Corner

担子果直立、珊瑚状，自中下部多次分枝，高5～15cm，宽4～10cm，灰紫色、铅灰色至暗棕灰色，顶端钝，表面光滑。菌肉灰白色。

担孢子近椭圆形、圆柱形，9.5～12μm×4～5μm，内含大油滴，淡黄色，表面粗糙。

夏秋季群生于云杉、冷杉林中地上。

担子果

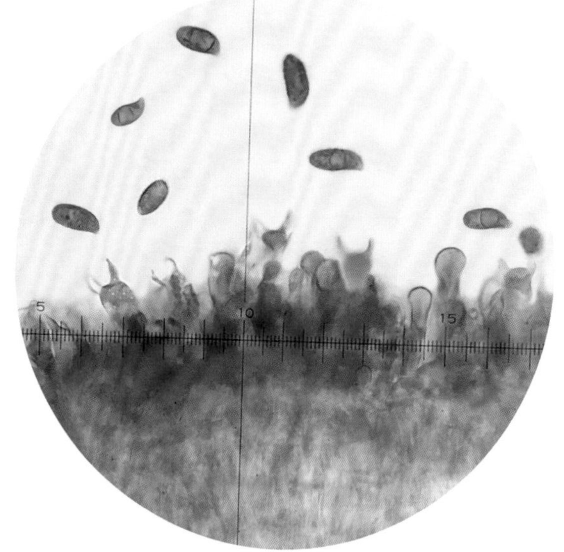

担孢子壁粗糙、担子

710 细顶枝瑚菌

Ramaria gracilis **(Pers.) Quél.**

担子果高5～10cm，宽1～5cm，奶油色，自中下部多次分枝，呈珊瑚状，表面光滑，中下部被乳白色绒毛，小分枝多且细小，顶端呈小齿状，下部呈赭黄色、黄褐色。菌肉白色、淡黄色，干后韧。

担孢子椭圆形，5～7μm×3～4μm，内含1个大油滴，浅黄色，壁厚，具明显疣突。电镜照片显示瘤突较大，部分相连成脊。

夏秋季群生于云南松林或混交林中地上。谨慎食用。

担子果

担孢子具瘤突（电镜照）

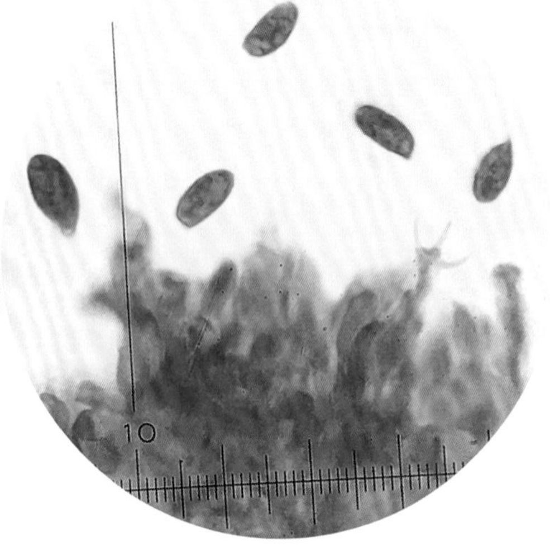

担孢子、担子

711 淡红枝瑚菌

Ramaria hemirubella **R.H. Petersen & M. Zang**

担子果高10～15cm，宽约8cm，宽棱形至梨形。主枝数个，圆柱形，3～7回分枝，小枝密集，粗壮，表面米色、粉红色，枝顶深红色至红褐色。菌肉白色，成熟时肉色。菌柄粗壮，光滑，顶部灰白色，带粉红色、浅黄色，受伤渐变为棕色至红棕色。

担孢子圆柱形、椭圆形，8.5～11μm×4～5.5μm，淡褐色，内含油滴，平滑或具疣突，有不连续的斜向条纹。

夏秋季生于阔叶林中地上。可食用。

担子果（臧穆原照）

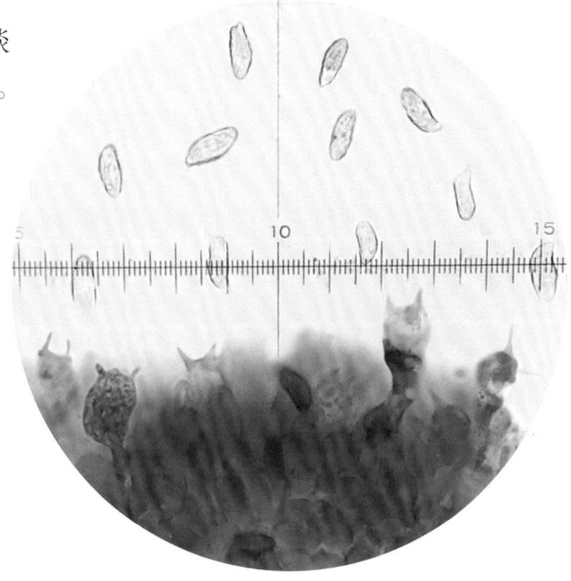

担孢子、担子

712 印滇枝瑚菌

***Ramaria indoyunnaniana* R.H. Petersen & M. Zang**

担子果高4～8cm，直径可达4cm。从基部向上分枝，主枝短，微倾斜，表面初淡粉红色，后呈淡橙褐色或黄色，枝顶尖，淡玫瑰红色。菌肉近白色。

担孢子近卵形、宽椭圆形，7～8.5μm×4～5μm，具疣突，呈斑点状、块状。

夏秋季散生或群生于针阔混交林中地上。可食用。

担子果（臧穆原照）

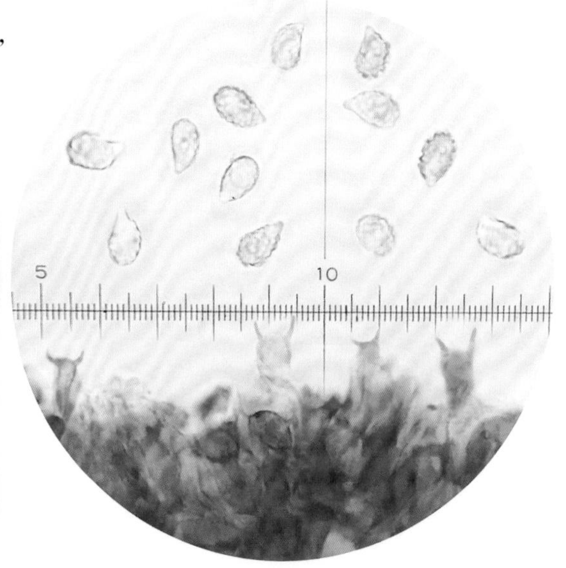

担孢子（具疣突）、担子

713 光孢枝瑚菌

***Ramaria laeviformosoides* R.H. Peteren & M. Zang**

担子果侧面观球形至宽倒卵形，高11cm，直径7cm。主枝数个，圆柱形，向上渐变细，3～6回分枝，小枝圆柱形，上下同为奶油色或淡粉黄色。菌柄圆柱形，6cm×5cm，白色，表面有脊，基部黄色，被白粉。

担孢子圆柱形，8.5～10.5μm×4～4.5μm，厚壁，平滑或有不明显波状纹。

夏秋季生于针阔混交林中地上。

担子果

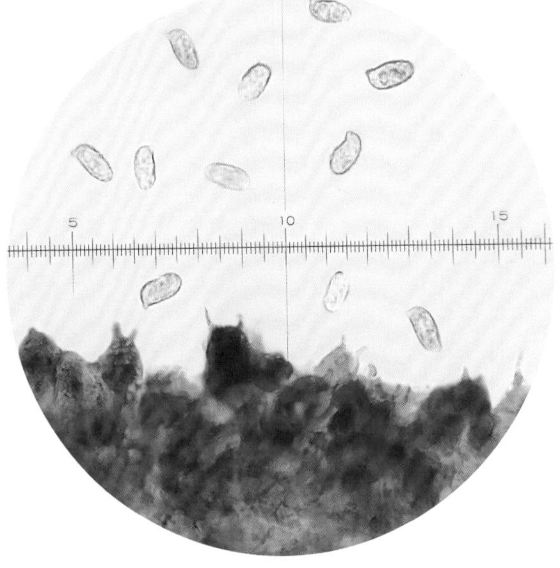

担孢子（壁粗糙）、担子

714 细枝瑚菌
Ramaria linearis R.H. Peteren & M. Zang

担子果高10～14cm，直径4～8cm。主枝数个，圆柱形，黄色至杏黄色，基部逐渐变为灰色，4～7回分枝，小枝淡橙色或淡鲑肉色，枝顶细小，指状，金黄色至淡橙黄色。菌肉白色。菌柄圆柱形，白色，表面光滑。

担孢子长椭圆形，10～14μm×4.5～6μm，黄色，厚壁，表面粗糙，有疣突和相连且曲折的脊。

夏秋季生于亚高山针叶林中地上。

担子果（小枝顶端指状）

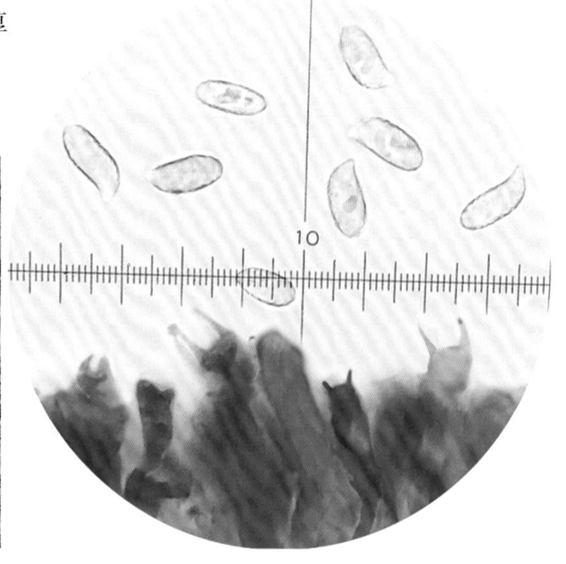

担孢子（具疣突）、担子

715 米黄枝瑚菌
***Ramaria obtusissima* (Peck) Corner**

担子果主枝粗壮，数次不规则分枝，高8～13cm，宽4～8cm，米黄色，小枝顶端钝，有小齿，表面光滑。菌肉白色。

担孢子长椭圆形、圆柱形，8.5～15.5μm×4～5.5μm，内含油滴，弱嗜蓝，近平滑，近无色，但孢子印为黄色。

夏秋季群生或散生于阔叶林、针叶林中地上。可食用。

担子果

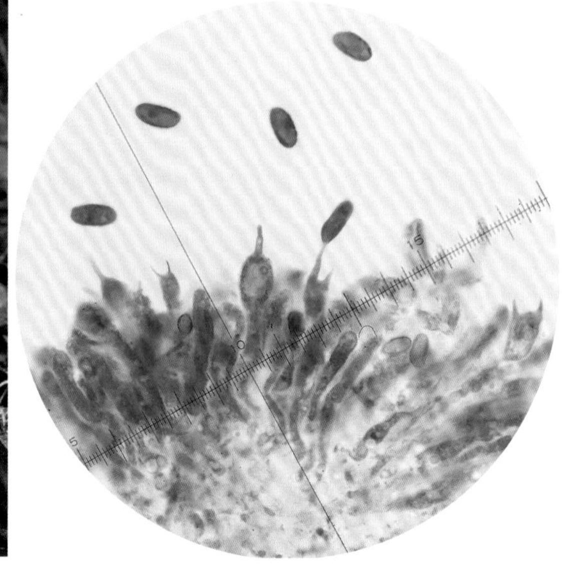

担孢子（近平滑）、担子

716 紫丁香枝瑚菌 （曾用名：丁香枝瑚菌）

***Ramaria pallida* (Schaeff.) Ricken**（曾用名：*Ramaria mairei* Donk）

担子果高7～15cm，直径4～8cm，珊瑚状多分枝，淡紫色，枝顶细小。菌肉白色。菌柄圆柱形，短粗，表面光滑，基部白色。

担孢子椭圆形，8.5～11μm×4.5～6μm，淡黄色，厚壁，表面粗糙。

夏秋季生于阔叶林中地上。可食用。

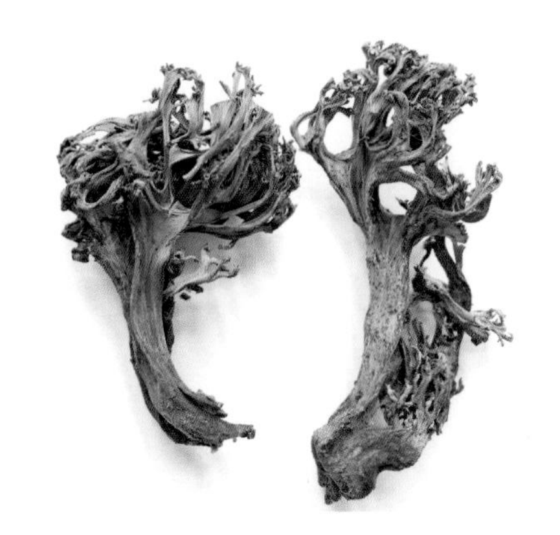

干燥担子果

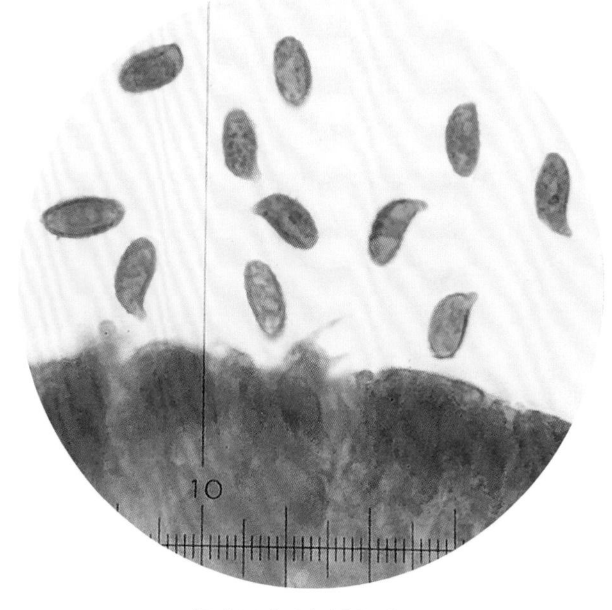

担孢子（壁粗糙）、担子

717 淡紫枝瑚菌

***Ramaria pallidolilacina* P. Zhang & Z. W. Ge**

担子果呈倒卵形或近球形，高可达13cm，宽可达10cm。主枝4～6个，粗壮，直径可达1cm，4～5回分枝，小枝淡丁香紫色，渐变为紫灰色，表面有纵皱纹，枝顶钝，成熟后呈帚状或短指状。菌肉白色，紧密。菌柄基部有绒毛，向上渐光滑，白色至奶油色。

担孢子椭圆形，10.5～13μm×5～6μm，有不规则排列的小瘤、短脊。

夏季单生于阔叶林中地上。可食用。

担子果

小枝顶端钝

718 朱细枝瑚菌

Ramaria rubriattenuipes R.H. Petersen & M. Zang

担子果呈梭形或宽纺锤形，高10～16cm，宽达6cm。主枝3～5个，近圆柱形，弯曲伸展，奶油色或近白色，4～6回分枝，小枝新鲜时奶油色或赭黄色，常有红色斑点，老时赭黄色，枝顶淡粉红色。菌肉灰白色。菌柄粉黄色至紫红色，受伤或后期呈紫红色。

担孢子长椭圆形至近圆柱形，11.5～16μm×4.5～5.5μm，深黄色，内含1至几个油滴，厚壁，表面粗糙，电镜照片显示片状疣突部分相连成脊。

夏秋季生于针叶林或阔叶林中地上。可食用。

担子果

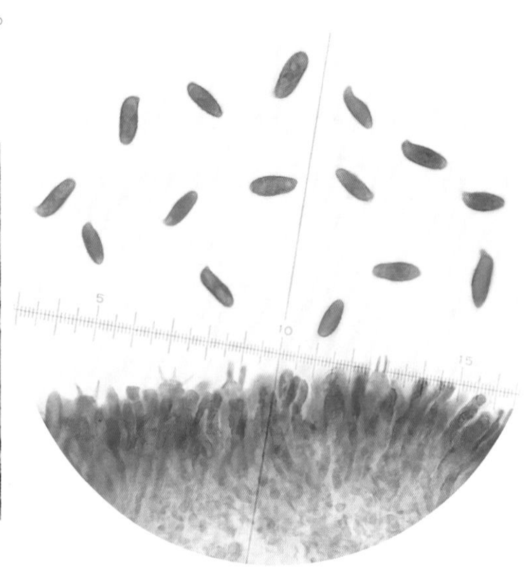

担孢子、担子、子实层

719 红柄枝瑚菌

Ramaria sanguinipes R.H. Petersen & M. Zang

担子果倒卵形至近球形，高可达9cm，宽可达5cm，基部主轴粗壮。主枝3～5个，近圆柱形，弯曲伸展，象牙色。3～6回分枝，象牙色至奶油色，枝顶奶油色、淡黄色。菌肉深粉红色。菌柄短粗，上部奶油色至带紫红色，下部淡紫红色、土红色或红褐色。

担孢子椭圆形，9～11.5（～13.5）μm×4～5.5μm，赭色至棕色，内含1至几个油滴，厚壁，电镜下表面有少数疣突高可达0.3μm，部分相连成脊。

夏秋季生于针叶林或针阔混交林中地上。可食用。

担子果（主轴粗壮）（臧穆原照）

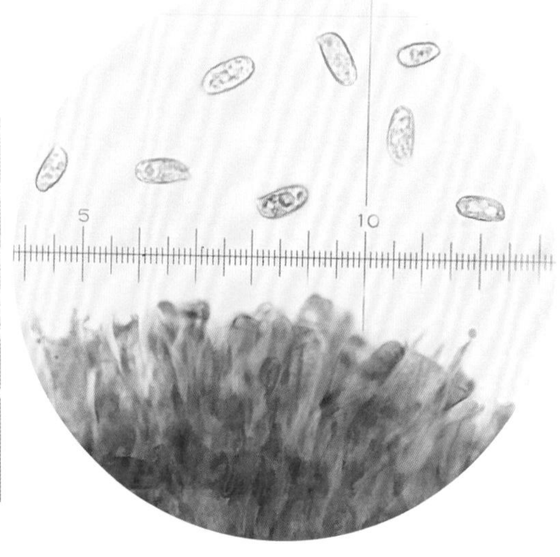

担孢子（壁粗糙）、担子

720 华联枝瑚菌

Ramaria sinoconjunctipes R.H. Petersen & M. Zang

担子果常簇生呈纺锤形或梨形，高可达9.5cm，直径可达5cm。2～5回分枝，小枝直立伸展，圆柱形或侧扁，上部赭肉色或赭黄色，枝顶长，针形，偶尔鸡冠状，幼时黄色，老时赭黄色。菌肉浅粉色。菌柄丛生或簇生，表面多皱纹，上部略带粉色，下部近白色。

担孢子宽椭圆形、卵圆形，7～9μm×4.5～5.5μm，厚壁，表面有小而短、呈串珠状的脊。

夏秋季生于阔叶林或混交林中地上。可食用。

担子果（臧穆原照）

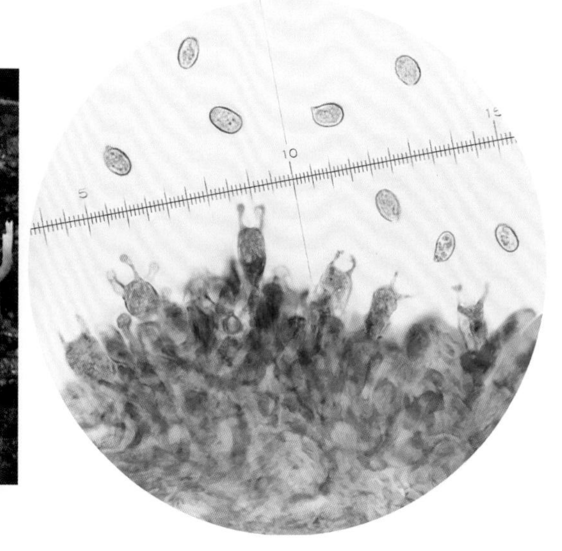

担孢子（具疣突）、担子

721 密枝瑚菌

Ramaria stricta (Pers.) Quél.

担子果高6～8（～12）cm，宽4～7cm，多不规则二叉分枝，小枝细密，先端具细齿，淡黄色、土黄色，干后赭黄色，枝顶淡黄色。菌肉白色，微辣。

担孢子椭圆形，7.5～10μm×3.5～4.5μm，淡黄褐色，壁厚，近平滑或微粗糙。

夏秋季生于阔叶林下地表腐木上。可食用。

担子果

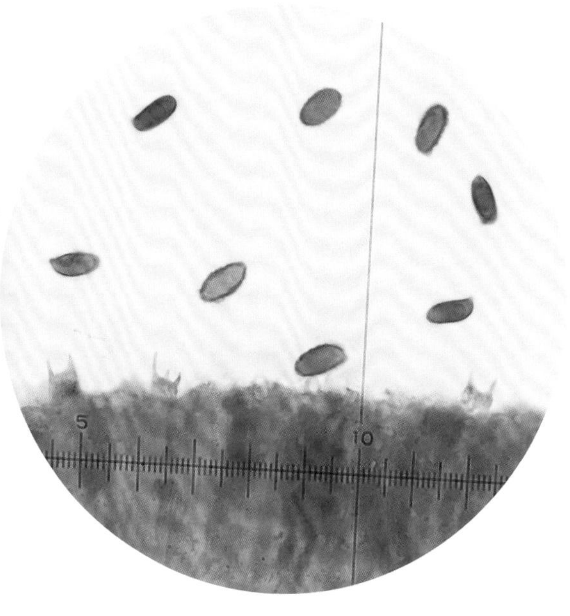

担孢子（壁近平滑或稍粗糙）、担子、子实层

722 白枝瑚菌

Ramaria suecica (Fr.) Donk

担子果直立，近白色、浅肉色，高4～10cm，2～4次分枝，顶尖细长，柄基部有白色细绒毛。菌肉白色，带苦味。

担孢子椭圆形，7.5～10.5μm×4～5μm，稍带黄色，表面粗糙。

夏秋季群生于云杉等针叶林或阔叶林中地上。

担子果

小枝顶端尖细

723 刺孢枝瑚菌 （现名：刺孢褐锁瑚菌）

Ramaria zippelii (Lév.) Corner［现名：*Phaeoclavulina zippelii* (Lév.) Overeem］

担子果高10～13cm，宽2～5cm，自基部分出数个直立的主枝，再二叉状分枝，顶端的小枝细、叉状，蜜黄色、浅青褐色，基部近白色。菌肉白色。

担孢子长椭圆形、近梭形，13～18μm×5～7μm，内含1个大油滴，浅锈色，有明显的疣状刺。

夏秋季丛生于阔叶林中地上。

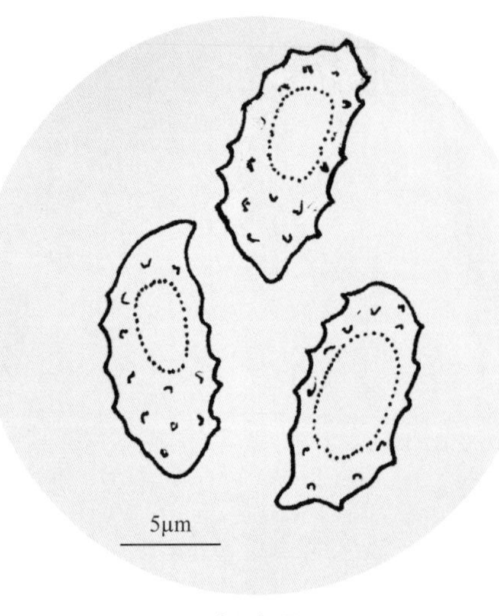

担孢子

担子果

绣球菌科 Sparassidaceae

724 宽叶绣球菌
Sparassis latifolia Y.C. Dai & Zheng Wang

担子果近球形，直径10～30cm，由一粗短的近圆柱形的柄上长出多个分枝，其顶端裂成无数曲折的瓣片，形似绣球花，幼时白色、奶油色，成熟后浅黄色，边缘薄，呈波状。子实层体平滑，生于瓣片下侧表面。菌肉白色，薄。

担孢子宽椭圆形、近球形，4.5～5.5μm×3.5～4μm，无色透明，平滑。

夏秋季散生于针阔混交林中地上。可食用。

担子果似绣球花　　子实层体平滑

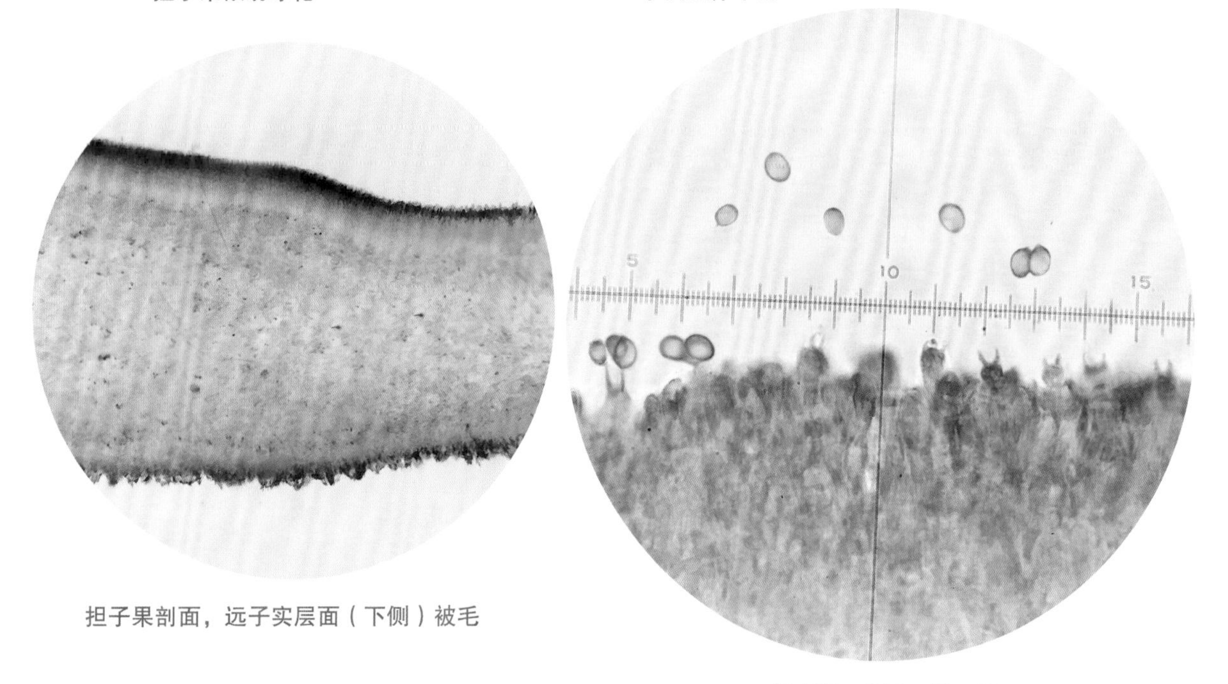

担子果剖面，远子实层面（下侧）被毛

担孢子、担子、子实层

725 亚高山绣球菌

Sparassis subalpina **Q. Zhao, Zhu L. Yang & Y.C. Dai**

担子果一年生，近球形，直径10～15cm，高可达16cm，由一中生柄频繁分枝，形成无数曲折的叶状瓣片，形似绣球花，初乳白色，后变浅灰色至浅褐色，边缘薄，呈波状或锯齿状。子实层体平滑，生于瓣片下侧表面。菌肉白色。

担孢子宽椭圆形、近球形，5.5～6.5μm×4～4.5μm，无色，薄壁，平滑，非淀粉质，不嗜蓝。

夏秋季单生于针叶树基部。可食用。

担子果（赵琪原照）

胶瑚菌科 Tremellodendropsidaceae

726 拟胶瑚菌

Tremellodendropsis tuberosa **(Grev.) D.A. Crawford**

担子果珊瑚状分枝，高3～7cm，直径2～5mm，分枝两侧压扁，米色至淡黄色，顶端钝或尖，白色。子实层体平滑，周生于分枝的表面。菌肉白色。菌柄白色至淡灰色。

担子顶部十字纵裂。担孢子近杏仁形，14～20μm×6～8μm，平滑。

夏秋季生于林中地上。

担子果（分枝两侧压扁）

小枝顶端钝或尖

杯状菌型

担子果杯状、盘状。子实层体平滑或具裂褶，生于担子果内侧、下侧。

裂褶菌科 Schizophyllaceae

727 裂褶菌（俗名：白参）

***Schizophyllum commune* Fr.**

担子果幼时杯状，成熟展开形成扇形或肾形的菌盖，长5～20cm，宽约3cm，往往覆瓦状叠生，表面灰白色至黄棕色，被细绒毛或粗毛，边缘内卷。菌肉白色。子实层体为假菌褶（褶缘中部可纵裂），从基部放射而出，白色、棕黄色，有时呈淡紫色，干时沿边缘纵裂反卷。

担孢子短圆柱形，4.5～7μm×2～3.5μm，无色，平滑，非淀粉质。

群生于多种针叶树和阔叶树活立木、倒木或枯枝上。药食兼用。

幼担子果杯型

成熟担子果扇形、菌盖表面被毛、假菌褶由基部放射而出

假菌褶自中缝纵裂反卷

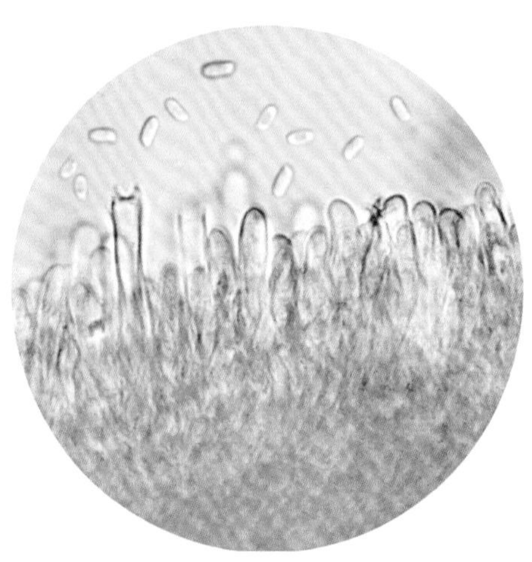

担孢子、担子、子实层

第五章
腹菌类

担子果有包被，甚至成熟时还留存一部分。其内部的产孢组织也称孢体，成熟时可保留腔室形，或彼此分离成小豆状的小包，有的则消解成粉末状、黏液状。

硬皮地星科 Astraeaceae

728 硬皮地星

Astraeus hygrometricus **(Pers.) Morgan**

担子果幼时呈球形至扁球形，直径1～3cm，初期黄色、黄褐色，渐变成灰色、灰褐色。成熟时外包被呈星状开裂成7～15（～20）瓣，但干燥时强烈内卷，潮湿时再反卷展开，称为强吸湿性；外包被又分3层，内侧一层褐色，通常具较深的裂痕。内包被近球形至扁球形，薄，膜质，直径1.2～3cm，灰色至褐色，成熟时顶部裂开一个孔口，释放粉末状孢体中的担孢子。

担孢子球形，直径7.5～10.5μm，褐色，具疣状突起。孢丝分枝，无色透明。

夏秋季散生于阔叶林中地上或林缘空旷的地上。可药用。

担子果

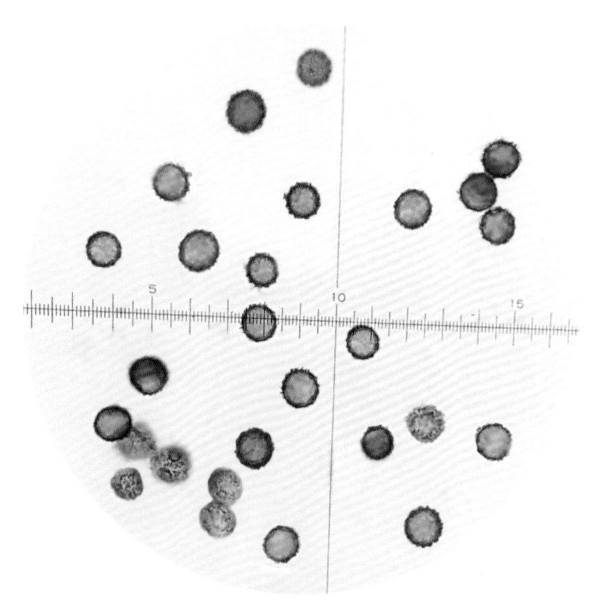

担孢子

潮湿担子果

担子果具强吸湿性

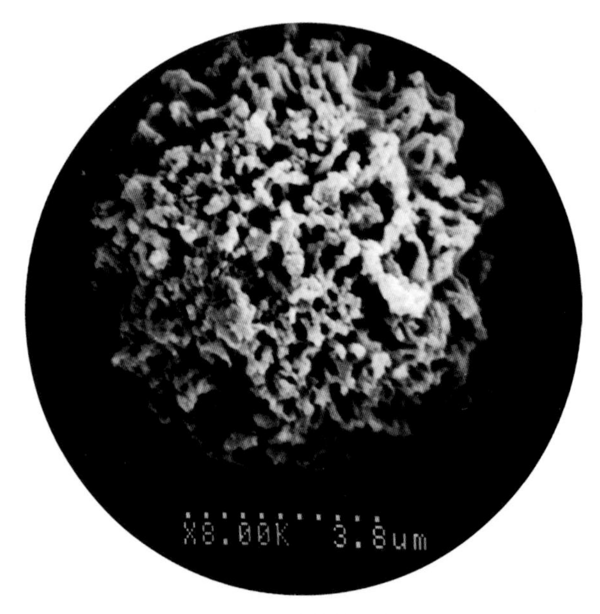

担孢子（电镜照）

729 巨型硬皮地星

***Astraeus pteridis* (Shear) Zeller**

成熟担子果外包被星状开裂成厚而硬的裂片5～10(～13)瓣，具强吸湿性，完全展开时可使担子果宽达5～8（～15）cm；内侧一层污白色、灰白色，网格状开裂，内包被扁球形，表面淡褐色，密被短绒毛，可交织成毛毡状、网状，顶部有不规则撕裂状的裂缝以释放粉末状孢体中的担孢子。

担孢子球形，少数广椭圆形，直径7～11.5（～13.5）μm，棕色，具不规则疣突。孢丝分枝，无色透明。

夏秋季散生于针阔混交林中地上或林缘。

担子果

幼担子果

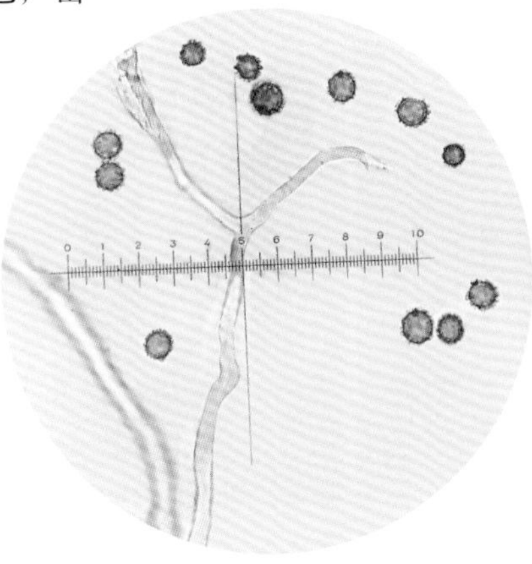

担孢子、孢丝

担孢子（电镜照）

丽口菌科 Calostomataceae

730 日本丽口菌

***Calostoma japonicum* Henn.**

担子果头部近球形或近梨形，直径0.5～1.5cm。外包被污白色，成熟后龟裂成颗粒状疣突。内包被嘴部红色，呈星状开裂，且裂片分叉。担子果基部有柄，长0.5～1cm，根状菌索明显。

担孢子椭圆形，11～13μm×6～7μm，无色，表面具细小的粒状突起。

夏秋季群生于松树或栎树等林中地上。有抗癌作用。

担子果（基部具根状菌索）

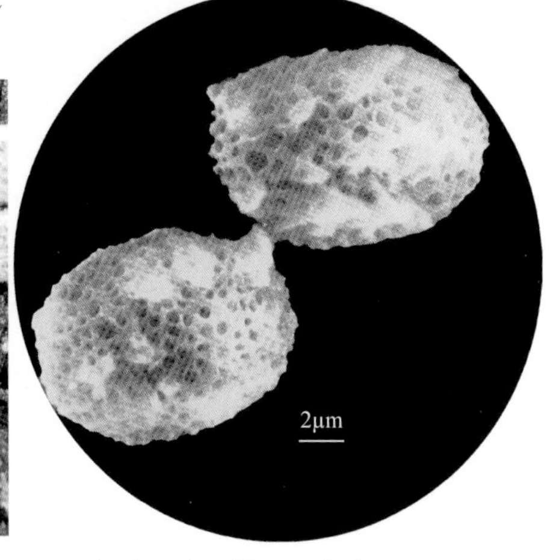

担孢子（电镜照；李建宗原照）

731 小丽口菌

Calostoma miniata M. Zang

担子果球形、近球形，高5～7mm，直径6～8mm，基部无柄。外包被淡褐色、黄褐色，成熟后龟裂成角锥状突起或细小颗粒状疣突。内包被嘴部红色，星状开裂成5个裂片。

担孢子球形，直径17～20μm，具网状纹饰。

夏秋季生于针阔混交林或阔叶林中地上，混生于苔藓间。外生菌根菌。

幼担子果

成熟担子果顶部开裂

732 云南丽口菌

Calostoma yunnanense L.J. Li & B. Liu

担子果近球形、卵圆形，高7～10mm，宽6～9mm，具柄。外包被淡黄色，成熟破裂后成小疣状，后消失。内包被淡黄色，嘴部可见红色裂片。

担孢子球形，直径10.5～15.5μm，无色，具小圆孔状纹饰。

散生于林中地上。

担子果

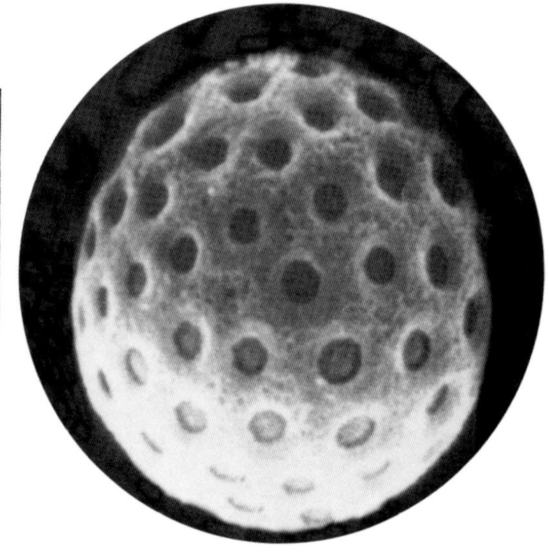

担孢子（电镜照；李建宗原照）

笼头菌科 Clathraceae

733 五棱散尾鬼笔

Lysurus mokusin **(L.) Fr.**

幼担子果近球形、卵形，白色，成熟时孢托伸出，圆柱状，高6～13cm，直径1.5～2.5cm，浅肉色、粉红色，有纵向凹槽和棱脊，孢托顶部有托臂4～6条，红色，基部连生而先端分开、渐尖。孢体黏液状，榄褐色，臭，生于托臂内侧。孢托基部保留白色、近球形的菌托。

担孢子近圆柱形、短杆状，4～4.5μm×1～2μm，近无色至淡色，平滑。

生于林中地上或草地上。有毒，但也有可药用的记载。

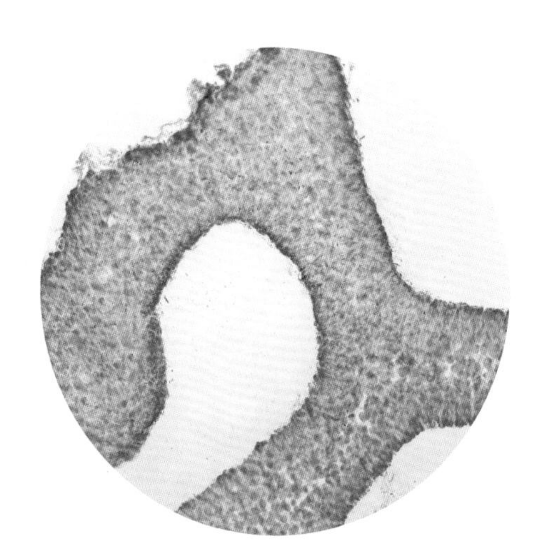

托臂剖面

担子果具菌托、孢托顶部有托臂

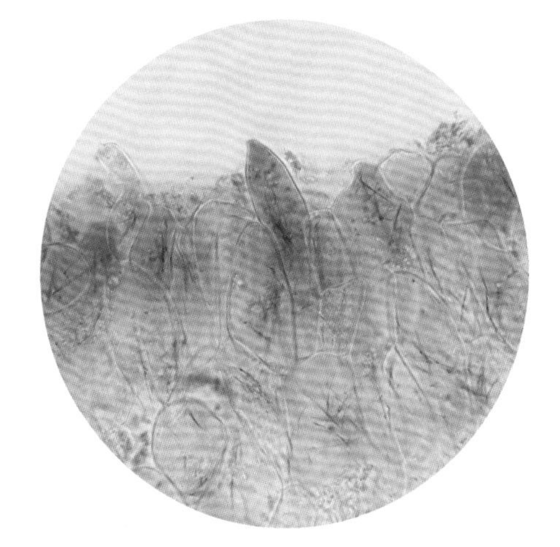

囊状体

孢体黏液状

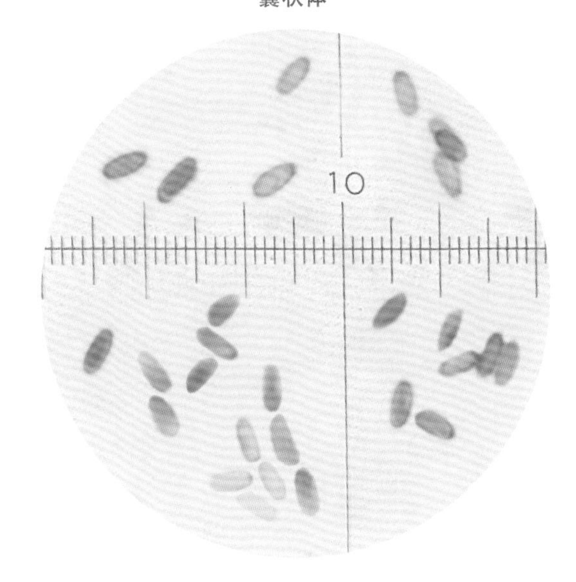

担孢子

地星科 Geastraceae

734 毛嘴地星

Geastrum fimbriatum **Fr.**

幼小担子果生在地表下，故表面被有植物残体壳，球形，顶部突起或有喙。成熟担子果外包被星状开裂形成5～11瓣裂片（以6～9瓣为多），先端向外反卷或平展，使担子果呈浅囊状或深囊状，直径2.5～4cm，最外层被植物残体壳。内包被体顶部乳突状或圆锥状突起，基部无柄或极少数具短柄，内包被球形至梨形，直径0.4～3.4cm，被褐色、棕色细茸毛，子实口缘纤毛状，无口缘环。

担孢子球形、近球形，直径3～4μm，浅棕色，具微疣突、微刺突，孢丝不分枝，少数短分枝。

夏末秋初散生或群生于针叶林、针阔混交林中地上或腐枝落叶层上。可药用。

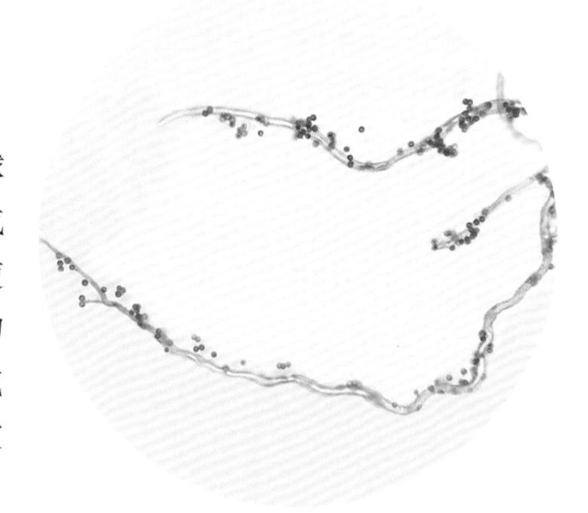

孢丝

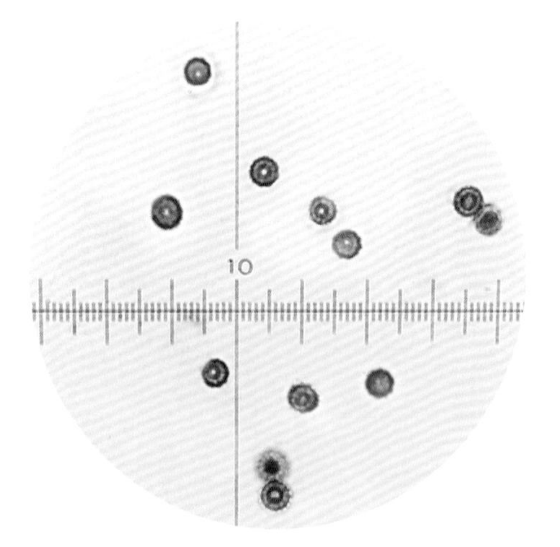

担孢子

担子果

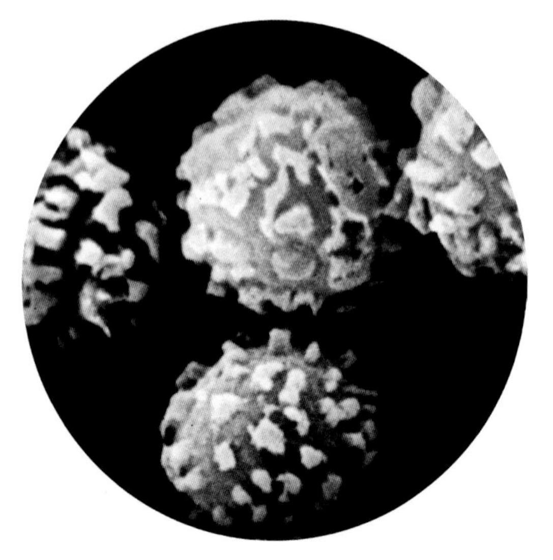

担孢子（电镜照）

干燥标本担子果外侧被植物残体壳、子实口缘纤毛状

735 小地星

Geastrum minimum **Schwein.**

担子果小型。成熟时外包被星状开裂形成5～12瓣裂片，先端水平展开或反卷，乃至垂直向下使担子果呈拱形，最外层被植物残体壳。内包被体顶部圆锥状突起，基部有柄和囊托，内包被球形至梨形，直径0.4～1.2cm，被有较厚的白粉状晶体，老标本上可见灰色至褐色细茸毛，子实口缘纤毛状，口缘环明显，柄短，仅长1mm左右，光滑，少数不明显，囊托环状肿大，平滑。

担孢子球形、近球形，直径3～5μm，浅棕色、棕色，具微疣突、粗疣突，孢丝不分枝。

夏秋季散生或群生于针叶林、阔叶林中地上或腐枝落叶层上。可药用。

干燥担子果呈拱形、内包被体具柄

孢丝

担孢子

担孢子（电镜照）

736 篦齿地星

Geastrum pectinatum **Pers.**

担子果中型至大型。外包被开裂形成5～8（～10）瓣裂片并向外反卷呈拱形，非吸湿性，菌丝体层明显被植物残体壳，肉质层较厚，开裂收缩，脱落者常在柄基部形成环状菌领。内包被体顶部狭圆锥形，基部具囊托和柄，内包被球形、近球形、梨形，直径1.2～3cm，暗沙土色至污褐色，被粉状物，子实口缘狭圆锥形至近柱形，高0.4～0.8cm，顶部尖或钝，细褶皱状（10～35个褶），口缘环多明显，仅少数无。囊托明显，表面多具放射状皱褶；柄长0.3～0.7cm，黄棕色至暗栗色。

担孢子球形、近球形，直径6～8μm，棕色，具长柱状突起，扫描电镜下柱状突可达0.8～1μm高，先端可部分相连，孢丝不分枝，棕色，壁较厚。

秋季单生或群生于针叶林、阔叶林或针阔混交林下地表。

干燥担子果（内包被体具柄）

担子果（菌丝体层被植物残体壳）

担孢子（电镜照）

担孢子、孢丝

737 袋形地星

Geastrum saccatum Fr.

担子果囊状、肉质层具横纹

幼担子果多表生，成熟担子果小型至中型。外包被柔软，开裂成5～8瓣裂片，使担子果呈囊状、少数拱形，肉质层横纹状或不规则开裂。菌丝体层外侧不具植物残体壳，常被细绒毛。内包被体球形、扁球形，无柄，内包被直径0.5～2.5cm，沙土色至污褐色，被绒毛，子实口缘绢毛状至纤毛状，口缘环明显。

担孢子球形、近球形，直径3～5μm，棕色，具疣突、刺突，孢丝不分枝，黄棕色。

秋季生于针叶林、针阔混交林下。

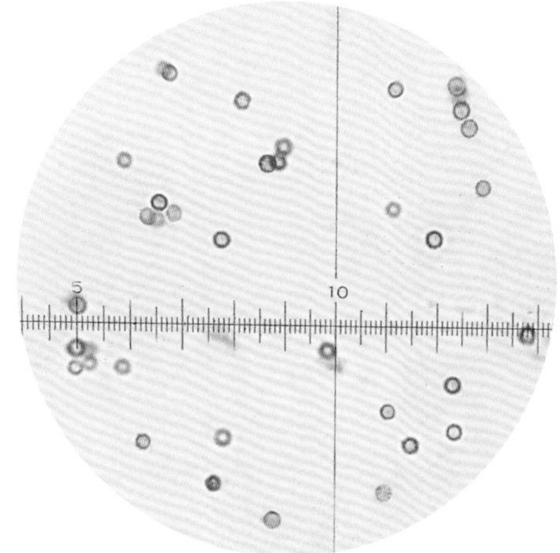

担孢子

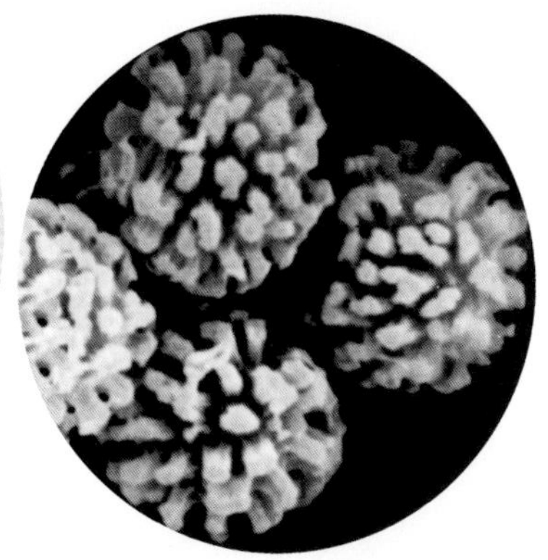

担孢子（电镜照）

738 尖顶地星

Geastrum triplex Jungh.

幼小担子果生于地表，近球形、卵形、洋葱形，直径1.5～3.5cm，顶端具喙。成熟担子果外包被星状开裂形成5～8瓣裂片，先端向外反卷或内弯，使担子果呈浅囊状、深囊状至拱形，直径2.5～5.5cm；最外层无植物残体壳，最内的肉质层常从裂片基部断裂，形成一个杯状菌领。内包被体顶部圆锥状突起，基部无柄，内包被球形至洋葱形，直径1～2.8cm，被灰色细茸毛，子实口缘纤毛状，口缘环多数明显。

担孢子球形、近球形，直径3.5～5.5μm，黄棕色至暗棕色，具柱状突或粗疣突、细疣突，个别微刺突，孢丝不分枝，黄棕色、棕色。

夏秋季单生或散生于针叶林或松栎混交林中地上。可药用。据报道为外生菌根菌。

担子果拱形、肉质层断裂呈杯状菌领

子实口缘纤毛状、口缘环明显

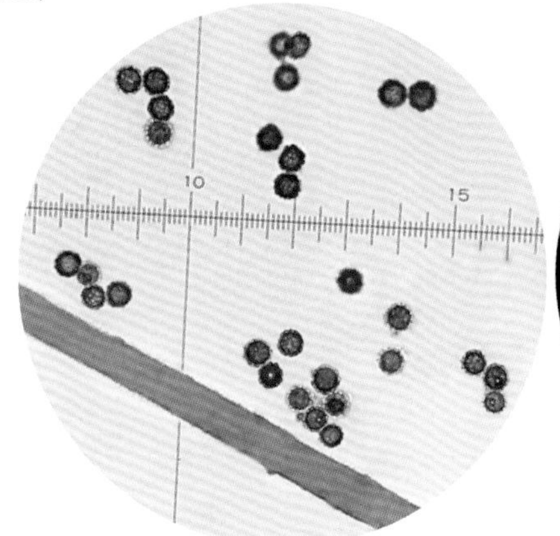

担孢子、孢丝

担孢子（电镜照）

马 勃 科 Lycoperdaceae

739 粗皮马勃

***Lycoperdon asperum* (Lév.) Speg.**

担子果梨形、陀螺形，高2～8cm，直径2～6cm，后期外包被呈白色短刺或粉粒状，留在膜质、茶色的内包被表面。孢体消解成浅青黄色、浅烟色粉末。

担孢子球形，直径3.5～6μm，青黄色，后褐色，具小刺显粗糙或者平滑，有短柄。

群生于混交林中地上。可药用。

担子果（外包被粉粒状）

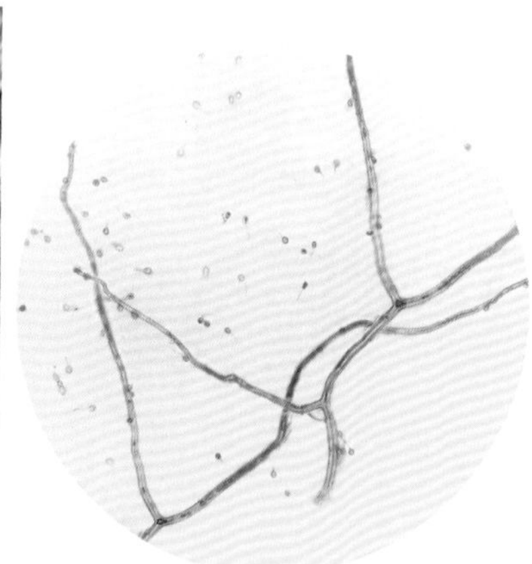

孢丝（多分枝）、担孢子

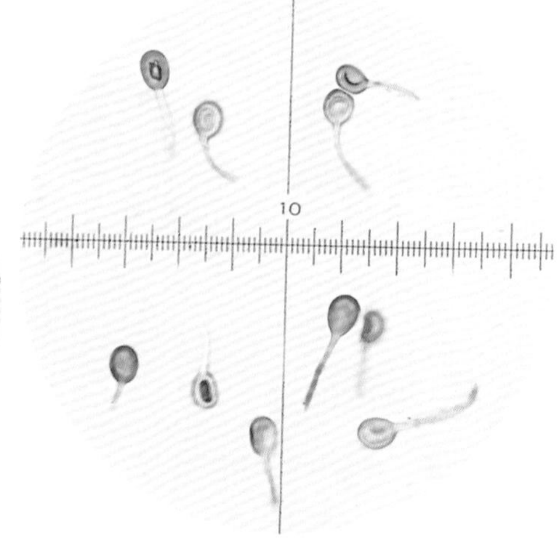

担孢子具小柄

740 光皮马勃

***Lycoperdon glabrescens* Berk.**

担子果梨形至陀螺形，高2.5～4cm，直径2～3.5cm，不育基部发达。幼时白色，后外包被呈成丛的颗粒状小疣和小刺且易脱落，内包被膜质，浅褐色，光滑。孢体成熟后为浅烟色粉末状。

担孢子近球形，直径3.5～5μm，青黄色，壁平滑，具小柄且不易脱落。

群生于混交林中地上。幼时食用，可药用。

担子果

担孢子具较长小柄

担子果具不育基部

741 小灰球菌（又名：小马勃）

Bovista pusilla **(Batsch) Pers.**

担子果近球形、球形，直径1～2cm，白色、黄色、浅茶褐色，无柄，具根状菌索。外包被后呈细小颗粒状，内包被光滑，成熟时顶部开一小口。孢体消解为蜜黄色至浅茶褐色粉末。

担孢子球形，直径3～4μm，浅黄色，近平滑，有时具短柄。

夏秋季群生于林中地上。可药用。

担子果（外包被为细小颗粒）

742 黑紫马勃

Lycoperdon atropurpureum **Vittad.**

担子果近球形、梨形、陀螺形，高2～6cm，直径2～5cm。外包被为直立的小刺，脱落后内包被顶端近光滑。内包被表面淡黄色，不孕基部发达，柄状，表面具小刺。孢体粉末状至絮状。

担孢子球形，直径4～6.5μm，浅褐色，具小刺，内含油滴。孢丝分枝少，无隔。

夏秋季生于林中地上。

干燥担子果

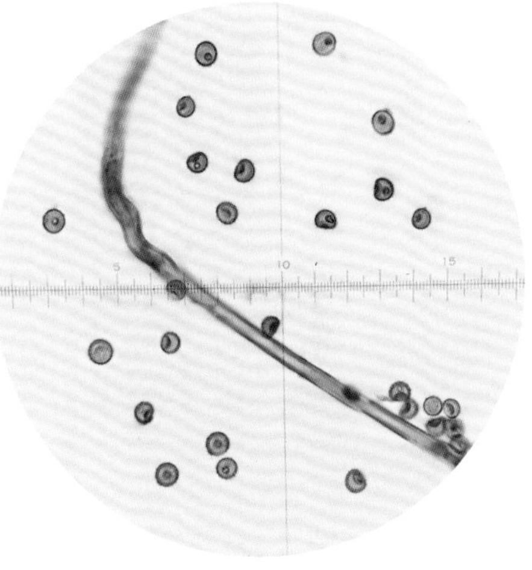

担孢子、孢丝

743 长刺马勃

Lycoperdon echinatum **Pers.**

担子果球形至近梨形，直径2～5cm，幼时包被白色，不育基部呈短圆柱状。后外包被形成暗褐色的长刺且成丛，易脱落，在紫褐色的内包被表面仅遗留小疣，并使之呈网状。孢体消解为粉末。

担孢子球形，直径3～5μm，褐色，具小刺突，具细柄但易脱落。

夏秋季单生或群生于阔叶林中地上。可药用。据报道为外生菌根菌。

担子果（外包被长刺状）

744 网纹马勃

Lycoperdon perlatum **Pers.**

幼担子果

担子果近球形、倒卵形至陀螺形，高3～8cm，宽2～6cm。幼时白色、奶油色，后外包被形成疣突和较大的锥形刺，刺易脱落，在灰黄色膜质的内包被表面形成斑点，并相连成网纹。孢体消解成粉末。

担孢子球形，直径3.5～4μm，无色至橄榄色，壁稍薄，具微细刺状或疣状突起。

夏秋季群生于针叶林或阔叶林中地上，有时生于腐木或树桩上，也见于路边的草地上。幼时可食，老后可药用。

外包被刺粗大、部分脱落形成网纹

内包被

担孢子

745 白刺马勃

Lycoperdon wrightii **Berk. & M.A. Curtis**

担子果近球形，直径0.5～2cm，具柄，外包被呈密集的白色小刺、角锥状，内包被白色。孢体成熟后为青黄色粉末。

担孢子球形，直径3～4.5μm，浅黄色，稍粗糙。

丛生于林中地上。可药用。

担子果（外包被为白色小刺）

746 梨形马勃

Lycoperdon pyriforme Schaeff.

担子果梨形、近球形，高2～4.5cm，宽1.8～4.8cm，具短柄。幼时奶油色、淡黄色，后外包被呈疣状颗粒或小刺留在茶褐色的内包被表面，易脱落。孢体消解成橄榄色粉末。

担孢子球形，直径3.5～4.5μm，内含1个大油滴，橄榄色，薄壁，平滑。

夏秋季丛生、散生或群生于阔叶树腐木上或林中地上。幼时可食，老后可药用。

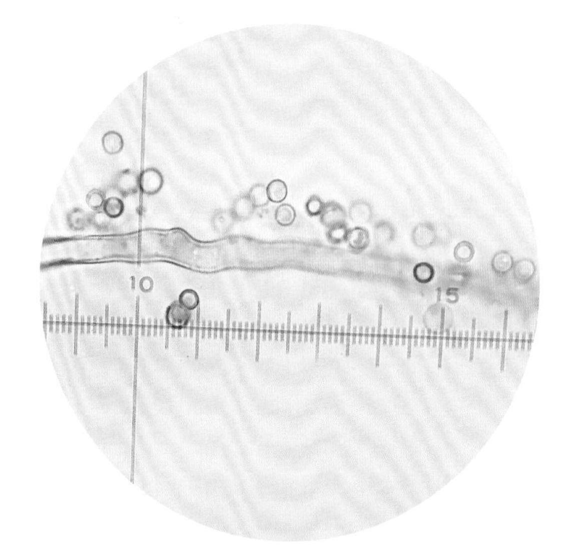

担孢子、孢丝

担子果梨形

外包被呈颗粒、小刺

747 暗褐马勃

Lycoperdon umbrinum Pers.

担子果近球形、扁球形、圆陀螺形，高3～5.5cm，宽2.5～5cm，不育基部发达。幼时白色、污白色，外包被成熟时呈颗粒状小疣或小刺留在浅褐色内包被表面，且不易脱落。孢体成熟后为黄绿色粉末。

担孢子近球形，直径4～5μm，淡青褐色至褐色，内含1个油滴，壁厚，有小刺，短柄约1μm长，可脱落。

夏秋季生于针阔混交林中地上，偶尔生于腐木上。可药用。

担子果不育基部发达

外包被小疣、小刺状

鸟巢菌科 Nidulariaceae

748 白蛋巢
***Crucibulum laeve* (Huds.) Kambly**

担子果短圆筒形、浅杯形，少数坩埚形，高3～7（～10）mm，直径4～10mm，成熟前顶部有白色至淡黄色盖膜。包被外侧淡黄色、浅红褐色，被毡状绒毛，后渐光滑；内侧乳白、灰白至浅褐色。孢体即小包扁圆，近白色，直径1.5～2mm，由菌攀索固定于包被内壁。

小包具单层皮层和一层较厚的无色至浅褐色外膜。担孢子椭圆形、长卵形，6～10.5μm×4.5～5.5μm，无色，厚壁，平滑。

夏秋季生于阔叶林或针阔混交林中的枯枝、腐木上，偶生在云杉枯立木干部和球果鳞片上。

幼担子果具盖膜

小包白色

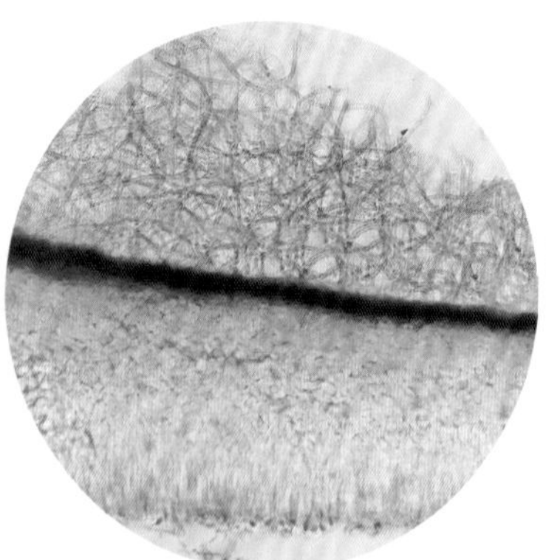

小包剖面（局部）具单皮层、外膜厚

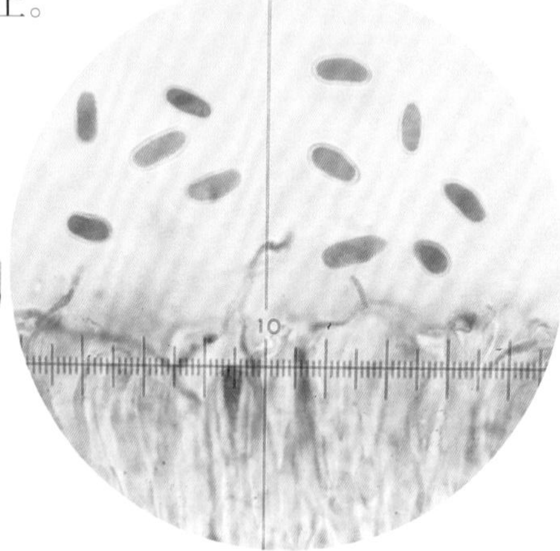

担孢子、子实层

749 榄褐黑蛋巢
***Cyathus olivaceobrunneus* F.L.Tai & C.S. Hung**

担子果倒圆锥形、略呈漏斗形，高7～8mm，口宽6～7mm。包被外侧褐色，被浅黄色细绒毛，易脱落，有明显细密纵条纹；内侧褐色，纵条纹明显，口缘具流苏。小包扁，宽椭圆形，褐色，1.5～2mm×1～1.8mm，具菌攀索。

小包具单层皮层，被浅黄色外膜。担孢子宽椭圆形，15～20μm×10～12.5μm，壁较厚，无色，平滑。

夏秋季群生于林下腐木、枯枝或残桩上，以及苔藓枯茎上。

担子果

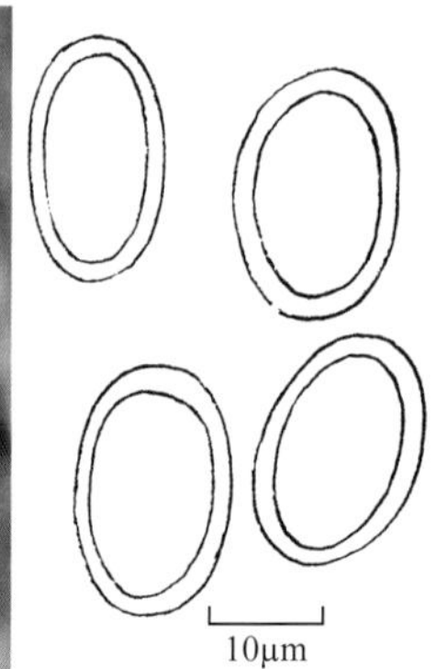

担孢子（手绘）

750 丽江黑蛋巢
Cyathus lijiangensis T.X. Zhou & R.L. Zhao

担子果为狭窄的倒圆锥形或漏斗状，高（5～）6.5～9mm，口部宽4～6mm，基部狭缩乃至形成短柄，具菌丝垫。包被外侧烟灰色、灰黑色至黑色，被有灰白色结成小瘤的粗短毛或细柔毛，纵条纹明显；内侧烟灰色至黑色，纵条纹明显，口缘具流苏或不明显。小包扁，圆形、近圆形，浅灰色，1.2～2mm×1～1.8mm，具菌攀索。

小包具单层皮层，被浅褐色外膜。担孢子宽椭圆形，部分卵形、近球形，15.5～18.5（～21）μm×13～15μm，壁薄或略厚，无色，平滑。

夏秋季群生于采伐迹地的枯木或残桩上。

担子果

0 1 2cm

包被内外侧被纵条纹（干燥）

小包剖面具单皮层、被外膜

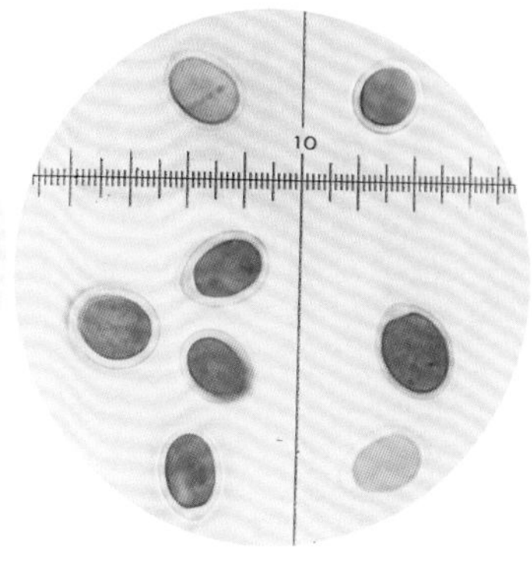

担孢子

751 白被黑蛋巢
Cyathus pallidus Berk. & M.A. Curtis

担子果杯形，高4～8mm，口宽3～8.5mm。包被外侧粉黄色至暗肉色，被奶油色至浅黄色的粗长毛，且结成下指的锥形簇，无纵条纹；内侧粉黄色，无纵条纹或偶有不明显条纹。小包扁，宽椭圆形，2～3mm×1.5～2.5mm。

小包具单皮层，被外膜。担孢子宽椭圆形、卵形，6～10μm×4～6.5μm，壁薄，无色，平滑。

秋季群生于林下腐木或枯枝上。

担子果（包被外侧被粗长毛、内侧近平滑）

小包剖面（局部）具单皮层、被外膜

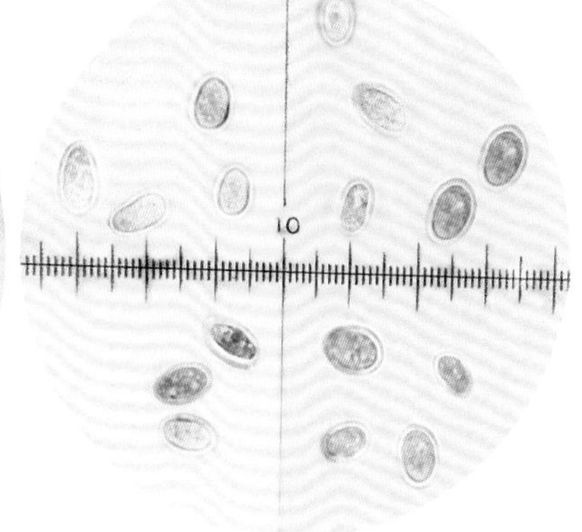

担孢子

752 粪生黑蛋巢

Cyathus stercoreus **(Schwein.) De Toni**

担子果倒圆锥形、杯形，有时基部狭缩延伸成短乃至较长的柄，呈高脚杯形或漏斗形，高5～14mm，口宽4～8mm，基部菌丝垫褐色。包被外侧浅色至暗色，被灰白色至浅黄色的绒毛或粗硬毛，老标本的毛可脱去；内侧浅灰色至近黑色，口缘平整，偶具污褐色的流苏，内外侧均平滑无条纹。小包扁，圆形或近圆形，1～2.5mm×1～2.2mm，黑色，有光泽，具菌攀索。

小包双皮层，间有红褐色粗丝，缺外膜。担孢子近球形、球形，18～35μm×16～32μm，无色，厚壁，平滑。

夏秋季多群生于针、阔叶林下土表或粪土上。可药用。

小包剖面局部（双皮层无外膜）

担子果

双皮层间的红褐色粗丝

包被内外侧无条纹

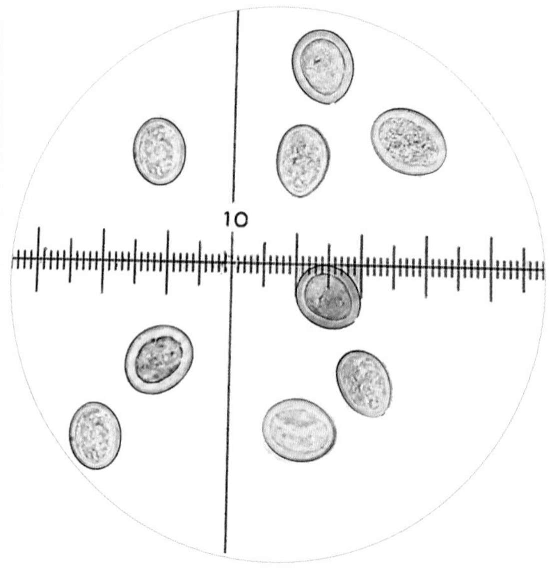

担孢子

753 隆纹黑蛋巢

Cyathus striatus **(Huds.) Willd.**

担子果宽的倒圆锥形，少数杯形、钟形，高8～15mm，口部宽5～10mm，少部分基部狭缩成短柄。包被外侧暗褐色、污褐色，被粗长硬毛，可结成簇，有明显纵条纹；内侧灰白色、银灰色至污褐色，纵条纹明显，口部具褐色刚毛。小包扁，宽椭圆形，直径1.5～2.5mm，褐色，具菌攀索。

小包具单层皮层，被浅黄至浅褐色外膜。担孢子椭圆形、矩椭圆形，13～24μm×8～12μm，壁薄或厚，无色，平滑。

夏秋季群生于针、阔叶林下的枯枝、腐木、残桩上或腐殖质多的地上。

担子果（包被内侧具纵条纹）

幼担子果具盖膜，成熟担子果包被口部具刚毛

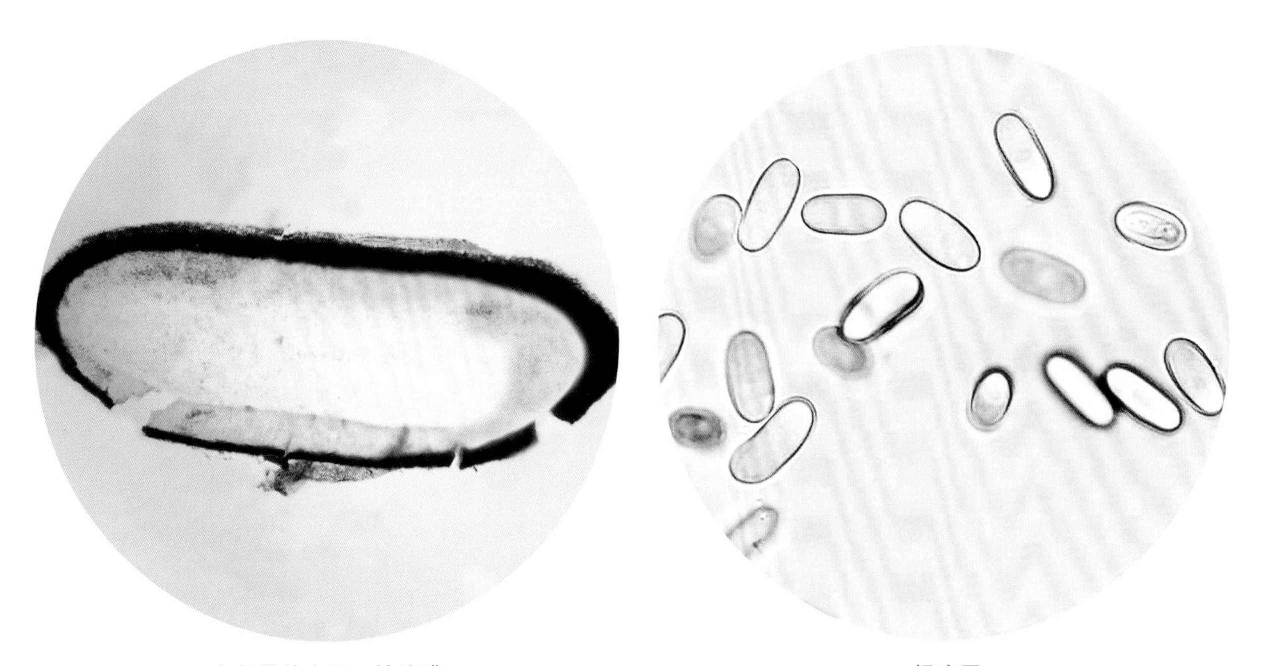

小包具单皮层、被外膜

担孢子

754 红蛋巢
Nidula candida (Peck) V.S. White

担子果

担子果杯形，高（3～）5～10mm，口宽4.5～9（～12）mm，包被上部1/3明显向外扩展，外侧靠口部被有白色细密绒毛，下部2/3被有浅褐色成簇的粗短毛，内侧1/3～1/2以上部分呈白色，下部褐色，口部无流苏，内、外侧均平滑无条纹。小包扁圆，直径1.5～2mm，浅褐色，无菌攀索。

小包具单层皮层，外膜淡黄色，较厚。担孢子椭圆形，少数卵形，（5～）7～10.5（～11.5）μm×3～5（～5.5）μm，壁薄，无色，平滑。

干燥包被及小包

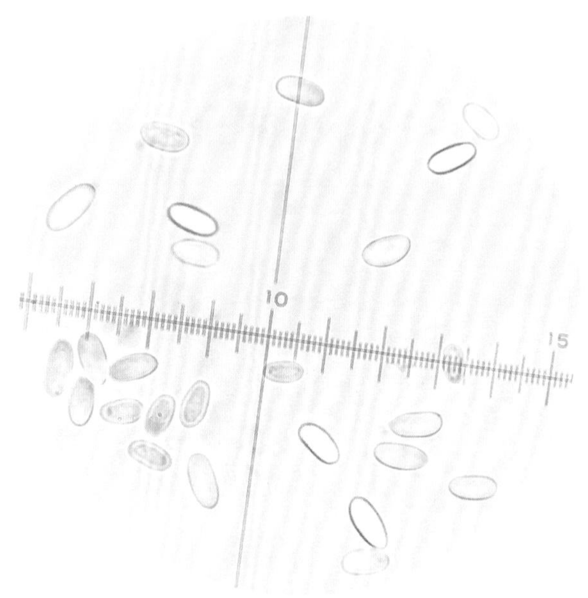

担孢子

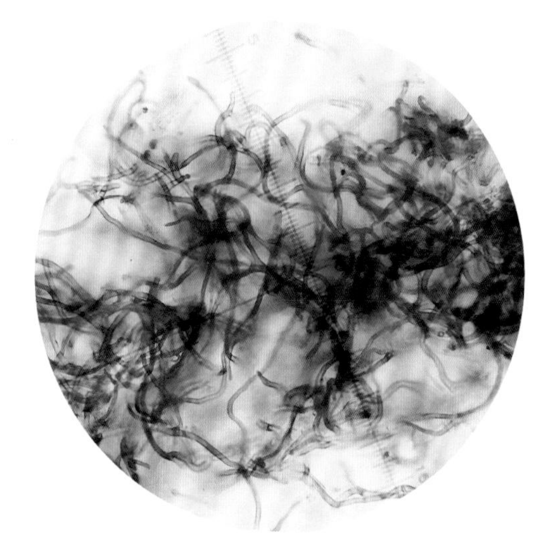

组成外膜的菌丝

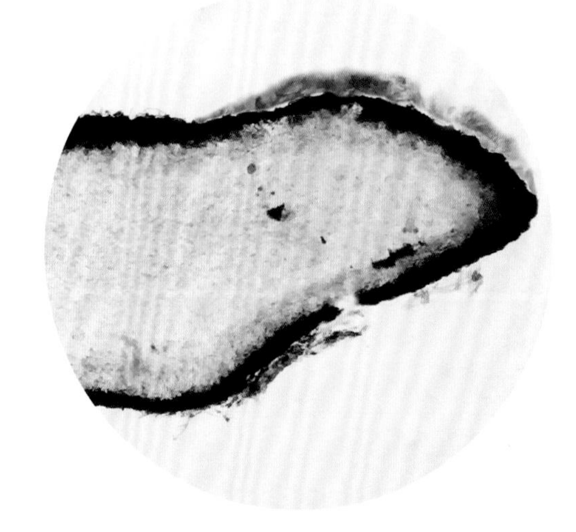

小包剖面（局部）具单层皮层、被外膜

755 白绒红蛋巢

Nidula niveotomentosa (Henn.) Lloyd

担子果呈浅杯形、桶形，两侧边缘直，几乎平行，高2.5～7mm，口部宽4～7mm，幼担子果有白色、粉黄色盖膜，包被外侧被有白色、奶油色、污白色的细密绒毛，内侧乳白色至浅黄色，靠基部呈浅红褐色，内、外侧均平滑无条纹。小包扁圆，直径0.8～1.5mm，红褐色、紫红色至污褐色，埋生于胶质物中，无菌攀索。

小包具单层皮层，其外侧由红褐色、分枝先端呈刺状的鹿角状菌丝组成。担孢子卵形、宽椭圆形，少数近球形，6～9μm×4～6.5μm，壁薄或厚，无色，平滑。

夏秋季群生于阔叶林、针叶林下的腐木或枯枝上。

幼担子果（担子果内小包具黏液）

球果上的担子果

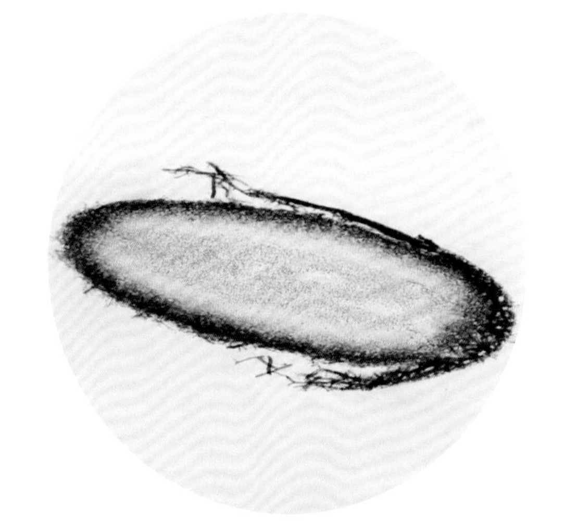

小包剖面

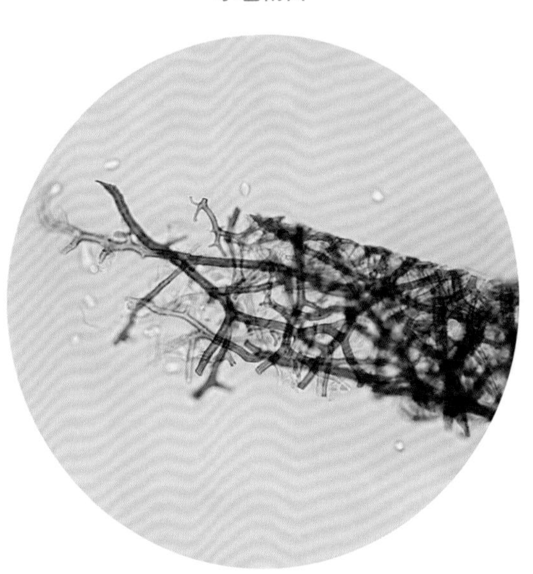

小包皮层外侧的鹿角状菌丝

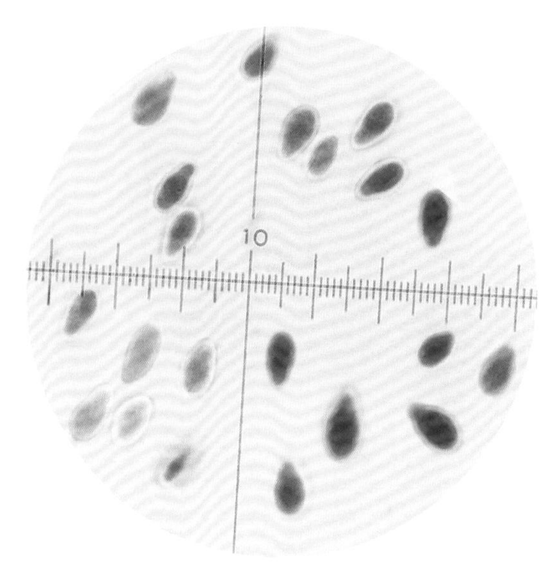

担孢子

鬼 笔 科 Phallaceae

756 黄裙竹荪

Dictyophora multicolor **Berk. & Broome**

菌蕾近球形，成熟时孢托从包被中伸出，高可达12cm，粗可达3cm，初期白色，后呈浅黄色，海绵质，顶端笔帽状，覆有黏液状、具恶臭的孢体。菌裙网状，橘黄色至黄色，下垂，长约4～7.5cm。孢托基部留有近球形的菌托。

担孢子椭圆形、长椭圆形，3～4μm×1～1.5μm，无色，壁稍厚，平滑，非淀粉质，弱嗜蓝。

夏秋季散生或群生于竹林下，偶尔也生于竹与阔叶树的混交林下。有微毒，不宜食用，但可药用。

担子果具菌托、孢托、黄色菌裙

孢托顶端具黏液状孢体

757 海棠竹荪

Phallus haitangensis **H.L. Li, P.E. Mortimer, J.C. Xu & K.D. Hyde**

菌蕾卵形至近球形，成熟时孢托从包被中伸出，圆柱状，海绵质，高8～20cm，粗2～3cm，顶端笔帽状，有白色网格，覆有黏液状、具恶臭的孢体。菌裙网状、白色，下垂且长可达孢托基部。孢托基部留有污白色、近球形的菌托。

担孢子椭圆形，3～4μm×1～2μm，无色，薄壁，平滑，非淀粉质。

夏秋季单生或群生于阔叶林中地上，特别是竹林中地上。食药兼用。

担子果具菌托、孢托、菌裙，孢托顶端具黏液状孢体

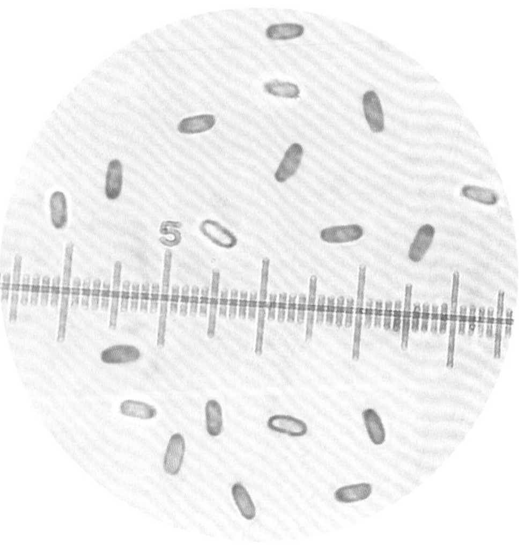

担孢子

758 白鬼笔

***Phallus impudicus* L.**

菌蕾球形、卵形，白色，成熟时孢托从包被中伸出，圆柱状，淡黄色至粉红色，高5～12cm，粗2～5cm，海绵质，顶端笔帽状；孢体橄榄色，黏液状，具恶臭。孢托基部留有污白色菌托。

担孢子圆柱形、椭圆形，3～5μm×1.5～2.5μm，内含油滴，带浅褐色，平滑。

夏季散生于竹林、阔叶林或针阔混交林中地上，或草地上。食药兼用。

孢托自包被中伸出

孢托顶端具黏液状孢体

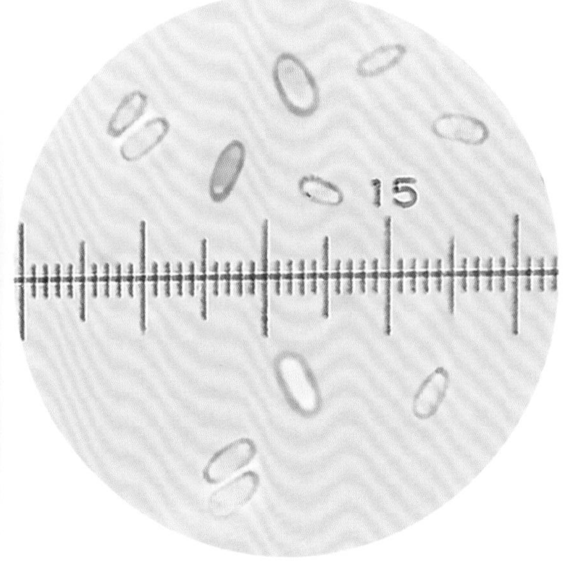

担孢子

759 短裙竹荪

***Phallus indusiatus* Vent.**

［曾用名：*Dictyophora duplicata* (Bosc) E. Fisch.］

菌蕾（幼担子果）球形至卵圆形，成熟时孢托从包被中伸出，圆柱状，海绵质，高15～20cm，粗3～4cm，顶端笔帽状（也称菌盖），有白色网格，覆有黏液状、具恶臭的孢体。菌裙网状、白色，下垂，短，仅达孢托中上部。孢托基部留有近球形的菌托。

担孢子椭圆形，3～4.5μm×1～2μm，无色，壁稍厚，平滑，非淀粉质，不嗜蓝。

夏秋季单生或聚生于阔叶林或竹林地上。食药兼用。

担子果具孢托、菌裙

760 巨盖鬼笔

***Phallus megacephalus* M. Zang**

担子果成熟时孢托从包被中伸出，圆柱形，白色，海绵质，高约10cm，粗约2cm，顶部大且张开，表面网格状；孢体黏液状，有恶臭。孢托基部留有污白色菌托。

担孢子长椭圆形，3.5～5μm×1～1.5μm，无色，平滑。

夏秋季单生于林下土表。

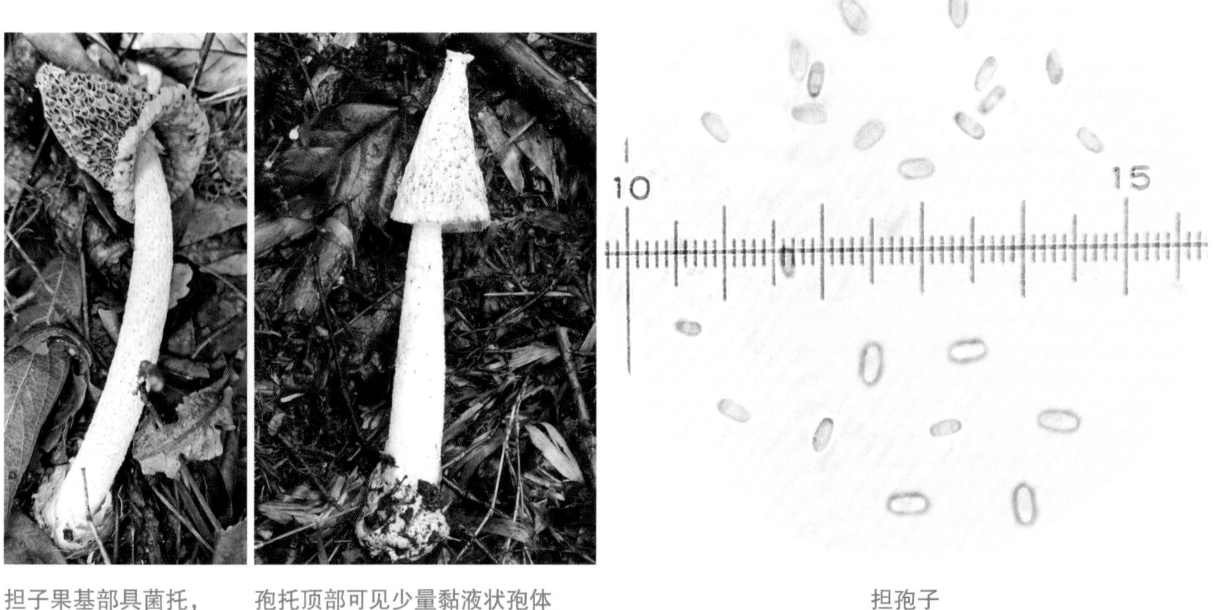

担子果基部具菌托，孢托顶部大而张开　　孢托顶部可见少量黏液状孢体　　担孢子

761 黄鬼笔

***Phallus tenuis* (E. Fisch.) Kuntze**

菌蕾球形、卵形，白色，成熟时孢托从包被中伸出，圆柱形，淡黄色至硫黄色，海绵质，高5～12cm，粗2～5cm，顶端笔帽状；孢体黏液状，橄榄色，有恶臭。孢托基部留有污白色近球形的菌托。

担孢子椭圆形，2.5～3.5μm×1～2μm，近无色，平滑。

生于亚高山针叶林地腐木或腐殖土上。有毒。

担子果具孢托、菌托

孢托顶部具黏液状孢体

须腹菌科 Rhizopogonaceae

762 淡黄须腹菌
Rhizopogon luteolus **Fr.**

担子果

担子果近球形，块茎状，直径2～3cm，表面初为白色带黄色，后呈黄褐色，有暗色菌索。包被较坚韧，孢体为不规则腔室形。

担孢子椭圆形、卵形，6～8μm×2.5～3.5μm，无色或浅黄色，平滑，微嗜蓝。

夏秋季群生于松林下。可食用。外生菌根菌。

干燥担子果及剖面

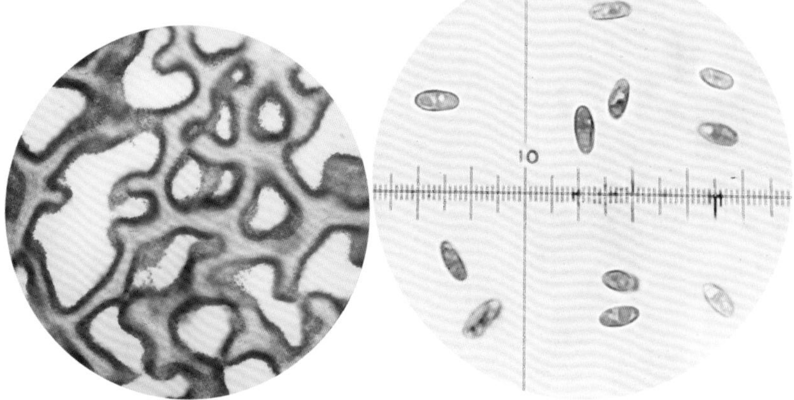

孢体为不规则腔室

担孢子

硬皮马勃科 Sclerodermataceae

763 网硬皮马勃
Scleroderma areolatum **Ehrenb.**

担子果球形至扁球形，直径2～5cm，下部狭缩成柄状基部。包被表面土黄色，被有紧贴的褐色鳞片，似网纹，成熟时顶端不规则开裂。孢体初时灰紫色，后呈灰色粉末。

担孢子球形、近球形，直径9～12μm，浅褐色，密被小刺。

夏季生于林中地上。有毒，成熟后可药用。

担子果

764 彩色豆马勃

Pisolithus arhizus **(Scop.) Rauschert**

［曾用名：*Pisolithus tinctorius* (Pers.) Coker & Couch］

担子果

担子果不规则球形至扁球形，直径2.5～16cm，下部狭缩形成柄状基部或菌柄。包被薄而易碎，光滑，表面初为米黄色，后变为褐色、青褐色，成熟后上部可片状脱落，剖面可见腔室和豆状小包，即孢体。

担孢子球形，直径7.5～10μm，褐色，密布小刺。

夏秋季单生或群生于松树等林中，也长在沙地或草地上。可药用。外生菌根菌。

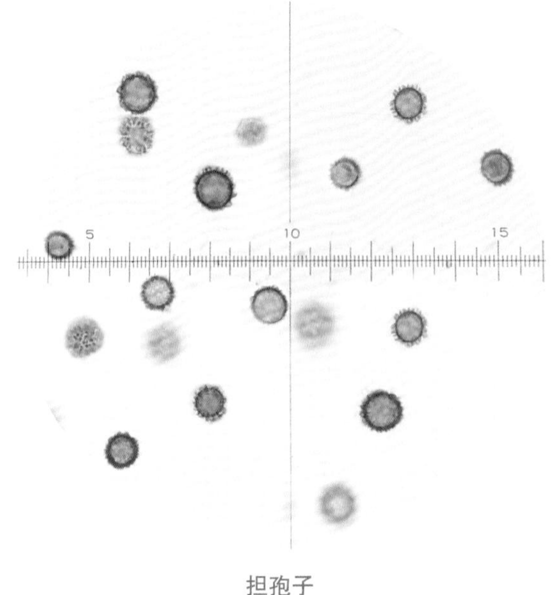

担孢子

孢体腔室形

765 光硬皮马勃

Scleroderma cepa **Pers.**

担子果近球形、扁球形、梨形，直径2～10cm，无柄，具根状菌索。包被硬、厚，表面黄白色、黄褐色，被青灰色至灰褐色鳞片，后不规则开裂。孢体初白色，松软，后消解成紫黑色粉末。

担孢子球形、近球形，直径8～12μm，褐色，具小刺。

夏秋季散生或群生于林中树下或地上。

担子果基部具菌索

包被内具粉末状孢体

766 灰疣硬皮马勃

Scleroderma verrucosum **Pers.**

担子果球形至扁球形，直径1～6cm，具短柄，有根状菌索。包被较薄，又称薄硬皮马勃，表面浅土黄色、淡褐色，被深褐色小鳞片或具小瘤突。孢体为茶褐色粉末。

担孢子球形、近球形，直径8～11μm，浅褐色、褐色，明显有小刺。

夏季生于林中地上或开阔处。幼时有人采食。

担子果（基部具短柄）

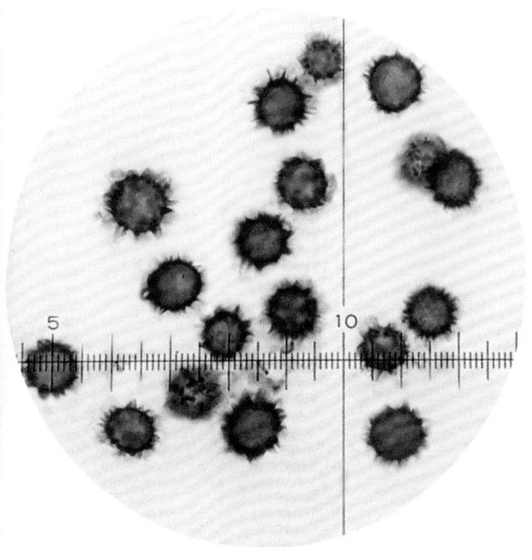

担孢子具小刺

767 云南硬皮马勃

Scleroderma yunnanense **Y. Wang**

担子果表面被鳞片

担子果球形、扁球形，直径2～6cm，下部狭缩成柄状基部。包被厚，硬木栓质，表面橙黄色至土黄色，初近光滑，逐渐龟裂呈鳞片状。孢体后消解为暗紫褐色粉末。

担孢子球形、近球形，直径7～8.5μm，浅褐色，密被小刺。

夏季生于林中地上。可食用。

担子果切面

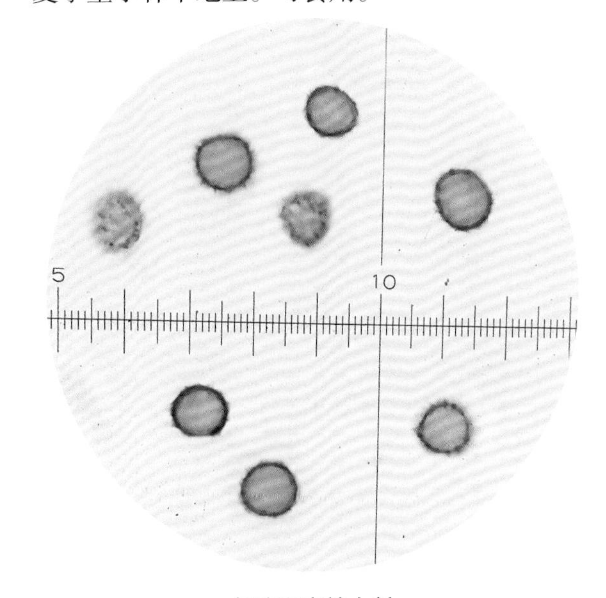

担孢子密被小刺

第六章

胶质菌类

本章涉及的是那些新鲜时整个担子果或担子果的一部分为胶质，担子有隔或呈音叉状的担子菌。

木耳科 Auriculariaceae

768 毛木耳

Auricularia cornea **Ehrenb.**

担子果一年生，新鲜时杯形、盘状或贝壳形，直径可达15cm，厚0.5～1.5mm，棕褐色至黑褐色，胶质，有弹性但稍硬，干后收缩变硬，浸水后可恢复原形。子实层体平滑，褐色、深褐色，不育面被暗灰色绒毛。

担子圆柱形，具3个横隔。担孢子腊肠形，11.5～14μm×5～6μm，无色，薄壁，平滑。

夏秋季群生或单生在多种阔叶树倒木或腐木上。可食用。

担子果（不育面被绒毛）

子实层体平滑

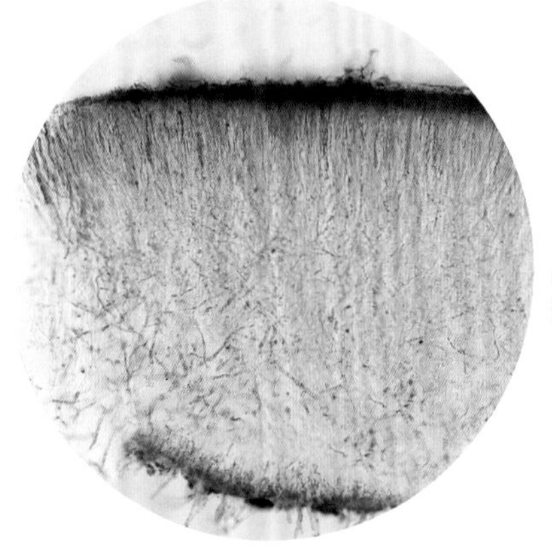

担子果纵切面

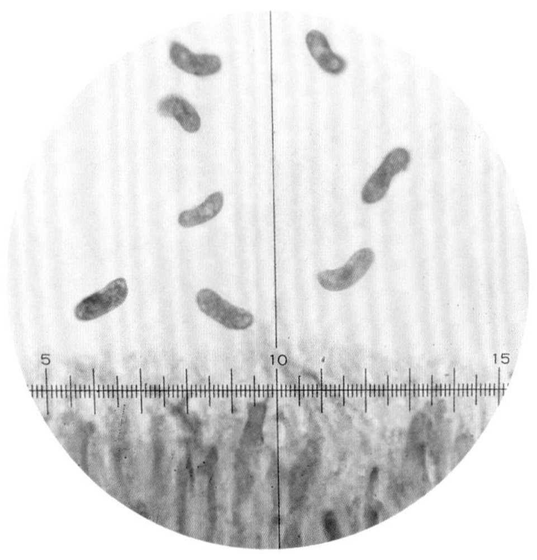

担孢子

769 皱木耳

Auricularia delicata **(Mont. ex Fr.) Henn.**

担子果扇形、贝壳形，直径2～4cm，浅褐色至红褐色，胶质。子实层面皱褶明显，形成网格，不育面稍被绒毛。

担子圆柱形，具3个横隔。担孢子长椭圆形、不规则柱形，10～12μm×5～6μm，无色，平滑。

夏秋季群生于阔叶树倒腐木上。可食用。

担子果

子实层面皱褶明显、形成网格

770 褐黄木耳

***Auricularia fuscosuccinea* (Mont.) Henn.**

担子果平伏反卷呈耳状、不规则叶状，直径4～12cm，厚3～8mm，胶质。子实层体平滑，红褐色至暗褐色，不育面污白色至浅黄褐色，被绒毛。

担子近圆柱形，具3个横隔。担孢子长椭圆形或弯曲近肾形，9～14μm×4～5μm，近无色，平滑。

夏秋季群生于阔叶树腐木上。可食用。

担子果胶质

担子果耳状

771 黑木耳 （曾用名：木耳）

***Auricularia heimuer* F. Wu, B.K. Cui & Y.C. Dai**

［曾用名：*Auricularia auricula-judae* (Bull.) Quél.］

担子果盘状、杯状、耳状或不规则叶状，直径3～12cm，新鲜时胶质，软，干后皱缩、硬，浸水后可恢复原形。子实层体平滑或稍有皱纹，棕褐色至黑褐色，不育面青褐色，密被灰白色短绒毛。

担子圆柱形，具3个横隔。担孢子腊肠形，9～16μm×5～7μm，无色，平滑。

夏秋季丛生或群生于栎树等阔叶树倒木或腐木上。药食兼用菌，对癌症有一定的抑制作用。

担子果杯状

不育面被短绒毛

花耳科 Dacrymycetaceae

772 暗色胶角耳
Calocera fusca **Lloyd**

担子果圆柱形，向上渐细，具小分枝，顶端尖或钝，高0.5～2.5cm，直径约1mm，黄色、橘黄色，子实层体生于表面。

担孢子圆柱形、椭圆形，8～13μm×4～5（～6）μm，具1横隔，少数2隔，内含油滴，无色，平滑。

群生或散生于阔叶树腐木上。

干燥担子果

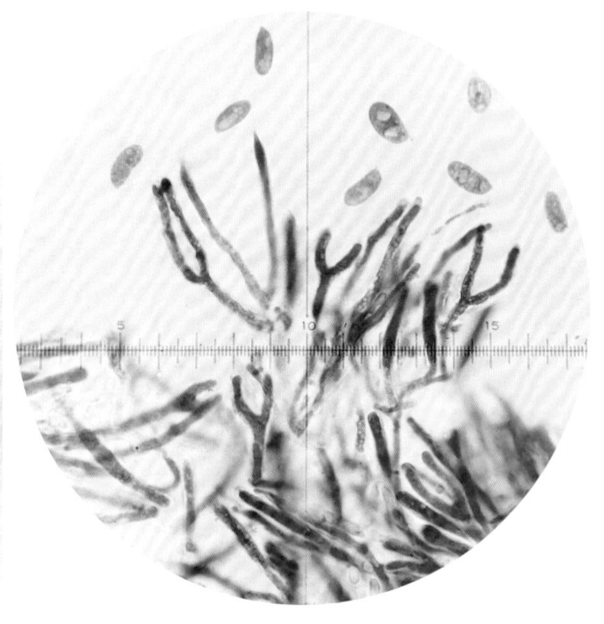

担孢子、音叉状担子

773 中国胶角耳
Calocera sinensis **McNabb**

担子果棒状，高0.5～1.5cm，直径约2mm，偶分叉，顶端钝或尖，淡黄色、橙黄色，子实层体生于表面。

担子音叉状。担孢子弯圆柱形，10～13.5μm×4～5.5μm，具1横隔，无色，平滑。

群生于阔叶树或针叶树朽木上。

担子果群生

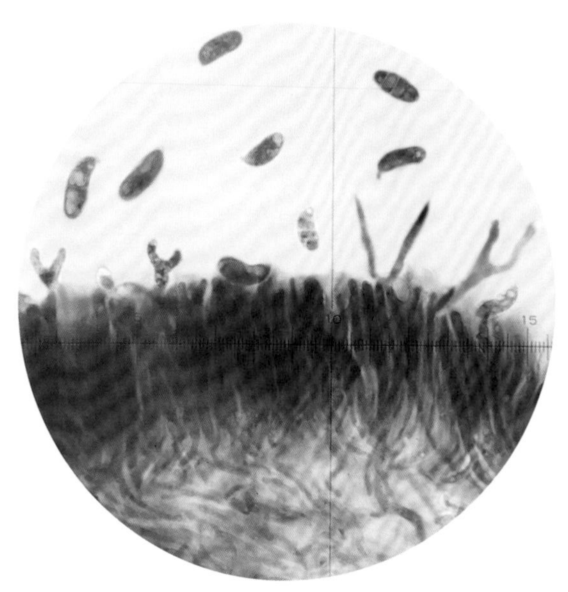

担孢子、音叉状担子

担子果偶分叉、顶尖或钝

774 胶角耳

Calocera viscosa **(Pers.) Fr.**

担子果上部鹿角形分叉，顶端稍尖，下部圆柱形，高5～7cm，直径3～7mm，金黄色或橙黄色，胶质，黏，平滑，近基部近白色，基部有时呈假根状。

担子音叉状，淡黄色。担孢子椭圆形至腊肠形，8～11.5μm×3～5μm，无色，平滑。

从生或簇生于针叶林中地上或木质基物上。

担子果鹿角状分枝

分枝顶端尖

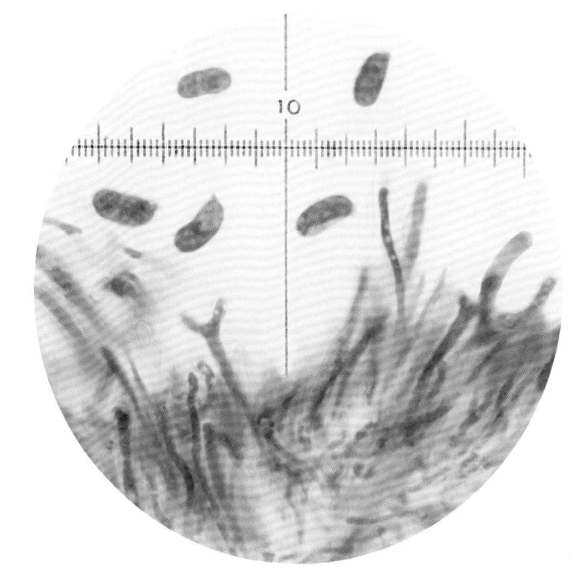

担孢子、音叉状担子

775 掌状花耳

Dacrymyces palmatus **(Schwein.) Bres.**

担子果垫状、脑状、花瓣状，有皱和沟纹，高1～3.5cm，直径2～5cm，橙黄色，胶质，干后橘红色至暗橘红色。子实层体平滑，生于表面。

担子音叉状。担孢子圆柱形、腊肠形，弯，15.5～23μm×4.5～7μm，近无色，单胞，壁稍厚，平滑，萌发时产生3～7个横隔。

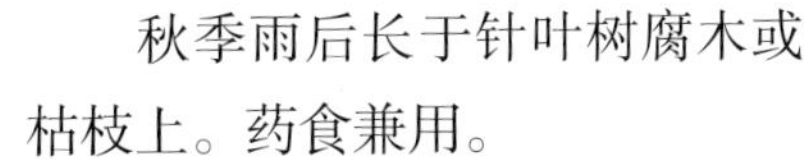

秋季雨后长于针叶树腐木或枯枝上。药食兼用。

担子果

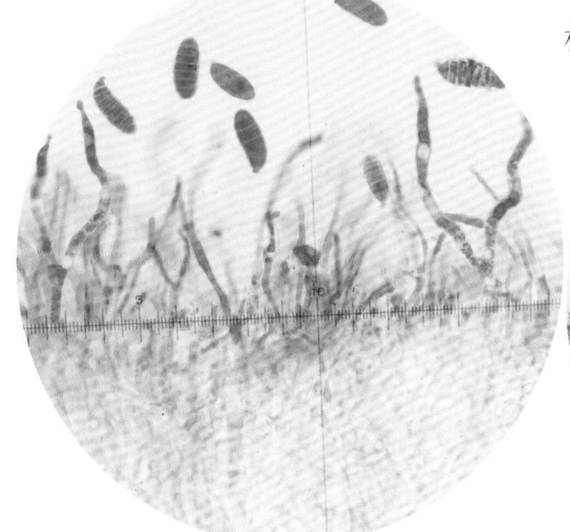

担孢子、音叉状担子

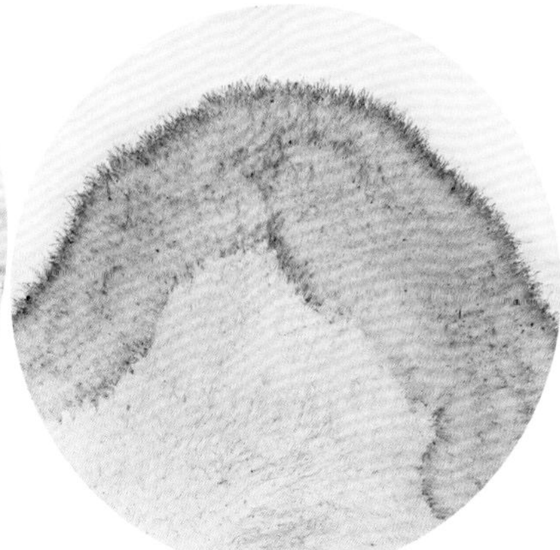

担子果剖面

担子果瓣状

776 云南花耳

Dacrymyces yunnanensis B. Liu & L. Fan

担子果脑状，高3～5mm，宽0.5～1.5cm，橘红色，韧胶质，有一近白色的柄状基部。

担子音叉状，55～85μm×8～13μm。担孢子宽椭圆形至近球形，15～25μm×13～16μm，萌发时有3～7个横隔，并有1～2个纵隔。

夏秋季生于云南油杉的腐木上。

担子果脑状

777 匙盖假花耳 （曾用名：桂花耳）

***Dacryopinax spathularia* (Schwein.) G.W. Martin**

担子果直立，高0.8～2.5cm，橙红色至橙黄色，具柄，柄下部直径4～6mm，被细绒毛，基部栗褐色至黑褐色。

担子音叉状。担孢子椭圆形至肾形，8～10.5μm×3～5μm，无色，平滑，初无隔，后形成1～2个横隔。

群生或丛生于杉木等针叶树的倒腐木或木桩上。可食用。

担子果直立、具柄

担子果胶质

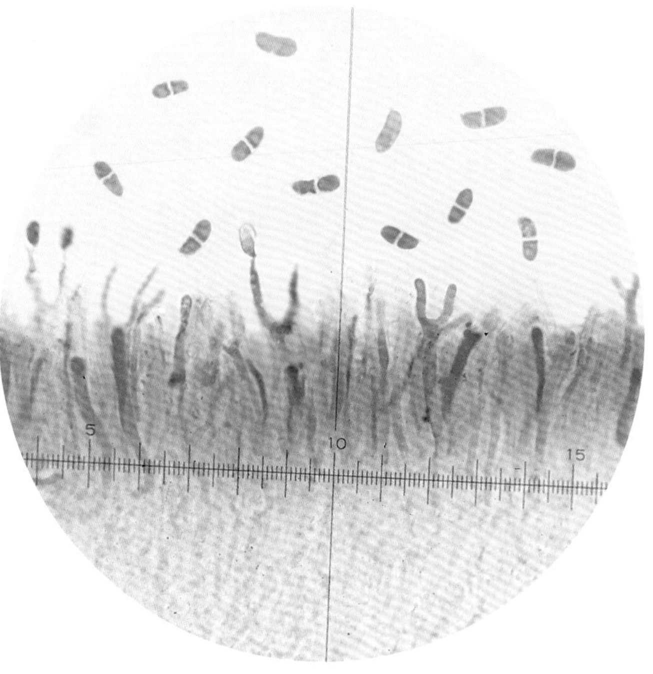

担子（音叉状）、担孢子、子实层

778 胶杯耳

Femsjonia peziziformis **(Lév.) P. Karst.** ［现名：*Ditiola peziziformis* (Lév.) D.A. Reid］

担子果陀螺形、杯形或近盘形，高0.3～1cm，直径0.5～1cm，硬胶质。子实层面黄色至橘黄色，外表面被白色至污白色绒毛。

担子果陀螺形

担子果近盘状

担孢子腊肠形，25～35μm×8～12μm，有1至多个横隔，无色。

夏秋季群生于腐木上。

779 胶盘耳

Guepiniopsis buccina **(Pers.) L.L. Kenn.**

担子果盘状、近浅漏斗状，直径0.3～0.8cm，黄色、橙黄色。子实层生于盘内侧，光滑。柄中生，圆柱形，高0.5～1cm。

担子音叉状。担孢子圆柱形，弯，10～14μm×4～5.5μm，萌发时有1～3个横隔，无色。

夏秋季群生于腐木或枯枝上。

担子果

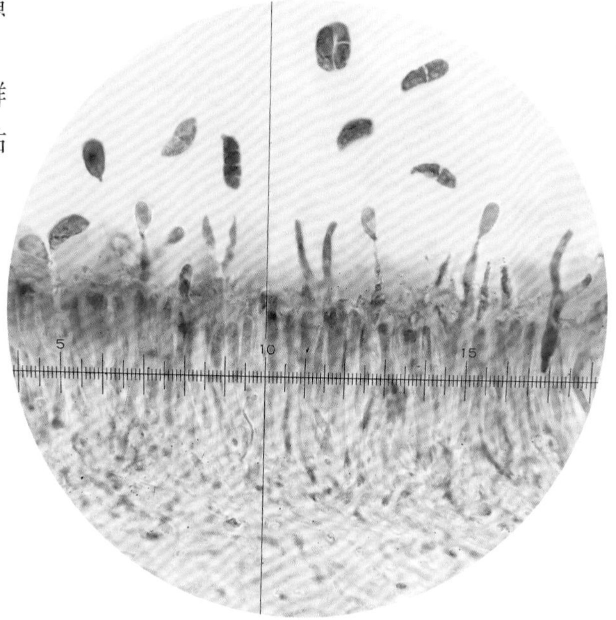

担子（音叉状）、担孢子、子实层

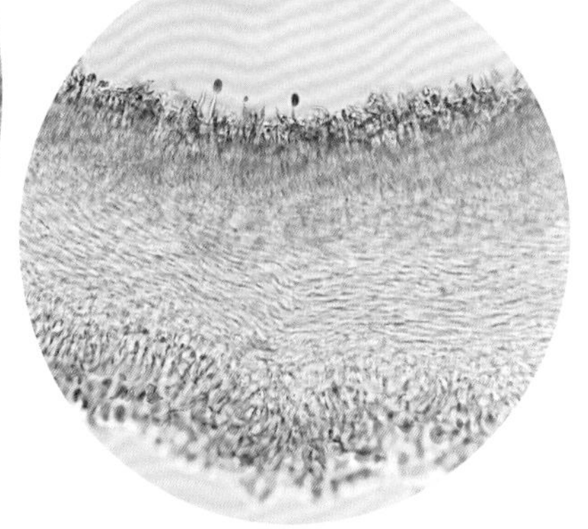
担子果剖面（局部）

黑耳科 Exidiaceae

780 黑耳

***Exidia glandulosa* (Bull.) Fr.**

担子果聚生，新鲜时胶质、软，初呈圆形、垫状，成熟后相连成片，长可达15cm，宽可达4cm，厚约2mm，琥珀色至近黑色，干后收缩呈不规则形，紧贴于树皮，极薄。浸水可恢复成胶质。

担子球形、近球形，具纵隔。担孢子腊肠形，11～15μm×3～4μm，无色，壁薄，平滑。

夏秋季生于阔叶树枯枝上，引起木材白色腐朽。可食用。

担子果（戴玉成等照）

781 焰耳

***Guepinia helvelloides* (DC.) Fr.**

担子果漏斗形

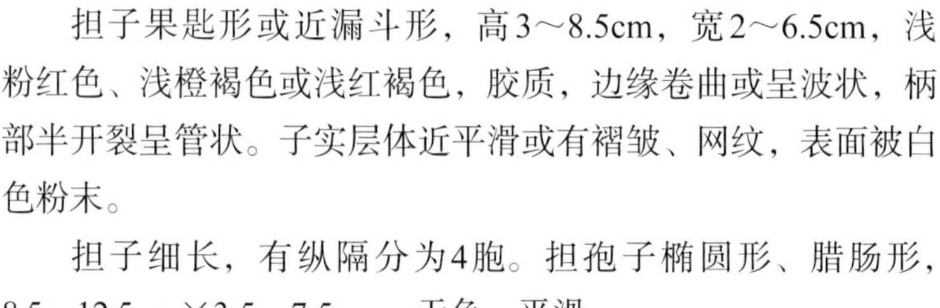

担子果匙形或近漏斗形，高3～8.5cm，宽2～6.5cm，浅粉红色、浅橙褐色或浅红褐色，胶质，边缘卷曲或呈波状，柄部半开裂呈管状。子实层体近平滑或有褶皱、网纹，表面被白色粉末。

担子细长，有纵隔分为4胞。担孢子椭圆形、腊肠形，8.5～12.5μm×3.5～7.5μm，无色，平滑。

夏秋季单生或群生于针叶林或针阔混交林下苔藓层和腐木上。可食用。

担子果柄部半开裂

担子果剖面（下侧被毛）

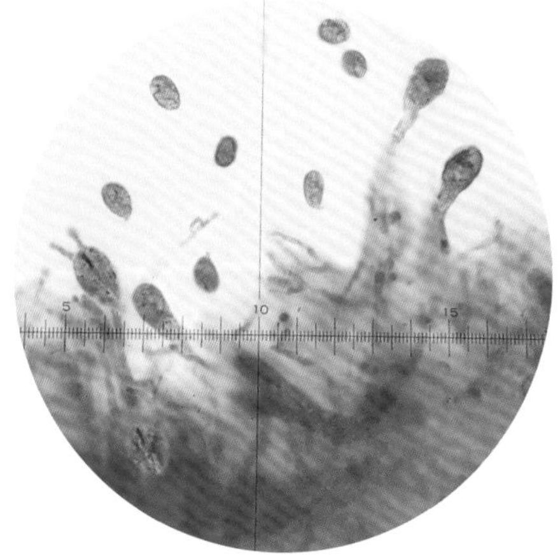

担孢子、担子（具纵隔）

782 胶质刺银耳（曾用名：胶质假齿菌）

Pseudohydnum gelatinosum **(Scop.) P. Karst.**

菌盖贝壳形、近半圆形，宽1～7cm，胶质，透明，白色、浅灰色、褐色或暗褐色，表面光滑或被微细绒毛。子实层体刺状，圆锥形，透明，白色至浅灰色，有时稍显蓝色。菌柄侧生，光滑，与菌盖近同色。

担孢子球形，5～7.5μm×4.5～7μm，无色，平滑。

夏秋季单生或群生于针叶林、针阔混交林中针叶树朽木及树桩上。可食用。

短刺剖面

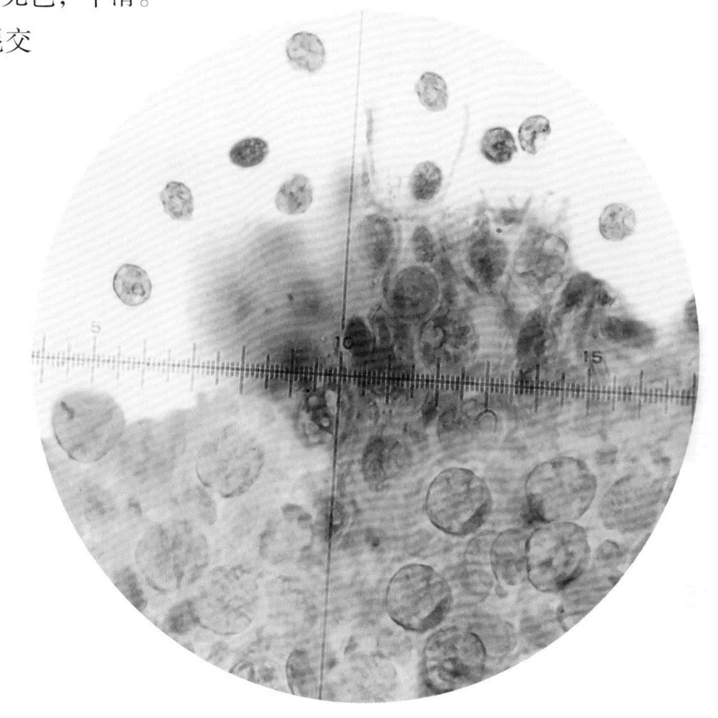

担子（底部具十字交叉的纵隔）、担孢子

幼担子果

菌盖表面被细绒毛

子实层体短刺状

银耳科 Tremellaceae

783 金耳

Naematelia aurantialba **(Bandoni & M. Zang) Millanes & Wedin**

（曾用名：*Tremella aurantialba* Bandoni & M. Zang）

担子果脑状，直径6～12cm，高2～8cm，胶质，柔软，多裂瓣，瓣片厚，橙黄色至橘红色。子实层体平滑，生于表面。

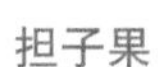

担子果

担子果脑状

担子近球形，有纵隔。担孢子近球形、卵圆形，8～12μm×7～10.5μm，平滑，近无色，成堆时黄色。

夏秋季群生于栎树树干上或腐木上。药食兼用。

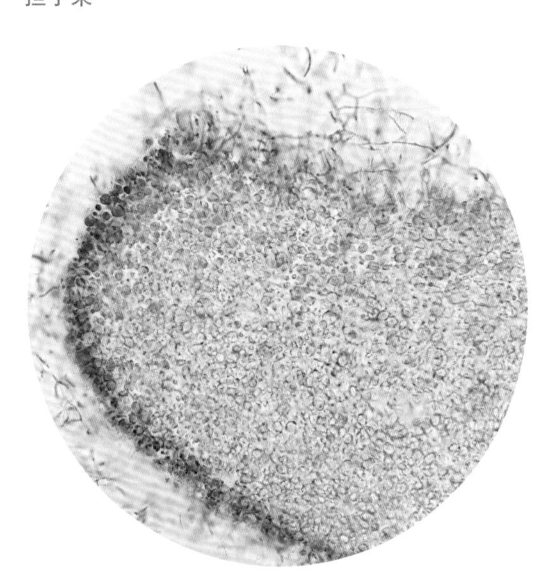

担子果剖面（局部）

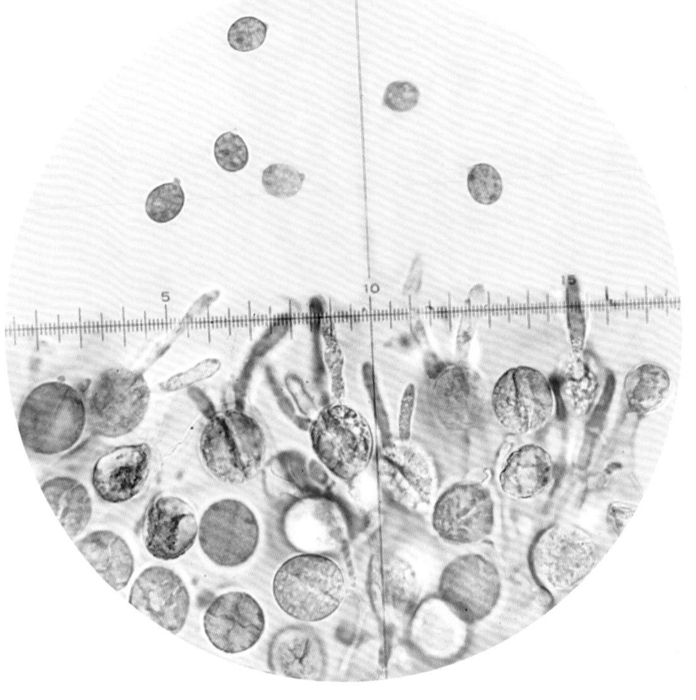

担子（具纵隔）、担孢子

784 叶形暗色银耳 （曾用名：茶耳）

***Phaeotremella foliacea* (Pers.) Wedin, J.C. Zamora & Millanes**

（曾用名：*Tremella foliacea* Pers.）

担子果近球形，由叶状、瓣状分枝组成，直径3～8cm，茶褐色至淡肉桂色。菌肉稍胶质，白色，干后变硬。子实层体平滑，生于表面。

担子具纵隔。担孢子卵形至近球形，8～10μm×6.5～8μm，无色，平滑。

夏秋季生于林中阔叶树腐木上，常有韧革菌属真菌作为伴生菌。可食用。

担子果剖面（局部）

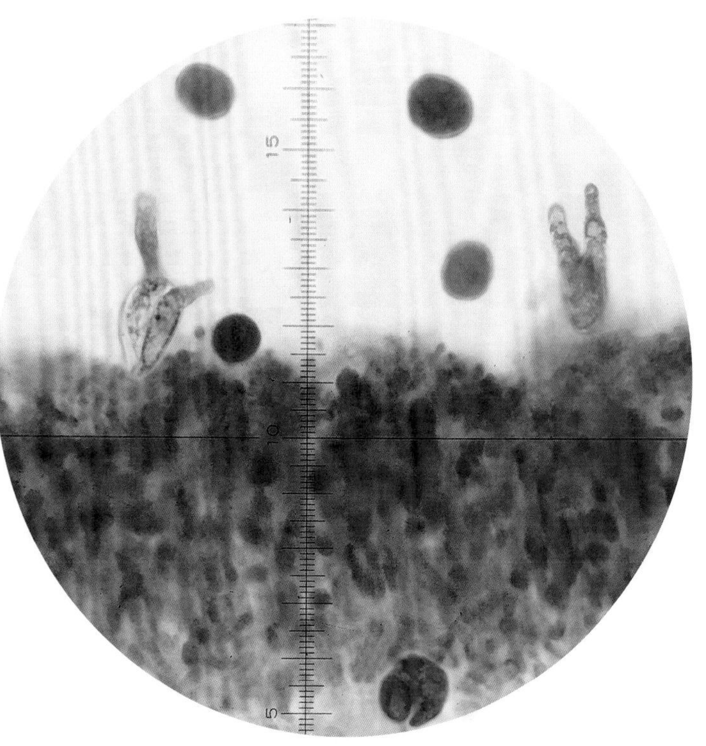

担子（具纵隔）、担孢子

担子果（子实层体平滑）

担子果（左为伴生菌）

785 银耳

Tremella fuciformis **Berk.**

担子果胶质

担子果由薄而卷曲的瓣片组成，宽4～7cm，白色，透明，胶质，干时带黄色，变硬，浸水能恢复原状。子实层体平滑，生于瓣片表面。

担子宽卵形，无色，有2~4个纵隔膜。担孢子近球形，直径5~7μm，无色，平滑。

夏秋季群生于阔叶树的腐木上。食药兼用。

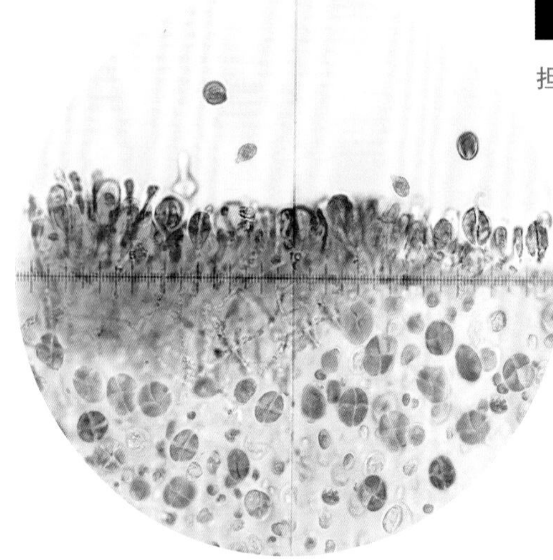

担孢子、担子（具纵隔）

担子果由多个瓣片组成

786 金黄银耳

Tremella mesenterica **Retz.**

担子果由许多弯曲的裂瓣组成，直径4～11cm，高3～6cm，胶质，新鲜时黄色至橘黄色，干后暗黄色。子实层体平滑，生于裂瓣表面。

担子宽椭圆形、卵圆形，具纵隔。担孢子球形、宽椭圆形，8～14μm×6.5～10.5μm，无色，平滑。

群生或单生于腐木上。可食用。

担子果

担子果由裂瓣组成

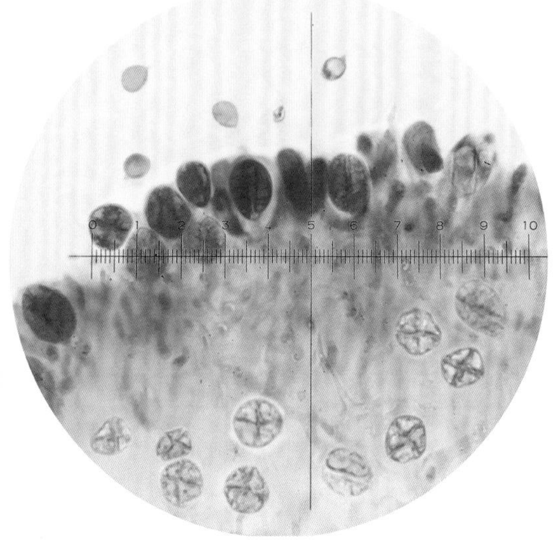

担子（具纵隔、底部纵隔十字交叉）、担孢子

第七章
大型子囊菌类

指能产生大型子囊果的子囊菌。

无座盘菌科 Agyriaceae

787 黄无座盘菌

Agyrium aurantium **W.Y. Zhuang & Zhu L. Yang**

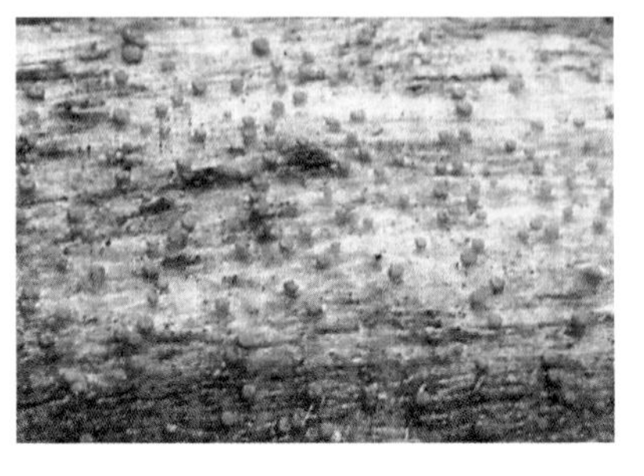
子囊盘（杨祝良原照）

子囊盘近圆球形或小脓疱状，直径0.5～1.5mm，无柄。子实层面新鲜时橘黄色，干后浅红褐色，平滑。囊盘被表面与之同色，光滑。

子囊棒状，厚壁且顶部加厚。子囊孢子椭圆形，14～17μm×8～10μm，无色至浅黄色，非淀粉质。

夏秋季丛生于腐木上。

胶陀螺菌科 Bulgariaceae

788 污胶陀螺菌

Bulgaria inquinans **(Pers.) Fr.**

子囊盘（子实层面平滑）

子囊盘陀螺形，伸展后呈浅杯状，直径3～5cm，具短柄。囊盘被表面黑褐色，被成簇绒毛。子实层面初期黄棕色，后变黑色，光滑。菌肉胶质。

子囊圆筒形至近棒状。子囊孢子椭圆形，两型，大者11～14μm×6～7μm，小者5～7μm×2～4μm，非淀粉质。

散生或丛生于阔叶树腐木或枯桩上。含有光过敏型毒素。

耳盘菌科 Cordieritidaceae

789 叶状耳盘菌

Cordierites frondosa **(Kobayasi) Korf**

子囊盘（群生）

子囊盘盘状至浅杯形，直径1.5～3cm，具短柄或无柄，由多个瓣片组成，边缘波状。子实层面黑褐色，表面光滑。囊盘被颜色稍浅，有皱褶。

子囊棒状。子囊孢子近圆柱形，稍弯曲，5.5～7μm×1～1.5μm，无色，平滑。

夏秋季群生于阔叶树倒腐木上。有毒，误食后会产生光过敏反应。

虫草菌科 Cordycipitaceae

790 蝉花

Cordyceps cicadae (Miq.) Massee

的无性型_Isaria cicadae_ Miq.

孢梗束自假菌核（僵死蝉蛹）头部长出，分枝或不分枝，淡黄色，长1.5～6cm，上部可育部分的表面覆有大量白色粉末状的分生孢子堆。

分生孢子长椭圆形、纺锤形，5～14μm×2～3μm，内含油滴。

夏季散生于疏松土壤。可药用。

虫蛹长出的孢梗束

假菌核及孢梗束

791 柔柄虫草

Cordyceps delicatistipitata Kobayasi

［现名：*Tolypocladium delicatistipitatum* (Kobayasi) C.A. Quandt, Kepler & Spatafora］

子座单生，黑褐色。可孕头部圆柱形、棒状，长1～2cm，粗2～5mm，表面光滑。柄长5～7cm，粗1～1.5mm，偶见分叉。

子囊壳瓶形、卵形，非倾斜埋生于子座表层，400～690μm×200～300μm，颈明显。子囊柱状，直径10～17μm。子囊孢子丝状，多格，易断裂，次生子囊孢子杆状，(11～)15～29.5(～35)μm×2.5～4(～5)μm，两端钝圆，内含油滴，嗜蓝。

夏秋季生于地表。

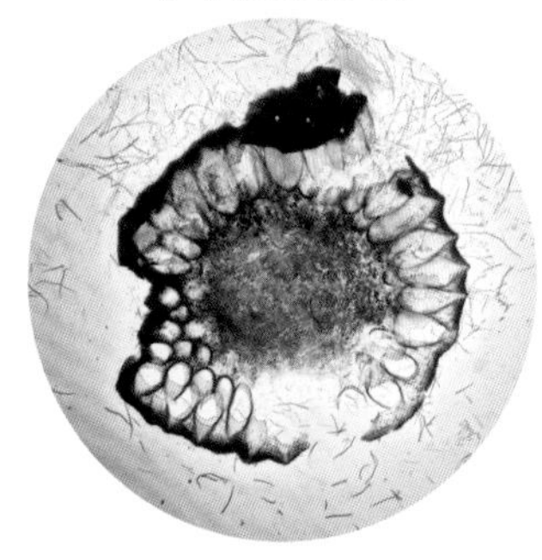

子座剖面
（子囊壳1~2层埋生）

子囊内含子囊孢子

子座具柄、可孕部分圆柱形（干燥标本）

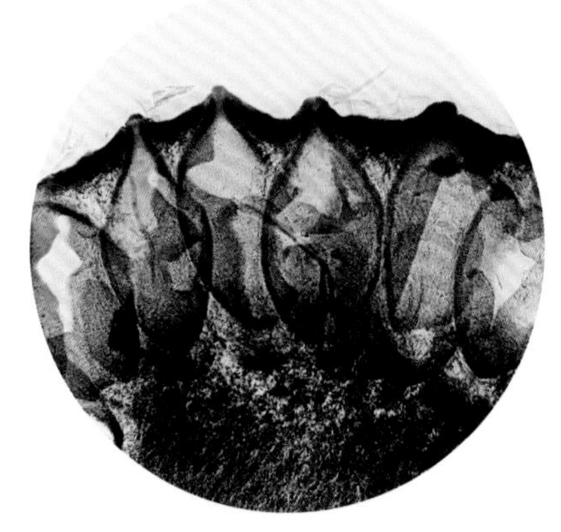

子囊壳瓶形、具孔口

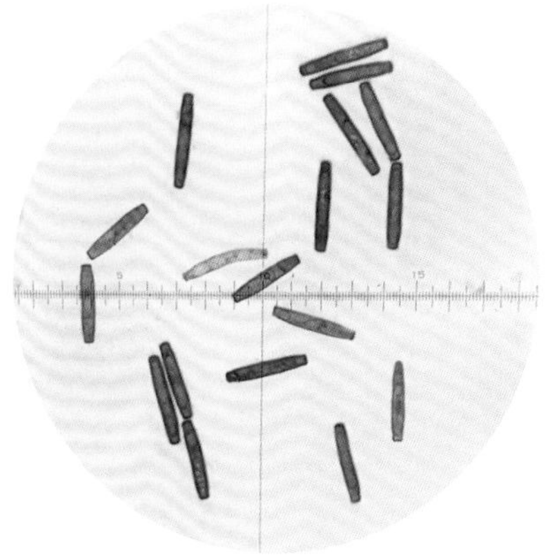

次生子囊孢子

792 蛹虫草

***Cordyceps militaris* (L.)Fr.**

假菌核（虫蛹）、子座　　子座可育头部表面粗糙

子座单个或多个从假菌核（僵死虫蛹）的头部、有时从节部生出，橙黄色，一般不分枝，高3～7cm。可育头部棒状至柱状，1～3cm×0.3～0.8cm，表面粗糙，子囊壳埋生于其表层且顶部明显外露。柄部近圆柱形，2.5～4cm×0.2～0.4cm。

子囊棒状，140～600μm×4～5μm。子囊孢子线形，粗约1μm，无色，成熟时产生横隔膜，并断成2～3μm长的小段。

6月下旬至9月上旬半埋生于林地或枯枝落叶层下，常自鳞翅目昆虫僵死的蛹上生出。可药用，所含蛹虫草素具有一定的抗癌活性。

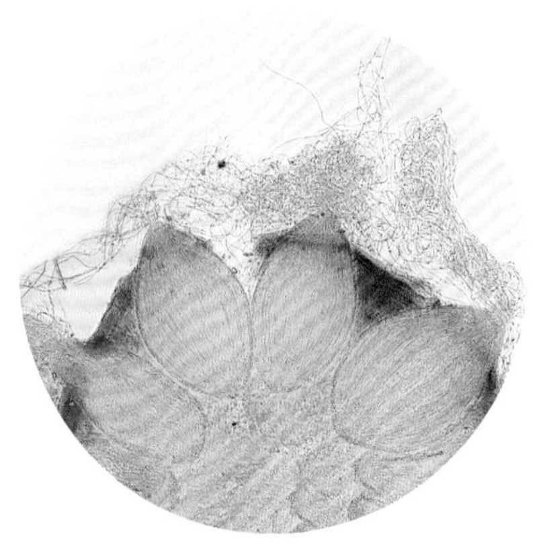

子囊壳及溢出的子囊

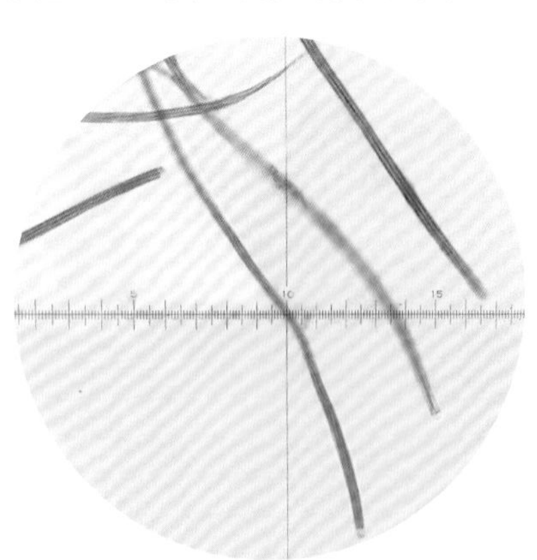

子囊、子囊孢子

793 下垂虫草（又名：蟪象虫草）

***Cordyceps nutans* Pat.**

［现名：*Ophiocordyceps nutans* (Pat.) G.H. Sung, J.M. Sung, Hywel-Jones & Spatafora］

子座单生，少分枝，长5～10（～20）cm。可孕头部棒状，常下垂，橙黄色、橙红色，长0.5～2cm，粗1.5～5mm。柄细长，多弯曲，近黑色，直径约1mm。

子囊壳瓶形、狭卵形，倾斜埋生，580～860μm×250～350μm。子囊柱状，直径6～8μm。子囊孢子丝状，多隔，粗约1.5μm，嗜蓝，有时可断裂成次生子囊孢子。

秋季寄生于半翅目蝽科昆虫的成虫上。

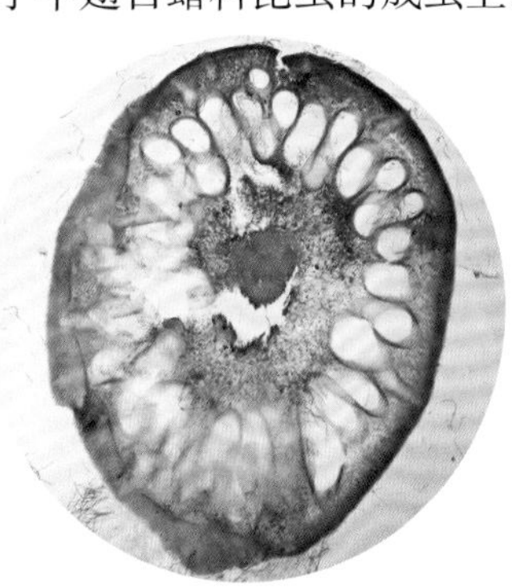

子座剖面（子囊壳1~2层）

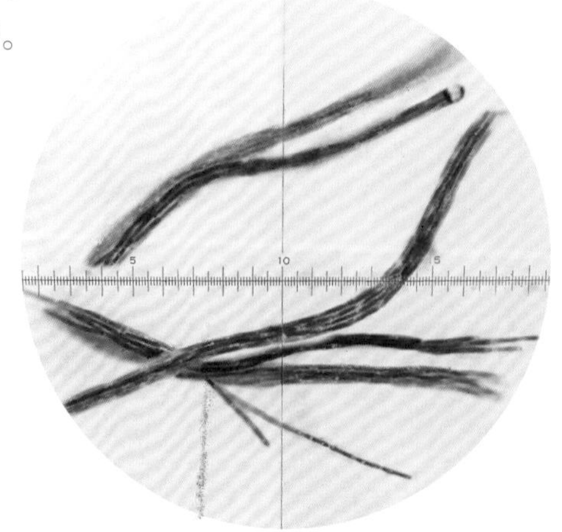

子囊、子囊孢子

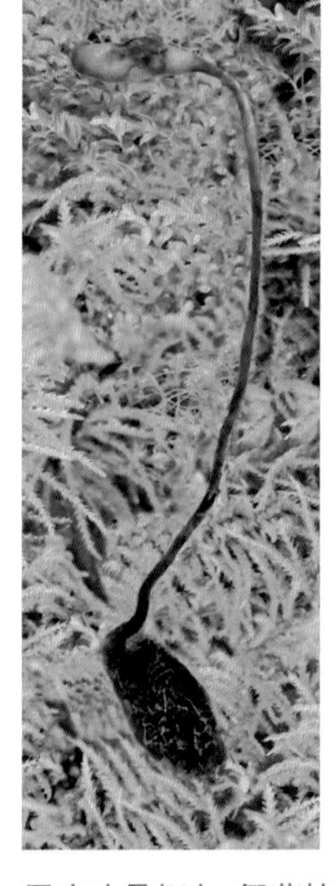

子座（具柄）、假菌核

794 冬虫夏草

Cordyceps sinensis (Berk.) Sacc.

［现名：*Ophiocordyceps sinensis* (Berk.) G.H. Sung, J.M. Sung, Hywel-Jones & Spatafora］

子座单个从假菌核（僵死蝙蝠蛾幼虫）的头部长出，黄褐色至褐色，不分枝，高5～10cm。可育头部棒状至柱状，2～4cm×0.3～1cm，子囊壳埋生于其表层且顶部略外露。柄近圆柱形，2～4cm×0.2～0.8cm。

子囊棒状，250～480μm×8～12μm，有顶帽。子囊孢子线形，180～470μm×5～6.5μm，无色，成熟时产生横隔膜。

单生并半埋生于高海拔地区林地或腐枝落叶层下。可药用，所含虫草素具有一定的抗癌活性。

假菌核（僵虫）、子座

子座表面平滑

地锤菌科 Cudoniaceae

795 旋转地锤菌

***Cudonia circinans* (Pers.) Fr.**

子囊盘半球形至近球形，高2～5cm，宽0.6～1.8cm，黄色、鲜黄色至淡黄褐色。子实层生于其表面，似蜡质。菌柄近圆柱形，扭曲，2～3.5cm×0.3～0.5cm，光滑或有凹沟，被污白色至淡褐色颗粒状鳞片。

子囊近棒状。子囊孢子线形，35～40μm×2～2.5μm，无色，平滑，外被胶质物。

夏秋季群生于林中腐殖质上或苔藓层中。

子囊盘

柄扭曲、具凹沟

796 黄地锤菌

***Cudonia lutea* (Peck) Sacc.**

子囊盘半球形

子囊盘半球形至近球形，宽5～20mm，边缘内卷，黄绿色至浅黄褐色，子实层生于其表面。菌柄近圆柱形，2～6cm×0.2～0.5cm，压扁或有浅凹窝，淡黄色，光滑。

子囊长棒状。子囊孢子线形，50～65μm×2～2.5μm，无色，平滑，外被胶质物。

夏秋季群生于林中腐殖质上或苔藓层中。

797 四川地锤菌

***Cudonia sichuanensis* Zheng Wang**

子囊盘（柄具纵向皱纹）

子囊盘头状，高1～3cm，宽3～6mm，黄色、蜡黄色，子实层生于其表面。菌柄近圆柱形，有纵向皱纹，污白色至淡褐色，基部假根状。

子囊近棒状。子囊孢子线形，45～65μm×2～2.5μm，无色，平滑，外被胶质物。

夏秋季群生于林中腐殖质上或苔藓层中。

798 绒柄拟地勺菌

***Spathulariopsis velutipes* (Cooke & Farl.) Maas Geest.**

子囊盘勺状或倒卵形，高3～7cm。可育部分扁平，黄色、柠檬黄色，延生至柄两侧，子实层生于其有皱纹的表面。菌柄近圆柱形或稍扁，污黄色，密被细绒毛。

子囊棒状。子囊孢子针形，35～50μm×2～3μm，无色，平滑，外被胶质物。

夏秋季散生或群生于云杉或松林中地上。可食用。

子囊盘

子囊盘（柄被细绒毛）

799 黄地勺菌
***Spathularia flavida* Pers.**

子囊盘勺状或近扇形，高1～3cm，宽1.5～3cm。可育部分扁平，呈倒卵形，沿柄上部的两侧生长，浅黄色至黄色，子实层生于其表面。菌柄近圆柱形，污白色、浅黄色。

子囊近棒状。子囊孢子线形，35～48μm×2～3μm，无色，平滑，外被胶质物。

夏秋季群生于较潮湿的阴坡、针阔混交林下，以及地面的腐殖质上或苔藓层中。可食用。据报道为外生菌根菌。

子囊盘勺形

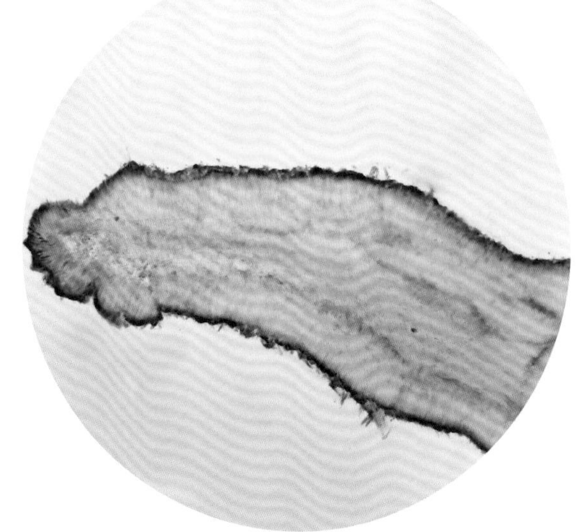

子囊盘剖面

柄光滑

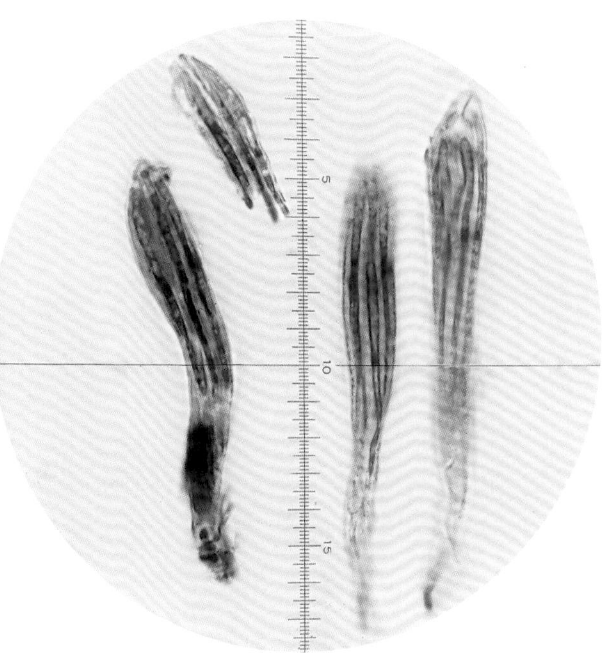

子囊、子囊孢子

平盘菌科 Discinaceae

800 鹿花菌

Gyromitra esculenta **(Pers.) Fr.**

子囊盘高10～15cm，宽4～8cm。可育头部皱曲呈脑状，表面粗糙，红褐色至黑褐色，边缘与菌柄相连。菌柄圆柱形，污白色，粗短，粗糙凹凸不平。

子囊孢子椭圆形，17～22μm×8～10μm，内含2个油滴，无色。

夏初单生或群生于阔叶林或针阔混交林中地上。有毒。

子囊盘脑状

子囊孢子具油滴

801 赭鹿花菌

Gyromitra infula **(Schaeff.) Quél.**

子囊盘高8～12cm，宽4～8cm。可育头部马鞍形而不呈脑状，表面黄褐色、红褐色，成熟后暗褐色。菌柄圆柱形，黄褐色，粗糙。

子囊圆柱形。子囊孢子长椭圆形，16～24μm×7～11μm，无色，平滑。

夏秋季单生、散生或群生于阔叶林或针阔混交林中腐木或苔藓丛中。有毒。

子囊盘马鞍形

地舌菌科 Geoglossaceae

802 黑地舌菌

Geoglossum nigritum **(Pers.) Cooke**

子囊盘长舌形、舌形，扁平，直立，高5～6cm，粗0.2～0.5cm，黑色。柄细长，圆柱形，粗约2mm。

子囊孢子棒状、圆柱形，75～93（～100）μm×5～6μm，多具7个横隔，初无色，成熟后褐色，平滑。侧丝顶部2～3胞膨大，顶胞近头状。

夏秋季群生于针阔混交林中地上。

子囊盘长舌形

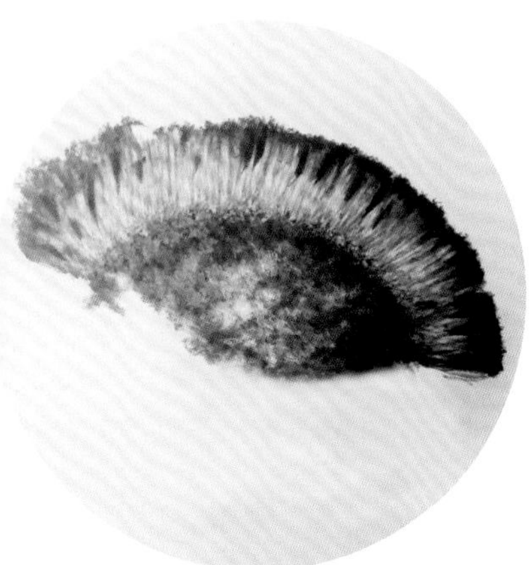

子囊盘剖面

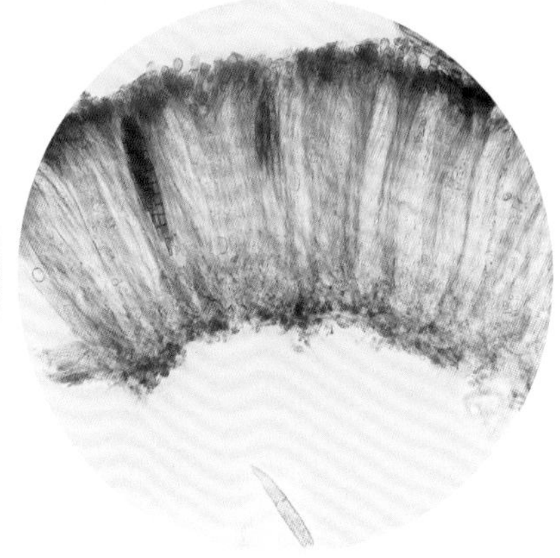

子囊子实层（可见子囊孢子）

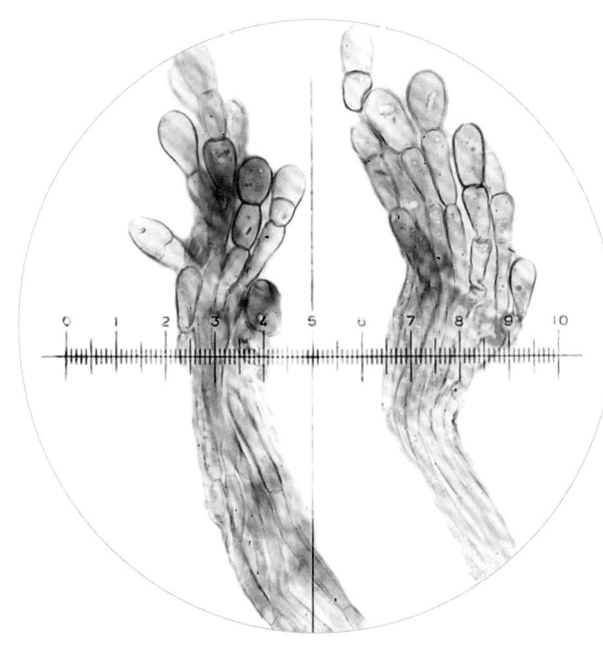

侧丝

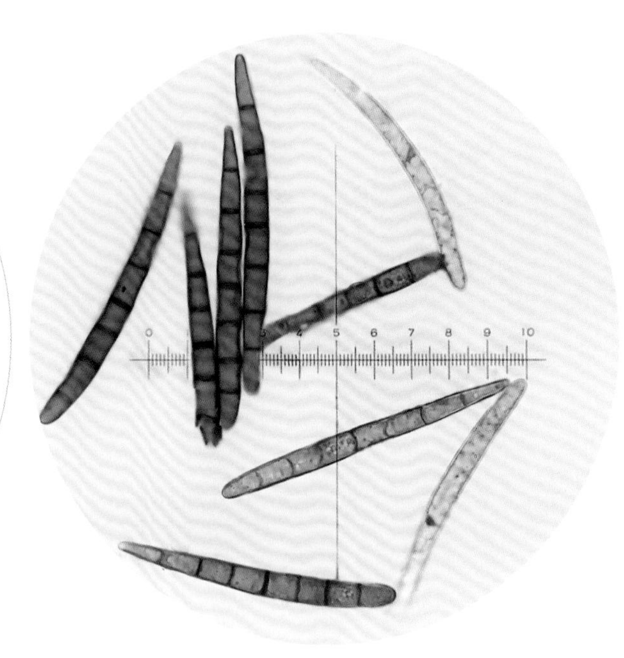

子囊孢子

803 棕绿小舌菌（曾用名：绿地棒）

Microglossum olivaceum **(Pers.) Gillet**

子囊果肉质，高2～5cm。可孕部分棒形，长0.7～2cm，绿褐色，干后变暗。柄圆柱形。

子囊圆柱形至棒状。子囊孢子上部双行排列，下部单行排列，呈梭形，直或弯，无隔至近3横隔，多为双胞，13～17（～21）μm×5～7μm，无色，平滑，内含油滴。侧丝线形，无色，顶端略膨大。

夏秋季单生或群生于林中地上。

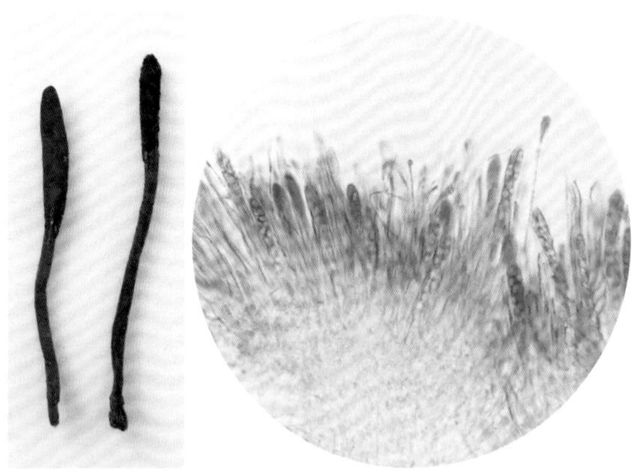

干燥子囊果　　子囊子实层

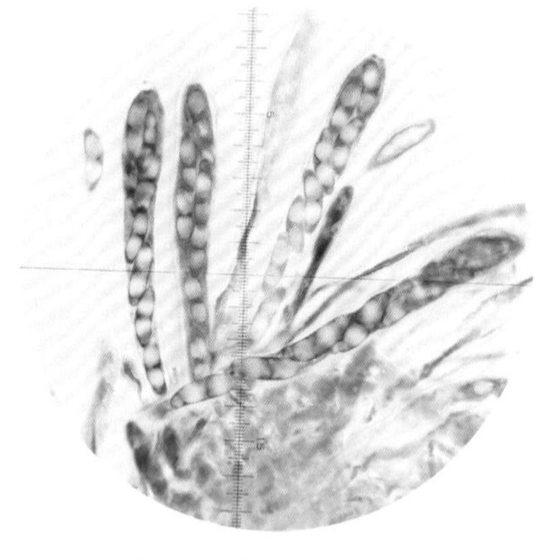

子囊、子囊孢子（单胞、双胞、含油滴）

柔膜菌科 Helotiaceae

804 绿杯盘菌

Chlorociboria aeruginosa **(Oeder) Seaver ex C.S. Ramamurthi, Korf & L.R. Batra**

子囊盘

子囊盘盘状，直径1～15mm。子实层面深绿色，干后铜绿色至墨绿色，平滑，囊盘被表面绿色或稍浅。菌柄中生，长仅0.5～2mm。

子囊近棒状。子囊孢子长椭圆形、梭形，稍弯曲，7～13（～18）μm×2～4μm，无色，含2个油滴，壁平滑。

夏秋季群生于林下腐木或枯桩上。

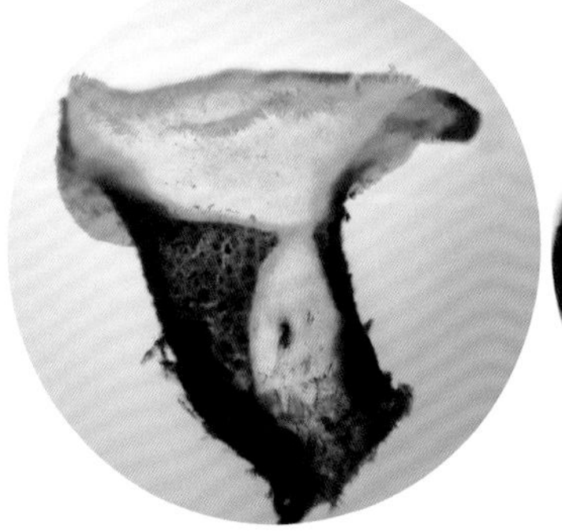

子囊盘纵切面

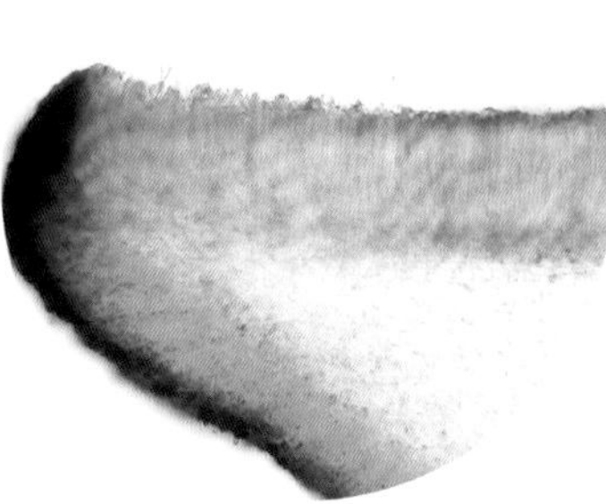

囊盘被、子实层（局部）

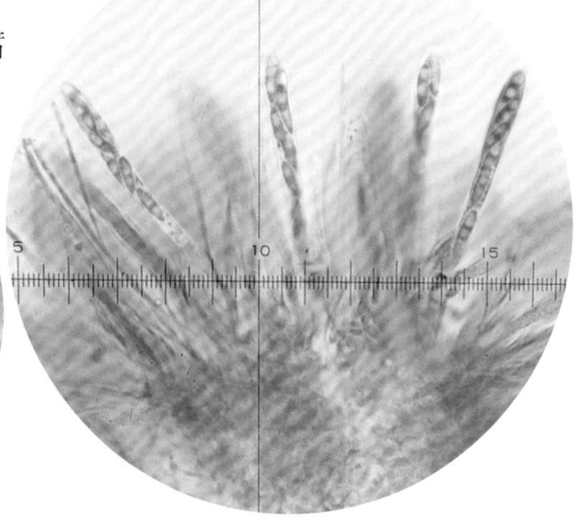

子囊、子囊孢子、侧丝

805 橘色柔膜菌（曾用名：橘色蜡钉菌；现名：橘色膜盘菌）

Helotium serotinum **(Pers.) Fr.**［现名：*Hymenoscyphus serotinus* (Pers.) W. Phillips］

子囊盘盘状、浅杯状，直径1～5mm。子实层面橘黄色，平滑，囊盘被表面淡黄色或乳白色。菌柄中生，2～4mm×0.2～0.5mm。

子囊棒状。子囊孢子双行或单行排列，梭形，稍弯曲，25～40μm×4～5μm，无色，内含油滴，无隔。

夏秋季群生于林中腐木或枯枝上。

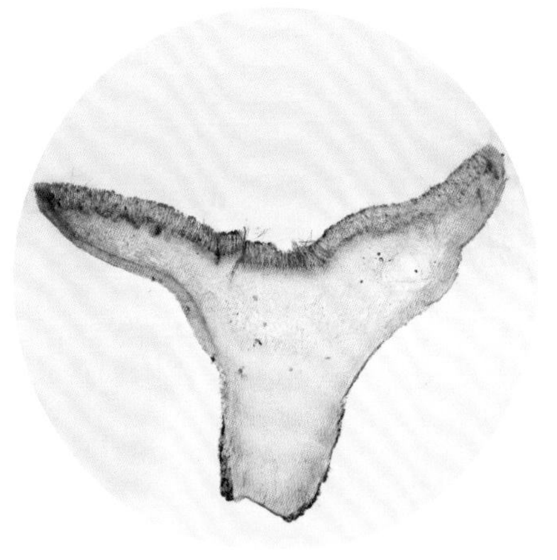

子囊盘纵切面（具柄）

子囊盘群生

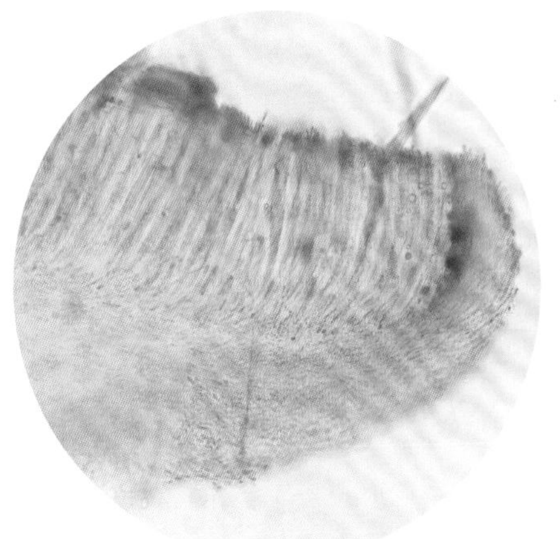

囊盘被、子实层（局部）

子囊子实层（局部）

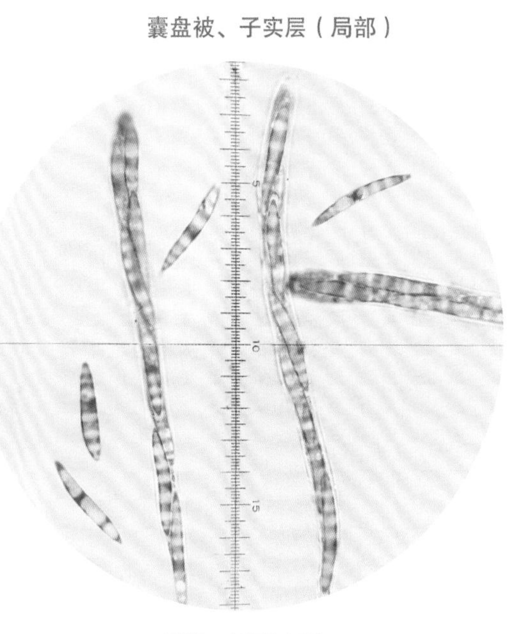

子囊、子囊孢子

806 短孢地杖菌

Mitrula brevispora **Zheng Wang**

子囊果（柄圆柱形）

子囊盘近圆柱形，长0.5～1cm，粗2～4mm，橘黄色至鲜黄色，表面光滑。柄圆柱形，高1～2.5cm，直径约1mm，污白色至淡黄色。

子囊孢子长椭圆形至近梭形，7～10μm×2.5～3μm，无色，平滑。

夏秋季单生或散生于苔藓丛中。

马鞍菌科 Helvellaceae

807 皱马鞍菌（又名：皱柄白马鞍菌）

Helvella crispa **(Scop.) Fr.**

子囊盘马鞍形

子囊盘不规则马鞍形，直径2～4cm，表面光滑，白色、淡黄色至灰白色，边缘与柄不相连。菌柄圆柱形，3～6cm×1～2cm，有纵棱脊和深槽形凹坑。

子囊圆柱形。子囊孢子宽椭圆形，15～20μm×10～15μm，内含油滴，无色，平滑或粗糙。

夏秋季单生或散生于阔叶林中地上。可食用。

柄具纵棱、凹坑

子囊、子囊孢子

808 马鞍菌
***Helvella elastica* Bull.**

子囊盘马鞍形，直径2～4cm，表面光滑，蜡黄色、灰褐色至近黑色，边缘与柄不相连。菌柄圆柱形，4～10cm×0.5～1cm，白色、灰白色至淡黄色。

子囊孢子宽椭圆形，17～22μm×10～14μm，内含油滴，无色，平滑或粗糙。侧丝顶端膨大。

夏秋季单生或散生于阔叶林中地上。

子囊盘马鞍形

子囊盘表面光滑

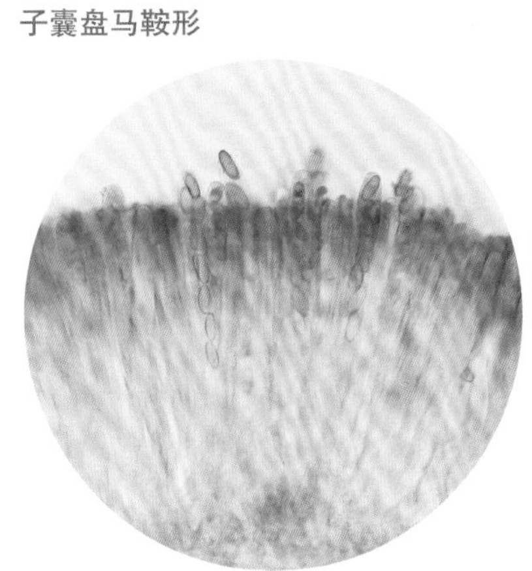

子实层、子囊

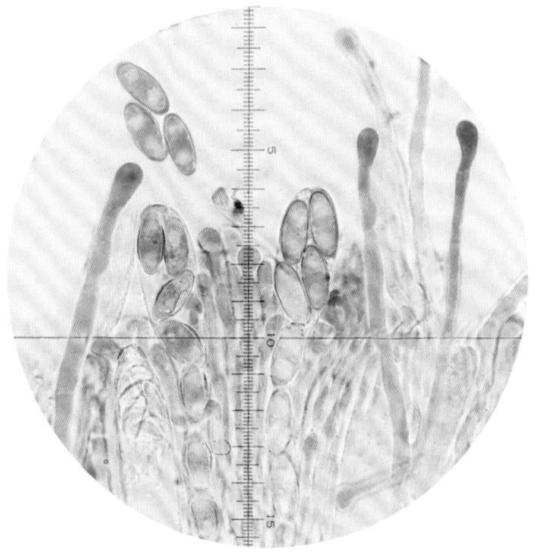

子囊、子囊孢子、侧丝

809 棱柄马鞍菌
***Helvella lacunosa* Afzel.**

子囊盘马鞍形，直径2～6cm，平整或不规则折叠、皱缩，灰褐色、暗褐色至近黑色。柄圆柱形，4～10cm×0.4～1cm，白色、灰白色至灰色，具纵向沟槽。

子囊孢子椭圆形或卵形，15～22μm×10～13μm，无色，平滑。

夏秋季单生或群生于阔叶林中地上。慎食。

子囊盘折叠皱缩、柄具纵向沟槽

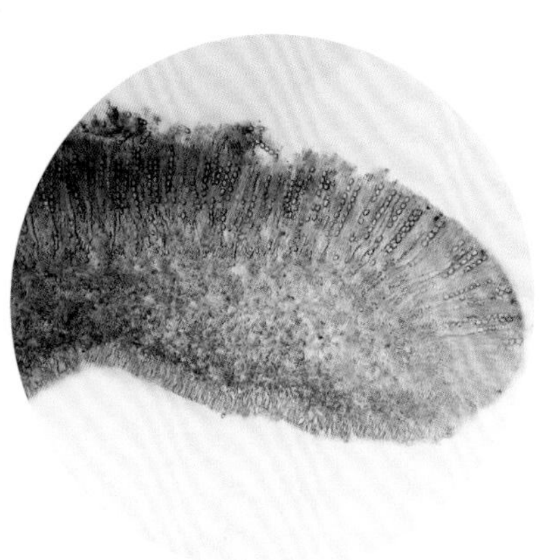

子实层、囊盘被（局部）

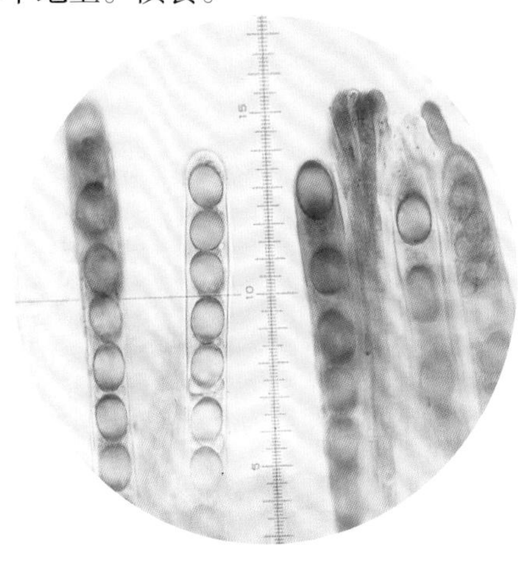

子囊、子囊孢子、侧丝

810 大柄马鞍菌
Helvella macropus **(Pers.) P. Karst.**

子囊盘浅盘状，直径1.5～3cm，表面光滑，灰色、棕灰色，边缘被绒毛。柄圆柱形，2～5cm×0.2～0.5cm，灰色，被绒毛。

子囊孢子椭圆形，20～25μm×10～12μm，含油滴，无色，壁常具麻点。

夏秋季散生于阔叶林中地上。

子囊盘浅盘状

子囊盘边缘及柄被绒毛

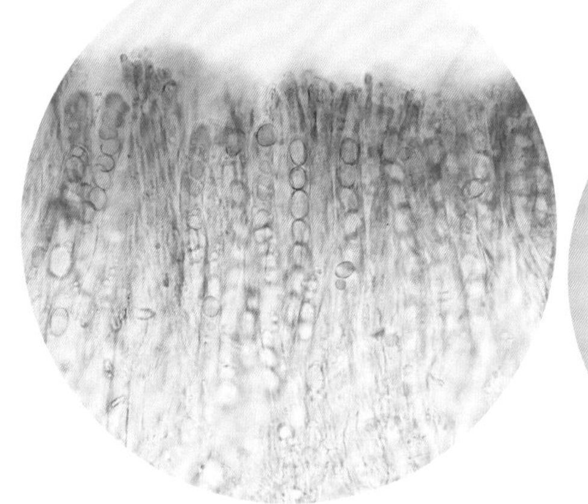

子实层（局部）

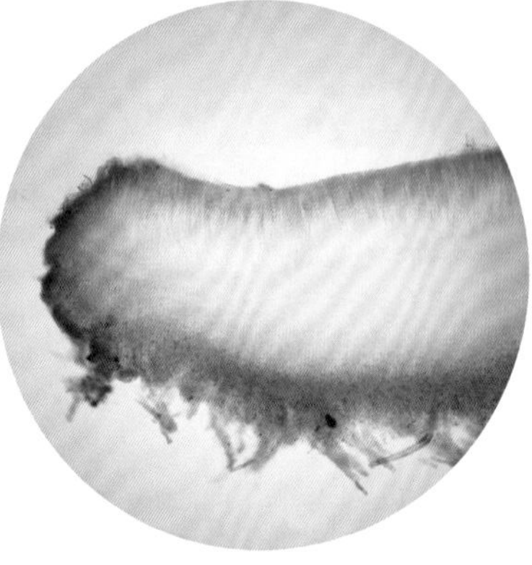

子囊盘纵剖面（囊盘被被毛）

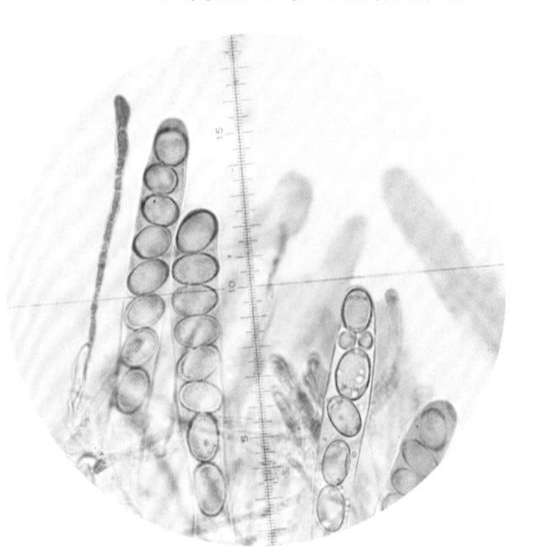

子囊、子囊孢子、侧丝

811 盘状马鞍菌
Helvella pezizoides **Afzel.**

子囊盘盘状或近似马鞍形，直径2～3.5cm，表面灰白色至灰褐色。柄圆柱形，中生，2.5～4cm×0.2～0.5cm，灰褐色。

子囊孢子椭圆形、宽椭圆形，18～20μm×10～12.5μm，内含油滴，无色，平滑。

夏秋季群生于林中地上。

子囊盘

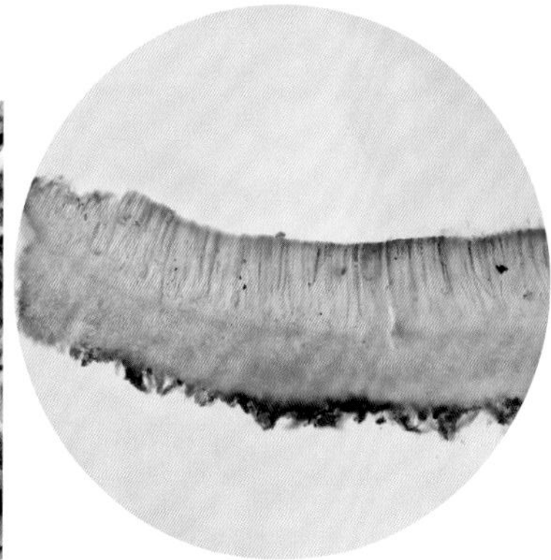

囊盘被、子实层（局部）

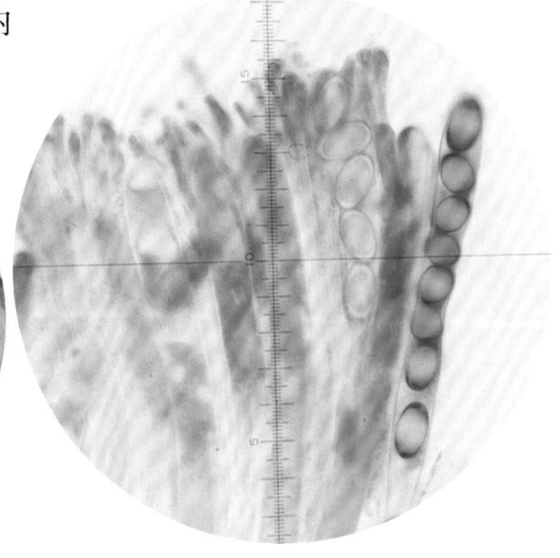

子囊、子囊孢子、侧丝

812 老君山腔块菌

Hydnotrya laojunshanensis **Lin Li, Y.C. Zhao, X.Lei Zhang, Shu H. Li & D.Q. Zhou**

子囊盘（杨祝良原照）

子囊盘近球形，直径0.7～1.6cm，表面红褐色，光滑，顶部开口形成空腔。内部（子实层）表面肉粉红色。

子囊圆柱形，340～400μm×24～36μm。子囊孢子近长方形，（40～）50～60μm×27.5～38μm，红褐色，壁厚。侧丝顶部膨大，无色。

秋季生于冷杉或杜鹃林下，且埋生于苔藓层与土层交界处。

肉座菌科 Hypocreaceae

813 竹黄

Shiraia bambusicola **Henn.**

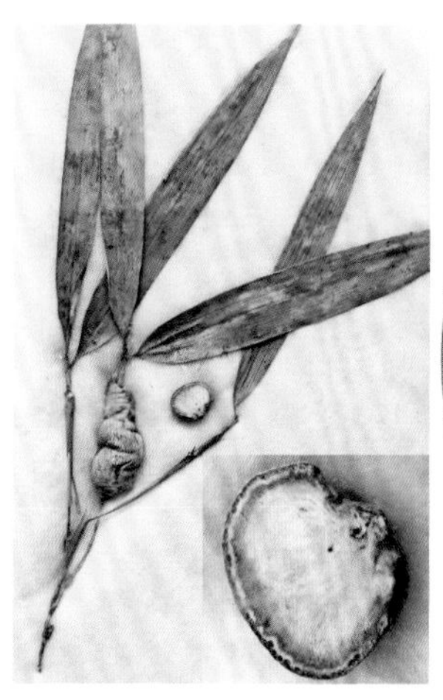
子座及剖面（干燥标本）

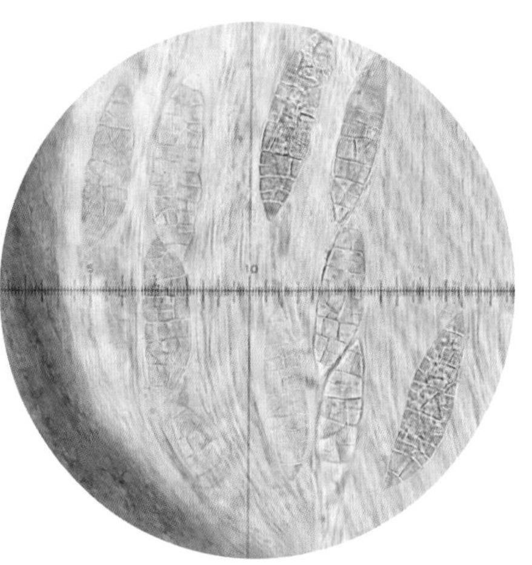
子囊壳内的子囊、侧丝及子囊孢子

子座瘤状、不规则块茎状，长1～4.5cm，宽1～2.5cm，初肉色，肉质，后呈粉红色、粉紫色，木栓质。子囊壳单层埋生于子座表层而分生孢子器埋生于子座基部，成熟时可溢出分生孢子角。

子囊壳近球形。子囊圆柱形。子囊孢子近纺锤形，42～80（～92）μm×13～25（～35）μm，多胞，砖格孢型（具纵横隔膜），无色、近无色，平滑。分生孢子器曲折型。分生孢子近纺锤形，28～51.5μm×12.5～17μm，多胞，砖格孢型，紫色，平滑。

生于竹子，尤其是刚竹的枝条上。可药用。

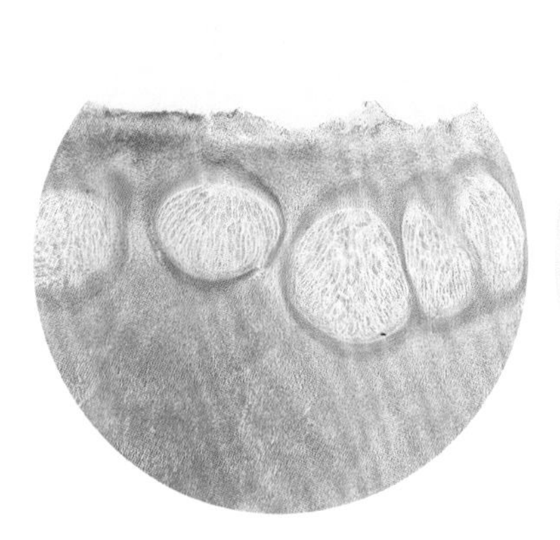
子囊壳埋生于子座表层

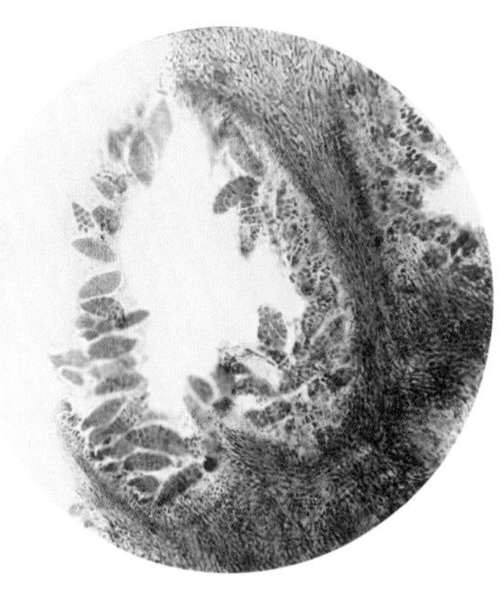
分生孢子器、分生孢子

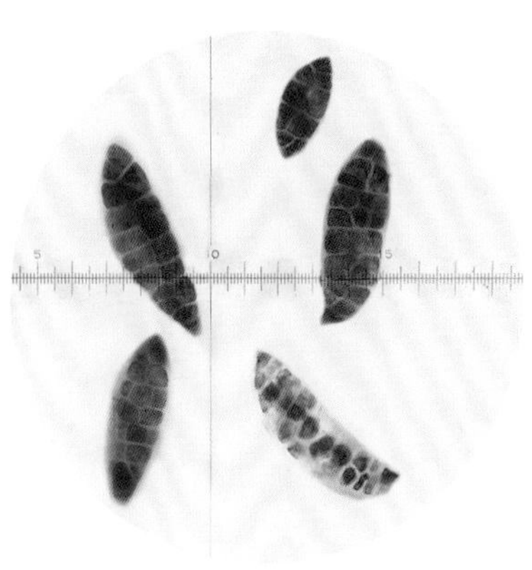
分生孢子

锤舌菌科 Leotiaceae

814 黄柄锤舌菌 （曾用名：黄柄胶地锤）

Leotia aurantipes **(S. Imai) F.L. Tai**

子囊盘扁半球形、帽状，直径0.8～2cm，不规则皱缩，边缘内卷，表面浅黄绿色，老后变绿色。柄圆柱形，3～8cm×0.2～0.6cm，黄色、橙黄色，被黄色细小鳞片。

子囊圆筒形，顶壁加厚。子囊孢子长梭形，直或微弯，16～23.5μm×5～6μm，无色，平滑。

夏秋季群生于阔叶林或针阔混交林中或林缘地上。

子囊盘扁半球形

柄被细小鳞片

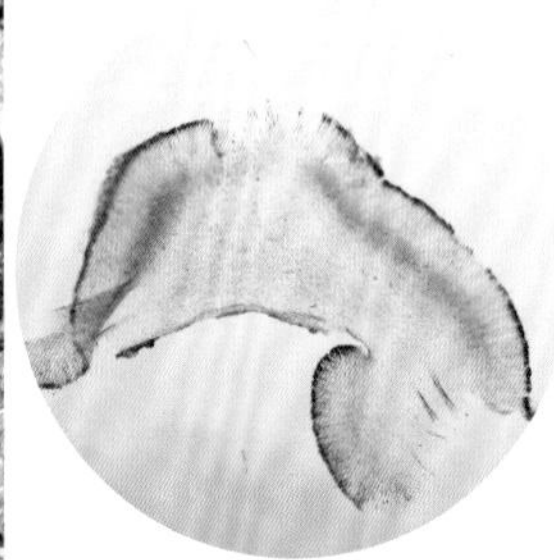

子囊盘剖面

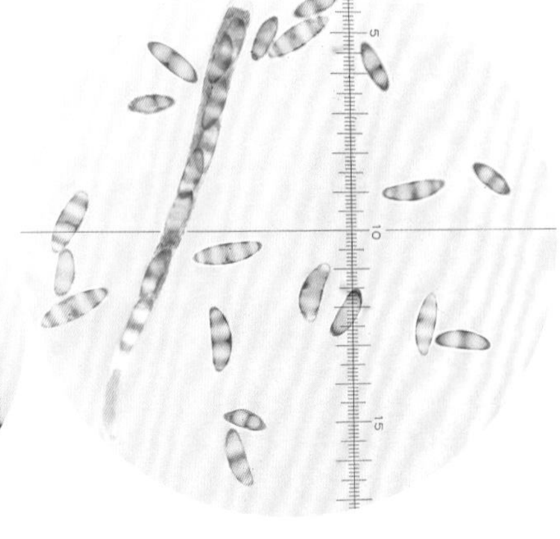

子囊、子囊孢子

羊肚菌科 Morchellaceae

815 羊肚菌

Morchella esculenta **(L.) Pers.**

子囊盘近球形、卵圆形，高4～6cm，直径2～6cm，顶端钝，表面有很多近圆形、不规则形的凹坑，蛋壳色至浅灰褐色，子实层着生于凹坑表面。柄圆柱形，5～7cm×0.8～2cm，近白色，光滑，基部膨大。

子囊孢子椭圆形，20～24μm×12～14μm，无色，平滑。

夏秋季单生、散生或群生于阔叶林中地上。药食兼用。

子囊果

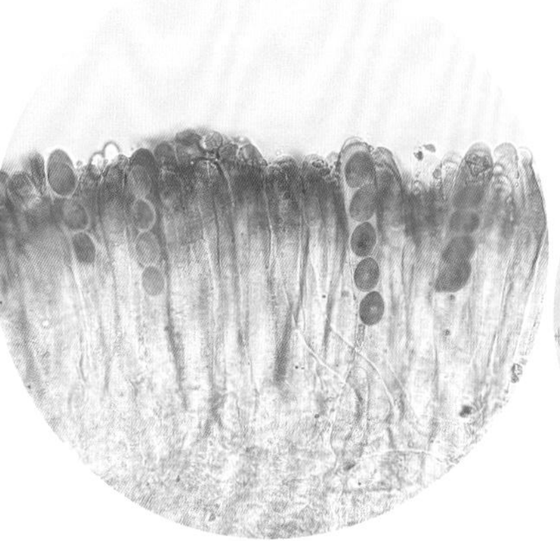

子囊子实层

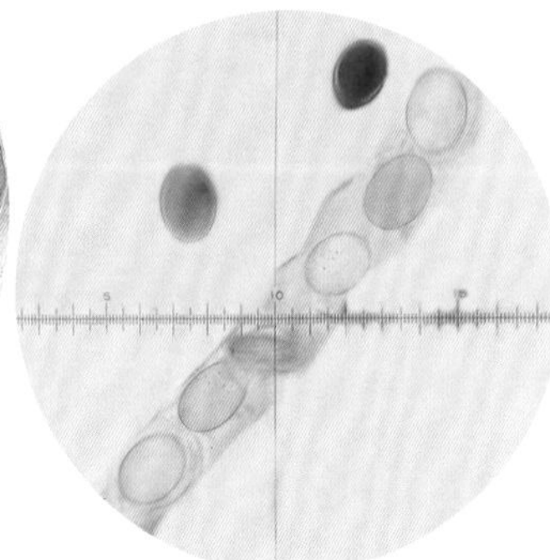

子囊、子囊孢子

816 梯棱羊肚菌

Morchella importuna M. Kuo, O'Donnell & T.J. Volk

子囊盘塔形，高6～20cm，宽3～7cm，初粉灰色，渐变浅褐色，成熟时暗褐色，表面蜂窝状，纵脊近平行，横脊与之近垂直，呈梯状。子实层生于凹陷中。菌柄近棒状，污乳白色，被白色绒毛。

子囊圆柱形。子囊孢子椭圆形，18～24μm×10～13μm，无色，平滑。

夏秋季散生或群生于阔叶林或针阔混交林中地上。可食用，已人工栽培。

子囊盘塔形

子囊盘纵脊近平行、横脊梯状

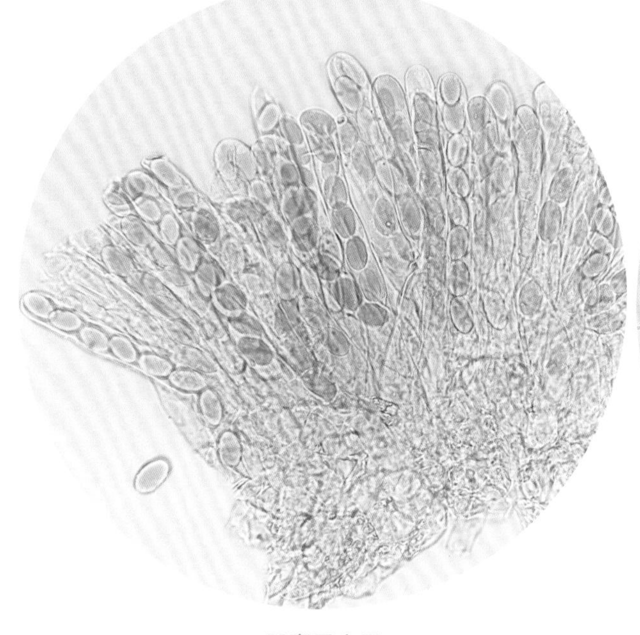

子囊子实层

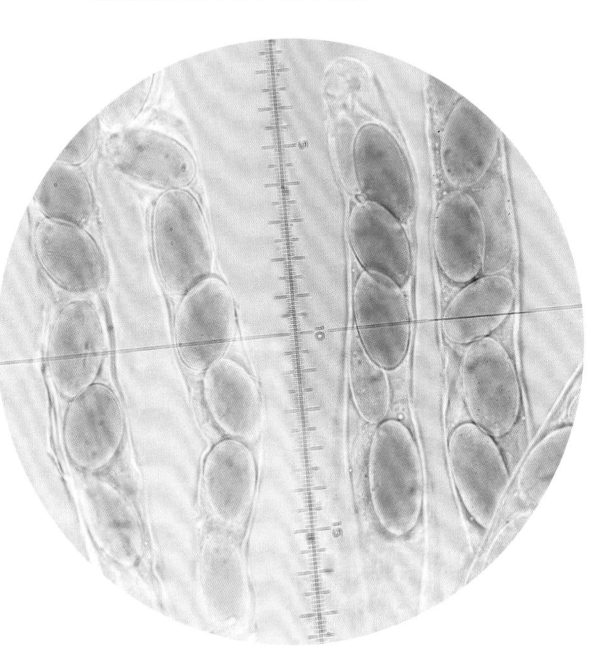

子囊、子囊孢子

817 皱盖钟菌

Verpa bohemica **(Krombh.) J. Schröt.**

子囊盘钟形、表面具纵向棱脊

子囊盘钟形或锥形，高2～4cm，宽1.5～3cm，表面黄褐色至灰褐色，由纵向棱脊连成网络。柄近圆柱形，4～12cm×1～2cm，乳白色至浅黄褐色。

子囊孢子长椭圆形，有时弯曲，60～80μm×15～20μm，无色，平滑。

单生或散生于林中地上。

818 指状钟菌

Verpa digitaliformis **Pers.**

子囊盘钟形或半球形，高1～3cm，宽1～4cm，表面赭色渐变暗褐色，平滑或有浅凹槽。柄圆柱形，3～10cm×0.5～1cm，近白色，被细小鳞片。

子囊孢子椭圆形，22～25μm×11～15μm，无色、近无色，平滑。

单生或散生于阔叶林中地上。

子囊盘半球形、表面具浅凹槽　　柄光滑

盘菌科 Pezizaceae

819 橘色小双孢盘菌

Bisporella citrina **(Batsch) Korf & S.E. Carp.**

子囊盘杯状至盘状，直径2.5～5mm。子实层面和囊盘被表面均光滑，黄色至橘黄色。柄很短至无柄。

子囊棒状。子囊孢子椭圆形，8.5～14μm×3～5μm，内含油滴，无色至淡黄色，平滑。

夏秋季群生于阔叶树腐木上。

子囊盘盘状、浅杯状

820 疣孢褐盘菌

***Peziza badia* Pers.**

子囊盘

子囊盘杯状、盘状，直径3～8cm，无柄。子实层面黄褐色，光滑。囊盘被表面棕褐色，粗糙。

子囊孢子椭圆形，17～19μm×9～10μm，内含2个油滴，无色或稍有色，有明显疣突。

常丛生于阔叶林或针阔混交林中地上。慎食。

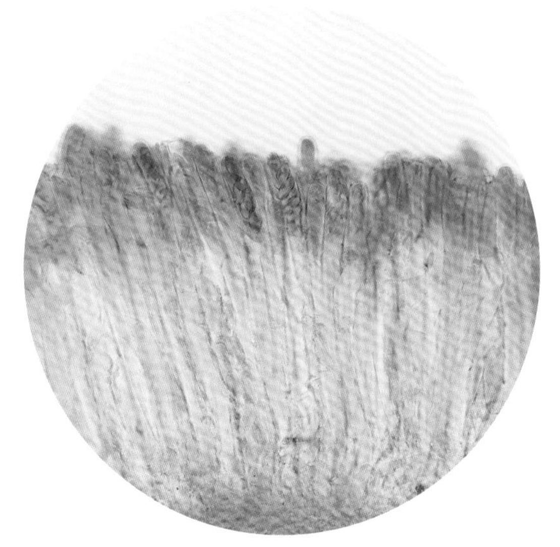

子囊子实层

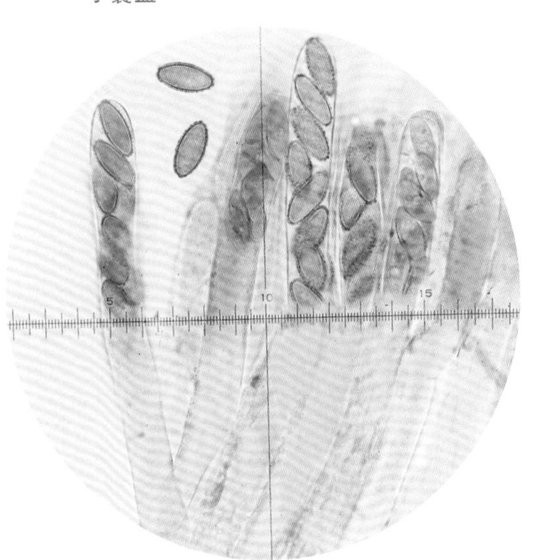

子囊、子囊孢子（具疣突）

821 金点盘菌 （现名：金点短毛盘菌）

***Peziza chrysostigma* Fr.**［现名：*Psilachnum chrysostigmum* (Fr.) Raitv.］

子囊盘杯形、盘状，直径0.5～0.8mm。子实层面奶油色，后可变硫黄色、橙黄色。有短柄。

子囊孢子长椭圆形，5～6μm×1.5～2μm，含油滴，无色，平滑。

夏秋季单生或群生于阔叶树枯枝上。

子囊盘盘状、杯状

子囊盘有短柄

822 茶褐盘菌

Peziza praetervisa **Bres.**

子囊盘初期碗状或浅杯状，后呈盘状，直径1～2.5cm。子实层面褐色至茶褐色，光滑，背面色浅，稍粗糙。

子囊孢子椭圆形，11～13.5μm×6～8μm，内含油滴，有小疣突。

夏秋季群生于阔叶林或针阔混交林地上。

子囊盘

823 泡质盘菌

Peziza vesiculosa **Bull.**

子囊盘碗状

囊盘被表面被粉状物

子囊盘不规则碗状至近盘形，直径1.5～5（～10）cm。子实层面初近白色，后呈淡褐色、浅棕色。囊盘被表面白色，被粉状物。

子囊孢子椭圆形、宽椭圆形，15～25μm×8～15μm，无色，平滑。

夏秋季群生于地上、粪堆上。慎食。

火丝菌科 Pyronemataceae

824 粪生缘刺盘菌

Cheilymenia fimicola **(Bagl.) Dennis**

子囊盘盘状至贝壳形，直径0.3～0.6cm，边缘多刺毛，可直立。子实层面黄色、橘黄色。囊盘被表面淡黄色，被绒毛或刺毛。

子囊孢子椭圆形，15～20μm×10～12μm，无色，平滑。

夏秋季散生或群生于动物粪便上。

子囊盘粪生、边缘被刺毛

825 橙黄网孢盘菌
Aleuria aurantia (Pers.) Fuckel

子囊盘浅杯状、盘状，直径3～6cm。子实层面新鲜时橙黄色、橘红色，光滑。囊盘被表面色较淡，光滑。

子囊孢子宽椭圆形，13～15（～20）μm×8～12μm，无色至浅黄色，初平滑后形成网格状纹饰，非淀粉质。侧丝顶端膨大近球形。

夏秋季丛生于林中地上。可食用。

子囊盘浅杯形

子囊盘盘状

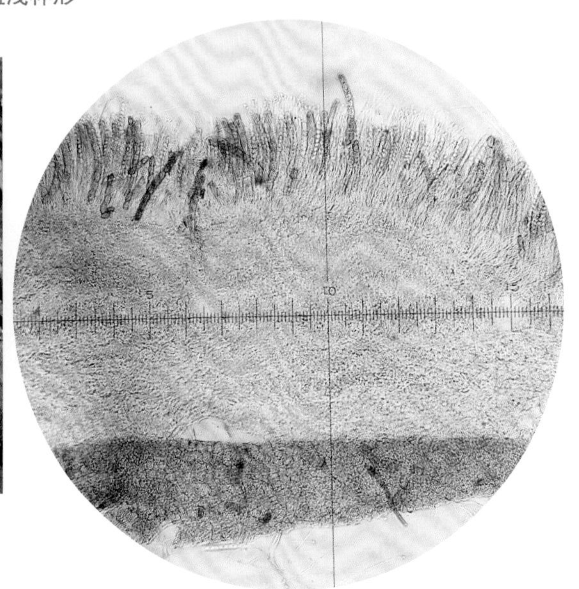

子囊盘剖面

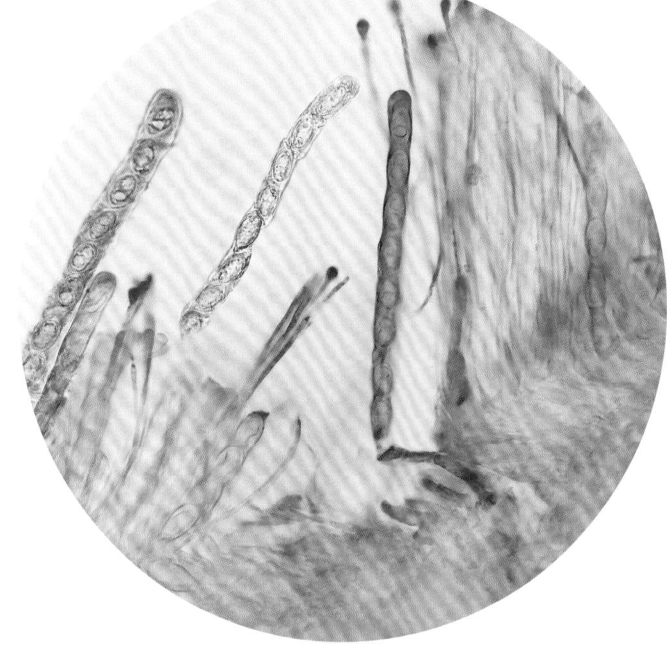

子囊、侧丝

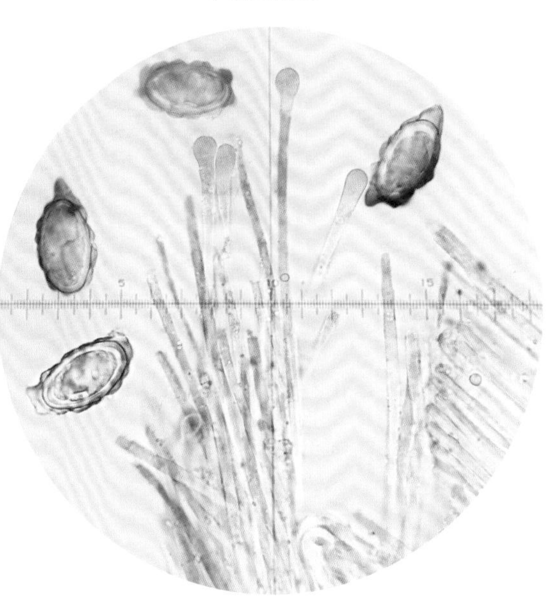

子囊孢子（具纹饰）、侧丝

826 半球土盘菌
Humaria hemisphaerica **(F.H.Wigg.) Fuckel**

子囊盘深杯状、碗状，直径0.6～3cm，边缘有粗毛。子实层面白色、灰白色。囊盘被表面淡褐色，被褐色绒毛或粗毛。

子囊近圆柱形，具囊盖。子囊孢子椭圆形，18～25μm×10～14μm，内含1~2个油滴，单胞，无色，表面有疣突。

夏秋季散生或群生于阔叶林或针阔混交林中地上。

囊盘被表面被毛

子囊盘碗状

827 兔耳侧盘菌
Otidea leporina **(Batsch) Fuckel**

子囊盘因对侧开裂至基部而呈兔耳状，高3～6cm，宽约1cm。子实层面新鲜时肉桂色、浅粉灰色至灰黄色，平滑。外表面浅土黄色，干后呈茶褐色。具短柄或柄状基部。

子囊近圆柱形，有囊盖。子囊孢子椭圆形，12～14.5μm×6～8μm，无色，平滑，内含1～2个油滴。

夏秋季群生或近丛生于针叶林、阔叶林或针阔混交林中地上、有苔藓的地上或腐殖质层上。记载可食用。

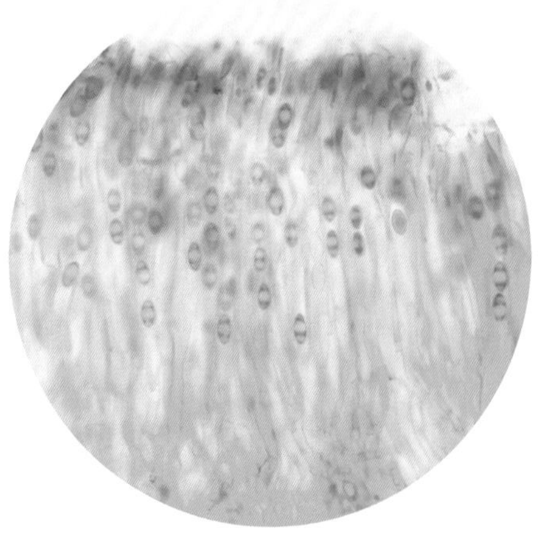
子囊子实层（局部）

子囊盘群生

子囊盘对侧开裂呈兔耳状

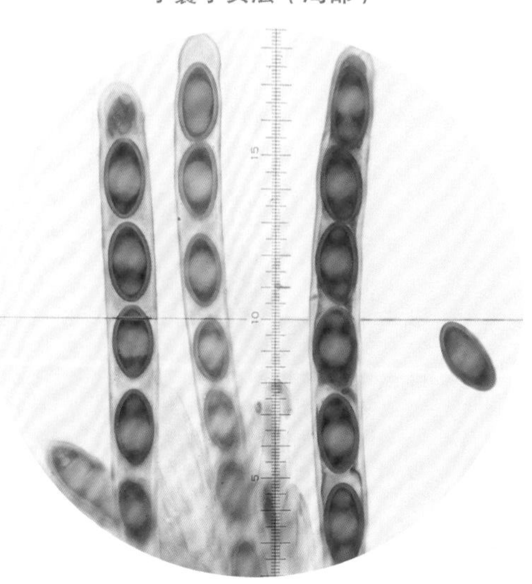

子囊、子囊孢子

828 云南侧盘菌

***Otidea yunnanensis* (B. Liu & J.Z. Cao) W.Y. Zhuang & C.Y. Liu**

子囊盘杯状，但一侧纵向深裂，高2～4.5cm，直径1～2.5cm。子实层面新鲜时乳白色至米黄色，后蜡黄色，平滑。囊盘被表面黄褐色，密被褐色小颗粒。柄圆柱形，深褐色，被绒毛。

子囊近圆柱形，有囊盖。子囊孢子椭圆形，16～20μm×7.5～10μm，单胞无色，表面有小刺。

夏秋季散生或群生于阔叶林或针阔混交林中地上。

子囊盘一侧纵向深裂

829 炭垫盘菌

***Pulvinula carbonaria* (Fuckel) Boud.**

子囊盘盘状，直径0.3～1cm。子实层面橘红色。囊盘被表面黄色。

子囊孢子近球形，直径15～18μm，无色，平滑。

夏秋季群生于针阔混交林下。

子囊盘盘状

子囊盘群生

830 黑胶鼓菌

Trichaleurina javanica **(Rehm) M. Carbone, Agnello & P. Alvarado**

子囊盘陀螺形

子囊盘陀螺形，后呈盘状，高4～6.5cm，直径3.5～5cm，内部胶质。子实层面下凹，灰褐色至黑色。囊盘被外侧有一层硬皮，且表面密生烟灰色绒毛。

子囊孢子椭圆形，两侧不对称，24～36μm×12～16μm，近无色，壁厚，有小疣。

夏秋季散生或群生于阔叶树腐木上。

子实层面下凹、平滑

子实层及囊盘被（局部）

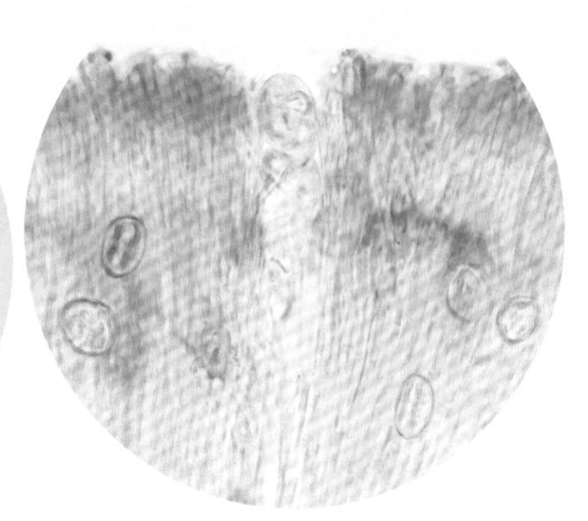
子实层中的子囊和子囊孢子

肉杯菌科 Sarcoscyphaceae

831 白毛小口盘菌

Microstoma floccosum **(Sacc.) Raitv.**

子囊盘深杯状至漏斗形，直径0.3～0.8cm。子实层面粉红色至红色。囊盘被表面粉黄色、淡橙褐色，被白色粗绒毛。柄白色。

子囊近圆柱形。子囊孢子椭圆形，20～36（～40）μm×10～18μm，内含2个至多个油滴，单胞无色、近无色，平滑。侧丝线形，分枝，有隔。

散生、群生或丛生于阔叶林或针阔混交林中腐木或枯枝上。

子囊盘深杯状、囊盘被被粗毛

832 肉杯菌

Sarcoscypha coccinea **(Gray) Boud.**

子囊盘杯状，直径1～2cm。子实层面下凹，鲜红色。囊盘被表面浅红带白色，被细绒毛。柄极短。

子囊孢子椭圆形，20～22μm×9～11μm，单胞无色，平滑。

夏秋季散生或群生于阔叶林中腐木上。

子囊盘杯状

囊盘被被毛

833 平盘肉杯菌

Sarcoscypha mesocyatha **F.A. Harr.**

子囊盘杯状，直径1～3cm。子实层面深红色，干后橘红色。囊盘被颜色稍浅。

子囊圆筒形。子囊孢子单行排列，矩椭圆形、椭圆形，20～28μm×8～11μm，单胞无色，平滑。

夏秋季群生于林下腐木上。

子囊盘

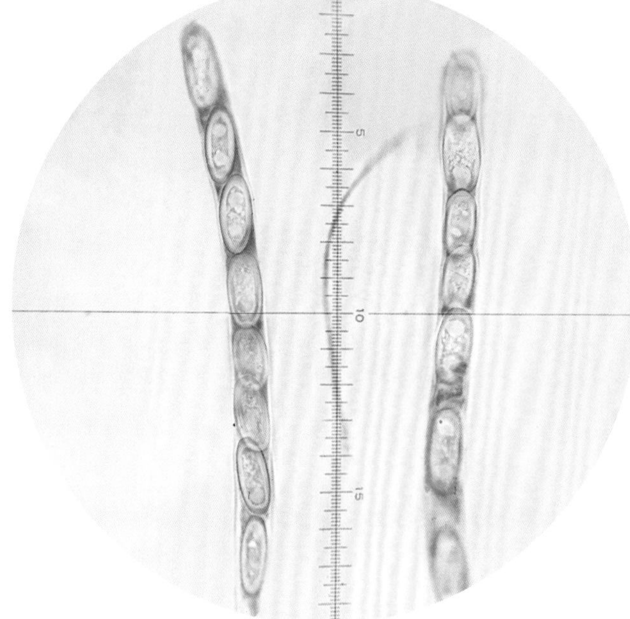

子囊、子囊孢子

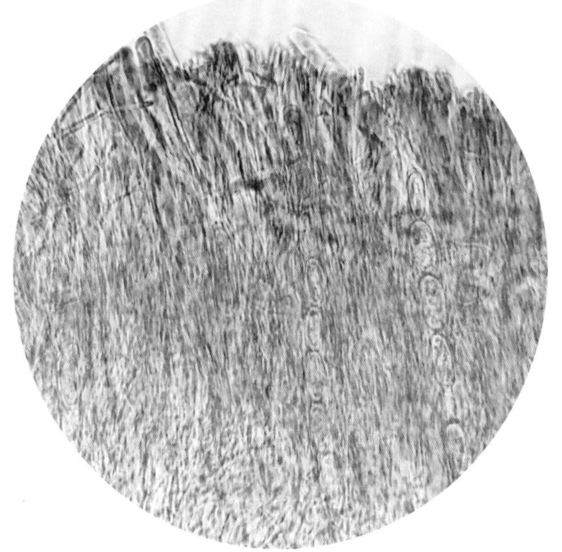

子实层（局部）

834 西方肉杯菌

Sarcoscypha occidentalis **(Schwein.) Sacc.**

子囊盘盘状，直径0.4～2cm，近无柄。子实层面干后呈肉粉色、橘黄色。囊盘被外侧被细绒毛。

子囊近圆柱形。子囊孢子单行排列，椭圆形，(13～)15～21(～24)μm×7～10μm，单胞无色，平滑，内含油滴。

散生于腐木上。

子囊盘

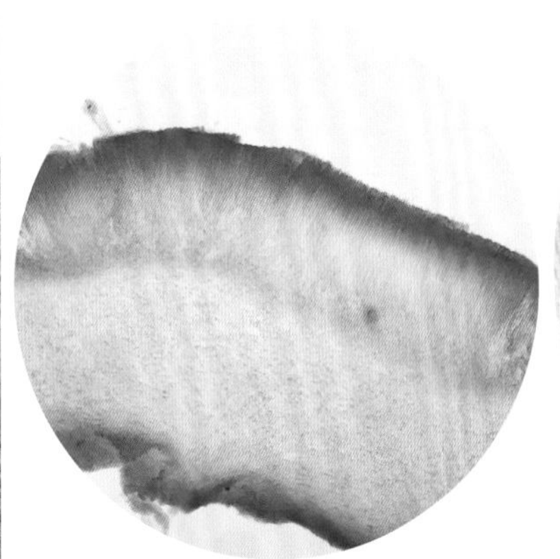

子囊盘剖面（局部）

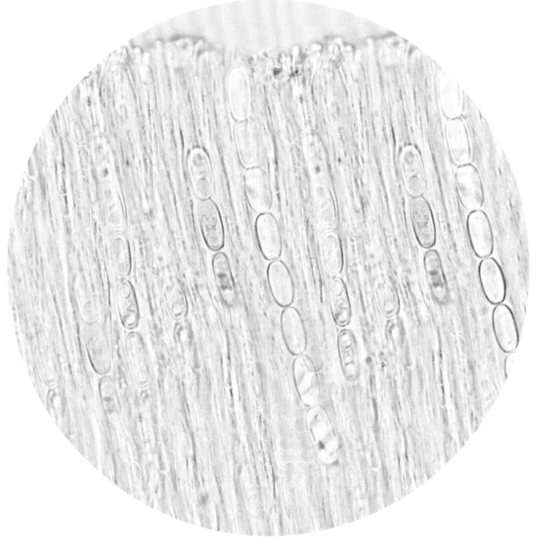

子实层、子囊、子囊孢子

核盘菌科 Sclerotiniaceae

835 核盘菌

Sclerotinia sclerotiorum **(Lib.) de Bary**

子囊盘盘状、浅杯状，单个或几个从菌核上长出，直径0.3～0.8cm。子实层面初为米色，后呈褐色。柄长1～3cm，褐色。

子囊孢子长椭圆形至近梭形，8～11μm×3～4μm，单胞，无色，平滑，有或无油滴。

群生于阔叶林中地上。可药用。

子囊盘盘状、由菌核长出

子囊盘具柄

炭角菌科 Xylariaceae

836 黑轮层炭壳

Daldinia concentrica (Bolton) Ces. & De Not.

子座扁球形、半球形，高2～6cm，宽2～8cm，表面初褐色至暗紫红褐色，后呈黑褐色、黑色，近光滑，内部炭质，纵剖面有同心环带。子囊壳埋生于子座的表层。

子囊圆筒形。子囊孢子椭圆形或近肾形，12～17μm×6～8.5μm，两侧不对称，暗褐色，平滑，具芽孔。

群生于阔叶树枯立木树皮、倒木或腐木上，引起木材白色腐朽。可药用。

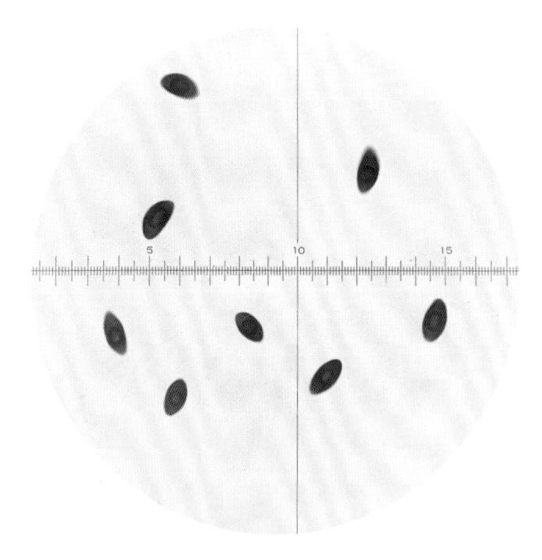
子囊孢子不对称椭圆形、具芽孔

子座群生

子座剖面具同心环纹

837 中华肉球菌

Engleromyces sinensis M.A. Whalley, Khalil, T.Z. Wei, Y.J. Yao & Whalley

子座球形、近球形，直径5～8cm，表面橘黄色、浅黄褐色、淡褐色，有小疣突，内部白色、淡木材色。子囊壳球形至瓶形，埋生于子座表层。

子囊圆柱形至棒状，具淀粉质顶帽。子囊孢子宽椭圆形、近卵形，15～20μm×11～15μm，两侧不对称，深褐色至黑色，平滑。

单生或散生，包围于竹秆上。可药用。

子座近球形

838 肉球菌

Engleromyces goetzei **Henn.**

子座近球形，新鲜时肉质，直径5～10cm，浅肉色，后变深。子囊壳多层埋生于子座中。

子囊近圆柱形。子囊孢子宽椭圆形，15～21μm×10～15μm，初无色，后变浅紫色、褐色，平滑。

包围在竹秆上。可药用。

子座生于竹秆

子座剖面（局部），表层埋生子囊壳

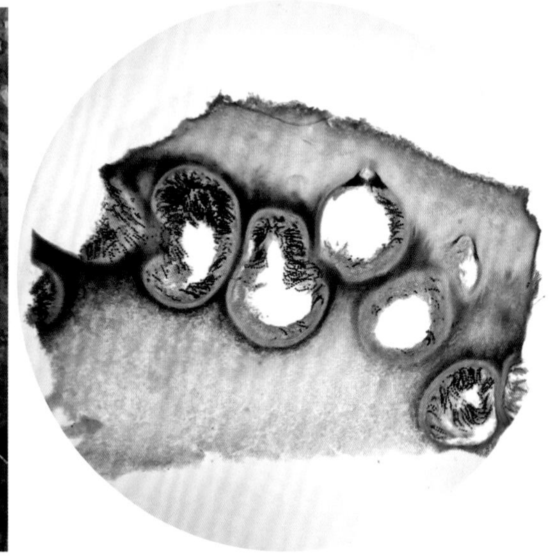

子囊壳埋生于子座表层

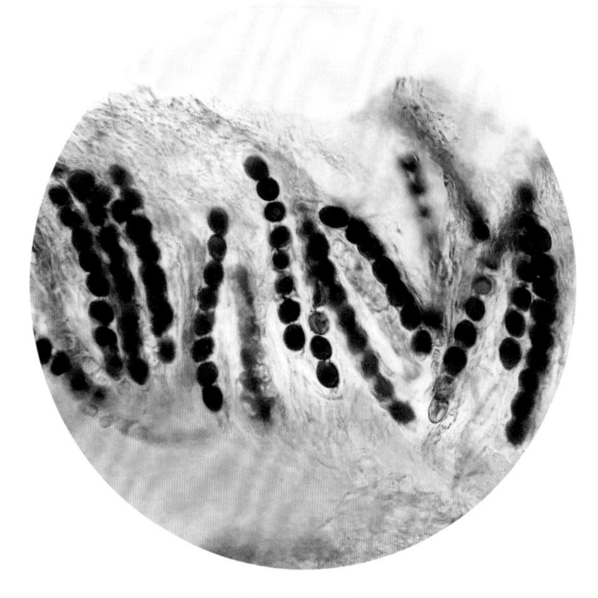

子实层内的子囊、子囊孢子

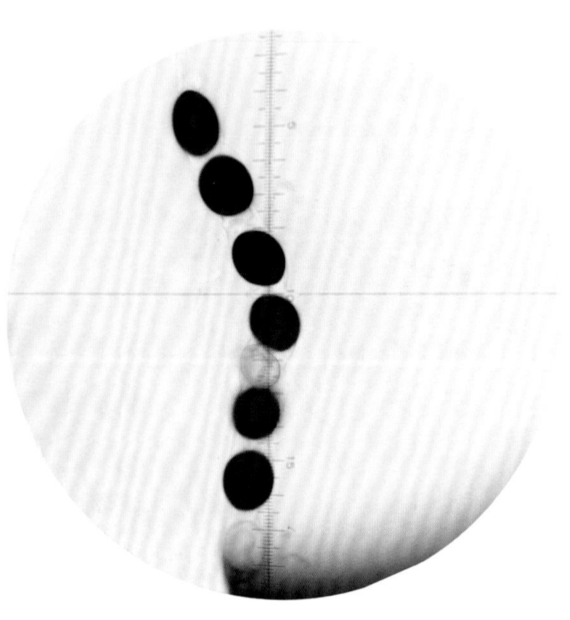

子囊孢子

839 散展炭团菌（又名：小孢麻炭饼）

Hypoxylon effusum **Nitschke**［现名：*Nemania effusa* (Nitschke) Pouzar］

子座平铺，黑色炭质，直径1～4.5cm，表面光滑或有小凸起。

子囊壳近球形，埋生于子座表层，直径约600μm。子囊孢子椭圆形、肾形，两侧不对称，6～6.5μm×2.5～3.5μm，浅褐色，有的具芽缝。

群生于阔叶树树皮或腐木上。

子座

840 豪伊炭团菌

Hypoxylon howeanum **Peck**

子座近球形、半球形，直径0.5～2cm，表面肝褐色至暗黑色，略粗糙，内部褐色。子囊壳埋生于子座表层。

子囊孢子椭圆形、近梭形，两侧不对称，7～8（～9）μm×3～4.5μm，浅褐色，具芽缝、芽孔。

生于林下腐木枯枝上。

子座

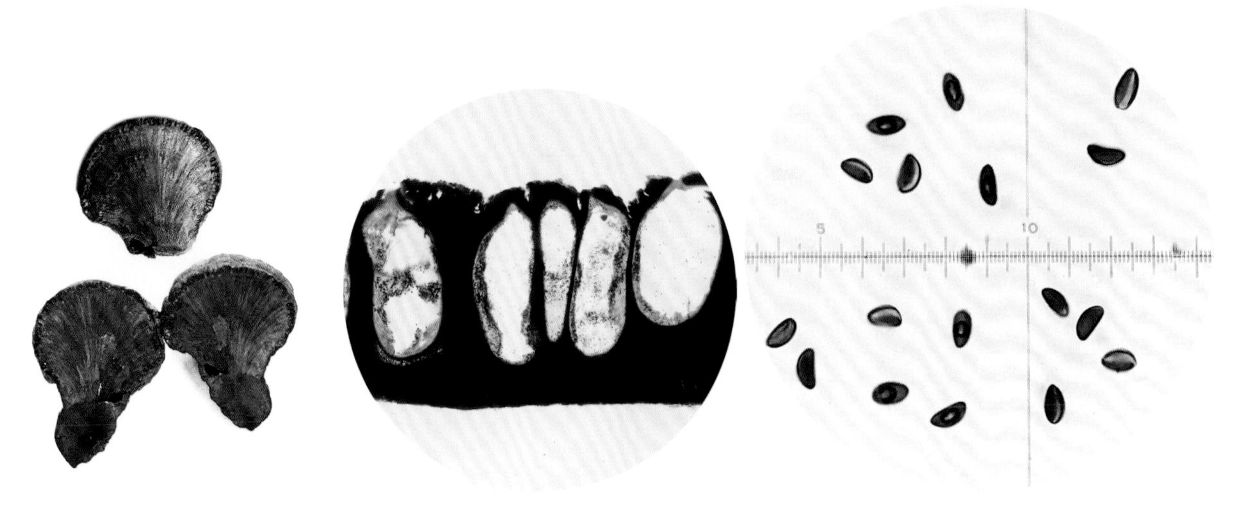

子座剖面　　瓶形子囊壳埋生于子座表层　　子囊孢子具芽缝、芽孔

841 山地炭团菌

***Hypoxylon monticulosum* Mont.**

［现名：*Hypomontagnella monticulosa* (Mont.) Sir, L. Wendt & C. Lamb.］

子座表面具瘤状突起（干燥标本）

子座垫状或半球形，直径0.5～2cm，黑色，炭质，表面小瘤状突起明显。子囊壳埋生于子座表层。

子囊壳球形、卵形，直径200～400μm，孔口突起。子囊孢子长椭圆形，两侧不对称，7～10μm×3～4μm，单胞，褐色，平滑。

群生于阔叶树腐烂树皮上。

842 多形炭团菌

***Hypoxylon multiforme* (Fr.) Fr.**

［现名：*Jackrogersella multiformis* (Fr.) L. Wendt, Kuhnert & M. Stadler］

子座垫状、半球形，直径0.5～2cm，由红褐色渐变暗，最后呈黑色，炭质。子囊壳多个埋生于子座。

子囊圆筒形。子囊孢子近椭圆形，两侧不对称，9～11μm×3.5～5μm，暗褐色，平滑。

多从阔叶树树皮裂缝中长出。

子座

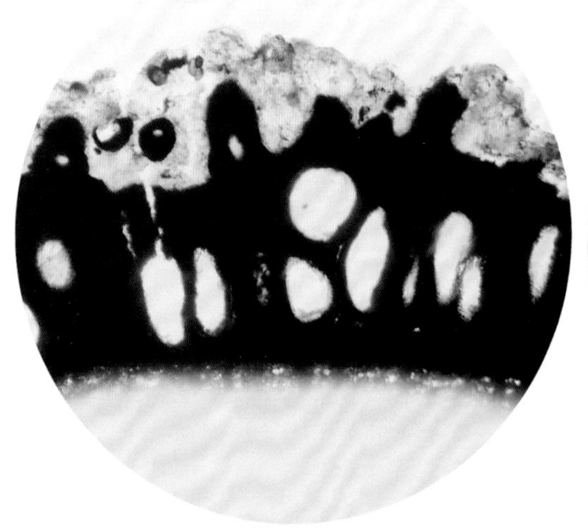

子座剖面（子囊壳埋生）

子囊孢子两侧不对称

843 古巴炭角菌
Xylaria cubensis (Mont.) Fr.

子座棒状、不分枝，高2～5cm，顶端圆钝，表面黑褐色。子囊壳埋生于子座表层，卵形。

子囊孢子椭圆形，两侧不对称，9.5～11.5μm×5.5～6.5μm，褐色，具芽缝，壁平滑。

生于阔叶林下腐木枯枝上。

子座棒状

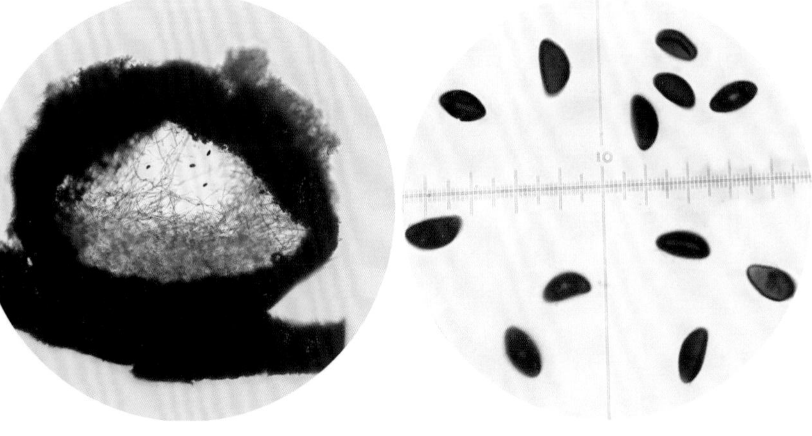

子囊壳

子囊孢子椭圆形、两侧不对称，具芽孔、芽缝

844 大炭角菌
Xylaria euglossa Fr.

子座直立，可育头部圆柱形、棒状、梭形，直或弯，顶端钝，高3～11cm，粗0.5～1.5cm，后呈黑色，柄暗褐色。子囊壳埋生于子座表层，近球形。

子囊孢子在子囊内单行排列，椭圆形，两侧不对称，8～13（～17）μm×4～5μm，单胞，褐色，平滑。

单生于腐木或枯枝上。

子座

子座具短柄（干燥）

子囊孢子椭圆形、两侧不对称，不成熟时无色、后呈暗色

845 绒座炭角菌

Xylaria filiformis **(Alb. & Schwein.) Fr.**

子座直立，单根，线形，少分枝，长3～10cm，粗约1mm，顶端往往橙黄色，下部暗褐色。

子囊壳埋生于子座表层，球形，直径约500μm。子囊孢子椭圆形，两侧不对称，10～12μm×4～5μm，褐色，壁平滑。

散生或近群生于林下枯枝或落叶上。

子座

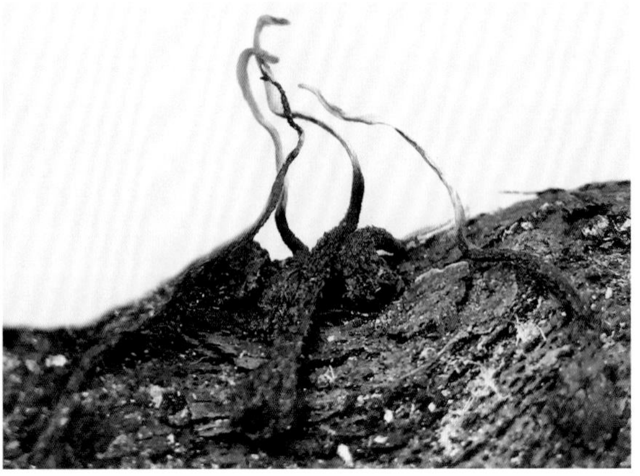

子座（干燥标本）

846 炭角菌

Xylaria hypoxylon **(L.) Grev.**

子座常鹿角状分枝，偶不分枝，高3～8cm，乳白色、污白色，后变黑色，分枝顶部尖或扁平，基部黑色并被细绒毛。子囊壳球形至瓶形，黑色，埋生于子座表层。

子囊孢子宽椭圆形至卵圆形，两侧不对称，11～14μm×5～6μm，褐色，平滑。

群生于阔叶林下腐木或枯枝上。

子座鹿角状分枝

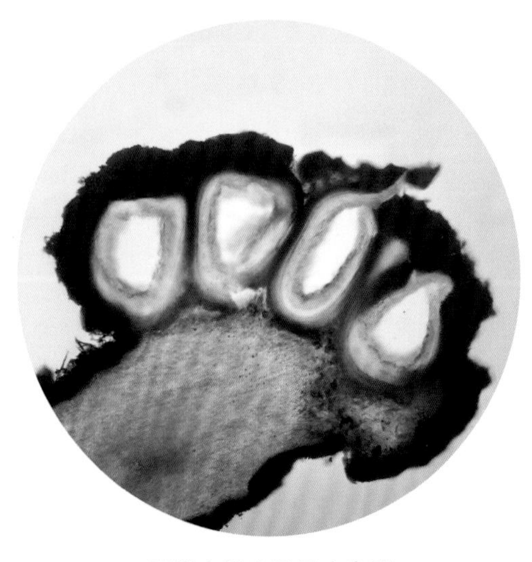

子囊壳埋生于子座表层

847 长炭杆

Xylaria longipes Nitschke

子座不分枝，高3～10cm，基部2～3个相连，头部圆柱形，粗2～5mm，顶端钝圆，表面暗褐色，多皱。柄圆柱形，1.5～10cm×0.1～0.3cm。子座表层埋生球形子囊壳。

子囊孢子椭圆形，两侧不对称，13～17μm×4～6μm，暗褐色，平滑。

群生或散生于腐木上。

子座

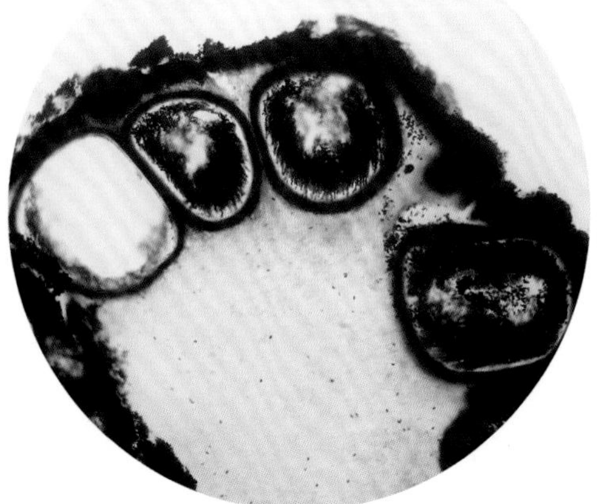

球形子囊壳埋生于子座表层

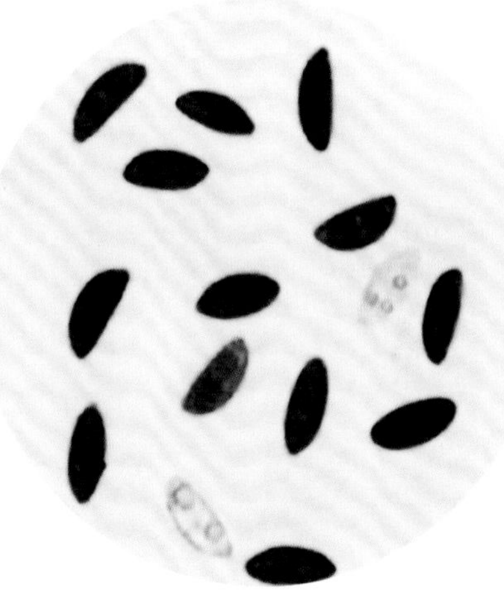

子囊孢子

848 多型炭棒

Xylaria polymorpha (Pers.) Grev.

子座高2～12cm，粗0.5～2cm，上部呈棒状、圆柱形至近球形不等，表面暗褐色至黑色，多皱且密布颗粒状突起，为子囊壳的外露孔口，内部呈肉色。子囊壳近球形、卵形，埋生于子座表层。子座下部为不育菌柄，较细，长于木头上的柄短且被绒毛。

子囊圆筒形。子囊孢子梭形，两侧不对称，20～30μm×6～10μm，褐色、黑褐色，平滑。

单生或群生于林下的倒木、腐木或树桩上，常从树皮的裂缝中长出。可药用。

子座群生

子囊孢子暗色、具芽缝

主要参考文献

阿历索保罗 C J, 明斯 C W, 布莱克韦尔 M. 2002. 菌物学概论 [M]. 姚一建，李玉主译. 北京：中国农业出版社.

包海鹰，图力古尔，李玉. 1999. 蘑菇的毒性成分及其应用研究现状 [J]. 吉林农业大学学报，21(4): 107-113.

毕志树，李泰辉. 1986. 广东地区红菇属的分类初报及一新种和一新变种 [J]. 广西植物，6(3): 193-199.

毕志树，李泰辉，章卫民，等. 1997. 海南伞菌初志 [M]. 广州：广东高等教育出版社.

毕志树，李泰辉，郑国扬. 1986. 裸伞属的两个新种 [J]. 真菌学报，5(2): 93-98.

毕志树，郑国扬，李泰辉. 1990. 粤北山区大型真菌志 [M]. 广州：广东科技出版社.

毕志树，郑国扬，李泰辉. 1994. 广东大型真菌志 [M]. 广州：广东科技出版社.

边杉，叶波平，奚涛，等. 2004. 灰树花多糖的研究进展 [J]. 药物生物技术，11(1): 60-63.

曹仁杰，尹定财，田昆，等. 2020. 丽江老君山海拔上限长苞冷杉 (*Abies georgei*) 和云南铁杉 (*Tsuga dumosa*) 径向生长对气候变化的响应 [J]. 生态学报，40(17): 6067-6076.

陈策，图力古尔，包海鹰. 2013. 人工蛹虫草的化学成分分析 [J]. 食品科学，34(11): 36-40.

陈世骧，陈受宜. 1979. 生物的界级分类 [J]. 动物分类学报，4(1): 1-12.

陈作红. 2020. 丝膜菌属有毒蘑菇及其毒素研究进展 [J]. 菌物学报，39(9): 1640-1650.

陈作红，杨祝良，图力古尔，李泰辉. 2016. 毒蘑菇识别与中毒防治 [M]. 北京：科学出版社.

崔宝凯，孙向前，陈建新，等. 2007. 浙江天目山两种新的阔叶树心材腐朽病 [J]. 林业科学研究，20(1): 97-100.

戴芳澜. 1979. 中国真菌总汇 [M]. 北京：科学出版社.

戴贤才，李泰辉，李万方，等. 1994. 四川省甘孜州菌类志 [M]. 成都：四川科学技术出版社.

戴玉成. 2003. 药用担子菌——鲍氏层孔菌（桑黄）的新认识 [J]. 中草药，34(1): 94-95.

戴玉成. 2005a. 中国林木病原腐朽菌图志 [M]. 北京：科学出版社.

戴玉成. 2005b. 异担子菌及其病害防治的研究现状 [J]. 林业科学研究，18(5): 615-620.

戴玉成. 2009. 中国储木及建筑木材腐朽菌图志 [M]. 北京：科学出版社.

戴玉成. 2012a. 广东省多孔菌的多样性 [J]. 菌物研究，10(3): 133-142.

戴玉成. 2012b. 中国木本植物病原木材腐朽菌研究 [J]. 菌物学报，31(4): 493-509.

戴玉成. 2022. 云南木材腐朽真菌资源和多样性 [M]. 北京：科学出版社.

戴玉成，李玉. 2011. 中国六种重要药用真菌名称的说明 [J]. 菌物学报，300: 515-518.

戴玉成，秦国夫，徐梅卿. 2000. 中国东北地区的立木腐朽菌 [J]. 林业科学研究，13(1): 15-22.

戴玉成，图力古尔. 2007. 中国东北食药用真菌图志 [M]. 北京：科学出版社.

戴玉成，熊红霞. 2012. 中国真菌志 第四十二卷 革菌科 [M]. 北京：科学出版社.

戴玉成，杨祝良. 2008. 中国药用真菌名录及部分名称的修订 [J]. 菌物学报，27(6): 801-824.

戴玉成，杨祝良，崔宝凯，等. 2021. 中国森林大型真菌重要类群多样性和系统学研究 [J]. 菌物学报，40(4): 770-805.

戴玉成，周丽伟，杨祝良，等. 2010. 中国食用菌名录 [J]. 菌物学报，29(1): 1-21.

邓利君，徐阿生，刘小娇. 2011. 西藏色季拉山丝膜菌属真菌资源 [J]. 中国食用菌，30(5): 6-7.

邓叔群. 1963. 中国的真菌 [M]. 北京：科学出版社.

范黎. 2019. 中国真菌志 第五十四卷 马勃目 [M]. 北京：科学出版社.

方媛. 2019. 云南丝膜菌属真菌分子系统发育研究 [D]. 昆明：云南大学硕士学位论文.

方媛，冯云利，余金凤，等. 2021. 丝膜菌属的分类研究进展 [J]. 中国食用菌，40(7): 1-7.
方中达. 1998. 植病研究方法 [M]. 北京：中国农业出版社.
郭秋霞，范宇光，图力古尔. 2014. 采自吉林省的中国丝盖伞属新记录种 [J]. 菌物学报，33(1): 162-166.
郭正堂. 1986. 中国韧革菌 (Ⅹ)[J]. 植物研究，6(4): 73-92.
郭正堂. 1987a. 中国韧革菌 (Ⅹ)[J]. 植物研究，7(2): 53-79.
郭正堂. 1987b. 中国韧革菌 (Ⅲ)[J]. 植物研究，7(3): 85-112.
何坚，冯孝章. 2001. 桦褐孔菌化学成分的研究 [J]. 中草药，32(1): 4-6.
何晓兰，李泰辉，姜子德. 2010. 中国粉褶蕈属白色种类 3 个新记录种 [J]. 菌物学报，29(6): 920-923.
贺运春. 2008. 真菌学 [M]. 北京：中国林业出版社.
黄滨南，张秀娟，邹翔，等. 2004. 黑木耳多糖抗肿瘤作用的研究 [J]. 哈尔滨商业大学学报：自然科学版，20(6): 650-651.
黄年来. 1997. 中国食用菌百科 [M]. 北京：中国农业出版社.
黄年来. 1998. 中国大型真菌原色图鉴 [M]. 北京：中国农业出版社.
黄年来. 2002. 俄罗斯神秘的民间药用真菌 — 桦褐孔菌 [J]. 中国食用菌，21(4): 7-8.
金春花，姜秀莲，王英军，等. 1998. 灵芝多糖活血化瘀作用实验研究 [J]. 中草药，29(7): 470-472.
莱梭. 1999. 蕈类图鉴 [M]. 台湾：猫头鹰出版社.
兰进，徐锦堂，贺秀霞. 1996. 我国子囊菌亚门药用真菌资源及利用 [J]. 中药材，19(1): 11-13.
李传华，张明，章炉军，等. 2012. 巴楚蘑菇学名考证 [J]. 食用菌学报，19(4): 52-54.
李单. 2010. 丽江老君山黎明乡木腐菌初步研究 [D]. 昆明：西南林学院硕士学位论文.
李单，董娇，赵长林，等. 2009. 丽江老君山黎明乡木腐菌种类及资源评价 [J]. 西南林学院学报，29(6): 53-57.
李单，周德群. 2010. 丽江老君山黎明乡木腐菌生态学初步研究 [J]. 西南林学院学报，30(1): 47-50.
李建宗，胡新文，彭寅斌. 1993. 湖南大型真菌志 [M]. 长沙：湖南师范大学出版社.
李俊峰. 2003. 云芝的生物学特征、药理作用及应用前景 [J]. 安徽农业科学，31(3): 509-510.
李俊凝，李秋实，魏玉莲. 2020. 丽江老君山国家公园木腐真菌区系组成与分布特征 [J]. 应用生态学报，1: 259-265.
李敏，姚庆智，魏杰，等. 2018. 丝膜菌属真菌研究进展 [J]. 食用菌学报，25(3): 90-99.
李茹光. 1980. 吉林省有毒有害真菌 [M]. 长春：吉林人民出版社.
李茹光. 1991. 吉林省真菌志第一卷 担子菌亚门 [M]. 长春：东北师范大学出版社.
李茹光. 1992. 东北食用、药用及有毒蘑菇 [M]. 长春：东北师范大学出版社.
李茹光. 1998. 东北地区大型经济真菌 [M]. 长春：东北师范大学出版社.
李泰辉，邓旺秋，邓春英，等. 2012. 中国小香菇属一新种 [J]. 菌物研究，10(3): 130-132.
李泰辉，赖建平，章卫民. 1992. 我国褶孔菌属的已知种类 [J]. 中国食用菌，11(6): 29-30.
李泰辉，宋相金，宋斌，等. 2017. 车八岭大型真菌图志 [M]. 广州：广东科技出版社.
李晓飞. 2018. 毒蘑菇及其杀虫活性成分研究进展 [J]. 吉林农业，428(11): 76.
李玉. 2001. 中国黑木耳 [M]. 长春：长春出版社.
李玉. 2013. 菌物资源学 [M]. 北京：中国农业出版社.
李玉，李泰辉，杨祝良，图力古尔，戴玉成. 2015. 中国大型菌物资源图鉴 [M]. 北京：中原农民出版社.
李玉，图力古尔. 2003. 中国长白山蘑菇 [M]. 北京：科学出版社.
李玉，图力古尔. 2014. 中国真菌志 第四十五卷 侧耳—香菇型真菌 [M]. 北京：科学出版社.
梁宗琦. 2007. 中国真菌志 第三十二卷 虫草属 [M]. 北京：科学出版社.
林树钱. 2000. 中国药用菌生产与产品开发 [M]. 北京：中国农业出版社.
刘波. 1978. 中国药用真菌 [M]. 太原：山西人民出版社.
刘波. 1991. 山西大型食用真菌 [M]. 太原：山西高校联合出版社.

刘波 . 1992. 中国真菌志 第二卷 银耳目和花耳目 [M]. 北京 : 科学出版社 .

刘波 . 2005. 中国真菌志 第二十三卷 硬皮马勃目 柄灰包目 鬼笔目 轴灰包目 [M]. 北京 : 科学出版社 .

刘汉彬 , 包海鹰 , 崔宝凯 . 2011. 椭圆嗜蓝孢孔菌子实体的化学成分 [J]. 菌物学报 , 30 : 459-463.

刘伦沛 . 2009. 药用真菌资源及其开发利用 [J]. 凯里学院学报 , 27(3): 50-53.

刘培贵 , 袁明生 , 王向华 , 等 . 1999. 松茸群生物资源及其合理利用与有效保护 [J]. 自然资源学报 , 14(3): 245-252.

刘旭东 . 2002. 中国野生大型真菌彩色图鉴 [M]. 北京 : 中国林业出版社 .

刘宇 , 图力古尔 . 2011. 中国小香菇属二新种 [J]. 菌物学报 , 30(5): 680-685.

刘宇 , 图力古尔 , 李泰辉 . 2010. 亚侧耳属 *Hohenbuehelia* 三个中国新记录种 [J]. 菌物学报 , 29(3): 454-458.

刘振伟 , 史秀娟 . 2001. 灰树花的研究开发现状 [J]. 食用菌 , 23(4): 5-6.

龙勇诚 , 谭碧霞 . 2002. 老君山项目保护规划 [R]. 昆明 : 美国大自然保护协会中国项目部 .

吕国英 , 潘慧娟 , 吴永志 , 等 . 2009. 蛹虫草无性型菌丝体提取液体外抗氧化活性研究 [J]. 菌物学报 , 28(4): 597-602.

卯晓岚 . 1987. 毒蘑菇识别 [M]. 北京 : 科学普及出版社 .

卯晓岚 . 1998. 中国经济真菌 [M]. 北京 : 科学出版社 .

卯晓岚 . 2000. 中国大型真菌 [M]. 郑州 : 河南科学技术出版社 .

卯晓岚 . 2009. 中国蕈菌 [M]. 北京 : 科学出版社 .

卯晓岚 , 蒋长坪 , 欧珠次旺 . 1993. 西藏大型经济真菌 [M]. 北京 : 北京科学技术出版社 .

美国大自然保护协会中国项目部 . 2005. 老君山地区基础气象资料推算及其植物气候影响初步研究报告 [R]. 昆明 : 美国大自然保护协会中国项目部 .

普琼惠 , 陈虹 , 陈若芸 . 2005. 松杉灵芝的化学成分研究 [J]. 中草药 , 36(4): 502-504.

裘维蕃 . 1957. 云南牛肝菌图志 [M]. 北京 : 科学出版社 .

裘维蕃 . 1998. 菌物学大全 [M]. 北京 : 科学出版社 .

任玮 . 1993. 云南森林病害 [M]. 昆明 : 云南科技出版社 .

上海农业科学院食用菌研究所 . 1991. 中国食用菌志 [M]. 北京 : 中国林业出版社 .

邵力平 . 1983. 真菌分类学 [M]. 北京 : 中国林业出版社 .

邵力平 , 项存悌 . 1997. 中国森林蘑菇 [M]. 哈尔滨 : 东北林业大学出版社 .

孙培龙 , 徐双阳 , 杨开 , 等 . 2006. 珍稀药用真菌桑黄的国内外研究进展 [J]. 微生物学通报 , 33(2): 119-123.

陶美华 , 章卫民 , 钟韩 , 等 . 2005. 针层孔菌属 (*Phellinus*) 中药用真菌的研究概述 [J]. 食用菌学报 , 12(4): 65-72.

田恩静 , 图力古尔 . 2013. 中国鳞伞属鳞伞亚属新记录种 [J]. 菌物学报 , 32(5): 907-912.

图力古尔 . 2004. 大青沟自然保护区菌物多样性 [M]. 呼和浩特 : 内蒙古教育出版社 .

图力古尔 . 2012. 多彩的蘑菇世界 : 东北亚地区原生态蘑菇图谱 [M]. 上海 : 上海科学普及出版社 .

图力古尔 . 2014. 中国真菌志 第四十九卷 球盖菇科 (I)[M]. 北京 : 科学出版社 .

图力古尔 , 包海鹰 , 李玉 . 2014. 中国毒蘑菇名录 [J]. 菌物学报 , 33(3): 517-548.

图力古尔 , 陈今朝 , 王耀 , 等 . 2010. 长白山阔叶红松林大型真菌多样性 [J]. 生态学报 , 30(17): 4549-4558.

图力古尔 , 李玉 . 2000. 大青沟自然保护区大型真菌区系多样性的研究 [J]. 生物多样性 , 8(1): 73-80.

图力古尔 , 刘宇 . 2010. 中国亚脐菇型真菌三新记录种 [J]. 菌物学报 , 29(5): 767-770.

图力古尔 , 王建瑞 , 崔宝凯 , 等 . 2013. 山东省大型真菌物种多样性 [J]. 菌物学报 , 32(4): 643-670.

图力古尔 , 王建瑞 , 鲁铁 , 等 . 2014. 山东蕈菌生物多样性保育与利用 [M]. 北京 : 科学出版社 .

图力古尔 , 张惠 . 2012. 采自长白山的盔孢菌属真菌新记录 [J]. 菌物学报 , 31(1): 55-61.

王东 . 2009. 横断山特有植物区系的特种多样性与生物地理学研究 [D]. 北京 : 中国科学院大学硕士学位论文 .

王多 , 文涛 . 2011. 中国大型真菌分类学研究进展 [J]. 安徽农业科学 , 39(34): 1-2.

王向华 , 刘培贵 , 于富强 . 2004. 云南野生商品蘑菇图鉴 [M]. 昆明 : 云南科技出版社 .

王义昭 . 2008. 汇集丰富多样性的自然圣地 — 梅里雪山 [J]. 地质通报 , 27(9): 1558-1579.

魏玉莲 , 戴玉成 . 2004. 木材腐朽菌在森林生态系统中的功能 [J]. 应用生态学报 , 15(10): 1935-1938.

吴秋欣 . 1986. 中国枝瑚菌的分类研究 [D]. 北京 : 中国科学院微生物研究所硕士学位论文 .

吴兴亮 . 2017. 中国茂兰大型真菌 [M]. 北京 : 科学出版社 .

吴兴亮 , 戴玉成 , 李泰辉 , 等 . 2011. 中国热带真菌 [M]. 北京 : 科学出版社 .

吴兴亮 , 邓春英 , 张维勇 , 等 . 2014. 中国梵净山大型真菌 [M]. 北京 : 科学出版社 .

吴兴亮 , 臧穆 , 夏同布 . 1997. 灵芝及其他真菌彩色图志 [M]. 贵阳 : 贵州科技出版社 .

吴征镒 , 彭华 . 1996. 生物资源的合理开发利用和生物多样性的有效保护 — 兼论云南生物资源的综合开发与利用 [J]. 世界科技研究与发展 , 18 : 24-30.

谢孟乐 . 2018. 东北地区丝膜菌属资源及分类学研究 [D]. 吉林 : 吉林农业大学硕士学位论文 .

谢支锡 , 王云 . 1983. 中国东北地区丝膜菌属研究 [J]. 山西大学学报 (自然科学版), (1): 73-83, 90.

谢支锡 , 王云 , 王柏 . 1986. 长白山伞菌图志 [M]. 长春 : 吉林科学技术出版社 .

邢来君 , 李明春 . 1999. 普通真菌学 [M]. 北京 : 高等教育出版社 .

徐锦堂 . 1997. 中国药用真菌学 [M]. 北京 : 北京医科大学 , 中国协和医科大学联合出版社 .

徐中志 , 赵琪 , 戚淑威 , 等 . 2007. 丽江主要经济真菌调查 [J]. 中国食用菌 , 26(3): 10-12.

杨丽云 , 袁理春 , 赵琪 , 等 . 2005. 云南老君山自然保护区食药用真菌资源调查初报 [J]. 云南农业科技 , 6 : 40-42.

杨相甫 , 李发启 , 韩书亮 , 等 . 2005. 河南大别山药用大型真菌资源研究 [J]. 武汉植物学研究 , 23(4): 393-397.

杨仲亚 . 1983. 毒菌中毒防治手册 [M]. 北京 : 人民卫生出版社 .

杨祝良 . 1999. 喜山罗鳞伞——一种鲜为人知的野生食用菌 [J]. 中国食用菌 , 18(4): 27-28.

杨祝良 . 2005. 中国真菌志 第二十七卷 鹅膏科 [M]. 北京 : 科学出版社 .

杨祝良 , 吴刚 , 李艳春 , 等 . 2021. 中国地区西南地区常见食用菌和毒菌 [M]. 北京 : 科学出版社 .

杨祝良 , 王向华 , 吴刚 . 2022. 云南野生菌 [M]. 北京 : 科学出版社 .

杨祝良 , 臧穆 . 1993. 我国西南小奥德蘑属的分类 [J]. 真菌学报 , 12(1): 16-27.

应建浙 , 卯晓岚 , 马启明 . 1987. 中国药用真菌图鉴 [M]. 北京 : 科学出版社 .

应建浙 , 臧穆 . 1994. 西南地区大型经济真菌 [M]. 北京 : 科学出版社 .

应建浙 , 赵继鼎 , 卯晓岚 , 等 . 1982. 食用蘑菇 [M]. 北京 : 科学出版社 .

于晓丹 , 王琴 , 吕淑霞 . 2017. 辽东地区大型真菌彩色图鉴 [M]. 沈阳 : 辽宁科学技术出版社 .

袁明生 , 孙佩琼 . 1995. 四川蕈菌 [M]. 成都 : 四川科学技术出版社 .

云南省环保局 , 2004. 滇西北老君山自然保护区综合考察报告 [R](内部资料).

臧穆 . 2006. 中国真菌志 第二十二卷 牛肝菌科 (I)[M]. 北京 : 科学出版社 .

臧穆 . 2013. 中国真菌志 第四十四卷 牛肝菌科 (II)[M]. 北京 : 科学出版社 .

臧穆 , 杨祝良 , 张颖 . 2006. 牛肝菌类一新种 — 蔚青华牛肝菌 [J]. 菌物学报 , 25(3): 366-367.

张树庭 , 卯晓岚 . 1995. 香港蕈菌 [M]. 香港 : 香港中文大学出版社 .

张小青 , 戴玉成 . 2005. 中国真菌志 : 第二十九卷 锈革孔菌科 [M]. 北京 : 科学出版社 .

张颖 . 2006. 丽江老君山大型真菌多样性和生态学研究 [D]. 昆明 : 西南林学院硕士学位论文 .

张颖 . 2011. 云南元江栲林下大型真菌多样性、群落演替和分布研究 [D]. 昆明 : 云南大学博士学位论文 .

张颖 , 程立君 , 周彤燊 . 2006. 滇西北丽江老君山的鸟巢菌 [J]. 西南林学院学报 , (2): 62-66, 75.

张颖 , 欧晓昆 . 2014. 滇中地区常见大型真菌 [M]. 昆明 : 云南科技出版社 .

章卫民 , 李泰辉 , 毕志树 , 等 . 1994a. 海南省粉褶蕈属的分类研究 I[J]. 真菌学报 , 13(3): 188-198.

章卫民 , 李泰辉 , 毕志树 , 等 . 1994b. 海南省粉褶蕈属的分类研究 II[J]. 真菌学报 , 13(4): 260-263.

赵会珍 , 胥艳艳 , 付晓燕 , 等 . 2007. 马勃的食药用价值及其研究进展 [J]. 微生物学通报 , 34(2): 367-369.

赵继鼎 . 1998. 中国真菌志 第三卷 多孔菌科 [M]. 北京 : 科学出版社 .

赵继鼎 , 张小青 . 2000. 中国真菌志 第十八卷 灵芝科 [M]. 北京 : 科学出版社 .

赵琪 , 徐中志 , 李荣春 , 等 . 2006. 滇西北紫丝膜菌生态分布研究 [J]. 中国食用菌 , 6(5): 14-16.

赵琪 , 张颖 , 袁理春 . 2006. 云南老君山药用真菌资源初步调查 [J]. 微生物学杂志 , 26(4): 85-88.

赵震宇 , 卯晓岚 . 1986. 新疆大型真菌图鉴 [M]. 乌鲁木齐 : 新疆八一农学院 .

中国科学院 . 1996. 横断山区真菌 [M]. 北京 : 科学出版社 .

中国科学院青藏高原综合科学考察队 . 1983. 西藏真菌 [M]. 北京 : 科学出版社 .

中国科学院微生物研究所真菌组 . 1975. 毒蘑菇 [M]. 北京 : 科学出版社 .

周丽伟 , 戴玉成 . 2013. 中国多孔菌多样性初探 : 物种、区系和生态功能 [J]. 生物多样性 , 21(4): 499-506.

周玲玲 , 梁俊峰 . 2011. 大型真菌 DNA 提取方法的改进 [J]. 林业与环境科学 , 27(1): 13-16.

周彤燊 . 2007. 中国真菌志 第三十六卷 地星科 鸟巢菌科 [M]. 北京 : 科学出版社 .

朱教君 , 徐慧 , 许美玲 , 等 . 2003. 外生菌根菌与森林树木的相互关系 [J]. 生态学杂志 , 6 : 70-76.

庄文颖 . 2004. 中国真菌志 第二十一卷 晶杯菌科 肉杯菌科 肉盘菌科 [M]. 北京 : 科学出版社 .

今関六也 , 大谷吉雄 , 本郷次雄 . 1988. 日本のきのこ [M]. 東京 : 山と溪谷社 .

Banerjee P, Sundberg W J. 1995. The genus *Pluteus* section *Pluteus* (Pluteaceae, Agaricales) in the midwestem United States [J]. Mycotaxon, 53: 189-246.

Bojantchev D. 2013. *Cortinarius* of California: eight new species in subg. *Telamonia* [J]. Mycotaxon, 123 (1): 375-402.

Brandrud T E. 1996. *Cortinarius* subgenus Phlegmacium section Phlegmacium in Europe: descriptive part [J]. Edinburgh Journal of Botany, 53 (3): 331-400.

Brandrud T E, Bendiksen E, Dima B. 2015. Some new and little known telamonioid *Cortinarius* species from Norway [J]. Agarica, 36: 12-42.

Burt E A. 1918. The Thelephoraceae of North America. X. *Hymenochaete* [M]. Hafner Publishing Company INC. New York and London. 308-372.

Cao Y, Wu S H, Dai Y C. 2012. Species clarification of the prize medicinal *Ganoderma* mushroom "Lingzhi" [J]. Fungal Diversity, 56 (1): 49-62.

Corner, E J H. 1967. A monograph of *Clavaria* and allied genera [M]. London: Dawsons of Pall Mall.

Cripps C L, Liimatainen K, Niskanen T, et al. 2014. Intercontinental distributions of species of *Cortinarius*, subgenus *Phlegmacium*, associated with Populus in western North America [J]. Botany, 93 (11): 711-721.

Cui B K, Dai Y C. 2012. Wood-decaying fungi in eastern Himalayas 3. Polypores from Laojunshan Mountains, Yunnan Province [J]. Mycosystema, 31: 485-492.

Cui B K, Dai Y C, Decock C. 2006. Two species of *Perenniporia* (Basidiomycota, Aphyllophorales) new to China [J]. Fungal Science, 21: 23-28.

Cui B K, Dai Y C, Li J. 2005. Polypores from Baishilazi Nature Reserve, Liaoning Province [J]. Mycosystema, 24: 174-183.

Cui B K, Du P, Dai Y C. 2011a. Three new species of *Inonotus* (Basidiomycota, Hymenochaetaceae) from China [J]. Mycological Progress, 10 (1): 107-114.

Cui B K, Li H J, Dai Y C. 2011b. Wood-rotting fungi in eastern China 6. Two new species of *Antrodia* (Basidiomycota) from Yellow Mountain, Anhui Province [J]. Mycotaxon, 116: 13-20.

Cui B K, Li H J, Ji X, et al. 2016. Species diversity, taxonomy and phylogeny of Polyporaceae (Basidiomycota) in China [J]. Fungal Diversity, 2019, 1-256.

Cui Y Y, Cai Q, Tang L P, et al. 2018. The family Amanitaceae: molecular phylogeny, higher-rank taxonomy and the species in China [J]. Fungal Diversity, 91, 5-230.

Cui Y Y, Feng B, Wu G, et al. 2015. Porcini mushrooms (*Boletus* sect. *Boletus*) from China [J]. Fungal Diversity, 81: 189-212.

Cunningham G H. 1963. The Thelephoraceae of Australia and New Zealand [M]. R. E. Owen, Government Printer Wellington, New Zealand. 248-292.

Dai Y C. 1996. Changbai wood-rotting fungi 7. A checklist of the polypores [J]. Fungal Science, 11 (3/4): 79-105.

Dai Y C. 2011. A revised checklist of corticioid and hydnoid fungi in China for 2010 [J]. Mycoscience, 52 (1): 69-79.

Dai Y C. 2012. Polypore diversity in China with an annotated checklist of Chinese polypores [J]. Mycoscience, 53 (1): 49-80.

Dai Y C, Cui B K, Huang M Y. 2007a. Polypores from eastern Inner Mongolia [J]. Nova Hedwigia, 84 (3/4): 513-520.

Dai Y C, Cui B K, Yuan H S. 2009. *Trichaptum* (Basidiomycota, Hymenochaetales) from China with a description of three new species [J]. Mycological Progress, 8 (4): 281-287.

Dai Y C, Cui B K, Yuan H S, et al. 2007b. Pathogenic wood-decaying fungi in China [J]. Forest Pathology, 37 (2): 105-120.

Dai Y C, He X S, Wanghe K Y, et al. 2012. Wood-decaying fiingi in eastern Himalayas 2. Species from Qingcheng Mts. Sichuan Province [J]. Mycosystema, 31 (2): 168-173.

Dai Y C, Penttila R. 2006. Polypore diversity of Fenglin Nature Reserve, northeastern China [J]. Annales Botanici Fennici, 43 (2): 81-96.

Dai Y C, Xu M Q. 1998. Studies on the medicinal polypore, *Phellinus baumii*, and its kin, *P. linteus* [J]. Mycotaxon, 67: 191-200.

Dai Y C, Yu C J, Wang H C. 2007c. Polypores from eastern Xizang (Tibet), western China [J]. Annales Botanici Fennici, 44 (2): 135-145.

Dai Y C, Zhou L W, Steffen K. 2011. Wood-decaying fungi in eastern Himalayas 1. Polypores from Zixishan Nature Reserve, Yunnan Province [J]. Mycosystema, 30 (3): 674-679.

Danks M, Lebel T, Vernes K. 2010. ‘Cort short on a mountaintop’-Eight new species of sequestrate *Cortinarius* from sub-alpine Australia and affinities to sections within the genus [J]. Persoonia: Molecular Phylogeny and Evolution of Fungi, 24: 106.

Deng C Y, Li T H, Song B. 2011. A new species and a new record of *Marasmius* from China [J]. Mycotaxon, 116: 341-347.

Deng W Q, Li T H, Shen Y H. 2012. A new species of *Clitopilus* from southwestern China [J]. Mycotaxon, 122: 443-447.

Donk M A. 1964. A conspectus of the families of Aphyllophorales [J]. Persoonia, 3 (2).

Eriksson J, Hjortstam K, Ryvarden L. 1978. The Corticiaceae of North Europe 5. *Mycoaciella-Phanerochaete* [M]. Oslo: Fungiflora.

Eriksson J, Hjortstam K, Ryvarden L. 1981. The Corticiaceae of North Europe 6. *Phlebia-Sarcodontia* [M]. Oslo: Fungiflora.

Eriksson J, Hjortstam K, Ryvarden L. 1984. The Corticiaceae of North Europe 7. *Schizopora-Suillosporium* [M]. Oslo: Fungiflora.

Eriksson J, Ryvarden L. 1973. The Corticiaceae of North Europe 2. *Aleurodiscus-Confertobasidium* [M]. Oslo: Fungiflora.

Eriksson J, Ryvarden L. 1975. The Corticiaceae of North Europe 3. *Coronicium-Hyphoderma* [M]. Oslo: Fungiflora.

Eriksson J, Ryvarden L. 1976. The Corticiaceae of North Europe 4. *Hyphodermel la-Mycoacia* [M]. Oslo: Fungiflora.

Fan Y G, Bau T. 2013. Two striking *Inocybe* species from Yunnan Province, China [J]. Mycotaxon, 123 (13): 169-181.

Fernandez B S, Vila J A O. 2014. Some new and interesting taxa of *Cortinarius* subgenus *Phlegmacium* from the European Mediterranean Basin [J]. Mycologia, 106 (3): 491-504.

Franck S, Jones R H, et al. 2014. Concordance of seven gene genealogies compared to phenotypic data reveals multiple cryptic species in Australian dermocyboid *Cortinarius* (Agaricales) [J]. Molecular Phylogenetics, 71: 249-260.

Frøslev T G, Jeppesen T S, Dima B. 2015. *Cortinarius koldingensis* —a new species of *Cortinarius*, *subgenus Phlegmacium*, related to *Cortinarius sulfurinus* [J]. Mycological Progress, 14: 73.

Garnica S, Weiß M, Oertel B, et al. 2005. A framework for a phylogenetic classification in the genus *Cortinarius* (Basidiomycota, Agaricales) derived from morphological and molecular data [J]. Botany, 83 (11): 1457-1477.

Garnica S, Weiß M, Oertel B, et al. 2009. Phylogenetic relationships in *Cortinarius*, section *Calochroi*, inferred from nuclear DNA sequences [J]. BMC Evolutionary Biology, 9 (1): 1-17.

Garni S G, Weiß M W, Oertel B O, et al. 2005. A framework for a phylogenetic classifition in the genus *Cortinarius* [J]. Canadian Journal of Botany, 83 (11): 1457-1477.

Gasparini B, Soop K. 2008. Contribution to the knowledge of *Cortinarius* (Agaricales, Cortinariaceae) of Tasmania (Australia) and New Zealand [J]. Australasian Mycologist, 27 (3): 173-203.

Ge Z W, Yand Z L, Vellinga E C. 2010. The genus *Macrolepiota* (Basidiomycota) in China [J]. Fungal Diversity, 45: 81-98.

Ge Z W, Yang Z L, Zhang P, et al. 2008. *Flammulina* species from China inferred by morphological and molecular data [J]. Fungal Diversity, 32: 59-68.

Harrower E, Ammirati J F, Cappuccino A A, et al. 2011. *Cortinarius* species diversity in British Columbia and molecular phylogenetic comparison with European specimen sequences [J]. Botany, 89 (11): 799-810.

Hawksworth D L, Kirk P M, Sutton B C, et al. 1995. Ainsworth & Bisby's Dictionary of the Fungi [M], 8th ed. Wallingford: CAB International.

He M Q, Zhao R L, Hyde K D, et al. 2019. Notes, outline and divergence times of Basidiomycota [J]. Fungal Diversity, 99: 105-367.

He S H, Dai Y C. 2012. Taxonomy and phylogeny of *Hymenochaete* and allied genera of Hymenochaetaceae (Basidiomycota) in China [J]. Fungal Diversity, 56 (1): 77-93.

He X L, Horak E, Li T H, et al. 2015. Two new cuboid-spored species of *Entoloma* s. 1. (Agaricales, Entolomataceae) from southern China [J]. Cryptogamie Mycologie, 36 (2): 237-250.

He X L, Li T H, Jiang Z D, et al. 2011. *Entoloma mastoideum* and *E. praegracile*—two new species from China [J]. Mycotaxon, 116: 413-419.

He X L, Li T H, Jiang Z D, et al. 2012a. Four new species of *Entoloma* s. l. (Agaricales) from southern China [J]. Mycological Progress, 11: 915-925.

He X L, Li T H, Jiang Z D, et al. 2012b. Type studies on four *Entoloma* species from South China [J]. Mycotaxon, 121: 435-445.

He X L, Li T H, Xi P G, et al. 2013. Phylogeny of *Entoloma* s. l. subgenus *Pouzarella*, with descriptions of five new species from China [J]. Fungal Diversity, 58: 227-243.

He X L, Peng W H, Gan B C. 2015a. Morphological and molecular evidence fbr a new species in *Entoloma* subgenus *Claudopus* from Sichuan Province, southwest China [J]. Mycoscience, 56: 326-331.

He X L, Ye X J, Li T H, et al. 2015b. New and noteworthy species of white *Entoloma* (Agaricales, Entolomataceae) in China [J], Phytotaxa, 205 (2): 99-110.

Hjortstam K, Larsson K H, Ryvarden L. 1987. The Corticiaceae of North Europe 1. Introduction and Keys [M]. Oslo: Fungiflora.

Horak E. 2008. Agaricales of New Zealand 1: Pluteaceae-Entolomataceae. Fungi of New Zealand [J]. Fungal Diversity Research Series, 19: 1-305.

Horikoshi T. 1996. The ecological role of fungi in global scale [J]. Transctions of the Mycological Society of Japan, 37: 23.

Justo A, Malysheva E, Bulyonkova T, et al. 2014. Molecular phylogeny and phylogeography of Holarctic species of *Pluteus* section *Pluteus* (Agaricales: Pluteaceae), with description of twelve new species [J]. Phytotaxa, 180 (1): 1-85.

Justo A, Minnis A M, Ghignone S, et al. 2011a. Species recognition in *Pluteus* and *Volvopluteus* (Pluteaceae, Agaricales): morphology, geography and phylogeny [J]. Mycological Progress, 10 (4): 453-479.

Justo A, Vizzini A, Minnis A M, et al. 2011b. Phylogeny of the Pluteaceae (Agaricales, Basidiomycota): Taxonomy and character evolution [J]. Fungal biology, 115 (1): 1-20.

Kim B K, Robbers J E, Chung K S, et al. 1982. Antitumor components of *Cryptoporus volvatus* [J]. Korean Journal of Mycology,

10: 111-117.

Kirk P M, Cannon P F, David J C, et al. 2001. Ainsworth & Bisby's Dictionary of the Fungi [M]. 9th ed. Wallingford: CAB International.

Kirk P M, Stalpers J, Braun U, et al. 2013. A without-prejudice list of generic names of fungi for protection under the International Code of Nomenclature for algae, fungi, and plants [J]. IMA Fungus, 4 (2): 381-443.

Kühdorf K, Münzenberger B, Begerow D, et al. 2016. Arbutoid mycorrhizas of the genus *Cortinarius* from Costa Rica [J]. Mycorrhiza, 26 (6): 497-513.

Kytövuori I, Niskanen T, Liimatainen K, et al. 2005. *Cortinarius* sordidemaculatus and two new related species, *C. anisatus* and *C. neofurvolaesus*, in Fennoscandia (Basidiomycota, Agaricales) [J]. Karstenia, 45: 33-49.

Liimatainen K, Ammirati J F. 2013. Five new *Telamonia* species (*Cortinarius*, Agari les) from western North American [J]. Botany-botanique, 91 (7): 478-485.

Liimatainen K, Niskanen T, Dima B, et al. 2014. The largest type study of Agaricales species to date: bringing identification and nomenclature of Phlegmacium (*Cortinarius*) into the DNA era [J]. Persoonia: Molecular Phylogeny and Evolution of Fungi, 33: 98.

Liimatainen K, Niskanen T, Ammirati J F, et al. 2015. *Cortinarius*, subgenus *Telamonia*, section *Disjungendi*, cryptic species in North America and Europe [J]. Mycological progress, 14 (1): 1016.

Liimatainen K, Carteret X, Dima B, et al. 2017. *Cortinarius* section Bicolores and section Saturnini (Basidiomycota, Agaricales), a morphogenetic overview of European and North American species [J]. Persoonia: Molecular Phylogeny and Evolution of Fungi, 39: 175-200.

Liimatainen K, Kim J T, Pokorny L, et al. 2022. Taming the beast: a revised classification of Cortinariaceae based on genomic data [J]. Fungal Diversity, 112: 89-170.

Li L, Zhao Y C, Zhang X L, et al. 2013. *Hydnotrya laojunshanensis* sp. nov. from China. Mycotaxon, 125 (6): 277-282.

Li T H, Deng W Q, Song B. 2003. A new cyanescent species of *Gyroporus* from China [J]. Fungal Diversity, 12: 123-127.

Li T H, Hu H P, Deng W Q, et al. 2014. *Ganoderma leucocontextum*, a new member of the *G. lucidum* complex from southwestern China [J]. Mycoscience, 56: 81-85.

Li T H, Liu B, Song B, et al. 2005. A new species of *Phallus* from China and *P. formosanus*, new to the mainland [J]. Mycotaxon, 91: 309-314.

Li Y C, Yang Z L, Tolgor B. 2009. Phylogenetic and biogeographic relationships of *Chroogomphus* species as inferred from molecular and morphological data [J]. Fungal Diversity, 38: 85-104.

Li Y C, Feng B, Yang Z L. 2011. *Zangia*, a new genus of Boletaceae supported by molecular and morphological evidence [J]. Fungal Diversity, 49 (1): 125-143.

Li Y C, Ortiz S B, Zeng N K, et al. 2014. Molecular phylogeny and taxonomy of the genus *Veloporphyrellus* (Boletales: Boletaceae) [J]. Mycologia, 106 (2): 291-306.

Liu Y, Bau T. 2009. A new species of *Hohenbuehelia* from China [J]. Mycotaxon, 108 (2): 445-448.

Michelot D T I. 1990. Poisoning by members of the genus *Cortinarius*—a review [J]. Mycological Research, 94 (3): 289-298.

Moser M, Peintner U. 2002. The species complex *Cortinarius scaurus*—*C. herpeticus* based on morphological and molecular data [J]. Micol. Vegetazione Mediterr, 17: 3-17.

Mueller G M, Billis G F, Foster M S. 2004. Biodiversity of Fungi. Inventory and Monitoring Methods [R]. New York: Elsevier Academic Press.

Myers N, Mittermeier R A, Mittermeier C G, et al. 2000. Biodiversity hotspots for conservation priorities [J]. Nature, 403: 853-858.

Niemela T. 2005. Polypores, liginicolous fungi [J]. Norrlinia, 13: 1-320.

Nilsson R H, Kristiansson E, Ryberg M, et al. 2008. Intraspecific ITS variability in the kingdom fungi as expressed in the international sequence databases and its implications for molecular species identification [J]. Evolutionary bioinformatics online, 4: 193-201.

Niskanen T, Kytövuori I, Liimatainen K. 2009a. *Cortinarius* sect. *Brunnei* (Basidiomycota, Agaricales) in North Europe [J]. Mycological Research, 113 (2): 182-206.

Niskanen T, Kytövuori I, Liimatainen K. 2009b. *Cortinarius* sect. *Brunnei* (Basidiomycota, Agaricales) in North Europe [J]. Mycological Research, 113 (2): 182-206.

Niskanen T, Kytövuori I, Liimatainen K. 2011. *Cortinarius* sect. *Armillati* in northern Europe [J]. Mycologia, 103 (5): 1080-1101.

Niskanen T, Kytövuori I, Liimatainen K, et al. 2013a. The species of *Cortinarius*,section Bovini, associated with conifers in northern Europe [J]. Mycologia, 105 (4): 977-993.

Niskanen T, Laine S, Liimatainen K, et al. 2012a. *Cortinarius sanguineus* and equally red species in Europe with an emphasis on northern European material [J]. Mycologia, 104 (1): 242-253.

Niskanen T, Liimatainen K, Ammirati J F, et al. 2013b. *Cortinarius* section Sanguinei in North America [J]. Mycologia, 105 (2): 344-356.

Niskanen T, Liimatainen K, Kytövuori I, et al. 2012b. New *Cortinarius* species from conifer-dominated forests of North Americ [J]. Botany-botanique, 90 (8): 241-242.

Nunez M, Rwarden L. 2001. East Asian polypores 2. Polyporaceaes. lato [J]. Synopsis Fungorum, 14: 170-522.

Ortega A, Suárez S V N, Reyes J D. 2007. Morphological and ITS identification of *Cortinarius* species (section *Calochroi*) collected in Mediterranean Quercus woodlands [J]. Fungal Diversity, 29 (4): 73-88.

Ota Y, Hattori T, Ban I M T, et al. 2009. The genus *Laetiporus* (Basidiomycota, Polyporales) in East Asia [J]. Mycological Research, 113 (11): 1283-1300.

Park W H, Lee H D. 1999. Illustrated book of Korean medicinal mushrooms [M], Seoul: Kyohak Publisher Co. , Ltd.

Peintner U. 2008. *Cortinarius alpinus* as an example for morphological and phylogenetic species concepts in ectomycorrhizal fungi [J]. Sommerfeltia, 31: 161-177.

Peintner U, Bougher N L, Castellano M A, et al. 2001. Multiple origins of sequestrate fungi related to *Cortinarius* (Cortinariaceae) [J]. American Journal of Botany, 88 (12): 2168-2179.

Peintner U, Moncalvo J M, Vilgalys R. 2004. Toward a better understanding of the infrageneric relationships in *Cortinarius* (Agaricales, Basidiomycota) [J]. Mycologia, 96 (5): 1042-1058.

Peintner U, Moser M M, Thomas K A, et al. 2003. First records of ectomycorrhizal *Cortinarius* species (Agaricales, Basidiomycetes) from tropical India and their phylogenetic position based on rDNA ITS sequences [J]. Mycological Research, 107 (4): 485-494.

Petersen R H, Zang M. 1989. *Ramaria* subgenera *Ramaria* and *Laeticolora* in Yunnan [J]. Acta Botanica Yunnanica, 11 (4): 363-396.

Qin J, Feng B, Yang Z L, et al. 2014. The taxonomic foundation, species circumscription and continental endemisms of *Singerocybe*: evidence from morphological and molecular data [J]. Mycologia, 106 (5): 1015-1026.

Santos J, Taylor A. 2005. Fungal Portraits: No. 22: *Cortinarius hinnuleo-armillatus* [J]. Field Mycology, 6 (2): 39-40.

Sigisfredo G, Michael W, Oertel B, et al. 2005. A framework for a phylogenetic classification in the genus *Cortinarius* (Basidiomycota, Agaricales) derived from morphological and molecular data [J]. Canadian Journal of Botany, 83 (11): 1457-1477.

Stensrud O, Scott R J, Reier R K, et al. 2014. Phylogenetic relationships in *Cortinarius* with focus on North European species [J].

Karstenia, 54 (2): 57-71.

Suárez S V, Ortega A, Peintner U. 2009. Study on *Cortinarius* subgenus *Telamonia* section *Hydrocybe* in Europe, with especial emphasis on Mediterranean taxa [J]. Mycological Research, 113 (10): 1070-1090.

Suliana E T, Anne K B, Paul L G, et al. 2013. Environmental barcoding of the ectomycorrhizal fungal genus *Cortinarius* [J]. Fungal Diversity, 58 (1): 299-310.

Thind K S, Sharda R M. 1985. The genus *Ramaria* in the Eastern Himalayas: Subgenera *Ramaria*, *Echinoramaria* and *Lentoramaria* [J]. Proc. Indian Acad. Sci (Plant Sci.), 95 (1): 51-64.

Wang J R, Bau T. 2013. A new species and a new record of the genus *Entoloma* from China [J]. Mycotaxon, 124: 165-171.

Wang L, Yang Z L, Liu J H. 2004. Two new species of *Laccaria* (Basidiomycetes) from China [J]. Nova Hedwigia, 79 (3/4): 511-517.

Wei Y L, Dai Y C. 2004. Notes on *Ceriporiopsis* in China [J]. Fungal Science, 19 (1/2): 47-51.

Wei Y L, Dai Y C, Yu C J. 2003. A check of polypores on *Larix* in northeast China [J]. Chinese Forestry Science Technology, 2 (3): 64-68.

Wu F, Yuan Y, Malysheva V F, et al. 2014a. Species clarification of the most important and cultivated *Auricularia* mushroom "Heimuer": evidence from morphological and molecular data [J]. Phytotaxa, 186 (5): 241-253.

Wu G, Feng B, Xu J P , et al. 2014b. Molecular phylogenetic analyses redefine seven major clades and reveal 22 new generic clades in the fungal family Boletaceae [J]. Fungal Diversity, 69: 93-115.

Wu G, Li Y C, Zhu X T, et al. 2016. One hundred noteworthy boletes from China [J]. Fungal Diversity, 81: 25-188.

Wu S H, Dai Y C, Hattori T, et al. 2012. Species clarification for the medicinally valuable 'sanghuang' mushroom [J]. Botanical Studies, 53: 135-149.

Wu S H, Zang M. 2000. *Cryptoporus sinensis* sp. nov. , a new polypore found in China [J]. Mycotaxon, 74 (2): 415-422.

Xiong H X, Dai Y C, Miettinen O. 2007. Notes on the genus *Hyphodontia* (Basidiomycota, Aphyllophorales) in China [J]. Mycosystema, 26 (2): 165-170.

Yan W J, Li T H, Zhang M, et al. 2013. *Xerocomus porophyllus* sp. nov. , morphologically intermediate between *Phylloporus* and *Xerocomus* [J]. Mycotaxon, 124: 255-262.

Yang Z L. 2005. Diversity and biogeography of higher fungi in China [M]. In: Xu J P. (ed.) Evolutionary Genetics of Fungi. Norfolk (UK): Horizon Bioscience, 35-62.

Yang Z L, Li T H. 2001. Notes on three white Amanitae of section *Phalloideae* (Amanitaceae) from China [J]. Mycotaxon, 78: 439-448.

Yang Z L, Weiβ M, Oberwinkler F. 2004. New species of *Amanita* from the eastern Himalaya and adjacent regions [J]. Mycologia, 96 (3): 636-646.

Yang Z L, Zhang L F, Mueller G M, et al. 2009. A new systematic arrangement of the genus *Oudemansiella* s. str. (Physalacriaceae, Agaricales) [J]. Mycosystema, 28 (1): 1-13.

Yu C J, Li J, Dai Y C. 2008. Two polypores from Yunnan new to China [J]. Mycosystema, 27 (1): 145-150.

Yuan H S, Dai Y C. 2004. Studies on *Gloeophyllum* in China [J]. Mycosysterna, 23: 173-176.

Zeng N K, Tang L P, Li Y C, et al. 2013. The genus *Phylloporus* (Boletaceae, Boletales) from China: morphological and multilocus DNA sequence analyses [J]. Fungal Diversity, 58 (1): 73-101.

Zeng N K, Tang L P, Yang Z L. 2011. Type studies on two species of *Phylloporus* (Boletaceae, Boletales) described from southwestern China [J]. Mycotaxon, 117: 19-28.

Zhang M, Li T H, Bau T, et al. 2012a. A new species of *Xerocomus* from southern China [J]. Mycotaxon, 121: 23-27.

Zhang M, Li T H, Song B. 2014. A new slender species of *Aureoboletus* from southern China [J]. Mycotaxon, 128: 195-202.

Zhang M, Wang C Q, Li T H, et al. 2016. A new species of *Chalciporus* (Boletaceae, Boletales) with strongly radially arranged pores [J]. Mycoscience, 57: 20-25.

Zhang P, Chen Z H, Xiao B, et al. 2010. Lethal amanitas of East Asia characterized by morphological and molecular data [J]. Fungal Diversity, 42 (1): 119-133.

Zhang P, Yang Z L, GE Z W. 2006. Two new species of *Ramaria* from southwestern China [J]. Mycotaxon, 94: 235-240.

Zhang Y, Zhou D Q, Zhao Q, et al. 2011. Diversity and ecological distribution of macrofungi in the Laojun Mountain region, southwestern China [J]. Biodiversity and Conservation, 19: 3545-3563.

Zhang Y, Zhou D Q, Zhou T S, et al. 2012b. New records and distribution of macrofungi in Laojun Mountain, Northwest Yunnan, China [J]. Mycosystema, 31 (2): 196-212.

Zhao C L, Cui B K, Dai Y C. 2013. New species and phylogeny of *Perenniporia* based on morphological and molecular characters [J]. Fungal Diversity, 58 (1): 47-60.

Zhao J D. 1989. The Ganodermataceae in China [J]. Bibliotheca Mycologica, 132: 1-176.

Zhao J D, Zhang X Q. 1992. The polypores of China [J]. Bibliotheca Mycologica, 145: 1-524.

Zhao Q, Feng B, Yang Z L, et al. 2013. New species and distinctive geographical divergences of the genus *Sparassis* (Basidiomycota): evidence from morphological and molecular data [J]. Mycological Progress, 12 (2): 445-454.

Zhou D Q, Hyde K D, Vrijmoed L L P. 2000. Resources and diversity of bambusicolous fungi in China [J]. Guizhou Science, 18 (1~2): 62-70.

Zhou L W, Dai Y C. 2012a. Phylogeny and taxonomy of *Phylloporia* (Hymenochaetales) with the description of five new species and a key to worldwide species [J]. Mycologia, 104 (1): 211-222.

Zhou L W, Dai Y C. 2012b. Progress report on the study of wood-decaying fungi in China [J]. Chinese Science Bulletin, 57 (33): 4328-4335.

Zhou L W, Dai Y C. 2013. Taxonomy and phylogeny of hydnoid Russulales: two new genera, three new species and two new combination species [J]. Mycologia, 105 (3): 636-649.

Zhou L W, Vlasák J, Decock C, et al. 2016. Global diversity and taxonomy of the *Inonotus linteus* complex (Hymenochaetales, Basidiomycota): *Sanghuangporus* gen. nov. , *Tropicoporus excentrodendri* and *T. guanacastensis* gen. et spp. nov. , and 17 new combinations [J]. Fungal Diversity, 77: 335-347.

Zhu L, Song J, Zhou J L, et al. 2019. Species Diversity, Phylogeny, Divergence Time, and Biogeography of the Genus *Sanghuangporus* (Basidiomycota) [J], Microbiology, 10: 1-14.

Zhuang W Y, Yang Z L. 2006. A new species of *Agyrium* from Yunnan, China [J]. Mycotaxon, 96: 169-172.

Zhuang W Y, Yang Z L. 2008. Some pezizaliean fungi from alpine areas of southwestern China [J]. Mycologia Montenegrina, 10: 235-249.

中文名索引

S

T

W

X

Y

Z

学名索引

C

D

E

F

G

H

O

P

R

T

V

X

Z

致　谢

本书完稿之时，著者特别要感谢中国科学院昆明植物研究所的臧穆研究员和杨祝良研究员。臧穆先生主编的《中国真菌志 第二十二卷 牛肝菌科I》和《中国真菌志 第四十四卷 牛肝菌科II》是我们鉴定老君山保护区牛肝菌各种及完成本书第三章的重要参考文献；他对老君山牛肝菌科新分类群的描述，以及他发表的枝瑚菌属 *Ramaria* Fr. ex Bonord. 部分新种和新变种，经征得臧夫人黎兴江先生的同意，已将其（包括宏观照片）收入本书。杨祝良研究员近些年发表的多篇研究论文，如发表在 *Fungi Diversity* 上的“One hundred noteworthy boletes from China”一文，有分布在老君山的牛肝菌新种9种，经征得他的同意，这些种的描述和宏观照片，甚至有少数由他绘制的线条图也已收入本书；经他帮助，对老君山保护区鹅膏属及虫草属的个别种已做了正确的鉴定。在此，谨向臧先生、杨先生、黎先生表示最诚挚的谢意！

李玉院士等五位国内知名专家编著的《中国大型菌物资源图鉴》，以及《中国真菌志》的第二卷 银耳目和花耳目、第三卷 多孔菌科、第十八卷 灵芝科、第二十一卷 晶杯菌科 肉杯菌科 肉盘菌科、第二十三卷 硬皮马勃目 柄灰包目 鬼笔目 轴灰包目、第二十七卷 鹅膏科、第二十九卷 锈革孔菌科、第三十二卷 虫草属、第三十六卷 地星科 鸟巢菌科、第四十五卷 侧耳—香菇型真菌、第四十九卷 球盖菇科（I）、第五十四卷 马勃目等卷册，是著者在各分类单元的形态描述中参考较多的资料，著者向各位专家学者表示衷心感谢！

北京林业大学戴玉成教授对非褶菌目尤其是锈革孔菌科的真菌做过深入细致的研究，经征得他的同意，文中引用了他及合作者的孔状菌型和革菌型共35种的子实体及生境照片；正如作者在前言中阐述的，戴玉成、杨祝良二位博士2022年新出版的两本专著中，发表有老君山保护区基于形态学和分子系统学研究的新种若干，经二位同意已收入本书，而他们订正过的一些名称，也为本书引用，为此，向两位及合作者表示衷心的感谢！经征得广东省微生物研究所李泰辉研究员的同意，著者引用了他粉褶菌属 *Entoloma* (Fr.) P. Kumm.、小皮伞属 *Marasmius* Fr. 共3种的宏观照片。卯晓岚研究员主编的《中国大型真菌》，也为本书个别种的描述提供了参考。我校赵长林教授则提供了多年卧孔菌属 *Perenniporia* Murrill 5种的描述，著者一并向他们表示感谢！

本书第一章中关于老君山大型真菌研究概况中已经提到，我校保护生物学学院硕士研究生李单（导师周德群、周彤燊）于2008～2009年深入老君山黎明乡各林区采集标本，经她和完成毕业课题的本科生初步鉴定到种的标本达1217号。在导师周彤燊、陈玉惠指导下，森林保护专业2007届本科毕业生李乔明研究了老君山非褶菌孔状菌型的部分标本、程立君研究了非褶菌中非孔状菌型的标本及部分大型子囊菌、胶质菌。森林保护专业2009届本科毕业生赵长林、董娇、王冬梅、何莹莹、李莉研究过老君山木腐菌及其纯培养物。森林保护专业2010届本科毕业生张瑞、梁秋玉、杨淑钦研究过老君山黎明乡的木腐菌及其纯培养物，他们三人对每号研究标本的显微拍摄，为本书第四章提供了部分显微照片。森林保护和植物保护专业2018届本科毕业生王益梅、牟真贵，以及2019届森林保护专业研究生梁香娜、本科毕业生贺风云、官前鑫则研究了老君山部分丝膜菌的形态、分子系统学及其生态分布，并拍摄了生境照片、部分种的显微照和电镜照片。上述同学的工作为本书的撰写提供了一部分基础信息，为此，著者向他们表示感谢！

为了研究标本的显微结构，曾通过中国科学院微生物研究所赵瑞琳博士、朱新宇同志，以及中国科学院昆明植物研究所吴刚副研究员、曹书琴同志借用了MHAS和MHKS标本馆大量的馆藏标本，昆明植物研究所李艳春副研究员为本书提供了牛肝菌类部分种的电镜照片。少部分种因未借到标本，书中还引用了李艳春、吴刚牛肝菌类部分新种的生物绘图，对他们的帮助和支持表示衷心的感谢！

感谢中国科学院昆明植物研究所赵琪副研究员在野外标本采集过程中的鼎力协助，以及在羊肚菌属、绣球菌属种的鉴定过程中给予的帮助！感谢中国科学院昆明植物研究所冯邦副研究员曾经给予的支持！

在老君山野外调查采集标本过程中，曾得到张志明先生、张兰英女士、李金先先生、黎明傈傈族乡黎光村蜂金龙主任的支持和协助，感谢他们的辛苦付出和帮助！

感谢云南省农业科学院丽江高山经济植物研究所袁理春副所长及陈翠研究员为作者野外采集标本给予的支持！

本研究的顺利完成还得益于美国大自然保护协会中国部的经费支持，以及为研究者提供的工作条件。在野外标本采集和室内数据分析过程中也得到该部的高怀礼主任、邓喜庆老师、武瑞东、段惠、唐天宇、罗永梅、张云飞、寸艳芳和崔钰等的帮助，在此一并致谢！